AF410759

DICTIONNAIRE

DES

SCIENCES NATURELLES.

TOME IV.

BAN=BLU.

Les cinq premiers volumes de cet ouvrage furent publiés dans l'intervalle de 1804 à 1806. On en fait la remarque ici, pour ne pas être soupçonné de donner comme nouveau un ouvrage qui ne l'est pas.

C'est par des supplémens que ces cinq premiers volumes ont été ramenés au niveau des connoissances actuelles, et ces supplémens se trouvent placés à la fin de chacun des volumes auxquels ils se rapportent.

Le nombre d'exemplaires prescrit par la loi a été déposé. Tous les exemplaires sont revêtus de la signature de l'éditeur.

DICTIONNAIRE

DES

SCIENCES NATURELLES,

DANS LEQUEL

On traite méthodiquement des différens êtres de la nature, considérés soit en eux-mêmes, d'après l'état actuel de nos connoissances, soit relativement a l'utilité qu'en peuvent retirer la médecine, l'agriculture, le commerce et les arts.

SUIVI D'UNE BIOGRAPHIE DES PLUS CÉLÈBRES NATURALISTES.

Ouvrage destiné aux médecins, aux agriculteurs, aux commerçans, aux artistes, aux manufacturiers, et à tous ceux qui ont intérêt à connoître les productions de la nature, leurs caractères génériques et spécifiques, leur lieu natal, leurs propriétés et leurs usages.

PAR

Plusieurs Professeurs du Jardin du Roi, et des principales Écoles de Paris.

TOME QUATRIÈME.

STRASBOURG, F. G. Levrault, Éditeur.

PARIS, Le Normant, rue de Seine, N.º 8.

1816.

Liste des Auteurs par ordre de Matières.[1]

Physique générale.

M. LACROIX, membre de l'Académie des Sciences et professeur au Collége de France. (L.)

Chimie.

*M. FOURCROY, membre de l'Académie des Sciences, professeur au Jardin du Roi. (F.)

M. CHEVREUL, professeur au Collége royal de Charlemagne. (CH.)

Minéralogie et Géologie.

M. BRONGNIART, membre de l'Académie des Sciences, professeur à la Faculté des Sciences. (B.)

M. DEFRANCE, membre de plusieurs Sociétés savantes. (D. F.)

Botanique.

M. DE JUSSIEU, membre de l'Académie des Sciences, prof. au Jardin du Roi. (J.)

M. MIRBEL, membre de l'Académie des Sciences, professeur à la Faculté des Sciences. (B. M.)

* M. AUBERT DU PETIT-THOUARS. (AP.)

* M. BEAUVOIS. (PB.)

M. HENRI CASSINI, membre de la Société philomatique de Paris. (H. CASS.)

*M. DESPORTES. (D. P.)

M. DUCHESNE. (D. de V.)

* M. JAUMES. (J. S. H.)

M. LEMAN, membre de la Société philomatique de Paris. (LEM.)

M. LOISELEUR DESLONGCHAMPS, Docteur en médecine, membre de plusieurs Sociétés savantes. (L. D.)

M. MASSEY. (MASS.)

* M. PETIT-RADEL. (P. R.)

M. POIRET, membre de plusieurs Sociétés savantes et littéraires, continuateur de l'Encyclopédie botanique. (P.)

M. DE TUSSAC, membre de plusieurs Sociétés savantes, auteur de la Flore des Antilles (DE T.)

Zoologie générale, Anatomie et Physiologie.

M. G. CUVIER, membre et secrétaire perpétuel de l'Académie des Sciences, prof. au Jardin du Roi, etc. (G. C. ou CV. ou C.)

Mammifères.

M. GEOFFROY, membre de l'Académie des Sciences, professeur au Jardin du Roi. (G.)

*M. GERARDIN. (S. G.)

Oiseaux.

M. DUMONT, membre de plusieurs Sociétés savantes. (CH. D.)

Reptiles et Poissons.

M. DE LACÉPÈDE, membre de l'Académie des Sciences, professeur au Jardin du Roi. (L. L.)

M. DUMÉRIL, membre de l'Académie des Sciences, professeur à l'École de médecine. (C. D.)

* M. DAUDIN. (F. M. D.)

M. CLOQUET, Docteur en médecine. (H. C.)

Insectes.

M. DUMÉRIL, membre de l'Académie des Sciences, prof. à l'École de médecine. (C. D.)

Mollusques, Vers et Zoophytes.

*M. DE LA MARCK, membre de l'Académie des Sciences, professeur au Jardin du Roi. (L. M.)

*M. G. L. DUVERNOY, médecin. (DUV.)

M. DE BLAINVILLE. (De B.)

Agriculture et Économie.

* M. TESSIER, membre de l'Académie des Sciences, de la Société de l'École de médecine et de celle d'agriculture (T.)

* M. COQUEBERT DE MOMBRET. (C. M.)

M. TURPIN, naturaliste, est chargé de l'exécution des dessins et de la direction de la gravure.

MM. DE HUMBOLDT et RAMOND donneront quelques articles sur les objets nouveaux qu'ils ont observés dans leurs voyages, ou sur les sujets dont ils se sont plus particulièrement occupés.

M. F. CUVIER est chargé de la direction générale de l'ouvrage, et il coopérera aux articles généraux de zoologie et à l'histoire des mammifères. (F. C.)

---

[1] Les auteurs qui n'ont point travaillé aux Supplémens, sont désignés par un astérisque.

DICTIONNAIRE

DES

SCIENCES NATURELLES.

BAN

BAN. (*Bot.*) Voyez CALAF.

BANABA, BANAVA (*Bot.*), noms que porte dans les Philippines la munchausie, genre d'arbrisseaux de la famille des lythraires. On trouve aussi sous le dernier de ces noms, dans un herbier donné par Poivre, le maybulu des Philippines, *cavanillœa*, Lam. (J.)

BANANA. (*Ichtyol.*) Voyez BONANA.

BANANÉ. (*Ichtyol.*) Voyez BUTYRIN.

BANANES (*Agric.*), fruit du bananier. Voyez BANANIER. (T.)

BANANIER (*Agric.*), *Musa.* Il est composé de trois espèces : 1.° Le Bananier du paradis, *musa paradisiaca*, Linn.; 2.° le Bananier des sages, *musa sapientum*, Linn.; 3.° le Bananier à grappe droite, *musa troglodytarum*, Linn.

Les deux premières espèces, qui ont fourni un très-grand nombre de variétés, sont surtout très-intéressantes et très-utiles. On les cultive avec le plus grand soin dans les climats chauds des deux Indes et de l'Afrique, où elles sont d'une grande ressource pour la nourriture des hommes. Dans le climat de Paris on ne peut élever de bananier qu'en serre chaude.

Description des espèces.

1.° BANANIER DU PARADIS. La tige de cette plante a ordinairement depuis deux jusqu'à quatre mètres (6 à 12 pieds) de hauteur; elle est de la grosseur au moins de la cuisse, ne porte aucune branche, se termine à son sommet par un beau bouquet de huit à dix feuilles simples, très-belles, qui ont chacune jusqu'à cinquante centimètres (un pied et demi) de largeur. Les plus externes de ses fleurs ont leur longueur dans une direction presque horizontale ; les autres sont dirigées obliquement, et leur direction s'approche de la perpendiculaire à proportion qu'elles sont plus internes et plus jeunes, de manière qu'avant que le pédoncule qui doit porter les fleurs commence à paroître, la feuille la plus interne et la plus jeune, qui est roulée en cornet, pointe perpendiculairement vers le ciel. L'extrémité supérieure de toutes celles qui sont développées est légèrement recourbée en dehors. Ces feuilles sont d'un vert très-agréable, très-lisses en-dessus, et comme satinées ; elles sont entières et sont traversées, dans le milieu, par une forte nervure longitudinale, très-saillante du côté de leur page inférieure ; leur page supérieure est très-agréablement ornée d'une grande quantité de nervures très-fines, très-régulièrement parallèles entre elles, qui s'étendent, transversalement et en ligne droite, depuis la nervure longitudinale jusqu'au bord ; leur pétiole, très-fort, a cinquante centimètres (un pied et demi) et plus de longueur. C'est du milieu de ces feuilles que sort le pédoncule commun qui porte les fleurs et les fruits. Ce pédoncule non rameux acquiert d'un mètre à un mètre vingt-cinq centimètres (3 ou 4 pieds) de longueur ; sa grosseur égale souvent et même surpasse celle du bras : les fleurs sessiles, qu'il porte en quantité, sont cachées sous des écailles spathacées, rougeâtres, qui tombent bientôt après leur épanouissement ; chaque écaille recouvre environ cinq fleurs. Ce pédoncule est terminé, à son extrémité libre ou sommet, par un bouquet serré d'écailles, spathes ou folioles, qui forment enfin une tête conique de la grandeur et de la forme d'un œuf d'autruche. Dans les îles Moluques et de la Sonde, cette tête se nomme le cœur ou *diantong*. Les fruits dont ce pédoncule se charge sur la partie inférieure, sont disposés autour de lui par paquets, et sont quelquefois au nombre de cent sur un seul régime. Chaque fruit est extérieurement glabre, d'un jaune pâle, long de quinze à vingt-cinq centimètres (5 à 8 pouces), de trois à quatre centimètres (un pouce ou un pouce et demi) de diamètre, obtusément triangulaire, et d'une forme qui approche de celle de nos concombres ; leur chair ou substance interne est moelleuse, molle et jaunâtre, pleine d'un suc douceâtre, aigrelet et agréable.

Le régime pend de manière que quand les fruits sont parvenus à une certaine grosseur, son extrémité libre ou sommet est beaucoup au-dessous de sa base ou de son origine.

2.° BANANIER DES SAGES. Il ressemble par son port et sa grandeur à l'espèce précédente ; il a sa tige d'un vert jaunâtre, parsemée de taches noires. La superficie des feuilles est agréablement veinée, et elles se rétrécissent un peu plus vers leur sommet que celles de l'espèce précédente. Son régime porte un bien plus grand nombre de fruits, qui sont plus serrés, plus courts, plus droits, plus fondans, moins pâteux, plus faciles à digérer et d'un goût beaucoup plus agréable. Ces fruits, bien plus estimés et plus recherchés, se mangent crus.

3.° BANANIER A GRAPPE DROITE. Même port que les espèces précédentes : il n'en diffère que parce que son régime est élevé vers le ciel, au lieu que celui des autres espèces est pendant vers la terre. Son cœur ou *diantong* est plus long que celui des espèces précédentes ; il est glabre et de couleur verte. Son fruit est court, irrégulier, très-élargi par le sommet, épais, arrondi, de couleur roussâtre, avec des stries noirâtres qui vont se perdre vers le sommet. Sa chair est jaune, visqueuse, d'une saveur acidule, assez douce lors de la parfaite maturité du fruit, d'une odeur sauvage, et contient une grande quantité de semences dures, brunes et aplaties, qui sont disposées en trois loges, dont chacune, peu sensiblement marquée, en renferme deux rangées. Ce fruit n'est pas bon à manger cru, parce qu'il irrite le gosier ; mais légèrement cuit sous la cendre, il perd cette âcreté, et prend une saveur qui, quoique fade, est cependant assez douce pour le rendre mangeable.

Culture du bananier dans l'Inde orientale.

Les bananiers aiment les lieux les plus chauds. Ils se plaisent dans un sol gras, mêlé de petites pierres et bien préparé, tel que le terrain des jardins d'Amboine, où ces plantes croissent très-bien. Mais ils ne végètent nulle part avec plus de vigueur que dans les plaines de Java, où le sol est mou, gras et argileux, et où les cannes à sucre deviennent très-vigoureuses. Si l'on désire planter des bananiers proche sa maison, on ne peut leur choisir d'endroit plus favorable que celui qu'on aura destiné pour y jeter toutes sortes d'ordures.

Voici comme on procède à la plantation. Dans un terrain tel que je viens de le dire, et bien préparé, on fait de petites fosses d'environ un pied de profondeur et à la distance de cinq ou six pieds les unes des autres : on met des cendres au fond de chaque fosse, et on y brûle des herbes sèches; quelques-uns y ajoutent un peu de chaux, et pensent que cette addition est utile pour accélérer la fructification. Enfin on plante dans chaque fosse, perpendiculairement, un rejeton enraciné de deux à trois pieds de hauteur et tout récemment arraché. On conçoit, sans qu'on le dise, qu'il faut arroser ce jeune plant jusqu'à reprise parfaite, soit par irrigation si on le peut, soit autrement; et que si on se trouve en situation telle que l'arrosement soit difficile à pratiquer, il faut alors ne planter que par un temps pluvieux.

De la plantation à la fructification l'intervalle du temps est plus ou moins long, suivant les lieux, les terrains et même suivant les variétés de chaque espèce. En lieu et terrain convenables les bananiers fructifient ordinairement la plupart douze et même dix mois après la plantation : il y a des variétés, telles que le bananier des sages nain, *musa sapientum nana*, qui fructifient dans le quatrième ou cinquième mois; d'autres qui sont quinze et dix-huit mois après la plantation sans porter de fruits. Dans les régions montueuses, pluvieuses, couvertes de forêts, les bananiers ne donnent ordinairement leurs premiers fruits que le quinzième ou le dix-huitième mois, et les fruits de ces bananiers les plus hâtifs ne sont mûrs encore que deux mois après; de manière que dans ces cantons il se passe ordinairement deux ans avant que le plus grand nombre aient donné tous leurs fruits, et même quelques variétés n'y fructifient qu'à la fin de la troisième année.

Chaque tige de bananier ne rapporte qu'une seule fois, et elle périt après la maturité de ses fruits ; c'est pourquoi . aussitôt après cette maturité, il convient de couper la tige qui les a portés, afin que ses rejetons, qui ont pour lors déjà commencé à sortir de terre, jouissent d'un air plus libre. Si ces rejetons sont en trop grand nombre, il faut les éclaircir, sinon ils s'étoufferoient réciproquement. Lorsqu'on les arrache pour les planter, il convient de laisser en place le plus fort et le plus sain ; il fructifie beaucoup plus tôt que ceux qui sont transplantés.

A Java on est dans l'usage de planter les bananiers parmi les autres plantes potagères.

En Amérique, et surtout aux Antilles, on plante ordinairement quelques rangées de bananiers dans les cacaoyères, et surtout autour d'elles. Par cette pratique les colons trouvent le moyen d'atteindre deux buts à la fois ; car outre les avantages qu'ils retirent de ces plantes utiles pour leur nourriture, celle de leurs nègres, etc., ils procurent en même temps à leurs cacaoyères un prompt abri contre la violence destructive des vents de cette contrée : et on préfère cet abri à celui des grands arbres, parce que ces derniers, dans le cas où un ouragan les bat, font périr par leur chute beaucoup de cacaotiers ; accident qu'on n'a pas à craindre de la part des bananiers.

En Égypte le bananier est très-abondant, principalement aux environs de Rosette et de Damiette ; on ne le cultive que dans les jardins, où il s'élève de trois à cinq mètres (10 ou 15 pieds). Il exige des arrosages fréquens ; il donne du fruit pendant presque toute l'année ; mais l'automne est la saison où il produit davantage, et où ce fruit est plus gros et de meilleur goût. Dans ces contrées comme ailleurs, le bananier se reproduit par les rejetons qui naissent au pied. Il ne pousse qu'une seule tige, qu'on coupe annuellement, et qui ne sert à rien, pas même à brûler.

Culture des bananiers dans le climat de Paris.

On ne peut dans le climat de Paris cultiver les bananiers qu'en serres chaudes. On ne les y multiplie que de rejetons, qui y poussent non-seulement au pied des plantes qu'on parvient à faire fructifier, mais même au pied de toutes autres, long-temps avant cette époque. On peut planter ces rejetons pendant tout l'été. Il faut faire en sorte qu'en détachant le rejeton de la plante qui l'a produit, il conserve le plus qu'il est possible de racines fibreuses et autres. Les rejetons les meilleurs sont ceux qui ont depuis trente-trois centimètres jusqu'à un mètre (un à trois pieds) de hauteur, qui sont d'une bonne grosseur, et nullement étiolés. On plante ces rejetons chacun dans un pot d'une grandeur proportionnée à celle du plant, et rempli d'une terre très-substantielle et légère, telle que peut être celle qu'on est dans l'usage d'employer pour les orangers, mais rendue plus légère et plus substantielle par l'addition d'environ un tiers de terreau de couche, neuf et bien consommé. On place aussitôt ces pots dans la couche de tan de la serre chaude, où ils doivent rester constamment. On arrose le jeune plant avec assiduité et modération, jusqu'à ce qu'il soit entièrement repris. Ensuite on arrose suivant la saison et la force des plantes. Pendant l'été elles demandent à être beaucoup arrosées, à cause de l'extrême rapidité de leur végétation; pendant l'hiver elles n'en ont besoin ni autant ni aussi souvent. On ne peut guères prescrire de règle précise, pour la quantité d'eau qu'on doit leur donner dans chaque saison, parce que cela dépend de la force et de l'étendue des plantes, qui varient considérablement, et de la chaleur de la saison, qui varie également. Le degré de chaleur auquel ces plantes profitent le mieux, est celui qui convient aux ananas.

Au moyen de ce traitement, on pourra avoir la satisfaction de voir plusieurs plantes s'élever jusqu'à vingt pieds (un peu plus de six mètres) de hauteur, et perfectionner leurs fruits.

Il n'y a que les plantes qui fleurissent dès le printemps dont on puisse espérer des fruits parfaitement mûrs. Voici la méthode la plus sûre pour faire fructifier les bananiers. Après qu'ils ont crû pendant quelque temps dans les pots et qu'ils ont poussé de bonnes racines, on les dépote, en

prenant grand soin de ne pas endommager leurs mottes,
et on les plante aussitôt en pleine couche, en mettant un
peu de vieux tan autour de la motte, afin que les racines
puissent plus aisément pénétrer dans la couche. Ces plantes,
mises ainsi en pleine couche, demandent beaucoup plus
d'eau que celles qui sont dans des vases. Par cette méthode
de planter et de cultiver les bananiers, on obtient aisément dans notre climat des plantes aussi fortes que dans
leur pays natal, et des fruits aussi parfaits et aussi bons
que ceux qu'on peut obtenir dans les deux Indes. Cependant le degré de bonté et de délicatesse des fruits du bananier n'est pas tel qu'il puisse engager à faire les frais
qu'exige sa culture en Europe dans une autre vue que celle
de satisfaire sa curiosité ; et il est plus que probable que
quiconque entreprendroit de faire de ces fruits, crus dans
nos serres, un objet de commerce, n'en auroit pas un débit
qui pût l'indemniser de sa dépense.

Usages du bananier.

Les fruits du bananier du paradis, ainsi que ceux du bananier des sages, sont les meilleurs et les plus utiles des
deux Indes. C'est la nourriture la plus générale et la plus
ordinaire des Indiens, ainsi que des nègres de nos Colonies. Ces plantes sont aussi utiles et aussi nécessaires à la
vie, dans ces contrées, que les cocotiers, qui ne croissent
pas partout où prospèrent les bananiers. Les fruits du bananier des sages et de toutes ses variétés sont les meilleurs
et les plus délicats à manger crus : on est dans l'usage de les
servir ainsi au dessert et avec les sucreries, sur les tables
les plus délicates. Cette espèce est employée plutôt comme
régal que comme nourriture ordinaire. Il n'en est pas de
même des fruits du bananier du paradis ; ils sont beaucoup moins agréables à manger crus, mais ils sont très-bons
cuits. Les voyageurs européens, lors de leur départ des
pays fertiles en bananiers, embarquent ordinairement une
provision d'une sorte de farine qu'on fait avec la pulpe
desséchée de ce fruit. Cette farine fournit, pendant la traversée, une nourriture saine et agréable, dont ils se trou-

vent très-bien. A la Grenade on fait avec le fruit du bananier du pain qui y est d'un très-grand usage. Dans les Antilles, ainsi qu'à Caïenne, on en fait communément une boisson très-usitée, sous le nom de *vin de banane*. Pour la préparer, on prend des fruits bien mûrs : on les fait passer au travers d'un tamis ; puis on met cette pulpe en tourteaux, qu'on fait ensuite sécher au soleil et sur les cendres chaudes, et qu'enfin on délaie dans l'eau. D'autres s'y prennent différemment ; ils font cuire ces fruits dans l'eau, puis les passent au travers d'un tamis pour en séparer la peau ; ensuite ils délayent et brassent la pulpe dans la même eau, à laquelle ils ajoutent d'autre eau, autant qu'ils le jugent à propos. Le vin de banane est agréable et nourrissant : à Caïenne on le regarde comme salutaire et nécessaire pour les nègres.

Delahaye, curé du Dondon, île de Saint-Domingue, dans un ouvrage intitulé Art de convertir les vivres (alimens) en pain, sans mélange de farine, s'exprime ainsi sur les bananes. „ Si les bananes, dit-il, ne donnent pas un très-
« bon pain, ce pain est cependant bon et donne peu de peine
« à fabriquer. Sa pulpe est peu liante, et forme une pâte grasse
« qui lève mal ; c'est pourquoi on augmentera la bonté du
« pain si on y introduit la pulpe de patates ou de tayaux.
« L'amidon est moelleux et assez blanc, lorsqu'il a été soi-
« gneusement lavé, égoutté et séché promptement ; il a une
« odeur semblable à celle de l'iris de Florence. Je regarde le
« pain de bananes, et principalement son pain bis, comme
« un excellent pain économique, qui peut devenir très-utile
« dans les habitations pour la nourriture des nègres, et
« principalement des nègres nouveaux. Il est très-sain et
« très-nourrissant. »

Les feuilles vertes du bananier servent ordinairement de nappes et de serviettes, qu'on renouvelle à chaque repas ; elles sont très-propres à cet usage.

La substance interne ou la moelle des tiges se sépare facilement de la substance fibreuse qui l'enveloppe, et elle s'emploie utilement, concassée et cuite en bouillie. La partie inférieure de cette moelle, concassée et cuite, est bonne pour la nourriture des hommes, ainsi que le cœur ou *diantong*, qui sert à cet usage comme légume. Beaucoup de voyageurs font des provisions de tiges de bananiers, comme une excellente nourriture pour leurs bestiaux pendant toute la route. (T.)

BANANIER (*Bot.*), *Musa*, Linn., Juss., Lam. Ill. pl. 836 et 837, genre de plantes de la famille des musacées, composé de deux espèces d'herbes annuelles, remarquables par leur grandeur, par la beauté de leur port et par les ressources variées qu'elles offrent aux habitans des pays chauds de l'Asie, de l'Afrique et de l'Amérique, où elles sont généralement cultivées et fournissent plusieurs variétés. Ces plantes, à l'époque de leur entier développement et dans les circonstances favorables à leur végétation, offrent l'aspect d'une épaisse colonne pyramidale, haute d'environ vingt pieds, couronnée par une douzaine de feuilles longues de six à dix pieds sur un pied et demi ou deux pieds de large, et surmontée d'un grand épi de fleurs, qui devient un régime, composé quelquefois d'une centaine de fruits (bananes), gros et longs comme des concombres. Quoique la colonne soit grosse comme le tronc d'un jeune arbre, un léger coup de fer tranchant, appliqué adroitement, suffit néanmoins pour l'abattre. Presque toute son épaisseur est formée par les bases des feuilles, qui, comme autant de gaînes ou de cylindres creux, s'emboitent les unes dans les autres. Les pétioles, formés par le rétrécissement du sommet de la gaîne, se prolongent dans le milieu de la feuille, sous la forme d'une côte très-saillante, de laquelle partent, à droite et à gauche, de fines nervures parallèles. A mesure que les feuilles extérieures se dessèchent et se détachent de leurs gaînes avec les pétioles, elles sont remplacées par les jeunes feuilles, qui, roulées en cornet les unes autour des autres, forment au sommet de la colonne un bourgeon pointant vers le ciel. Lorsqu'elles sont toutes déroulées, la tige, enfermée jusqu'alors entre les gaînes, au centre de la colonne, s'élève au milieu des feuilles sous la forme d'un gros épi de fleurs courbé vers la terre et couvert de grandes écailles rouges. Sous chaque écaille est un paquet de fleurs sans corolle, composées chacune d'un ovaire, terminé par un pistil et six étamines, entourés par deux folioles calicinales, jaunâtres. Les ovaires, dans l'état sauvage de la plante, deviennent des fruits non succulens, à trois loges contenant chacune plusieurs graines ; mais, par la culture, les fruits se sont remplis de pulpe, et la plante, propagée de temps immémorial par ses rejetons, a perdu la faculté de produire des graines. Les fleurs de la base de l'épi, dont plusieurs étamines avortent, sont les seules qui donnent des fruits : celles de l'extrémité conservent toutes leurs étamines, mais leur pistil avorte, et, après la floraison, elles tombent ou se dessèchent sur l'épi, sans fructifier.

Linnæus a établi dans ce genre deux espèces, qu'il regarde comme les souches des nombreuses variétés de bananier que la culture a produites. Il les a caractérisées, l'une, *musa paradisiaca*, vulgairement le figuier d'Adam, par les fleurs stériles qui tombent après la floraison ; l'autre, *musa sapientum*, vulgairement la bacove ou figue banane, par les fleurs stériles qui se dessèchent sans tomber. Mais ces différences sont moins importantes que celles tirées du fruit, qui est plus allongé dans la première espèce, plus court et plus arrondi dans la seconde.

Le bananier porte le nom de *dudaim* en hébreu, de *phyximilon* en grec, de *pacoeira* en portugais : les Anglois le nomment *the platane tree* ; les Suédois, *that foerbudna trœdet* ; les Japonois, *baso* : on le nomme en Chine *pacquo* ; dans le Congo, *quihua-aquitiba* ; au Bengale, *quelli* ; à Java, *piesang* ; au Malabar, *bala* ; à Ceilan, *Kehelhaha* ; dans la Guinée, *bananas* ; dans l'Éthiopie, *inninga* ; en Égypte, *mauz* ; en Amérique, *pacquovere*, etc.

Dans les deux Indes et en Afrique, ses feuilles sont employées à couvrir les habitations. La tige, qui est tendre et succulente, fournit une très - bonne nourriture aux animaux domestiques, tels que les éléphans, les bœufs, les cochons, les moutons, etc. ; et comme ce fourrage se conserve frais pendant long-temps, on en fait ordinairement des embarcations pour nourrir ces animaux dans les voyages sur mer. On sait, dans quelques parties des Indes, préparer avec les gaînes de la tige des fils qu'on emploie suivant leur diamètre, les plus gros pour faire des cables, des cordages, des hamacs, etc. ; ceux d'une grosseur moyenne, pour fabriquer des toiles pour des vêtemens, et les plus fins pour des étoffes légères, qu'on peint de diverses couleurs, et qui servent à faire des robes et à la décoration des appartemens. On les sèche comme les dattes et les figues, pour les conserver ; on les réduit encore en farine, comme les pommes de terre, en les râpant dans l'eau. Dans le Mogol on les mange cuites avec du riz : les habitans des Maldives les font cuire avec leur poisson, et les Éthiopiens en préparent des mets que les Européens préféreroient à la plupart des leurs. Les livres des voyageurs sont remplis de détails curieux sur ce végétal. Selon les chrétiens d'Orient, c'est l'arbre du paradis terrestre qui portoit le fruit défendu. Des écrivains pensent que ce fut avec ses feuilles, et non avec celles de notre figuier, que nos premiers parens firent des vêtemens pour se couvrir après leur désobéissance : il est encore des sauvages qui s'en servent pour le même usage. D'autres croient que son régime étoit le fruit qu'apportèrent à Moïse les hommes envoyés par lui à la découverte de la terre promise. Ces traditions et plusieurs autres aussi remarquables prouvent jusqu'à quel point cette plante est estimée des peuples qui la possèdent. En Amérique, les Portugais et les Espagnols ne coupent jamais une banane en travers avec régularité, parce qu'on voit sur sa coupe transversale la figure d'une croix, qui n'est autre chose que la trace des loges avortées. C'est encore une croyance populaire chez les Grecs de nos jours, que si quelqu'un s'avise d'enlever les bananes avant l'époque de les cueillir, le bananier abaisse sa tête et frappe le ravisseur.

Les bananes sont pâteuses, sucrées et un peu aigrelettes. On leur a attribué beaucoup de propriétés médicinales ; mais les plus constatées, c'est de resserrer le ventre lorsqu'elles ne sont pas encore mûres, et de le relâcher, au contraire, lorsqu'elles sont dans leur maturité. Elles sont indigestes lorsqu'on n'y est pas accoutumé, si l'on en mange en trop grande abondance.

La tige du bananier périt après avoir fructifié, c'est-à-dire au bout de dix ou douze mois, dans les pays chauds ; mais, dans nos serres, elle végète plusieurs années avant de

donner ses fleurs et ses fruits, parce qu'elle n'y trouve pas
la température qui lui convient pour donner ses fruits
dans la première année de sa croissance. On choisit pour
cette culture un sol humide et abondant en sucs nourri-
ciers. Il est important que le lieu soit abrité par une hauteur, parce que les feuilles, à cause de leur grande surface,
offrent au vent une résistance si forte que les bananiers
sont aisément renversés. Les feuilles sont presque toujours
déchirées tranversalement dans le sens des nervures. Lorsque la plante développe ses fleurs, un rejeton s'élève de
la racine et remplace la tige, qui va bientôt périr. En plan-
tant des rejets à des époques différentes, on a des bananes
toute l'année ; et, une fois que la bananerie est établie,
elle se renouvelle d'elle-même, et le propriétaire n'a presque d'autre soin que de cueillir. Voyez aux mots BALA,
BALATANA, BALOULOU, FIGUEIRA, PATSIAN, PLANTAIN DES
INDES. (Mas.)

BANANIERS. (*Bot.*) La famille, auparavant désignée sous
le nom françois de son genre principal, sans changement
de terminaison, prend maintenant le nom de musacées,
dérivé du terme latin exprimant le même genre, auquel
on donne la terminaison adjective, convenable à tous les
noms de familles. Voyez MUSACÉES. (J.)

BANANISTE (*Ornith.*), *Motacilla bananivora*, Linn. ; *Sylvia bananivora*, Lath. Ce nom a été donné dans l'ile de S.
Domingue à un petit oiseau dont le bec est un peu courbé
en dessus, et qu'on voit souvent sur les bananiers. Il se
nourrit principalement du fruit de ces arbres, et d'oran-
ges ; on prétend qu'il ne mange ni grains ni insectes, et
qu'il suspend son nid à des lianes.

Montbeillard l'a placé dans une tribu particulière, qu'il
désigne par le nom de demi-fins, à raison de la grosseur
du bec, tenant le milieu entre ceux de la fauvette et de
la linotte ; mais les naturalistes modernes, qui n'ont pas
admis cette distinction, l'ont rangé parmi les fauvettes. Il
offriroit dans cette famille d'oiseaux insectivores une particularité remarquable si les fruits étoient en effet sa seule
nourriture. Voyez BECS - FINS. (Ch. D.)

BANARE (*Bot.*), *Banara*, Aubl., Juss., genre de plantes

qui a de l'affinité avec les tiliacées, et qui n'est composé que d'une espèce observée par Aublet dans les bois sombres et humides de l'île de Caïenne.

Banare de la Guiane, *Banara Guianensis*, Aubl. Guian. tab. 217. C'est un arbre dont le tronc, élevé de dix à douze pieds, se divise à son sommet en plusieurs branches étendues en tout sens ; le bois est blanc et peu compact : ses feuilles sont alternes, ovales, dentelées, vertes et lisses en dessus, pâles et légèrement velues en dessous, et accompagnées à leur base de deux stipules caduques : les fleurs sont jaunes, disposées en grappes axillaires et terminales ; elles ont un calice à six divisions, six pétales attachés au disque de l'ovaire, quinze étamines ou plus, un ovaire supérieur porté sur un disque, un style et un stigmate en tête. Le fruit est une petite baie globuleuse, peu charnue, de couleur noire, uniloculaire et polysperme. (D. P.)

BANAVA. (*Bot.*) Dans un herbier des Philippines, donné par Poivre, on trouve sous ce nom l'arbre nommé aussi *mavolo*, qui est le *cavanillæa* de Lamarck, Dict. encycl. 3, p. 663, Ill. t. 454. (J.)

BANAWILL - WILL. (*Ornith.*) Ce nom est donné, dans la nouvelle Galle méridionale, à une espèce de grive, *turdus muscicola* de Latham (Supplement. indic. ornithol.), dont les mouches forment la principale nourriture, et dont le plumage, noir sur les parties supérieures du corps, est brun aux ailes et à la queue, et blanc aux parties inférieures. (Ch. D.)

BANCHE. (*Minér.*) Réaumur a désigné sous ce nom une marne argileuse, feuilletée et solide, qu'il croyoit durcie par l'influence des eaux de la mer. (B.)

BANCHE (*Entom.*), *Banchus*, genre d'insectes hyménoptères de notre famille des entomotilles ou insectirodes, près des ichneumons.

Fabricius, lorsqu'il a établi ce genre, avoit émis l'opinion qu'il ne falloit plus que les noms désignassent quelque particularité, et que les meilleurs étoient ceux qui ne signifioient absolument rien. Aussi ce mot de banche, tiré du grec βαγχε (*bagche*), qui avoit été donné à une trèsgrande espèce de poisson dont parle Pline, liv. 32, chap. 7, et qui nous est absolument inconnue, a-t-il rempli parfaitement son intention.

Les caractères de ce genre, tels qu'ils sont indiqués dans le Supplément de l'Entomologie systématique, ne nous paroissent pas très-tranchés. Voici ceux par lesquels nous avons cru devoir y suppléer; car, il faut l'avouer, la forme du corps paroît ici, comme dans beaucoup d'autres circonstances, avoir beaucoup plus déterminé la séparation de ces espèces du genre des ichneumons, que la considération et l'étude des parties de la bouche, qui font la base du système de Fabricius.

Les banches ont la lèvre inférieure échancrée, beaucoup plus courte que les mandibules; l'abdomen pédiculé, très-court, presque sessile, aplati de droite à gauche, comme linéaire; les ailes étendues; les antennes non brisées, de plus de dix-sept à trente articles, en forme de soie.

Ils diffèrent des focnes et des évanies, parce que leurs antennes ne sont point filiformes, mais en soie; des ichneumons, parce que leur abdomen n'est point cylindrique, mais comprimé; des ophions enfin, parce qu'il est pointu et comme sessile, et non en masse, à long pétiole.

On ne connoît rien encore de la manière de vivre des insectes de ce genre. Il est très-probable que leurs larves se trouvent dans le corps des insectes, comme celle des ICHNEUMONS (voyez ce mot). On les observe dans les prairies humides.

1.° BANCHE CHASSEUR, *Banchus venator.*

Caract. D'un noir brun; abdomen en faucille, rouge à la base, du côté du ventre; pattes d'un jaune brun.

On le trouve assez communément dans les bois. On en rencontre quelques variétés qui ont sur l'abdomen un ou deux arcs d'une couleur brune plus foncée.

2.° BANCHE HASTATEUR, *Banchus hastator.*

Caract. Noir; à bords des anneaux de l'abdomen fauves; une épine à la place ou un peu au-dessous de l'écusson.

Il ressemble beaucoup à l'espèce précédente : ses yeux sont entourés d'un cercle pâle. On remarque un petit point jaune sur le sommet de l'épaule, à la base de l'aile ; ses pattes sont rousses sans taches.

On le voit voler dans les jardins en Juin.

3.° Banche fornicateur, *Banchus fornicator.*

Caract. Tout noir ; à pattes rousses à tarses noirs.

4.° Banche panacheur, *Banchus variegator.*

Caract. Noir : corselet à taches jaunes ; abdomen à trois taches jaunes en dessus et en dessous ; pattes jaunes.

Fabricius en a vu une variété à antennes jaunes.

5.° Banche faucheur, *Banchus falcatorius.*

Caract. Noir : antennes jaunes en dessous ; abdomen ferrugineux, noir aux deux extrémités ; pattes jaunes. (C. D.)

BANCOC. (*Bot.*) Les habitans de Madagascar désignent sous ce nom une espèce d'indigofère qui croit dans leur île. C'est l'*indigofera argentata*, qui ne paroît pas avoir de propriété tinctoriale. (A. P.)

BANCOUL, Noix de Bancoul. (*Bot.*) Commerson décrit sous ce nom un arbre dont les feuilles sont alternes, simples, à trois ou cinq lobes, couvertes d'une poussière farineuse lorsqu'elles sont jeunes, et garnies de deux glandes au sommet de leur pétiole. Il n'a point vu les fleurs : son fruit est une noix à deux lobes ou deux coques, recouverte d'un brou, et renfermant dans chaque coque une graine globuleuse. La plante étiquetée de ce nom dans l'herbier de Commerson est la même que le *croton moluccanum*, L., dont la fleur et le fruit ont des caractères entièrement conformes à ceux de l'*aleurites*, genre nouveau de Forster, observé par lui dans les îles de la mer du Sud ou grand Océan. Le bancoul est donc, ou le même que l'*aleurites*, ou au moins une espèce congénère. Ce dernier est monoïque ; ses fleurs ont un calice à cinq divisions profondes, que Forster nomme pétales, garnies de petites écailles à leur base intérieure, et entourées de trois autres écailles extérieures très-petites, qui sont le véritable calice, selon le même auteur. Les fleurs mâles, disposées en panicule, ont des anthères nombreuses, portées sur des filets réunis en un seul pivot central. Les fleurs femelles ont un ovaire couronné par deux stigmates, qui devient un fruit semblable à celui du bancoul décrit plus haut. Forster l'a nommé *aleurites*, à cause de la poussière farineuse qui couvre ses jeunes pousses. La forme du fruit lui avoit fait donner par Commerson le nom d'*ambinux*. Il ajoute qu'il est naturalisé à l'île de Bourbon, et que l'on mange la graine, mais qu'elle est indigeste et aphrodisiaque. On reconnoît, d'après ces observations, l'identité de l'*aleurites* et du bancoul, confirmée par Lamarck, dans ses Illustrations, t. 791. Ce caractère prouve encore que ce genre fait partie de la famille des euphorbiacées. Deux autres plantes, dont le fruit est conformé de même, paroissent devoir lui être réunies, savoir l'ANDA du Brésil et le CAMIRI de l'Inde, *Camirium*, Rumph. Amboin. 2, p. 180, t. 58, dont toute la description paroît d'ailleurs s'y rapporter (voyez ces mots). Loureiro s'est fortement trompé en faisant du *camiri* une espèce de noyer, dont il diffère à beaucoup d'égards. Voyez aussi BALUCANAD. (J.)

BANCROFT (*Ornith.*), espèce d'oiseau-mouche, à laquelle on a donné le nom de l'auteur anglois qui en a parlé le premier, dans son ouvrage sur la Guiane, pays où cet oiseau se trouve, ainsi qu'aux Antilles. (Ch. D.)

BANCS. (*Minér.*) On donne ce nom aux assises dont sont formées les couches de pierres; leur formation, leur histoire, etc, sont intimement liées à celle des couches. Voyez COUCHE.

On désigne aussi par cette dénomination des amas de sable ou de gravier, qui se trouvent, ou dans la mer, ou dans les fleuves, les rivières et les lacs ; enfin dans tous les amas d'eau quelconques, mais principalement dans ceux qui ont du mouvement. Voyez TERRAIN DE TRANSPORT. (B.)

BANCS DE GLACE. (*Phys.*) C'est le nom que les Hollandois pêcheurs de baleines donnent aux espaces gelés des pôles, qui ont plus d'un demi-mille de diamètre. (S. G.)

BANCS DE POISSONS. (*Ichtyol.*) Les marins et les pêcheurs emploient cette expression pour désigner un grand rassemblement de poissons. Les thons, les bonites, les maquereaux, les morues, etc., se réunissent et voyagent par bancs. (F. M. D.)

BANDA et ICAN-BANDA. (*Ichtyol.*) Renard et Ruisch ont figuré sous ces noms un poisson qu'on pêche auprès de l'île Banda; c'est le même que le BANDASCHE CACATOEHA. Voyez ce mot. (F. M. D.)

BANDASCHE CACATOEHA. (*Ichtyol.*) Valentyn, dans son Histoire naturelle d'Amboine, a figuré sous ce nom, n.° 125, un poisson de Banda, que Lacépède rapporte à l'hémiptéronote cinq - taches. Voyez HÉMIPTÉRONOTE. (F. M. D.)

BANDE-D'ARGENT. (*Ichtyol.*) C'est la clupée athérinoïde, qu'il ne faut pas confondre avec la clupée raie-d'argent. Voyez CLUPÉE. (F. M. D.)

BANDE BLANCHE. (*Rept.*) Nom donné à une petite tortue, dont l'écaille est tachetée de blanc, de noir, de jaune, de pourpre, etc. Elle est originaire des Indes orientales. C'est Daubenton qui lui a donné le nom de bande blanche ; on la nomme aussi tortue vermillon : c'est le *testudo pusilla*, L. (F. C.)

BANDE A L'ENVERS. (*Entom.*) Geoffroy nomme ainsi une espèce de phalène. Voyez CRAMBE DE L'ORTIE. (C. D.)

BANDE ESQUISSÉE (*Entom.*), nom donné par Geoffroi à une espèce de phalène. Voyez CRAMBE A TENAILLES. (C. D.)

BANDE INÉGALE (*Entom.*), BANDE ROUGE, BANDE A POINT MARGINAL, noms que Geoffroy a donnés à de petites espèces de phalènes. (C. D.)

BANDE NOIRE. (*Entom.*) Geoffroy nomme ainsi un petit papillon à ailes estropiées. Voyez HÉTÉROPTÈRE COMMA. (C. D.)

BANDE NOIRE. (*Rept.*) C'est la couleuvre d'Esculape, de Linnæus. Lacépède a cru devoir changer ce nom. Voyez COULEUVRE D'ESCULAPE. La bande noire est figurée dans le second volume de Séba, num. 4, pl. 18. (C. D.)

BANDINA (*Bot.*), nom languedocien du sarrasin. (J.)

BANDOULIÈRE. (*Ichtyol.*) Bloch et Bonnaterre ont employé ce nom pour désigner tous les poissons du genre

Chétodon de Linnæus, parce qu'on voit à la plupart des bandes colorées qu'on a comparées à des bandoulières.

On nomme aussi, sur les côtes de France, bandoulière marbrée, le labre neustrien, et bandoulière brune, le labre calops. Voyez Labre.

La bandoulière à trois bandes, de Bloch, pl. 198, fig. 2, est le *lutjan arauna*. Voyez Lutjan.

Le naturaliste Lacépède, ayant séparé depuis peu les chétodons de Linnæus en plusieurs genres, a reporté dans chacun d'eux les bandoulières; ainsi,

1.° Les bandoulières bleue et rhomboïde sont des Acanthinions. Voyez ce mot.

2.° Les bandoulières à arc et noires sont les pomacanthes, arqué et paru. Voyez Pomacanthe.

3.° Les bandoulières à deux aiguillons et rayées sont les holacanthes à deux piquans et duc. Voyez Holacanthe.

4.° La bandoulière kakaitsel est un Glyphisodon. Voyez ce mot.

5.° La bandoulière de Plumier est un Chétodiptère. Voyez ce mot.

6.° Et les autres bandoulières restent parmi les Chétodons. Voyez ce mot. (F. M. D.)

BANDUKKA (*Bot.*), espèce de câprier de la côte de Malabar, *capparis baducca*, L. (Hort. Malab. 6, p. 105, t. 57), qui croît dans les terrains sablonneux, et que l'on cultive dans les prairies de ce pays à cause de la beauté de ses fleurs et de son feuillage toujours vert. Son suc, mêlé avec du saindoux, forme un liniment recommandé dans les affections goutteuses; sa décoction est purgative; son fruit, dans le lait, est rafraîchissant. Ce câprier est le *rana mandaru* des Brachmanes, le *tabal* des Portugais, et le *quetblom* des Hollandois. (J.)

BANDURA (*Bot.*), *Nepenthes*, Linn., genre de plantes herbacées de l'Inde, qui croissent sur le bord des eaux ou à l'ombre des bois. La tige est simple, garnie par le bas de quelques feuilles alternes, allongées comme celles du *methonica*. Ces feuilles n'ont qu'une nervure principale, qui les traverse dans leur longueur, et se prolonge au-delà en une espèce de vrille solide et recourbée, qui s'élargit à son 'sommet pour former un vase toujours rempli d'eau , ouvert à son sommet et fermé seulement par un prolongement du bord postérieur, qui se replie sur l'ouverture en forme de couvercle. Les fleurs, disposées en panicule terminale, sont mâles sur un pied, femelles sur un autre. Les premières ont un calice à quatre divisions profondes, du centre duquel s'élève un pivot, qui porte plusieurs anthères sessiles rassemblées en tête. Les femelles ont un calice pareil, entourant un ovaire supérieur sessile, tronqué par le haut et couronné d'un stigmate en plateau. Le fruit est une capsule renflée, quadrangulaire, à quatre loges remplies de graines, s'ouvrant en quatre valves , dont chacune porte dans son milieu une cloison au bord de laquelle sont attachées les graines. L'embryon, suivant Gærtner, est monocotylédon, filiforme, occupant le centre d'un périsperme charnu. Ce genre se range, d'après ce dernier caractère, parmi les plantes monocotylédones. Il a quelques rapports avec la famille des aroïdes ; mais il en diffère assez pour offrir les élémens d'une nouvelle famille voisine. Linnæus n'admet qu'une espèce, qu'il nomme *nepenthes distillatoria*, à laquelle il rapporte la figure de Burmann, Zeyl. t. 17, et celle de Rumphius, Amb. 5 , t. 59 ; mais ces deux plantes doivent être distinguées : il existe de plus, parmi celles que nous tenons du célèbre Poivre, une troisième espèce de malucca, dans laquelle le vase de la feuille est beaucoup plus grand et présente la forme d'une cornemuse. (J.)

BANÉ (*Ichtyol.*), nom donné par les Arabes à une espèce de Mormyre. Voyez ce mot. (F. M. D.)

BANGA (*Bot.*), palmier des Philippines, qui, suivant Camelli , a beaucoup de rapport avec le dattier. (J.)

BANGADA-VALLI (*Bot.*), nom brame d'une espèce de liseron, *convolvulus pes capræ*, L., figurée dans le Hort. Malab. 11 , t. 57. (J.)

BANGHETS. (*Bot.*) Suivant Flaccourt, c'est le nom des plantes du genre Indigofère ou Anil, dont se servent les habitans de Madagascar : ils les nomment plus communément Enghets. Voyez ce mot et Indigofère. (A. P.)

BANGI (*Bot.*), petit arbre des Philippines, rempli d'un suc laiteux. Camelli dit que son fruit, de la grosseur d'une orange, est vert, tuberculeux et bon à manger, mais que ses graines enivrent et même tuent les chiens. (J.)

BANGO (*Bot.*), plante des Philippines, figurée par Camelli, tab. 45, et qui paroît être une espèce de *pavetta*. (Lem.)

BANGUE (*Bot.*), chanvre de l'Inde, qui s'élève beaucoup plus haut que celui d'Europe, dont il paroît cependant n'être qu'une variété. Ses feuilles sont employées en mastication et pour fumer. Le mélange de sa graine avec l'opium, l'arec et le sucre, pris à l'intérieur, procure une espèce d'ivresse et un sommeil tranquille. Le *majuh* des Indiens, composé de musc, d'ambre et de sucre, auxquels on joint cette graine, est en usage pour écarter les idées sombres et inspirer la gaieté. Voyez Axis. (J.)

BANGUILING. (*Bot.*) Le petit arbre qui porte ce nom dans les îles Philippines, et dont Camelli fait mention, est le cheramelier, *cicca disticha*, L. (J.)

BANIAHBOU (*Ornith.*), espèce de grive qu'on trouve à la Chine, où elle se nomme *wa-mew*; on la nomme *boubil* dans les environs de Canton. C'est le *turdus canorus*, L. (Ch. D.)

BANISTÈRE (*Bot.*), *Banisteria*, Linn., Juss., genre de plantes de la famille des malpighiacées, dont le caractère est d'avoir un calice à cinq divisions, munies d'une glande sur chacun de leurs bords ; cinq pétales crénelés, à onglet linéaire ; dix étamines réunies par la base de leurs filets ; un ovaire supérieur, à trois lobes, surmonté de trois styles. Le fruit ressemble à celui des érables ; il est composé de trois capsules monospermes, terminées par une aile membraneuse.

On connoît environ vingt-quatre espèces de ce genre : toutes, à l'exception d'une qui se trouve dans le Bengale, et d'une autre originaire de Sierra-Leona, croissent dans les parties les plus chaudes de l'Amérique. Ce sont des arbres ou des arbrisseaux, la plupart sarmenteux, d'un aspect agréable. Nous n'en citerons qu'une espèce.

BANISTÈRE ANGULEUSE, *Banisteria angulosa*, Linn., Cav. Diss. 9, tab. 252. Ses tiges sont longues, menues, sarmenteuses et entrecoupées de nœuds assez éloignés les uns des autres. Ses feuilles sont grandes, sinuées, anguleuses. Les fleurs, de couleur jaune, naissent en ombelle terminale.

Cette plante vient au Brésil et dans les Antilles. Quelques auteurs ont cru que c'étoit le *caapeba* des Brasiliens ; mais cette dernière plante appartient au genre *Cissampelos*, dans la famille des menispermées.

La BANISTÈRE UNICAPSULAIRE, *Banisteria unicapsularis*, Lam., dont le fruit n'est composé que d'une capsule garnie de trois ailes et à une loge, forme un genre nouveau établi sous divers noms par Cavanilles, Gærtner et Schreiber. Voyez MOLINA. (D. P.)

BANITAN. (*Bot.*) On emploie dans les Philippines, pour les fièvres et l'asthme, une racine de ce nom mentionnée dans Camelli : elle est de la grosseur du doigt, contournée, couverte d'une écorce striée et friable, dont la saveur, d'abord douce, tire ensuite sur l'amer ; la partie ligneuse, très-compacte, moins amère, est marquée de plusieurs lignes dirigées en rayons du centre à la circonférence. Elle paroît appartenir à un arbrisseau dont le fruit, décrit ailleurs, gros comme une petite nèfle, est charnu et rempli de plusieurs graines inégales à leur surface. Ces caractères ne sont pas suffisans pour déterminer son genre. (J.)

BANKARETTI (*Bot.*), nom malabare du bonduc axillaire, *guilandina axillaris*, Lam., figuré dans le Hort. Malab. 6, t. 20. (J.)

BANKSIA (*Bot.*), Linn. f. Suppl., Juss., Lam. Ill. pl. 54, genre de plantes de la famille des protées, composé d'arbrisseaux qu'on a découverts, dans ces derniers temps, dans les terres australes. Leurs rameaux portent des feuilles allongées, entières ou dentées, et se terminent par un épi de fleurs couvert d'écailles. Chaque fleur est composée d'un calice à quatre divisions, qui portent chacune une étamine dans leur partie moyenne, et d'un ovaire surmonté d'un style terminé par un stigmate renflé. Ordinairement les divisions du calice adhèrent long-temps ensemble par le sommet, et le stigmate se trouvant engagé dans l'espèce de calotte qu'elles forment, le style, qui est très-long et en même temps ferme et flexible, forme au dehors une grande courbure ; ce qui donne à l'ensemble des nombreuses fleurs de l'épi une apparence fort singulière. Les ovaires deviennent des capsules très-épaisses, très-dures, composées de deux valves qui s'ouvrent comme une huître, et contiennent deux graines ailées, séparées par une cloison. Ces capsules tiennent à l'axe avec une force considérable, et forment par leur ensemble un gros fruit qui ressemble presque à un cône de pin.

Les banksia sont cultivés, à cause de leur rareté et de la singularité de leur aspect, par les amateurs de culture : ils passent l'hiver dans l'orangerie.

Linnæus fils a dédié ce genre à l'illustre Joseph Banks. Ce savant anglois, jouissant d'une fortune considérable et entraîné par son goût pour l'histoire naturelle, fit avec Cook le voyage autour du monde, à un âge où ses égaux ne cherchent qu'à jouir des douceurs de la société, et, depuis son retour, il continue à consacrer ses richesses à l'encouragement des sciences. (Mas.) .

BANKSIENNE. (*Ichtyol.*) Sous ce nom le savant naturaliste Lacépède désigne une nouvelle espèce de raie, découverte par le chevalier Joseph Banks, président de la Société royale de Londres. Voyez RAIE. (F. M. D.)

BANNE (*Agric.*), ou BANNEAU, ou BENOT. Ces mots servent à exprimer différens ustensiles de transport. Dans plusieurs départemens, particulièrement dans celui de la Seine-inférieure, dans une partie de ceux de l'Oise et de Seine-et-Oise, le mot banneau désigne surtout un tombereau propre à transporter des fumiers consommés, ou des terres, ou des marnes. Voyez TOMBEREAU. (T.)

BANSLICKLE. (*Ichtyol.*) On donne ce nom, dans diverses parties de l'Angleterre, au gastérostée épinoche. Voyez GASTÉROSTÉE. (F. M. D.)

BANTAM. (*Ornith.*) Les Anglois ont donné ce nom à deux variétés de poules qu'on trouve à l'île de Java, et que les Hollandois appellent demi-poules d'Inde. Les coqs de Bantam se livrent de fréquens combats, qui ne finissent souvent que par la mort d'un des deux champions. On lit dans l'Histoire générale des voyages, t. 8, in-4.°, p. 151, que l'une de ces poules, dont le plumage est noir, a la chair et les os de la même couleur. (Ch. D.)

BANTIALE (*Bot.*), nom sous lequel Rumphius a décrit et figuré (Herbar. Amboin. 6. p. p. 119, t. 55) deux plantes parasites. Il a sûrement une signification dans la langue des habitans de Macassar, d'où cet auteur l'a tiré ; car chez tous ces peuples non civilisés les noms de plantes en ont une précise : c'est ainsi que celui de *ruma soumot*, que les Malais donnent à ces mêmes plantes, veut dire nid de fourmi, parce que, par une singularité remarquable, leurs racines ou plutôt le bas de leurs tiges sert d'habitation à des insectes de ce genre. Ces racines forment une bulbe particulière, qui croît sur les troncs d'arbres, à la manière des orchidées parasites, surtout de celles que ce même Rumphius a fait connoître sous le nom d'angrec. Cette bulbe, étant corrodée par une espèce de fourmi, parvient, par l'extravasation des sucs, à une grosseur prodigieuse : ces animaux en profitent, et la perçant en tous sens, y pratiquent des galeries et, par ce moyen, en forment une espèce de ruche. Elle leur sert de retraite, et l'on ne peut la violer impunément ; car dès que, par mégarde ou autrement, on vient à la toucher, les habitans sortent en foule et se jettent sur tout ce qui paroît troubler leur tranquillité.

Rumphius les distingue en bantiale noir et bantiale rouge, ainsi nommés de la couleur des habitans ; car chacune de ces plantes en loge une espèce particulière, qui attache son existence à la sienne. D'après les descriptions et les figures de cet auteur, il est à présumer que ces deux plantes n'appartiennent pas au même genre, ni peut-être à la même famille.

La tubérosité du bantiale noir acquiert souvent la grosseur de la tête ; elle pousse plusieurs tiges cylindriques, marquées des vestiges des anciennes feuilles. Suivant la description, ces feuilles sont opposées et ramassées au sommet ; mais la figure les représente alternes : elles sont épaisses, fermes, de même nature que celles des guis, sans côtes ni nervures, excepté quelques stries légères ; elles sont longues de quatre à cinq pouces. De l'aisselle des feuilles supérieures il part des fleurs solitaires, petites, composées de quatre pétales blancs, renfermant quatre

globules, qui sont vraisemblablement des étamines. A côté
de ces fleurs on remarque de petites têtes verruqueuses ; ce
sont, selon toute probabilité, des fleurs femelles. Malgré
le vague de cette description, on pourroit présumer que
c'est une espèce de gui.

Le bantiale rouge est plus grand dans toutes ses parties.
Sa bulbe est plus raboteuse ; Rumphius la compare à une
orange pampelmouse : elle se termine en une tige simple,
courte, hérissée d'écailles, au sommet de laquelle sont
fasciculées des feuilles semblables à celles du manguier,
mais plus longues et marquées d'un petit nombre de nervures. Les fleurs, qui paroissent après la chute des feuilles,
viennent çà et là, et sont portées sur de courts pédoncules :
elles sont petites, creusées en manière de calice, et divisées en quatre folioles ou pétales. Il est difficile d'assigner
une place à cette plante ; on peut conjecturer foiblement
qu'elle appartient aux monocotylédonnées et peut-être au
genre des angrecs.

On ne connoît le fruit d'aucune des deux espèces. Elles
ont une âcreté considérable, qui leur est peut-être communiquée par leurs habitans. Il paroît que les naturels du
pays en tirent quelque service ; mais Rumphius n'a pu
découvrir à quel usage ils les employoient. On ne les manie
commodément qu'après les avoir laissées séjourner dans
l'eau, pour détruire les fourmis, qui piquent cruellement,
surtout les rouges.

Tel est le précis des connoissances fournies par Rumphius
sur ces végétaux : elles étoient précieuses au moment où il
les a recueillies ; mais elles sont loin de satisfaire la curiosité des botanistes et des entomologistes, que ce phénomène
intéresse également. Cependant, tout extraordinaire qu'il
paroît, il n'est point isolé, et nous avons sous les yeux des
exemples nombreux où l'on voit les plantes, modifiées par
l'habitation des animaux, se prêter, pour ainsi dire, à leurs
besoins : telles sont les innombrables espèces de galles,
produites par la piqûre des cynips et autres insectes, qui
affectent la régularité des fruits les mieux conformés. La
caprification du figuier découvre encore un mystère plus
étonnant. Dans les faits que nous venons de citer, les ani-

maux seuls tirent parti des plantes ; c'est beaucoup de ne pas leur nuire sensiblement : ici les deux se rendent service réciproquement. Mais ce n'est pas ici le lieu de développer ces merveilles : les observations des voyageurs nous en fourniront de plus analogues, quand nous traiterons des fourmis même. Nous savons par eux que la protubérance singulière qui a valu à une espèce d'acacie, *mimosa*, le nom trivial de *cornigera*, parce que cette partie a effectivement l'aspect et la forme d'une corne creuse, sert habituellement de retraite à une fourmi qui, comme celles des bantiales, sort avec précipitation pour se jeter avec furie contre tout ce qui peut l'inquiéter. Les Anglois, dans leur relation de l'établissement de la Nouvelle-Hollande, parlent d'un arbuste dont l'intérieur des branches est habité par certaines fourmis après qu'elles en ont rongé la moelle, ce qui ne paroît point affecter la plante : on est tout étonné de voir s'élancer de chaque branche que l'on vient à rompre, une colonne pressée de ces animaux, qui cherchent à faire sentir leur colère par leurs piqûres et leurs morsures également douloureuses. Du Petit-Thouars a observé précisément la même chose à Madagascar, sur un arbuste voisin du genre *Menispermum* ; il se propose de le faire connoître avec les autres plantes curieuses qu'il a recueillies dans cette île. (A. P.)

BANULAC (*Bot.*), plante mentionnée par Rai, dans son Histoire des plantes des îles Philippines, et figurée par Camelli, tab. 50. Suivant Rai, c'est un arbrisseau assez grand, dont les feuilles sont opposées, sessiles, en cœur, et pointues ; les fleurs sont disposées en corymbe composé de trois petits pédoncules, qui soutiennent chacun trois fleurs tubuleuses, blanches, et dont le limbe est divisé en quatre parties ; le fruit est une baie de la grosseur d'un pois, et contient deux graines ou petites noix. Ces caractères nous porteroient à regarder cette plante comme une *pavetta*, genre de la famille des rubiacées. (Lem.)

BANWAL (*Bot.*), arbrisseau de Ceilan, dont les tiges sarmenteuses et très-flexibles s'étendent au loin. On en fait des cordes pour lier les bœufs. (J.)

BAOBAB (*Bot.*), *Adansonia*, Linn., Juss., genre de

plantes de la famille des malvacées, qui a une grande affinité avec les fromagers. On n'en connoît encore qu'une seule espèce, naturelle à l'Afrique ; elle croît spécialement au Sénégal et sur toute la côte occidentale de cette partie du monde qui s'étend depuis le Niger jusqu'au royaume de Benin.

B a obab digité, *Adansonia digitata*, Linn. ; Adans. Act. acad. ann. 1761, t. 6 et 7 ; Cavan. Dissert. 5, p. 298, t. 157. C'est un arbre remarquable par la grosseur extraodinaire de son tronc. Il se plaît dans un terrain sablonneux et humide, surtout si ce terrain est exempt de pierres qui puissent blesser ses racines ; car la moindre écorchure qu'elles reçoivent est bientôt suivie d'une carie qui se communique au tronc et le fait périr. Aussi trouve-t-on cet arbre en moindre quantité sur les côtes maritimes bordées de rochers, et dans les terres dures et pierreuses du pays de Gambie, que dans les sables mouvans qui occupent un espace de trente lieues entre l'île du Sénégal et le cap Vert.

Outre la carie, le baobab est sujet à une autre maladie, peu commune à la vérité, mais qui ne lui est pas moins mortelle. C'est une moisissure qui se répand dans tout le corps ligneux, l'amollit et le réduit à la consistance de la moelle des arbres, sans changer ni sa blancheur naturelle, ni la disposition de ses fibres. Dans cet état il est incapable de résister aux coups de vents, et bientôt il devient la victime des orages.

Le tronc de cet arbre n'est pas fort élevé ; il n'acquiert ordinairement que dix ou douze pieds de hauteur : mais son diamètre est de vingt-cinq à trente pieds. Il se divise à son sommet en un grand nombre de branches fort grosses, longues de trente à soixante pieds ; celles des côtés s'étendent horizontalement et touchent quelquefois, par leur poids, jusqu'à terre, de manière que, cachant la plus grande partie de son tronc, cet arbre ne paroît de loin que sous la forme d'une masse hémisphérique de verdure, d'environ cent quarante à cent cinquante pieds de diamètre, sur soixante à soixante-dix pieds de hauteur.

Aux branches du baobab répondent à peu près autant de racines, presque aussi grosses, mais bien plus longues :

celle du centre forme un pivot qui, semblable à un gros fuseau, s'enfonce verticalement à une grande profondeur, tandis que celles des côtés s'étendent et tracent près de la superficie du terrain.

L'écorce qui couvre les racines est d'un brun tirant sur la couleur de la rouille; celle du tronc et des branches est cendrée, lisse, épaisse, très-unie et comme vernissée en dehors, d'un vert picoté de rouge en dedans. Le bois est très-mou, blanc et léger. Enfin, l'écorce des jeunes rameaux de l'année est verdâtre et parsemée de poils rares.

C'est sur les jeunes rameaux que naissent les feuilles: elles sont pétiolées, alternes, digitées, composées de trois, cinq ou sept folioles inégales, ovales, pointues, en forme de coin à leur base, molles, glabres, vertes en-dessus, d'un vert pâle en-dessous, et traversées obliquement par des nervures alternes. Ces folioles sont entières, ou munies quelquefois, vers leur sommet, de dents plus ou moins sensibles.

Les fleurs sont proportionnées à la grosseur de ce monstrueux végétal. Lorsqu'elles sont épanouies, elles ont quatre pouces de longueur sur six de largeur. Elles sont solitaires dans les aisselles des feuilles, suspendues à des pédoncules longs d'un pied, et chargés de trois écailles écartées les unes des autres.

Chacune de ces fleurs a un calice coriace, cyathiforme, caduc, à cinq découpures réfléchies en dehors; cinq pétales de couleur blanche, relevés de plusieurs nervures parallèles; des étamines nombreuses (environ sept cents, selon Adanson), réunies en tube dans leur partie inférieure; un style très-long, un peu contourné, et dix à quatorze stigmates.

Le fruit est connu des François qui habitent au Sénégal, sous le nom de pain de singe, et des naturels du pays, sous celui de *bocci.* C'est une capsule ovoïde, pointue aux deux extrémités, longue d'un pied à un pied et demi, large de quatre à six pouces, et dont l'écorce est ligneuse, recouverte d'un duvet verdâtre, assez épais. Elle est divisée intérieurement en dix à quatorze loges formées par des cloisons membraneuses. Chaque loge renferme plusieurs graines en forme de rein, et entourées de pulpe.

Cet arbre quitte ses feuilles au mois de Novembre, en reprend de nouvelles en Mai, fleurit en Juillet, et porte des fruits mûrs en Octobre. Son accroissement, qui est très-rapide dans les premières années qui suivent sa naissance, diminue ensuite considérablement. Sa durée étonne l'imagination ; on le nomme pour cette raison *arbre de mille ans*. Adanson, à qui nous devons une histoire très-étendue de ce végétal, a prouvé que parmi ceux qu'il avoit observés au Sénégal, plusieurs étoient âgés de six mille ans.

L'extrait suivant de la table calculée par ce savant naturaliste, donnera une idée de la durée de ces arbres et de l'extrême lenteur avec laquelle leur accroissement a lieu.

A un an, l'arbre a 1 po. à 1 po. $\frac{1}{2}$ de diam. 5 pi. de haut.

    20 .... 1 pi. .... 15.
    30 .... 2 .... 22.
  100 .... 4 .... 29.
1000 .... 14 .... 58.
2400 .... 18 .... 64.
5150 .... 30 .... 73.

Toutes les parties du baobab abondent en mucilage, et ont une vertu émolliente et incrassante. Les nègres font sécher ses feuilles à l'ombre, et les réduisent en une poudre qu'ils nomment *lalo*, et qu'ils conservent dans des sachets de toile de coton : ils en font un usage journalier, et la mêlent avec leurs alimens. Le *lalo* modère l'excès de leur transpiration et diminue l'ardeur qui les consume. Adanson lui-même en a éprouvé les bons effets ; et la tisane faite avec ces mêmes feuilles l'a préservé des diarrhées, des fièvres chaudes et des ardeurs d'urine, maladies auxquelles sont fréquemment en proie les François qui résident au Sénégal.

La pulpe du fruit est aigrelette et agréable. On mange cette chair ; on en exprime le suc ; on le mêle avec du sucre, et on en fait une boisson fort utile dans les fièvres putrides et pestilentielles. Cette pulpe perd beaucoup de sa bonté en vieillissant ; néanmoins ce fruit est un objet de commerce. Les Mandingues le portent dans la partie orientale et méridionale de l'Afrique, et les Arabes le font passer dans les pays voisins du royaume de Maroc, d'où il se répand ensuite dans l'Égypte. Prosper-Alpin prétend qu'au Caire on en réduit la pulpe en une poudre connue sous le nom de terre de Lemnos, et qui est d'un grand usage dans tout le Levant : mais, selon le célèbre Fourcroy, cette terre n'est qu'une espèce de marne ou d'argile, qui n'a nulle analogie avec une fécule végétale.

Le fruit, lorsqu'il est gâté, et son écorce ligneuse, servent aux nègres à faire un excellent savon, en tirant la lessive de ses cendres et la faisant bouillir avec l'huile de palmier qui commence à rancir.

Les nègres font encore un usage bien singulier du tronc de ces arbres. Ils agrandissent les cavités de ceux qui sont attaqués de la carie ; ils y pratiquent des espèces de chambres, où ils suspendent les cadavres de ceux auxquels ils refusent les honneurs de la sépulture, et ils en ferment l'entrée avec une planche. Ces cadavres s'y dessèchent parfaitement, et y deviennent de véritables momies, sans aucune autre préparation. Le plus grand nombre de ces corps ainsi desséchés sont ceux des *guiriots*. Ce sont des poëtes musiciens, qui président aux fêtes et aux danses à la cour des rois nègres. Cette espèce de supériorité de talens les fait respecter des autres nègres, qui les regardent comme des sorciers ou des démons ; mais à leur mort ce respect se change en horreur, et ils croient que si on enterroit ces corps, ou si on les jetoit dans les eaux, ils attireroient la malédiction sur la terre : c'est pourquoi ils les cachent dans les troncs du baobab. Voyez Anazé. (P. D.)

BAQUOIS (*Bot.*), *Pandanus*, Rumph., Linn. f. Suppl., Juss., Lam. Ill. pl. 798, genre de plantes composé de cinq espèces d'arbrisseaux de l'Afrique et des Indes, semblables par leurs feuilles à l'ananas, et fort remarquables par leurs fleurs, qui n'ont ni calice, ni corolle, ni aucune espèce d'enveloppe autour des organes sexuels. Les feuilles forment un faisceau au sommet de la tige ou de chacune de ses divisions, et les fleurs sont placées au centre des feuilles ; elles sont mâles sur un individu et femelles sur un autre. Les mâles forment une panicule très-rameuse et n'offrent que des anthères placées une à une au sommet des dernières ramifications ; les ovaires des femelles sont rassem-

blées par groupes et deviennent des fruits réunis ensemble.
On n'a pu rapporter ces végétaux à aucune famille.

Le genre qui les réunit est désigné dans Rhèede, Malab. 2, t. 1 — 8, par le nom de *kaïda*; dans Forster, par celui d'*athrodactylis*; dans Forskal, par celui de *keura*, et dans les manuscrits de Commerson, par celui d'*hydrorrhiza*. Le nom de *pandanus*, qui lui avoit été donné par Rumphius, lui a été conservé, et le nom françois *bacquois*, qui étoit particulier à l'espèce qu'on trouve à l'Isle-de-France, a été rendu commun à toutes les espèces. Les trois suivantes méritent d'être connues.

Le Baquois odorant, vulgairement le Vacoua ou Vacouet, *Pandanus odoratissimus*, Linn. f., Rumph. Amb. 4, p. 139, t. 74. On le trouve dans plusieurs endroits de l'Inde et dans l'Arabie. La tige de cet arbrisseau produit vers la base plusieurs jets qui vont s'enraciner dans la terre et forment autour du pied principal comme autant d'arcs-boutans. Les feuilles qui couronnent la tige et les rameaux, sont longues et garnies d'épines à leur bord et sur le dos : la panicule des fleurs mâles, placée au centre des feuilles, répand une odeur agréable. Les femmes aiment à se parer de ces fleurs, qui sont très-estimées en Égypte, où on les achète à un très-haut prix pour parfumer les appartemens. Un bouquet suffit pendant un mois entier pour remplir toute une chambre de son odeur. A la Chine et dans la Cochinchine, on forme avec ces baquois des haies le long des chemins et autour des habitations. Selon Loureiro, les fruits encore verts sont emménagogues : ils forment par leur aggrégation une tête, comme dans l'ananas.

Le Baquois a plusieurs têtes, *Pandanus polycephalus*, Lam. Encycl., *Pandanus humilis*, Lour., Rumph. Amb. 4, p. 143, t. 76. Cet arbuste, haut de trois pieds environ, croît dans les Moluques, et couvre de grands espaces sur les rivages. Ses fruits sont réunis en plusieurs groupes : les feuilles ressemblent à celles de l'espèce précédente ; celles de l'intérieur des faisceaux, avant leur développement, sont tendres, blanches, et bonnes à manger comme les choux palmistes.

Le Baquois lisse, *Pandanus lævis*, Lour. La tige de

cette espèce est épaisse, courte et rameuse. Ses feuilles sont longues, très-pointues, blanches, luisantes, très-tenaces et épineuses sur le dos, mais non pas sur les bords. Les fleurs mâles sont odorantes comme celles de la première, mais leur odeur ne se conserve pas si long-temps. La tête, formée par les fruits, est d'une grosseur médiocre. On cultive ce baquois dans les Moluques. Dans la Cochinchine, où il vient naturellement, on fait avec ses feuilles de très-belles nattes. (Mas.)

BAQUOUC (*Ornith.*), nom que porte, dans le ci-devant Poitou, la bergeronette lavandière, *motacilla alba*, L. (Ch. D.)

BAR. (*Ichtyol.*) Les pêcheurs, près de l'embouchure de la Loire et de la Garonne, désignent ainsi le *perca punctata* de Linnæus, qui est le centropome loup de Lacépède. Voyez Centropome. (F. M. D.)

BARACOCEA. (*Bot.*) On trouve sous ce nom, dans Cesalpin, l'abricotier à noyau doux. (J)

BARALOU, Baroulou (*Bot.*), noms caraïbes du balisier. (J.)

BARAMARECA (*Bot.*), nom malabare du pois sabre, *dolichos ensiformis*, figuré dans le Hort. Malab. 8, p. 85, t. 44. Voyez Dolique. (J.)

BARATTE (*Agric.*), instrument qui sert à faire le beurre. Voyez Lait. (T.)

BARBACARIC. (*Ornith.*) Levaillant propose de désigner par ce nom le grand barbu, à cause de ses rapports avec les toucans aracaris. Voyez Barbu. (Ch. D.)

BARBACENIA (*Bot.*), genre nouveau de plantes du Brésil, décrit par Vandelli. Il a un grand calice renflé et d'une seule pièce, divisé à son limbe en cinq parties, couvert extérieurement de poils terminés par de petites glandes. Les pétales, au nombre de six, paroissent attachés au sommet du calice, ainsi que les étamines en même nombre, dont les filets sont élargis et dentés par le haut, et les anthères appliquées sur les côtés des filets. L'ovaire, surmonté d'un style et d'un stigmate, devient une capsule allongée, à trois valves, renfermant beaucoup de graines. L'auteur ne donne point les caractères des tiges et des feuilles ; il ne parle pas de la situation de l'ovaire, qui détermineroit l'affinité du genre avec les salicaires s'il étoit supérieur, avec les onagres s'il étoit inférieur : il figure cette plante dans sa Flore du Brésil, t. 1, fig. 9. (J.)

BARBACOU (*Ornith.*), nom donné par Levaillant à une section des oiseaux qui forment son genre Barbu. Voyez Barbu. (Ch. D.)

BARBAGIANI (*Ornith.*), nom du Hibou en Italie. (Ch. D.)

BARBAIAN. (*Ornith.*) On nomme ainsi, dans quelques endroits de la France, le hibou grand-duc, *strix bubo*, **L.** (Ch. D.)

BARBAJOU (*Bot.*), nom languedocien de la joubarbe ordinaire, *sempervivum tectorum*, **L.** (J.)

BARBARÉE ou Herbe de S.* Barbe (*Bot.*), espéce de velar, *erysimum barbarea*, genre de la famille des crucifères. (J.)

BARBARESQUE (*Mamm.*), *sciurus getulus*, Linn., nom d'un Écureuil. Voyez ce mot. (F. C.)

BARBARIN. (*Ichtyol.*) C'est le nom qu'on donne en Portugal au mulle rouget. Le barbarin des pêcheurs françois est au contraire le mulle surmulet. Voyez Mulle.

Le barbarin de Bloch, pl. 35, fig. 1, est le pimélode scheilan. Voyez Pimélode. (F. M. D.)

BARBARINES ou Citrouilles et Concombres de Barbarie (*Bot.*), variétés de pepons. V. Courge. (D. de *V.*)

BARBASCO. (*Bot.*) On lit dans le Recueil des voyages, qu'à Guayaquil, sur les côtes du Pérou, les pêcheurs enivrent le poisson avec le suc d'une plante de ce nom, et qu'ils la mêlent aussi dans leurs amorces après l'avoir mâchée. Il est probable que cette plante est une espéce du genre Molène ou *Verbascum*, que l'on connoît comme jouissant de la même vertu enivrante propre à toute la famille des solanées, dont ce genre fait partie. L'on a d'autant plus lieu d'être fondé dans cette opinion, que le nom *barvasco* est donné dans les Antilles au *jacquinia*, espèce d'arbrisseau dont les feuilles sont également enivrantes et employées pour prendre le poisson ; il paroît encore évident que ce nom est dérivé du latin *verbascum*. Voy. Barvasco, Molène. (J.)

BARBASTELLE (*Mamm.*), *Vespertilio barbastellus*, Linn., nom d'une espèce de Chauve-souris. Voyez ce mot. (F. C.

BARBASTELLO (*Mamm.*), un des noms italiens de la chauve-souris. (F. C.)

BARBATULE (*Ichtyol.*), *Barbatulus*, nom donné par quelques auteurs du dix-septième siècle au barbeau. Voyez CYPRIN.

Linnæus a donné le nom spécifique de *barbatula* à la loche. Voyez COBITE. (F. M. D.)

BARBE ou ARÊTE (*Agric.*), *Arista*. C'est un filet plus ou moins long, plus ou moins aigu, qui se trouve sur les balles de la corolle des plantes graminées. En général, dans les pays chauds, les barbes sont plus longues et plus fortes que dans les pays froids. Les barbes sont droites et molles dans le seigle ; inclinées et épaisses dans certains fromens, et dans l'orge surtout ; et contournées vers leur insertion dans l'avoine. Certains fromens et certaines orges ont des barbes de quatre à cinq pouces de longueur. Dans la plupart des espèces d'avoine, il n'y a qu'un seul des grains renfermés dans les mêmes balles de la corolle, qui ait des barbes : mais dans d'autres tous les grains en ont. La couleur des barbes est différente selon les espèces et les variétés des plantes. Elles sont ou jaunes, ou blanches, ou rouges, ou violettes, ou grises, ou même de deux couleurs, l'extrémité étant dans ce cas d'une couleur et la base d'une autre. Quelquefois elles sont lisses, et quelquefois velues : le plus souvent elles participent de l'état des balles, dont elles sont le prolongement, ou sur le dos desquelles elles viennent. Dans l'avoine les barbes sortent du dos de la balle de corolle. Le riz, qui est barbu, a les barbes à la pointe de la balle univalve, ou d'une seule pièce, qui enveloppe le grain. Il est à remarquer que beaucoup d'espèces et de variétés du froment, et quelques autres plantes, perdent leurs barbes, qui tombent à l'époque de leur maturité. C'est surtout à l'égard du froment à balles et à barbes rouges, et à tige creuse, que cela est sensible, lorsqu'on le cultive en grand : quelques jours après avoir vu un champ de cette sorte de blé barbu, on est étonné de n'y plus trouver que des épis sans barbes. La balle interne ou de corolle se sépare et se perd avec la barbe. Cet organe a sans doute son utilité, quoiqu'on ne la connoisse pas. On prétend qu'il écarte les oiseaux des épis; mais je suis bien assuré du contraire. Les oiseaux mangent avec autant de facilité les grains des épis barbus, que les autres ; seulement ils ont soin d'en éviter les piquans. Les barbes sans doute ne sont pas nécessaires à la fécondation, puisque des plantes qui les perdent en dégénérant et en changeant de pays, n'en sont pas moins fécondes.

On rejette les balles des grains qui ont des barbes adhérentes, et même on ne cultive pas les fromens barbus, dans les pays où, une partie de l'année, l'on est forcé de nourrir les bestiaux avec des balles de grains. J'observerai que parmi les espèces et variétés de graminées barbues, on préfère celles dont les barbes sont le moins adhérentes, et que le fléau et les criblages séparent facilement. (T.)

BARBE. (*Ornith.*) On appelle ainsi chez les oiseaux une touffe de plumes simples, qui est placée sous le menton et pend sur la gorge, comme on en voit aux gypaètes ou griffons.

On nomme aussi barbes des plumes les filets qui en garnissent la tige, et qui, plus allongés du côté intérieur, se dirigent toujours vers la pointe : elles vont en croissant jusques vers le milieu de cette tige, et décroissent ensuite insensiblement. Mauduyt a observé qu'elles sont hérissées chacune de petits filamens, les uns roulés en volutes, et les autres droits, de sorte qu'ils s'engrènent : c'est au moyen de cet entrelacement que les barbes demeurent lisses et jointes ensemble. (Ch. D.)

BARBE. (*Ichtyol.*) C'est le nom d'une espèce de Syngnathe. Voyez ce mot. (F. M. D.)

BARBE. (*Mamm.*) C'est le nom que l'on donne aux espèces de crins qui garnissent les fanons de la baleine, à ceux surtout qui garnissent les gencives, et qui, dans quelques espèces, dépassent les mâchoires et paroissent à l'extérieur lorsque la bouche est fermée. Voyez Baleine. (S. G.)

BARBE (*Mamm.*), poil qui croît au menton de l'homme et de plusieurs quadrupèdes. Voyez Poil. (F. C.)

BARBE (*Mamm.*), variété du cheval né en Barbarie. Voyez Cheval. (F. C.)

BARBE. (*Bot.*) Voyez Herbe de Sainte-Barbe.

BARBE DE BOUC (*Bot.*), nom vulgaire du Cersifi sauvage, et traduction du *tragopogon* qui est le nom du genre. Dans quelques lieux aussi la Clavaire coralloïde porte ce nom. Voyez ces mots. (J.)

BARBE DE CAPUCIN. (*Agric.*) On nomme ainsi la chicorée sauvage, *cichorium intybus*, L., que l'on met l'hiver dans des caves, et qui, plantée sur couche ou enfoncée dans des trous pratiqués sur les côtés d'un tonneau rempli de terre, pousse des jets allongés et blancs, que l'on coupe, et auxquels succèdent de nouveaux jets. On les mange en salade; ils ont un petit degré d'amertume qui n'est pas désagréable. Voyez Chicorée. On donne aussi ce nom à la nigelle de Damas, dont la fleur est entourée d'un involucre très-découpé, et au *lichen barbatus*, L. Voyez Nigelle. (T.)

BARBE DE CHÈVRE (*Bot.*), traduction des mots latins *barba capræ* et *aruncus*, ce dernier dérivé du grec *éryngos*, qui signifie la même chose. Tournefort et ses prédécesseurs désignoient par le nom *barba capræ* une plante réunie depuis par Linnæus au genre Spirée, et nommée *spiræa aruncus*. Voyez Spirée. (J.)

BARBE DE DIEU. (*Bot.*) Voyez Barbon.

BARBE ESPAGNOLE. (*Bot.*) Le genre Caragate, *Tillandsia*, est composé de plusieurs espèces de plantes, toutes parasites, au nombre desquelles est la caragate musciforme, *tillandsia usnoides*, L., dont les tiges, longues, filamenteuses, diversement entrelacées et couvertes d'un duvet grisâtre, présentent la forme d'une barbe qui pend aux arbres sur lesquels cette plante croît ; de là le nom de barbe espagnole, donné à cette espèce par les créoles des Antilles. Ses fibres, ligneuses, noires, sont dures et ont un peu la consistance du crin. Elle croît si abondamment sur les arbres qu'elle les couvre quelquefois en entier. On en fait peu d'usage dans les Antilles, quoique, comme le dit Nicholson, on puisse employer ses fibres, dépouillées de leur écorce, pour faire des sommiers et des meubles. Les Américains, peuple encore nouveau, et qui mettent tout à profit, se servent en effet de cette plante, qui croît abondamment dans les états du Sud, pour ces usages et pour rembourrer des chaises et des fauteuils : mais ses fibres n'ont pas assez de consistance pour être d'une longue durée; elles ne tardent pas à se rompre et à se briser. D'abord elles se ramassent par pelotons, qui rendent fort désagréables les meubles ainsi composés, et elles finissent par se broyer et se réduire en poussière; ce qui, en mettant les meubles hors de service, occasionne un nouveau désagrément. On peut mettre au rang de ces meubles les lits de plumes et matelas que l'on fait dans l'Amérique septentrionale avec le duvet de la massette ou *typha*. Voyez TILANDSIE et MASSETTE. (P. B.)

BARBE DE JUPITER. (*Bot.*) C'est le *barba Jovis* de Dalechamps et de Tournefort, que Linnæus a reporté à son *anthyllis*, genre de plantes légumineuses. Les diverses espèces de *barba Jovis* sont de petits arbrisseaux à feuillage soyeux et argenté. Voyez ANTHYLLIDE. (**J.**)

BARBE DE MOINE. (*Bot.*) On trouve sous ce nom, dans les Plantes usuelles de Chomel, la cuscute ordinaire. (J.)

BARBE DE RENARD. (*Bot.*) On donne ce nom au *tragacantha* de Tournefort, connu aussi sous ceux d'épine de bouc et d'adragant, et que Linnæus a réuni au genre Astragale, dans la famille des plantes légumineuses. Voyez ASTRAGALE. (J.)

BARBEAU. (*Bot.*) Voyez BLUET et CENTAURÉE.

BARBEAU. (*Ichtyol.*) C'est un cyprin commun dans nos eaux douces. Par l'allongement de sa tête, de son corps et de sa queue, il a quelque ressemblance avec le brochet, et on lui voit quatre barbillons, comme à la carpe. Lorsque le barbeau est jeune, on le nomme barbillon. V. CYPRIN. (F. M. D.)

BARBEAU DE MER (*Ichtyol.*), c'est le rouget. (F. M. **D.**)

BARBEEL et BARBELL. (*Ichtyol.*) Le premier nom est donné par les Hollandois, et le second par les Anglois, au barbeau. Voyez CYPRIN. (F. M. D.)

BARBERIN. (*Ichtyol.*) C'est le nom d'une espèce de mulle découverte par Commerson dans la mer des Moluques. Voyez MULLE. (F. M. D.)

BARBES, CARMAS (*Bot.*), noms arabes de l'yeuse ou chêne vert, selon Dalechamps. (J.)

BARBET (*Mamm.*), race de l'espèce du chien domestique, couverte de longs poils soyeux et frisés, et ayant les oreilles tout-à-fait pendantes. Voyez CHIEN. (F. C.)

BARBET. (*Ichtyol.*) Quelques pêcheurs appellent ainsi, dans certains ports de France, le mulle rouget. Voyez MULLE. Le barbeau porte aussi ce nom en Allemagne. Voy. CYPRIN. (F. M. D.)

BARBICAN (*Ornith.*), oiseau qui tient par divers rapports aux genres Barbu et Toucan. Voyez BARBU. (Ch. D.)

BARBICHON (*Ornith.*), espèce de gobe-mouche, ainsi nommée à cause des longues soies qui garnissent son bec. C'est le *muscicapa barbata*, L. (Ch. D.)

BARBIER. (*Ichtyol.*) C'est le nom que plusieurs naturalistes ont donné au labre anthias de Linnæus, que Lacépède a réuni avec raison aux lutjans, quoique Bloch en ait fait un genre particulier sous le nom d'ANTHIAS. Voyez ce mot et LUTJAN.

Le second aiguillon de la nageoire dorsale du barbier est long, et on l'a comparé par sa forme à un rasoir. (F. M. D.)

BARBILLON ou BARBE (*Agric.*), incommodité des chevaux et des bêtes bovines. C'est une espèce d'excroissance qui leur vient sous la langue et qui les empêche de boire et de manger. Elle est occasionée par un pli de la peau. Ordinairement on la coupe. (T.)

BARBILLONS. (*Entom.*) Quelques entomologistes ont désigné sous ce nom, ou sous celui d'antennules, certaines parties de la bouche, que nous faisons connoître au mot PALPES. (C. D.)

BARBILLONS. (*Ichtyol.*) On nomme ainsi des filamens déliés, mous et flexibles, qui sont auprès des lèvres de quelques poissons, entre autres des silures, des loches ou cobites, des cyprins, des esturgeons. On peut les regarder comme des organes très-sensibles, qui servent au toucher, à peu près comme les tentacules des animaux à sang blanc: les poissons qui en sont munis cherchent ordinairement leur nourriture dans la vase, et paroissent aussi les employer à se fixer au fond de l'eau ou contre les rochers. On connoît un poisson sous le nom de squale barbillon. Voyez SQUALE.

Le barbillon des pêcheurs françois est le cyprin barbeau, lorsqu'il est jeune et qu'il n'a que deux ou trois
ans au plus. Voyez CYPRIN. (F. M. D.)

BARBIO (*Ichtyol.*), nom donné en Espagne au barbeau.
Voyez CYPRIN. (F. M. D.)

BARBION (*Ornith.*), petit barbu dont Levaillant a donné
la figure pl. 32. de son Histoire des toucans et des BARBUS.
Voyez ce dernier mot. (Ch. D.)

BARBO ou BARBOT. (*Ichtyol.*) Voyez la description du
cyprin barbeau, au mot CYPRIN.

On nomme aussi barbot ou burbot en Angleterre le gade
lote. Voyez GODE.

Le petit barbot est le cobite loche. Voyez au mot COBITE.
(F. M. D.)

BARBON (*Bot.*), *Andropogon*, genre de plantes de la
famille des graminées, dont le caractère est d'offrir des
fleurs hermaphrodites, d'autres mâles. Ces dernières sont
pédiculées et sans barbe : les hermaphrodites sont sessiles ;
elles ont un calice uniflore à deux valves, une corolle
bivalve, munie à sa base d'une arête ou barbe, longue et
tortillée, trois étamines et deux styles.

Les fleurs sont disposées en épis plus ou moins velus,
quelquefois solitaires ou paniculés, ou plus souvent en forme
de digitation. Ce genre est nombreux en espèces : nous en
présenterons seulement les plus intéressantes.

1.° BARBON HÉRISSÉ, *Andropogon hirtus*, Linn., Pluk.
Alm. 175, t. 92, fig. 1. Ses tiges sont lisses et rameuses ;
ses feuilles glabres : ses fleurs forment une panicule composée d'épis géminés, portés sur des pédoncules filiformes
et coudés ; des touffes de poils blancs environnent chaque
fleur. Cette plante croît en Barbarie, en Espagne, en
France, etc.

2.° BARBON A DEUX ÉPIS, *Andropogon distachyos*, Linn.,
Ger. Gall. prov. 106, l. 3, f. 2. Cette espèce se distingue
par ses deux épis terminaux, droits, longs, un peu violets,
velus à la base des fleurs.

3.° BARBON ODORANT, vulgairement Jonc odorant, *Andropogon schœnanthus*, Linn. Cette plante, du milieu de
feuilles nombreuses, longues, étroites, fasciculées, pousse

des tiges cylindriques, roides, remplies d'une moelle fongueuse, terminées par une panicule de fleurs, composée d'épis géminés, très-courts, surpassant à peine l'espèce de gaîne qui les enveloppe à leur base ; le rachis est velu et denté. Elle croît dans les lieux sablonneux de l'Arabie et de l'Inde. Sa saveur est amère, un peu âcre, aromatique ; son odeur douce, agréable, approchant de celle de la rose. Elle est, dans les sables stériles où elle croît, d'une grande ressource pour les chameaux, auxquels elle sert de fourrage et de litière. Son odeur aromatique l'a fait long-temps rechercher pour l'usage de la médecine : on la fait encore entrer dans la composition de la thériaque. Les Indiens en tirent une petite quantité d'une huile très-agréable, propre à fortifier l'estomac ; ils la mêlent aussi dans le vin qu'ils tirent du palmier-sagou, pour le conserver. En général, cette plante est vulnéraire, incisive, détersive. L'infusion de ses sommités fleuries passe pour guérir les rhumes les plus opiniâtres, provoque les urines, et dégage les obstructions des viscères.

4.º Barbon cariqueux, *Andropogon caricosum*, Linn., Rumph. Amb. 6, p. 17, t. 7, f. 2, litt. A. Cette espèce croît dans l'Inde. Sa multiplication, la hauteur de ses chaumes, sont très-incommodes pour les chasseurs, pour les troupeaux que l'on conduit aux pâturages ; comme elle y est inutile, on la détruit en y mettant le feu : cependant à Java on s'en sert pour couvrir les maisons, et le peuple ramasse le duvet soyeux de ses fleurs pour en former des coussins et en garnir ses lits. Les tiges sont menues, les feuilles velues à leur gaîne ; les fleurs forment un seul épi terminal, embriqué et velu.

5.º Barbon nard, *Andropogon nardus*, Linn. C'est à cette plante que Linnæus a cru devoir rapporter le nard indien, dont les habitans de Java font un grand usage dans leur cuisine pour l'assaisonnement des poissons et des viandes. Il est alexitère, céphalique, stomachique et néphrétique. Geoffroy, qui lui reconnoît ces propriétés, le décrit comme une racine chevelue ou plutôt un assemblage de filets entortillés, attachés à la tête de la racine, qui paroissent être les filamens nerveux des feuilles desséchées, ramassés en petits paquets de la grosseur et de la longueur du doigt, de couleur de rouille de fer ou d'un brun roussâtre, d'un goût amer, âcre, aromatique, d'une odeur agréable et qui approche de celle du souchet.

Quant à la plante de Linnæus, elle a des tiges très-élevées, de trois mètres et plus, pleines d'une moelle blanche et fongueuse, munies de feuilles longues et larges. Les fleurs forment une panicule très-ample et d'un vert pâle. Cette plante croît dans les Indes, à Java, à Ceilan.

Il existe encore beaucoup d'espèces de barbon qui ne sont guères connues que par la description que nous en ont donnée les auteurs qui les ont observées. La plupart sont de l'Amérique ou de l'Inde. Desfontaines en a décrit une nouvelle dans sa Flore du mont Atlas, sous le nom d'*andropogon lanigerum*, dont les fleurs sont renfermées dans une feuille en forme de spathe : des poils nombreux, blancs et longs, y remplacent la valve calicinale ; les feuilles sont glabres et roulées à leurs bords. Bosc en a également rapporté plusieurs belles espèces de la Caroline. (A. P.)

BARBONI. (*Ichtyol.*) Le mulle rouget est ainsi nommé par les pêcheurs vénitiens. Voyez MULLE. (F. M. D.)

BARBOTA. (*Ichtyol.*) Voyez HUSO.

BARBOTE ou BARBOTTE. (*Ichtyol.*) C'est ainsi qu'on appelle la lotte dans quelques parties de la France. V. GADE.

La franche-barbote est au contraire le cobite loche. V. COBITE. (F. M. D.)

BARBOTEUR (*Ornith.*), nom d'une espèce de canard, *anas strepera*, L. (Ch. D.)

BARBOTEUX (*Ornith.*), on donne encore ce nom aux canards vivant dans nos basses-cours. Voyez CANARD. (Ch. D.)

BARBOTINE, SEMENCINE, POUDRE A VERS (*Bot.*), noms divers de l'absinthe de Judée, *artemisia judaica*, L., dont la semence, envoyée du Levant, a une grande amertume et une odeur forte, qui la rendent, d'une part, stomachique, et, de l'autre, propre à faire mourir les vers. C'est peut-être celle que l'on nomme dans les boutiques *semen contra* : il est au moins sûr que celle-ci appartient au même genre. Linnæus a nommé une espèce *artemisia contra*, probablement parce qu'elle a les mêmes propriétés, ou même qu'elle fournit la graine des boutiques. (J.)

BARBOTEAU, Barbotte. (*Ichtyol.*) C'est le cyprin jesse. Voyez Cyprin. On donne le même nom à un cobite, *cobitis barbatula.* Voyez Cobite. (F. M. **D.**)

BARBOUQUET (*Agric.*), maladie des bêtes à laine. Voyez Noir-museau. (T.)

BARBOUTOUBA (*Bot.*), nom caraïbe d'une espèce d'épidendre, *epidendrum bifidum*, Aubl. (J.)

BARBOUQUINE. (*Bot.*) Voyez Salsifis.

BARBU (*Ornith.*), *Bucco.* Ce genre d'oiseaux, de l'ordre des *aves picæ* de Linnæus, est un de ceux dont les caractères ont jusqu'à ce jour été le moins exactement déterminés. Les formes du bec y sont en effet très-variables. Chez les uns la mandibule supérieure est lisse, chez d'autres elle a une échancrure ou même plusieurs. La convexité et l'épaisseur offrènt aussi des différences ; et comme d'ailleurs les soies ou barbes qu'on rencontre dans tous les individus, ne sont pas des attributs exclusifs et appartenant à cette seule famille, on ne peut se dissimuler qu'il ne soit fort difficile d'assigner des caractères tranchés à ces divers oiseaux, que d'autres rapports et l'identité des mœurs et des habitudes empêchent cependant de distribuer en plusieurs genres.

Buffon a établi deux sections, dont l'une comprend les barbus de l'ancien continent, et l'autre les barbus d'Amérique, auxquels il a particulièrement affecté le nom de tamatias. Outre la diversité de climats, qui a été considérée par ce naturaliste comme un motif propre à faire séparer les espèces d'oiseaux d'un vol trop lourd pour avoir traversé de vastes mers, il a cru remarquer qu'en général les premiers différoient des seconds en ce que ceux-là avoient le bec plus épais, plus court et plus convexe en dessous, et que ceux-ci l'avoient plus grand, plus allongé, et la tête plus grosse relativement au volume du corps : mais Levaillant, qui, prenant ces différences à la lettre, prétend avoir reconnu de vrais barbus en Amérique et des tamatias aux Indes, n'admet point cette division, et, en conservant la section des barbus proprement dits et des barbus tamatias, sans leur assigner des climats particuliers, il y ajoute une troisième section, composée de barbus barbacous. L'auteur de cet article auroit désiré qu'au moment où il est obligé de le fournir à l'impression, l'histoire des barbus, faisant suite à celle des oiseaux de Paradis, etc., de Levaillant, eût été achevée; mais l'état dans lequel est ce grand et bel ouvrage, dont on vient seulement de publier la quinzième livraison, ne permet pas d'exposer ici les motifs sur lesquels cet auteur a fondé son arrangement particulier. Tout ce qu'on a été à portée d'observer, d'après les deux planches de barbacous qui font partie de la dernière livraison, c'est que cette section a été formée d'un démembrement du genre Coucou. En effet, le barbacou à bec rouge, de Levaillant, pl. 44, est évidemment le coucou noir de Caïenne, pl. 512 de Buffon, *cuculus tranquillus*, L.; et le barbacou à croupion blanc, pl. 46 du premier de ces auteurs, est le petit coucou noir de Caïenne, pl. 505 de Buffon, *cuculus tenebrosus*, L. Déjà Latham, dans son Index ornithologicus, avoit rangé avec les barbus le coucou noir de Caïenne, que l'on trouve parmi les coucous dans son Synopsis; mais si cette espèce, décrite trois fois par Gmelin, sous les noms de *bucco cinereus*, de *corvus australis* et de *cuculus tranquillus*, a des soies à la base du bec, comme les barbus, elle a les autres attributs du coucou, et rien dans son port élancé et svelte n'annonce de conformité avec une famille d'oiseaux qu'on reconnoît à des traits entièrement opposés Avant donc d'admettre la section de Levaillant, il est convenable d'attendre qu'il en ait exposé les bases.

D'après leur physionomie lourde et leurs formes épaisses, les barbus sont naturellement placés près des petites espèces de toucans. Les oiseaux de ces deux familles, dont les doigts sont disposés de la même manière, ont les jambes courtes, le corps trapu, la tête forte, et le bec gros proportionnellement à leur taille, mais bien plus solide chez les barbus que chez les toucans.

Les seuls signes caractéristiques que l'on puisse regarder comme applicables à la famille entière, sont d'avoir un bec robuste, tranchant, comprimé latéralement, un peu convexe, et dont la mandibule supérieure, plus ou moins re-

courbée, offre tantôt une ou plusieurs échancrures, tantôt
est absolument lisse, et semble quelquefois se diviser en
deux à son extrémité; les narines toujours couvertes de
soies roides, qui partent de la base du bec, dont l'ouverture
s'étend jusqu'au - dessous des yeux; deux doigts dirigés en
avant et deux en arrière; les ailes et la queue courtes; celle-
ci composée le plus souvent de dix pennes assez foibles.

On trouve ces oiseaux dans les contrées les plus chaudes
de l'Asie et de l'Afrique, dans l'Amérique méridionale et
dans les grandes Antilles; mais il paroît que leurs mœurs
ne sont point partout les mêmes. Buffon dit, d'après Sonnerat, Voyage à la nouvelle Guinée, p. 69, que les barbus
des grandes Indes, qui sont entomophages, attaquent aussi
les petits oiseaux, et ont à peu près les mêmes habitudes
que les pie-grièches, tandis que ceux d'Amérique ou les tama-
tiàs sont des oiseaux tranquilles et presque stupides, qui se
tiennent dans les endroits les plus solitaires des forêts, où
ils se posent sur des branches basses et bien garnies de
feuilles. La tête, retirée entre leurs larges épaules, leur
donne une figure massive et une mine triste et sombre. On
peut les approcher aisément dans cette attitude, et on leur tire
même plusieurs coups de fusil sans les faire fuir. Ces oiseaux
ont le vol pesant et court; leur chair n'est pas mauvaise.

Levaillant rapporte sur les barbus un trait fort intéressant. Il trouva un jour, dans une des cellules du nid commun que construisent les oiseaux par lui nommés républicains, cinq barbus de l'espèce à gorge noire. Un de
ces individus, parvenu au dernier période de la vie, étoit
tellement caduc qu'il ne pouvoit ni marcher ni voler. La
grande quantité de noyaux et les débris d'insectes entassés
dans la cellule, annonçoient que l'oiseau infirme y étoit
nourri par les autres, et Levaillant a obtenu la confirma-
tion de ce fait; car, ayant mis les cinq barbus dans une
cage et leur ayant donné des insectes et des fruits dont
ils faisoient leur principale nourriture, il a vu les quatre
barbus bien portans s'empresser de donner à manger au
moribond, relégué dans un des coins de la cage.

Malgré la disposition de leurs doigts, Levaillant observe
que ces oiseaux ne grimpent point à la manière des pics,

mais qu'ils nichent, comme ceux-ci, dans des trous d'arbres, où ils entrent lors même qu'on est près d'eux, et dans lesquels il est facile de les surprendre. Buffon avoit dit qu'on ne les voyoit ni par troupes ni par paires; mais Levaillant prétend, au contraire, que le mâle et la femelle se tiennent constamment ensemble, et qu'à l'époque où les petits ont pris l'essor, ils se forment en troupes avec la nichée. Selon ce voyageur, la nourriture des barbus consiste dans des fruits et des insectes, et il ne dit point, comme Sonnerat, qu'ils mangent aussi de petits oiseaux et ont les mœurs des pie-grièches, circonstance qui sembloit rendre encore plus naturelle la division adoptée par Buffon. Levaillant promet, au surplus, de combattre victorieusement cette division dans la suite de son histoire; mais il paroît étayer son opinion sur les caractères énoncés par Buffon, et supposer que la forme du bec est le principal motif de la division faite par ce naturaliste, tandis que lui-même avoue qu'il seroit impossible d'établir des ordres fixes parmi les espèces de ce genre en ne partant que de la seule considération du bec, et que cette considération n'est qu'un objet accessoire dans la division de la famille des barbus de l'ancien et du nouveau continent.

Buffon n'a fait mention de la différence par lui observée dans la conformation des becs, que comme d'un aperçu systématique; mais la manière dont il traitoit la science ne permet point de penser qu'il l'ait présentée comme une règle constante et générale, et qu'elle ait été la base de son travail. Si les oiseaux peints dans les planches enluminées de Buffon portent tous le nom de barbus, c'est parce que, faites avant la description des oiseaux de ce genre, Buffon, qui n'en avoit pas encore formé deux sections, n'avoit pas appliqué le nom de tamatia aux espèces d'Amérique; mais, ce plan une fois arrêté, il en est résulté des changemens indispensables dans la nomenclature, et quelles qu'aient été les variations du bec dans les espèces, elles ont dû, suivant leur pays natal, être des barbus proprement dits ou des tamatias. Nous conserverons donc provisoirement cette distribution par continent.

PREMIÈRE SECTION. *Barbus de l'ancien continent, ou barbus proprement dits.*

BARBU BARBICAN, *Bucco dubius*, Linn., pl. 602 de Buffon et 18 de Levaillant. Cette espèce forme le passage des toucans aux barbus, et réunit une partie des caractères propres à chacun des deux genres. Par la distribution des couleurs et la forme du corps, le barbican ressemble aux premiers, dont il a aussi le bec, quoique ses mandibules, moins larges, soient bien plus solides; mais sa langue est charnue et non plumeuse, comme dans les toucans, et de la base de son bec sortent de longs poils qui l'entourent de tous les sens et s'étendent bien au-delà des narines. Ces dernières considérations ont déterminé à le ranger plutôt parmi les barbus.

Cet oiseau a neuf pouces de long, et sa queue, dont les ailes n'atteignent que l'origine, est étagée de manière qu'elle s'arrondit à l'extrémité comme dans la famille des toucans : elle a environ trois pouces et demi. Son bec, qui est rougeâtre, a dix-huit lignes de longueur et dix d'épaisseur. La mandibule supérieure, un peu crochue à son extrémité, présente de chaque côté deux dentelures mousses, qui forment des sillons larges et profonds. La mandibule inférieure est rayée transversalement par des cannelures. Le plumage du barbican est d'un noir luisant, à reflets bleuâtres sur la tête et toute la partie supérieure du corps, à l'exception d'une plaque blanche sur le milieu du dos. Les ailes, la queue et leurs couvertures, sont de la même couleur, qui forme aussi une bande transversale sur le haut de la poitrine. Le devant du cou et la gorge sont couverts de plumes rudes, d'un rouge vif, qui prend une teinte jaunâtre sur le sternum. Les flancs sont blancs avec quelques gouttes noires : les pieds sont d'un jaune sale. La femelle ne diffère du mâle que par une taille un peu moins forte et moins de vivacité dans les nuances rouges et jaunes.

Le barbican se trouve en Barbarie ; Levaillant l'a vu dans les forêts du pays des grands Namaquois : mais ces oiseaux n'y sont que de passage. Leur voix est forte et sonore ; les fruits sont leur principale nourriture. Le mâle et la femelle s'accompagnent toujours.

Latham donne pour variété de cette espèce (Synops., 2.ᵉʳ Suppl. p. 96, nomb. 16) un individu qui se trouve au Muséum britannique, et dont les principales différences consistent en ce que la tête offre une nuance rouge qui, passant derrière les yeux, traverse obliquement les couvertures des ailes, et que le haut de la gorge est noir.

GRAND BARBU, *Bucco grandis*, Linn., pl. enlum. de Buffon n.° 871, et de Levaillant n.° 20. Cette espèce, qui se trouve à la Chine, est la plus grande que l'on connoisse. Levaillant propose de substituer à ce nom celui de *barbacaric*, qui indiqueroit les rapports de cet oiseau avec les aracaris, comme le nom de barbican indique une analogie plus particulière avec les toucans proprement dits. Le grand barbu a, en effet, la taille plus svelte et la queue plus étagée que le barbican. Ses dimensions sont à peu près celles de l'aracari vert : il a onze pouces de longueur. Son bec, fort et arqué, est long d'un pouce et large de dix lignes ; il est d'un blanc jaunâtre, avec la pointe noire : sa base est entourée de poils noirs et rudes comme des crins. La tête et le haut du cou sont d'un vert sombre, avec une nuance bleue, qui rend cette couleur changeante suivant les divers aspects. Le bas du cou et la poitrine offrent un fond brun, relevé de vert, dont les nuances se mêlent avec le vert du manteau, des grandes et petites couvertures des ailes et du reste du corps, à l'exception des plumes anales, qui sont rouges. Les pieds sont jaunes.

Latham donne comme variété de cette espèce, Synops., p. 95, n.° 10, lettre B, un individu dont il n'a vu que le dessin dans la collection de Lady Impey. Sa taille étoit plus petite et les couleurs en général plus sombres. Le bec étoit d'un brun rougeâtre ; une peau rouge entouroit les yeux ; le dessus du corps étoit d'un vert terne, le dessous d'un vert blanchâtre, et les pieds d'un jaune pâle. Il y a lieu de penser que cet individu étoit un jeune ou une femelle du grand barbu.

BARBU A GORGE NOIRE, *Bucco niger*, Linn., pl. enlum. de Buffon n.° 688, et de Levaillant n.°ˢ 29 et 30. Cette espèce, que Sonnerat a figurée pl. 34 de son Voyage à la nouvelle Guinée, sous le nom de barbu de l'île de Luçon, et que Buffon a décrite sous les noms de barbu à gorge noire et barbu à plastron noir, a sur le front une plaque rouge, de forme circulaire. De chaque côté des narines part une bande étroite. qui passe sur les yeux et se prolonge en arrière ; elle est à son origine d'un jaune qui s'affoiblit et devient blanc à l'extrémité. Cette dernière couleur est celle d'une autre bande plus large qui occupe parallèlement les côtés du cou. La partie qui sépare ces bandes est noire, ainsi que le dessus de la tête, du cou, et la gorge. Les plumes du manteau et les couvertures des ailes portent sur un fond noir une petite tache jaune, en larme ; les plumes scapulaires sont noires, frangées de blanc, et les plumes alaires brunes, avec un liséré jaune. La poitrine et le dessous du corps sont d'un blanc jaunâtre ; le dos, le croupion et les couvertures du dessus de la queue, d'un jaune luisant. La queue, très - peu étagée, est noire ; les barbes extérieures des pennes sont frangées de jaune, et les pieds plombés.

La femelle, un peu plus petite que le mâle, n'a point de rouge sur le front pendant la première année, et le dessous de son corps est parsemé de taches grises sur un fond d'un blanc olivâtre. Plus avancée en âge, elle porte la plaque rouge ; mais toutes ses couleurs ont des teintes plus foibles, et les taches jaunes sont plus petites et moins nombreuses.

Cette espèce habite les forêts de *mimosa* des côtes est et ouest de l'Afrique. Levaillant n'a commencé à en voir qu'aux environs de la rivière Gamtos, et à l'ouest, vers le Naméroo et les monts Camis ; mais il en a trouvé beaucoup dans le pays des Cafres et des grands Namaquois. Ils sont peu farouches, volent pesamment ; ils font entendre à plusieurs reprises, et d'une voix forte et éclatante, le mot *cou*. Leur nourriture consiste en insectes et en fruits ; ils aiment surtout celui d'une espèce de saule dont le goût est acide et qui est rafraîchissant. Le mâle et la femelle paroissent être fort attachés l'un à l'autre et ne se quittent pas. La femelle dépose dans un trou d'arbre, sur la poussière du bois vermoulu, quatre œufs blancs, que le mâle couve à son tour. Levaillant, qui a examiné vingt-trois nichées, **y** a constamment trouvé deux mâles et deux femelles. A défaut de trous d'arbres, ces oiseaux s'emparent quelquefois des nids d'autres oiseaux entièrement fermés, et ils s'établissent particulièrement dans les cellules de ceux que se bâtissent en commun les oiseaux d'Afrique nommés républicains par Levaillant. Les petits restent avec leurs père et mère jusqu'à ce qu'ils soient devenus assez forts pour n'avoir plus besoin de leurs secours. Tous les soirs la petite bande vient coucher dans le même trou ; ce qui est assez général parmi les oiseaux qui nichent dans des trous d'arbres.

Barbu vert, *Bucco viridis*, Linn., pl. enlum. de Buffon, n.° 870. Cette espèce, originaire des grandes Indes, et apportée de Mahé par Sonnerat, a six pouces et demi de longueur : le bec, de couleur blanchâtre, a un pouce deux lignes sur environ sept lignes de largeur à sa base. La tête est d'un gris brun, avec une tache blanche au-dessus et derrière chaque œil. Les plumes du cou, dont le fond est de la même couleur, sont bordées de blanchâtre. Le reste du corps est d'un assez beau vert, plus pâle sous le ventre.

Barbu a gorge bleue, *Bucco cœruleus*. Levaillant donne, sous les n.°⁵ 21 et 22, la figure du mâle et de la femelle de cette espèce, qui habite les Indes orientales, et qu'il a reçus de Chandernagor. Le bec est blanchâtre, avec l'arête supérieure et les barbes brunes. Le mâle porte au front et à l'occiput deux bandes rouges, séparées par une noire. Les joues, la gorge et tout le devant du cou, sont d'un joli bleu de ciel, qui se termine sur la poitrine, aux deux côtés de laquelle est une tache rouge. Tout le dessus du corps est d'un vert brillant, qui devient plus clair sous le ventre. Les premières grandes pennes des ailes sont brunes ; les pieds plombés.

La couleur bleue ne descend pas plus bas que la gorge chez la femelle ; qui n'a point de taches rouges sur les côtés de la poitrine. Plus petite que le mâle, elle lui ressemble d'ailleurs par ses couleurs générales.

Les individus de cette espèce, qu'on voit au Muséum d'histoire naturelle de Paris, ont été envoyés du Sénégal par le voyageur Massé.

Barbu a gorge jaune, *Bucco philippinensis*, Linn., pl. enlum. de Buffon, n.° 351. La longueur de cet oiseau est de sept pouces ; la queue n'a que dix-huit lignes, et le bec, qui est brun, douze à treize. La tête et la poitrine sont rouges : les yeux sont entourés d'une tache jaune ; la gorge est de la même couleur. Tout le dessous du corps est d'une couleur jaunâtre, avec des taches longitudinales brunes ; le dessus est d'un vert obscur.

La femelle, moins grosse que le mâle, n'a point de rouge sur la tête ni sur la poitrine ; le tour des yeux et la gorge sont d'un blanc jaunâtre.

Cette espèce habite aux îles Philippines.

Barbu a couronne rouge, *Bucco rubricapillus*, Linn. Ce barbu de Ceilan, dont on trouve la figure pl. 14 des Illustrations de Brown, a environ cinq pouces de longueur. Le haut de sa tête est couvert d'une couronne rouge d'écarlate, et il a une plaque de la même couleur sur la gorge. Les yeux sont surmontés d'un petit trait noir ; les joues présentent une grande tache blanchâtre, et il y en a de la même couleur sur les petites couvertures du dessus des ailes ; le dessus du corps est d'un beau vert-pomme. Au milieu du cou et en devant se voit un demi-collier rouge, bordé de noir. Le reste du cou et la poitrine sont jaunes, le ventre blanc. Les pennes des ailes et de la queue sont brunes. Le bec est brun et les pieds rougeâtres.

Barbu a masque roux, *Bucco Lathami*, Gmel. On ne connoît pas le pays qu'habite ce barbu, figuré dans Latham, Synops. t. I, part. 2, page 504, pl. 22. Son bec est blanchâtre et garni de barbes très-longues. A l'exception d'une espèce de masque brun roux, qui couvre le front, les côtés de la tête et le haut de la gorge, le plumage de cet oiseau est partout d'une couleur olivâtre, plus foncée sur les ailes et sur la queue. Cet oiseau a environ six pouces de longueur ; ses pieds et ses ongles sont jaunes.

Barbu kottorea, *Bucco zeylanicus*, Linn., et Brown, pl. 15 de ses Illustrat. de zoolog. Cette espèce se trouve à Ceilan et à Java. Le nom de *kottorea* lui a été donné par les Singalais, à cause du cri plaintif, et semblable à celui de la tourterelle, qu'il fait entendre lorsqu'il est perché sur les plus hauts arbres. Cet oiseau est de la même taille que le barbu à couronne rouge. Le bec est rouge; une tache jaune et dénuée de plumes entoure les yeux. La tête et le cou sont d'un brun pâle ; le dessus du corps d'un vert tendre, plus clair dans les parties inférieures. Les plumes scapulaires ont de petites taches blanches au centre; les pennes des ailes sont brunes à leur bord intérieur, les pieds et les doigts d'un jaune pâle.

Petit Barbu, *Bucco parvus*, Linn., pl. enlum. de Buffon 746, n.° 2. Cet oiseau du Sénégal n'a que quatre pouces de longueur. Son bec, de couleur jaunâtre, est gros et ombragé de longues soies ; sa tête est forte. Des angles du bec part une petite bande blanche qui se prolonge sous les yeux. Tout le dessus du corps est d'un brun noirâtre avec des teintes fauves et vertes sur les ailes et la queue : les pennes des premières sont d'ailleurs bordées de blanc; elles atteignent presque l'extrémité de la queue lorsque les ailes sont pliées. La gorge est jaune, et la poitrine, ainsi que le ventre, blancs, avec des taches longitudinales brunes.

Barbu barbion. *Bucco pusillus*. Cette nouvelle espèce, que Levaillant a décrite et figurée sous le n.° 52, a beaucoup de rapports par le plumage avec le barbu à gorge noire ; mais elle est beaucoup plus petite, sa taille n'excédant guères celle d'un chardonneret. La forme conique de son bec, qui est tout droit, et dont la mandibule supérieure est sans échancrure et a la pointe très-aiguë, établit aussi entre les deux espèces une telle différence qu'elle feroit même douter si le barbion n'est pas d'un autre genre. Au reste, cet oiseau a, comme le barbu à gorge noire, une plaque rouge sur le front. Le plumage est aussi le même dessus le corps, quoiqu'on remarque moins de noir dans le barbion, où cette couleur occupe la moitié de chaque plume, au lieu d'y être répandue en larmes. Les couvertures des ailes et les bords des pennes sont d'un beau jaune d'or sur un fond noir : celles de la queue, toutes d'égale longueur, sont frangées de jaune. La base de la mandibule supérieure est entourée d'une étroite bande blanche, qui se prolonge sous les yeux, et va rejoindre une autre bande de la même couleur, qui descend sur le côté du cou,

entre deux bandes noires plus larges. La gorge est d'un
beau jaune. Le dessous du corps est d'un vert jaunâtre. Le
bec est noir, ainsi que les barbes de la mandibule inférieure; celles de la mandibule supérieure sont blanches,
L'iris est brun. Les pieds sont de la même couleur.

La tache rouge paroît plus tard au front de la femelle
qu'à celui du mâle; celle-ci n'en diffère d'ailleurs que par
des couleurs un peu moins vives.

Cette espèce habite l'intérieur des terres de l'Afrique.
Levaillant l'a trouvée sur les bords du Sandag, du Swarte-
Kop, et dans le Karow, où l'on trouve aussi le barbu à gorge
noire; mais elle y est bien moins nombreuse. Les bar-
bions vivent en famille, par petites troupes; ils fréquentent
les mimosas et se suspendent en tous sens à leurs branches,
comme les mésanges, pour en faire sortir les insectes et en
détacher les œufs, dont ils se nourrissent. On les entend
alors jeter continuellement un petit cri, *piri-piri-piri-piriri-
piri.* Le mâle et la femelle vivent seuls pendant le temps
des amours, et alors le mâle, perché sur le sommet des
plus grands arbres, répète pendant des heures entières
piron-pion-piron-pion. La femelle pond dans le trou d'un
arbre six œufs blancs, que le mâle couve à son tour.

Barbu bussenbuddoo, *Bucco indicus*, Linn. Ce barbu,
qui porte dans l'Inde le nom qu'on lui a conservé ici, n'a
été décrit par Latham, Synops. 1.ᵉʳ Suppl., p. 97, n.° 18,
que d'après un dessin colorié de Middleton. Il a le bec
bleu, l'iris blanc, la tête noire, le front et le devant du
cou rouges, les joues et la gorge jaunes, avec une tache
de la même couleur sur la poitrine, et un croissant vert
sur chaque côté du cou. Le dessus du corps est vert, et le
dessous blanc, rayé de vert. Les pieds sont rouges. Latham
et Sonnini pensent que ce joli barbu n'est qu'une variété
du barbu à couronne rouge, et l'on doit être porté à le
croire quand on rapproche les descriptions, et qu'on réfléchit d'ailleurs que le bussenbuddoo n'a pas été examiné
vivant.

La même défiance doit faire provisoirement écarter de
la liste des barbus le *bucco Gerini.* C'est sur la foi d'une des
mauvaises planches de l'ouvrage du naturaliste italien qu'on

a ·établi cette espèce, et cela est d'autant plus étonnant que Gerini lui-même donne l'oiseau par lui figuré pour une pie.

BARBU ROSE-GORGE, *Bucco roseus.* Levaillant a donné, sous le n.º 33, la figure de ce bel oiseau, qui paroît être de la taille du barbu à gorge noire ; mais la description n'en étant pas encore publiée en cet instant, et ne connoissant pas le pays qu'il habite, nous ne pouvons déterminer positivement la section à laquelle il appartient. Nous nous bornerons donc à en donner une idée d'après la planche, où il offre un rouge assez foncé, non-seulement depuis la mandibule inférieure jusqu'au haut de la poitrine, mais au front et sous les yeux. Les côtés du cou sont noirs. Tout le dessus de l'oiseau est d'un vert luisant, avec des reflets bleus, qui sont plus apparens sur les pennes des ailes. Le fond du plumage est verdâtre en dessous, et les côtés sont blanchâtres, avec des taches noires longitudinales, qu'on remarque même à travers le rouge de la gorge. Le bec est d'un noir plombé, et les pieds bruns.

DEUXIÈME SECTION. *Barbus du nouveau continent, ou Tamatias.*

TAMATIA A VENTRE TACHETÉ, *Bucco variegatus.* Cette espèce, désignée par Buffon, d'après Marcgrave, sous le nom simple de tamatia, qu'elle porte au Brésil, et peinte dans sa 746.ᵉ planche, sous le nom de barbu à ventre tacheté, de Caïenne, a été appelé, par Linnæus et Latham, *bucco tamatia* ; mais comme cette épithète sembleroit affecter à une seule espèce une dénomination consacrée ici à une section entière, on a cru en devoir préférer une tirée du plumage. Il auroit été possible, sous un autre rapport, d'adopter celle de *brasiliensis* ; mais elle auroit eu, comme tous les noms de lieux, l'inconvénient de particulariser l'habitation d'un oiseau qu'on trouve ailleurs qu'au Brésil.

Ce barbu a six pouces et demi de longueur. Le bec, qui est noir, a quinze lignes ; la mandibule supérieure est un peu fendue à son extrémité. La figure de Buffon, où l'oiseau paroît huppé, n'est pas bien d'accord avec la descrip-

tion que cet auteur en donne lui - même. Le front et le
dessus de la tête sont roussàtres ; la partie supérieure du
cou offre un demi-collier varié de noir et de roux ; tout
le dessus du corps est brun, nuancé de roux : sous les
yeux est une assez grande tache noire ; la gorge est orangée,
et tout le dessous du corps est marqué de taches noires
transversales sur un fond blanc roussàtre. Les pieds sont
noirs.

Cet oiseau, que Brisson a placé mal à propos parmi les
grives, se trouve au Brésil et à Caïenne : il vit de scarabées
et d'autres gros insectes, qui font également la base de la
nourriture des autres tamatias.

Tamatia a tête et gorge rouges, *Bucco cayennensis,*
Linn. Cette espèce, qui est de la grosseur de l'alouette
cochevis, et qui a sept pouces de longueur, se trouve à
Caïenne et à Saint-Dominguc. Elle est figurée dans Buffon,
pl. 206, sous les noms de barbu de Caïenne et barbu
de Saint-Domingue. Levaillant en a donné de meilleures
figures, pl. 23, 24, 25 et 26, qui représentent le mâle, la
femelle et deux variétés. Il le nomme barbu de la Guiane,
parce qu'il est, suivant lui, dans cette contrée, la seule
espèce du genre, et que plusieurs ont aussi la tête et la
gorge rouges : mais si l'on rencontre assez communément
cette espèce dans les envois qui se font de Caïenne, la
seule conclusion qu'on en puisse tirer est qu'elle y est
plus nombreuse ; car il en est arrivé du même pays d'autres
espèces, telles que le tamatia à collier et le tamatia noir
et blanc.

Des plumes d'un rouge vif couvrent la gorge et le front
de cet oiseau ; la partie supérieure de la tête est jaune.
Une bande de cette dernière couleur, mais plus foible,
descend des yeux sur le dos, où le fond du plumage est
noir, avec des taches blanches sur les grandes couvertures
des ailes et sur leurs pennes le plus près du corps. Les
grandes pennes sont brunes en dedans et olivàtres en dehors ; des nuances de cette dernière couleur se remarquent
sur la queue, qui est d'un brun noir. La poitrine est d'un
jaune pàle, qui prend une teinte verte sous le ventre ; elle
est parsemée, ainsi que les flancs, de taches ovales noires,

qui deviennent plus petites à mesure qu'elles s'éloignent. La base de la mandibule inférieure est blanchâtre ; tout le reste du bec est noir. Les pieds sont plombés.

La femelle diffère du mâle en ce que la poitrine et le dessous du corps sont d'un jaune pur, mais foible, et qu'elle n'a de taches noires que sur les flancs.

La première des variétés décrites par Levaillant diffère de l'espèce par un trait longitudinal noir, qui occupe le centre des plumes rouges de la gorge, par une frange jaunâtre qui termine les plumes du dos et les couvertures des ailes, et par un bien plus grand nombre de taches noires sous le corps. Cette bigarrure annonce un individu encore jeune, et Levaillant en a trouvé plusieurs avec cette livrée.

La deuxième variété offre, au contraire, les signes d'une extrême vieillesse. Le rouge du front et de la gorge a jauni, le noir est devenu brun ; toutes les couleurs enfin ont pris une teinte plus foible et plus terne.

Tamatia orangé, *Bucco auratus.* Levaillant, qui n'a vu qu'un seul individu de cette espèce, par lui représenté pl. 27, sous le nom de barbu orangé du Pérou, observe qu'il existe entre lui et le précédent de tels rapports qu'on pourroit le considérer simplement comme une variété de climat ou une race de l'espèce, se perpétuant à la manière de plusieurs variétés du faisan vulgaire : mais ce barbu ayant été tué dans les bois du Pérou, il en a fait provisoirement un article à part ; et quoiqu'en effet tout annonce ici qu'il ne s'agit point d'une espèce particulière, jusqu'à ce que l'inspection d'autres individus ait fourni le moyen d'avoir une solution complète à cet égard, on croit lui devoir laisser une dénomination spécifique.

Cet oiseau a les plumes du front, de la gorge et du devant du cou, d'une couleur orangée, dont la teinte rougeâtre imite assez la capucine, et qui se change insensiblement en jaune de jonquille sur la poitrine et devient encore plus terne sous le ventre. Des taches noires, longitudinales, se remarquent sur les flancs et aux plumes anales. Le dessus de la tête et le derrière du cou sont d'un jaune varié de noir : cette dernière couleur domine sur les scapulaires, le dos et le croupion. Une large bande noire, qui part des yeux, descend sur les côtés du cou et occupe le haut de l'aile, dont les grandes couvertures ont une tache jaune qui forme une bande transversale. Les pennes alaires et caudales sont noires, avec un petit liséré jaune. Le bec est noir et les pieds sont bruns.

TAMATIA A COLLIER, *Bucco collaris*, Lath., pl. enlum. de Buffon, n.° 395. Cet oiseau, auquel l'épithète de Latham convient mieux que celle de *capensis*, donnée par Linnæus, a sept pouces trois lignes de longueur. On le trouve à la Guiane, où il est rare. Son nom lui a été donné à cause du collier noir qu'il porte, et qui est beaucoup plus large sur la poitrine que sur le haut du dos, où il est accompagné d'un demi-collier fauve. Le plumage de l'oiseau est, sur la tête, le haut et les côtés du cou, le dos, les ailes et la queue, d'un fond roux, avec des raies transversales noires très-légères et fort multipliées. La gorge, le ventre et les couvertures du dessous de la queue, sont d'un blanc sale. Le bec, que la planche de Buffon représente comme étant roux, est noirâtre en dessus et de couleur de corne en dessous. La mandibule supérieure est échancrée vers son extrémité. Les pieds et les ongles sont gris.

TAMATIA NOIR ET BLANC, *Bucco macrorynchos*, Linn. Cette espèce est figurée dans la 689.° planche enlum. de Buffon, sous le nom de barbu à gros bec de Caïenne, et dans la 59.° de Levaillant, sous celui de tamatia à plastron noir. Cet oiseau a le bec noir et très-gros en proportion du corps, dont la longueur est d'environ sept pouces. La mandibule supérieure est fort crochue et sa pointe est bifurquée. Son plumage n'offre que du noir et du blanc : cette dernière couleur est celle du cou, de la gorge et du ventre. Le dessus du cou présente aussi un demi-collier blanc. Le sommet de la tête, le dos, la poitrine, les ailes et la queue, sont noirs. Les pieds sont plombés.

Malgré la différence dans la grosseur, il y a lieu de penser que le petit tamatia noir et blanc, *bucco melanoleucos* de Linnæus, représenté dans la 688.° pl. enlum. de Buffon, sous le n.° 2, est de la même espèce que le précédent. Il n'a que cinq pouces de longueur, mais son bec est proportionnellement aussi fort et a la même scissure à la mandibule supérieure, qui est également crochue. Le front est parsemé de taches blanches. Une ligne de la même couleur va de l'œil à l'occiput, et le demi-collier blanc ne paroît pas exister. Les flancs présentent aussi des bandes transversales noires, qu'on ne trouve pas dans les grands individus : le blanc et le noir sont, au reste, distribués à peu près de la même manière : le bec et les pieds sont également plombés.

Tamatia brun, *Bucco fuscus*, Linn., pl. 43 de Levaillant. Cette espèce, dont la longueur est de six pouces et demi, a la taille de l'alouette. Tout son plumage est brun; mais le centre de chaque plume est d'une teinte plus claire : il y a d'ailleurs sur la poitrine une tache blanchâtre, de forme triangulaire, et quelques plumes de la même couleur des deux côtés du bec, qui est d'un brun noir avec une teinte jaune à la base. Les pieds sont bruns. Latham, qui le premier a décrit cet oiseau, ignore son pays natal; mais comme le seul individu qu'il ait observé faisoit partie d'un envoi de Caïenne, il soupçonne que les forêts solitaires de la Guiane sont les lieux où il habite. La description de Levaillant ne paroît pas encore.

Tamatia a plastron noir, *Bucco torquatus*. Levaillant, qui a figuré cette espèce sous le n.° 28, avec la dénomination de barbu à plastron noir, annonce qu'elle a été envoyée du Brésil à M. Gevers Arntz, d'Amsterdam, et qu'il ne faut pas la confondre avec le barbu à plastron noir de Buffon, qui n'est qu'un double emploi de son barbu à gorge noire. Le front, jusqu'au-delà des yeux, les joues et la gorge, sont rouges. La poitrine offre un large plastron noir; le derrière de la tête et les côtés du cou sont de la même couleur et s'unissent au plastron. Le dos, les ailes et la queue, sont d'un brun terreux; mais les pennes des ailes le plus près du corps sont bordées de jaune extérieurement, et les barbes intérieures des plumes de la queue sont d'un blanc jaunâtre. Le ventre et les plumes anales sont jaunes, et les flancs d'un blanc grisâtre. Le bec et les barbes sont noirs et les pieds plombés.

Beau tamatia, *Bucco elegans*, Linn., pl. enlum. de Buffon,

n.° 33o. Cet oiseau, long d'environ six pouces et de la grosseur du moineau franc, a le haut de la tête et de la gorge
rouge, avec une bordure d'un bleu clair qui remonte de
chaque côté sur les joues, où elle s'élargit. Tout le dessus
du corps est d'un vert brillant. Le devant du cou est jaune,
ainsi que le haut de la poitrine, au bas de laquelle est
une grande tache rouge. Le ventre, les flancs et les plumes
anales, sont d'un blanc jaunâtre, avec des taches longitudinales vertes. Les pieds sont plombés. Le bec, de la même
couleur, a une teinte jaunâtre à la pointe et sur le bord
des mandibules.

On trouve ce tamatia dans l'Amérique méridionale, sur
le bord du fleuve des Amazones, au pays des Maynas. Ses
formes sont dans de plus belles proportions que celles des
autres espèces de barbus, et il a plus d'agilité. (Ch. **D.**)

BARBU. (*Ichtyol.*) Ce nom est donné à diverses espèces
de poissons. Voyez Pimélode, Ophidie, Achize, Squale.
(F. M. D.)

BARBUE (*Ichtyol.*), nom donné, dans quelques contrées
de la France, au carrelet. Voyez Pleuronecte.

On nomme aussi barbue une espèce de scorpène et un
pimélode. Voyez Scorpène et Pimélode.

La sciène barbue, de Bloch, *sciæna cirrosa*, Linn., est
la persèque ambre. Voyez Persèque. (F. M. D.)

BARBULE (*Bot.*), *Barbula*, Lour., genre de plantes de
la famille des labiées, établi par Loureiro, sur une espèce
d'arbuste de la Chine, qui s'élève à la hauteur d'un pied
environ, garni de feuilles cotonneuses, ovales, oblongues,
dentées, opposées, et terminées par des pyramides de fleurs
blanches, disposées en anneaux. Chaque fleur, outre le caractère des autres labiées, a la lèvre supérieure de la corolle divisée en quatre lobes ovales, et l'inférieure grande,
frangée et barbue. Ce dernier caractère, qui distingue le
genre, est l'origine de son nom. L'arbrisseau exhale une odeur
agréable ; il porte le nom de *barbula sinensis.* (Mas.)

BARBULE (*Bot.*), *Barbula*, genre de plantes de la famille
des mousses, quatrième ordre, les entopogones. Le caractère des barbules est d'avoir un péristome simple, garni de
cils simples, tournés en spirale, réunis en un tube cylin-

drique, et libres seulement au sommet, comme les étamines de quelques plantes monadelphes. La coiffe est lisse, cuculliforme; l'opercule long, subulé, droit; l'urne ovale ou cylindrique, tubulée; tube plus long que l'urne, droit: gaine oblongue, dépourvue de périchèse.

Ce genre ne comprend que quatre espèces, dont deux se trouvent aux environs de Paris, une en Écosse, et la quatrième dans l'Amérique septentrionale. Ces plantes sont des *bryum* de la méthode de Linnæus, des *barbules* et des *tordules* de celles d'Hedwig et de Bridel.

Les espèces qui se trouvent en France et aux environs de Paris, sont :

1.º LA BARBULE RUSTIQUE, *Barbula ruralis, bryum rurale,* Linn.: tiges rameuses; feuilles éparses, ouvertes, disposées en étoiles au sommet des rameaux, faites en forme de spatule, plus larges vers le sommet qu'à la base, marquées au centre d'une côte rougeàtre, et terminées par un long poil blanc qui parait comme denté à la loupe; urne ovale. Les fleurs sont terminales, portées sur des rameaux qui se divisent par les nouvelles pousses, ce qui, quelquefois, fait paraître les fleurs latérales. C'est à l'extrémité des rameaux étoilés qu'Hedwig a observé de petits corps glanduleux qu'il appelle anthéres. Elle croît sur la terre au bord des fossés, sur les murs, sur les pierres, sur les toits et sur les troncs des arbres. Elle est sujette à varier par la grandeur de ses tiges, suivant le lieu où elle croît. On la trouve en pleine fleur au printemps.

2.º BARBULE SUBULÉE, *Barbula subulata, bryum subulatum,* Linn.; tiges très-courtes, presque simples; feuilles lancéolées, ovales, très-peu mucronées; urne longue, cylindrique; opercule très-long, subulé; tube très-long; fleurs terminales.

Elle croît sur la terre, sur les pierres et sur les toits : elle est très-remarquable par la longueur de son urne et de son opercule. (P. B.)

BARBUS. (*Ichtyol.*) C'est le barbeau qu'on pêche dans nos eaux douces. Voyez CYPRIN. (F. M. D.)

BARBYLUS (*Bot.*), genre d'arbre de la Jamaïque, décrit par Brown. Son calice est en cloche, à quatre ou cinq divisions, portant sur son bord autant de pétales. De son fond, s'élèvent huit ou dix étamines, qui entourent un ovaire surmonté d'un style et d'un stigmate, qui devient une capsule à trois loges, remplies chacune de deux graines. Les feuilles sont alternes et pennées, les fleurs en grappes. Adanson, qui nomme ce genre Barola, le rapproche des térébinthacées. (J.)

BARCA (*Bot.*), nom malabare, donné, suivant Clusius, à l'espèce ou variété de jacquier dont le fruit est plus succulent et plus agréable. Suivant Rhéede, il est nommé *varaka*. On reconnoît facilement que c'est le même mot prononcé différemment, et que le dernier doit être préféré. Voyez Jacquier. (J.)

BARCAMAN. (*Bot.*) A Guzarate, on nomme ainsi le turbith des Arabes, suivant Clusius. (J.)

BARDANE (*Bot.*), *Lappa*, Juss., *Arctium*, Linn., genre de plantes de l'ordre des cynarocéphales, dont on connoît quatre espèces, qui par leur fructification ont une grande affinité avec les chardons. Les fleurs sont composées de fleurons hermaphrodites, quinquéfides, situées sur un réceptacle garni de soies roides, presque paléacées. Leur calice commun est arrondi et imbriqué d'écailles linéaires, subulées, réfléchies à leur sommet en forme de crochet. Les graines sont anguleuses, surmontées d'une aigrette simple et sessile.

Bardane officinale, *Lappa glabra*, Lam.; *Arctium lappa*, Linn. Fl. Dan. t. 642.; vulgairement le glouteron. C'est une plante bisannuelle, qui croît naturellement en Europe, sur le bord des chemins, dans les lieux incultes, etc. On la trouve aussi en Afrique, aux environs d'Alger. Sa racine est fusiforme, spongieuse, noirâtre en dehors, blanche intérieurement; elle pousse une tige striée, rameuse, haute de deux ou trois piéds. Ses feuilles radicales sont trèsgrandes, pétiolées, cordiformes, vertes en dessus, un peu cotonneuses en dessous; celles de sa tige sont moins larges, et la plupart ovales. Les fleurs sont terminales, de couleur purpurine; et leurs écailles calicinales, couvertes d'un léger duvet, paroissent glabres. Lorsque les têtes des fleurs sont sèches, elles se détachent facilement, et s'accrochent aux toisons des troupeaux ou aux habits des passans ; ce qui les fait nommer *teignes* dans quelques pays. Dans le Lyonnois on les connoît sous le nom de *catoles.*

Sa racine est diurétique, sudorifique ; on l'emploie fréquemment en tisane, pour les dartres et les autres maladies de la peau. Ses feuilles, prises à l'intérieur, passent pour stomachiques et fébrifuges ; macérées, réduites en cataplasme et appliquées extérieurement, elles sont résolutives, fondantes, détersives. On regarde les graines comme un excellent diurétique.

En Écosse, les racines et les jeunes pousses, dépouillées de leur écorce, servent de nourriture ; on les prépare comme les cardons, ou on les mange en salade. C'est un aliment sain et agréable.

Dambourney a obtenu un bon alcali par l'incinération des feuilles et des tiges encore vertes. Trois livres de cendre lui ont donné seize onces d'alcali. Il propose de cultiver cette plante pour cet usage.

BARDANE COTONNEUSE, *Lappa tomentosa*, Lam., Mill. tab. 159. Cette espèce, que plusieurs botanistes regardent comme une variété de la précédente, n'en diffère que par ses calices, qui sont recouverts d'un duvet cotonneux semblable à une toile d'araignée, et par ses feuilles plus blanches en dessous.

Elle vient dans les lieux montagneux, pierreux et incultes. Ses propriétés sont les mêmes que celles de la bardane oflicinale. (D. P.)

BARDEAU ou BARDOT (*Mamm.*), mulet provenant du cheval et de l'ânesse. Voyez CHEVAL, ANE et MULET. (F. C.)

BARDHVALIR. (*Mamm.*) C'est une des dénominations sous lesquelles les Norwégiens connoissent le cachalot macrocéphale. Voyez au mot CACHALOT. (S. G.)

BARDOTTIER (*Bot.*), *Imbricaria*, genre de plantes déterminé par Jussieu, d'après les observations faites par Commerson à l'île de Bourbon (la Réunion), et qui le rapporte à la famille des sapotilliers ou hilospermes, ainsi que le mimusope, avec lequel il est confondu par Wildenow. L'arbre porte dans cette île les noms de natte, bois de natte, bardottier, à raison de l'usage qu'on y fait de

son bois débité par lames ou lattes, dites nattes dans le pays
et employées pour couvrir les maisons ; ce qu'exprime aussi
le nom latin *imbricaria*, et le français bardottier, corrompu
de bardeau.

La fructification du bardottier est constituée sur le nombre
huit : un calice coriace, divisé profondément en huit parties
sur deux rangs : la corolle en roue a huit divisions profondes, avec huit appendices filiformes, recourbés ; huit étamines ; un fruit à huit loges et huit graines, mais dont
quatre et souvent plus avortent entièrement ; les graines
comprimées, de forme irrégulière, luisantes, marquées de
la cicatricule qui caractérise la famille.

L'arbre s'élève très-haut ; ses fruits sont gros et bons à
manger.

Il y en a une autre espèce, dont les étamines sont réduites
au nombre de six, ainsi que tout le reste de sa fructification.
On en trouve une superbe figure dans les plantes de Coroman-
del par Roxburg, pl. 15, *Mimusops hexandra* Wild. (D. de *V*.)

BARERIA. (*Bot.*) Scopoli, Schreiber et Wildenow dé-
crivent sous ce nom un arbre de la Guiane, qu'Aublet a
le premier fait connoître sous celui de poraquèbe, pl. 124,
t. 47. Adanson avoit auparavant donné le même nom à
une espèce de brunie, *brunia abrotanoides*, à laquelle il attribuoit cinq styles dans sa fleur. (J.)

BARGE (*Ornith.*), *Limosa*. Les barges sont comprises dans
le genre *scolopax* de Linnæus ; mais on exposera au mot
BECASSE les motifs qui ont déterminé à adopter le genre
séparé qu'en a formé Brisson, et dont les caractères sont
d'avoir les jambes longues et dégarnies de plumes jusqu'au-
dessus du genou ; quatre doigts, un derrière et trois devant,
les deux extérieurs unis par une membrane jusqu'à la première phalange ; un bec menu, cylindrique, très-long, un
peu recourbé en haut, dont le bout est obtus et lisse.
Les barges diffèrent des bécasses en ce que celles-ci,
moins haut montées, ont les trois doigts de devant entièrement dénués de membranes, les tarses courts, les yeux
placés fort en arrière, le bec moins long, et son extrémité
obtuse et rugueuse : les unes et les autres ont les narines linéaires, et la langue très-longue et entière.

Les bécasses proprement dites habitent les bois ; les bécassines vivent dans les marais d'eau douce ; les barges
préfèrent les bords de la mer. Le passage de ces dernières
a lieu au mois de Septembre ; et, pendant sa courte durée ,
elles fréquentent les marais salés, où elles vivent, comme les
bécasses, de vermisseaux qu'elles tirent de la vase ; celles
qu'on rencontre quelquefois dans l'intérieur des terres, y
ont sans doute été jetées par quelques coups de vent. Mauduyt, qui au printemps en a vu exposées à Paris dans les
endroits où se vend le gibier, en conclut, avec assez de
fondement, qu'elles font un second passage à cette époque ;
mais elles ne nichent point sur nos côtes. Ces oiseaux timides, qui d'ailleurs ont la vue foible, se tiennent à l'ombre pendant le jour ; et c'est à la lueur du crépuscule ou
dès l'aube matinale qu'ils cherchent leur nourriture, à
l'aide d'un bec propre à leur en faciliter le discernement. On trouve souvent de petites pierres dans leur
gésier ; mais si ces substances tranchantes ne sont pas né-
cessair s pour broyer des alimens aussi mous que les vers,
elles peuvent être quelquefois involontairement entraînées
avec eux.

Les barges sont très-farouches, et s'enfuient précipitamment au moindre danger, en jetant un cri que Belon compare au bêlement étouffé d'une chèvre. A l'instant de leur
arrivée, on les voit en troupes, et on les entend souvent
passer très-haut, le soir, au clair de la lune ; mais, fatiguées
au moment où elles s'abattent à terre, elles reprennent difficilement leur vol, et, quoiqu'elles courent avec vîtesse, on
les tourne alors plus aisément et l'on parvient même à en
rassembler assez pour en tuer plusieurs d'un seul coup de
fusil. Elles restent peu dans le même lieu ; et, souvent, le
lendemain on n'en trouve plus dans les marais où la veille
elles étoient fort nombreuses. Leur chair est très-bonne à
manger.

Les barges habitent de préférence les régions froides des
deux continens : mais de même que depuis la Laponie elles
se sont étendues jusque dans des climats très-tempérés de
la baie d'Hudson, elles sont parvenues fort avant dans les
terres de l'Amérique. Sloane en a trouvé à la Jamaïque ; et

certains passages d'Hernandez semblent même annoncer qu'il en a vu dans la Nouvelle-Espagne.

Barge commune, *Limosa vulgaris*; *Scolopax limosa*. Linn.; Buff. pl. enlum. , n.° 874, et pl. 165 de Lewin. Cette espèce, de la grosseur d'une perdrix, a, depuis le bout du bec jusqu'à celui de la queue, quinze pouces six lignes, et jusqu'à celui des ongles, un pied sept pouces; elle pèse neuf onces. Cet oiseau a le manteau gris, avec une raie longitudinale d'un brun noir au centre de chaque plume. La tête, le cou, la gorge et la poitrine, ont une teinte roussâtre. Le croupion, le ventre et tout le dessous du corps, sont blancs; mais on remarque des bandes transversales et demi-circulaire brunes sur la poitrine et sur les côtés de l'abdomen. Les pennes des ailes sont noirâtres à leur côté extérieur, et ont beaucoup de blanc en dedans; celles de la queue, de la même couleur, sont bordées de blanc : les jambes, hautes de près de cinq pouces, sont noires. Le bec a trois pouces six lignes de longueur : il est jaunâtre depuis la base jusqu'à environ la moitié; le reste est brun. La mandibule supérieure se termine par un renflement, comme celle de la bécasse. Cette espèce abandonne quelquefois les rivages maritimes pour suivre les marais et remonter même dans les terres : on en a trouvé dans les Vosges.

Barge aboyeuse, *Limosa glottis*; *Scolopax glottis*, Linn.; *Limosa grisea*, Briss. Cette barge est figurée dans la 876.° pl. de Buffon et dans la 164.° de Lewin, sous le nom de barge grise. Elle se trouve dans les marais salans des côtes de l'Europe : on lui a donné le nom d'aboyeuse à cause du cri qu'elle fait entendre. Elle a quatorze pouces de longueur depuis la pointe du bec jusqu'au bout des doigts, et n'est pas aussi grosse que la barge commune. La tête, le dessus et les côtés du cou, présentent un fond gris-blanc, entremêlé de longues taches noires, qui occupent le centre des plumes. Les mêmes taches se remarquent sur le devant du cou, la gorge, la poitrine et les côtés du ventre; mais le fond est blanc sur ces parties, et de la même couleur, sans mélange, sur le ventre, sous la queue et sur le croupion. Le dos, les plumes scapulaires et les couvertures des ailes , ont le milieu noir et les bords cendrés ; les pennes sont brunes, et celles de la queue d'un gris blanc, avec des raies transversales brunes. Les pieds sont gris ; les deux mandibules, de la même longueur, et effilées à l'extrémité, sont entièrement noires.

Les œufs de cette espèce, tachetés de brun sur un fond gris, ont été figurés par Lewin, pl. 36, n.º 2.

BARGE VARIÉE, *Limosa varia*. Trop peu de caractères établissent une différence entre cette barge et la précédente pour pouvoir assurer qu'elle n'est pas une simple variété. Brisson l'appelle grande barge grise, et elle est désignée dans les synonymies comme se rapportant au *scolopax glottis* de Linnæus. Les mêmes synonymies présentent la barge aboyeuse comme le *scolopax totanus* de cet auteur ; et, malgré l'application plus naturelle de l'épithète *glottis* à la première des deux espèces, qui est l'aboyeur des Anglois, ils la donnent à la seconde : mais le cri auquel la première doit son nom, et l'incertitude qui reste sur l'existence réelle de la barge variée, comme espèce, ont déterminé à ce changement de nomenclature. C'est ainsi que Buffon a, de son côté, substitué le nom de barge aboyeuse à celui de barge grise, porté sur la planche enluminée, en observant que, la couleur grise étant le fond du plumage de plusieurs barges, cette épithète ne pouvoit servir à les faire distinguer.

La barge variée ne diffère de la barge aboyeuse que par une taille un peu plus grande, la première ayant quinze pouces du bout du bec à celui des ongles, et la deuxième quatorze pouces trois lignes. Le ton et la distribution du plumage sont d'ailleurs les mêmes, et les auteurs qui les ont décrites se sont bornés à observer que le croupion, blanc chez la barge aboyeuse, avoit des plumes brunes , largement bordées de blanc, chez la barge variée, dont les pieds étoient d'ailleurs d'un noir verdâtre, tandis que ceux de la barge aboyeuse étoient gris ou bruns ; circonstance qui peut tenir beaucoup à la fraîcheur ou à l'ancienneté des individus.

Latham et Gmelin ont donné les noms de *scolopax canescens*, barge blanchâtre, et de *scolopax cantabrigiensis*, barge des environs de Cambridge, à des barges qui peut-être ne forment pas des espèces particulières. Toutes deux sont à peu près de la taille de la barge aboyeuse, et les individus décrits ne différoient entre eux qu'en ce que les barges blanchâtres tuées pendant l'hiver dans la province de Lincoln, en Angleterre, avoient le dessus du corps bigarré de blanc et de cendré, la gorge blanche, la poitrine et la queue de la même couleur, l'une avec des taches, et l'autre avec des raies cendrées; et que les barges des environs de Cambridge, d'un brun cendré en dessus et blanches en dessous, avoient les couvertures des ailes et de la queue rayées de noir, et le bec rouge.

Picot la Peyrouse a aussi trouvé dans les Pyrénées un oiseau auquel il a donné le nom de barge aux pieds rouges, et dont la description, insérée dans les Mémoires de l'académie de Stockholm, trimestre d'Avril 1782, a été copiée par Mauduyt et par Sonnini. Cet oiseau avoit environ treize pouces de longueur, du bout du bec à celui de la queue. Ses pieds étoient d'un rouge de cinabre très-vif. La première moitié de la mandibule inférieure étoit de la même couleur; et le reste du bec noir, ainsi que les ongles. Tout le dessus du corps étoit d'un gris cendré; les pennes de l'aile, brunes du côté extérieur, et blanchâtres sur le côté interne; celles de la queue, cendrées; le dessous du corps, d'un blanc de neige.

Cet oiseau offre tant de rapports avec la barge de Cambridge, que vraisemblablement il y a identité entre eux. Si Latham, qui annonce que le bec du second oiseau est rouge, n'indique pas précisément la couleur des pieds; la comparaison de cet oiseau avec le chevalier aux pieds rouges, *scolopax calidris*, semble annoncer qu'ils étoient rouges aussi, et alors la principale circonstance sur laquelle Picot la Peyrouse fonde sa dénomination, ne sauroit plus être regardée comme établissant une différence réelle. On lui doit, au reste, une observation propre à constater le vrai genre de cette espèce, en ce qu'il a eu soin d'annoncer que la pointe du bec étoit dirigée en haut, observation que Latham n'a pas faite.

Barge brune, *scolopax fusca*, Linn. Cet oiseau, dont le bec, effilé, a la pointe courbée en bas, n'offrant point les

caractères du genre Barge, sera décrit sous le mot CHE-
VALIER.

BARGE ÆGOCÉPHALE, *Limosa ægocephala ; Scolopax ægocephala*. Linn. Cette espèce, figurée par Buffon, pl. 916,
sous le nom de grande barge rousse, est à peu près de la
même taille que la barge commune. Le derrière de sa tête,
le cou et la gorge, sont roux ; le devant de la tête est de
la même couleur, avec des raies longitudinales brunes ; les
yeux sont entourés d'une ligne blanche. La poitrine a aussi
une teinte roussâtre, mais avec des barres brunes transversales, qui s'étendent sur les côtés du ventre, dont le fond
est blanc. Les plumes du dos et des couvertures des ailes
ont le centre brun et les bords gris. Les pennes des ailes
sont brunes dans la partie visible, et blanches plus près
du corps. Les plumes de la queue, blanches à leur origine,
sont d'un brun noir dans leur partie extérieure, et légèrement bordées de gris. Les pieds, fort élevés, sont bruns ;
le bec, jaunâtre, est aussi brun à l'extrémité, et la mandibule
supérieure est renflée comme celle de la barge commune.

Ces oiseaux vivent en troupes, et marchent la tête droite
sur les grèves découvertes. On en trouve en Europe, en
Asie et en Amérique. Latham en a observé une variété en
Angleterre, *scolopax leucophæa.*

BARGE ROUSSE, *Limosa rufa*, Briss. ; *Scolopax lapponica*, Linn.
et Latham ; pl. enlum. de Buff., 900, et de Lewin 161. Cette
espèce, quoique d'une taille inférieure à celle de la barge
ægocéphale ou grande barge rousse de Buffon et de Brisson,
a tant de rapports avec elle, que peut-être les individus décrits par les auteurs n'en étoient que de simples variétés,
ou n'offroient même dans le plumage que des nuances particulières dues à la différence d'âge. Au reste, cet oiseau a
le devant du cou et tout le dessous du corps d'un fauve
roussâtre. Le fond du plumage est de la même couleur sur
le haut de la tête et le derrière du cou ; mais on y voit
aussi des taches longitudinales noirâtres. Le dos et les couvertures des ailes sont d'un brun foncé, avec une bordure
fauve. La queue est rayée de bandes brunes et roussâtres.
Le bec, rougeâtre dans sa première moitié, est noir dans la
seconde. Les pieds sont d'un brun foncé.

Cette espèce, qu'on trouve dans le nord de l'Europe, jusqu'en Laponie, habite aussi les mêmes régions en Amérique.

Barge rousse de la baie d'Hudson, *Limosa fedoa; Scolopax fedoa*, Linn.; Edward, Hist. t. 3, pl. 137, sous le nom de grand francolin de l'Amérique. Buffon, en traitant de la barge rousse, *scolopax lapponica*, dit qu'il en a été envoyé des individus de la baie d'Hudson en Angleterre, et il ajoute que c'est un exemple de plus de ces espèces aquatiques communes aux terres du nord des deux continens. Il observe encore, au sujet du *scolopax fedoa*, que la seule différence qui existe entre cette espèce et la grande barge rousse, est que celle-ci est plus grande et a plus de roux ; mais ces deux barges lui semblent être originairement la même. Quoi qu'il en soit, la barge dont il s'agit ici a été mesurée, et on lui a trouvé seize pouces du bout du bec à celui de la queue et dix-neuf à celui des doigts. Tout son plumage, sur le manteau, est brun-roux, avec des raies transversales noires. La queue a des raies pareilles sur le même fond ; les premières pennes de l'aile sont noirâtres, et les suivantes d'un rouge bai, pointillé de noir.

Latham décrit, sous les noms de *scolopax marmorata* et *hudsonica*, deux barges de la baie d'Hudson, dont la taille est la même que celle de l'espèce ci-dessus, et qu'il distingue en ce que la première par lui observée avoit le dos marbré de roux clair et de noirâtre, le ventre blanc, la poitrine d'un brun moiré, les ailes roussâtres, la queue rayée de brun et de noir, et les pieds de cette dernière couleur : tandis que la seconde, également tachetée de brun et de blanc, avoit la poitrine et le ventre d'un brun rouillé, avec des bandes plus foncées ; les sourcils, la gorge et le croupion blancs ; les pennes de la queue blanches à leur origine et noires à l'extrémité, le bec et les pieds noirâtres.

Tout porte à croire que ces différences ne sont point spécifiques, et qu'elles ne sont dues qu'au sexe, à l'âge des individus, ou à la saison dans laquelle ils ont été tués. Ces oiseaux changent de livrée, suivant la température, dans un climat où l'âpreté de l'hiver blanchit leurs plumes, qui redeviennent plus ou moins brunes aux approches de l'été. Edwards exprime la même opinion en parlant de son francolin blanc et de la bécassine blanche. La famille des oiseaux riverains offre d'ailleurs chez nous un exemple remarquable de ces variations de couleur. Sur vingt combattans, *tringa pugnax*, L., on en trouveroit à peine deux exactement pareils; et ce fait doit mettre en garde ceux qui, à l'aspect de quelques différences dans le plumage, sont tentés de former des espèces nouvelles.

BARGE BLANCHE, *Limosa alba; Recurvirostra alba*, Linn. et Lath. ; Edwards, Hist. t. 3, fig. postér., sous le nom de Francolin blanc de la baie d'Hudson. On a déjà observé, sous le mot AVOCETTE, que cet oiseau avoit mal à propos été placé dans ce genre, puisqu'il n'a pas les pieds palmés. Son bec, noir à la pointe et orangé dans le reste de sa longueur, a en effet une courbure en dessus bien plus exprimée que dans les autres barges; mais il n'offre, en cela, qu'un modèle plus sensible des attributs qui distinguent particulièrement le genre Barge. Tout son plumage est blanc, à l'exception d'une teinte jaunâtre sur les grandes couvertures et les pennes de l'aile et de la queue. Les jambes et les pieds sont d'un rouge brun. (Ch. D.)

BARGELACH. (*Ornith.*) Ramusio dit, au rapport de la Chesnaie Desbois, que l'oiseau de Tartarie qui porte ce nom est de la grosseur d'une perdrix, qu'il vole très-rapidement, que ses pieds sont semblables à ceux du papegai et sa queue à celle de l'hirondelle. L'auteur du Dictionnaire des animaux renvoie pour ce volatile au *Synopsis avium* de Rai, p. 105, où il n'en est fait aucune mention, et il ajoute que les faucons en font leur nourriture, mais non que sa taille soit celle de cet accipitre, comme l'avance Sonnini, sous le même mot du nouveau Dictionnaire d'histoire naturelle, où il plaisante, au surplus, avec raison sur une description aussi insignifiante. (Ch. D.)

BARHARHA (*Bot.*), nom que les habitans de Madagascar donnent à un grand et bel arbre de leur île. Il est remarquable par ses grandes feuilles et ses fleurs; il est très-voisin des *dillenia* ou *catmon*, et fait partie d'un genre qu'il est nécessaire d'en détacher. (J.)

BARILLE. (*Bot.*) On nomme ainsi, sur quelques côtes méridionales de France, la soude, qui est nommée *barilla* sur celles d'Espagne, et dont les cendres donnent la meilleure soude d'Alicante. Ce dernier nom est aussi donné, suivant Jacquin, au *batis maritima* par les Américains habitans de Carthagène. (J.)

BARILLE (*Agric.*), *Salsola sativa*, Linn., plante dont la cendre forme la meilleure soude d'Alicante. On donne en France, dans le commerce, le nom de barille à cette espèce de soude même. On ne connoît bien la barille qui se cultive à Alicante que depuis le voyage d'Ant. Jussieu, célèbre botaniste. La description qu'il en donne dans son mémoire inséré dans ceux de l'académie des sciences, année 1717, est celle du *salsola sativa* (*diffusa, herbacea, foliis teretibus glabris, floribus conglomeratis*), Linn., et du *Kali hispanicum* (*supinum, annuum, sedi foliis, brevioribus*), Juss.

On sème, on cultive et on brûle la barille pour en avoir les cendres, surtout aux environs de Valence et d'Alicante (Espagne). La soude de barille, appelée communément barille douce, est surtout employée dans le commerce à la fabrication du verre-cristal, du savon blanc, ainsi que dans les teintures en coton. On pourroit la suppléer dans les savonneries et les verreries par la soude purifiée de notre sol ; mais elle ne peut être remplacée dans les opérations de la teinture. Les autres soudes du commerce ne se combinent qu'imparfaitement avec l'huile, lorsqu'on les emploie dans leur état naturel ; et si on les purifie, elles se chargent d'acide carbonique dans les diverses opérations qu'on leur fait subir, et dès-lors elles se lient mal avec l'huile. Il seroit d'ailleurs peu avantageux de les rendre caustiques par la chaux, attendu que par cela seul elles rembrunissent et avinent les couleurs : d'ailleurs ce sont là des opérations coûteuses et peu à la portée du teinturier.

Culture et manière de brûler la barille dans les territoires de Valence et d'Alicante.

Il est à propos d'observer avant tout, 1.° que la *barilla* (*salsola sativa*, L.), la *sosa* (*salspla soda*, L.), se cultivent l'une et l'autre aux environs de Valence et d'Alicante; mais qu'il ne s'agit ici que de la *salsola sativa*, comme donnant une soude beaucoup plus fine et plus estimée ; 2.° que je n'expose ici la manière de cultiver et de brûler la barille que d'après les renseignemens que j'ai obtenus de Valence et d'Alicante même.

On destine à la culture de la barille, dans le royaume de Valence, des terres médiocrement substantielles. Il ne faut pas, disent les renseignemens, que ces terres soient pierreuses ni voisines des étangs qui sont alimentés par des eaux salées, ni exposées aux irrigations, n'ayant besoin que de l'arrosement des pluies.

On donne au sol trois labours au moins. Avant le premier, on y répand beaucoup de fumier, n'importe de quelle espèce, mais on évite d'y mettre des cendres. Le premier labour se fait dans le mois d'Août; le second en Octobre, et le troisième en Décembre et Janvier, mais on ne donne ce dernier qu'après qu'il a plu.

Il faut faire en sorte que le dernier labour laisse la terre aussi unie qu'il est possible. Aussitôt qu'il commence à pleuvoir, on doit semer, soit de jour, soit de nuit ; tout autre temps ne convient pas : car la graine de barille, si petite qu'à peine l'aperçoit-on, ne devant pas être recouverte du tout, a besoin que l'eau de la pluie la fixe sur terre. Elle lève au bout de vingt-quatre heures.

Deux choses me paroissent dignes d'attention ; c'est, d'une part, le conseil donné de ne pas placer les cultures de barille sur les bords des étangs salés, et, de l'autre, la défense de jeter des cendres sur les terres. Il sembleroit donc que le sel marin et la potasse des cendres sont nuisibles à la végétation de cette plante. Pourquoi donc est-elle regardée comme maritime ? On pourroit soupçonner qu'elle a besoin d'un sol ou d'une atmosphère légèrement salée, mais qu'une abondance d'eau salée qui la couvriroit l'empêcheroit de croître. Il est de fait qu'on n'a pas réussi dans la culture de cette plante en terre salée dépendante de la métairie de la Tour, qui fait partie de l'établissement rural des Pyrénées orientales. Cette terre contient vingt-deux millièmes de muriate de soude (sel marin) à sa surface; elle est située près de la mer et de l'étang de Leucate. A l'égard des cendres, pourquoi les exclut-on des engrais dans les champs qu'on doit ensemencer en barille? Si cette exclusion étoit indispensable, ne prouveroit-elle pas que les sels simples ou composés, qui se trouvent dans la terre, influent d'une manière pernicieuse sur l'état de cette plante? Peut-être, au reste, craint-on, dans les terrains naturellement légers, d'augmenter encore cette légèreté en y mêlant une matière divisaute; car il me paroît difficile de penser que la potasse de cendre nuise à la végétation ou à la qualité de la barille. C'est une chose qui doit être examinée par ceux qui voyageront en Espagne, et par ceux qui voudront bien étudier la vraie manière de cultiver la barille, pour en avoir de bonnes récoltes et tendre à la perfection de sa qualité.

Du moment de l'ensemencement à celui de la récolte il n'y a à donner aux semis de barille d'autres soins que quelques sarclages, pour en ôter les herbes étrangères.

La barille qu'on destine à être brûlée est cinq mois en végétation; semée en Janvier, on l'arrache en Juin. On laisse plus long-temps celle dont on veut tirer la graine; elle fleurit vers la fin de Septembre. Aussitôt que la graine est bien formée, on cueille les plantes, qu'on met sécher dans un endroit propre, sans les amonceler. Quand elles sont bien sèches, on les bat avec des baguettes : on nettoie bien la graine, et on la conserve en petits tas de quarante-trois à quarante-huit centimètres (15 a 16 pouces) au plus de hauteur, car il faut bien éviter qu'elle ne s'échauffe.

La récolte de la barille pour être brûlée se fait de cette manière. A mesure qu'on l'arrache, on la met, sans la lier, en petits tas : on en fait ensuite des meules de la hauteur d'un homme, ayant soin de la soulever, au lieu de la presser; car il est essentiel de ne pas la froisser, de peur qu'elle ne contracte une humidité capable de l'altérer. Par la même raison on la place sur un terrain sec et au soleil.

On la laisse ainsi jusqu'à ce qu'elle soit parfaitement sèche, ce qui peut durer de vingt-six à trente-quatre jours, temps dont elle a besoin pour être brûlée.

Suivant Jussieu, on ne récolte pas un champ tout à la fois et sans précaution; on arrache successivement les plantes, à mesure qu'elles arrivent à l'état où elles doivent être.

La barille étant ainsi préparée, on choisit un terrain ferme, dans lequel on creuse un trou d'un mètre trente-trois à soixante-six centimètres (4 à 5 pieds) de largeur dans le fond, et de quatre-vingt-huit centimètres (2 pieds et demi) de largeur par le haut. Ce trou doit être bien nettoyé et taillé de manière que les côtés en soient aussi unis que s'ils étoient de plâtre. On y met une certaine quantité de bois bien sec, qu'on y laisse brûler jusqu'à ce qu'il soit tout consumé, et on a soin d'en ôter les cendres. Au haut de l'ouverture, on dispose des feuilles d'agave [1] (ou d'autres plantes) en croix, et on commence à placer de la barille dessus, de manière que, quand on y a mis le feu, ce qui en découle tombe au fond. Lorsqu'on en a brûlé la quantité suffisante pour remplir le tiers du trou, on remue fortement avec un bâton toute la matière, jusqu'a ce qu'elle soit bien mêlée et bien battue : puis on recommence à brûler encore pour remplir le second tiers du trou, et on mêle comme la première fois : enfin on brûle pour remplir entièrement le trou : on jette sur la masse deux ou trois seaux d'eau pour la refroidir et la durcir : on la recouvre de terre, de quarante-trois à quarante-huit centimètres (15 à 16 pouces) de hauteur, et pas davantage.

Au bout de dix-huit à vingt jours, on fait une ouverture de côté, aussi profonde que le trou. Si la masse de soude qui doit former une pierre ne se trouvoit pas fendue, on lui donneroit de grands coups avec un marteau de fer, pour la rompre en trois ou quatre morceaux; sans cela on auroit de la peine à la retirer. Le trou étant de la mesure dont il a été dit, si la barille a été cueillie en bon temps, la masse doit peser environ trente à trente-quatre quintaux (140 à 160 myriagrammes). Après avoir tiré la pierre du trou, on la met dans un endroit couvert et sur de gros morceaux de bois, sans qu'elle touche jamais à terre. La braise et la cendre qui s'en détachent étant aussi bonnes que le reste, elles sont ramassées soigneusement.

---

1. Il y a dans les notes espagnoles *petera* ; je crois que c'est la *pita*, espèce d'agave.

Il est sans doute inutile d'observer que les époques ci-dessus indiquées pour les labours, ensemencemens et récoltes, pourroient varier selon la différence des climats.

En 1782, Chaptal et Pouget de Cette [1] firent des expériences tendant à introduire et à encourager en France la culture de la barille. Ils choisirent pour cet effet un emplacement sur les bords les plus méridionaux de la Méditerranée, où le *salicornia europæa* croissoit en abondance et avec vigueur. Quoique l'exportation de la graine de barille fût prohibée alors en Espagne, sous les peines les plus graves, ils parvinrent cependant à s'en procurer cinq à six hectogrammes (16 à 19 onces).

Cette quantité fut semée au printemps sur un terrain léger, sablonneux, et labouré avec soin; et malgré quelques dégâts occasionés par les bestiaux et les eaux, ils récoltèrent environ dix kilogrammes (20 livres et demie) de graine bien nourrie.

Chaptal procéda à la combustion des tiges, dans un fourneau de réverbère dépouillé de son dôme. La chaleur ne fut point assez forte pour en fondre et lier la cendre; mais, en traitant une partie de ce produit dans un creuset, il parvint aisément à l'aglutiner et à lui donner toutes les apparences de la soude en pierre. Cette frite la fit décheter de vingt pour cent.

L'analyse de cette soude, faite comparativement avec la première qualité de soude d'Alicante, lui fournit 2100 d'alcali pur, tandis que celle d'Espagne ne lui donna que 1900.

Il attribua cette supériorité aux soins donnés à cette préparation; ils sont tels, dans les travaux en petit, qu'il est impossible de les retrouver dans les travaux en grand.

Il a encore essayé cette soude, dix ans après avoir été récoltée, dans les opérations de la teinture en rouge sur coton; elle lui a produit un effet comparable à celui que produisent les meilleures soudes d'Alicante.

En 1783, Chaptal et Pouget semèrent environ quatorze hectogrammes (2 livres 13 onces) de la graine qu'ils avoient

---

1. Observations sur la nécessité et les moyens de cultiver la barille en France.

récoltée; ils eurent une très-belle récolte, et la soude qui en provint fut de même qualité que la première.

En 1784, ils semèrent à peu près une quantité pareille de graine. Cette récolte donnoit encore plus d'espérance que les précédentes; mais elle fut pillée. Ils parvinrent néanmoins à retrouver un nombre suffisant de tiges pour pouvoir se convaincre que la soude qui en provenoit n'avoit pas dégénéré.

Il résulte de ces expériences que la barille peut être cultivée sur les bords de la Méditerranée; ce qui paroîtra d'autant plus facile, qu'on cultive depuis long-temps le *salicornia annua* dans les environs de Narbonne, et que le produit de la barille, qui n'exige ni plus de soins ni plus d'intelligence, présente un avantage infiniment plus considérable. Si la barille, par défaut de soins, venoit à dégénérer, on auroit toujours la ressource de renouveler la graine de temps en temps. Il est d'ailleurs probable que cette plante, sans être renouvelée, continueroit à donner constamment une soude supérieure à toutes celles que nous avons cultivées jusqu'ici. (T.)

BARILLET, le grand et le petit. (*Moll.*) Ce sont deux espèces de coquilles terrestres, décrites sous ce nom par Geoffroy, pag. 57 et 58. Elles doivent être rapportées au genre Maillot, de Lamarck et de Draparnaud. Voy. Maillot. (Duv.)

BARIN ou Balin (*Bot.*), espèce de baquois des Philippines, mentionné par Camelli. (J.)

BARITE (*Ornith.*), espèce de mainate, *gracula barita*, Linn. (Ch. D.)

BARKER. (*Ornith.*) L'oiseau appelé ainsi par les Anglois, est la barge aboyeuse, *limosa glottis*, L. (Ch. D.)

BARM et BARME. (*Ichtyol.*) On appelle ainsi le barbeau en Hollande et en Allemagne. V. Cyprin. (F. M. D.)

BARNACLE (*Ornith.*), nom vulgaire de la bernache, *anas erythropus*, L., qui s'appelle aussi barnaque. (Ch. D.)

BARNADÉSIE, Barnadez, *Barnadesia* (*Bot.*), Linn. f., Juss., genre de plantes, à fleurs radiées, de la famille des corymbifères, qui ne contient qu'une seule espèce originaire de l'Amérique méridionale.

Barnadésie épineuse, *Barnadesia spinosa*, Linn. f. C'est un arbrisseau dont les rameaux, disposés alternativement le long de la tige, sont armés à leur base de deux épines en forme de stipules. Les feuilles sont alternes, ovales, très-entières, velues des deux côtés, blanchâtres en-dessous, et légèrement pétiolées. Les fleurs naissent en panicules terminales, et sont composées de trois à quatre fleurons hermaphrodites, à cinq divisions conniventes et velues en leurs bords ; de plusieurs demi-fleurons également hermaphrodites, bifides et très-velus à l'extérieur. Le calice est imbriqué de plusieurs rangs d'écailles inégales et piquantes ; les graines sont ovales et couronnées d'aigrettes qui, dans celles du disque, sont soyeuses et roulées en spirale, et plumeuses dans celles de la circonférence ; le réceptacle est plane et hérissé de poils. (D. P.)

BARNET. (*Moll.*) Adanson a donné ce nom, dans son ouvrage sur les coquillages du Sénégal, à une espèce de buccin, qu'il a fait réprésenter avec son animal (pl. 10, f. 1). Quelque imparfaite que soit cette figure, elle suffit pour faire reconnoître dans l'animal les caractères essentiels de la famille à laquelle il appartient : tels sont deux tentacules à la tête, avec les yeux placés à l'extérieur de leur base ; une sorte de langue cylindrique qui sort de la bouche ; le pied de forme elliptique, marqué antérieurement d'un sillon transverse ; un opercule, le manteau se prolongeant au dehors en un tube servant à la respiration. Suivant Adanson, cette coquille est la plus commune de celles que l'on trouve à la pointe de l'île de Gorée. Elle a ordinairement six lignes de long, et deux lignes et demie de large ; onze tours de spire serrés, peu distincts ; une ouverture elliptique, formant à sa base un canal étroit, légèrement échancré : sa couleur, assez variable, est souvent brune, avec de petits points ronds et blancs. (Duv.)

BARNFIARD. (*Ornith.*) Oviedo dit, au livre 14, chap. 2, de son Histoire des Indes, que cet oiseau aquatique, qui nage avec légèreté, a la taille du moineau, le bec noir et large, les pieds rouges, et qu'il est noir en dessus et blanc en dessous. (Ch. D.)

BARNICLE. (*Ornith.*) On nomme ainsi la bernache,

anas erythropus, L., dans le tome 9 des Voyages des Hollandois au Nord. (Ch. D.)

BARNUF. (*Bot.*) Selon Forskal, on nomme ainsi dans l'Arabie la conyse odorante. (J.)

BAROLA. (*Bot.*) Voyez Barbylus.

BAROLITHE. (*Minér.*) Kirwan a donné ce nom à la Baryte carbonatée. Voyez ce mot. (B.)

BAROMÈTRE (*Phys.*), instrument de physique qui sert à mesurer les variations de la pesanteur de l'air.

L'origine de cet instrument et sa construction remontent à l'expérience de Toricelli, rapportée à l'article Air. Le mercure suspendu dans le tube de verre, au-dessus de la surface du bassin ou cuvette, faisant équilibre par son poids à celui de la colonne correspondante de l'air, doit s'élever ou s'abaisser, selon que cette colonne augmente ou diminue de pesanteur. En fixant le tube contre une planche portant une échelle divisée en mesures linéaires, à partir du niveau du mercure dans la cuvette, on détermine facilement la hauteur du mercure au-dessus de ce niveau, à quelque instant que ce soit.

A la rigueur, le niveau inférieur du mercure changeant chaque fois qu'il en sort du tube pour rentrer dans la cuvette, ou qu'au contraire ce fluide s'élève dans le tube, il auroit fallu rendre l'échelle mobile, afin d'appliquer le premier point de sa division sur le niveau de la cuvette ; mais on a évité cet embarras en faisant la cuvette assez large, par rapport au tube, pour que la petite quantité de mercure qui entre ou qui sort par les variations de la hauteur de la colonne, et dont l'étendue ne va pas à neuf centimètres (3 pouces 4 lignes) dans notre pays, ne change pas sensiblement le niveau inférieur. D'un autre côté on n'emploie aucun tube dont le diamètre soit moindre de quatre millimètres (2 lignes), afin d'éviter l'élévation ou l'abaissement extraordinaire que les fluides éprouvent dans les tuyaux très-étroits ou capillaires, selon qu'ils mouillent ou qu'ils ne mouillent point la matière dont ces tuyaux sont composés.

Tels ont été les premiers baromètres ; mais des observations assidues et de nouveaux usages attribués à cet instrument, que les personnes qui s'occupent de Météorologie (voyez ce mot) consultent tous les jours, ont fait sentir la nécessité d'apporter plus de soin dans sa construction.

Le premier défaut qu'on a reconnu, par le peu d'accord de plusieurs baromètres placés dans le même lieu, venoit de l'air que renfermoit le mercure entre ses molécules, et qui, se dégageant du fluide métallique, se rassembloit à l'extrémité supérieure du tube, où, par son ressort, il concouroit avec le poids du mercure à soutenir la pression de l'atmosphère, et diminuoit par conséquent la hauteur de la colonne contenue dans le baromètre. De plus, les changemens de volume que cet air emprisonné éprouvoit d'après l'état de la température, influèrent sur la longueur de la colonne d'une manière indépendante des variations survenues dans la pesanteur de l'atmosphère.

On reconnut donc la nécessité de bien purger d'air le mercure, et aussi le tube, qui pouvoit en conserver entre ses parois pendant qu'on le remplissoit. Le procédé qu'on suit pour cela, consiste à remplir d'abord, à peu près jusqu'au milieu, de mercure bien pur et même qui ait déjà bouilli, le tube de verre, qu'on a dû choisir de dimensions convenables, bien sec et scellé hermétiquement à l'une de ses extrémités. On le tourne légèrement sur un réchaud allumé, en agitant le mercure avec un fil de fer très-mince et roulé en spirale ; ce qui fait dégager les bulles d'air dilatées par la chaleur : on achève de remplir le tube, et l'on présente au réchaud la partie supérieure, sur laquelle on opère comme sur l'inférieure ; puis en bouchant avec le doigt l'ouverture du tube, on le plonge dans la cuvette remplie de mercure.

En balançant légèrement un baromètre dans un lieu obscur, Picard aperçut le premier des traces lumineuses à la partie supérieure du tube. Tous les baromètres ne présentent pas ce phénomène ; on ne le voit jamais dans ceux où l'on n'a pris aucun soin pour purger d'air le mercure, ni dans ceux où cette opération a été faite avec toutes les précautions et l'exactitude convenables. Il semble qu'il faille que la partie supérieure du tube soit encore occupée par un peu d'air, mais très-raréfié : c'est ce qui a fait attri-

.huer la lumière qu'on aperçoit alors au dégagement de l'Electricité (voyez ce mot) produit par le frottement du mercure contre les parois du tube, dégagement qui ne peut avoir lieu avec lumière ni dans le vide parfait ni dans l'air un peu dense.

Le parti qu'on peut tirer du baromètre pour mesurer la hauteur des montagnes et les différences de niveau un peu considérables, a engagé les physiciens à donner à cet instrument une forme qui le rendît portatif. Il fallut pour cela trouver le moyen d'arrêter les oscillations du mercure dans le tube pendant le transport, et fixer avec plus de soin le niveau inférieur, qui pouvoit changer beaucoup par de grands abaissemens du mercure.

En donnant au tube la forme d'un syphon, et appliquant une échelle sur chaque branche, on pouvoit déterminer sans peine la différence de leur niveau, qui mesure la longueur de la colonne faisant équilibre au poids de l'air.

Mais la forme des baromètres portatifs ayant beaucoup varié, je n'entreprendrai pas de décrire ici toutes les modifications qu'elle a subies : je citerai seulement le baromètre proposé par Conté. Indépendamment des moyens délicats par lesquels cet instrument est mis à l'abri des accidens du transport, la partie supérieure du tube étant beaucoup plus large que la partie moyenne, un très-petit abaissement de la colonne de mercure fait sortir une quantité très-considérable de ce fluide, quantité que l'on mesure par son poids, ainsi que l'avoit déjà indiqué Richmann dans le tome II des Nouveaux Commentaires de l'académie de Pétersbourg. On trouve aussi, dans le n.° 20 (an 7) du Bulletin des sciences, publié par la société philomatique de Paris, la description d'une balance barométrique proposée par Prony.

Je passe maintenant à l'application du baromètre à la mesure des différences de niveau.

L'expérience faite au Puy-de-Dôme, d'après les vues et à l'invitation de Pascal, ayant appris qu'on ne pouvoit s'élever sans que le mercure s'abaissât dans le baromètre, on en a conclu que cette circonstance pouvoit faire connoître l'élévation à laquelle on étoit parvenu : mais pour

cela il falloit déterminer la loi suivant laquelle les variations de la colonne de mercure répondent aux élévations
des lieux où l'on observe ; car on sait que les unes ne
sont pas proportionnelles aux autres.

Par des expériences, faites à la verité dans des limites
très-étroites, on reconnut que l'air se comprime en raison
des poids dont il est chargé, et on en conclut que la densité de l'air, dans un point quelconque, est toujours propor-
tionnelle au poids de la partie supérieure de la colonne
atmosphérique sur laquelle il est placé, ou à l'élévation
du mercure dans le baromètre, à ce point.

En appliquant le calcul à cette hypothèse, on trouva
que les différences de hauteur des diverses couches au-dessus du niveau de la mer, sont proportionnelles aux différences des logarithmes des hauteurs du mercure dans le
baromètre.

D'après cette règle, il ne s'agissoit plus que de déterminer le nombre constant, ou module, par lequel il falloit
multiplier la différence des logarithmes des hauteurs du
mercure, pour en déduire celle des niveaux des lieux où
ces hauteurs ont été observées dans le même temps : or ce
module, qui est le produit de la hauteur moyenne du
baromètre au niveau de la mer par la densité du mercure,
divisée par celle de l'air à ce niveau, exprime la hauteur
que l'atmosphère auroit en raison de son poids, si elle étoit
d'une densité uniforme.

Ce nombre est susceptible de diverses valeurs, selon l'état
qu'on prend pour la densité moyenne de l'air et du mercure, ce qui dépend de la température à laquelle on fixe
cet état. Pour le terme de la glace fondante, Laplace a
trouvé 7805 mètres; mais comme on fait usage des logarithmes ordinaires au lieu des logarithmes népériens, il
faut diviser ce dernier nombre par le module des premiers
logarithmes, égal à 0,434294, et on obtient 17972,1 mètres.

Ce résultat, qu'on peut appeler module barométrique,
étant calculé pour la température correspondante au dixième
degré du thermomètre de Réaumur, a été trouvé de
9812,20 toises. On eût pu aussi le déterminer, en divisant
par la différence des logarithmes des hauteurs simultanées

du baromètre, observées en deux points, la différence de niveau de ces points, mesurée trigonométriquement et avec soin. En répétant plusieurs fois ce procédé, et sur des différences de niveau un peu grandes, on en auroit aussi conclu un module moyen.

Ce nombre une fois connu, il suffiroit de le multiplier par la différence des logarithmes des hauteurs du mercure, observées en même temps aux deux stations, pour obtenir la différence de niveau de ces stations.

Rien, comme on le voit, ne seroit plus simple que cette règle, si le module pouvoit être regardé comme constant; mais lorsqu'on s'élève dans l'atmosphère, la densité de l'air, qui change avec la température, varie non-seulement à cause de la diminution de pression des couches supérieures, mais encore par le refroidissement qui a lieu à mesure qu'on s'éloigne de la surface terrestre, dont la chaleur se communique de proche en proche.

L'influence de cette cause, soupçonnée pendant long-temps, ne fut bien appréciée que par Deluc, qui fit, pour la mesurer, de nombreuses expériences sur la montagne de Salève auprès de Genève. Il choisit sur cette montagne un grand nombre de stations, dont il mesura géométriquement les différences de niveau, et comparant ces résultats avec les hauteurs barométriques observées dans chaque station à diverses heures de la journée, il construisit *à posteriori* une formule pour corriger, dans les nombres proportionnels aux différences logarithmiques, l'erreur occasionée par la différence des températures.

Il fit aussi entrer en considération le très-petit changement que les variations de température peuvent occasioner dans la hauteur de la colonne du mercure, qui se dilate à la plus chaude des deux stations et se condense à la plus froide.

Quoique obtenue par des expériences faites avec un très-grand soin, la formule de Deluc ne répondit pas encore aux observations avec une exactitude suffisante, et se trouva même quelquefois au-dessous de la règle déduite du seul décroissement de la pression.

Trembley en proposa une autre, que Shuckborough éprouva

sur un grand nombre de points des montagnes de la Suisse et de la Savoie.

La difficulté consiste dans la détermination de la loi du refroidissement des diverses couches de l'atmosphère, et de la condensation qui en résulte. Laplace, considérant que dans les hauteurs auxquelles on s'élève le plus communément la température ne varioit que de quelques degrés, pense qu'on peut y appliquer l'observation d'après laquelle l'air, dans les températures voisines de celle de la glace fondante, augmente de $\frac{1}{250}$ de volume pour chaque degré du thermomètre centigrade. En prenant donc le module $17972,1$, rapporté plus haut pour cette température, il faudra l'augmenter d'autant de fois sa deux - cent - cinquantième partie, qu'il y a de degrés au-dessus de zéro dans la température moyenne entre celles des deux stations ; parce que, si l'on prend cette température moyenne pour celle de toutes les couches comprises entre les deux stations, leur volume sera dilaté, et par conséquent leur hauteur augmentée dans ce rapport.

La température moyenne étant égale à la moitié de la somme des deux hauteurs du thermomètre, il faudra pour chaque degré de cette somme augmenter le nombre 17972^{m}, 1 seulement de $\frac{1}{500}$, ce qui revient à $35^{\mathrm{m}},944$.

Enfin, le mercure se dilatant de $\frac{1}{5412}$ de son volume pour un degré du même thermomètre centigrade, il faudra, dans la station la plus froide où il a été condensé, augmenter la hauteur de la colonne de mercure d'autant de fois $\frac{1}{5412}$ du nombre qui l'exprime, qu'il y a de degrés dans la différence de température des deux stations.

Pour montrer l'usage de cette règle, je vais rapporter ici l'application qu'en a faite Haüy aux observations de Desaussure, relatives au Mont-Blanc.

Le baromètre, placé à trois pieds au - dessous de la cime de cette montagne, ne s'élevait qu'à 16 pouces et $\frac{1}{2}$ ligne, et le thermomètre, divisé en 80 degrés, marquoit $2^{\circ},3$, au-dessous de zéro.

Les observations simultanées faites à Genève, à treize toises au-dessus du lac, donnèrent pour le baromètre, 27 pouces, 3 lignes, 5 seizièmes, 83, et le thermomètre $22^{\circ},6$.

Les hauteurs du baromètre étant converties en décimales du mètre, et les degrés du thermomètre divisé en 80 étant ramenés à ceux du thermomètre centigrade, on trouve :

A la station supérieure :

> Hauteur du baromètre, $0^m,4342$;
>
> —   —   du thermomètre, $2°,87$ au-dessous de zéro.

A la station inférieure :

> Hauteur du baromètre, $0^m,7385$;
>
> —   —   du thermomètre, $28°,25$.

La somme des températures se prend ici en retranchant de la plus haute celle qui est au-dessous de zéro ; et on a par ce moyen $25°,38$, qu'il faut multiplier par $35^m,944$: le produit $912^m,259$ étant ajouté au module $17972^m,1$, donne $18884^m,359$ pour celui qui convient à l'expérience.

La différence des températures, composée, dans cet exemple, de la somme des nombres qui les expriment, puisqu'ils sont de différens côtés par rapport au zero de l'échelle, s'élève à $31°,12$; il faudra par conséquent augmenter la hauteur $0^m,4342$ du baromètre, dans la station la plus froide, de $\dfrac{31°,12}{5412}$, ou multiplier $0,4342$ par $31°12$, et diviser le produit par 5412 : le résultat $0^m,0025$ sera ce qu'il faut joindre à $0^m,4342$ pour rectifier, dans cette évaluation de la hauteur du mercure, l'erreur qui résulte de la condensation opérée par le froid sur le sommet du Mont-Blanc : on aura $0^m,4367$. Cela fait, on prendra la différence entre les logarithmes des nombres $0,7385$ et $0,4367$, qu'on trouvera $0,2281673$; puis, en la multipliant par le module $18884,359$, on aura enfin $4308^m,79$ pour la différence de niveau cherchée : ce nombre, converti en toises, revient à 2211. Il faut y ajouter 13 toises pour partir du niveau du lac de Genève, et trois pieds pour atteindre le sommet de la montagne ; ce qui revient à $51^m,65$ centimètres, et donne, pour la hauteur totale du Mont-Blanc, au-dessus du lac de Genève, 2224 toises 3 pieds, ou $4360^m,44$.

Par des opérations trigonométriques, Pictet a trouvé 2238 toises, et Schucborough 2257 ; résultats dont l'un surpasse de 13 toises 3 pieds, et l'autre de 32 toises 3 pieds, celui que donne la règle de Laplace.

En cherchant à représenter, avec le plus d'exactitude possible, les nombreuses observations que Ramond a faites, trigonométriquement et avec le baromètre, sur la hauteur des montagnes, Laplace a trouvé qu'il falloit porter le module barométrique à 18593^m. L'accroissement de ce module pour chaque degré de la somme des températures des deux stations, est 36^m, 78.

Ces nombres, étant appliqués à l'exemple précédent, conduisent à un résultat plus fort d'environ 100^m, 8 que celui que j'ai rapporté d'après Haüy. On obtient alors 4461^m, 2, ce qui revient à 2275 toises 4 pieds. Ce nouveau résultat, plus fort que les mesures trigonométriques de Pictet et de Schuckborough, surpasse la première de 57 toises 4 pieds, et la deuxième de 18 toises 4 pieds.

La mesure des hauteurs par le baromètre ne sauroit trop être recommandée aux voyageurs, puisque ce n'est guères que par ce moyen qu'on peut espérer de parvenir à connoître le relief de la surface terrestre, dont on n'a jusqu'à présent que le plan géométral.

Il n'est pas même indispensable d'avoir des observations simultanées dans les deux lieux que l'on veut comparer; il suffit de se procurer pour chacun une suite d'observations assez étendue pour qu'on en puisse conclure, avec quelque exactitude, une hauteur moyenne du baromètre, indépendante des événemens météorologiques, et relative à une température moyenne : c'est ce qu'on a droit d'attendre du grand nombre de physiciens qui suivent maintenant avec soin les variations de l'atmosphère dans les points principaux de notre globe.

L'observation journalière de la hauteur du baromètre dans un même lieu, n'apprend d'une manière positive autre chose sinon que l'air devient plus ou moins pesant dans ce lieu : mais on a tâché de rattacher à ces changemens d'autres phénomènes météorologiques; et voici les indications qu'on tire des variations du baromètre : indications d'autant plus sûres que ces variations sont plus grandes et plus rapides.

Lorsque le mercure baisse dans le baromètre, il annonce en général de la pluie, du vent; et au contraire du beau temps, lorsqu'il monte.

Il faut remarquer que c'est dans les pays éloignés de l'équateur que les variations ont le plus d'étendue : en France, elles s'élèvent à huit centimètres (3 pouces), seulement à onze millimètres entre les deux tropiques, et elles se réduisent à un peu plus de deux millimètres (une ligne) à Quito, placé sous la zône torride, à deux mille mètres (1026 toises) d'élévation au-dessus du niveau de la mer.

Les explications qu'on donne de la correspondance entre les changemens de temps et les variations du baromètre, diffèrent assez entre elles pour montrer qu'on doit peu compter sur leur certitude : on trouvera à l'article Météorologie celles qui paroissent adoptées aujourd'hui.

Pour rendre le baromètre plus sensible, en augmentant l'étendue de ses divisions, on a imaginé d'incliner la partie supérieure du tube, à l'égard de la partie inférieure, qui demeure verticale; par ce moyen, pour s'élever ou s'abaisser d'une petite quantité, le mercure parcourt dans la branche inclinée un très-grand espace : tel est le baromètre coudé ou incliné.

On voit encore des baromètres à cadran, dont l'aiguille se meut avec l'axe d'une poulie entraînée par un fil, portant à l'une de ses extrémités un corps flottant sur le mercure dans la branche la plus courte du tube, recourbé en syphon et placé derrière, tandis qu'à l'autre extrémité de ce fil pend un petit poids. Cette aiguille parcourt ainsi sur le cadran des divisions correspondantes aux diverses hauteurs du baromètre.

Le frottement qu'occasionnent ces additions faites au baromètre simple ôte aux baromètres composés la plupart de leurs avantages, et depuis long-temps les physiciens sont revenus au premier.

Il y a encore le baromètre tronqué, qu'on nomme aussi éprouvette, et qu'on adapte à la machine pneumatique pour constater le degré de raréfaction de l'air dans le récipient de cette machine. Comme la pression que ce fluide exerce alors est très-foible, le mercure s'élève très-peu dans la branche fermée du syphon qui compose ce baromètre, et qui n'a par conséquent qu'une très-petite hauteur. (L.)

BAROMÈTRE. (*Chim.*) Le baromètre est un instrument qui, sous le rapport de la mesure de la pesanteur et de la pression de l'air, qu'il indique, est très-utile et même indispensable aux chimistes. Il faut qu'ils sachent à quelle pression tel fluide élastique est exposé. En effet, des expériences faites à telle ou telle élévation de l'atmosphère, donnent des résultats différens relativement au volume des gaz. Voyez les mots AIR, ATMOSPHÈRE, GAZ. (F.)

BAROMÈTRE ANIMÉ ou VIVANT. (*Ichtyol.*) Clauder a décrit sous ce nom le misgurne fossile, à cause des mouvemens qu'il se donne dans les vases remplis d'eau, dont il trouble la transparence lorsque le temps est orageux. Les salamandres aquatiques, la rainette verte et les sangsues, ont été regardées comme pouvant indiquer aussi les changemens du temps : mais leurs divers mouvemens, soit dans l'eau, soit au dehors, paroissent plus ou moins indépendans de la température de l'air ; et elles ne peuvent pas être employées comme un baromètre vivant. (F. M. D.)

BAROMETZ. (*Bot.*) Cette espèce de polypode de Tartarie, *polypodium barometz*, L., présente dans la disposition de ses parties une forme singulière. Sa tige, longue d'environ un pied et dans une direction horizontale, est portée sur quatre ou cinq racines qui la tiennent élevée hors de terre. Sa surface est couverte d'un duvet assez long, soyeux et d'une couleur jaune dorée. Ainsi conformée, elle ressemble à la toison d'un agneau de Scythie, et on la trouve ainsi citée dans les contes fabuleux imaginés sur quelques singularités du règne végétal. (J.)

BAROSÉLÉNITE. (*Minér.*) J. Afzelius et Kirwan ont appelé ainsi la baryte sulfatée, que l'on nommoit aussi mal à propos, mais un peu plus longuement, gypse pesant, etc. Voyez BARYTE SULFATÉE. (B.)

BAROULOU. (*Bot.*) Voyez BARALOU.

BAROUTOUS (*Ornith.*), nom de la tourterelle à Caïenne. (Ch. D.)

BAROUTOUTOBANNA (*Bot.*), nom caraïbe d'un polygale, *polygala paniculata*, L., selon Surian. (J.)

BARRACOL. (*Ichtyol.*) On appelle ainsi à Venise la raie miralet. Voyez RAIE. (F. M. D.)

BARRALET (*Bot.*), nom provençal d'un muscari des champs, *hyacinthus comosus*, **L.**, nommé ailleurs queue de poireau. (J.)

BARRAS. (*Bot.*) On donne ce nom au suc résineux qui découle du pin maritime et des autres pins, et qui reste séché sur l'arbre en masses jaunes : lorsqu'il est fluide, on le nomme galipot. Voyez GALIPOT, PIN. (J.)

BARRE (*Mamm.*), nom que les éléphans reçoivent aux Indes orientales. (F. C.)

BARREAUX. (*Entom.*) C'est le nom que Geoffroy a donné à la phalène barrée. (C. D.)

BARRELIÈRE (*Bot.*), *Barreliera*, Linn., genre de la famille des acanthacées, auquel le père Plumier fit porter le nom de son contemporain, le père Barrelier, célèbre botaniste. Il a pour caractère distinctif quatre divisions inégales au calice; la corolle en entonnoir, à cinq divisions, dont l'inférieure est plus profonde; quatre étamines, dont deux extrêmement courtes ; deux stigmates, rarement un seul ; la capsule presque tétragone, à deux loges, contenant chacune deux graines.

Ce genre réunit environ vingt espèces, quelques-unes bisannuelles ou vivaces, la plupart arbustes et arbrisseaux; toutes propres aux régions situées entre les tropiques : telles sont,

1.º LA BARELIÈRE A LONGUES FEUILLES, *Barreliera longifolia; Bahelschulli* de Malabar, Rhéed. 2, p. 87, t. 45; *Colasso* des Brames : plante à tiges simples, tétragones, articulées, velues; à feuilles opposées, très-longues, rudes, ensiformes, entourées de six longues épines rougeâtres, formant ensemble un verticille très-remarquable. Les fleurs, également verticillées, sont sessiles et de couleur purpurine.

2.º LA BARRELIÈRE PRIONITE, *Barreleria Prionitis*, Linn., d'abord genre dans le Hort. Cliff., sous ce nom *prionitis*, dérivé de *prion*, scie ; *coletta-vcella* de Malabar, Rhéede, 9, p. 77, t. 41 : plante vivace qui s'élève à plus d'un mètre : à tiges cylindriques et ramassées : feuilles opposées, ovales, lancéolées, rétrécies à la base et à la pointe ; vertes en dessus, pâles dessous, mais non pubescentes, ayant seulement des poils courts sur les bords ; accompagnées aux aisselles d'épines réunies au nombre de quatre et élevées sur un pédicule.

3.° La Barrelière hérissone, *Barreliera hystrix*, Linn., *Hystrix frutex*, Rumph. Amb. 7, p. 22, t. 13, qui, suivant les descriptions, semblable à la prionite, en diffère par ses épines simples et au nombre de deux.

4.° La Barrelière a feuilles de morelle, *Barreliera solanifolia*, Linn., Plum. gen. 31 à 43, f. 2, arbrisseau dont les fleurs sont bleues.

5.° La Barrelière a feuilles de buis, *Barreliera buxifolia*, Linn., *Caraschulli* de Malabar, Rhéede, 2, p. 91, t. 47, dont les épines sont solitaires aux aisselles des feuilles : les fleurs bleues, sessiles, plus longues que les feuilles. (D. de *V.*)

BARRES (*Mamm.*), nom que, dans l'art vétérinaire, on donne à l'espace vide qui se trouve, dans la mâchoire inférieure du cheval, entre les dents canines et les molaires. (F. C.)

BARRIS (*Mamm.*), nom que l'on donne en Guinée, selon Fr. Pyrard et le Père Jarric, à une grande espèce de singe que l'on croit être le chimpanzé, mais qui est plutôt le grand mandrill. (F. C.)

BARRUS (*Mamm.*), un des noms latins de l'éléphant. (F. C.)

BARS et BARSCH. (*Ichtyol.*) Le premier nom est donné en Poméranie, et le second en Prusse, à la perche. Voyez Persèque. Marsigli, dans son ouvrage sur le Danube, figure ce même poisson sous les noms de *Barschling* et de *Borstling*. (F. M. D.)

BARTALAI (*Bot.*), nom provençal d'un chardon très-épineux, *cnicus ferox*, L. (J.)

BARTAVELLE (*Ornith.*), nom d'une espèce de perdrix, *perdrix rufa*, Lath. Voyez Perdrix. (Ch. D.)

BARTOLINA (*Bot.*), nom donné par Adanson au *tridax* de Linnæus, genre de plante composée. (J.)

BARTRAME (*Bot.*), *Bartramia*, genre de la famille des mousses, cinquième ordre de ma méthode (les diplopogones) : péristome double, opercule conique, court et presque plane ; urne sphérique, tubulée, oblique ; orifice placé obliquement ; fleurs terminales, latérales ou radicales ; gaine subglobuleuse, dépourvue de périchèse.

Ce genre comprend les *bartramia* et plusieurs espéces de *mnium* d'Hedwig. Il contient huit espèces, dont trois naissent en France et même aux environs de Paris ; les autres se trouvent, ou à la Jamaïque, ou dans l'Amérique septentrionale, ou dans d'autres parties de l'Europe.

Les trois espèces de France sont :

1.° Bartrame des fontaines, *Bartramia fontana*, Mnium *fontanum*, Linn. : tiges divisées par les nouvelles pousses ; feuilles oblongues, lancéolées, entières, dirigées d'un côté, urne sphérique ; quelques rameaux terminés en étoile.

Elle croît dans les eaux de fontaine.

2.° Bartrame des marais (*Bartramia ? palustris*), Mnium *palustre*, Linn. : tige droite, dichotome ; feuilles lancéolées, oblongues, entières ; urne ovale, légèrement inclinée.

Cette espèce se distingue de la précédente par ses feuilles plus longues, son urne ovale, et de petits filamens terminés par une boule composée d'un amas de petits corps ovales et pulvérulens.

Elle croît dans les marais.

3.° Bartrame pomiforme, *Bartramia pomiformis*, Bryum *pomiforme*, Linn. : tiges droites, presque rameuses ; feuilles subulées, tournées d'un seul côté, finement serretées.

Elle croît dans les bois, sur les bords des chemins. On la trouve aussi dans l'Amérique septentrionale. (P. B.)

BARTRAME (*Bot.*), *Bartramia*, genre de plantes de la famille des tiliacées, d'abord établi par Linnæus, ensuite réuni par lui au lappulier, *triumfetta*, puis séparé de nouveau par Gærtner. Il diffère, selon cet auteur, par la présence d'un calice, qui n'existe pas dans le lappulier, et par son fruit, qui, au lieu d'être entier et à quatre loges monospermes, est composé de quatre coques, chacune à deux loges monospermes. (Voyez Lappulier.) Ce nom a été ensuite donné à d'autres plantes de la famille des mousses. Bartram, dont cette plante porte le nom, étoit un Américain des États-unis, qui aimoit la botanique, faisoit de fréquentes herborisations, et envoyoit des plantes à Linnæus. (J.)

BARTRAVELLE. (*Ornith.*), espèce de perdrix, *tetrao rufus*, L. (Ch. D.)

BARTSIE (*Bot.*), genre de plantes de la famille des rhinanthées, qui faisoit partie du genre Pédiculaire de Tournefort, et que Linnæus en avoit détaché. Ses caractères sont peu tranchés, et Jussieu soupçonne qu'il peut être réparti dans les genres voisins. Lamarck et Ventenat tranchent la difficulté et le réunissent au rhinanthe ; cependant il offre quelques petites différences. Son calice est sans renflement, et les quatre divisions de sa corolle sont inégales, en deux lèvres, dont la supérieure est simple, relevée et sans échancrure ; l'inférieure a trois lobes ; le stigmate est plutôt conique que sphérique, et les graines sont anguleuses. Linnæus annonce lui-même ce genre comme intermédiaire entre le Rhinanthe, la pédiculaire et l'euphraise.

On connoît aujourd'hui cinq espèces de bartsia, toutes plus communes dans les herbiers que dans les jardins, n'étant pas moins rebelles à la culture que les pédiculaires : elles habitent les pays froids, soit dans le nord des deux continens, soit sur les Alpes.

1.° Bartsie visqueuse, *Bartsia viscosa*, Linn., figurée dans Barrelier, t. 665 : à fleurs jaunes.

2.° Bartsia écarlate, *Bartsia coccinea*, Linn., figurée par Plukenet, t. 102, f. 5, et par Walter, dans la Flore de Caroline, sous le nom de gérardie pédiculaire.

Enfin, la Bartsie des Alpes, *Bartsia alpina*, Linn., décrite par Haller, sous le nom de *stæhelina*, figurée comme un clinopode par Plukenet, t. 163, f. 5. (J.)

BARTUMBER. (*Ichtyol.*) Ce nom est donné en Allemagne à la persègue umbre, selon Lacépède. Voyez Persègue. (F. M. D.)

BARU ou Daun Baru. (*Bot.*) Dans la langue malaise on nomme ainsi le *hibiscus tiliaceus* ; les habitans de Madagascar prononcent *bar* ou *varo*. Ce nom a passé à l'Isle-de-France, où il désigne le même arbuste, qui croît en abondance sur les bords de la mer, dans quelques anses qu'il décore magnifiquement. Son écorce est employée pour faire des cordes. On le nomme aussi Mahaut. Voyez ce mot et Ketmie. (A. P.)

BARUCE. (*Bot.*) Clusius décrit sous ce nom le fruit du hura. (J.)

BARVASCO. (*Bot.*) Les Espagnols des Antilles et de Curaçao nomment ainsi un jacquinier, *jacquinia armillaris*, L., dont les feuilles et les branches, jetées dans l'eau, enivrent le poisson. Les Caraïbes font des bracelets avec ses graines enfilées, d'où lui vient aussi le nom d'arbre à bracelets. (J.)

BARYOSME. (*Bot.*) Gœrtner donne ce nom au coumarou, genre de plante légumineuse de la Guiane ; il a établi le genre qu'il désigne sous ce nom, d'après un fruit seul qui venoit des Moluques. Ce fruit est une drupe supérieure, bacciforme, hispide, uniloculaire et monosperme. Voyez Coumarou. (J.)

BARYTE. (*Chim.*) La baryte a été d'abord regardée par les naturalistes et par les chimistes comme une terre particulière, à laquelle on a donné ce nom en France à cause de sa pesanteur et de celle des composés salins dont elle fait partie. En étudiant avec soin ses propriétés, je l'ai rangée parmi les alcalis ; j'en ai fait même la première espèce de ce genre, soit à cause de l'énergie de son action sur tous les corps, soit et surtout à cause de sa forte attraction pour les acides, qu'elle enlève à tous les autres alcalis. Voici les principales propriétés qui la caractérisent après qu'elle a été extraite pure des composés dont elle fait partie, car elle n'est jamais présentée pure par la nature.

Elle est en fragmens irréguliers, assez durs, d'un gris blanc, poreux et comme cariés, à cause du ramollissement et de la fusion qu'elle a éprouvés pendant sa purification, et des fluides élastiques qui s'en sont dégagés.

Elle a une saveur âcre, brûlante et urineuse ; elle tue les animaux lorsqu'elle séjourne quelque temps dans leur estomac ou leurs intestins.

Elle verdit fortement les violettes.

Elle se ramollit au feu et se pénètre d'une flamme phosphorique, lorsqu'on la fait rougir.

Elle attire vivement l'eau atmosphérique, se boursoufle, blanchit et se divise par cette absorption.

L'eau qu'on jette dessus est absorbée avec bruit, la divise, la soulève, la blanchit, s'échauffe beaucoup, et se fige en se combinant avec la baryte, qui prend souvent alors la forme d'aiguilles blanches et satinées.

Elle se dissout dans trente parties d'eau froide, et dans moitié moins d'eau bouillante ; sa dissolution cristallise par le refroidissement en longs prismes brillans. L'exposition à l'air y forme une pellicule de carbonate de baryte, et le contact de l'acide carbonique la trouble et la précipite.

Elle se combine facilement au phosphore, et surtout au soufre, ainsi qu'au gaz hydrogène sulfuré.

Elle s'unit à tous les acides, y tient plus fortement que tous les autres alcalis, qu'elle en sépare. Elle forme des sels insolubles avec le sulfurique, le phosphorique et le carbonique, et des sels bien solubles avec le nitrique et le muriatique.

Comme la baryte est la base la plus attirée par les acides, et comme elle l'est plus par le sulfurique que par tous les autres, le sulfate de baryte est le plus fort et le plus indécomposable de tous les sels. Tous les sels de baryte sont décomposés par les carbonates de potasse, de soude et d'ammoniaque.

On ne connoît pas la nature intime et les principes constituans de la baryte ; elle se comporte comme corps simple dans les analyses chimiques. Elle existe souvent et abondamment unie aux acides sulfurique et carbonique dans la nature : c'est un très-bon réactif pour reconnoître l'acide sulfurique. (F.)

BARYTE. (*Minér.*) Les espèces de sels dont cette terre forme la base, ne sont ni très-nombreuses, ni très-abondantes. Ils sont faciles à reconnoître et à distinguer de tous les autres sels pierreux, par leur pesanteur spécifique, qui est toujours au-dessus de quatre. Les sels à base de strontiane sont les seuls avec lesquels il est facile de les confondre.

PREMIÈRE ESPÈCE. *Baryte sulfatée.*

La pesanteur de cette pierre est le caractère qui se présente le premier pour la faire reconnoître ; elle varie, selon les échantillons, de 4,29 à 4,47. Elle est donc assez remarquable pour servir de caractère distinctif, sans qu'on soit obligé de la mesurer exactement au moyen de la balance. Ce caractère ne suffit pas; car plusieurs oxides ou sels métalliques cristallisés ont une pesanteur analogue à celle de la baryte sulfatée: il faut donc trouver d'autres caractères qui soient, comme celui-ci, également communs à toutes les variétés de ce sel. 1.° La baryte sulfatée fond au chalumeau, mais ne donne aucune substance métallique; tandis que le carbonate de plomb, sel métallique qui a souvent beaucoup de ressemblance avec la baryte, donne, par ce moyen, un bouton de plomb. 2.° Elle ne fait aucune effervescence avec les acides, quelques précautions que l'on prenne; ce qui la distingue de la baryte et de la strontiane carbonatée.

Les caractères précédens conviennent à toutes les variétés de baryte sulfatée, quelle que soit leur forme; mais comme la plupart ont la structure lamelleuse, celles-ci offrent un caractère de plus. Ces lames, faciles à séparer par la division mécanique, sont parallèles aux faces d'un prisme droit à base rhombe, qui est la forme primitive de ce sel terreux; les angles du rhombe sont de $161^{d}\frac{1}{2}$ et $78^{d}\frac{1}{2}$.

La baryte sulfatée est plus dure que la chaux carbonatée; elle fond au chalumeau en un émail blanc qui se réduit en poudre. Lorsqu'on met cette pierre, dans cet état, sur la langue, elle manifeste un goût sensible d'œufs pourris. Cette même pierre, calcinée récemment, et portée d'un lieu très-éclairé dans un lieu obscur, fait voir une lueur rougeâtre.

La baryte sulfatée offre le phénomène de la réfraction double: il faut, pour l'observer, remplacer l'angle obtus de la base du prisme par une facette oblique, et regarder à travers cette facette et la base opposée.

Aucun des caractères que l'on vient d'exposer n'est assez tranché ou assez visible pour faire distinguer la baryte sulfatée de la strontiane sulfatée. On verra, à l'article de ce dernier sel, les moyens que l'on peut employer pour les reconnoître.

La baryte sulfatée peut être pure ou souillée de différentes substances qui modifient un peu ses propriétés. On la divisera d'après ce principe en trois sous-espèces.

1.º BARYTE SULFATÉE PURE.[1] La baryte sulfatée, quoique moins féconde en variétés de forme que la chaux carbonatée, en présente encore un très-grand nombre. Elles sont presque toutes remarquables par leur volume, par la netteté de leurs faces et par la vivacité de leurs arêtes ; on y voit rarement les décroissemens irréguliers qui masquent les formes en émoussant les angles et altérant la surface des faces. On peut dire que la forme commune au plus grand nombre de ses cristaux, est celle d'une table, c'est-à-dire, d'un prisme droit ou oblique, très - déprimé ou très-comprimé. Parmi ces variétés nous remarquerons les suivantes.

Baryte sulfatée primitive. M P. C'est un prisme droit à bases rhombes, ordinairement très-court, dont toutes les faces sont parallèles à celles de la forme primitive.

Baryte sulfatée rétrécie. M H P. C'est un prisme à six pans, très-court.

Baryte sulfatée trapésienne. A E P. On peut s'en former une idée en se représentant deux pyramides quadrangulaires opposées base à base, et tronquées très-près de leur base. On la nomme vulgairement, et plus particulièrement, spath pesant en table.

Baryte sulfatée pantogène. G M H A E B P. C'est un prisme à huit pans inégaux, terminé par un sommet à neuf faces, dont une est perpendiculaire à l'axe du prisme.

On trouve de très-beaux cristaux de baryte sulfatée à Roya, et dans la mine d'antimoine de Massiac, département du Cantal ; dans les mines de Hongrie et dans celles de Transylvanie ; dans les mines du Hartz ; dans celles de Saxe ; dans celles de mercure d'Espagne et du Palatinat ; dans les mines de cuivre et de plomb de Servoz, département du Mont-Blanc, etc.

Baryte sulfatée cristée, vulgairement spath pesant en crêtes de coq.

Baryte sulfatée bacillaire, en prismes allongés et profon-

---

1. Voyez, au mot MINÉRALOGIE, la valeur que l'on doit donner à cette expression.

dément cannelés. Il faut prendre garde de confondre cette variété avec une variété de plomb carbonaté qui lui ressemble beaucoup. On la trouve à Freyberg.

Baryte sulfatée radiée, vulgairement pierre de Bologne. Cette variété se présente sous la forme de boule à surface tuberculeuse. Quand on la casse, on voit qu'elle est radiée du centre à la circonférence, et que les rugosités extérieures sont dues aux extrémités cristallisées 'de prismes déliés. Elle se trouve au mont Paterno, près de Bologne, en Italie. Elle est engagée dans une marne argileuse grise, ou roulée dans le bas de la montagne. Cette variété, pulvérisée, chauffée, présentée à la lumière, et portée ensuite dans un lieu obscur, présente très-bien le phénomène de la phosphorescence dont on a parlé; c'est le corps phosphorescent le plus anciennement connu. On en doit, dit-on, la découverte à un artisan de Bologne, qui, frappé de la pesanteur plus qu'ordinaire de cette pierre, crut qu'elle contenoit quelque substance métallique. Il l'emporta, et la fit chauffer pour en extraire le métal qu'il y supposoit. Il remarqua alors et fit connoître la phosphorescence dont elle jouit. On fait encore, avec cette variété, la préparation que l'on nomme phosphore de Bologne. Elle consiste à calciner la pierre, à la pulvériser, pour faire des espèces de petits gâteaux, en aglutinant cette poudre avec de l'eau gommée. Ces gâteaux, exposés à la lumière, et portés ensuite dans un lieu obscur, dégagent la lumière dont ils semblent s'être imbibés. Si l'analyse d'Arvidson est exacte, cette variété ne contient que 62 pour cent de sulfate de baryte: les 38 pour cent restant sont un mélange de silice, d'alumine, de chaux sulfatée, d'eau et d'un peu de fer.

Baryte sulfatée concrétionnée. Elle s'offre, sous une forme mamelonnée, ou sous celle d'une stalactite ou d'un albâtre susceptible d'un assez beau poli. On en cite dans les mines de Saxe, et dans celle du Derbyshire. Lorsque les contours représentent grossièrement les circonvolutions des intestins, on lui a donné le nom ridicule de pierre de trippes.

On la trouve en beaux échantillons dans les mines de Wiliczka et de Bochnia, dans des couches argileuses. Townsan assure que Klaproth, l'ayant analysée, l'a reconnue pour de la chaux sulfatée, malgré sa pesanteur spécifique de 2, 905, qui est foible pour de la baryte, mais assez forte pour de la chaux sulfatée.

Baryte sulfatée compacte. Sa cassure est terne et non lamelleuse. On en trouve en Saxe, près de Freyberg, et à Servoz, département du Mont-Blanc.

Baryte sulfatée terreuse. Elle est en masse, d'un blanc mat, composée de parties pulvérulentes. Elle est rude au toucher ; elle se reconnoît toujours par sa pesanteur spécifique.

Cette variété est rare. On l'a trouvée près de Freyberg ; en Hongrie ; en Bohème ; dans le Derbyshire : elle porte le nom de *caulk* chez les mineurs de ce pays, et sert de gangue à la plupart des mines de ce canton.

Outre ces variétés de forme et de structure, la baryte sulfatée en présente d'autres de couleur. Elles sont cependant peu tranchées, et même assez ordinairement sales. Ces couleurs sont le limpide, le jaunâtre, le rouge, le bleuâtre, le blanc mat, etc.

2.° BARYTE SULFATÉE FÉTIDE. *Lapis hepaticus*, Wall. Elle a la structure lamellaire ou compacte, mais elle répand, par le frottement ou par l'action du feu, une odeur fétide de gaz hydrogène sulfuré. On l'appelle vulgairement pierre puante, comme certaines espèces de chaux carbonatée.

On a trouvé cette baryte dans la mine d'argent de Konsgsberg en Norwège ; à Lublin en Galicie, etc.

3.° BARYTE SULFATÉE GRENUE. Elle est d'un blanc gris ou jaunâtre, mais elle a la texture grenue ou lamellaire des marbres statuaires ; elle s'en distingue facilement par sa pesanteur. D'après l'analyse de Klaproth, elle contient dix pour cent de silice. On la trouve à Peggau en Stirie, avec du plomb sulfuré ; à Freyberg ; à Schlangenberg en Sibérie.

Gisement et usages.

La baryte sulfatée, quoique répandue assez abondamment, ne forme point dans la nature de montagne, et ne se trouve que très-rarement en couches. Struve l'a observée sous cette forme, entre des bancs de schiste ferrugineux, dans les environs de Servoz. Elle se rencontre même rarement en grande masse. Elle forme, dans les montagnes primitives, dans celles de transition, et dans les montagnes secondaires, des filons assez puissans, et souvent riches en minerai métallique. Quelquefois aussi elle accompagne, sous forme de cristaux ou de concrétions, les mêmes minerais gisans dans des filons d'une autre nature.

Les métaux qu'elle accompagne plus particulièrement, sont l'antimoine sulfuré, dans les mines de Hongrie; le mercure sulfuré, dans celles du duché de Deux-Ponts; le plomb, très-communément; le zinc, le fer, le cuivre sulfuré, etc.

Elle se trouve rarement dans les montagnes de granits, mais plus ordinairement dans celles d'une formation postérieure, assez communément même dans la chaux carbonatée compacte. Il ne paroît pas qu'on ait encore remarqué qu'elle entre dans la composition des roches ou pierres mélangées primitives, comme on l'observe pour la chaux carbonatée, etc.

La baryte sulfatée n'a point une synonymie très-étendue; on l'a nommée spath pesant, spath séléniteux, quelquefois même gypse pesant. Ses usages sont bornés et peu importans. On l'emploie dans quelques travaux métallurgiques, pour faciliter la fusion de certaines gangues métalliques.

On emploie principalement la variété terreuse dans les fonderies de cuivre de Birmingham.

On prétend que la substance que les Chinois font entrer dans la composition de certaines porcelaines, et qu'ils nomment chekao, est une variété de baryte sulfatée : il est certain, d'après l'essai que j'en ai fait, qu'on peut employer ce sel pierreux comme fondant dans la porcelaine, en place de feld-spath ; mais la porcelaine qu'il donne, quoique d'une pâte assez fine, est grise, plus fusible et plus fragile que celle qui contient du feld-spath ou tout autre fondant terreux.

DEUXIÈME ESPÈCE. *Baryte carbonatée.*

Cette pierre se reconnoît également à sa pesanteur spécifique remarquable, qui est, comme celle de la baryte sulfatée, 4,29; mais la baryte sulfatée ne fait aucune effervescence avec les acides, tandis que la baryte carbonatée possède cette propriété. Il faut quelques précautions pour la lui faire manifester. Si l'acide que l'on emploie, et qui doit être de l'acide nitrique ou de l'acide muriatique, est trop concentré, l'effervescence n'a point lieu : il faut alors y ajouter un peu d'eau; dès qu'on a fait cette addition en quantité suffisante, l'effervescence commence, et se continue jusqu'à ce que la pierre soit entièrement dissoute, si elle est pure.

Ce sel pierreux a ordinairement la structure aiguillée et la surface striée. La cassure, dans le sens transversal, est onduleuse, avec l'aspect un peu gras; quelquefois aussi elle est écailleuse. Il est transparent, ou plutôt translucide, avec une teinte de gris jaunâtre.

La baryte carbonatée est plus dure que la chaux carbonatée; elle l'est moins que la chaux fluatée : soumise à l'action du feu, elle pétille, mais ne fond point, et ne laisse pas dégager son acide carbonique comme la chaux. Sa dissolution dans l'acide nitrique, ajoutée en petite quantitée à l'alcool, donne à la flamme de ce liquide une lueur jaunâtre. Elle est composée de baryte et d'acide carbonique, sans eau de cristallisation.

Ce sel pierreux se trouve très-rarement cristallisé, et ses cristaux sont mal terminés. Jusqu'à présent on ne l'a vu que sous la forme de prisme à six pans, terminé par des pyramides hexaèdres incomplètes. Il a quelquefois l'aspect et la consistance terreuse; il est alors d'un blanc sale. Il se trouve ainsi en Stirie, enveloppant les cristaux ou les masses de baryte sulfatée translucide.

Il ne paroît pas que ce sel joue un rôle bien important dans la nature. On ne l'a encore trouvé que dans des filons et en masses peu considérables. Les pays qui en renferment sont en petit nombre. Il a été découvert à Anglesarck, dans le Lancashire, en Angleterre, par le docteur Withering; ce qui lui a fait donner le nom de witherit par Werner. On l'a aussi nommé spath pesant aéré, barolite, etc.

La baryte carbonatée d'Anglesarck est dans un filon de plomb sulfuré, qui traverse une montagne stratiforme, composée de couches de grès, de schiste ferrugineux et de houille; elle est accompagnée de baryte sulfatée, de zinc sulfuré, de zinc carbonaté. Ch. Coquebert a observé que le sulfate de baryte se trouvoit plus abondamment dans la partie inférieure du filon, et le carbonate dans sa partie supérieure. Cette baryte carbonatée se présente sous la forme de sphères rayonnées dans leur intérieur, et couvertes à l'extérieur de tubercules, formés par la réunion des pyramides mal prononcées qui terminent les prismes. Ces sphères sont comme jetées et collées à la surface du plomb ou du zinc sulfuré qui compose le filon.

On l'a trouvée aussi en masses cellulaires cariées, auprès de Neuberg, dans la haute Stirie, et de Schlangenberg, en Sibérie : la baryte carbonatée de ce dernier endroit est d'un vert sale ou d'un blanc grisâtre, et paroît concrétionnée.

Napione l'a vue également dans un filon de mine de plomb, près de S.-Asaph, dans le Flintshire, pays de Galles.

La baryte carbonatée n'est encore d'aucun usage. Celle qui se trouve dans la nature paroît avoir une action assez puissante sur l'économie animale. Elle étoit employée à Anglesarck pour faire mourir les rats. Elle agit, à ce qu'il paroît, comme un violent vomitif.

Le carbonate de baryte artificiel n'a, au contraire, que peu d'action; il n'est vomitif qu'à une dose assez forte. Cette différence, assez singulière, pourroit être due à quelque principe inconnu que les métaux au milieu desquels on trouve ce sel y auroient introduit. Ces principes ou qualités, dont l'existence ne peut être douteuse, ont, comme on sait, une action très-vive sur nos organes, et échappent aux réactifs chimiques les plus puissans ou les plus délicats. C'est ainsi que le plomb, le mercure et beaucoup d'autres corps, agissent puissamment sur les animaux par des émanations d'une nature inconnue et d'une subtilité inappréciable. (B.)

BARYTO - CALCITE. (*Minér.*) Cette pierre seroit, d'après la définition qu'en donne Kirwan, un mélange de baryte et de chaux carbonatée. Ses fragmens sont cunéiformes ou en segmens de sphère; elle est même quelquefois sphérique. Sa structure est striée, et offre des prismes qui divergent plus ou moins d'un centre commun; elle est transparente; elle fait effervescence avec les acides. Bergman a dit que cette substance étoit composée de quatre-vingt-douze pour cent de chaux carbonatée, et de huit pour cent de baryte carbonatée. Personne n'a donné sa pesanteur spécifique.

On ne sait à quelle espèce rapporter cette pierre, que Kirwan n'a point vue.

Schumacher (Minéralogie danoise) décrit sous ce nom une pierre d'un blanc un peu bleuâtre, d'un éclat assez vif, à cassure lamelleuse et à fragmens rhomboïdaux, qui fait une foible effervescence dans l'acide nitrique.

On l'a trouvée dans la mine de Juliane-Haab, à Kongsberg en Norwège ; elle est entremêlée d'asbeste, de fer sulfuré, etc. L'auteur pense que ce fossile n'est peut-être qu'une variété de STRONTIANE CARBONATÉE. Voyez ce mot. (B.)

BARYXYLE (*Bot.*), *Baryxylum*, Lour., genre de plantes de la famille des légumineuses, établi sur un grand arbre commun sur les montagnes de la Cochinchine. Il a les rameaux garnis de feuilles ailées, et terminés par des épis de fleurs jaunes, qui ont chacune un calice à cinq divisions renversées, cinq pétales un peu inégaux et chiffonnés, dix étamines de longueur inégale, et un ovaire terminé par un style et un stigmate qui devient une gousse cylindrique, remplie par plusieurs graines un peu anguleuses. On emploie le tronc pour la construction des ponts, et pour des colonnes qui doivent supporter de grands poids. Le bois est roux, et si dur qu'on lui donne ordinairement dans le pays le nom de bois de fer. Ces qualités sont exprimées par le nom de l'arbre, *baryxylum rufum* : *baryxylum*, en grec, veut dire bois pesant. (Mas.)

BASAAL (*Bot.*), petit arbre de la côte Malabare, nommé *vilengi* par les Brachmanes, décrit et figuré dans le Hort. Malab. 5, p. 23, t. 12. On lui attribue un calice à cinq divisions ; une corolle divisée profondément en cinq parties ; cinq étamines ; un style central ; une petite baie de la grosseur d'un pois, portée sur le calice, et renfermant un noyau monosperme. Les feuilles sont alternes ; les fleurs odorantes, disposées en grappes. Lamarck le décrit sous ce nom dans l'Enclycl. méth. vol. 1, p. 381, et il lui réunit, comme congénère, le *tsjeram - cottam*, Hort. Malab. 5, p. 21, t.

11, qui n'a point de corolle. Ce dernier, par son port et son caractère, semble plus voisin du cansjère et des thymélées. Quant au basaal, il a une affinité marquée avec le genre Ardisie, et n'en est probablement qu'une espèce. (J.)

BASALTE. (*Minér.*) Une seule propriété bien choisie suffit souvent pour signaler une substance saline, ou même une pierre simple. Il n'en est point ainsi des roches ou pierres composées : il faut, pour ainsi dire, les peindre complétement ; accumuler les caractères extérieurs, toujours si variables et si vagues ; ne pas négliger une seule apparence, pour donner des moyens de les reconnoître au milieu des innombrables modifications dont les pierres mélangées sont susceptibles, et qui lient entre eux les échantillons les plus différens.

Le basalte est une des roches qui offrent le plus de difficulté dans leur détermination. Il tient de si près aux laves, aux trapps, aux cornéennes, à quelques schistes, à quelques amphiboles en masse, qu'il faut avouer l'impossibilité où l'on est d'apprendre par une description à distinguer certains échantillons de basalte qui forment la nuance entre ces pierres. L'habitude, et mieux encore des circonstances de gisemens, qui disparoissent dans les collections, sont les seuls guides que l'on puisse avoir dans certains cas. Nous allons essayer d'enseigner à reconnoître au moins les variétés les plus tranchées et les mieux caractérisées ; nous parlerons ensuite des gisemens variés et intéressans des basaltes, et nous ferons connoître les particularités propres aux pays basaltiques les plus remarquables. Nous traiterons, à la fin, des hypothèses que l'on a proposées pour expliquer la formation de cette roche, et des disputes qui se sont élevées sur le genre de terrain auquel elle appartient. Les trois premiers paragraphes ne présenteront donc que les faits, reconnus généralement, qui composent l'histoire naturelle des basaltes : la partie systématique sera renfermée dans le quatrième.

§. Ier *Propriétés et variétés du basalte.*

Les basaltes sont généralement bruns : ce brun tire sur le

noir, sur le verdâtre, sur le rougeâtre ou sur le gris : polis ou mouillés, ils prennent quelquefois un aspect bleuâtre.

C'est évidemment une pierre composée, en sorte que sa texture est souvent grenue : cependant ses parties constituantes sont quelquefois si fines qu'elle paroît homogène ; mais ce cas est le plus rare.

Sa cassure est matte et ordinairement à grain fin ; elle est quelquefois un peu conchoïde, et présente souvent des cavités bulleuses en assez grand nombre.

Le basalte est sonore et difficile à casser. Il a quelquefois une ténacité remarquable, et telle qu'on l'emploie, dans quelques pays, pour armer la tête des pilons de bocard. (De Born).

Sa dureté, toujours au-dessus de celle de la chaux carbonatée, quand il n'est point en décomposition, devient quelquefois assez grande pour qu'il soit scintillant et susceptible de recevoir le poli.

Sa pesanteur spécifique est à peu près triple de celle de l'eau.

Il agit toujours sensiblement sur l'aiguille aimantée ; il a quelquefois même le magnétisme polaire. On verra qu'il doit cette propriété au fer qu'il contient.

Le basalte est fusible au chalumeau, en un verre grisâtre ou verdâtre.

. Il est toujours en masses : mais ces masses, dont le volume est souvent très-différent, sont susceptibles de prendre des formes déterminables, qui ressemblent à des cristaux, mais qui doivent en être soigneusement distinguées ; car ils n'ont point cette constance dans la valeur des angles qui s'observe généralement dans les véritables cristaux. [1] Les formes que présente le basalte sont le prisme, la sphère, etc. : on en parlera plus bas.

Les basaltes paroissent essentiellement composés de deux pierres intimement mêlées, l'amphibole et le feld-spath. Rarement les parties de ces deux pierres sont assez grosses

---

1. Voyez, au mot Cristallisation, les différences que l'on doit établir entre la cristallisation et le retrait régulier, quand on veut ne pas tout confondre et s'entendre un peu.

pour qu'on puisse les reconnoître : d'ailleurs, lorsqu'elles sont assez volumineuses pour être distinguées, elles constituent une autre roche, que Werner a nommée *grünstein*.

Le basalte renferme un assez grand nombre de pierres étrangères, qui aident encore à le faire reconnoître : ce sont des cristaux d'amphibole, de péridot, de pyroxène, de mica, d'amphigène, de feld-spath, de quartz, de mélanite, de fer oligiste. Ce métal y est souvent sous la forme de petits grains très-visibles, qui, se séparant facilement des basaltes en décomposition, sont rassemblés, près de Naples et en Virginie, pour être fondus comme mine de fer. Les cavités qu'on y remarque sont tantôt vides, tantôt tapissées ou remplies de substances très-différentes, telles que la stéatite verte, la chaux carbonatée, la mésotype, le silex calcédoine.

Le basalte étant toujours une pierre mélangée, quand même il ne renfermeroit aucune des substances qu'on vient de nommer, on sent qu'on ne peut jamais obtenir le même résultat des analyses, lorsqu'on les fait sur des échantillons différens. Cependant, on a lieu d'être étonné de la concordance qu'il y a entre les trois analyses que nous allons rapporter, du moins entre leurs principes essentiels. Cet accord doit donner quelque confiance dans l'exactitude de ces analyses, car on ne peut exiger une plus grande précision dans celles des pierres mélangées.

Analyses du basalte :

	Bergmann.	Klaproth.	Kennedy.
Silice...................	50.	44,50.	46.
Alumine..............	15.	16,75.	16.
Chaux.................	8.	9,50.	9.
Magnésie.............	2.	2,25.	0.
Oxide de fer.........	25.	20, ″	16.
Soude	″	2,60.	4.
Oxide de manganèse..	″	0,12.	0.
Acide muriatique.....	″	0,05.	1.
Eau	″	2, ″	5.
Perte................	″	2,23.	3.
	100.	100.	100.

Klaproth et Vauquelin y ont en outre trouvé un peu de carbone.

On voit par ces analyses, que le basalte contient une grande quantité de fer qui, étant à l'état d'oxide noir, lui donne la propriété que nous lui avons reconnue d'attirer l'aiguille aimantée.

Ce fer, en s'oxidant davantage par le contact de l'air et passant à l'état d'oxide rouge, est probablement une des causes de l'espèce de décomposition que les basaltes font voir à leur surface. On remarque que cette surface est plus terreuse, plus friable; qu'elle est souvent rougeâtre, et que cette altération, en pénétrant de quatre ou six millimètres et plus dans l'intérieur, forme comme une espèce d'écorce autour des masses circonscrites de basalte.

Les basaltes très-noirs, qui paroissent presque entièrement composés d'amphibole, se décomposent beaucoup plus lentement que ceux qui renferment une grande quantité de feld-spath. On diroit, comme le remarque Daubuisson, que le feld-spath communique au basalte la faculté qu'il a de se décomposer facilement. On observe encore que la décomposition du péridot est plus rapide que celle du basalte, et la dévance, pour ainsi dire, dans l'intérieur des masses de cette roche.

Certaines variétés de basalte paroissent disposées à une décomposition encore plus complète. On reviendra sur ce sujet à la fin du paragraphe relatif au gisement.

Lorsqu'on expose le basalte à une température qui est à peu près égale à 80.^{d} du pyromètre de Wedgwood, il fond, et, s'il est refroidi promptement, il donne un verre noir; mais lorsqu'on rend le refroidissement extrêmement lent, le basalte fondu, en reprenant sa solidité, reprend aussi l'aspect d'une pierre. C'est à Hales que l'on doit cette observation importante.

Les caractères et les propriétés que nous venons d'exposer se trouvent presque toujours réunis dans les basaltes. On croit devoir exposer actuellement les différences qu'ils présentent entre eux, et qui peuvent servir à établir des variétés.

Variétés de formes.

On a dit que les basaltes se présentoient avec des formes déterminables, qui étoient constantes dans leur ensemble, quoique variables dans leurs détails.

1.° *Basalte prismatique.* C'est la forme la plus ordinaire du basalte. Les pans des prismes de basalte ne sont jamais parfaitement planes : leur inclinaison n'a aucune constance, aucune régularité ; elle n'a pas même de symétrie ; en sorte que les deux pans opposés d'un prisme à six pans ne sont presque jamais également inclinés sur les pans voisins.

Le nombre des pans de ces prismes varie depuis trois jusqu'à neuf. Ces derniers sont très-rares ; et plusieurs minéralogistes ont même douté de leur existence : mais Fortis dit en avoir vu à la Valnera, près de Chiampo en Italie.

Ces prismes, souvent très - longs, sont quelquefois divisés par des articulations régulières assez remarquables. L'une des parties qui sont séparées par ces articulations , et nous supposerons que c'est l'inférieure, présente dans sa section une concavité assez régulière, bordée de six pointes produites par le prolongement des six arêtes du basalte, si le prisme est hexagone. Quelquefois le sommet de ces pointes est tronqué. La portion supérieure du prisme basaltique offre, à sa partie inférieure, une convexité qui correspond exactement avec la concavité de la portion inférieure. Ces articulations sont ordinairement au même niveau, dans un faisceau de prismes.

La grandeur des prismes varie encore plus que leur forme : on en cite qui ont plus de vingt mètres de hauteur, tandis que d'autres ont au plus deux décimètres de long , et un diamètre proportionné.

2.° *Basalte tabulaire.* Il est en plaques minces, dont l'épaisseur est rarement égale, et l'étendue peu considérable. On en voit dans la montagne de Landsberg en Saxe.

3.° *Basalte sphéroïdal.* Cette variété est une des plus singulières. Ce basalte affecte la forme d'une sphère, dont le diamètre varie de deux à sept décimètres. Ces sphères sont composées de couches concentriques, ou de prismes de basalte disposés en rayons divergens , à la manière des pyrites.

Dans le premier cas, on trouve dans leur centre, quelquefois un basalte compacte de la même nature que l'écorce qui l'enveloppe, et quelquefois un morceau de pierre, qui est tantôt un fragment anguleux de chaux carbonatée, renfermant des coquilles fossiles, tantôt un basalte plus compacte que le reste de la sphère, et qui a une forme presque cubique. Fortis a observé de semblables sphères dans les Alpes des sept - communes du Vicentin, et près de Castel-Gomberto, dans le même pays. La substance qui compose les basaltes sphériques de ce dernier pays est, selon lui, une pouzzolane terreuse, grisâtre : il seroit possible qu'elle fût un véritable produit volcanique ; mais il nous paroît plus probable que c'est un basalte en décomposition. Nous reviendrons plus bas sur la formation de ces diverses variétés de forme du basalte.

On trouve des sphéres basaltiques à couches concentriques, en Écosse ; le monticule sur lequel est bâti le château d'Oban est, suivant Faujas, entièrement composé de ces sphères. En Saxe, en Auvergne, on remarque que ces sphéres sont quelquefois aplaties dans leurs points de contact, et comme polyédriques. Près de Santa-Fiora, en Toscane, Dolomieu a trouvé dans les produits de l'Etna des boules basaltiques à rayons divergens ; elles contiennent, comme les basaltes prismatiques, des globules de chaux carbonatée laminaire, de mésotype, de silex-agathe, de silex calcédoine, de fer oxidulé, de fer oxidé pulvérulent, etc.

Variétés de structure.

4.° *Basalte porphyritique.* Les cristaux de diverse nature qui sont disséminés dans ce basalte, s'y présentent toujours avec des formes anguleuses ; ils remplissent exactement la cavité qui les contient, et adhèrent même quelquefois au basalte, qui les pénètre un peu. Ces cristaux sont assez également disséminés dans la masse basaltique : ils paroissent y avoir été formés ; et quand ils se groupent, ce qui est assez rare, ils semblent se pénétrer. Ceci est une preuve que leur formation a eu lieu dans le basalte même, lorsqu'il étoit encore mou.

5.° *Basalte étoilé.* Il paroit n'être qu'une modification du précédent : les cristaux qui s'y sont formés sont en prismes allongés, réunis en étoile. Fortis cite un exemple de ce basalte dans le Vicentin, à l'embouchure du Castagnamaro, dans le Lavarda. Ce basalte, d'un brun noirâtre, étoit pénétré de cristaux rougeâtres, disposés en étoiles, qui ressortoient fort bien par le poli. Il ne dit pas de quelle nature étoient ces cristaux.

6.° *Basalte amygdaloïde.* Ce sont ceux qui renferment des noyaux arrondis de diverse nature. Les substances qui les composent ont souvent la cassure lamelleuse : quelquefois aussi, selon leur nature, ils l'ont terreuse, compacte, cireuse, écailleuse, etc.

Il est très-difficile, dans beaucoup de circonstances, de distinguer ces pierres des amygdaloïdes proprement dites, *Mandelstein*, Wern. : elles ne peuvent cependant être enlevées à l'espèce du basalte, puisque cette substance en forme la base.

Fortis cite un bel exemple de cette variété, dans le Vicentin, à l'embouchure du Castagnamaro : c'est un basalte très-dur et très-noir, susceptible d'un poli brillant ; il est parsemé d'une grande quantité de globules de chaux carbonatée, très-blanche et très-dense.

Les cavités en forme de bulles qui caractérisent cette variété, paroissent être dues à un dégagement de gaz qui s'est fait avec une grande égalité dans la masse basaltique, comme le prouve la dissémination égale de ces bulles.

Ces cavités sont souvent remplies de mésotype, de silex, de chaux carbonatée, de talc chlorite, etc., ainsi que nous l'avons dit : quelquefois leurs parois sont simplement tapissées de ces substances : quelquefois enfin ces mêmes cavités sont tout-à-fait vides.

§. II. *Disposition et gisement du basalte.*

Le basalte forme des montagnes, des plateaux ou des masses de terrain qui sont dans quelques pays, d'une très-grande étendue. Les montagnes de basalte sont souvent assez régulièrement coniques. Elles ne forment jamais, à elles seules, des chaînes très-grandes et continues, comme la chaux carbonatée, le granit, les schistes, etc. : elles sont même quelquefois comme isolées au milieu d'un terrain d'une nature très-différente.

Ces montagnes sont composées, ou de couches, ou de de prismes, plus rarement de tables, plus rarement encore de sphères. Les couches varient d'épaisseur et d'inclinaison ; elles alternent quelquefois avec d'autres couches, mais le plus ordinairement elles les recouvrent sans leur être parallèles.

Les prismes que nous avons décrits couvrent quelquefois des étendues de terrain de plusieurs myriamètres ; ils varient dans la manière dont ils sont rassemblés. Tantôt ils sont très-gros, perpendiculaires à l'horizon, serrés les uns contre les autres, et tronqués tous à la même hauteur ou à peu près, en sorte qu'ils représentent fort bien une vaste chaussée pavée de carreaux polygones ; d'autres fois ils sont couchés les uns sur les autres, et gisent dans une position oblique ou presque horizontale ; enfin, ils se présentent en énormes faisceaux, dont ils forment les rayons divergens. Il n'y a presque point de pays basaltique qui ne fasse voir ces trois sortes de dispositions.

Ces masses de basaltes sont quelquefois traversées de hautes murailles de basalte qui saillent au-dessus d'elles, et coupent verticalement toutes les couches : c'est une espèce de filon de basalte, dont la structure est toujours différente de celles des couches qu'il traverse.

Ces mêmes murailles sont aussi composées quelquefois de prismes, qui sont dans une situation perpendiculaire au mur et au toit du filon qu'elles remplissent, comme l'ont observé le docteur Richardson en Irlande, et Faujas à Lederkell, dans l'île de Mull, l'une des Hébrides. On nomme ces murailles *gaws* en Irlande, et *dykes* en Écosse.

Le basalte en plaques ne peut être confondu avec celui en couches. Les plaques sont généralement plus minces ; d'ailleurs elles forment des espèces d'amas, dont les fissures horizontales n'ont ni la continuité ni le parallélisme de celles qui séparent les couches. C'est une autre sorte de retraite qui a donné au basalte cette forme. Cette variété de disposition n'est pas très - commune, et ne se présente jamais en grande masse

Les sphères basaltiques sont ordinairement superficielles ; elles recouvrent quelques montagnes de basalte, mais elles ne les forment pas entièrement.

De Larbre attribue leur formation à deux causes. Les unes sont produites par la décomposition des fragmens des prismes basaltiques articulés : cette décomposition, agissant d'abord sur les angles solides et sur les arêtes, les détruit et réduit les fragmens de prismes en sphères, qui continuent ensuite à se décomposer concentriquement de la surface au centre. Cette décomposition est d'autant plus rapide et fréquente que les basaltes sont plus exposés à l'humidité. Besson, qui a observé ce phénomène, et Daubuisson, admettent cette explication.

Les autres boules basaltiques sont dues, selon Delarbre, à la forme que peut prendre la lave lancée hors du cratère du volcan ; c'est quelquefois celle d'une sphère.

Les boules basaltiques, qui sont de véritables laves, n'ont point de couches concentriques ; leur texture est souvent poreuse, même cellulaire. On observe à leur centre un fragment de roche étrangère à la lave, et qui a servi de noyau ou de point de réunion à celle-ci.

Enfin, les basaltes se trouvent aussi, mais plus rarement, en filons, dans certaines pierres, notamment dans la chaux carbonatée. On ne trouve ces filons que dans les pays qui offrent déjà le basalte en couches ou en prismes. Le basalte de ces filons est lui-même divisé en petits prismes perpendiculaires aux parois du filon.

Telles sont les diverses dispositions du basalte considéré isolément. Il faut voir actuellement quels sont ses rapports avec les autres roches, les pierres, et les autres substances minérales.

Les basaltes se trouvent dans des terrains évidemment volcaniques : ils se rencontrent aussi, et peut-être plus abondamment, dans des pays auxquels beaucoup de minéralogistes refusent cette origine. Nous examinerons, dans le quatrième paragraphe, cette question intéressante.

Les basaltes des terrains volcaniques se montrent rarement

près du sommet des volcans encore en feu; ils gisent au pied de ces montagnes, et semblent les ceindre, les entourer de prismes de toutes les formes et de toutes les dimensions : cependant on en voit quelquefois près des cratères, et Spallanzani en a observé dans le cratère même de Vulcano. Ils sont recouverts, enveloppés et entourés par les laves, mais ils leur sont rarement superposés; ce qui fait supposer qu'ils ont une origine plus ancienne que les produits des volcans. Ils ne sont pas toujours prismatiques; alors il est presque impossible de les distinguer des roches nommées laves compactes, d'autant plus qu'on a regardé les basaltes comme appartenant à cette sorte de laves, ainsi qu'on le développera plus bas.

On trouve des masses basaltiques dans beaucoup de terrains qui n'offrent d'ailleurs aucun autre caractère volcanique, en supposant que la présence de ces roches en soit un. Le basalte est presque toujours superposé à ces terrains, quelle que soit leur nature : il est même assez ordinairement placé au sommet des montagnes, sous la forme de cônes ou de plateaux isolés de toutes parts, ainsi qu'on le remarque en Saxe. Les espèces de terrains ou de roches sur lesquels il repose , sont le granite , le porphyre , le gneiss ; les roches nommées par Werner, wackes, grünstein ; les argiles schisteuses, les grès, les graviers; la chaux carbonatée compacte, grossière, coquillière ; enfin les couches de houille.

Il a pénétré quelquefois dans les fissures des montagnes composées des roches qui viennent d'être nommées, et y a formé des filons. Quelquefois aussi on trouve dans ces masses basaltiques des fragmens des roches qu'elles accompagnent, particulièrement des grès, comme l'a observé Daubuisson , ou de la chaux carbonatée. Werner annonce que les basaltes des environs de Carlsbad , en Bohème, en contiennent en grande quantité.

Le basalte recouvre presque toujours ces diverses sortes de terrains, ainsi qu'on l'a dit : cependant, ses couches alternent quelquefois avec les leurs, ou même en sont recouvertes ; ainsi, la roche nommée grünstein recouvre assez ordinairement le basalte.

Le docteur Jameson l'a vu alterner avec le schiste argileux, la wacke et la chaux carbonatée, dans l'île d'Egg, sur la côte occidentale d'Écosse. Il l'a vu, dans le même lieu, alternant, en couches très-minces, avec des assises de grès argileux.

Dolomieu a vu, dans l'Auvergne, des bancs de basalte alternant avec autant de bancs de chaux carbonatée coquillière; dans le Vicentin, dans le Tirol et en Sicile, il a compté jusqu'à vingt assises de basalte (il les appeloit laves alors), séparées par autant d'assises de pierres calcaires.

La houille est interposée de la même manière entre des bancs de basalte; et ce fait, encore plus remarquable, est assez commun : on l'a observé dans les montagnes de Bathgate.

On exploite en Bohème, d'après le docteur Reuss, des couches de houille qui sont dans du basalte.

Jameson a remarqué, dans l'île de Mull, une couche de houille de trois décimètres (un pied), entre deux couches de basalte prismatique. Coquebert a vu, à Murlough, près du cap Fairhead, en Irlande, une couche de houille placée entre deux bancs de basalte. William a fait la même observation auprès de Borrow-Townness. Duhamel fils annonce qu'on voit aux lieux nommés Laubepin, en Velai, et Jaujac d'Aubenas, en Vivarais, une couche de houille recouverte d'une grande masse de basalte. On pourroit encore multiplier les exemples; mais ceux que l'on vient de rapporter suffisent.

Les terrains de transport qui recouvrent le basalte, les couches de houille et de pierre calcaire coquillière, qui alternent avec lui, prouvent que cette roche est d'une formation plus nouvelle que celle de ces terrains, ou au moins qu'elle leur est contemporaine. Ce qui contribue à le prouver, ce sont les coquilles fossiles qu'on trouve dans l'intérieur même de cette pierre : on a beaucoup de faits à citer à cette occasion. Debuch a trouvé une coquille du genre des turbots dans les basaltes du comté de Glatz; on a trouvé des cames dans ceux du Vicentin, derrière Carlsberg : Berolding a vu une ammonite, ayant encore son éclat nacré, dans les basaltes de Forez, et une griphite dans ceux du lac de Constance. Brugnatelli a remarqué des coquilles fossiles dans un basalte du vallon de Ronca. Le docteur Richardson a vu des coquilles fossiles en abondance, et surtout des ammonites, dans un basalte en couche de la côte orientale de la péninsule de Port-Rush, en Irlande. Pictet fait remarquer, à cette occasion, que les basaltes prismatiques, qui semblent dus à une cristallisation confuse, ne renferment aucun débris de corps organisés, et paroissent d'une formation antérieure aux basaltes en couches, qui en contiennent plus souvent.

Il paroît enfin que les prismes basaltiques peuvent être quelquefois enveloppés d'une substance étrangère. Pictet rapporte qu'il a vu à Dumbar, à huit milles de Dunglass, en Écosse, l'intervalle entre les prismes basaltiques, rempli d'un jaspe grossier et veiné concentriquement aux prismes de basalte qu'il enveloppe. Ce jaspe, lavé par les eaux de la mer, se décompose plus facilement que le basalte.

On a dit que les basaltes étoient souvent placés sur les roches argileuses, granitiques ou porphyritiques, que Werner nomme Vacke, Grunstein, et Porphyr-Schiefer, dont on verra les caractères à ces mots. On remarque souvent entre le basalte et ces roches des transitions insensibles, en sorte qu'il seroit difficile de dire où finit le basalte et où commence la vacke. Lorsque le basalte est en prismes, la division prismatique se continue jusques dans la vacke, ainsi que Werner et le docteur Reuss l'ont observé. Dolomieu avoit aussi remarqué, dans les basaltes d'Égypte, que cette pierre, nonseulement contenoit du grünstein, mais qu'elle se transformoit insensiblement dans cette roche, qui, au reste, est composée, comme le basalte, d'amphibole et de feldspath, mais en grains plus gros et très-distincts.

§. III. *Principaux pays basaltiques.*

Les masses ou terrains basaltiques les plus remarquables ou les plus connus, sont ceux d'Irlande, d'Écosse et des îles adjacentes ; ceux de Saxe, d'Italie, d'Auvergne.

Le pays basaltique le plus célèbre à juste titre, est le comté d'Antrim, sur la côte septentrionale d'Irlande. Les

prismes basaltiques qui s'y trouvent sont remarquables par
leur hauteur, qui égale quelquefois treize mètres (40 pieds) ;
par la netteté de leurs pans et la régularité de leur réunion : ils
ont presque tous une situation verticale, et sont serrés à
côté les uns des autres, de manière à former un promontoire assez étendu, qui s'avance dans la mer, et qui a,
dans sa plus grande élévation, environ trois cent vingt
mètres (986 pieds). Ce promontoire porte le nom de cap
Fairhead. Une partie descend en gradins vers le rivage, et
plonge sous la mer jusqu'à une distance que l'on ne connoît
pas. Dans ces endroits bas, les prismes paroissent tronqués
au même niveau, et représentent une chaussée composée de
pavés généralement hexagones. On lui a donné le nom de
Chaussée ou Pavé des géans. Elle est assez éloignée du promontoire dont on vient de parler. Les articulations de ces
prismes sont très-sensibles et assez multipliées ; ils ont d'ailleurs tous les caractères que nous avons assignés aux basaltes, et renferment les substances que l'on y rencontre
ordinairement : on doit seulement observer que les prismes
sont souvent séparés par de vastes couches d'ocre rouge.

Ce terrain basaltique s'étend à trois myriamètres dans
les terres, et s'élève par-dessus des montagnes de pierre
calcaire coquillière, jusqu'à la hauteur de trois cents mètres
(152 toises) au moins.

L'ile de Rathlin, qui est au nord de cette côte ; les
Hébrides, qui se continuent dans la même direction ; une
partie de la côte occidentale d'Écosse, dont ces îles semblent
avoir été détachées, sont également basaltiques. Parmi ces
îles, celle de Staffa est une des plus remarquables, par la
grotte naturelle qui y est creusée et qui a reçu le nom de
grotte de Fingal.[1] Cette belle caverne est ouverte sur le
bord de la mer, et en reçoit les eaux ; les vagues, en frappant ses parois, y font entendre un bruit considérable. Les
murailles latérales de cette grotte sont composées de longs

---

1. Faujas fait observer que son véritable nom est *an-na-vine*, qui
veut dire grotte mélodieuse. On a cru que *vine*, qui se prononce *fine*,
étoit le génitif de *fingal*, et le rapprochement du nom, des lieux et
de la singularité de la grotte, ont contribué à fortifier cette erreur,
qui plait à l'imagination. Faujas, **Voy. en Anglet. et en Écosse**, t. 2.

prismes basaltiques qui en soutiennent la voûte, formée elle-même d'un grand nombre de petits prismes couchés dans toutes sortes de directions et solidement liés entre eux par diverses infiltrations. Lorsque la mer est calme, ce qui est rare dans ces parages, on peut pénétrer en chaloupe jusqu'au fond de la caverne. Elle a douze mètres (37 pieds) d'ouverture, dix-neuf mètres (58 pieds) de hauteur, et quarante-six mètres (124 pieds) de profondeur.

Les montagnes basaltiques de la Saxe présentent une disposition particulière et assez différente de celle des basaltes que nous venons de décrire.

La chaîne qui porte les basaltes, se nomme chaîne métallifère, à cause de la grande quantité de mines qu'elle renferme dans son sein. Elle sépare la Bohème de la Saxe électorale. Sa direction est du nord-est au sud-ouest. Ses extrémités sont l'Elbe, au nord, et la Franconie au midi. La pente du côté de la Bohème est rapide, mais vers la Saxe elle est fort douce. Cette chaîne est composée de petites collines arrondies, à noyaux granitiques, recouverts de gneiss, de schiste, de wacke, etc. C'est sur le dos de cette chaîne et sur ses points les plus élevés que sont placés les basaltes, en forme de cônes, de dômes, de plateaux. Ces sommets basaltiques sont presque toujours isolés, et ne forment pas, d'après Daubuisson, la seize-centième partie de la chaîne très-étendue sur laquelle on les trouve à peu près également dispersés. Ils recouvrent des substances d'une formation très-moderne, telles que des graviers, de la houille ; mais ils sont aussi quelquefois recouverts par la roche nommée *Grünstein* par Werner. Ces basaltes ont souvent la forme prismatique, et ceux de la montagne de Stolpen, qui est à trois myriamètres ($6\frac{3}{4}$ lieues communes) à l'est de Dresde, et à sept myriamètres ($15\frac{1}{2}$ lieues communes) à l'est-nord-est de Freiberg, sont d'une solidité et d'une régularité remarquables.

Le Spitzberg est le point le plus élevé de cette chaîne ; il a douze cents mètres (610 toises) d'élévation au-dessus du niveau de la mer.

Toutes ces montagnes sont remplies de filons métalliques, qui ne pénètrent jamais dans le basalte.

Le mont Meisner, en Hesse, est couvert à son sommet d'un plateau basaltique de cent mètres (5o toises) d'épaisseur : le corps de la montagne est composé de chaux carbonatée et de grès rouge. Au-dessus du grès est une couche de matière bitumineuse, qui se divise quelquefois en petits carreaux prismatiques ; c'est sur cette couche, ou sur l'argile bitumineuse qui la recouvre, qu'est placé le plateau basaltique qui forme le sommet de la montagne.

On trouve des basaltes prismatiques au pied du Vésuve, en Italie, et de l'Etna, en Sicile. Ils sont rares autour du premier volcan, et très-abondans, au contraire, autour du second. Cette roche semble ceindre ces montagnes volcaniques qui ont l'air de s'élever du milieu de la masse basaltique. On en voit également dans le Vicentin, dans les Apennins et dans plusieurs îles de l'Archipel grec.

Les montagnes d'Auvergne et une partie de celles des Cévennes offrent des masses basaltiques et prismatiques, presque aussi belles que celles d'Irlande.

Il en existe encore dans l'île de Ténériffe, dans celles de Gorée et de la Madeleine, à l'embouchure du Sénégal, et dans l'île de Bourbon (la Réunion). On remarque dans cette dernière île que des deux montagnes volcaniques qui s'y observent, l'une, qui est en activité, ne présente aucun prisme basaltique, tandis que l'autre, qui est regardée comme un volcan éteint, en offre de belles masses.

On trouve également des basaltes dans les autres îles volcaniques de la mer des Indes et de la mer du Sud ; enfin, dans beaucoup d'autres lieux trop peu connus ou trop peu importans pour que nous les citions. Nous dirons seulement que le basalte antique, celui dont les Égyptiens faisoient des statues, venoit des montagnes de l'Éthiopie.

§. IV. *De l'origine des basaltes.*

On a vu que la plupart des pays volcaniques proprement dits, tels que l'Etna, le Vésuve, l'Auvergne, l'île de Ténériffe, l'île de Bourbon (la Réunion), etc., présentoient des prismes basaltiques. On a remarqué que la roche qui les composoit étoit noire, qu'elle renfermoit souvent des cavités en forme de bulles, et des infiltrations de mésotypes, d'analcime, de silex-calcédoine et d'autres pierres qui se trouvent également dans les laves ; enfin, qu'elle sembloit avoir enveloppé des minéraux étrangers à sa nature. On sait aussi que beaucoup de laves compactes, d'une origine volcanique bien avérée, ont une telle ressemblance avec les basaltes, qu'il est souvent presque impossible de les distinguer ; que plusieurs laves, poreuses même, prennent une retraite prismatique assez semblable à celle du basalte : telles sont celles d'Andernach, citées par Faujas.

Des analogies si nombreuses et si importantes avoient fait regarder tous les basaltes comme des produits des volcans : on supposoit que ceux qui n'étoient point accompagnés de verres, de laves poreuses, de scories et des autres produits ordinaires des volcans, tels que les basaltes de Saxe, de Bohème, de Hesse, d'Irlande, etc., avoient été formés par des volcans éteints depuis plusieurs siècles, et que les produits poreux ou friables que nous venons de citer, n'ayant pu résister, comme les basaltes, aux météores atmosphériques, avoient été entièrement détruits.

Cette opinion sur l'origine de ces pierres a été généralement adoptée, jusqu'au moment où Bergmann, ayant analysé un basalte de l'île de Staffa, et un trapp de Hunneberg, fut frappé de la ressemblance qu'il trouva dans la composition de deux pierres auxquelles on attribuoit une origine si différente, et commença à soupçonner que le basalte n'étoit point, ainsi qu'on l'avoit cru, un produit du feu.

Dolomieu avoit dit aussi que les basaltes des confins de l'Éthiopie, employés par les Égyptiens dans leurs statues et leurs monumens, n'étoient point volcaniques ; que les naturalistes et les sculpteurs italiens, accoutumés à regarder toutes les pierres noires comme volcaniques, leur avoient attribué cette origine, d'autant plus facilement qu'ils se servoient pour restaurer les statues de laves très-compactes. Les basaltes éthiopiens ont d'ailleurs tous les caractères des autres basaltes ; et, d'après le rapport de Strabon, ils ont la forme prismatique.

Desmarest avoit décrit les basaltes d'Auvergne comme

une roche à base d'amphibole, à laquelle il donnoit le nom
de *gabbro*.

Enfin, Werner, en remarquant dans la montagne de
Scheibenberg, en Saxe, que la wacke, regardée par les minéralogistes comme un produit de l'eau, passoit à l'état de
basalte par des nuances insensibles, en conclut que le basalte avoit une origine semblable ; et dès-lors les minéralogistes furent partagés d'opinion sur l'origine de cette
substance. Les uns, qui attribuoient la formation des basaltes au feu des volcans, reçurent l'épithète de *vulcanistes*.
Les seconds, à la tête desquels se trouve Werner, regardant les basaltes comme formés par l'eau, furent nommés
neptunistes.

Nous avons exposé plus haut les raisons sur lesquelles
s'appuient les premiers ; quoique peu nombreuses, elles
sont spécieuses, et quelques-unes paroissent d'un grand
poids. Hall y a encore ajouté, par ses expériences sur la
fusion comparée du basalte et du grünstein : il a fait remarquer que le basalte et le grünstein donnoient, en se
fondant, un verre homogène semblable ; que ce verre,
fondu de nouveau et refroidi lentement, donnoit une pierre
à cassure terreuse, absolument la même dans l'un et l'autre
cas. James Hutton a fait la même expérience sur le basalte
siliceux, nommé en Angleterre *whinstone*, et a obtenu les
mêmes résultats.

Les partisans de l'origine aqueuse des basaltes opposent
à leurs antagonistes des raisons beaucoup plus multipliées
et non moins puissantes.

Ils font observer, 1.°, que le basalte donne à l'analyse
une assez grande quantité d'eau, comme le trapp et les
autres pierres formées par la voie humide ; tandis que les
laves les plus semblables aux basaltes n'en donnent point
du tout.

2.° Que la retraite prismatique est une propriété commune
aux pierres formées sous l'eau, telles que le porphyre, les
roches schisteuses, la chaux sulfatée en masse, la chaux
carbonatée compacte, observée par Ramond dans les Pyrénées ; tandis qu'on voit rarement les produits des volcans,
dont l'origine est contemporaine aux temps historiques,

prendre cette forme : c'est donc sans fondement que l'on a dit que les basaltes étoient des laves qui avoient pris une retraite prismatique en coulant dans la mer. Dolomieu assure cependant avoir observé, au pied de l'Etna, que les laves qui plongeoient dans la mer avoient pris la retraite prismatique; tandis qu'à six décimètres (2 pieds) au-dessus elles ne l'avoient pas. Il ajoute que celles qui étoient situées le plus profondément, étoient aussi divisées en un plus grand nombre de prismes. Malgré cette observation, d'autres observations directes et récentes paroissent prouver le contraire. On ne remarque aucune division prismatique dans la lave du Vésuve, qui est sortie de ce volcan en 1794 et qui a coulé jusques dans la mer. Spallanzani a examiné, avec l'attention qui lui étoit propre, les laves de l'ile d'Ischia, qui ont également coulé dans la mer, et n'y a découvert aucune division prismatique. Hubert a fait la même observation à l'île de Bourbon (la Réunion), sur un courant de lave incandescente qu'il a vu entrer dans la mer. Il paroît, en général, que le desséchement gradué d'une substance susceptible de prendre de la retraite, est beaucoup plus propre à faire prendre une forme régulière à cette substance, qu'un refroidissement brusque qui en fige la surface. J'ai observé le phénomène de la retraite prismatique presque régulier, sur des argiles pulvérisées et exposées dans des vases plats à l'action d'un feu violent. On l'observe aussi quelquefois dans le laitier des fourneaux, quand il se refroidit lentement.

La différence que l'on remarque dans la disposition des coulées de laves et dans celle des basaltes, est une autre preuve d'une grande valeur. Les coulées de laves sont toujours étroites à leur source, larges et épaisses vers leur extrémité : les masses de laves d'une même coulée, et surtout celles de plusieurs coulées, varient de densité dans leur épaisseur; elles ne sont jamais disposées en couches horizontales, minces et parallèles. Les masses de basaltes sont, au contraire, disposées par assises très-parallèles : les assises sont très-multipliées, souvent très-minces, et interposées entre des couches d'autres substances d'une origine évidemment aqueuse, telles que des grès, des pierres calcaires, etc. ; elles sont même quelquefois comme entrelacées avec ces couches, et suivent toutes leurs sinuosités, comme on l'observe en passant de Valdagno à Schio dans le Vicentin (Fortis). Enfin, ces couches sont d'une densité égale, non-seulement dans chaque assise, mais même dans plusieurs assises.

La disposition que nous venons de décrire est commune à la plupart des basaltes. Quelques-unes de ces roches présentent des dispositions particulières, qui contribuent encore plus efficacement à faire rejeter la supposition qu'elles doivent leur origine au feu : tels sont les basaltes de Saxe, de Port-Rush, d'Écosse, etc.

Nous avons fait connoître plus haut la manière dont les basaltes sont placés sur le sommet des montagnes primitives de la Saxe : nous devons faire remarquer ici, avec Daubuisson, que ce gisement est inexplicable dans la supposition que ces basaltes sont les restes d'un grand courant de laves, ou qu'ils appartiennent à autant de volcans qu'ils recouvrent de montagnes. Si on supposoit que chaque montagne a été un volcan particulier, il faudroit supposer aussi que la lave s'est fait jour par le sommet, c'est-à-dire dans le lieu où elle devoit éprouver le plus de résistance ; ce qui n'arrive jamais : d'ailleurs la base de ces plateaux devroit présenter, dans ce cas, des roches mélangées, bouleversées ; et cependant on observe la plus grande régularité dans les couches de ces montagnes, percées, comme on l'a dit, d'une multitude de galeries, traversées d'un grand nombre de filons généralement réguliers et suivis. Enfin, on ne rencontre dans leur intérieur aucune cavité remarquable, on ne trouve à leur sommet aucun indice de cratère.

Si l'on suppose que ces montagnes ont été recouvertes par un torrent de laves basaltiques, on sera en droit de demander d'où a pu venir une si grande quantité de laves, qui a dû combler les vallées et envelopper toutes ces montagnes ; car on ne peut supposer qu'un courant ordinaire, descendant dans une vallée, ait pu remonter sur le versant de la colline opposée, et dépasser encore son sommet de plusieurs mètres, sans avoir auparavant comblé cette vallée.

Le docteur Richardson a fait sur les basaltes de la péninsule de Port-Rush en Irlande, des observations qui prouvent également qu'ils ne peuvent avoir une origine volcanique. Il fait observer, 1.°, que les basaltes de la côte orientale et ceux de la côte occidentale de cette petite péninsule sont très-différens et ne pourroient avoir été formés par la même cause ; 2.°, qu'une partie des basaltes, qui est à grain fin, contient dans sa pâte même des coquilles fossiles ; 3.°, qu'en niant que cette pierre à grain plus fin soit un basalte volcanique, on nie aussi, par cela même, que celui dont le grain est grossier et qui est en colonnes prismatiques en soit un, car ces deux roches sont tellement mêlées qu'elles doivent avoir nécessairement une origine commune.

Ces mélanges du basalte avec des pierres d'une origine évidemment aqueuse, et les exemples du passage de cette roche à d'autres roches également formées sous les eaux, sont assez fréquens. Nous avons vu qu'un fait analogue, observé par Werner, avoit formé l'opinion de ce célèbre minéralogiste sur l'origine du basalte. Il a également observé la transition de cette roche en *grünstein*, et Dolomieu a fait remarquer des passages absolument semblables dans les basaltes d'Éthiopie. On ne peut dire que ces roches, la wacke et le grünstein, soient des altérations du basalte, puisqu'on y trouve des pierres qui n'existoient pas dans le basalte, telles que le mica, l'amphibole et le feld-spath en gros cristaux, tandis qu'on n'y rencontre aucune de celles qu'il contient ordinairement.

D'autres faits prouvent encore que les basaltes de Saxe, que ceux des îles Hébrides, etc., ne peuvent avoir une origine ignée : telle est la présence, bien constatée, des couches de houille non altérées, placées sous du basalte ; celle de couches de chaux carbonatée, intacte, et liée, pour ainsi dire, à la substance même de cette roche, au milieu de laquelle elle se trouve interposée. Lorsque c'est au milieu d'une véritable lave que se trouve cette pierre calcaire, on voit qu'elle a été calcinée, et qu'elle est devenue pulvérulente. Tels sont enfin les cristaux appartenans à des substances minérales très-fusibles, qu'on voit empâtées dans le basalte sans y être altérées sensiblement.

Si ces faits ne prouvent pas aussi évidemment que les précédens l'origine aqueuse de certains basaltes, ils y ajoutent du moins de nouvelles probabilités.

En adoptant cette opinion sur l'origine des basaltes, on ne peut s'empêcher de regarder les plateaux ou cônes isolés de basaltes que l'on trouve sur les cimes de plusieurs montagnes, en Saxe et ailleurs, comme les restes d'une vaste couche de basalte qui les auroit recouvertes toutes. Quoique cette conclusion soit assez naturelle, il est difficile de concevoir la formation d'un pareil dépôt, fait à une époque postérieure aux premières cristallisations ; car ce dépôt eût été presque général, puisqu'on trouve des plateaux basaltiques dans presque tous les pays d'une certaine étendue : et comment alors ne seroit-il resté de ce vaste dépôt que quelques masses de basaltes éparses et situées à des élévations très-différentes les unes des autres ?

Malgré les observations que nous venons de rapporter et les conséquences qui en découlent, il reste encore quelques difficultés à résoudre pour expliquer la présence, presque habituelle, des basaltes prismatiques dans les pays évidemment volcaniques. Les partisans de l'origine aqueuse croient que le terrain basaltique est le seul propre à la formation des volcans ; que ce terrain leur a donné naissance plutôt qu'il ne l'a reçue d'eux : ils pensent que les laves basaltiques sont le produit de l'altération des basaltes ; et ils se fondent sur ce que ces laves sont avec les basaltes les seules roches connues qui renferment une aussi grande quantité de fer.

Mais cette explication étant fondée sur une hypothèse, nous ne la développerons pas davantage. Nous exposerons une troisième opinion sur l'origine des basaltes ; elle est mitoyenne entre les deux précédentes, et nous paroît la plus probable. Les naturalistes qui la professent, tels que Fortis, Dolomieu, da Rio, Spallanzani, etc., pensent que la discussion sur les basaltes est souvent une dispute de mots : que si on donne ce nom aux roches dont nous avons exposé les caractères au commencement de cet article, les unes sont réellement volcaniques, tandis que les autres ont une origine totalement aqueuse : que les basaltes de Saxe

et ceux d'Éthiopie sont certainement dans cette seconde
division : qu'il est probable que ceux d'Écosse et d'Irlande
lui appartiennent ; tandis que ceux d'Italie. ceux d'Auvergne, décrits dernièrement par Daubuisson, qui convient formellement de leur origine volcanique, doivent
être rangés dans la première classe, en totalité ou au moins
en partie.

D'autres naturalistes enfin, et notamment Patrin, pensent que les basaltes sont le produit d'une éruption boueuse
d'un volcan sous-marin, et que la nature de l'éruption et
l'influence de l'eau ont donné à cette lave les caractères
particuliers qu'on y remarque. Il croit que cette dernière
influence a empêché la matière basaltique de calciner ou
de brûler les corps sur lesquels elle a coulé. Cette hypothèse, qui me paroît une des plus vraisemblables, si on ne
veut pas l'appliquer à tous les basaltes sans exception, explique assez bien la position alternative des couches de
basalte prismatique, avec des couches de basalte ou de
matières pierreuses et terreuses ; celle de ces mêmes
couches de basalte avec le grès, la chaux carbonatée ou
la houille, qui n'en sont point altérées ; enfin, la présence
des coquilles fossiles dans quelques couches basaltiques.
Elle nous explique aussi pour quelle raison on ne voit pas
se former de basaltes dans les vastes courans de laves qui
sont sortis de nos jours des volcans. Enfin, il me paroît
probable que les basaltes qui sont réellement volcaniques,
doivent être regardés comme les produits des volcans sous-
marins de l'ancien monde. Ces roches paroissent être dans
le même cas que les filons, que les couches cristallisées,
que les fossiles proprement dits : la nature, dans son repos
actuel, n'en forme plus.

§. V. *Usages du basalte.*

Les usages de cette roche sont peu étendus. On en pave
les rues dans quelques villes : on prétend qu'il faut l'arroser souvent ; que sans cette précaution elle se brise facilement. Cette observation paroît contredire ce que nous
avons avancé de la grande ténacité de cette pierre, en citant,

d'après de Born et Daubuisson, l'usage que l'on en fait en Saxe pour armer les pilons des bocards qui pulvérisent du quartz : cela tient probablement aux diverses variétés employées dans les deux cas.

Le basalte se fondant très-bien en un verre noir, on en fait quelquefois des bouteilles.

Les terrains qui résultent de la décomposition des basaltes, sont ordinairement d'une grande fertilité : c'est un rapport de plus qu'ils ont avec les terrains volcaniques.

Les anciens, et surtout les Égyptiens, employoient le basalte dans leurs monumens et dans leurs statues, malgré la difficulté qu'ils devoient éprouver à le tailler.

On le trouvoit en Éthiopie, au rapport de Pline, et le nom de basalte qu'on donnoit à cette pierre, lui venoit de ce qu'elle avoit la couleur et la dureté du fer. Pline cite, comme exemple remarquable des statues faites avec cette pierre, celle du Nil, autour de laquelle jouent seize enfans, emblème des seize coudées que ce fleuve devoit atteindre dans sa crue pour répandre la fécondité sur l'Égypte : elle fut consacrée, par l'empereur Vespasien, dans le temple de la paix. On voit aux Tuileries une copie en marbre, faite d'après une autre copie antique de cette statue célèbre, dont l'original est perdu. Il cite aussi la statue de Memnon au temple de Sérapis ; on la voit encore près des ruines de Thèbes.

Agricola et Gesner paroissent les deux naturalistes les plus anciens qui aient parlé du basalte prismatique et qui l'aient décrit ; ils ont fait connoître le rocher basaltique de Stolpen en Saxe. (B.)

BASALTE. (*Minér.*) Cronstetd et Wallerius ont réuni, sous cette dénomination générique, différentes pierres qui appartiennent à l'amphibole d'Haüy, et aux basaltes proprement dits, dont on vient de traiter. Wallerius leur donnoit pour caractères communs, la forme prismatique, la couleur noire ou vert-foncé, la dureté, et la présence du fer en grande quantité.

Romé de l'Isle a également désigné l'amphibole sous le nom général de basalte primitif, ou en petites masses cristallisées.

Sage en fait un nom générique, sous lequel il place le feld-spath, qu'on nommoit autrefois schorl blanc, la pycnite, l'amphibole, la macle, la staurotide, la tourmaline, le grenat, le basalte proprement dit, le trapp, etc. (B.)

BASALTE PIDOCCHIOSO (*Minér.*), *Porphyrius pedicularis*, Linn., Gmel. C'est le basalte que l'on trouve en Italie, et qui est employé à Rome pour restaurer les monumens antiques. (B.)

BASALTINE. (*Minér.*) C'est le nom que Kirwan donne à l'amphibole et au pyroxène cristallisé, qu'il regarde comme étant de la même espèce. Il distingue le premier par les épithètes de rhomboïdal et d'hexaèdre, et le second par celui d'octaèdre. Voyez AMPHIBOLE et PYROXÈNE. (B.)

BASANITE. (*Minér.*) Pline n'a nommé cette pierre que deux fois dans son Histoire naturelle, et il n'a dit que deux mots sur ses propriétés ; cependant on a voulu déterminer·exactement à quelle espèce elle se rapportoit, tandis qu'on peut tout au plus le soupçonner : il dit, au chapitre 20 du livre 36, qu'elle servoit de pierre de touche pour éprouver une espèce d'hématite ; et au chapitre 22 du même livre, que les médecins en faisoient des mortiers, car cette pierre ne communique rien de sa propre substance aux matières que l'on y broie.

Quelques naturalistes antiquaires, tels que Bruckmann, ont pensé que la basanite et le basalte étoient la même chose : d'autres, tels que Boetius de Boot, Cesalpin, l'ont regardée comme la pierre de touche : quelques-uns, mais en petit nombre, ont cru que c'étoit un marbre ; Guettard a combattu cette opinion.

Il est peu probable que la basanite soit la pierre de touche proprement dite, puisque cette pierre avoit des noms particuliers parmi lesquels on ne place jamais celui de basanite. Il paroît, s'il est possible de porter un jugement sur des indications si légères, que la basanite étoit un trapp ou une cornéenne, dont le grain est ordinairement plus fin que celui du basalte : sans être la pierre de touche par excellence, elle pouvoit en servir. Enfin, ces pierres par leur dureté et leur ténacité sont très-propres à faire des mortiers presque inattaquables par les substances que l'on y broie.

Kirwan paroît avoir adopté l'opinion que la basanite est la même chose que la pierre de touche ou de Lydie, car il nomme cette pierre basanite : c'est celle que nous désignerons sous le nom de CORNÉENNE LYDIENNE. Voyez ce mot. (B.)

BASAR (*Bot.*), nom sous lequel les Arabes désignent les bulbes ou racines des plantes bulbeuses, suivant Dalechamps. (J.)

BASE. (*Chim.*) On nomme base en chimie toute substance qui, faisant partie ou pouvant faire partie d'une combinaison, y entre toute entière, en conservant sa nature primitive, et forme la portion la plus solide, la plus fixe, et souvent la plus abondante ou la plus caractéristique, de cette combinaison.

On distingue plus particulièrement deux genres de bases : 1.° celles qu'on nomme bases ou radicaux acidifiables, et qui forment les acides, appartiennent à des corps combustibles, simples ou indécomposables, savoir le carbone, le soufre, le phosphore, l'azote et quelques métaux ; 2.° celles qu'on appelle bases salifiables et qui, unies aux acides, constituent les sels ; ce sont les terres et les alcalis. Voyez les mots ACIDES et SELS. (F.)

BASE ACIDIFIABLE. (*Chim.*) Voyez BASE.

BASE SALIFIABLE. (*Chim.*) Voyez BASE.

BASE. (*Ichtyol.*) En Angleterre c'est le nom qu'on donne au spare sargue. Voyez SPARE. (F. M. D.)

BASELLE (*Bot.*), *Basella*, Linn., Juss., Lam. Ill. pl. 215, genre de plantes de la famille des atriplicées, composé de cinq espèces d'herbes des Indes, cultivées et employées, dans leur pays natal, comme nos épinards. Elles ont la tige grimpante et longue de quelques pieds. Les feuilles sont alternes sur la tige, charnues et entières. A leur aisselle sont des épis de petites fleurs sans corolle et sans aucun éclat. Leur calice est a sept divisions, dont deux extérieures, plus larges ; il porte cinq étamines, et contient un ovaire terminé par trois styles, qui ont chacun un stigmate sur la face antérieure. L'ovaire devient une graine recouverte par le calice, qui a pris la forme d'une baie. Les espèces les plus remarquables sont :

La Baselle rouge, *Basella rubra*, Linn., Rumph. Amb. 5, p. 417, t. 154. Sa tige, menue et longue d'environ quatre pieds, s'entortille autour des plantes voisines, et porte des feuilles ovales, oblongues, planes, à l'aisselle desquelles naissent, sur de longs pédoncules, des épis de fleurs rougeâtres. Toute la plante a la même couleur que les fleurs, ce qui lui donne un aspect agréable. Elle est commune dans les jardins aux Indes orientales. On l'emploie fréquemment dans la cuisine ; on s'en sert aussi pour faire mûrir les boutons de petite vérole, qu'on frotte avec son suc. Les baies contiennent une belle couleur rouge ; on ignore le moyen de la fixer.

La Baselle a feuilles en cœur, *Basella cordifolia*, Lam. Rhéed. Mal. 7, p. 45, t. 24. On la distingue par ses grandes feuilles presque arrondies, échancrées en cœur à la base, et par ses épis de fleurs, dont les pédoncules sont plus courts que les feuilles. Elle est commune au Malabar. On la mange avec la brède ou amarante épineuse. Elle nourrit peu et relâche doucement le ventre. Sa saveur ressemble à celle de la poirée. Ses baies fournissent une teinture d'un rouge pourpre. Voyez Gandola. (Mas.)

BASIATRAHAGI (*Bot.*), nom arabe de la renouée ordinaire, suivant Dalechamps. (J.)

BASILÉE (*Bot.*), genre de plantes de la famille des asphodélées. Il a été établi par Jussieu sur le *fritillaria regia* de Linnæus. Son nom latin, *basilæa*, qui en grec signifie reine ou royale, a été changé par l'Héritier, Schreiber et Wildenow, en celui d'*eucomis*, c'est-à-dire, qui a de beaux cheveux. Il réunit cinq espèces, originaires du cap de Bonne-Espérance, remarquables par la couronne de feuilles qui surmonte l'épi de leurs fleurs. Ces fleurs sont verdâtres et ont un calice en cloche à six divisions ; six étamines attachées au calice, et un ovaire libre, terminé par un style surmonté de trois stigmates. La racine est bulbeuse et produit des feuilles allongées, un peu charnues ; de leur milieu s'élève la tige qui porte l'épi.

Les basilées sont des plantes d'agrément. La plus remarquable est la Basilée reine, *eucomis regia*, Wild.. Dill. Elth. 110, t. 92, f. 109. Ses fleurs paroissent en automne. Quoiqu'elles soient peu brillantes, elles flattent assez agréablement la vue. La tige qui les porte s'élève à un pied et demi. Les feuilles qui la couronnent sont moins grandes que celles qui naissent de la racine. Celles-ci sont allongées en forme de langue, et rejetées sur la terre autour de la tige. (Mas.)

BASILIC (*Bot.*), *Ocimum*, genre de plantes de la famille des labiées, qui a pour caractère un calice tubulé à deux lèvres, la supérieure plane, orbiculaire, l'inférieure divisée en quatre dents aiguës ; une corolle renversée, à tube court, dont la lèvre supérieure est divisée en quatre lobes égaux ; l'inférieure plus longue, entière, un peu crénelée ; quatre étamines, dont deux plus courtes et munies à leur base d'une petite dent obtuse, distincte ; un style, et quatre semences nues et ovales.

Toutes les espèces renfermées dans ce genre sont exotiques ; la plupart nous viennent des Indes. Ce sont des herbes ou de petits arbrisseaux, d'une odeur suave, ayant des feuilles simples et opposées, des fleurs rangées par verticilles lâches, axillaires, dont l'ensemble forme un épi, munies de petites feuilles ou de bractées. Ce genre contient un assez grand nombre d'espèces, dont voici les plus intéressantes.

1.° Basilic commun, *Ocimum basilicum*, Linn., Lob. Ic. 503, vulgairement le Grand Basilic. Il est peu de personnes qui ne connoissent cette plante si agréable par son odeur suave et aromatique : elle se cultive dans tous les jardins, où elle produit un grand nombre de variétés, par ses feuilles plus ou moins larges ou moyennes ; par ses fleurs blanches, purpurines ou panachées ; par ses bractées de couleur verte ou d'un pourpre violet, ainsi que les calices. Il faut aussi y rapporter le basilic d'Amérique, *ocimum americanum*, L., ou franc-basin, qui n'en est qu'une variété. Les tiges sont légèrement velues ; les feuilles pétiolées, ovales, lancéolées, un peu ciliées à leurs bords, à dentelures rares ; les fleurs sont disposées en verticilles peu garnis, dont les calices sont ciliés ou barbus.

On fait souvent usage de cette plante dans les cuisines

après l'avoir séchée à l'ombre, on la réunit aux autres épices. L'infusion de ses feuilles, prise comme du thé, soulage les maux de tête : elles passent encore pour cordiales, bonnes pour exciter les urines, pour fortifier les nerfs, faciliter les digestions. Toutes les espèces jouissent à peu près des mêmes propriétés.

2.º Basilic a feuilles bullées, *Ocimum bullatum*, Lam. Dict.; Barr. Ic. 1072, 1053, 1054; variété, Basilic à feuilles de chicorée : espèce très-remarquable par la grandeur de ses feuilles, qui présentent des variétés singulières. Elles sont épaisses, glabres, d'un gros vert, ou marquées de grandes taches rouges, concaves en dessous, roulées ou plissées sur leurs bords, crépues ou presque laciniées. Les fleurs sont blanches. Cette plante a une odeur très-pénétrante. On la cultive également dans les jardins.

3.º Basilic a petites feuilles, *Ocimum minimum*, Linn., Barrel. Ic. 1077, 1075, 1068. Cette plante a obtenu une place distinguée dans nos demeures. On l'élève dans les pots, où elle croît avec facilité et promptement. Elle décore nos cheminées, nos fenêtres, et l'on aime à se parfumer de sa délicieuse odeur. Sa tige forme, par ses ramifications, une jolie boule de verdure, chargée de feuilles nombreuses, aiguës, ou obtuses, ou arrondies comme celles du serpolet, selon les variétés, un peu épaisses, vertes ou rougeâtres. Les fleurs sont petites et blanches.

4.º Basilic de Ceilan, *Ocimum gratissimum*, Linn., Burm. Zeyl. p. 174, t. 80, f. 1. Elle a la forme d'un petit arbrisseau dont les tiges sont velues, les feuilles ovales, pointues, chargées de poils sur leurs pétioles et leurs nervures, cotonneuses en dessous. Les fleurs forment des grappes terminales, composées de plusieurs épis. L'odeur de cette plante est des plus suaves.

5.º Basilic a grandes fleurs, *Ocymum grandiflorum*, Lam. Dict. C'est un petit arbrisseau remarquable par ses fleurs, peu nombreuses, il est vrai, mais qui ont de seize à dix-huit millimètres de long; elles sont blanches, et forment des grappes très-courtes : les feuilles sont glabres, ovales. Cette espèce est originaire d'Afrique, et cultivée au jardin des plantes. Son odeur est peu agréable.

Nous n'étendrons pas plus loin la description des espèces de ce genre : celles dont il nous resteroit à parler, ou sont à peine connues, ou peu cultivées ; et plusieurs d'entre elles ne peuvent d'ailleurs rivaliser avec les précédentes pour la délicatesse de leur parfum. (Poir.)

BASILIC. (*Rept.*) On désigne maintenant sous ce nom un genre de reptiles de l'ordre des sauriens, qui a beaucoup de rapport avec les iguanes et les tupinambis.

Aucun animal peut-être n'a été le sujet d'un aussi grand nombre de préjugés que celui-ci. Les auteurs les plus anciens ont parlé sous ce nom d'un serpent qui pouvoit donner la mort par un seul de ses regards : d'autres ont prétendu qu'il ne pouvoit exercer cette faculté qu'autant qu'il n'étoit pas aperçu le premier. On a cru qu'il provenoit des œufs des vieux coqs. Aldrovande et plusieurs auteurs en ont donné des figures. On le représentoit avec huit pieds, une couronne sur la tête, armé d'un bec crochu et recourbé. (Ruisch , tab. XI.) Pline assure que le serpent nommé basilic a la voix si terrible qu'il fait peur à toutes les autres espèces; qu'il les chasse ainsi du lieu qu'il habite, pour y régner en souverain. Ce nom de basilic, βασιλικος, signifie en effet *royal.*

Les formes bizarres et les propriétés fabuleuses qu'on avoit attribuées à un animal qui très-probablement n'a jamais existé, avoient rendu son nom trop célèbre pour qu'on ne cherchât point à l'appliquer à une autre espèce, et c'est en effet ce qui a eu lieu. Séba a figuré une espèce de lézard dont la tête est surmontée de lignes saillantes et le dos garni d'une large crête verticale, qui s'étend jusques sur la queue, et que cet auteur croyoit destinée au vol; et il l'a désigné sous le nom de basilic ou de dragon d'Amérique, amphibie volant. C'est cet animal qui a été décrit ensuite dans tous les ouvrages sous le nom de basilic.

L'individu décrit et figuré par Séba faisoit partie de la belle collection cédée à la France par la Hollande : il est déposé dans le Muséum d'histoire naturelle de Paris.

Laurenti est le premier auteur qui ait considéré ce lézard comme devant former un genre à part ; Linnæus l'avoit rangé parmi les stellions : nous en avons rapproché une autre espèce, et nous caractérisons ce genre par les notes suivantes.

Caract. gén. Corps couvert de petites écailles ; queue comprimée ; une crête s'étendant de la nuque à la queue, en forme de nageoire ; langue courte, large, non extensible.

Ce genre est facile à distinguer de presque tous les autres sauriens, par la forme de la queue, qui est longue, comprimée de droite à gauche ; des crocodiles et de la dragone, parce que les écailles qui recouvrent son dos sont à peu près semblables à celles du reste du corps ; des tupinambis, par la crête qui règne le long du dos ; et des lophires, enfin, parce que cette crête est garnie de rayons osseux.

On connoît très-peu les mœurs des basilics. La forme de leur queue indique assez qu'ils vivent sur les bords de l'eau, et qu'ils s'en servent pour nager. Il est probable qu'ils se nourrissent de limaçons et d'insectes, comme la plupart des lézards.

1.º Basilic de Séba. Thes. I, pl. C, fig. 1.

Basilicus Americanus, Laur. *Basilicus mitratus*, Daud.

Caract. Tête surmontée de lignes saillantes, réunies en un capuchon : la crête du dos et de la queue garnie de trente-sept rayons osseux.

Comme on ne savoit rien de précis sur les mœurs de cet animal, on n'a pu que les supposer d'après ses formes. On ignore même de quel pays provient l'individu décrit par Séba, jusqu'ici le seul connu en Europe. Cet auteur annonce cependant que ce dragon se trouve en Amérique, et tous les livres l'ont répété depuis. Nous aurons souvent occasion de prouver que les localités indiquées par Séba sont fautives. Simple amateur d'histoire naturelle, il réunissoit de toutes parts les pièces propres à orner son cabinet, et souvent il négligeoit de prendre les renseignemens nécessaires ; de sorte qu'il a commis beaucoup d'erreurs.

Cet animal est d'une couleur gris-cendré, parsemée de taches plus blanches.

2.º B**asilic** d'A**mboine**. Valent.

Lacerta amboinensis, Linn.; *Lacerta Javanica*, Hornstedt. Act. Stockh. 6, 2, n.º 5, fig. 1 et 2; *Le porte-crête*, Daubent., Lacép.

Caract. Tête tuberculeuse : la crête du dos pectinée.

Ce reptile est d'une couleur verdâtre foncée, avec des raies noires et le ventre blanchâtre. La crête est beaucoup plus élevée dans le mâle que sur la femelle. On a vu des individus de plus de quatre pieds de long, dont la queue formoit les trois quarts. On les trouve en Asie sur le bord des fleuves. Ils grimpent aux arbres et se nourrissent de fruits. On leur fait la chasse à Amboine et à Java, pour se nourrir de leur chair, qu'on dit être très-agréable et analogue, pour la saveur, à celle du chevreuil. (C. D.)

BASILIC SAUVAGE. (*Bot.*) Les créoles de la Guiane nomment ainsi le *matouri* des prés, décrit et figuré par Aublet, p. 644, t. 259. Voyez M**atouri**. (J.)

BASKAK (*Ornith.*), nom arabe du cygne. (Ch. D.)

BASNAGILLI. (*Bot.*) La bryone laciniée, *bryonia laciniosa*, L., est ainsi nommée à Ceilan. (J.)

BASS ou BASSE. (*Ichtyol.*) Les Anglois appellent ainsi le centropome, loup qu'on pêche sur les côtes d'Angleterre, et le centropome œillé de la Caroline. Daubenton a décrit ce dernier sous le nom de perségue basse. Voyez C**entropome**. (F. M. D.)

BASSAL, B**assil** (*Bot.*), noms arabes de l'oignon, suivant Hornmann. Voyez B**asar**. (J.)

BASSET (*Mamm.*), race de l'espèce du chien domestique, dont les jambes sont extrêmement courtes à proportion de la longueur du corps. Voyez C**hien**. (F. C.)

BASSIN. (*Anat.*) Les hanches, ou la ceinture osseuse qui forme dans l'homme la base du tronc, à laquelle sont attachées les cuisses, ont été nommées bassin à cause de leur figure, et on a conservé ce nom aux parties analogues des animaux, quoique leur figure soit très-différente.

Le bassin de l'homme est formé de trois os, le sacrum et les deux innominés. Le sacrum est la suite et comme la base de l'épine du dos; il a une forme parabolique, et se compose de cinq vertèbres soudées ensemble : à sa partie inférieure est attaché le coccyx (vestige de queue). Les os innominés forment deux grandes ailes nommées iléons, attachées au sacrum, et se rétrécissant en une espèce de col qui se termine à la fosse cotyloïde, où s'articule le fémur. Du bord antérieur de cette fosse part une branche qui va rejoindre son analogue du côté opposé, et complète la ceinture osseuse par devant ; on nomme cette branche pubis. Une seconde, nommée ischion, part du bord inférieur de la fosse, descend un peu pour former la tubérosité sur laquelle on s'assied et qu'on appelle ischiatique, laisse entre elle et le côté du sacrum une échancrure également nommée ischiatique, et remonte en avant regagner le pubis. Il reste ainsi, à chacune des deux faces de la partie à la fois antérieure et inférieure du bassin , un trou appelé ovalaire.

Dans la jeunesse, l'iléon, le pubis et l'ischion, sont séparés par des sutures, de façon qu'alors, en comptant les vertèbres du sacrum, le bassin se compose de onze os.

La barre formée par le pubis se continue à la face concave de l'iléon, jusqu'à son union avec le sacrum, en une ligne saillante, qui divise le bassin en grand ou supérieur, et en petit ou inférieur ; on nomme cette saillie le détroit antérieur du bassin.

Le bassin sert d'attache fixe aux muscles de l'épine, du bas-ventre et des cuisses, et supporte dans l'homme la masse des viscères de l'abdomen, et dans la femme la matrice et le fœtus.

Le bassin des quadrupèdes est plus étroit que celui de l'homme ; et c'est une des raisons qui les empêchent de marcher debout : il est aussi plus droit, le sacrum y ayant moins de courbure ; et c'est en partie pourquoi leurs femelles accouchent avec moins de difficulté que la femme.

On observe parmi les carnivores deux anomalies remarquables : l'une dans la taupe, qui a les os iléons presque cylindriques, et si serrés contre l'épine, dans toute leur longueur, que le détroit antérieur est d'une petitesse extraordinaire ; la portion ischiale de cet os est aussi très-prolongée en arrière : l'autre a lieu dans la roussette, qui a les deux tubérosités de l'ischion soudées ensemble et avec l'extrémité du sacrum.

Dans les pédimanes ou animaux à bourse, comme la sarigue, la marmose, le kanguroo, etc., le bassin est aussi très-remarquable, non-seulement en ce que les trous ovalaires sont très-grands et le détroit d'un petit diamètre, mais surtout par la présence d'un os articulé et mobile sur le pubis. Cet os donne attache à des muscles particuliers qui soutiennent une bourse, dans laquelle sont les mamelles ; nous les ferons connoître à l'article Génération : on les a nommés os marsupiaux ; ils sont de forme allongée, un peu aplatie.

Les cétacés n'ont pour tout bassin que deux petits osselets suspendus dans les chairs.

Le bassin des oiseaux est très-grand ; mais il est ouvert par devant, excepté dans l'autruche.

Les poissons sans nageoires ventrales n'ont point de bassin. Ceux qui ont ces nageoires, les ont attachées à une plaque osseuse, plus ou moins compliquée, et qui n'est point attachée à l'épine.

Parmi les reptiles, l'ordre entier des serpens manque de bassin. (C.)

BASSINES. (*Chim.*) Les bassines sont des espèces de vases de fer, de cuivre ou d'argent, qui sont souvent employées dans les laboratoires, pour faire des évaporations, des coctions, et en général pour exposer des liquides à l'action du feu, ou pour favoriser l'action réciproque de quelques liquides et de quelques solides : on s'en sert aussi dans les usages domestiques ; et tout le monde connoît la forme comme les avantages de ces vaisseaux. Nous observerons seulement ici que les bassines d'argent doivent être fabriquées avec de l'argent fin ou de coupelle, pour les laboratoires de chimie, parce que les substances qu'on y traite peuvent éprouver des altérations de la part du cuivre qui fait partie de l'argent allié. (F.)

BASSINET. (*Bot.*) On donne particulièrement ce nom à la renoncule bulbeuse. (J.)

BASSOVE (*Bot.*), *Bassovia.* Aublet, dans ses Plantes de la Guiane , t. 85, avoit désigné sous ce nom une plante herbacée, qui, mieux examinée par Richard, lui a offert les caractères d'une morelle, *solanum*, et doit être rapportée à ce genre. (J.)

BASTANGO. (*Ichtyol.*) C'est la raie pastenaque. Voyez RAIE. (F. M. D.)

BASTERA. (*Bot.*) Adanson nommoit ainsi le calycant, arbrisseau de la Caroline, acclimaté en France. Houttuyn a depuis donné le même nom à un genre de plantes composées, qui est le *rohria* de Vahl. (J.)

BASTONAGO. (*Ichtyol.*) On désigne sous ce nom en Sicile la raie pastenaque. Voyez RAIE. (F. M. D.)

BAT (*Agric.*), espèce de selle, ordinairement grossière, qui sert pour les bêtes de somme, telles que les chevaux, les mulets, les ânes. (T.)

BAT (*Mamm.*), en anglois chauve-souris. (F. C.)

BATAN. (*Bot.*) Le voyageur Linscot désigne sous ce nom un arbre de l'Inde, dont la fleur se nomme *buaa*, et le fruit hérissé et de la grosseur d'un melon, *duryæn* : il est probable qu'il a voulu parler du DURION. On est moins porté à croire qu'il soit question du JACQUIER. Voyez ces mots. (J.)

BATATE, BATATAS, PATATE. (*Bot.*) On donne ces noms à plusieurs racines tubéreuses, bonnes à manger, et plus particulièrement à une espèce de liseron, *convolvulus batatas*, L. Les racines de topinambour et de pomme de terre sont ainsi nommées dans quelques lieux. Voyez LISERON, HÉLIANTHE, MORELLE, PATATE. (J.)

BATEAU (*Moll.*), espèce de PATELLE. Voyez ce mot. Elle est représentée dans Favanne, pl. 3, T. B, 3. (Duv.)

BATELÉ (*Bot.*), nom caraïbe d'une espèce d'eupatoire, suivant Nicholson. (J.)

BATELEUR (*Ornith.*) L'aigle ainsi nommé par Levaillant est le *falco ecaudatus* de Latham. Voyez AIGLE. (Ch. D.)

BATHEC, BATIEC, BATIE. (*Bot.*) Les Arabes et les habitans de l'Inde désignent le melon d'eau sous ces divers noms, desquels dérive probablement celui de pastèque, sous lequel il est plus connu. (J.)

BATHELIUM (*Bot.*), Achar., genre de plantes de la famille des lichenacées, dont les caractères sont d'avoir une fructification sessile, presque globuleuse, couverte de papilles.

en forme d'opercules, s'ouvrant, et vide en dedans ; base crustacée, uniforme.

Ce genre ne contient qu'une espèce originaire de Sierra-Leona en Afrique, décrite par Afzelius, et figurée dans Achard, Méthod. lich., tab. 8, fig. 5. (P. B.)

BATHLESCHAIN. (*Bot.*) Voyez B~ADINDJAN~.

BATHŒNDA (*Bot.*), bois dont les insulaires de Ceilan font des cuillers pour manger le riz. Linnæus soupçonne que c'est une espèce de ketmie. (J.)

BATI, B~ATIS~. (*Bot.*) Les anciens nommoient ainsi la bacile, *crithmum maritimum*, L. (J.)

BATIE. (*Bot.*) Voyez B~ATHEC~.

BATIS (*Bot.*), Brown, Linn., Juss., genre de plantes établi sur une espèce d'arbustes d'Amérique, remarquable par ses fleurs, qui n'ont ni calice ni corolle. Il est haut de quatre pieds ; ses rameaux sont opposés, tétragones, et couverts de feuilles également opposées et tétragones : les fleurs forment de petits épis à leur aisselle ; elles sont mâles sur un individu et femelles sur un autre ; les premières sont composées de quatre étamines accompagnées d'une écaille. Les ovaires des fleurs femelles, qui ont un stigmate sessile, sont fixés à un axe commun, charnu, et deviennent des baies à une loge, remplies de quatre graines ; ces baies forment, par leur réunion, un fruit composé, de forme allongée et de couleur jaunâtre. Cette plante croît sur le bord de la mer et dans les lieux salins, dont elle contracte la saveur ; on ne l'a encore rapportée à aucune famille connue. (Mas.)

BATIS. (*Ichtyol.*) Nous conservons ce nom, d'après Aristote, Athénée et la plupart des auteurs, à une grande espèce de raie qui vit dans l'Océan et la Méditerranée. Voyez R~AIE~. *Batis*, en grec, signifie raie. (F. M. D.)

BATO ou BATU. (*Bot.*) Ce mot, qui signifie pierre dans la langue malaise, entre dans la composition de plusieurs noms de plantes ; il en est de même chez les habitans de Madagascar, qui le prononcent *vato*. *Vato lela*, ce sont les graines du *guilandina bonducella*, dont ils se servent pour jouer à un jeu de calcul fort ingénieux, qui est le fifanga, décrit par Flacourt. (A. P.)

BATONNET. (*Moll.*) Coquille du genre cône, venant de l'Isle-de-France, et représentée dans Favane, pl. 3, fig. 405. (Duv.)

BATRACHION. (*Bot.*) Ce mot grec signifie en latin *ranunculus*, et en françois petite grenouille : dans quelques auteurs anciens il désigne quelques espèces de renoncules, et particulièrement la renoncule bulbeuse, appelée aussi vulgairement Grenouillette. (J.)

BATRACHITE ou Brontias. (*Minér.*) Pline donne ces noms à une substance dans la description de laquelle plusieurs auteurs ont cru reconnoître la pyrite globuleuse. (F. C.)

BATRACHOÏDE. (*Ichtyol.*) Ce nouveau genre de poissons osseux jugulaires a été formé par Lacépède, avec deux espèces seulement, qui ont été placées par Linnæus parmi les gades et les blennies. Le nom donné à ce genre est tiré du mot grec *batrachos*, qui signifie grenouille, parce qu'une espèce de batrachoïde a été comparée vaguement à ce reptile par Linnæus et d'autres modernes. C'est entre les gades et les blennies qu'il faut mettre ce genre, dont les caractères génériques consistent dans une tête très-déprimée, très-large, ayant une bouche très-grande, avec un ou plusieurs barbillons autour ou au-dessous de la mâchoire inférieure.

1.° BATRACHOÏDE TAU, *Batrachoïdes tau*, *Gadus tau*, Linn. Il a beaucoup de filamens à la mâchoire inférieure, trois aiguillons à la première nageoire du dos et à chaque opercule. Les petites écailles minces, rondes et molles, sont brunes, bordées de blanc, recouvertes d'une mucosité abondante. On voit des taches claires sur le dos et les nageoires, avec une bande jaune plus ou moins irrégulière, assez semblable à la lettre *tau* des Grecs, entre les yeux et la nuque. Les dents, aiguës, forment des rangs plus nombreux à la mâchoire supérieure et au palais. On le pêche dans les parties chaudes de l'Océan et sur les côtes de la Caroline. Bloch, pl. 6, fig. 23.

B. — 6. 1 D. — 3. 2 D. — 23. P. — 20. J. — 6. A. — 13. C. — 12.

2.° BATRACHOÏDE BLENNIOÏDE, *Batrachoïdes blennioïdes*,

Blennius raninus, Linn. Il a un ou plusieurs barbillons au-dessous de la mâchoire inférieure, et les deux premiers rayons de chaque nageoire jugulaire terminés par un long filament : il n'est pas bon à manger ; et il sait se faire craindre des autres poissons moins gros, qui habitent comme lui dans les lacs de la Suède.

B. — 7. D. — 66. P. — 22. J. — 6. A. — 60. C. — 30.

Il y a dans la mer du Nord, selon Müller et Gmelin, une variété du batrachoïde blennioïde. Sa couleur est d'un brun foncé, avec les nageoires charnues et noires : elle a un double rang de dents aiguës à chaque mâchoire. Le premier rayon de chaque nageoire jugulaire est terminé par un filament, et le second par un appendice analogue, une fois plus long que le filament. Müller, Zool. Danic. pl. 45. (F. M. D.)

BATRACHOSPERME (*Bot.*), genre de plantes de la famille des algues. Ce genre est formé par Vaucher, de plusieurs espèces de conferves d'eau douce ; il comprend celles qui sont gélatineuses, qui présentent à la main une surface douce et onctueuse, et qui, lorsqu'on les saisit sans précaution, s'échappent comme le frai de poissons et de grenouilles. C'est d'après cette particularité que Roth a donné le premier le nom de batrachosperme à ces sortes de plantes. Vaucher a observé que chaque ramification est terminée par un filet transparent et d'une extrême finesse, par où il suppose que peut sortir la matière gluante et gélatineuse dont elles sont couvertes. Cet observateur n'a pas distinctement reconnu dans les batrachospermes deux organes sexuels ; mais il résulte de ses recherches et de ses expériences, que les espèces de ce genre se multiplient par ses anneaux, qui, lors de la maturité, se rompent et se séparent, et produisent de nouvelles plantes. Mais Vaucher a remarqué que ces articulations ou anneaux n'avoient pas tous la même forme, et par conséquent ils ne sont pas tous destinés aux mêmes fonctions : il suppose que ceux qu'il n'a pas vus se reproduire sont stériles, ou peut-être renferment la poussière fécondante. Ces derniers, plus petits, lui ont semblé des organes fécondans, dont la poussière sort par les cils ou filets transparens qui terminent chaque ramification.

Le genre Batrachosperme contient cinq espèces divisées en deux ordres, savoir celles qui sont ramifiées et celles qui sont à mamelons : le premier ordre est formé de deux espèces nouvelles décrites par Vaucher, et de

La Batrachosperme a collier, *Conferva gelatinosa*, Linn., dont les filets sont rameux, articulés en chapelet ; chaque articulation globuleuse et gélatineuse.

Le second ordre renferme deux espèces inconnues à Linnæus, dont une seule a été décrite par Haller. Ces deux espèces sont,

La Batrachosperme fasciculée, *Batrachospermum fasciculatum*, dont les filets sont rapprochés en faisceau et rameux à leur extrémité.

La Batrachosperme pelotonnée, *Batrachospermum intricatum*, Hall. n.° 2110, dont les filets ramifiés sont divisés et subdivisés aux extrémités. (P. B.)

BATRACHUS. (*Ichtyol.*) Ce nom, tiré du grec, signifie grenouille; il a été employé par Klein pour désigner les lophies ou baudroies, parce que ces poissons, qui ont la forme hideuse du crapaud, ont encore la bouche large des grenouilles : aussi y a-t-il une espèce de baudroie appelée *rana piscatrix*, c'est-à-dire, grenouille pêcheuse; quelques marins la nomment encore crapaud de mer. Voyez Lophie.

C'est aussi le nom spécifique d'un silure de Linnæus, que Lacépède a décrit sous le nom de macroptéronote grenouiller. Voyez Macroptéronote. (F. M. D.)

BATRACIENS (*Rept.*), quatrième ordre de la classe des reptiles, indiqué par Laurenti, et établi sous ce nom par Alex. Brongniart, d'après le mot grec βάτραχος (*batrachos*), qui signifie grenouille.

Nous rangeons maintenant dans cet ordre tous les reptiles qui ont le corps nu, sans carapace ni écailles; la tête sans cou bien distinct et sans étranglement; dont les doigts sont toujours distincts, mais sans ongles; enfin qui ne s'accouplent pas réellement et qui subissent le plus ordinairement des métamorphoses.

- Les batraciens proviennent d'œufs à coque membraneuse et qui ont besoin pour éclore de séjourner dans l'eau. L'animal qui sort de cet œuf a la forme et la structure d'un poisson ; il n'a point de pattes : son corps est terminé par une très-longue queue comprimée, en forme de nageoire. On le nomme alors un Tétard. Voyez ce mot. Les œufs ne sont fécondés par les mâles qu'au moment même ou quelque temps après qu'ils ont été déposés par la femelle. Souvent le mâle aide sa femelle ; et alors les œufs sont placés à la suite les uns des autres, en forme de chapelet, et retenus, soit par une matière gluante qui les colle et les réunit en un paquet, soit par une substance qui se dessèche, devient élastique, et retient ainsi les embryons entortillés sur les cuisses des mâles ; ou bien encore ces œufs sont placés par le mâle sur le dos de la femelle, dont la peau se gonfle et forme autour de chacun d'eux une sorte d'alvéole, dans laquelle le petit tétard subit toutes ses métamorphoses, comme dans une matrice. Quelquefois les œufs sont pondus séparément, et le mâle les féconde de sa laitance, les uns après les autres.

A l'époque de la génération, qui n'arrive ordinairement qu'une seule fois dans l'année et à chaque printemps, les mâles changent de forme : les uns présentent sur le dos des crêtes membraneuses ; d'autres éprouvent, dans la peau des pouces des pattes antérieures, des changemens très-notables, qui paroissent avoir lieu pour les mettre à même de retenir plus étroitement la femelle.

Tous les batraciens peuvent nager sous leur premier état : quelques-uns même paroissent rester toute leur vie avec la forme de tétards ; seulement ils ont alors des poumons et des branchies. La plupart marchent sur la terre, grimpent et peuvent même sauter. La forme de leur corps varie beaucoup, et indique pour ainsi dire d'avance la nature de leur mouvement : ainsi, par exemple, tous les batraciens qui conservent la queue sous leur dernier état, marchent lentement, ne peuvent que traîner leur corps sur la terre, et vivent ordinairement dans l'eau ; tels sont les salamandres, les protées, les sirènes. Ceux qui la perdent au contraire, comme les grenouilles, les raines, les crapauds, marchent sur la terre, grimpent aux arbres ou sautent parfaitement.

On conçoit que la charpente osseuse de ces animaux doit présenter beaucoup de différences. Leur échine consiste en une suite de vertèbres qu'on ne peut guères distinguer entre elles et par régions : les os de la tête, ou plutôt leur figure, présentent encore plus de différences : en général, elle est peu mobile et s'articule par un seul point, à l'aide d'un tubercule ou condyle taillé à trois facettes. Les os de la mâchoire supérieure sont toujours soudés entre eux et non dilatables : quelques espèces n'ont point de côtes du tout ; on en observe de très-courtes dans quelques genres. Le nombre des pattes varie ; tantôt on n'aperçoit que celles de devant ; le plus souvent il y en a quatre : mais leur longueur respective est différente suivant les genres, ainsi que le nombre des doigts. Les batraciens ont des muscles très-forts et très-irritables : on en a un exemple bien connu dans les cuisses des grenouilles. Ces animaux présentent beaucoup d'autres particularités dans leurs organes du mouvement, comme nous aurons occasion de le dire en traitant des grenouilles.

Quoique les nerfs soient très-distincts et fort gros, en proportion des autres organes, dans les batraciens, la cavité du crâne, qui en renferme l'origine, est en général très-petite. L'œil est contenu dans une orbite très-grande ; il est protégé par trois paupières dans quelques espèces, humecté par un liquide analogue aux larmes : la pupille est très-dilatable, ordinairement rhomboïdale, allongée et dans une direction verticale. L'oreille de ces reptiles ne paroît point au dehors. On trouve cependant une caisse sous la peau, et quelquefois deux osselets de l'ouie. Les narines sont très-simples ; portées en avant du museau, qu'elles traversent ordinairement ; prolongées en un petit tube membraneux, dans l'intérieur duquel on observe une valvule destinée à la respiration. La langue est muqueuse, adhérente dans les salamandres, attachée au-devant de la mâchoire inférieure dans les batraciens sans queue. La sensation du toucher paroît parfaite dans ces animaux. Tous ont une peau nue, à épiderme muqueux, souvent garnie de glandes ou de follicules rassemblés sous forme de verrues ; leurs doigts sont plus ou moins fendus, surtout aux pattes de devant.

Tous les reptiles de cet ordre, parvenus à l'état parfait, se nourrissent d'animaux vivans, et jamais de cadavres. Leur bouche est très-large, sans lèvres mobiles ; leurs dents, très-courtes, sont implantées dans les mâchoires, qui paroissent finement crénelées. Sous ce même état de perfection leur canal intestinal est court. On voit dans la même cavité du ventre un foie avec sa vésicule, une rate, un épiploon, des reins, une vessie.

La circulation dans les batraciens peut être regardée comme simple. Le cœur n'a qu'un seul ventricule et une oreillette ; une partie du sang passe par les poumons ou les branchies, et rentre ensuite dans le torrent. Les poumons flottent dans la cavité du ventre : ils sont formés de très-grandes cellules ; quelquefois même il n'y en a qu'une seule, comme on le voit dans les salamandres, chez lesquelles cet organe ressemble à une vessie. La trachée-artère est toujours simple : il n'y a ni épiglotte, ni larynx inférieur. La respiration s'exerce à l'aide des muscles de la gorge, qui font l'office du diaphragme, lequel n'existe point. Il faut, pour que l'inspiration de l'air ait lieu, que la bouche soit fermée, de sorte, par exemple, qu'une grenouille ou un crapaud, qu'on place dans l'eau, la bouche tenue forcément ouverte avec un bâillon, y périt bientôt étouffée. La plupart ont cependant une voix qu'on nomme Coassement (voyez ce mot), qui s'opère à l'aide de certains sacs à air, ou de membranes tendues, sur lesquelles l'air chassé des poumons vient à vibrer.

Linnæus avoit compris les animaux de cet ordre dans son genre Raine en majeure partie ; il avoit placé les salamandres dans celui des lézards. Rœsel, Latreille et Daudin, ont donné les figures d'un très-grand nombre d'espèces.

Voici un tableau de la division de cet ordre. Le lecteur trouvera à chacun des noms de genre l'histoire particulière de ces animaux.

Ordre quatrième des reptiles.

Batraciens à corps :
- allongé, avec une queue : pattes au nombre de
  - quatre : . . .
    - sans branchies, 4. Salamandre.
    - des branchies. 5. Protée.
  - deux seulement. . . . . 6. Sirène.
- ramassé, sans queue : à pattes postérieures, en proportion du reste du corps, ...
  - plus longues : à doigts . .
    - à pelotes . . . 3. Rainette.
    - sans pelotes . 2. Grenouille.
  - aussi longues . . . . 1. Crapaud.

(C. D.)

BATSCHIA. (*Bot.*) Le nom de Batsch, professeur de botanique à Jena, que les sciences ont perdu depuis quelques années, a été donné successivement à trois genres différens de plantes.

Walter, dans sa Flore de la Caroline, avoit décrit, sous le nom d'*anonymos*, une plante de la famille des borraginées, si voisine du gremil, *lithospermum*, qu'on ne peut apercevoir un caractère distinctif, à moins qu'on ne regarde comme tel un petit anneau de poils existant au fond du tube de la corolle. Gmelin avoit cependant conservé ce genre sous le nom de *batschia*, et Michaux l'a adopté dans sa Flore de l'Amérique septentrionale.

Thunberg, qui apparemment ne partageoit pas cette opinion et regardoit le nom de *batschia* comme libre, l'a appliqué à des plantes que Mutis lui avoit envoyées des environs de Santa-Fé, et il en a donné le caractère et la figure dans le cinquième volume des Nouveaux Actes d'Upsal, p. 120, t. 2. Ce genre, qui est dioïque, a un petit calice à trois feuilles et une corolle à trois pétales coriaces, velus, rapprochés dans leur milieu et réfléchis en dehors vers la pointe. Les fleurs mâles ont six étamines portées sur un disque central, dont trois stériles sont insérées à sa circonférence et alternes avec les pétales ; les trois autres, fertiles, partant du centre, ont leurs filets réunis en un pivot anguleux, qui est couronné par les trois anthères. Les fleurs femelles ont six filets stériles, insérés également sur un disque, et marqués de deux taches sur leur extrémité élargie : leur pistil est composé de trois ovaires libres, surmontés chacun d'un style latéral, intérieur, et d'un stigmate échancré ; ils deviennent autant de drupes coriaces, allongées, velues, remplies d'un seul noyau osseux, à moitié biloculaire. La graine, pliée en deux, remplit ainsi les deux demi-loges séparées par une demi-cloison. L'embryon, renfermé dans un périsperme, a une radicule inférieure et des lobes également repliés. Ces plantes paroissent ligneuses et sont grimpantes; elles ont des feuilles alternes, simples, marquées à leur base de trois nervures. Les fleurs sont petites, placées aux aisselles des feuilles, disposées en grappe lâche dans une espèce, et en épi serré dans l'autre. En examinant avec attention ce caractère, on reconnoît sur le champ que ce genre appartient à la famille des ménispermées, et de plus il est probable que c'est le même que l'*abuta* d'Aublet, dont cet auteur n'a pas assez détaillé le caractère.

Cependant Vahl, qui, dans le troisième volume de ses Symbolæ, p. 39, t. 36, avoit aussi donné le nom de *batschia* à une plante légumineuse de l'île de Ceilan, ayant eu, avant la publication de son travail, communication du genre de Thunberg, déjà imprimé, a substitué à ce nom, dans un errata, celui de *humboldtia*, sous lequel il désigne définitivement la plante de Ceilan : d'où il résulte que le nom de *batschia*, donné à trois plantes différentes, pourra bien rester dans la suite sans emploi, s'il n'est appliqué à une quatrième plus différente de toute autre. Voyez GREMIL, ABUTA, HUMBOLDTIA. (J.)

BATTA. (*Ornith.*) Forskal dit que ce nom sert à désigner en général les oiseaux qui, de la Barbarie et des pays situés à l'occident, viennent en Égypte, et y restent pendant la durée des inondations du Nil. (Ch. D.)

BATTA (*Bot.*), nom caraïbe du nopal. (J.)

BATTAGE (*Agric.*), opération par laquelle on fait sortir les graines de leurs enveloppes. Il y a différentes sortes de battage ou de manière de battre les graines, selon les pays, l'usage auquel on destine les tiges et les graines, et la nature de ces graines.

Dans la plus grande partie de la France, en Hollande, en Prusse, en Allemagne, en Suisse, en général dans les climats froids ou tempérés, on ne bat qu'avec un instrument appelé fléau. Dans les pays méridionaux de la France, tels que les départemens de Lot-et-Garonne, du Gers, du

Tarn, de la haute Garonne, du Var, des Bouches-du-Rhône, etc.; en Espagne, en Italie, dans la Morée, aux Canaries, à la Chine même; en général, dans les climats chauds, on fait fouler les grains par les pieds des animaux: mais on s'y sert aussi du fléau, ou seul, ou concurremment avec le foulage, pour compléter ce dernier battage; ce qui prouve que le battage au fléau est la manière de battre la plus parfaite.

Le battage au fléau et celui qui se fait par les pieds des animaux étant les deux plus considérables, je dirai peu de chose des autres.

Battage au fléau.

Le fléau est composé de deux morceaux de bois de longueur inégale, unis ordinairement par un triple cuir, ou par tous autres moyens, suivant les localités. Le plus grand morceau se nomme manche, parce que c'est sur son extrémité que tournent les autres parties du fléau. Sa longueur est relative à la taille du batteur; elle est ordinairement d'un mètre trente-trois centimètres (4 pieds). On donne le nom de verge, ou de battant, ou de batte, au plus petit morceau : sa longueur varie; mais elle est le plus communément de soixante-six à soixante-douze centimètres (22 à 26 pouces): sa forme varie aussi. Dans la Beauce elle est ronde, sans nodosité, et plus grosse à l'extrémité la plus éloignée du manche; elle a à cette extrémité cinq à six centimètres (2 pouces) de diamètre. Il y a des cantons du département de la haute Vienne (Limosin) et de celui de la Vienne (Poitou), où la verge est aplatie, ayant seulement les angles arrondis. On voit dans les départemens de l'Ile-et-Vilaine (Bretagne), Mayenne-et-Loire (Anjou), des battes rondes d'un côté, et aplaties de l'autre : cette dernière forme n'est pas sans doute la meilleure; mais les gens du pays prétendent que ces battes glissent moins sur les tiges des gerbes.

L'union des deux morceaux de bois entre eux se fait, dans la Beauce, par le moyen de trois cuirs, dont l'un enchâsse une des extrémités du manche, étant assujetti dans deux gorges, d'une manière lâche, afin qu'il y tourne; cette mo-

bilité est nécessaire pour faciliter le battage : l'autre em-
brasse une des extrémités de la verge , aussi dans deux
gorges, mais si étroitement qu'il ne sauroit y tourner. Ces
deux cuirs se nomment chapes ou colets ; le troisième, qui
porte le nom de couplière, passe en forme d'anneau dans
les deux chapes.

Au reste, la manière de réunir le manche avec la verge
varie beaucoup. En Chine et dans quelques pays de l'Europe, c'est par le moyen d'une cheville de bois. Ici la couplière est de nerf de bœuf; là, de corde ; ailleurs, de peau
d'anguille. Quelquefois le cuir de la couplière est envi-
ronné de bois flexible : d'autres fois les chapes sont faites
de lames minces de bois, retenues par des liens de fer ou
des pièces de cuir environnées de ficelles ; la couplière passe
dans ces chapes. Enfin, aux environs de Mont-Dauphin
(département de la Drôme), le manche et la verge tiennent ensemble au moyen d'une courroie qui tourne autour
de deux pivots de fer plantés dans chacune des parties.
Dans ces différentes constructions je ne vois ni la simpli-
cité ni la mobilité du fléau beauceron.

On a plusieurs fois offert au public des machines pour
battre les grains et remplacer les hommes ; mais , soit
qu'elles n'aient pu remplir le but qu'on s'est proposé, soit
que l'habitude s'oppose à l'admission d'un nouveau moyen,
on ne voit pas qu'on s'en serve.

Dans les départemens méridionaux de la France, le battage se fait en plein air et immédiatement après la moisson :
dans les départemens septentrionaux, on réserve la plus
grande partie des grains pour les battre en hiver et quelquefois pendant tout le cours de l'année ; alors le froment
et le seigle se battent dans une aire qui fait partie des
granges. Le batteur donne d'abord quelques coups de fléau
sur le bout des gerbes ; puis il les délie ; il les étend en
forme de lit, avec le manche du fléau ; il bat, en allant et
en revenant, toute la longueur des gerbes et dans toute la
largeur du lit, afin que les épis les plus courts soient égrenés.
Le bout du manche lui sert à retourner le lit , pour re-
battre de la même manière de l'autre côté. Enfin, si l'ouvrier doit battre à net (ce qui a lieu lorsque les pailles

ne doivent pas servir à *affourer* les bêtes à laine), il tourne et retourne le lit jusqu'à ce qu'il juge qu'il ne doit plus rester de grain dans les épis, et avec la paille il forme des bottes, dont le poids varie suivant les localités.

Le blé qui a ressué dans les granges s'égrène plus facilement. On remarque que celui des meules, où les grains sont toujours plus humides, celui des granges basses, et celui qu'on bat par la pluie, donnent plus de peine aux batteurs que les grains exposés au soleil, ou placés dans des granges sèches, ou attaqués des charançons, qui les détachent des balles.

Le battage au fléau, de l'avoine, de l'orge, des pois, vesces, lentilles, haricots, etc., diffère peu de celui du froment et du seigle : il consiste toujours à remplir de ces plantes l'aire de la grange, à les étendre en forme de lit, et à donner à ces couches plus ou moins d'épaisseur, et une position analogue à la nature et à l'espéce de grains qu'on veut battre.

L'ordre selon lequel les grains peuvent être battus avec plus ou moins de facilité, me paroît être celui-ci :

1.º Le froment, le plus difficile de tous, à cause de la double balle qui le retient ; 2.º le seigle ; 3.º l'avoine ; 4.º les lentilles ; 5.º les pois et vesces ; 6.º l'orge ; 7.º le sainfoin : ces deux derniers sont très-faciles à battre.

Pour nettoyer les grains, en France, on se sert de cribles, de l'instrument appelé van, et de l'action du vent.

Les cribles employés ont une forme plate et circulaire : ils sont percés de trous, ou arrondis, ou allongés, d'un diamètre plus ou moins grand, suivant les usages auxquels on les emploie : l'un est propre à laisser passer le grain à travers et à ne retenir presque que les balles ; un autre, plus fin, ne laisse passer que les graines des mauvaises herbes ; un autre, plus fin encore, ne laisse passer que la poussière, etc.

Le van est un instrument d'une forme demi-circulaire, dont les bords, de trente-trois centimètres (environ un pied) au sommet de la courbe, vont toujours en diminuant, et disparoissent aux deux extrémités du diamètre, qui a à peu près un mètre (environ 3 pieds). Il sert ordinairement aux opérations préparatoires au criblage. ou à remplacer l'action du vent; il ne remplit qu'imparfaitement cette dernière fonction. Quant à la première, on met dans le van les grains couverts de leurs balles; on les fait sauter adroitement en l'air : les grains retombent dans le van, et les balles non adhérentes s'en vont au vent. Ce qui reste de balles adhérentes et d'épis même, est conservé pour être battu une seconde fois, à l'époque où ces balles se sépareront facilement des grains qu'elles contiennent; les derniers débris sont pour les chevaux.

Quand on nettoie les grains par l'action du vent, il se fait un triage. Le plus gros et le plus net se place dans la partie la plus éloignée du vanneur; il est le plus capable de vaincre la résistance du vent : le plus léger et le plus impur se trouve rassemblé du côté du vanneur; c'est là surtout qu'il y a le plus de balles et de poussière. Pour achever de nettoyer la première et la dernière sorte, on se sert du van et de cribles propres à cet effet. Soit qu'on vanne, soit qu'on crible, on ôte à la main les grains couverts de balles, qui se rassemblent dessus par le mouvement de l'instrument.

Telle est en général la manière de battre les grains au fléau et de les nettoyer; s'il se trouve quelque différence, c'est parce que le battage se fait en plein air, ou parce que le fléau n'est pas tout-à-fait le même, ou parce qu'on ne frappe pas autant sur les gerbes, ou parce qu'on nettoie avec d'autres cribles que ceux que j'ai indiqués.

Battage par les pieds des animaux.

Cette manière de battre, particulière aux pays méridionaux, n'y est pratiquée que dans les grandes exploitations. L'abbé Rosier, dans son Cours complet d'agriculture, en donne à peu près la description suivante.

On commence par garnir le centre de l'aire par quatre gerbes, sans les délier; l'épi regarde le ciel, et la paille pose sur la terre. A mesure qu'on garnit un des côtés des quatre gerbes, une femme coupe les liens des premières, et suit toujours ceux qui apportent les gerbes; mais elle observe de leur laisser garnir tout un côté, avant de couper les liens : et, ainsi de rang en rang, on parvient à couvrir presque toute l'aire.

Les mules, dont le nombre est toujours en raison de la quantité de froment que l'on doit battre, sont attachées deux à deux et de front. Une corde prend du bridon de la mule qui est du côté intérieur du cercle, et va répondre à la main du conducteur, qui occupe toujours le centre, de manière qu'on prendroit cet homme pour le moyeu d'une roue, les cordes pour ses rayons, les mules pour les bandes de la roue. Un seul homme conduit quelquefois jusqu'à six paires de mules. Avec la main droite, armée du fouet, il les fait toujours trotter, pendant que les valets poussent sous les pieds de ces animaux la paille qui n'est pas encore bien brisée, et l'épi qui n'est pas assez froissé.

La première paire de mules, en trottant, commence à coucher les premières gerbes de l'angle, la seconde les gerbes suivantes, et ainsi de suite. Le conducteur, en lâchant la corde ou en la resserrant, les conduit où il veut, mais toujours circulairement, de manière que, lorsque toutes les gerbes sont aplaties, les animaux passent et repassent successivement sur toutes les parties.

Pour battre le blé avec les animaux, il faut choisir un jour beau et bien chaud ; la balle laisse mieux échapper le grain.

Les mules ne sont pas les seuls animaux qu'on emploie : on se sert aussi des chevaux, des jumens, des ânes et des bœufs même.

Le battage se fait toujours en plein air, ce qui a de grands inconvéniens, à cause des pluies et des orages : on se hâte dans ce cas de recouvrir de balles et d'épis le froment battu ; mais il peut s'échauffer et s'altérer.

Dans beaucoup de pays méridionaux, soit qu'on y batte les grains en les faisant fouler, soit qu'on les batte au fléau, on les nettoie autrement que dans les pays du Nord. Le procédé est bien au fond le même ; mais il en diffère en ce qu'on se sert d'un instrument qui réunit l'action du vent et du criblage. Cet instrument est connu sous le nom de *tarare*, espèce de crible. Voyez Crible.

Le battage par les pieds des animaux a plusieurs incon-véniens : 1.° les épis, surtout dans les étés pluvieux, ne se trouvent jamais battus parfaitement, en sorte qu'on est obligé quelquefois de les repasser sous le fléau ; 2.° la paille est tellement hachée qu'elle auroit de la peine à se con-server long-temps, et ne pourroit servir à d'autres usages qu'à la nourriture des animaux ; 3.° elle ne sauroit être propre, et le grain est, comme elle, sali d'excrémens et d'urine. D'un autre côté, c'est là manière la plus expé-ditive, et par conséquent la plus avantageuse dans un pays où l'on a besoin d'accélérer ce genre de travail : elle épargne des bras d'hommes ; ce qui peut être encore d'une grande considération là où ils sont rares. Si cette méthode est avantageuse aux pays méridionaux, on peut assurer qu'elle ne peut être adoptée par les cultivateurs des pays du nord de la France, parce que les grains y adhèrent trop dans leurs balles, et qu'on a besoin de conserver la paille entière.

Battage au tonneau ou à la table.

On établit dans l'aire, à peu de distance de la muraille, un tonneau ou une table qu'on assujettit. Le batteur délie chaque gerbe l'une après l'autre, prend autant de tiges que ses deux mains peuvent en embrasser, et présentant les épis du côté du tonneau ou de la table, il frappe à grands coups, pour en faire jaillir tout le grain, qui se répand dans l'aire. Si la paille est destinée à servir pour des liens, ou pour les bourreliers, ou pour couvrir des maisons, ou pour faire des paillassons, etc., on réunit les grandes tiges poignées à poignées, pour en faire des gerbes. Ce qui ne peut être réuni est battu au fléau ; on en fait ensuite des bottes dont le poids varie suivant les pays.

Ce moyen est aussi employé pour obtenir du froment de semence bien pur.

Battage aux baguettes.

Dans le champ même où on a récolté, soit de la na-vette, soit de la moutarde, soit toute autre graine menue, on place de grandes et de fortes toiles ; on y porte les tiges des plantes au moment du jour le plus chaud ; avec des baguettes on frappe sur les enveloppes qui contiennent la graine, pour la faire sortir. Les tiges ensuite sont emportées à part, ou pour être brûlées, ou pour être converties en fumier : il y a des cultivateurs qui nettoient la graine sur le champ ; d'autres, contens d'avoir battu la plante sur place, transportent la graine, pour la nettoyer, ou dans l'aire d'une grange ou dans un grenier.

Dans plusieurs contrées de la France, particulièrement dans le département de la Seine-inférieure (pays de Caux), au lieu de battre la navette et le colza aux baguettes, on les foule par les pieds des animaux ; on nettoie en plein air et par l'action du vent : pour que les plantes ne s'égrènent pas en les rassemblant, on les réunit dans l'aire pendant la nuit.

Le froment, le seigle, l'orge, l'avoine, les pois, les vesces, les lentilles, les haricots, le sarrasin, le millet, l'anis et le maïs même, peuvent se battre au fléau, et presque tous les grains peuvent être foulés par les pieds des animaux.

Le seigle et le froment sont les seuls qu'on puisse battre sur un tonneau ou sur une table.

Les baguettes conviennent pour l'oliette, le colza, la navette, la moutarde, les choux, etc. Dans les grandes exploitations le foulage par les pieds des animaux convient mieux pour la navette et le colza. (T.)

BATTANS (*Rept.*), *Valvæ.* On nomme ainsi, dans les tortues et les émydes, les extrémités ou les deux pièces mobiles du devant et du derrière du plastron ou du sternum qui protège le corps en dessous. Ces animaux s'en servent en effet comme de valves pour se renfermer entièrement dans leur boîte osseuse. Les battans offrent souvent de très-bons caractères, à cause de leurs bords plus ou moins échancrés et des plaques qui les recouvrent. En général, les battans sont beaucoup plus concaves dans les mâles, ce qui semble tenir au mode de l'accouplement. Voyez l'article CHÉLONIENS. (C. D.)

BATTARÉE (*Bot.*), *Battarea*, Pers., genre de plantes de la famille des champignons, de la première classe de la méthode de Persoon, laquelle comprend les angiocarpes, troisième ordre (les dermatocarpes), première section (les trichospermes). Son caractère est d'avoir une double valve, d'où sort un support terminé par un chapeau campanulé, velu, contenant une poussière adhérente à des filamens. Le chapeau est recouvert d'une pellicule lacérée, qui paroît être une portion d'une des valves.

On ne connoît qu'une seule espèce de ce genre, *battarea phalloides*, décrite par Dickson, Pl. crypt. brit. fasc. 1, pag. 24, figuré par Persoon, tab. III, fig. 1, 2, 3, et par Woodward, Act. Angl. p. 423, tab. 26.

Elle croit en Angleterre dans des terrains sablonneux près Norwich et Suffolck. (P. B.)

BATTE-POTTA. (*Ichtyol.*) On appelle ainsi à Gênes la torpille. Voyez Raie. (F. M. D,)

BATTE-QUEUE, Batte-lessive, Batte-marre, Battiquour. (*Ornith.*) Ces noms se donnent vulgairement à la bergeronnette lavandière, *motacilla alba*, L.

On appelle aussi, dans certains endroits, batte-queue l'hirondelle de rivage, *hirundo riparia*, L. (Ch. D.)

BATTEUR D'AILES. (*Ornith.*) Surville a rencontré au large, dans la traversée des îles Baschées aux îles Salomon, des oiseaux par lui désignés sous le nom de batteurs d'ailes. Cette dénomination est vraisemblablement une de celles que les marins tirent des habitudes naturelles de l'oiseau qu'ils rencontrent ; mais il est fort douteux qu'elle doive s'appliquer aux alouettes de mer, comme le soupçonne Fleurieu, dans ses observations à la suite du Voyage de Marchand.

Lahontan cite aussi, parmi les oiseaux de la partie septentrionale du Canada, des *batteurs de faux ;* mais aucuns détails ne mettent à portée d'appliquer ce nom à une espèce connue. (Ch. D.)

BATTI-SCHORIGENAM. (*Bot.*) Rhéede, dans son Hort. Malab. 2, p. 75, t. 40, désigne sous ce nom malabare une espèce d'ortie, *urtica interrupta*, L., qui a quelques rapports extérieurs avec le *schorigenam* du même lieu, espèce de *tragia*. Voyez Ortie. (J.)

BATTUE (*Ornith.*), chasse au fusil, qui se fait avec des traqueurs, au bois ou en plaine. (Ch. D.)

BAUBIS (*Mamm.*), variété de l'espèce du chien domestique, propre à la chasse du renard, du sanglier, etc. Voyez Chien. (F. C.)

BAUD (*Mamm.*), variété du chien domestique, propre à la chasse des bêtes fauves : on le dit originaire de Barbarie. (F. C.)

BAUDET (*Mamm.*), nom que l'on donne à l'âne dans quelques pays de la France, et plus particulièrement à l'âne entier, à l'âne étalon. Voyez Ane. (F. C.)

BAUDRIER. (*Bot.*) On donne ce nom, sur les côtes de la mer, aux espèces de *fucus* ou varec, telles que le *fucus saccharinus*, dont le feuillage simple, large, membraneux et très-long, présente à peu près la forme d'un baudrier. Voyez Varec. (J.)

BAUDROIE. (*Ichtyol.*) Ce nom, donné sur quelques côtes de France à la lophie baudroie, *lophius pistatorius*, L., a été aussi employé, par Daubenton et d'autres naturalistes, pour désigner le genre. V. Lophie et Batrachus. (F. M. D.)

BAUDRUCHE (*Mamm.*), pellicule qu'on tire le plus communément des boyaux du bœuf, et qui sert, après qu'elle est apprêtée, à faire le second des livrets qu'emploient les batteurs d'or dans la pratique de leur métier. (F. C.)

BAUGE. (*Agric.*) C'est de la terre franche mêlée avec de la paille et du foin hachés ; on pétrit ce mélange, on le corroie, et l'on s'en sert dans les pays où le plâtre et la pierre sont rares. Que les murs soient de bauge seule ou de cailloux liés avec de la bauge, ils ne s'en appellent pas moins murs de bauge. La plupart des chaumières sont construites ainsi. La meilleure manière de construire en bauge, c'est d'avoir recours à une charpente, qui n'est pour l'ordinaire qu'un assemblage de perches et de pieux lattés ; on remplit cette espèce de grillage avec des bâtons fourchus et des branches d'arbres, qu'on enduit de bauge, et qui alors ressemblent assez à une torche ; on insère ces torches dans les entailles et ouvertures de la charpente : quand le mur est plein, on le crépit du haut en bas avec de la bauge pure et bien corroyée ; on l'unit avec la truelle, et on blanchit le tout, si l'on veut, avec du lait de chaux. Ce cloisonnage est de peu de dépense, et il est solide : les conditions principales à observer dans la manière de faire et d'employer la bauge sont, que les branches d'arbres qu'on enduit de bauge soient de chêne, que la terre soit bien délayée, et qu'elle forme une pâte qui ne soit ni molle ni dure. (T.)

BAUGE. (*Mamm.*) C'est le nom du lieu que le sanglier choisit pour se coucher. Il est ordinairement très-écarté et souvent bourbeux. (F. C.)

BAUHINE. (*Bot.*) *Bauhinia*, Linn., Juss., Lam. pl. 329. Le nom de Jean et de Caspard Bauhin a été donné par Plumier à ce genre de plantes de la troisième section de la famille des légumineuses. Les feuilles des bauhines, partagées en deux lobes réunis dans une plus ou moins grande étendue, et quelquefois entièrement fendus jusqu'à leur base, rappelleront aux botanistes les travaux immenses et nécessaires que ces deux frères exécutèrent pour tirer la science du chaos où l'avoient plongée leurs prédécesseurs. Les fleurs sont disposées en grappes, axillaires ou terminales ; leur calice est irrégulier, à cinq divisions, ordinairement profondes, quelquefois réunies par le bas en tube ; ce qui a donné lieu à Cavanilles d'établir un nouveau genre sous le nom de *pauletia*. La corolle est formée de cinq pétales oblongs, munis d'un onglet, ondulés et presque égaux : les étamines sont au nombre de dix, d'inégale grandeur et à filamens penchés ; l'un d'eux est plus long que les autres, et toujours fertile : l'ovaire est porté sur un petit pédicelle, et placé supérieurement au calice ; il se change en une gousse allongée, comprimée, et renfermant plusieurs graines, aplaties en forme de rein ou elliptiques.

La Bauhine grimpante, *Bauh. scandens*, Linn., Rumph. Amb. 5, p. 1, tab. 1, est un arbrisseau sarmenteux, à tige irrégulière et comprimée ; ses rameaux, munis de vrilles, s'entortillent autour des arbres qui les avoisinent ; les fleurs viennent en petits bouquets et sont de couleur jaunâtre. Les habitans d'Amboine cueillent les feuilles de cet arbrisseau, et les brisent devant la bouche de leurs enfans quand ils tardent à parler ; ils prononcent en même temps quelques

mots, tels que père, mère, etc., et croient par là faciliter
et accélérer l'usage de la parole : son nom malais de *daun
lolab mulut* signifie la vertu de faire ouvrir la bouche. A
Ternate, on emploie la décoction de ses racines pour calmer l'ardeur de la fièvre.

La Bauhine panachée, *Bauh. variegata*, Linn., Rhéed.
Mal. 1, p. 57, t. 32, est un arbre d'environ vingt pieds de
hauteur; ses feuilles sont en cœur arrondi, un peu plus
larges que longues, et échancrées à leur sommet; ses fleurs
paroissent pendant toute l'année, surtout dans les temps
pluvieux. La décoction de ses racines chasse les vents, et
tue les vers des enfans; mêlée avec du miel et du sucre,
elle est bonne contre la toux et la pituite. Son écorce, infusée dans l'eau de riz, sert de purgatif, ainsi que ses fleurs,
qu'on emploie en place de sucre rosat.

La Bauhine cotonneuse, *Bauh. tomentosa*, Linn., Rhéed.
Malab. 1, p. 63, t. 35, est un arbrisseau de dix ou douze
pieds de hauteur; ses feuilles, partagées en deux lobes
dans leur partie supérieure, sont vertes en dessus, blanchâtres et un peu cotonneuses en dessous; ses racines, pilées,
sont appliquées avec succès sur les écrouelles, et la décoction de ces racines est fort bonne contre les vers. Les habitans du Malabar cueillent ses fleurs pour en orner les
autels des dieux. On connoît encore environ dix espèces
de bauhines, qui n'offrent rien de bien remarquable. Cavanilles, dans son ouvrage intitulé Icones plantarum, a donné
la figure de plusieurs espèces nouvelles. Voyez Aoutimouta,
Aalclim, Bois a caleçons. (J. S. H.)

BAUME (*Bot.*), *balsamum*, nom donné a des sucs plus
ou moins liquides, qui sont produits par des végétaux. Les
baumes coulent des arbres naturellement, ou lorsqu'on y a
fait une incision ; ils en découlent goutte à goutte, et se
distinguent par là des sucs végétaux vénéneux, qui jail-
lissent et sortent en abondance lorsqu'on fait la moindre
déchirure à quelques-unes des parties des plantes qui les
produisent.

Les baumes sont des substances huileuses, d'une consistance liquide un peu épaissie, et remarquables par leur
odeur aromatique. Selon Macquer (Dict. de Chimie), ils ne

doivent leur liquidité et leur odeur qu'à une portion plus ou moins considérable d'huile essentielle qu'ils contiennent, et qu'on peut en retirer par la distillation, au degré de la chaleur de l'eau bouillante. Ce chimiste ajoute qu'on peut considérer les baumes comme de véritables huiles essentielles, qui ont perdu une portion du principe de leur odeur, et de la partie la plus subtile et la plus volatile. Ceci est confirmé par le résidu de leur analyse, qui est composé des mêmes principes que celui qu'on obtient des huiles essentielles, c'est-à-dire des vraies résines : ces dernières même se rapprochent beaucoup des baumes, par quelques-unes de leurs propriétés ; les unes comme les autres sont inflammables, insolubles par l'eau, solubles dans les huiles et l'alcool, et sont fluides en sortant des arbres. Il paroît même que les résines ne sont autre chose que de véritables baumes, qui, en perdant leur liquidité, ont aussi perdu leur principe aromatique, et le sel acide que contiennent toujours les baumes et qu'on en retire par la sublimation.

En général les baumes n'ont d'usage que dans l'art de guérir ; on les administre avec succès dans un grand nombre de maladies, mais on les emploie à petite dose. Leur nom est d'origine orientale, et signifie princes des aromates ; Rai le fait venir du mot hébreux *bal* ou *baal*, qui signifie seigneur souverain, comme qui diroit souverain remède : leurs vertus salutaires les placent en effet au-dessus de presque tous les remèdes végétaux. C'est surtout dans l'Orient et dans les pays chauds que sont répandus les baumes ; et c'est aussi dans ces pays que l'homme est le plus accablé de maladies. Admirons donc la Providence, qui dans sa sagesse sait proportionner ses bienfaits au degré de besoin que nous en avons. Les baumes sont assez multipliés dans la nature, et, en raison de leur extrême utilité, ils ont reçu un grand nombre de dénominations, dont voici les principales : nous n'entendons parler ici que des baumes qui sont produits par la nature, et non de ceux qui sont préparés par les hommes, et dont on peut voir la liste dans les catalogues pharmaceutiques. (Lem.)

BAUME DE L'AMÉRIQUE ou de Carthagène (*Bot.*), aussi

nommé Baume de tolu, Baume dur, Baume sec. Voyez Baume de tolu, Tolut. (Lem.)

BAUME AQUATIQUE. (*Bot.*) On nomme ainsi la menthe aquatique. (Lem.)

BAUME BLANC. (*Bot.*) Voyez Baume de Judée.

BAUME DU BRESIL. (*Bot.*) Voyez Baume de Copahu.

BAUME BRUN, Noir, Rouge ou Roux. (*Bot.*) Voyez Baume du Pérou.

BAUME DE CALABA. (*Bot.*) Voyez Baume vert.

BAUME DU CANADA. (*Bot.*) C'est un suc qui découle d'une espéce de sapin qu'on trouve au Canada, *abies canadensis.* Ce baume approche de la térébenthine de Chypre, par son odeur et sa saveur ; il est jaunâtre, demi - transparent, plus ou moins liquide, et dissoluble dans l'alcool. On l'emploie comme diurétique et pour déterger les ulcères de la vessie ; on l'administre à la dose de deux gros dans du bouillon ou de l'huile d'amandes douces. Voyez Sapin. (Lem.)

BAUME DE CARTHAGÈNE. (*Bot.*) Voyez Baume de Tolu.

BAUME DE CARPATHIE (*Bot.*), *Balsamum carpathicum,* nom donné à l'espéce de résine que produit le *pinus cembra,* L. (voyez Pin), arbre qui croît en Suisse, en Lybie, et sur les monts Krapachs, en Hongrie. (Lem.)

BAUME DES CHASSEURS. (*Bot.*) C'est ainsi que l'on nomme, dans quelques quartiers de S. Domingue, le *piper rotundifolium,* L. Voyez Poivre. (P. B.)

BAUME DE COCHON. (*Bot.*) Voyez Baume sucrier, Gomart.

BAUME DE CONSTANTINOPLE ou Baume de Judée. (*Bot.*) Voyez Balsamier.

BAUME DE COPAHU ou Huile de Copaü, Baume du Bresil. (*Bot.*) *Balsamum braziliense.* Ce baume, qui est très-connu, coule naturellement, ou par incision, du copaier, arbre de la famille des légumineuses, qui croît au Brésil et aux Antilles. Il est liquide d'abord, mais en vieillissant il devient épais comme du miel ; sa couleur est jaune pâle, et son odeur douce et balsamique. Au goût il est un peu amer. On l'emploie à l'intérieur. On l'extrait aussi par l'ébullition des rameaux et de l'écorce de la plante; mais il est alors plus épais, plus trouble, et moins estimé. Voyez, à l'article COPAIER, la manière d'obtenir ce baume, et les usages auxquels on l'emploie. (Lem.)

BAUME DE COPALME. (*Bot.*) Il est produit par un LIQUIDAMBAR. Voyez ce mot. (Lem.)

BAUME EN COQUE. (*Bot.*) Voyez BAUME DU PÉROU.

BAUME DUR. (*Bot.*) Ce nom s'applique aux baumes du PÉROU, DE TOLU, etc. Voyez ces mots. (Lem.)

BAUME D'ÉGYPTE. (*Bot.*) C'est le même que le baume de Judée. Voyez BALSAMIER. (Lem.)

BAUME (FAUX) DU PÉROU (*Bot.*) , nom qu'on donne quelquefois au mélilot bleu odorant. (Lem.)

BAUME FOCOT, ou FAUX TACAMACA. (*Bot.*) Voyez RÉSINE TACAMAQUE, BAUME VERT.

BAUME DE GALAAD ou DE GILEAD. (*Bot.*) Voyez BAUME DE JUDÉE, SAPIN.

BAUME DU GRAND-CAIRE ou DE JUDÉE. (*Bot.*) Voyez BALSAMIER.

BAUME DE HONGRIE. (*Bot.*) *Balsamum hungaricum.* On donne ce nom à la résine qui transsude d'une espèce de pin qui croît en Hongrie, *pinus silvestris ; mugo*, Matth. Voyez PIN. (Lem.)

BAUME, ou HUILE D'AMBRE LIQUIDE. (*Bot.*) Il est produit par une espèce de LIQUIDAMBAR. Voyez ce mot. (Lem.)

BAUME DES JARDINS ou DES CHAMPS. (*Bot.*) On a donné ce nom à plusieurs espèces de plantes labiées , et notamment aux menthes, qui répandent une odeur forte et balsamique. Voyez MENTHE. (Lem.)

BAUME D'INCISION. (*Bot.*) Voyez BAUME DU PÉROU.

BAUME DE JUDÉE, D'ÉGYPTE, DU GRAND-CAIRE, DE LA MECQUE, DE SYRIE, DE CONSTANTINOPLE, BAUME VRAI, BAUME BLANC, BAUME DE GALAAD OU GILEAD. (*Bot.*) *Balsamum meccanum, Balsamum gileadense.* Ce baume paroît être le plus ancien que l'on connoisse; en tout temps ses propriétés l'ont rendu recommandable. On le retire d'une espèce de balsamier nommé *amyris opobalsamum* par les botanistes. Voyez BALASSAN, BALSAMIER. (Lem.)

BAUME DE LOTION. (*Bot.*) Voyez Baume du Pérou.

BAUME DE MARIE. (*Bot.*) Voyez Baume vert.

BAUME DE LA MECQUE. (*Bot.*) Voyez Baume de Judée.

BAUME-MOMIE. (*Minér.*) C'est le nom qu'on donne en Perse au Bitume-Malte. Voyez ce mot. (B.)

BAUME DU PÉROU. (*Bot.*) *Balsamum peruvianum.* Ce baume a une saveur âcre, un peu amère; il est inflammable, soluble dans l'esprit de vin, les jaunes d'œufs, et insoluble dans l'eau : on le retire d'un arbuste qui vient au Pérou, et qu'on nomme Myrosperme. Voyez ce mot. On en retire de quatre espèces, savoir : le baume d'incision, le baume en coque, le baume dur ou sec, et le baume en lotion. Le premier, rare en Europe, est blanc-jaunâtre, assez épais, et odorant ; on le conserve, dans le pays, dans des bouteilles bien fermées : le second et le troisième diffèrent fort peu entre eux; on les transporte dans les cocos ou coques qui ont servi à les recevoir : le quatrième, ou le baume en lotion, qui est noir et d'une odeur agréable de benjoin, s'obtient par décoction de l'écorce et des rameaux du myrosperme. Selon Vitet, ces baumes ont, à très-peu de chose près, les mêmes propriétés que la térébenthine. (Lem.)

BAUME (PETIT) ou Bois de petit baume (*Bot.*), dénomination du *croton balsamiferum*, L., qui produit un suc jaunâtre ou presque brun, d'une odeur suave, et qu'on dit bon pour la guérison des plaies. A la Martinique, où croît cette plante, les habitans la distillent avec de l'esprit de vin brûlé, et en obtiennent l'eau de menthe qu'ils destinent pour leur table. (Lem.)

BAUME DE RACKASIRA. (*Bot.*) Ce baume est, dit-on, produit par des espèces de courges qui croissent dans l'Inde. Selon Murray (Apparatus medicaminum, vol. 6, p. 23) il est d'un jaune brun, demi-transparent, et devient fragile en se desséchant ; mais par la chaleur il se ramollit au point qu'on peut le pétrir avec les doigts, et qu'il adhère aux dents si on le mâche : dans cet état, il répand une odeur voisine de celle du baume de Tolu. A l'état sec, il est inodore; au goût, il est un peu amer. Il est possible, comme l'observe l'auteur précité, que ce baume ne soit qu'un produit artificiel ; il est d'ailleurs peu connu dans les pharmacies. Il paroît qu'on peut l'employer dans la guérison des gonorrhées. (Lem.)

BAUME SEC. (*Bot.*) Voyez Baume du Pérou , Baume de Tolu.

BAUME DE SOUFRE. (*Chim.*) On nomme baume de soufre une dissolution de ce corps, faite, à l'aide de la chaleur, dans une huile volatile, telle que l'huile de térébenthine, l'huile de lavande, l'huile d'anis : suivant l'espèce d'huile que l'on prend , le composé porte le nom de baume de soufre anisé, de baume de soufre térébenthiné. On fait ces préparations en pharmacie. Sous le rapport chimique, elles présentent deux faits utiles à la science : l'un est la facilité de faire cristalliser le soufre, par le refroidissement, en octaèdres allongés : l'autre est le passage presque en entier du soufre dissous dans l'huile à l'état de gaz hydrogène sulfuré , lorsqu'on chauffe fortement ce composé dans un appareil pneumato-chimique. On ne connoît pas de baume de soufre dans la nature. (F.)

BAUME SUCRIER ou Baume a cochon. (*Bot.*) C'est, dit Bomare, une liqueur résineuse, d'une couleur et d'une consistance semblables à celles du baume copahu ; elle en a aussi un peu l'odeur et la saveur. En vieillissant, ce baume rougit un peu. On l'estime un excellent vulnéraire , appliqué sur les plaies ; et pris intérieurement, il convient pour les maladies de poitrine. Le nom de baume à cochon lui vient de ce qu'on prétend qu'à S. Domingue les cochons - marrons, lorsqu'ils sont blessés par les chasseurs , vont se frotter contre l'arbre qui le produit, et qui est le Gomart d'Amérique. Voyez ce mot. (Lem.)

BAUME DE SYRIE. (*Bot.*) Voyez Baume de Judée.

BAUME DE TOLU , Baume d'Amérique , Baume de Carthagène , Baume dur , Baume sec. (*Bot.*) *Balsamum tolutanum.* Ce baume, extrêmement rare dans le commerce, est produit par un arbre qui croît dans l'Amérique méridionale, où il est connu sous le nom de Tolu ou Toluifère. Voyez ces mots. Il est liquide, mais un peu épais et souvent sec ; sa couleur est d'un jaune verdâtre ; son odeur approche de celle du benjoin ; son goût est doux et agréable , et non pas amer et âcre comme dans la plupart des autres baumes. Sec, il est fragile et cassant. Ses propriétés sont les mêmes que celles de la térébenthine, du baume de Judée et du baume du Pérou, qu'on lui substitue quelquefois. On en fait aussi un sirop connu sous le nom de sirop balsamique de Tolu. (Lem.)

BAUME VERT ou Baume de Calaba, Baume de Marie. (*Bot.*) On le retire des calabas, *calophyllum*, arbres qui croissent en Amérique et dans l'Inde. On connoît deux sortes de ce baume. La première, qui est d'un jaune verdâtre et d'une odeur suave, constitue la résine tacamaque, qui passe pour vulnéraire et anodine ; elle se recueille à l'île Bourbon et à Madagascar. La seconde sorte, qui est le baume Marie des Espagnols, est produite par une variété du calaba qui croît à S. Domingue ; elle s'épaissit considérablement, et devient d'un vert foncé : les habitans de cette île en font très-grand cas. Voyez Balsamaria, Calaba. (Lem.)

BAUME VRAI. (*Bot.*) Voyez Baume de Judee.

BAUMES. (*Chim.*) Le nom de baumes a long-temps été donné en général, en histoire naturelle et en chimie, à toutes les substances végétales résineuses, d'une odeur forte, aromatique et agréable ; on y confondoit alors des résines sèches et liquides, des gommes-résines, et des substances de diverse nature. Bucquet a le premier proposé, en 1774, de restreindre cette dénomination aux résines combinées naturellement avec de l'acide benzoïque ; il y comprenoit le benjoin, le storax, les baumes du Pérou et de Tolu. Depuis cet habile professeur, on a trouvé d'autres matières qui sont de la même nature générale, et qui doivent rentrer dans le genre des baumes : telles sont les résines contenues dans la vanille et dans la canelle. C'est à la présence de l'acide benzoïque, que sont dus les cristaux blancs qui environnent la première, gardée long-temps dans des vases, et qu'on nomme fleur dans le commerce, ainsi que ceux qui se déposent par le refroidissement de l'eau distillée de canelle.

Par cette définition, qui tient à la nature de ces composés, on n'a plus à craindre la confusion qui a régné si long-temps dans l'histoire des corps résineux. (F.)

BAUMES ARTIFICIELS. (*Chim.*) D'après l'ancienne définition qu'on donnoit aux baumes, et d'après la simple idée
d'odeur agréable, aromatique et forte, qu'on y attachoit, on
a donné le nom de baumes à des compositions plus ou moins
compliquées, destinées, soit à des usages cosmétiques, soit
à des usages médicinaux : cette définition annonce que nous
ne devons point parler de ces baumes qui sont entièrement
du ressort de la pharmacie. (F.)

BAUMES NATURELS. (*Chim.*) Ce sont ceux dont il a
été parlé à l'article Baumes (*Chim.*) : on les a quelquefois
nommés naturels, pour les distinguer des composés artificiels
qui ont aussi été appelés baumes. (F.)

BAUMGANS. (*Ornith.*) Frisch nomme ainsi le cravant,
anas bernicla , L. ; mais en allemand, et dans les langues
du Nord, ce terme désigne la bernache, *anas erythropus*,
L. (Ch. D.)

BAUMIER. (*Bot.*) On donne ce nom aux arbres qui produisent les baumes, et particulièrement à ceux du genre
Balsamier. Voyez ce mot. (Lem.)

BAUQUE. (*Bot.*) On nomme ainsi, sur les côtes de la
Méditerranée, les algues et autres herbes marines qu'on
retire de l'eau pour fumer les terres voisines. En Hollande, elles sont employées, au défaut de terre, pour former les digues qui mettent ce pays à l'abri des inondations de la mer. C'est surtout la zostère qui sert à ces deux
usages. (J.)

BAURACHS (*Minér.*), synonyme de borax. Voyez Soude-
boratée. (B.)

BAURD-MANNETJES (*Mamm.*), petit homme barbu. Les
Hollandois, suivant Bosmann, ont ainsi nommé une espèce de singe à longue queue, dont le poil est extrêmement noir, et qui a une barbe blanche. Quelques auteurs
rapportent ce singe à la guenon talapoin de Buffon ; c'est
plutôt l'ouanderou. (F. C.)

BAVA, Bavasinga. (*Bot.*) Voyez Baio, Casse.

BAVAY-BAVAY. (*Bot.*) Dans les dessins des Plantes des
Philippines, t. 52, par Camelli, on trouve sous ce nom un
arbrisseau qui est le *quisqualis indica*, L. (J.)

BAVEUSE. (*Ichtyol.*) Plusieurs naturalistes ont ainsi appelé, d'après Rondelet et quelques pêcheurs du midi de la France, le blennie pholis. Voyez BLENNIE. (F. M. D.)

BAVOON (*Mamm.*), nom que les Anglois donnent au papion, espèce de la famille des singes nommés babouins. (F. C.)

BAWANG (*Bot.*), *Caju-bawang*, nom malais d'un arbre d'Amboine, connu aussi dans cette ile sous ceux de *tamalasse* et *tamalussel*. Rumphius le décrit, vol. 2, p. 81, t. 20, sous celui d'*alliaria*, parce que l'écorce, les feuilles, le fruit, et surtout la graine, ont une odeur d'ail très-pénétrante. Cet arbre est élevé, très-rameux, et couvert de feuilles dont la nervure moyenne, rejetée un peu latéralement, rend les deux côtés inégaux. La fleur n'a point été observée. Les fruits, charnus, de la grosseur d'une petite prune, de forme presque sphérique, un peu anguleuse, sont ordinairement simples, quelquefois deux accolés ensemble, rarement trois réunis; ils renferment une seule graine, recouverte d'une coque mince. Cette description imparfaite fait présumer que cet arbre peut appartenir au genre ou du moins à la famille du savonier. Avant que l'on eût introduit à Amboine la culture de l'ail et de l'oignon, le bawang en tenoit lieu dans les assaisonnemens. (J.)

BAXANA. (*Bot.*) Plusieurs auteurs font mention d'un arbre de ce nom, qui croît dans le voisinage d'Ormus, dont le fruit est dans ce lieu un poison très-actif: son ombre est également nuisible. Le mancenillier d'Amérique produit ces deux effets; mais cet arbre ne croît point dans l'Asie. D'ailleurs on ajoute que les feuilles et la racine du baxana sont un bon contre-poison dans d'autres pays. On peut attendre que ces propriétés contraires soient confirmées par de nouvelles observations. (J.)

BAYA (*Bot.*), nom caraïbe du calebassier, *crescentia cujete*. (J.)

BAYA. (*Ornith.*) La loxie, ou gros-bec, qui porte ce nom dans l'Inde, paroît se rapporter au *loxia bengalensis* ou au *loxia philippina* de Linnæus. (Ch. D.)

BAYATTE (*Ichtyol.*), nom donné en Égypte au pimélode bajad, placé précédemment dans le genre des silures. Voyez PIMÉLODE. (F. M. D.)

BAY-BAY. (*Bot.*) Voyez Bai-Bai.

BAY-ROUA (*Bot.*), nom caraïbe du pois doux, qui est, suivant Nicholson, l'inga de Plumier, *mimosa inga.* (J.)

BAZAN. (*Mamm.*), nom que les Persans donnent à un animal de l'ordre des ruminans. Voyez *Pasan* Antilope et *Paseng* Chèvre. (F. C.)

BAZARA (*Bot.*), nom arabe de la pulicaire, *plantago psyllium*, suivant Dalechamps. (J.)

BAZARI CHICHEN (*Bot.*), nom arabe du lin ordinaire, suivant Dalechamps. (J.)

BDELLE (*Entom.*), *Bdella*. Latreille a fait un genre du ciron à longues cornes, de Linnæus, en lui appliquant ce nom, qui est grec, βδέλλα (*bdella*), et qui signifie sangsue. Voyez Ciron. (C. D.)

BDELLIUM (*Bot.*), gomme-résine apportée du Levant et des Indes orientales, produite par un végétal que l'on ne connoît pas encore. Si la substance que nous connoissons sous ce nom est la même que celle dont parlent Dioscoride et Pline, c'est d'un arbre qu'elle découle. On trouve dans Dalechamps et Clusius le dessin du fruit de cet arbre, tel qu'on le leur avoit envoyé ; il ressemble beaucoup à celui du cuci, espèce de palmier, cité sous ce nom dans plusieurs livres anciens, et ayant beaucoup de rapport avec le palmier *doum* d'Égypte, décrit nouvellement par le voyageur naturaliste Delile : cela s'accorderoit avec l'indication de Serapion, auteur arabe, qui dit que le bdellium de *Mecha*, ainsi nommé parce qu'il mûrit en *Mecha*, est un arbre de jonc, doux et bon à manger, ayant le cœur comme les petits palmiers. Pline le décrit autrement; il le dit noir, de la grandeur d'un olivier, ayant les feuilles semblables à celles du chêne, et le fruit comme les figues sauvages. Ces contradictions entre les auteurs laissent une grande incertitude sur l'origine du bdellium. Il est apporté en masses fragiles, de diverses formes, de couleur brune, souvent salies par les débris de plusieurs végétaux. Son odeur est assez suave, sa saveur amère. Il se ramollit aisément entre les doigts et à l'approche du feu. Lorsqu'on le met sous les dents, il s'y attache. Il se dissout en partie dans l'esprit-de-vin, et en plus grande partie dans l'eau. On lui attribue à peu près les mêmes vertus qu'à la myrrhe, qui a cependant beaucoup plus d'amertume. Il est indiqué comme béchique, diurétique, antispasmodique et emménagogue ; mais on ne l'emploie guères maintenant à l'intérieur ; on se contente de l'appliquer extérieurement sur les tumeurs indolentes, qu'il ramollit et dissout. Plusieurs préparations pharmaceutiques dans lesquelles il entre, sont tellement surchargées, que l'on ne peut, d'après leur effet médical, démêler la véritable action du bdellium. (J.)

BEAFFVER (*Mamm.*), nom du castor en suédois. (F.C.)

BEAR (*Mamm.*), nom anglois qui signifie ours. (F.C.)

BEAUMARIS-SHARK. (*Ichtyol.*) Lacépède regarde provisoirement ce squale, observé par Pennant dans la mer du pays de Cornouailles, comme une variété de celui à long nez. Voyez Squalé. (F.M.D.)

BEAUMARQUET. (*Ornith.*) Ce moineau de la côte d'Afrique est le *fringilla elegans*, L. (Ch. D.)

BEAVER (*Mamm.*), nom anglois du castor. (F. C.)

BEBE. (*Ornith.*) Ce nom malais désigne le canard. (Ch. D.)

BÉBÉ (*Ichtyol.*), nom donné en Égypte à une espèce de mormyre qui habite en Égypte vers un endroit nommé Bébé. Voyez Mormyre. (F. M. D.)

BEC (*Zool.*), *Rostrum*, nom particulier à la bouche des oiseaux, et appliqué à quelques autres bouches qui ressemblent à celle-là par la forme ou par la substance.

Nous devons considérer, dans le bec des oiseaux, son organisation, son jeu et ses formes extérieures.

Les os qui composent le bec sont au nombre de six : l'os du bec supérieur, celui du bec inférieur, les os palatins et les os carrés.

L'os du bec supérieur représente plus ou moins exactement une moitié de cône ou de pyramide, dont la face convexe est en dehors et en dessus, et dont la face concave tient lieu de palais.

La base de la face convexe s'unit à l'extrémité de l'os du front, tantôt par une articulation mobile, tantôt en s'y soudant par une lame élastique, de manière que dans tous les cas le bec supérieur se meut plus ou moins sur la tête, au contraire de la mâchoire supérieure des mammifères.

qui est toujours fixe. Les perroquets et les chouettes sont les genres dans lesquels ce bec supérieur est plus complétement mobile; aussi a-t-on cru long-temps qu'ils étoient les seuls où il le fût.

La base palatine de ce même bec supérieur produit quatre prolongemens qui se portent en arrière, en divergeant; deux extérieurs qui répondent aux arcades zygomatiques des quadrupèdes, et deux intermédiaires, que nous appelons arcades palatines, et qui répondent aux apophyses ptérygoïdes. C'est à l'extrémité postérieure de ces prolongemens intermédiaires que s'articulent les os palatins.

L'os carré sert à joindre au crâne ces quatre prolongemens, auxquels il prête un point d'appui; et comme il est lui-même mobile sur le crâne, lorsqu'il décrit un arc en arrière, il entraîne tout le bec supérieur vers le bas, et lorsqu'il en décrit un en avant, il pousse tout le bec supérieur vers le haut.

C'est sur ce même os carré que s'articule et se meut le bec inférieur. On peut le considérer comme une portion séparée et mobile de l'os des tempes : il est le principal organe du mécanisme particulier au bec des oiseaux.

Comme ce bec a plus de mouvemens que les mâchoires des quadrupèdes, il est aussi pourvu de muscles plus nombreux ; on en compte jusqu'à dix paires dans le canard, savoir : trois qui abaissent le bec inférieur, quatre qui le relèvent, deux qui portent l'os carré en avant et qui par conséquent relèvent le bec supérieur, et une qui abaisse ce dernier. Les gallinacés ont quelques muscles de moins que les canards ; le perroquet en a deux de plus pour fermer le bec, mais il en a aussi deux de moins pour l'ouvrir : il est à croire que ces variétés sont peu considérables dans les autres oiseaux.

Les os du bec sont revêtus d'une substance semblable à de la corne, et composés de même, par couches. La dureté de cette substance varie beaucoup : extrême dans les oiseaux qui déchirent leur proie, comme les aigles, les faucons, ou qui brisent des fruits durs, comme les perroquets, les gros-becs, ou enfin dans ceux qui percent les écorces, comme les pics ; elle diminue par degrés dans ceux qui

prennent des nourritures moins solides, ou qui avalent
leurs alimens sans les mâcher ; et elle se change en une
simple peau, presque molle, dans ceux qui ne se nourrissent
que de choses tendres, et surtout dans ceux qui ont besoin
de sensibilité pour aller chercher leur nourriture dans la
vase ou au fond des eaux, comme les canards, les courlis,
les bécasses, etc.

Divers oiseaux, et notamment ceux de proie et quelques
gallinacés, ont la base du bec couverte d'une peau molle,
nommée cire, et le reste revêtu de corne à l'ordinaire.
On ne connoît point l'effet ou l'usage de cette disposition.

La forme du bec n'est pas moins importante à considérer
que ses tégumens ; elle détermine l'espèce de nourriture de
l'animal, et influe par là sur la totalité de ses habitudes :
aussi doit-on surtout avoir égard au bec dans la formation
des genres des oiseaux. Toutes choses égales d'ailleurs, un
bec court est plus fort qu'un bec long ; un épais, plus qu'un
mince ; un solide, plus qu'un flexible : mais la forme générale fait varier à l'infini l'application de la force.

Un bec comprimé, à bords tranchans, à pointe formant
un crochet aigu, caractérise les oiseaux qui vivent de proie :
soit d'oiseaux et de petits quadrupèdes, comme les oiseaux
de proie proprement dits ; soit de poissons, comme les fré-
gattes, les albatrosses, les pétrels, etc. Les premiers ont
le bec plus court ; de là leur plus grande force proportion-
nelle. Une dent de chaque côté ajoute beaucoup à la force
d'un tel bec ; c'est pourquoi les faucons, cresserelles et ho-
bereaux, passent pour des oiseaux nobles et plus courageux
que les oiseaux de proie qui n'ont pas cette dent. Les pics-
grièches, qui en sont pourvues, ne le cèdent guères en
courage aux oiseaux de proie ordinaires, malgré leur petitesse
et la foiblesse de leurs ailes et de leurs pieds. Lorsque le
bec crochu s'amincit, il s'approche du bec en couteau, propre
aux demi-oiseaux de proie, aux oiseaux lâches et voraces,
aux corbeaux, corneilles, pies. Le milan, qui a un de ces becs
crochus, amincis, s'approche plus des corbeaux, par ses
mœurs, que des vrais oiseaux de proie. Le bec en couteau
annonce des mœurs semblables dans les oiseaux d'eau : les
goëlands, mouettes, etc., en sont la preuve.

Une autre espèce de bec, fort et tranchant, mais d'une forme allongée et sans crochet, sert à couper et à briser, et non à déchirer ; c'est celui des oiseaux qui vont chercher dans les eaux des animaux de résistance, comme reptiles, poissons, etc. Il y a de ces becs absolument droits, comme dans les hérons, les cigognes, les fous ; il y en a de courbés vers le bas, comme dans les tantales, ou vers le haut, comme dans les jabirus.

Certains becs tranchans ont leurs côtés tellement rapprochés qu'ils ressemblent à des lames de couteaux, et ne peuvent servir qu'à saisir de petites choses pour les avaler promptement : tels ils sont dans les pingoins et autres alques ; dans les macareux (où le bec a de plus la singularité d'être aussi haut que long) ; dans les becs-en-ciseaux, où l'on remarque cette autre singularité, que la mandibule supérieure est plus courte que l'autre, de manière que l'oiseau ne peut saisir qu'en effleurant l'eau et en poussant les objets en avant de lui.

Il y a enfin des becs tranchans qui sont aplatis horizontalement ; ils servent à saisir des poissons, des reptiles et d'autres objets de grandes dimensions. Le savacou a un tel bec, qui même est armé de dents à ses côtés. Quelques gobes - mouches et quelques todiers approchent assez, en petit, de cette forme.

Parmi les becs non tranchans on doit remarquer d'abord ceux qui sont aplatis horizontalement. Lorsqu'ils sont longs et forts, comme dans le pélican, ils servent à avaler une forte proie, mais de peu de résistance, comme des poissons : longs et foibles, comme dans la spatule, où l'extrémité s'élargit et mérite ce nom à l'oiseau, ils ne servent qu'à palper, dans la vase ou dans l'eau, de très-petits objets.

Les becs plus ou moins aplatis des canards, ceux plus coniques des oies et des cignes, et celui du flamand, dont la mandibule inférieure est ployée en longueur et la supérieure en travers, ont tous des lames transversales rangées le long de leurs bords, qui, lorsque l'oiseau a saisi quelque chose dans l'eau, laisse écouler l'eau superflue. Aussi tous ces oiseaux sont-ils aquatiques. Dans les harles, genre d'ailleurs voisin des canards, ces lames se changent en pe-

tites dents coniques, qui servent très-bien à retenir les poissons, dont les harles détruisent un grand nombre.

D'une toute autre nature sont les becs, longs, minces,
foibles et tendres par le bout, des oiseaux qui sondent la
vase et les bords des eaux dormantes. Les bécasses les ont droits:
les courlis, recourbés vers le bas : les avocettes et quelques
barges, vers le haut. Des oiseaux voisins, les pluviers et les
vanneaux font un usage à peu près pareil, mais dans la
terre seulement, d'un bec droit, court, ferme et renflé
par le bout.

Les becs des toucans et des calaos sont remarquables par
leur excessive grandeur, qui égale quelquefois celle de
l'oiseau. La substance osseuse de ces becs n'est qu'une cel-
lulosité extrêmement légère, sans quoi ils auroient détruit
tout équilibre dans le vol : la corne qui les revêt est elle-
même si mince qu'elle se dentelle irrégulièrement sur les
bords, par l'usage que l'oiseau en fait. Les calaos ont encore
sur leur énorme bec des proéminences de même substance
et de formes variées, dont l'utilité est inconnue : le plus
remarquable à cet égard est le calao rhinocéros, qui semble
avoir deux énormes becs l'un sur l'autre. Les couroucous,
les toucans, les musophages, les barbus, les tamatias, les
barbicans, tiennent une sorte de milieu entre les grands et
foibles becs des toucans, et le bec renflé, dur et gros, des
perroquets : celui-ci est très-robuste, et l'oiseau s'en sert
pour grimper, comme d'un troisième pied.

D'autres grimpeurs, les pics, ont un bec prismatique,
long, fort et terminé par une compression, qui leur sert à
fendre et à percer les écorces des arbres. Celui des martins-
pêcheurs est presque pareil; mais, beaucoup plus long proportionnellement à l'oiseau, il ne pourroit servir au même
usage : la langue, qui est fort importante pour déterminer
l'emploi du bec, est d'ailleurs toute différente.

Le bec court, conique et voûté, des gallinacés, ne leur
sert qu'à avaler le grain si rapidement que beaucoup de
petits cailloux passent en même temps.

Les petits oiseaux nous offrent toutes les nuances de la
forme conique, depuis le cône à base large des gros-becs,
jusqu'au cône presque en forme de fil des oiseaux-mouches

et des colibris; et chacune de ces formes à la même influence que dans les grands oiseaux.

Les oiseaux à bec court et fort vivent de graines ; ceux à bec long et mince, d'insectes. Si ce foible bec est court, plat et fendu très-avant, comme dans les hirondelles et les engoulevens, l'oiseau engloutit, en volant, les mouches et les papillons ; s'il est long et arqué, et qu'il conserve quelque force, comme dans les huppes, il ira fouiller la terre et les fumiers pour y chercher des vers ; la langue tubuleuse et allongeable du colibri lui permettra de faire usage du sien pour sucer le miel dans le calice des fleurs.

De tous les becs le plus extraordinaire sans doute est celui du bec croisé, où les pointes des deux mandibules se dépassent et se croisent ; car cette disposition semble directement contraire à la destination naturelle de tout bec : cependant l'oiseau trouve encore moyen de l'employer pour arracher les graines des cônes des sapins ; aussi est-il réduit à cette nourriture. (C.)

BEC. (*Ornith.*) Cet organe, qui répond chez les oiseaux à la bouche de l'homme, à la gueule des mammifères, aux mâchoires des insectes, aux suçoirs des vers et des zoophytes, ne leur ressemble en rien par son organisation. Il est formé de deux mandibules cornées, posées l'une sur l'autre, qui renferment la langue et sont percées de deux narines.

Les oiseaux n'ont ni lèvres ni dents, et la mastication leur manque ; le bec, qui ne peut broyer les alimens, ne leur sert qu'à les saisir et à les diviser : ils avalent les graines entières ou à demi-concassées, et ne pourroient conséquemment digérer ni se nourrir, si leur estomac eût été conformé comme celui des animaux qui ont des dents ; mais la nature les a pourvus d'un jabot garni d'une multitude de glandes, dont la liqueur humecte les alimens, et d'un gésier revêtu de muscles épais et forts, qui les triturent.

Le bec ne fait pas seulement les fonctions de bouche chez les oiseaux ; à l'exception de quelques espèces qui se servent de leurs pieds pour saisir et tenir les objets, comme les perroquets, cet organe leur tient aussi lieu de mains : c'est avec le bec qu'ils ramassent les matériaux nécessaires

à la composition de leur nid, qu'ils les arrangent, et c'est
encore avec lui qu'ils attaquent ou se défendent. C'est aussi
à l'aide d'une proéminence osseuse et conique, portée sur
son bec, que l'oiseau près de naître fait des sillons à la
coque qui le renferme et parvient à la rompre ; mais ce
tubercule rostral, n'ayant pas d'autre destination, tombe
lorsque le poussin est éclos.

Les narines des oiseaux sont percées dans le bec : elles
ne sont pas munies à l'extérieur de cartilages mobiles
ni de muscles ; l'ouverture en est seulement rétrécie par
des productions plus ou moins considérables de la peau qui
revêt le bec. La base du bec est couverte dans plusieurs
oiseaux, et surtout chez les accipitres, d'une membrane
qu'on appelle cire, et qui est colorée tantôt en jaune,
tantôt en bleu ou en blanc. Quelquefois le bec se prolonge sur le front en une sorte de corne ou de casque ,
comme dans les calaos, la pintade : souvent il est garni de
soies plus ou moins rudes , et dirigées de différentes manières.

Les proportions dans la longueur du bec peuvent, jusqu'à un certain point, donner une idée du caractère in-
tellectuel des oiseaux. Ceux chez lesquels il est le plus
long, comme la grue, la bécasse, sont les moins intelligens ; de même que chez les mammifères ceux dont le
museau est le plus allongé, sont les plus stupides.

On peut en général tirer aussi de la forme et de la
solidité du bec des indices sur les alimens dont se nourrissent les oiseaux ; et quoique Buffon observe à cet égard
que le bec crochu n'est pas un signe certain d'un appétit
décidé pour la chair, ni un instrument fait exprès pour
la déchirer, et qu'il cite à l'appui de cette assertion le
bec crochu des perroquets et d'autres oiseaux qui semblent
préférer les fruits et les graines à la chair, on ne peut se
dissimuler que ces cas ne soient plutôt des exceptions à la
règle qu'une preuve capable de la détruire. Malgré le respect dû à ce grand naturaliste, on ne peut guères s'arrêter à
un autre fait par lui opposé aux gens amoureux des causes
finales. Si, comme il l'observe, les oiseaux qui paroissent ne
vivre que de graines ont néanmoins été nourris dans le

premier âge par leurs pères et mères avec des insectes, c'est parce que la foiblesse de l'instrument ne le rendoit pas encore propre aux usages auxquels la nature l'a destiné.

Les variations qu'on remarque dans la forme des mandibules se trouvent presque toujours en concordance avec la nourriture habituelle des oiseaux parvenus à l'âge de puberté. A quoi en effet l'éminence osseuse qui se trouve au-dedans de la mandibule supérieure des bruans leur seroit-elle utile, s'ils ne vivoient de graines, qu'elle les aide à briser ? La dentelure du bec des harles ne leur sert-elle pas visiblement à retenir les poissons glissans et écailleux, qui sans cela s'échapperoient de leurs foibles et étroites mandibules ? Le crochet par lequel est terminée la mandibule supérieure des oiseaux plongeurs qui enlèvent le poisson, n'est-il point destiné à retenir leur proie ? Et si l'albatros a en outre la mandibule inférieure tronquée, n'est-ce pas pour faciliter à la mandibule supérieure, qui s'y adapte, le moyen de se fixer plus fortement ? Enfin, la singulière construction de celles du bec-croisé n'annonce-t-elle pas évidemment un oiseau qui se nourrit des graines du pin, et doit pouvoir en conséquence désunir les écailles du cône dans lequel elles sont renfermées ?

En considérant dans le bec sa direction, l'on trouve qu'il est droit dans le héron, légèrement fléchi dans le corbeau, un peu crochu dans les gallinacés, et beaucoup plus dans les accipitres ; courbé en arc dans le courlis, recourbé en haut dans l'avocette, comme brisé en son milieu dans le flamant.

Si l'on examine sa figure, on voit qu'il est conique dans le moineau ; aigu à la pointe, dans le chardonneret ; obtus, dans le todier ; cunéiforme, dans le pic ; cylindrique, dans la bécasse ; filiforme, dans l'oiseau-mouche ; triangulaire, dans l'alcyon ; rhomboïdal, dans le pique-bœuf ; aplati horizontalement, dans le canard ; en forme de cuiller, dans le savacou, et de spatule, dans l'oiseau ainsi nommé ; comprimé latéralement, dans le macareux ; muni d'un crochet à la pointe, dans le pélican, la frégate, l'albatros, etc.

Quant à sa surface, le bec est lisse dans les petits oi-

seaux granivores ; creusé longitudinalement à la partie supérieure, dans les hérons ; rugueux, dans le pétrel ; tuber-
culé, dans plusieurs canards.

Relativement à la substance dont il est formé, le bec
est dur dans les granivores et beaucoup d'autres oiseaux,
flexible dans les bécasses, celluleux dans les toucans.

Les mandibules offrent aussi entre elles des différences.
Tantôt elles sont d'une longueur égale, comme dans les
corbeaux ; tantôt la mandibule supérieure est plus longue,
comme dans les accipitres ; tantôt aussi elle est plus courte,
comme dans le bec-en-ciseaux, où elle a une rainure pour
recevoir l'inférieure à la manière d'un rasoir ; tantôt enfin
elle est recouverte par un fourreau mobile et semblable à
de la corne, comme dans le bec-à-fourreau. Les mandibules
ont leurs bords échancrés, dans les pies-grièches ; dentés,
dans les faucons ; crénelés en scie, dans les toucans ; pec-
tinés, dans les canards. Leur ouverture, assez petite dans
plusieurs oiseaux, est fort grande dans les barbus, et
encore plus dans l'hirondelle, l'engoulevent.

Les différentes considérations qui viennent d'être exposées ont fourni aux naturalistes les principaux caractères
d'après lesquels ils ont distribué les oiseaux en genres,
pour faciliter la connoissance des espèces. Voyez ORNI-
THOLOGIE. (Ch. D.)

BEC (*Entom.*), *Rostrum*, dans les insectes. Ce nom est
pris sous plusieurs sens par les entomologistes. En général il signifie une avance cornée de la tête : ainsi on dit
que les charançons ont un bec, pour indiquer que leur
tête est prolongée en une sorte de museau. L'avance singulière que fait le front dans les truxales et quelques sauterelles a reçu aussi le nom de bec ; plusieurs diptères,
comme les cénogastres, les rhingies, portent aussi une
avance cornée à la tête, à laquelle cette dénomination a
encore été donnée : mais on entend plus particulièrement
par ce mot de bec l'espèce de suçoir qui fait le caractère
de l'ordre des hémiptères.

C'est un tube composé de plusieurs pièces articulées et
contenant des soies fines et aiguës, le plus ordinairement
au nombre de trois. Tantôt il paroît naitre de l'extrémité

du front, comme dans les punaises aquatiques et terrestres de Linnæus, dont nous avons fait les deux familles des rhinostomes et des hydrocorées; tantôt ce bec paroît avoir son origine vers l'insertion de la tête sur le corselet, comme dans les cigales de Linnæus, dont nous avons fait la famille des collirostres, et dans les pucerons, qui, avec les thrips, les aleyrodes, prennent le nom de phytadelges.

Au premier aperçu, et sans détruire le bec, on ne peut observer la forme et le nombre des soies qu'il renferme; mais on remarque qu'il n'est jamais accompagné de palpes, ce qui est un caractère frappant pour le distinguer des autres bouches d'insectes. Tantôt la gaîne ne paroît formée que d'un seul article, comme dans la corise, les cochenilles; tantôt de deux, comme dans la naucore; le plus souvent de trois, comme dans la punaise; quelquefois de quatre, comme dans les lygées; beaucoup plus rarement de cinq, comme dans les pentatomes. En général l'article de la base est plus large : ceux qui viennent ensuite diminuent successivement de grosseur, de manière à représenter un cône, aplati le plus ordinairement, mais arqué et cylindrique dans les réduves et les nèpes.

Dans l'état de repos ce bec est très-souvent plié sous le ventre entre les pattes; mais alors il se relève presque à la perpendiculaire sur le corps, quand l'insecte s'en sert pour sucer. Cet instrument réunit en même temps les propriétés du siphon et du tube capillaire; il est garni d'une arme qui le fait pénétrer, et qui tient lieu d'aiguille ou de lancette.

On observe le plus ordinairement, du côté du ventre ou en dessus, une rainure sur la partie du bec qui en forme la gaîne. C'est dans cette rainure que sont logés les instrumens dont nous venons de parler. On peut facilement les observer, dans les grandes punaises, en passant une épingle dans cette rainure et en soulevant ce qui y est placé. Au premier aperçu, et quand l'œil n'est point armé d'une loupe, on croiroit que le filet qu'on retire de la cannelure est unique; mais on peut facilement le diviser sur sa longueur en trois filets qui n'étoient que juxta-apposés. Deux d'entre eux sont canaliculés, et forment une sorte de gaîne secondaire au troisième, qui est cylindrique et d'une finesse extrême.

Chacune de ces soies est attachée à un muscle qui en enveloppe la base, et qui peut les faire agir séparément les unes sur les autres. Celle du milieu se termine par une pointe extrêmement acérée ; elle est plus longue ou peut s'allonger davantage, et paroît destinée à faire la première plaie : les deux autres sont un peu moins acérées ; elles paroissent lui tenir lieu de gaîne. C'est par le mouvement de la pièce intermédiaire, et dans le conduit que forment les deux latérales, que montent dans l'œsophage les humeurs de la plante ou de l'animal que suce l'insecte hémiptère. (C. D.)

BEC-D'ARGENT. (*Ornith.*) Cet oiseau de la Guiane est le tangara pourpré de Buffon, et le cardinal pourpré de Brisson, *tamagra jacapa*, L. (Ch. D.)

BEC-D'ASSE (*Ornith.*), ancien nom de la bécasse, suivant Cotgrave. (Ch. D.)

BEC-DE-CIRE (*Ornith.*), traduction françoise du mot anglois *wax-bill*, qu'Edwards a donné au sénégali rayé, *loxia astrild*, L., parce que son bec est d'un rouge de laque ou de cire d'Espagne. (Ch. D.)

BEC-EN-CISEAUX. (*Ornith.*) Cet oiseau a reçu divers noms, tirés de la forme de ses mandibules, qui ressemblent à des ciseaux, ou plutôt à un rasoir. Barrère lui a donné celui de *rygchopsalia*, qui, malgré sa construction irrégulière, a été adopté par Brisson. Linnæus et Latham l'ont appelé *rynchops* ; mais en abrégeant ainsi le mot, ils en ont dénaturé l'origine, et l'on ne peut plus y trouver l'expression caractéristique de ciseaux ou de rasoir. Le *rhynchos* des Grecs est d'ailleurs un terme impropre pour désigner le bec des oiseaux, auquel le mot *ramphos* est spécialement consacré ; et *psalidoramphos, psalidoramphe*, exprimeroit plus exactement bec en rasoir. Si l'inégalité très-remarquable des mandibules paroissoit devoir être préférée à leur jeu, pour fournir le type du nom de l'oiseau, on pourroit aussi l'appeler *anisoramphe*, et ce terme seroit moins dur à l'oreille.

Les caractères génériques du bec-en-ciseaux sont d'avoir

le bec droit, sans dentelures, entièrement aplati par les côtés : la mandibule supérieure beaucoup plus courte, terminée en une pointe mousse, et présentant une rainure dans laquelle entre la mandibule inférieure, qui n'a qu'un seul tranchant et dont l'extrémité est tronquée ; les narines linéaires entièrement percées ; les trois doigts antérieurs joints ensemble par des membranes entières, le postérieur séparé et fort court.

Buffon, et d'après lui Sonnini (Nouv. Dict. d'hist. nat.), ont commis une erreur en supposant la mandibule inférieure creusée, tandis qu'elle est reçue entre les deux tranchans de la mandibule supérieure, qu'elle dépasse d'environ un pouce. C'est donc la lame qui est plus longue et la gaîne plus courte, et la comparaison de ce bec avec le rasoir ne peut être établie que dans un sens inverse, tant pour la situation des parties dont ils sont composés, que pour leur longueur respective. Avec cet instrument l'oiseau ne peut ni mordre de côté, ni becqueter ou ramasser devant soi, et c'est en faisant une fausse application du bec-de-hache de Lepage du Pratz (Hist. de la Louisiane, t. 2, p. 117), que Linnæus et d'autres auteurs après lui ont supposé qu'il mangeoit des huîtres et d'autres coquillages. Le bec-de-hache est évidemment l'huîtrier ou pie-de-mer, *hæmatopus ostralegus*, L., et le bec-en-ciseaux ne vit que de petits poissons, qu'il pêche dans les endroits où l'eau de la mer est fort basse. Malgré la longueur de ses ailes, son vol est lent pour lui donner le temps de discerner sa proie, dont il suit avec agilité la trace oblique et tortueuse. Quoiqu'il ait les pieds palmés, il nage rarement ; sillonnant sans cesse la surface de l'eau, avec la partie inférieure de son bec il saisit adroitement sa proie au passage et la serre entre ses deux mandibules, et c'est ce singulier et presque continuel exercice qui lui a fait donner le nom de coupeur d'eau.

On ne connoit qu'une espèce de ce genre, le bec-en-ciseaux noir, *rynchops nigra*, L., pl. enl. Buff. n.° 357. Il est de la taille de la petite mouette cendrée ; sa longueur est d'environ vingt pouces ; il a trois pieds huit pouces de vol, et ses ailes, lorsqu'elles sont pliées, excèdent la queue de

trois pouces. Le front, la gorge et le dessous du corps,
sont blancs ; le sommet de la tête et toutes les parties supérieures sont d'un brun noirâtre. Les grandes couvertures des ailes ont la bordure blanche, ce qui forme un
trait latéral de cette couleur. La queue est fourchue, et les
pennes extérieures sont variées de brun sur un fond blanc.
Le bec, rouge à son origine, est brun dans le reste de sa
longueur. Les pieds sont rouges et les ongles noirs.

La femelle ne diffère pas du mâle, selon Catesby ; cependant on voit beaucoup d'individus simplement bruns, et
cette couleur affoiblie sembleroit devoir être le partage
des femelles. Barrére en a aussi observé à la Guiane, dont
le corps étoit fauve et le bec entièrement noir ; mais
comme du reste ils ressembloient parfaitement aux premiers, dont ils avoient aussi la taille, ce n'est sans doute
qu'une variété ou même une différence d'âge. Linnæus a
cru cependant devoir caractériser cette différence par le
nom spécifique de *rynchops fulva.*

Ces oiseaux fréquentent les côtes de l'Amérique depuis
la Caroline jusqu'à la Guiane, où ils sont plus nombreux.
Ils paroissent en troupes, et, presque toujours au vol, ils
ne s'abattent sur les vases que pour se reposer. Ils nichent
sur les écueils.

Petiver a donné, dans ses additions au Synopsis avium de
Ray, la notice d'un bec-à-ciseaux, faite d'après un dessin
envoyé de Madras ; et c'est pour cela vraisemblablement
que Latham a indiqué l'Asie comme une contrée dans laquelle cet oiseau habite : mais Buffon n'a pas la même
confiance dans un dessin qui a pu être fait ailleurs. Cependant il n'a peut-être pas assez réfléchi sur la circonstance
que l'oiseau a un nom malabare, et qu'on l'appelle dans ce
pays *coddel cauka* et *sammoodra cauky.* Le même naturaliste
pense aussi que les coupeurs d'eau dont il est souvent
parlé dans les Voyages du capitaine Cook, et qui se rencontrent aux plus hautes latitudes, sont des pétrels. (Ch. D.)

BEC-DE-CORNE. (*Ornith.*) On a donné ce nom aux
calaos, et l'on trouve désigné, dans le Nouveau Dictionnaire d'histoire naturelle, sous la dénomination de bec-de-
corne bâtard, un oiseau de la Nouvelle-Hollande dont

Latham a formé le genre Scytrops. Ce dernier oiseau a été décrit par Virey, dans ses Additions à l'Hist. nat. de Buffon, sous le nom de perroquet-calao, à cause des rapports que cet oiseau présente dans sa conformation avec les calaos et les perroquets. (Ch. D.)

BEC-COURBÉ. (*Ornith.*) Voyez Avocette.

BEC-CROCHE. (*Ornith.*) Lepage du Pratz appelle ainsi un oiseau de la taille d'un chapon, dont le bec est crochu et le plumage gris-blanc. Cette description, trop peu détaillée, pourroit s'appliquer à un harle, si l'on n'annonçoit pas que l'oiseau se nourrit d'écrevisses. Mais l'auteur ne rend-il pas lui-même son assertion bien douteuse, en ajoutant que la chair du bec-croche est rouge, comme si cette couleur n'étoit pas chez les écrevisses le résultat de leur cuisson et de leur immersion dans une liqueur acide? Il est vrai, d'une autre part, que Lepage cite séparément le harle sous la dénomination de bec-scie; mais il rapporte, comme un ouï-dire, à l'occasion de ce dernier oiseau, qu'il ne vit que de chevrettes, dont il casse facilement les tendres écailles. Cette erreur explique la première; et comme les deux dénominations, tirées de la forme du bec, sont applicables au même oiseau, il n'y a vraisemblablement ici qu'un double emploi de nomenclature. (Ch. D.)

BEC-CROISÉ (*Ornith.*), *Crucirostra.* Cet oiseau, de la famille des passereaux, a été rangé par Linnæus et Latham dans le genre Gros-bec ou Loxie, *Loxia.* Une tête grosse, un cou très-court, une poitrine large, une tournure lourde, le rapprochent en effet du gros-bec, dont il a d'ailleurs le naturel et les appétits; mais son bec offre une particularité assez remarquable pour motiver l'établissement d'un genre particulier, comme l'a déjà fait Daudin. Les mandibules, courbées en sens opposé, sont croisées l'une sur l'autre, tantôt à droite, tantôt à gauche, selon l'habitude prise dans la première jeunesse, et sans qu'on doive en rechercher d'autre cause que celle qui détermine accidentellement chez les hommes l'emploi primitif de l'une ou de l'autre des deux mains : ces mandibules sont susceptibles d'un excès d'accroissement dans certains individus. Les narines sont petites et couvertes de soies d'un gris brun.

Si la dénomination de bec-croisé n'étoit pas consacrée par un ancien usage, et devenue en quelque sorte populaire, on auroit pu lui substituer celle de *chiasoramphe*, dérivée de χιάσο (chiaso), je croise, et de ράμφος (ramphos), bec ; mais il auroit été difficile d'habituer les oreilles à ce changement, et l'on n'a appliqué des noms ainsi formés qu'à des oiseaux moins connus.

Peu d'oiseaux offrent, suivant l'âge, les saisons et le sexe, des variations aussi grandes dans la couleur du plumage, et il en est résulté beaucoup d'incertitudes pour la détermination des espèces. Les naturalistes paroissent néanmoins d'accord sur l'existence d'une espèce particulière en Amérique ; mais il n'en est pas de même relativement au grand bec-croisé d'Europe : sans prononcer sur ce point, on se bornera à donner les descriptions et à rapprocher les faits qui pourront l'éclaircir.

BEC-CROISÉ VULGAIRE, *Crucirostra vulgaris*, Daud.; *Loxia curvirostra*, Linn. Cette espèce, à peu près de la taille du bouvreuil, a six pouces huit lignes de longueur ; ses ailes déployées ont dix pouces, et elles vont jusqu'à la moitié de la queue, dont la longueur est de deux pouces quatre lignes. Le bec a un pouce de long ; sa couleur est d'un brun de corne, ainsi que celle des pieds. Les narines, de forme ronde, sont recouvertes de plumes ; l'iris est brun ; les ongles, aigus et très-forts, sont noirs ; le doigt de derrière a neuf lignes, et celui du milieu, treize.

Telles sont les parties non variables de l'oiseau : quant aux couleurs, voici les changemens qu'elles éprouvent.

Le jeune mâle, qui est d'un brun gris avec un peu de jaune en quelques endroits, devient, lorsqu'il perd ses plumes pour la première fois, d'un rouge clair sur les parties inférieures, et plus foncé au-dessus, à l'exception des pennes des ailes et de la queue, qui sont noirâtres. Ce changement a ordinairement lieu dans les mois d'Avril et de Mai. A la seconde mue la couleur devient d'un vert jaunâtre, et c'est celle que l'oiseau conserve. Les becs-croisés rouges sont donc des jeunes mâles de l'année.

Les femelles sont, ou entièrement grises, ou tachetées d'un peu de vert à la tête, à la poitrine et au croupion. Quelquefois elles sont irrégulièrement bigarrées de ces couleurs ; mais ces différences sont les seules qu'on observe chez elles.

Les vieux mâles ont le front gris et les joues de la même couleur avec une teinte jaunâtre. Le sommet de la tête est d'un jaune vert ; le dos et les plumes scapulaires sont d'un vert mélangé de teintes noires, comme dans le tarin ; les plumes uropygiales, d'un jaune brillant. La poitrine et le ventre sont jaunâtres ; les plumes anales d'un gris blanc, celles des cuisses grises : mais le fond du plumage étant un gris foncé, et les couleurs jaunes et vertes n'occupant que l'extrémité des plumes, le moindre dérangement fait paroître l'oiseau tacheté.

Les pennes des ailes et de la queue restent noirâtres, comme dans les individus plus jeunes, avec une petite bordure verte. Les grandes et les moyennes couvertures des ailes forment deux bandes d'un blanc jaunâtre à leur extrémité.

Les becs-croisés gris ou tachetés sont donc des jeunes : ceux dont la couleur dominante est un rouge clair, ont un an et viennent de muer : les becs-croisés d'un rouge de carmin vont bientôt muer pour la seconde fois ; c'est dans cet état que l'oiseau se trouve peint dans la 218.ᵉ pl. enl. de Buffon. Les individus tachetés de rouge et de jaune sont au moment de leur seconde mue, et quand elle est terminée, ils prennent la livrée jaune et verte qu'offre la planche 167 de Lewin.

Comme tous les becs-croisés ne font pas leur nid dans la même saison, mais depuis le commencement de l'hiver jusqu'au printemps, la mue s'opère à différentes époques chez les divers individus, et c'est pour cela qu'on en trouve dans le même temps de plumages si variés. L'habit rouge qu'ils portent pendant un an est ce qui les distingue plus spécialement des autres oiseaux ; mais lorsqu'on en élève, on observe de l'analogie, relativement à cette couleur, entre eux et la linotte, chez laquelle elle n'est pas plus durable : les jeunes ne la prennent pas en cage à leur seconde année, et ils restent entièrement gris, ou passent tout de suite au jaune verdâtre des individus qui en liberté ont mué deux fois.

Cet oiseau est très-répandu dans le nord de l'Europe,

où il se plaît surtout dans les forêts obscures d'arbres conifères ; il n'habite que les hautes montagnes dans les pays
tempérés. On en a rapporté du Groenland, et il se trouve
également dans les parties froides de l'Asie. Quant à l'Amérique, les individus y paroissent être d'une espèce particulière, quoiqu'ils ne diffèrent du nôtre que par une taille
un peu plus petite , et par deux raies blanches transversales aux ailes, où même, suivant Bechstein , la place en
est indiquée sur celui - ci.

Le bec-croisé d'Europe n'est sédentaire pendant toute
l'année dans les mêmes endroits de l'Allemagne, de la
Pologne, de la Suède, que pendant les années où les graines de pin et de sapin, dont il se nourrit, sont très-abondantes ; mais quand ces graines manquent , il fait en été
des incursions particulières dans les bois les mieux four-
nis. Ces émigrations s'étendent même accidentellement à
des pays moins froids, et peut-être ne sont-elles dues qu'à
l'intempérie des saisons, qui , dans certaines années, fait
avorter ou détruit les fruits conifères. En 1791 on en a
vu dans presque toutes les parties de l'Angleterre , et il
en est resté, depuis le mois de Juillet jusqu'au mois de
Septembre, dans les forêts de sapin du comté de Kent.
Il en est aussi venu, il y a peu d'années, une troupe considérable dans les environs du Havre, où ils ont fait beaucoup de tort aux fruits, et surtout aux pommes, qu'ils
déchiroient pour en enlever les pepins.

Le bec-croisé se sert très-adroitement de ses mandibules crochues pour désunir les écailles des cônes du pin ; il
place pour cet effet le crochet inférieur de son bec au-
dessous de l'écaille qui recouvre le fruit, et après l'avoir
soulevée, il l'écarte avec le crochet supérieur. Lewin dit
qu'après avoir détaché de l'arbre les pommes de pin , il
les tient d'une patte, comme les perroquets, pour les porter à son bec : mais Bechstein soutient qu'il ne fait pas
tomber les fruits pour les éplucher ensuite par terre ; que
ce sont les jeunes qui semblent prendre plaisir à cet exercice, et qu'en général les vieux s'accrochent aux fruits,
qu'ils harponnent avec les pattes, et autour desquels ils
montent et descendent, à la manière des sittelles. Quand

les cônes sont tombés, ils montent également dessus,
comme les autres oiseaux, avec une ou avec les deux pattes,
mais sans les tenir dans une seule serre ; et lorsque,
parvenues à leur maturité, les graines ont quitté le cône
d'elles-mêmes, ils les cherchent par terre une à une. Les
graines de pin et de sapin ne forment pas seules la nourriture de ces oiseaux, qui en mangent aussi les bourgeons et
les fleurs, et même, au besoin, les fruits de l'aune, du
sorbier, du genévrier.

Ces oiseaux, auxquels le bec est fort utile pour se main-
tenir à l'extrémité des branches, ne descendent à terre
que lorsqu'ils veulent boire ou chercher les graines sorties
de leur enveloppe ; ils se plaisent sur la cime des arbres, où
ils répètent avec vivacité les sons *guip*, *guip*, *guip*, *guip*,
et l'on a remarqué qu'un individu perché sur la cime la
plus élevée donnoit ainsi une sorte de signal à la troupe
lorsqu'il vouloit partir. Dans les momens où ils sont gais
et dispos, leur corps éprouve un trémoussement, et ils
font entendre un chant ou cri peu mélodieux, qui s'exprimeroit assez bien par *keitz* ou *kreutz*.

L'hiver est pour les becs-croisés la saison des amours. Ils
ne font qu'une seule couvée par an ; mais les uns en Janvier et Décembre, les autres dans les mois de Février,
Mars et même quelquefois d'Avril. On ne connoît pas les
causes de cette variation ; et tout ce qu'on a observé en
Thuringe, où ils sont très-communs, c'est que dans les années où la nidification retarde, ils arrivent aussi plus tard,
et qu'il y a moins de graines de pin. Le nid, que l'oiseau
place entre les plus hautes branches des arbres, est composé de mousse et de lichen, posés sur une couche de petites bûchettes. Des naturalistes prétendent qu'il est garni
de résine pour empêcher l'humidité d'y pénétrer ; mais
Bechstein nie ce fait. La femelle y pond trois à cinq œufs
presque ronds, de la grosseur d'une noisette et d'un gris
blanchâtre, avec des taches et de petites raies rouges vers
le plus gros bout. Après une incubation de quatorze jours,
les petits naissent couverts d'un léger duvet jaune. Suivant
Buffon, ils tiennent le bec toujours ouvert, tant qu'ils sont
dans l'âge de recevoir la becquée ; ce qui est peu vraisem-

blable. Au bout d'un mois ils sont en état de prendre l'essor.

Il existe plusieurs rapports entre le bec-croisé et le gros-bec. Aussi peu rusé que celui-ci, le premier se laisse approcher et tirer sans fuir; et les oiseaux de proie, surtout les éperviers, en font aisément leur victime. Au printemps et en automne on les chasse à l'appeau : on se sert pour cela d'une grosse perche, au haut de laquelle on met de forts gluaux, et que l'on plante dans une clairière. On les prend aussi aux filets. Mais ceux qui leur ont attribué assez de stupidité pour se laisser prendre à la main, n'ont-ils pas jugé de la race entière par l'état dans lequel ils ont trouvé les individus languissans que la disette a chassés de leur climat natal?

Quoique la chair de cet oiseau ait un goût aromatique, elle est mangeable en été et d'assez facile digestion.

Il vit plusieurs années en captivité sans témoigner d'impatience. On l'y nourrit avec du chènevis, du millet, de la navette, du genièvre. Bechstein dit qu'il ne mange jamais d'insectes et qu'il ne touche que difficilement à un ver de farine; mais, suivant Schœnberg Anderson, après avoir ôté la tête des vers qu'on lui présente, il avale le reste du corps. Il se sert de son bec pour monter sur les bâtons de sa cage ou autour des grilles dont elle est fermée. On parvient même assez aisément à le priver ; mais il est sujet à plusieurs maladies, telles que l'épilepsie, l'apoplexie, et il ne vit guères plus de quatre années.

Le Bec-croisé roussâtre, *Loxia rufescens*, Briss., et le *Loxia pyrenaica*, Barr., ne sont que des variétés de cette espèce; mais la question mérite d'être examinée à l'égard du grand bec-croisé, *crucirostra major*, que le professeur Otto a décrit comme une espèce particulière. Cet oiseau, de la taille du jaseur de Bohême, se trouve dans le nord de l'Allemagne. Son bec, beaucoup plus fort, plus convexe et plus court que celui du bec-croisé vulgaire, a la mandibule supérieure plus courbée ; mais l'inférieure ne la dépasse point, circonstance d'où l'on seroit en droit de conclure l'absence du caractère générique, si, par une sorte de contradiction, on ne lisoit dans la même descrip-

.tion que la mandibule supérieure se croise avec l'inférieure, tantôt à droite, tantôt à gauche, comme dans le bec-croisé ordinaire. En mesurant un de ces oiseaux, dont la taille étoit moyenne, Otto lui a trouvé sept pouces de longueur, onze pouces de vol. La mandibule supérieure avoit vingt millimètres (9 lignes) de largeur , et l'inférieure dix-huit millimètres (8 lig.); la pointe courbée de la première avoit cinq millimètres (2 lig.), et celle de la seconde seulement deux millimètres (1 lig.). La hauteur étoit de seize millimèt. (7 lig.), et la circonférence, de quatre centimètres (un pouce et demi). Le bec et les ongles étoient de couleur de corne ; les plumes, d'un brun gris dans presque toute leur étendue, avoient sur la tête, le cou et le dos, une bordure rouge ; le croupion , la gorge et la poitrine, étoient d'un rouge vermillon ; les plumes anales, grisâtres ; les pennes des ailes et de la queue, d'un brun gris en dessous, et d'un brun noir , bordé d'olivâtre , en dessus.

Un autre mâle avoit le dessus du corps d'un vert olive et la poitrine d'un rouge jaunâtre. Un jeune étoit gris cendré, avec le croupion jaune ; et une femelle avoit le dessus du corps gris , avec des taches brunes et d'un jaune vert sur le sommet de la tête. Cette dernière couleur étoit celle du dos et de la poitrine ; le ventre étoit blanchâtre.

Il n'y a rien dans les couleurs de ces individus qui soit propre à caractériser une espèce ; la diversité de taille paroît aussi trop peu importante pour en tirer une conséquence à cet égard : mais la conformation du bec, si elle est constante chez tous les individus, forme une différence bien essentielle, puisqu'elle ne se concilieroit même guères avec les caractères génériques. D'ailleurs, en Poméranie, où l'on avoit occasion d'observer le grand et le petit becs-croisés, on a remarqué qu'ils ne se mêloient pas ensemble , et que les grands n'avoient pas, comme les autres, l'habitude de voler en bandes. Les premiers couvent au mois de Mai, dans la presqu'île de Dars , où les seconds ne nichent pas, et ils font leurs nids au sommet des plus grands pins. Bechstein pense que l'oiseau dont il s'agit ici pourroit être le gros-bec du Canada ou dur-bec de Buffon , *loxia enuclea-tor*, **L.**; qui, dans le temps où le professeur Otto écrivoit, n'étoit pas aussi connu qu'aujourd'hui : et, malgré l'incertitude qui reste sur la véritable conformation des mandibules, ce rapprochement paroît être juste ; la loxie dur-bec ayant en effet la mandibule supérieure recourbée sur l'inférieure, quoique la figure de Buffon ne l'annonce pas. La situation du nid, que ce dernier oiseau place à peu de distance de terre, en Amérique, et que le grand bec-croisé d'Otto établit à une bien plus grande élévation, pourroit, à la vérité, annoncer quelque différence dans les habitudes ; mais elles peuvent tenir à des circonstances locales.

Bec-croisé leucoptère, *Crucirostra leucoptera*. Cette espèce, nommée par Gmelin *loxia leucoptera*, et par Latham *loxia falcirostra*, se trouve dans l'Amérique septentrionale, depuis New-Yorck jusqu'à la baie d'Hudson. Pennant la comprend dans le catalogue des oiseaux du cercle polaire arctique, et le capitaine Dixon, qui l'a vue dans l'île Montagu, en a figuré la femelle, pl. 19 de l'appendice de son Voyage autour du monde. Cet oiseau est d'une taille inférieure à celle du gros-bec vulgaire, et n'a qu'un décimètre six centimètres (cinq pouces trois quarts) de longueur. Son bec est noirâtre ; ses narines sont couvertes de poils rudes et longs, d'un orangé pâle. Une raie brune s'étend d'un œil à l'autre, sur le front du mâle, qui a les plumes de la tête, du cou, du dos et du ventre, blanchâtres et bordées d'un beau cramoisi ; le croupion d'un rouge pâle , et l'anus d'un blanc sale ; les ailes noires, avec deux raies transversales blanches, dont l'inférieure est plus courte ; la queue noire, et les pieds bruns. La femelle, brune en dessus et jaunâtre en dessous, a aussi la double tache blanche aux ailes ; mais il lui manque la couleur rouge et la ligne brune à la base du bec.

Quoiqu'à l'époque où Buffon publioit l'histoire du bec-croisé, aucun voyageur n'eût encore annoncé l'existence de cet oiseau en Amérique, ce naturaliste a conclu, de ce qu'on le trouvoit au Groenland , qu'il devoit avoir passé dans le nord du nouveau Monde, et l'on pourroit, d'après cela, hésiter à reconnoître ici une espèce particulière. En effet , si l'on a constamment remarqué aux becs-croisés d'Amérique les deux bandes blanches sur les grandes couvertures des ailes ; les pennes des ailes et de la queue , les seules qui conservent invariablement leur teinte propre, sont les mêmes dans les individus des deux continens ; et, outre que la couleur blanche est assez ordinairement la livrée des animaux qui habitent les climats extrêmement froids, on a vu plus haut que la place des bandes étoit indiquée sur les ailes de notre bec-croisé. Quoi qu'il en soit, le bec-croisé d'Amérique n'a pas, comme ceux d'Europe, l'habitude de faire son nid dans les saisons les plus froides de l'année ; et d'après cette circonstance, jointe à la différence de taille, on ne voit pas d'inconvénient à le considérer comme espèce jusqu'à ce qu'il soit mieux connu.

Mackenzie parle, au tome II de son Voyage, dans l'intérieur de l'Amérique septentrionale, p. 176, d'un oiseau qu'il a vu, au mois de Décembre, dans les bois près de la rivière de la Paix, et dont les ailes, noires, bordées de jaune, étoient traversées par deux raies blanches. Ces deux bandes et le climat rigoureux dans lequel se trouvoit l'oiseau, sont les principales raisons qui pourroient le faire regarder comme un bec-croisé, car l'auteur ne dit rien de cette forme du bec ; il cite, au contraire, une particularité étrangère, en annonçant que le mâle avoit la tête huppée : mais vraisemblablement il n'a tenu aucun individu dans les mains, et il aura pris pour une huppe les plumes que l'oiseau relevoit instantanément, comme le pinçon, en faisant entendre un chant qui l'a si fort étonné dans une saison où le froid étoit extrême. Le mâle avoit le dessus du corps d'un fauve clair, le cou, la gorge et le ventre, rouges. La femelle, plus petite, avoit le plumage fauve, et une tache d'un jaune brillant sur le cou. (Ch. D.)

BEC-EN-CUILLER. (*Ornith.*) Ce nom a été donné au savacou, *cancroma*, à cause de la forme de son bec. Le bec-à-cuiller d'Albin est la spatule blanche , *platalea leucorodia*, L. (Ch. D.)

BEC-A-FAUCON (*Rept.*), nom donné par quelques marins françois à la chélonée caret. Voy. CHÉLONÉE. (F. M. D.)

BEC - DE - FER. (*Ornith.*) Ce nom a été donné par Levaillant à un oiseau qu'il a le premier décrit, dans le deuxième volume de son Histoire naturelle des oiseaux d'Afrique, et dont la figure se trouve pl. 79. Si cet oiseau avoit deux doigts dirigés en avant et deux en arrière, comme les barbus, il appartiendroit visiblement à ce genre, quoique ses ailes et sa queue soient plus longues ; mais, malgré sa grande ressemblance avec le barbu barbican, d'après la force de son bec, la grosseur de sa tête et l'épaisseur de son corps, on est contraint de l'en séparer, à cause de la distribution de ses doigts, dont trois sont en avant et un en derrière.

D'un autre côté, cet oiseau a plusieurs rapports avec les pies-grièches, et cette circonstance rendroit peut-être le nom de barbilanier, *barbilanius*, préférable à celui de bec-de-fer, qui n'exprime, même assez improprement, que la forte consistance des mandibules, et n'offre pas une idée différente de celle attachée au mot dur-bec, déjà appliqué par Buffon à une espèce de loxie.

Au reste, voici les caractères qui peuvent servir à l'établissement d'un genre particulier : bec très-large et très-épais ; mandibule supérieure convexe, bombée dès sa naissance, ayant vers le milieu une échancrure de chaque côté, et se terminant en une pointe obtuse ; mandibule inférieure unie et fort évasée ; tête ronde, d'une largeur et d'une hauteur analogues à la force du bec ; narines ovales, recouvertes par quelques poils dirigés en avant ; cou gros ; corps épais et robuste ; pieds forts, munis d'ongles crochus ; langue petite, triangulaire.

L'unique espèce jusqu'à présent connue de ce genre a été apportée des îles de la mer du Sud, et Levaillant, qui en possède un individu, n'en connoît qu'un second, qui se trouve dans le cabinet de Breukelerwaert. On ne sait rien sur les mœurs de cet oiseau ; Levaillant conclut seulement de la brièveté de sa langue, qui étoit collée au fond de la gorge, qu'il ne se nourrit que d'insectes. Mais l'état de cet organe desséché dans un individu apporté de si loin, peut-il donner lieu à une induction bien précise ?

Le bec-de-fer est un peu plus gros que le merle commun ; ses ailes pliées dépassent la moitié de la longueur de la queue, qui est légèrement arrondie et composée de dix pennes. Tout le dessus du corps est noir, à l'exception du croupion et des couvertures supérieures de la queue, qui sont d'un jaune verdâtre ; la tête est surmontée d'une huppe d'environ quatre pouces de hauteur, formée par des plumes étroites, de longueur inégale et creusées en gouttière, qui se redressent verticalement sur le front, et dont l'extrémité retombe en avant. La gorge est couverte de plumes roides et dures, d'un rouge vif, avec quelques traits jaunes par en bas. La poitrine et le ventre sont noirs ; mais une large bande d'un beau jaune, avec quelques lignes rouges au centre et des points noirs sur les côtés, traverse le milieu du corps. Les barbes extérieures des moyennes pennes de l'aile sont en partie blanches. Le bec est d'un gris de fer, les ongles noirs, et les pieds bleuâtres. (Ch. D.)

BEC-A-FIGUE. (*Ornith.*) Albin donne ce nom, qu'il accompagne d'une mauvaise figure, à notre fauvette tachetée. Voyez la 11.ᵉ section du genre Bec - fin. (S. G.)

BEC A FOURREAU. (*Ornith.*) Voyez Coléoramphe.

BEC-DE-GRUE, Bec de cigogne (*Bot.*), noms vulgaires des diverses espèces du geranium d'Europe. (J.)

BEC - DE - HACHE. (*Ornith.*) Suivant Lepage du Pratz, ce nom et celui de pied - rouge sont donnés, dans la Louisiane, à un oiseau dont le bec tranchant est rouge, ainsi que les pieds, et qui, se tenant habituellement sur les bords de la mer, où il vit de coquillages, se retire dans les terres quand les orages approchent. Sonnini (Nouv. dict. d'hist. nat.) a, par erreur, appliqué ce passage au bec-en-ciseaux, dont les habitudes et la manière de vivre sont tout-à-fait différentes : c'est de l'huîtrier ou pie de mer, *hæmatopus ostralegus*, L., qu'il est ici question. (Ch. D.)

BEC-D'OIE. (*Mamm.*) Plusieurs auteurs ont donné ce nom au dauphin vulgaire, à cause de la conformation de son museau, qui est très - avancé, très - aplati de haut en bas, et arrondi dans son contour, de manière à présenter l'image du bec de cet oiseau palmipède. Voyez *Dauphin*, au mot Cachalot. (S. G.)

BEC-D'OIE (*Rept.*), nom donné par Walbaum à une variété de la chélonée franche. Voyez Chélonée. (F. M. D.)

BEC-OUVERT. (*Ornith.*) Voyez Chænoramphe.

BEC EN PALETTE. (*Ornith.*) Voyez Spatule.

BEC-DE-PERROQUET. (*Moll.*) On a donné ce nom à une coquille du genre Térébratule. Voyez ce mot. (Duv.)

BEC-DE-POULE. (*Rept.*) Walbaum a donné ce nom à une variété de la chélonée franche. Voyez Chélonée. (F. M. D.)

BEC-ROND. (*Ornith.*) Voyez Bouvreuil.

BEC-SCIE ou **en scie.** (*Ornith.*) Voyez Bec-croche, Harle.

BEC-TRANCHANT. (*Ornith.*) L'oiseau décrit sous ce nom par Lachesnaie Desbois, d'après Albin, tome 3, n.º 95, est le pingouin commun, *alca torda*, L. (Ch. D.)

BÉCADE (*Ornith.*), un des noms vulgaires de la bécasse commune, *scolopax rusticola*, L. (Ch. D.)

BÉCARDE. (*Ornith.*) Buffon a donné ce nom à plusieurs espèces de pies-grièches, qui ont le bec plus gros et plus long que les autres, et dont l'habitude du corps est aussi plus longue et plus épaisse. Voyez Pie-grièche. (Ch. D.)

BÉCASSE. (*Ornith.*) Linnæus a compris dans son genre *Scolopax* les bécasses, les barges, les chevaliers, plusieurs espèces de courlis, et dans le genre *Tringa*, les vanneaux, le tourne-pierre, la guignette, le cincle, les maubèches, les phalaropes. Il a donné pour caractères distinctifs au premier de ces genres, d'avoir le bec plus long que la tête, et le doigt de derrière posant à terre sur presque toutes ses jointures; au second, d'avoir le bec de la longueur de la tête, et une seule jointure au doigt de derrière, qui touche à peine la terre.

Les deux genres ainsi formés comprennent des espèces très-nombreuses, souvent disparates et difficiles à reconnoître; mais d'un autre côté, l'on ne peut se dissimuler que beaucoup de traits de ressemblance leur donnent un air de famille, et qu'il est fort difficile d'en former des groupes artificiels, fondés sur des caractères jugés suffisans d'après les bases ordinaires des divisions systématiques.

Cependant Brisson a classé dans des genres particuliers les bécasses, les barges, le bécasseau, qui comprend les chevaliers et les maubèches, les courlis, les vanneaux, le tourne-pierre ou coulon-chaud, les phalaropes; et si les caractères de tous ces genres sont sujets à quelques variations individuelles, s'ils ne s'appliquent pas toujours à l'universalité des espèces, on peut en conclure une diversité qui est encore plus frappante dans les deux seuls genres de Linnæus.

En effet, qui, au premier coup d'œil, ne distingueroit pas le courlis au bec arqué, de la bécasse au bec droit, et le vanneau aux pieds non frangés, du phalarope aux doigts garnis de festons ? Les barges, dont les tarses sont plus longs que ceux des bécasses, ont, en général, le bec recourbé en dessus ; et d'ailleurs une membrane très-visible réunit chez elles la première phalange des deux doigts externes, tandis que les bécasses sont entièrement fissipèdes. Les chevaliers, dont le bec est de moyenne longueur, et les maubèches, qui l'ont encore plus court, n'offrent pas des nuances aussi saillantes ; et c'est à leur égard, surtout, qu'il n'est pas aisé d'établir une ligne de séparation : mais, en considérant attentivement leur port, on voit que les premiers ont le corps plus svelte, plus allongé, et les secondes plus ramassé, plus trapu ; on s'aperçoit que le bec des chevaliers est plus acéré, et la mandibule supérieure plus courbée vers la pointe. Quand on examine les maubèches proprement dites comparativement avec les vanneaux, le bec bien plus foible et plus menu des premières se distingue aisément du bec court et renflé des seconds. Le bec cunéiforme du tourne-pierre ne peut également être confondu avec celui des vanneaux ; et la pointe amincie du bec des paons de mer, ou combattans, a plus d'analogie, par sa forme et sa longueur, avec celui des maubèches, qu'avec le bec des vanneaux proprement dits.

Si ces observations ne fournissent pas des moyens suffisans pour établir encore d'une manière très-solide autant de genres qu'on vient de désigner de sections différentes, on ne croit pas du moins qu'une division à peu près pareille à celle déjà tentée par Brisson, puisse être nuisible aux progrès de la science. L'attention de rappeler les genres de Linnæus empêchera toute espèce de confusion.

Voici donc le tableau des huit genres formés des espèces comprises dans les deux genres *Scolopax* et *Tringa* du naturaliste Suédois.

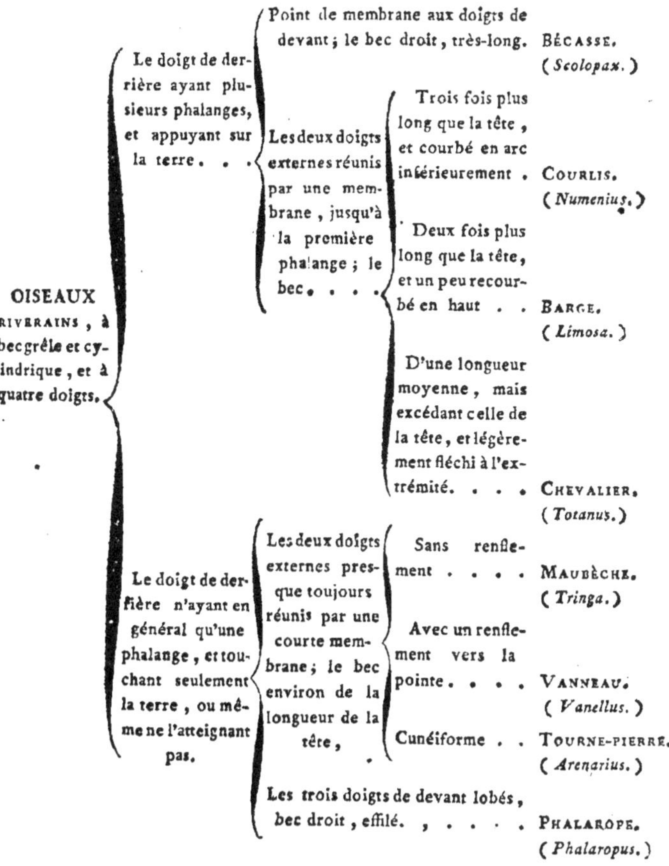

Cet arrangement n'est pas en opposition avec l'ordre naturel que les habitudes établissent entre les espèces. Les bois sont le séjour particulier des bécasses proprement dites ; les bécassines vivent dans les marais d'eau douce ; les barges préfèrent les marais salés, et presque toutes aiment la solitude ; les chevaliers, les maubèches, le tournepierre, se plaisent sur les bords de la mer, et, toujours en mouvement, on les voit sans cesse chercher leur nourriture sur la grève. Les vanneaux fréquentent tantôt les lieux humides, tantôt la plaine, et se rapprochent ainsi des pluviers, qui tiennent à la même série d'êtres ailés, et qui, écartés d'un tableau seulement consacré à diviser deux genres de Linnæus, en feroient la suite immédiate s'il étoit question de classer la totalité des oiseaux riverains.

Les signes caractéristiques et particuliers du genre Bécasse sont d'avoir les jambes courtes ; quatre doigts dénués de membranes, ou très-légèrement unis, dont trois devant et un derrière ; la partie inférieure des jambes dégarnie de plumes ; un bec effilé, droit, dont la mandibule supérieure, plus longue, a le bout obtus et raboteux; les narines linéaires, logées dans une rainure ; la langue grêle et pointue ; la tête de forme carrée, et les yeux placés haut et en arrière, de sorte que ces oiseaux ne voient point devant eux.

La conformation des bécassines étant extérieurement la même, on ne peut les séparer des bécasses dans une classification artificielle, quoique leurs mœurs soient différentes.

PREMIÈRE SECTION. *Bécasses proprement dites.*

Corps trapu, jambes courtes, habitant les bois.

BÉCASSE COMMUNE, *Scolopax rusticola*, Linn., pl. 885 de Buffon et 157 de Lewin. Cet oiseau, à peu près de la grosseur de la perdrix grise, a treize à quatorze pouces de longueur, et son bec seul environ deux pouces et demi ; sa queue n'a pas plus de trois pouces, et les ailes étendues en ont trente-six. Son plumage est agréablement varié de taches et de raies noires, grises et ferrugineuses. Une ligne noire s'étend depuis l'œil, qui est fort large, jusqu'au bec. Les teintes sont en général plus foncées sur le sommet de la tête : le dessous du corps est d'un gris roussâtre, avec des raies transversales d'une couleur plus sombre ; les pennes des ailes et de la queue, également rayées, ont des taches rougeâtres en forme de dents : les tarses et les ongles sont d'un brun pâle. Le bec, d'un gris de chair à son origine, est noirâtre à l'extrémité.

Cette espèce est généralement répandue dans tous les climats chauds et froids de l'ancien continent ; on la trouve aussi dans les parties méridionale et septentrionale de l'Amérique : mais partout elle est voyageuse, et ses émigrations, qui ne se font pas en général d'une contrée à une autre, ont lieu dans les régions de l'air, c'est-à-dire qu'elle va de la montagne à la plaine et de la plaine à la montagne. En Europe, elle habite pendant l'été les Alpes, les Pyrénées et d'autres montagnes fort hautes, d'où elle descend au mois d'Octobre pour se répandre dans les bois des collines inférieures et jusque dans les plaines. Ce passage avance ou retarde selon le temps et les vents qui règnent au commencement de l'automne. Les vents du levant et du nord-est sont ceux qui en amènent le plus, surtout quand ils sont accompagnés de brouillards, ces oiseaux ne volant pendant le jour que lorsque le temps est sombre.

Azuni prétend qu'en Sardaigne les bécasses sont de vrais oiseaux de passage, dans toute l'étendue du mot, et qu'on n'en trouve pas une seule en été dans les montagnes de Genargento, de Limbara et de Villanova, qui sont comme les Alpes sardes. On ne commence à en voir dans toute l'île qu'à la fin d'Octobre, et à la fin de Mars on n'en voit plus nulle part.

Suivant Buffon, les bécasses viennent une à une, deux à deux et jamais en troupe. Magné de Marolles oppose à cette assertion des faits qui la combattent. Il a tenu dans les mains une bécasse tuée à la campagne dans une volée de cinquante à soixante de ces oiseaux, et il cite plusieurs chasseurs qui, dans une matinée ou une soirée, le long d'une haie épaisse ou dans un bois de peu d'étendue, ont tué une douzaine de bécasses, et en ont rencontré, certains jours, au commencement de l'arrivée, quarante, cinquante et même quatre-vingts, dans un petit canton où l'on n'en trouvoit plus le lendemain. Ce rassemblement seroit en effet difficile à expliquer si les bécasses n'arrivoient qu'une à une ou par couple.

A leur arrivée ces oiseaux s'abattent indifféremment dans les futaies, les taillis, les haies et les bruyères, et se cantonnent ensuite dans les taillis de neuf à dix ans ou dans les basses futaies, où elles ne restent pas plus de douze ou quinze jours. Elles préfèrent les bois où il y a beaucoup de terreau et de feuilles tombées, sous lesquelles elles cherchent des vers pendant le jour : aux approches de la nuit elles sortent pour aller boire et laver leur bec dans les mares et les fontaines ; après quoi elles gagnent les terres molles et les pàtis humides de la rive des bois, où elles rentrent quand le jour commence à paroître.

La bécasse marche assez mal, comme tous les oiseaux qui ont de grandes ailes et les jambes courtes ; elle s'élève lourdement et fait beaucoup de bruit au moment où elle part. Son vol, quoique assez rapide, n'est en général ni haut ni long-temps soutenu, et elle s'abat avec tant de promptitude qu'elle semble tomber comme une masse. Bientôt après elle lève la tête, regarde de tous côtés et court avec une grande vîtesse.

La stupidité qu'on attribue à la bécasse ne proviendroit-elle pas essentiellement de la foiblesse de sa vue ? Avec ses grands yeux elle ne voit bien qu'au crépuscule ; une lumière plus forte les offense, et les mouvemens de l'animal doivent, comme ceux des accipitres nocturnes, être fort incertains aux heures où l'on peut les observer. Aussi ses allures sont-elles bien plus vives à la nuit tombante, ou à l'aube matinale, que dans la journée ; et l'instinct qui fait désirer à la bécasse de changer de lieu après le coucher ou avant le lever du soleil, est une conséquence si naturelle de son organisation, qu'on a vu plusieurs individus, renfermés dans une chambre, prendre un essor de vol tous les matins et tous les soirs, tandis que pendant le jour ou la nuit ils ne faisoient que piétiner sans s'élancer ni s'élever.

Buffon croit qu'elles discernent leur nourriture par l'odorat plutôt que par les yeux, et il appuie cette opinion sur une observation de Bowles, qui a examiné ces oiseaux, à S. Ildephonse, dans une volière où on leur apportoit journellement des gazons frais garnis de vers. Quelque soin que ces vers missent à se cacher, la bécasse enfonçoit le bec dans la terre jusqu'aux narines, et, après l'avoir retiré, elle avaloit les vers en un instant. Quoique l'oiseau ne manquât jamais son coup, le degré d'insertion du bec n'avoit probablement d'autre cause que la nécessité de conserver la respiration ; et la situation des narines, au moment où le bec étoit déjà fiché en terre, devenoit alors une chose indifférente. La remarque de Bowles ne prouve-roit donc pas que l'odorat eût eu antérieurement plus de part que les yeux à la justesse de l'action. Cet organe est en général si obtus chez les oiseaux, qu'il semble peu natu-rel d'attribuer sous ce rapport un privilége particulier à la bécasse, déjà douée, à raison de la substance charnue qui termine sa mandibule supérieure, d'une espèce de tact propre à lui faire démêler l'aliment convenable dans la terre fangeuse.

Vers le mois de Mars, presque toutes les bécasses quit-tent nos plaines pour retourner sur leurs montagnes; elles partent au printemps, appariées. On prétend qu'elles ne s'arrêtent point pendant la nuit. Mais comment a-t-on pu s'assurer de ce fait, qui semble d'ailleurs contradictoire avec ce qu'on a observé sur des bécasses prisonnières? Elles se tiennent, tout l'été, dans les lieux les plus soli-taires et les plus élevés des montagnes de Savoie, de Suisse, du Jura, du Bugey, des Vosges, etc., où elles nichent. Il en reste quelques-unes dans les cantons élevés de l'Angle-terre, de la France, où l'on en a même trouvé des nids.

Ces oiseaux, d'un naturel solitaire et sauvage, sont muets, à l'exception du temps des amours. Le mâle fait alors en-tendre les sons *go, go, go, go, pidi, pidi, pidi, cri, cri, cri, cri,* sur des tons différens, qui passent du grave à l'aigu, et les derniers semblent exprimer la colère des mâles rassemblés, qui se disputent la femelle à coups de bec et se battent jusqu'à se jeter par terre. Ils ont aussi une espèce de croassement, *couan, couan,* et un certain grondement, *froû, froû, froû,* lorsqu'ils se poursuivent. Leurs nids sont composés de feuilles ou d'herbes sèches, entremêlées de petits brins de bois, rassemblés sans art, et amoncelés sur terre contre un tronc d'arbre ou sous une grosse racine. On y trouve quatre ou cinq œufs ob-longs, d'un gris roussàtre, marbrés d'ombres plus foncées, et qui sont un peu plus gros; que ceux du pigeon com-mun. On dit que ces œufs sont un mets très-friand. Lewin les a représentés, pl. 55, fig. 3; et Klein, tab. 11, fig. 1 et 2. Pendant que la femelle couve, le mâle est presque toujours couché près d'elle, et ils reposent mutuellement leur bec sur le dos l'un de l'autre. Dès que les petits sont éclos, ils quittent le nid, n'étant encore couverts que de poil folet, et ils commencent même à voler avant que d'avoir d'autres plumes que celles des ailes : ils fuient ainsi en voletant et en courant, lorsqu'ils sont découverts. On a vu la mère et le père prendre sous leur gorge un des petits, apparemment le plus foible, et l'emporter ainsi à plus de mille pas : le mâle ne quitte pas la femelle tant que les petits ont besoin de leur secours.

Le corps de la bécasse, en tout temps fort charnu, est très-gras sur la fin de l'automne ; aussi forme-t-elle alors, et pendant la plus grande partie de l'hiver, un mets très-recherché, quoique sa chair soit noire et assez ferme, excepté chez les jeunes, qui l'ont plus tendre et plus blanche. On la cuit sans ôter les entrailles, qu'on regarde comme le meilleur assaisonnement de ce gibier ; et les personnes qui y trouvent un attrait particulier, quoique le préjugé de l'absence d'une vésicule du fiel ait été détruit, ne la mangent qu'à l'instant où l'oiseau, qui a été suspendu par une penne du milieu de la queue, tombe par un commencement de corruption. Elle a pleinement acquis alors ce fumet auquel on attache tant de prix, et qui répugne tellement aux chiens que les barbets sont presque les seuls qu'on puisse accoutumer à rapporter la bécasse. Au reste, ces oiseaux s'amaigrissent à mesure que le printemps s'avance, et ceux qui restent en été ont la chair dure et sèche.

Dans les bois peu fourrés et percés de routes, ou le long d'une haie, les bécasses filent assez droit en rasant la terre, et on les tire aisément ; mais dans les taillis elles sont obligées de faire le crochet, et plongent derrière les buissons, ce qui les dérobe à l'œil du chasseur. Au lieu de fuir quand on les approche, elles se tiennent tapies dans le feuillage, et ne partent presque que sous les pieds du chasseur. Les chiens qui crient sur la bécasse au moment où elle s'envole, sont fort utiles, en ce qu'ils avertissent le chasseur de se tenir sur ses gardes ; les chiens fermes, qui l'arrêtent, sont au contraire assez incom-

modes, attendu que, ne rompant point leur arrêt quoiqu'ils s'entendent appeler, ils se font quelquefois attendre
fort long-temps sans qu'on puisse connoître le lieu où ils
sont. En ayant la précaution de leur mettre un collier garni
de grelots, on se trouve orienté pour aller à eux et lever
l'arrêt quand le bruit vient à manquer. On peut même,
dans les bois de peu d'étendue, faire monter sur un bali-
veau un homme qui de là est à portée de remarquer l'endroit où se pose la bécasse levée, et alors on est à portée
de la tirer quatre à cinq fois avant qu'elle quitte le bois
pour aller dans un autre.

Les personnes qui ne peuvent se procurer ces avantages,
attendent les bécasses le soir ou le matin, au bord du bois,
près d'une route, d'une gorge ou d'un vallon étroit, qui abou-
tissent à une mare ou une fontaine. Ces sortes d'endroits
sont d'autant plus favorables que les bécasses aiment à
suivre les vallons, et se détournent volontiers du chemin
qu'elles ont pris d'abord, en sortant du bois pour venir
s'y rendre ; mais on doit se placer à l'abri du vent, car
lorsqu'elles volent d'un lieu à un autre, c'est toujours
à couvert des vents, et derrière les grands arbres ou les
rochers. On peut encore les tuer à l'affut vers la brune,
lorsqu'elles se sont abattues au bord des mares ; et l'on reconnoît celles où elles viennent à l'empreinte de leurs
pieds et à leurs fientes larges et grisâtres, qu'on appelle
miroirs.

On tend aussi aux bécasses plusieurs piéges, tels que la
passée, la pantenne ou pantière, le collet. Pour la première
de ces chasses, quand on s'est aperçu qu'il y a des bécasses dans un bois taillis, on forme, dans une enceinte
de quarante ou cinquante pieds, une petite haie de six
pouces de hauteur, en liant les souches entre elles avec
des brins de genêt ; on y laisse différens petits passages pour
une bécasse seule, et l'on pratique autant de voies qui y
conduisent. Un lacet, ouvert en rond et couché à platte
terre, est tendu à chaque passage ; et l'oiseau, engagé dans
la voie, la suit et s'y prend.

Le filet qu'on nomme pantière est de deux sortes : la
pantière simple n'est composée que d'une seule nappe fort

longue, et haute de vingt-quatre à trente pieds, dont les mailles ont deux pouces et demi de large. Elle se tend une heure ou deux avant le coucher du soleil, au bord d'un taillis, dans l'avenue d'une forêt, dans l'allée d'un parc ou sur un buisson voisin de quelque étang, et l'on doit avoir bien soin que rien n'embarrasse les cordeaux, qui doivent glisser au moment où la bécasse donne dans le filet. Les mois de Novembre, Décembre et Janvier, sont les plus propres à cette chasse, qui commence une demi-heure après le coucher du soleil, et ne dure qu'une heure. Les jours de brouillards sont les plus favorables.

La pantière contre-maillée diffère de la pantière simple en ce qu'elle est composée de deux nappes à grandes mailles, qui se nomment aumées, et d'une troisième à petites mailles en losange, qui s'appelle toile.

Le collet se fait avec six brins de crins de cheval, longs et cordés : à un bout est une boucle coulante, et un gros nœud à l'autre, près duquel il est attaché solidement à un bâton de la grosseur du petit doigt, long d'un pied et pointu par un bout, qu'on fiche en terre. Les taillis les plus feuillés sont ceux qu'on doit préférer pour cette chasse, en choisissant les endroits où l'on a remarqué une plus grande quantité de fientes. Les collets se placent ensuite de la même manière que pour la chasse à la passée.

L'habitude dans laquelle est la bécasse d'aller la nuit le long des fontaines, a donné l'idée d'une autre chasse au bord de la pièce d'eau, dont on ferme les avenues avec des genéts, en laissant, de six pieds en six pieds, des espaces où se tendent des lacets. Lorsque la bécasse fait tomber la baguette élastique à laquelle ces lacets sont attachés, elle est retenue par le pied.

Les chasseurs ont observé entre les bécasses des différences de taille, qui en forment à leurs yeux trois espèces. L'une est, suivant eux, plus grosse d'un tiers que la bécasse ordinaire, et elle a le plumage plus rembruni et les pieds tirant légèrement sur le rose ; elle arrive la première, et habite de préférence les grosses haies dans les pays couverts : l'autre, plus petite, a le bec plus long et les pieds de couleur bleue ; on la nomme, dans le département de la Somme, martinet.

Quoique la plus grosse de ces bécasses paroisse être celle que Linnæus et Latham ont décrite sous le nom spécifique de *scolopax major*, il n'y a vraisemblablement ici que des différences individuelles, produites par l'âge, et qui ne constituent point des races particulières.

On trouve aussi plusieurs variétés accidentelles de la bécasse commune : telles sont, 1.° la bécasse blanche, *scolopax candida*, de Brisson, dont le plumage est quelquefois tout blanc et le plus souvent mêlé de quelques ondes de gris et de marron, et dont le bec est d'un blanc jaunâtre et les pieds d'un jaune pâle, avec les ongles blancs ; 2.° la bécasse rousse, dont le plumage n'offre que des nuances plus ou moins foncées de la même couleur, et qui paroît encore plus rare que la première ; 3.° la bécasse isabelle, var. *g.* Linn., dont le plumage est d'une couleur jaune très-légère ; 4.° la bécasse à tête rouge, var. *δ. L.*, dont tout le corps est blanc, les ailes brunes et la tête rougeâtre ; 5.° la bécasse aux ailes blanches, var. *e.* Lath., qui a le reste du plumage comme la bécasse ordinaire.

PETITE BÉCASSE D'AMÉRIQUE, *Scolopax minor*, Linn. Cette espèce, moins grande que la précédente, en a le plumage avec une teinte plus rousse. Elle habite le nord de l'Amérique, où se trouve aussi la première, et elle se tient plus particulièrement dans les bois marécageux. On la voit à la Caroline dès le mois de Septembre, et elle passe au mois d'Avril à New-Yorck et dans la Pensylvanie. La femelle pond huit œufs et plus, qu'elle dépose sur la terre ou sur un tronc d'arbre. Pendant qu'elle couve, le mâle s'élève en l'air de temps en temps, et plusieurs fois de suite, par un vol perpendiculaire et fort haut ; il redescend de même, et dans ce mouvement alternatif il chante sans cesse d'une voix douce et flûtée. Cet oiseau est un excellent gibier.

BÉCASSE DES SAVANES, *Scolopax paludosa*, Linn. , pl. enl. de Buff. n.° 895. Cette bécasse de Caïenne est d'un tiers plus petite que la nôtre, et a le bec plus long. Sa tête a cinq raies noires, dont deux ne vont que de l'origine du bec aux yeux ; le surplus est d'un gris blanc, ainsi que la gorge : le cou et tout le dessus du corps offrent des bandes brunes, qui occupent le centre des plumes, dont la bordure est roussàtre ; cette dernière couleur, qui domine bien plus dans la bécasse commune et dans la petite bécasse d'Amérique, n'est ici très-apparente qu'aux plumes scapulaires et aux côtés du dos, où elle forme d'assez larges bandes. Le dessous du corps est d'un gris brun, moucheté de bandes transversales noirâtres ; la queue, sur un fond roux, a des bandes transversales noires.

Cet oiseau est plus haut monté que la bécasse ; il a le corps moins trapu, et les couleurs distribuées comme celles des bécassines, avec lesquelles, à plusieurs titres et d'après diverses habitudes, il seroit plus convenablement rangé : mais il règne déjà tant de désordre parmi les oiseaux auxquels on a donné le nom de bécassines, qu'il faut se garder d'augmenter la confusion, jusqu'à ce qu'on soit à portée de distribuer plus méthodiquement la totalité des oiseaux riverains. La bécasse des Savanes habite les immenses prairies que forment les enfoncemens des Savanes, et où il y a toujours de la vase et des herbes épaisses et hautes. Loin de pénétrer dans l'épaisseur des bois, comme la bécasse ordinaire, elle les évite, et n'y fait pas même remise quand elle est poursuivie ; les seuls rapports qu'elle ait avec la première sont de ne partir que sous les pieds du chasseur, de s'élever avec la même pesanteur, d'avoir un battement d'ailes aussi bruyant, et de fienter en commençant à filer. Lorsqu'une de ces bécasses est tirée, elle ne va pas se poser loin, mais elle fait plusieurs tours avant de s'abattre. Ordinairement elles partent deux à deux ; et lorsqu'on n'en voit qu'une, on peut être assuré que la seconde n'est pas loin.

Les bécasses des Savanes ont, comme la nôtre, une émigration alternative des parties inférieures aux parties supérieures de l'atmosphère. Dans la saison des pluies elles cherchent les hauteurs ; c'est là qu'elles s'apparient, et qu'elles nichent sur de petites élévations, dans des trous tapissés d'herbes sèches. Les pontes ne sont que de deux œufs, mais elles se réitèrent et ne finissent qu'en Juillet : les pluies passées, elles reviennent des lieux plus élevés aux plus bas. La nuit elles se rappellent par un petit cri de ralliement un peu rauque et assez semblable à la voix basse *ka*, *ka*, *ka*, *ka*, que fait souvent entendre la poule dumestique : elles se promènent alors, et de la Borde prétend qu'on les voit au clair de la lune se poser jusqu'aux portes des habitations.

La chair de cette bécasse est moins bonne que celle de la bécasse d'Europe, et la température chaude et humide de la Guiane ne permet pas de conserver assez ce gibier pour lui faire acquérir le fumet auquel on attache tant de mérite.

Retzius dit, d'après Lindroth, qu'on trouve cette espèce dans les parties élevées de la Suède.

DEUXIÈME SECTION. *Bécassines.*

Corps plus svelte et plus petit que celui des bécasses ; jambes plus hautes : habitant les marais.

Ces oiseaux, qui ont à l'extérieur beaucoup de traits de ressemblance avec les bécasses, en diffèrent par les habitudes naturelles. Ils ne fréquentent point les bois, et se tiennent dans les endroits marécageux des prairies, dans les herbages et les osiers qui bordent les rivières. Ils sont encore plus universellement répandus que les bécasses, et il n'y a point de parties du globe où l'on n'en ait rencontré. On les voit sans cesse piquer la terre ; et Aldrovande remarque qu'ils ont le bout de la langue terminé en une pointe aigüe, propre à percer les vermisseaux, qui constituent vraisemblablement leur nourriture ; car si l'on ne trouve dans leur estomac que des liqueurs et un résidu terreux, c'est sans doute parce que ces corps moux s'y dissolvent très-promptement, et que la terre qui pénètre avec eux est la seule substance non susceptible de liquéfaction.

BÉCASSINE COMMUNE, *Scolopax gallinago*, Linn., pl. enl. de Buff. n.° 883. Cette espèce, un peu plus grosse que la caille, a environ onze pouces de longueur, y compris le bec, qui en a trois. Le gris blanc et le noir dominent sur son plumage, qui a bien moins de roux que celui de la bécasse. Les raies, presque toutes transversales sur celle-ci, sont au contraire la plupart longitudinales dans la bécassine : il y en a cinq sur la tête, dont deux noires et trois d'un fauve clair. La partie postérieure de la tête, le dessus du cou, le dos et les plumes scapulaires, ont le fond d'un fauve clair, traversé par quatre bandes longitudinales noires ; la partie inférieure du dos, le croupion et les couvertures de la queue, sont d'un brun noirâtre, marquées de bandes transversales d'un blanc fauve. Les plumes des ailes sont brunes, bordées de blanc ; la gorge, la poitrine et le ventre, sont blancs ; le bas du cou est fauve, tacheté de brun. L'iris est de couleur de noisette : le bec, brun jusqu'aux deux tiers de sa longueur, est noirâtre à l'extrémité ; il y a dessus et dessous des points élevés et des creux qui le rendent rude comme du chagrin, mais qui disparoissent peu de temps après la mort de l'oiseau : les tarses sont d'un brun tirant sur le vert, et les pieds noirâtres.

Quelques chasseurs pensent que dans cette espèce le mâle est plus gros que la femelle ; et, suivant Brunnich, on peut distinguer celle-ci du mâle en ce qu'elle n'a que trois bandes sur la tête.

La bécassine commune arrive en France dans l'automne, et se répand dans les prairies, le long des ruisseaux. Quand elle marche, elle porte la tête haute, sans sautiller ni voltiger, et elle lui donne un mouvement horizontal, tandis que sa queue en a un de haut en bas. Lorsqu'elle prend son essor, elle s'élève si haut qu'on l'entend encore après l'avoir perdue de vue. Son cri, auquel on a trouvé du rapport avec celui de la chèvre, et qui l'a fait appeler par quelques personnes chèvre volante, peut s'exprimer par les syllabes *mée*, *mée*, *mée*. En partant elle jette un autre cri, plus petit, qui est court et sifflé.

Les bécassines quittent la France au printemps, pour aller nicher en Allemagne, en Silésie, en Suisse. Il en reste néanmoins quelques-unes dans nos contrées, où elles font, au mois de Juin, sous quelque racine d'aune ou de saule, dans les endroits marécageux, à l'abri des bestiaux, un nid composé d'herbes sèches et de plumes, dans lequel elles pondent quatre ou cinq œufs oblongs, d'une teinte blanchâtre, et tachetés de roux : Lewin les a représentés pl. 36, fig. 1. Si on trouble la femelle pendant l'incubation, elle s'élève fort haut et en ligne droite ; elle jette alors un cri particulier et redescend ensuite très-rapidement. Souvent le mâle, tandis qu'elle couve, voltige autour d'elle en sifflant. Les petits quittent le nid en sortant de la coque, et paroissent alors laids et difformes. Jusqu'à ce que leur bec soit affermi, la mère en a soin et ne les quitte que lorsqu'ils peuvent se passer d'elle.

La bécassine devient ordinairement fort grasse dans nos pays et dans le nord de l'Amérique, mais beaucoup moins dans les pays chauds. Sa graisse acquiert, après les premières gelées, une saveur fine et délicate ; on la cuit, comme la bécasse, sans la vider, et partout on la recherche comme un gibier exquis. Aussi lui fait-on la chasse de beaucoup de manières.

Quand on chasse les bécassines avec le fusil, on doit les guêter le vent au dos, parce qu'ayant l'habitude de voler contre le vent, elles reviennent sur le chasseur ; mais comme on ne parvient assez près d'elles qu'en s'enfonçant dans les endroits les plus humides des marécages, on est obligé d'avoir des raquettes pour s'y soutenir. Quoique ces oiseaux passent pour être fort difficiles à tirer, à raison des crochets et détours qu'ils font en partant, on suit leur vol avec autant de facilité que celui de la caille, lorsqu'on les laisse filer, et on le peut sans inconvénient, attendu que le moindre grain de plomb les tue, et qu'ils tombent pour peu qu'ils soient frappés.

Les piéges employés pour les bécasses se tendent aussi aux bécassines, dans les marais et les queues d'étangs, et on les prend en outre au traîneau, filet carré de neuf à dix pieds en tout sens, qu'un homme seul peut porter. Il s'attache à deux perches fort légères de la même hauteur, lesquelles s'emmanchent dans un fort morceau de bois de trois pouces d'équarrissage, et de trois pieds de longueur : au centre de ce morceau, et par derrière, on emmanche un autre bout de perche, long de quatre pieds et de la grosseur du poignet. Lorsqu'on est sûr de trouver des bécassines dans un marais, on le parcourt en portant le traîneau sur le bras, à la hauteur de trois pieds, et battant de temps en temps les broussailles et les herbages. Quand les bécassines, qui s'enlèvent le bec en l'air, se sont embarrassées dans ce filet, on le laisse tomber.

La bécassine à pieds jaunes et à tête entièrement grise,

que Muller a décrite dans sa Zoologie danoise, comme naturelle au Finmarck, province de Laponie, *scolopax gallinaria*, L., et la bécassine de Hollande, à tête, cou et poitrine roussâtres, ventre blanc, dos, ailes, queue et pieds noirs, *scolopax belgica*, L., ne sont que de simples variétés de la bécassine commune ; et il en est de même de la bécassine blanche et de la bécassine isabelle, observées dans les Pyrénées par Picot-Lapeyrouse.

Grande bécassine, *scolopax gallinacea*. Quoique cette bécassine, appelée double bécassine par les chasseurs, n'ait été regardée par Buffon que comme une variété de la bécassine ordinaire, il y a lieu de penser que cet illustre naturaliste ne l'a envisagée que relativement à sa taille plus forte, et que le peu de différence qui s'observe dans le plumage l'a d'ailleurs empêché de la considérer comme une espèce ; mais on a depuis acquis sur cet oiseau des connoissances qui ne permettent guères de rester dans l'indécision à son égard. Elle diffère de la bécassine commune par son cri, par son vol, qui est droit, assez mou et sans crochets ; par ses habitudes, qui lui font préférer aux lieux fangeux les endroits où il y a peu d'eau et où elle est claire. Assez rare en France, quoiqu'elle soit bien connue dans les marais de la Picardie, elle y arrive et les quitte à des époques bien différentes, puisque son séjour n'a lieu que pendant les mois de Septembre et d'Octobre. Plus commune en Provence, elle y fait deux passages, le premier en Mars et Avril, temps où l'on en voit le plus, et le second, à la même époque qu'en Picardie. On l'appelle dans le midi *bécasson*, et en Italie *pizzardone*, augmentatif de *pizzarda*, nom de la bécasse dans cette langue.

Lewin, qui donne la figure de cet oiseau, pl. 158, observe qu'il est d'une taille moyenne entre la bécasse et la bécassine communes, et qu'il pèse huit onces. Son front est noir, avec une raie pâle au milieu ; ses yeux sont bordés en dessus et en dessous de raies de la même couleur. Le dos, les couvertures des ailes et les scapulaires sont d'un jaune ferrugineux, avec des taches noires et la bordure blanche ; le cou, la poitrine et le ventre, d'un blanc jaunâtre, et parsemés de lignes noires en forme de demi-

cercles ; les pennes des ailes sont de couleur sombre, la
queue de couleur de rouille, avec des raies noires , et les
jambes noirâtres.

Petite bécassine, *scolapax gallinula* , L., pl. enlum. de
Buff. n.° 884. Cette espèce, qui n'est pas plus grosse qu'une
alouette, a environ huit pouces de longueur depuis le bout
du bec jusqu'à celui de la queue. La partie supérieure de
la tête est d'un beau noir, varié de petites taches fauves ;
deux bandes longitudinales, l'une fauve et l'autre noire,
partent du bec et vont jusqu'à l'occiput ; entre l'œil et le
bec est en outre une ligne noire ; le dos et les plumes
scapulaires sont variés de fauve et d'un noir changeant et
à reflets violets, verts et dorés. On remarque en outre sur
les plumes scapulaires, et de chaque côté , deux bandes
longitudinales d'un fauve clair ; ces plumes et celles d'un
noir changeant ont l'aspect soyeux et le toucher du velours :
le ventre et les plumes anales sont de couleur blanche ; les
jambes sont d'un brun verdâtre.

L'espèce de la petite bécassine est moins généralement répandue que celle de la bécassine commune. Elle reste presque toute l'année dans nos marais, où elle niche et pond
des œufs de la même couleur que ceux de la première.
Cachée dans les roseaux des étangs, sous les joncs secs et
les glaïeuls, elle y reste si obstinément qu'il faut presque
marcher dessus pour la faire lever ; ce qui l'a fait nommer
sourde par les chasseurs. Son vol est moins rapide et plus
direct que celui de la bécassine commune. Sa graisse est
aussi fine et sa chair a un goût aussi délicat.

L'oiseau nommé par Willughby *dunlin*, et brunette par
Buffon, a la taille du précédent, et il en diffère trop peu
pour le donner ici comme une espèce, quoique Linnæus
lui ait consacré le nom particulier de *scolopax pusilla*. Son
ventre noirâtre est ondé de blanc, et le dessus du corps
tacheté de noir et d'un peu de blanc sur un fond roux. Du
reste sa figure et ses habitudes sont les mêmes que celles de
la petite bécassine, et les individus peu nombreux qu'on en
a trouvés en Angleterre semblent ne devoir être considérés
que comme de simples variétés.

Bécassine du cap de Bonne-Espérance, *Scolopax capensis*,

Linn., pl. enl. de Buff. n.° 270. Cette espèce, un peu plus grande que la bécassine commune, a le bec beaucoup moins long. Une bande roussâtre occupe le sommet de la tête, depuis le bec jusqu'à l'occiput ; deux bandes grises en couvrent les côtés, et chaque œil est entouré par une autre bande de couleur blanche, qui s'étend en arrière : les joues, la gorge et le cou, sont d'un roux clair. Le manteau, d'un gris bleuâtre, haché de petites ondes noires, est traversé par une ligne blanche tirée de l'épaule au croupion. Une zône noire marque le haut de la poitrine : le ventre est blanc ; les pieds et les ongles, noirâtres. On entend le soir, dans les terres du cap de Bonne-Espérance, des volées de ces bécassines, qui se reconnoissent à leur cri désagréable, *keuvitts*.

Buffon a décrit comme espèce particulière, sous le nom de bécassine de Madagascar, *scolopax madagascariensis*, un fort bel oiseau, considéré par Linnæus et Latham comme une simple variété de la bécassine de la Chine. Si plusieurs oiseaux riverains n'étoient, comme on a déjà eu occasion de l'observer à l'égard du combattant, fort sujets à changer de plumage suivant l'âge et la saison, on ne balanceroit peut-être pas, au premier coup d'œil, à regarder la bécassine de Madagascar comme une espèce différente de celle de la Chine ; mais lorsqu'on examine la distribution des masses plutôt que les nuances des couleurs, on hésite à prononcer sur le petit nombre d'individus dont on a pu faire le rapprochement. Quoi qu'il en soit, à l'exception d'une bande noire et d'une autre blanche, qui entourent l'œil et descendent en arrière, la tête et le cou sont roux ; les plumes du dos sont noirâtres, bordées de gris ; les couvertures des ailes, dont le fond est d'un gris verdâtre, offrent des demi-cercles bruns, très-serrés et ondoyans ; les pennes des ailes et celles de la queue sont coupées transversalement par des bandes d'un roux clair, encadrées de noir sur un fond gris. Le dessous du corps est blanc ; mais elle a sur la poitrine une bande noire plus large que celle de la Chine. Le bec est jaunâtre et les pieds d'un gris clair. La femelle, si toutefois on est bien sûr de l'avoir reconnue, a les couleurs plus ternes que le mâle.

Cet oiseau, qui, par la forme de son bec, la hauteur de ses jambes et la brièveté du pouce, sembleroit plutôt un chevalier, et que Latham rapporte au chevalier vert de Buffon, a près de dix pouces de longueur; c'est-à-dire qu'il est un peu moins fort que la bécassine commune, tandis que celle de la Chine est plus grosse. Dans l'incertitude sur son véritable genre, il seroit superflu d'entrer dans d'autres détails sur les signes propres à le faire qualifier d'espèce réelle ou de simple variété; mais un fait sur lequel il ne peut y avoir de doute, c'est l'identité de cet oiseau avec celui dont Latham a donné la figure pl. 81 du Synopsis, d'après un dessin colorié qui s'est trouvé dans les papiers d'Edwards. Cette dernière planche ne diffère presque de celle de Buffon que parce qu'elle est bien plus mal faite.

Bécassine de la Chine, *Scolopax sinensis*, Linn., pl. enl. de Buff. n.° 881. Cette espèce, à peu près de la grosseur de la bécassine ordinaire, a les jambes plus hautes, le doigt de derrière plus petit, et sembleroit plutôt appartenir à la famille des chevaliers. Quoi qu'il en soit, on la reconnoît en ce qu'elle a sur la tête une raie fauve, deux raies noires qui l'accompagnent, une raie blanche entourant les yeux, une raie brune du bec à l'œil; le cou piqueté de gris-blanc et de roussâtre; le dessus du corps et les ailes bigarrées de larges taches grises, bleuâtres, noires et fauves; la queue d'un gris ardoisé, avec des bandes d'un fauve clair; la poitrine ornée d'un large feston noir; le dessous du corps blanc; le bec d'un brun jaunâtre, et les pieds gris.

Bécassine blanche des Indes, *Scolopax indica*, Linn. Cet oiseau, moins gros que la bécassine commune, a été décrit par Sonnerat, t. 2 de son Voyage aux Indes, p. 218. Tout son plumage est d'un blanc sale, plus ou moins varié de gris et de brun sur les différentes parties du corps; et l'individu observé par Sonnerat pourroit n'être qu'une variété de l'espèce précédente.

Il en est vraisemblablement de même de la bécassine de Madras, *scolopax maderaspatana*, L., quoique Ray (Synops. av., p. 193, n.° 2) annonce qu'elle a le doigt postérieur aussi long que ceux de devant; circonstance assez étrange et qui auroit besoin d'être mieux constatée.

Il y a à Caïenne une bécassine que l'on nomme bécassine des Savanes ou pied-de-bœuf; mais quoiqu'elle soit un peu plus grosse que la nôtre, les naturalistes ne l'ont pas désignée comme formant une espèce particulière. (Ch. D.)

BÉCASSE. (*Ichtyol.*) On donne le nom de bécasse à plusieurs espèces de poissons, à cause de leur museau mince et très-prolongé. Voyez Centrisque, Scombresoce campérien. Dans les Antilles on connoît sous ce nom une espèce de Sphyrène. Voyez ce mot. (F. M. D.)

BÉCASSE D'ARBRE. (*Ornith.*) Suivant Frisch ce nom conviendroit à la huppe proprement dite, *upupa epops*, L. (Ch. D.)

BÉCASSE A BEC D'IVOIRE. (*Ornith.*) Filson appelle ainsi un oiseau de couleur blanchâtre, portant une huppe blanche, et qui vole en poussant des cris très-aigus. Les habitans de Kentucke lui ont dit que le bec de cet oiseau étoit de pur ivoire, et, prenant à la lettre une expression figurée qui ne sert qu'à peindre la blancheur éclatante du bec, l'auteur admire cette particularité dans la race volatile. (Ch. D.)

BÉCASSE BOUCLIER. (*Ichtyol.*) C'est le centrisque cuirassé. Voyez Centrisque. (F. M. D.)

BÉCASSE ÉPINEUSE (*Moll.*), espèce du genre Rocher, Lam., *murex haustellum*, L. Voyez au mot Rocher. (Duv.)

BÉCASSE DE MER. (*Ornith.*) On donne vulgairement ce nom au courlis commun, *scolopax arquata*. L. (Ch. D.)

BÉCASSE DE MER. (*Ichtyol.*) C'est l'histiophore porteglaive. Voyez Histiophore. (F. M. D.)

BÉCASSEAU. (*Ornith.*) Cet oiseau riverain, placé par Linnæus au rang des vanneaux, *tringa ochropus*, a donné son nom au soixante-et-quinzième genre de la méthode de Brisson, qui comprend aussi les chevaliers, etc. Comme il présente l'idée d'une petite bécasse, on a cru plus convenable d'adopter pour ce genre la dénomination de Chevalier. Voyez ce mot. (Ch. D.)

BÉCASSIN. (*Ornith.*) Ce nom est appliqué par Salerne au bécasseau et à d'autres espèces du genre *Tringa* de Linnæus. (Ch. D.)

BÉCASSINE. (*Ornith.*) On donne ce nom à des oiseaux

qui se rapprochent des bécasses, mais dont le corps est plus svelte et plus petit, les jambes plus hautes, et qui habitent les marais. Nous en formons la deuxième section du genre Bécasse. Voyez ce mot. (Ch. D.)

BÉCASSINE DE MER. (*Ichtyol.*) C'est l'ésoce espadon des auteurs ; il fait partie de mon genre Orphie. Voyez ce mot (F. M. D.)

BÉCASSON. (*Ornith.*) Ce nom trivial est donné par Brisson comme synonyme de la bécassine commune, *scolopax gallinago*, L. ; par Magné de Marolles, comme désignant la grande ou double bécassine, *scolopax gallinacea ;* et Salerne l'applique au chevalier aux pieds rouges, *scolopax calidris*, L. (Ch. D.)

BECCABUNGA (*Bot.*), nom sous lequel sont connues et employées en médecine deux espèces de véronique, *veronica beccabunga* et *veronica anagallis*, qui croissent dans l'eau avec le cresson et la berle, et que l'on ordonne dans les affections scorbutiques et les maladies de la peau. Voyez Véronique. (J.)

BECCADE. (*Ornith.*) Faire prendre la beccade à l'oiseau, c'est, en termes de fauconnerie, lui donner à manger. (Ch. D.)

BECFIGUE. (*Ornith.*) L'oiseau auquel ce nom et celui de bécafigue sont le plus généralement appliqués, est l'espèce de la famille des becs-fins, section des figuiers, que Linnæus a appelée *motacilla ficedula :* mais, dans certains cantons de la France, l'alouette farlouse et le loriot sont aussi connus sous ce nom ; et l'on appelle également becfigue d'hiver, l'alouette pipi et la linotte. (Ch. D.)

BECFI D'HIVER. (*Ornith.*) On appelle ainsi l'alouette pipi, *alauda trivialis*, L. (Ch. D.)

BÉCHARU. (*Ornith.*) Voyez Flammant.

BÊCHE (*Agric.*), instrument dont on se sert pour labourer à la main les terres déjà cultivées, ou pour défricher des terres qui ne sont point en culture. Il est composé ordinairement d'un fer tranchant, plus ou moins large et long, adapté à un manche de bois, dont la longueur varie selon l'espèce de bêche.

On distingue plusieurs sortes de bêches : elles diffèrent

entre elles par les dimensions et la forme du fer, et par la longueur du manche, qui, dans quelques-unes, a une petite main de bois à son extrémité d'en haut ; dans d'autres, il a, vers son extrémité inférieure, un support ou hoche-pied en fer, sur lequel l'ouvrier pose le pied, au lieu de le poser sur la partie large de la bêche. Au reste il y a bien des sortes de bêches, et il est inutile de les décrire toutes ; car rien n'est plus varié que les outils employés dans différens pays pour un même ouvrage. (T.)

BÊCHE, ou COUPE-BOURGEON, ou PIQUE-BROTS. (*Entom.*) Les agriculteurs ont donné ce nom au gribouri de la vigne, dont la larve se nourrit des jeunes pousses de cet arbrisseau. Voyez GRIBOURI. (C. D.)

BÊCHER (*Agric.*), l'action de labourer avec la bêche. Bêcher les blés, opération par laquelle, à Saint-Brieux en Bretagne (département des Côtes-du-Nord), on vide les rigoles des sillons, six semaines après les semailles, pour rejeter sur ces sillons la terre meuble qui a coulé, et pour donner un écoulement plus facile aux eaux. (T.)

BÉCHET (*Ichtyol.*), nom donné dans quelques contrées de la France au brochet. Voyez ÉSOCE. (F. M. D.)

BÉCHETONNER (*Agric.*), donner une façon légère aux haricots avec un instrument de fer, fourchu, ou à deux dents d'un côté, et plein de l'autre ; c'est en même temps les déchausser et les rechausser. Cette expression est d'usage dans le Poitou et l'Anjou (départemens de la Vienne et de Maine-et-Loire). (T.)

BÉCHION (*Bot.*), nom tiré du grec, et que l'on a donné au tussilage, parce qu'il étoit employé contre la toux. On a donné à toutes les autres plantes qui ont la même propriété, le nom de plantes béchiques. (J.)

BÉCHON (*Agric.*), instrument de fer propre à scier à la main ; on s'en sert dans le Poitou (département de la Vienne). (T.)

BÉCHOT (*Ornith.*), nom vulgaire du bécasseau, *tringa ochropus*, L. (Ch. D.)

BÉCHOTTER (*Agric.*), donner avec la bêche un petit labour à des plantes, arbres ou arbustes quelconques. (T.)

BECKEA (*Bot.*), *Backea*, Linn., Juss., Lam. Illust. pl.

285 ; genre de plantes de la quatrième section de la famille des onagraires, qui comprend deux arbrisseaux, dont l'un a été observé en Chine par Osbeck. Ses fleurs sont solitaires, très-petites et situées aux aisselles des feuilles : elles ont un calice turbiné, à cinq dents ; la corolle est à cinq pétales, et renferme huit étamines, dont six sont d'égale grandeur, et deux plus petites et solitaires. Le stigmate est unique ; l'ovaire se change en une capsule globuleuse, couronnée par les divisions du calice, à trois ou quatre loges, et renfermant quelques graines, petites. Le beckea ressemble assez à l'aurone des jardins : ses rameaux sont courts et opposés ; ses feuilles linéaires, pointues, opposées et très-entières. Osbeck lui a donné le nom d'Abraham Bæck, premier médecin du roi de Suède, qui lui avoit procuré plusieurs plantes : dans la Chine il porte le nom de *tiongina*. (J. S. H.)

BECMARE (*Entom.*), nom donné par Geoffroy à un genre d'insectes coléoptères, de la famille des charançons, que nous avons décrits au mot ATTÉLABE. Ce nom de becmare paroît composé, d'une manière bizarre, du mot bec, qui est françois, et de μακρός (*macros*), qui signifie long ; parce qu'en effet certaines espèces de ce genre ont la bouche portée sur un bec très-long. (C. D.)

BECONGUILLES (*Bot.*), nom sous lequel a été apportée de l'Amérique méridionale une racine qui excite le vomissement, comme fait l'ipécacuana. (J.)

BÉCOT (*Ornith.*), nom trivial de la petite bécassine, *scolopax gallinula*, L. (Ch. D.)

BECQUEBO ou BECQUEBOIS (*Ornith.*), nom trivial du pivert, *picus viridis*, L. On appelle aussi en quelques endroits becquebois cendré la sittelle ou torchepot, *sitta europæa*, L. (Ch. D.)

BECQUEFLEUR. (*Ornith.*) Voyez COLIBRI.

BECQUEROLLE. (*Ornith.*) Ce nom et ceux de becqueriolle, bouqueriolle ou boucriolle, sont vulgairement donnés à la petite bécassine, *scolopax gallinula*, L. Les deux derniers, qui s'appliquent aussi à la bécassine commune, viennent, suivant Salerne, de ce que ces oiseaux semblent bêler comme un bouc. (Ch. D.)

BECQUETEUR. (*Ornith.*) Voyez Backer.

BECQUILLON. (*Ornith.*) On désigne par ce mot, en fauconnerie, le bec des oiseaux de proie dans leur jeune âge. (Ch. **D**.)

BECS - FINS (*Ornith.*), *Motacillæ*. Nous avons rassemblé sous le genre des becs-fins une multitude de petits oiseaux qui réunissent les caractères généraux ci-après.

Caract. génér. Bec en alène, droit, menu, à mandibules presque égales ; narines ovales, plus larges par le haut ; langue échancrée, lacérée ; doigt extérieur, intimement uni, à sa base, avec celui du milieu, par une très-courte membrane, jusqu'à moitié de la première articulation ; ongle du doigt de derrière un peu courbé en arc et pas plus long que ce doigt.

Tous ces oiseaux vivent d'insectes, de vers et de fruits mous. Ils n'arrivent dans nos contrées qu'au printemps, et les abandonnent, plus ou moins tard, aux approches de l'hiver, pour aller passer cette saison rigoureuse dans des régions plus tempérées : s'il nous en reste quelques-uns, ce n'est guères que parce qu'ils y ont été forcés par quelques accidens, tels que leur naissance trop tardive, qui ne leur a pas permis d'acquérir les forces nécessaires pour entreprendre un voyage souvent fort long et toujours pénible ; alors il en périt beaucoup par le froid ou par le défaut de nourriture, et ceux qui résistent n'y parviennent qu'en s'approchant de nos demeures, dans lesquelles ils rencontrent un abri et quelques alimens.

Les oiseaux de ce genre ne sont point parés de ces brillantes couleurs qui embellissent quelques autres espèces ; mais en revanche la plupart ont une voix douce et très-mélodieuse.

On les chasse, autant pour les élever en cage et jouir du plaisir que procure leur chant, que pour se nourrir de leur chair : cette chasse se fait de plusieurs manières ; nous ferons connoître ci-après celles qui sont le plus communément en usage.

Les espèces que nous avons réunies sous le genre des becs-fins, nous ont paru trop nombreuses pour les toutes dé-

crire ici ; et c'est par cette raison que nous avons cru nécessaire de les diviser en plusieurs sections.

SECTION i.^{re} *Les Rossignols.*

Car. part. Bec jaune en dedans ; ouverture grande ; bords de
la mandibule supérieure échancrés près de la pointe ;
ongles déliés, le postérieur plus fort ; un mouvement de
vibration de haut en bas dans la queue.

Le ROSSIGNOL ORDINAIRE, *Motacilla luscinia*, Linn. ;
pl. enlum. de Buff. n.° 615, fig. 2. Le plumage de cet
oiseau ne répond pas, sans doute, à la beauté de son
chant et à la mélodieuse harmonie de sa voix. Tout le
dessus de son corps, depuis la tête jusqu'au croupion
inclusivement, est d'un gris-brun, légèrement teint de
roux ; les couvertures du dessus de sa queue sont d'un
brun roux : le dessous de son corps, à partir de la gorge,
est entièrement d'un gris blanchâtre, à l'exception des
couvertures inférieures de sa queue, qui sont d'un blanc
roussâtre. Les pennes de ses ailes sont extérieurement d'un
gris - brun roussâtre, et intérieurement elles sont d'un
cendré brun, bordé de roussâtre : sa queue est composée
de douze pennes égales, dont les deux du milieu sont entièrement d'un brun roux, et les cinq extérieures de chaque
côté sont en dedans d'un rouge-bai, et en dehors elles
sont de même couleur que les deux intermédiaires de cette
partie.

Le rossignol est sensiblement plus gros que le rouge-
gorge : il a un décimètre quelques centimètres (6 pouces
quelques lignes) de longueur, de l'extrémité du bec à celle
de la queue, et deux décimètres quatre centimètres (neuf
pouces, trois ou quatre lignes) de vol ; lorsque ses ailes
sont ployées, elles atteignent la moitié de la longueur de
sa queue. L'iris de ses yeux est d'un brun noir : la mandibule supérieure de son bec est d'un brun foncé ; l'inférieure
est de couleur de chair à sa base, et d'un gris-brun dans le
reste de sa longueur : ses pieds et ses ongles sont aussi couleur de chair.

C'est à juste titre, sans doute, que le rossignol est le

plus renommé de tous nos oiseaux chanteurs : soit que l'on considère la variété des modulations de sa voix ; soit que l'on fasse attention à ses inflexions différentes, et à l'art toujours nouveau avec lequel il crée, à chaque instant, une harmonie nouvelle ; il n'est pas moins étonnant par la force de cet organe, que par la vivacité de ses accens mélodieux. Tantôt ce sont des coups de gosier éclatans, de ces batteries vives et légères dans lesquelles la volubilité égale la netteté ; tantôt c'est un murmure intérieur et sourd, très-propre à augmenter l'éclat de ces tons surprenans : ici ce sont des roulades précipitées, brillantes, rapides, articulées avec force et quelquefois même avec une sorte de dureté pour le bon goût : là, des accens plaintifs sont cadencés avec mollesse, des sons filés sans art sont enflés avec ame ; des soupirs enchanteurs et pénétrans, qui sont le produit de l'amour et de la volupté, font palpiter les cœurs, et causent à tout être sensible cette douce émotion qui est toujours suivie d'une langueur touchante.

Le rossignol chante la nuit comme le jour ; il semble même s'animer davantage dans le calme et le silence. Il ne chante, dit-on, que ses amours, et il redouble d'ardeur pendant le temps que dure le soin pénible de l'incubation. On croit généralement que le rossignol ne chante plus dès que ses petits sont éclos ; et il n'y a rien d'étonnant en cela, puisque alors tous ses momens sont consacrés à aller chercher, avec sa femelle, la nourriture qui convient à leurs petits. Il est d'ailleurs reconnu que, passé le quatre Juin, il ne lui reste plus qu'un cri rauque, une espèce de coassement, qui fait qu'on le prend pour un tout autre oiseau et même pour un reptile.

Le rossignol est celui de tous les oiseaux qui paroît le plus sensible à l'harmonie. Loin de fuir, comme eux, le son des instrumens ou celui de la voix humaine, il les écoute au contraire avec attention. Il s'approche même en silence ; puis, préludant tout bas sur le ton qu'on lui donne, il s'anime bientôt, et de suite, avec véhémence, il veut se faire entendre et dominer le musicien qui semble le provoquer à la lutte : on dit même qu'il périt quelquefois de l'excès de ses efforts.

Le rossignol arrive périodiquement tous les ans dans nos contrées sur la fin de Mars, et il nous quitte, pour des régions plus tempérées, vers la fin de Septembre. A cette époque, les oiseleurs, et ceux de la ci-devant Lorraine surtout, prennent, aux sauterelles ou à l'abreuvoir, une grande quantité de ces oiseaux, qui sont alors couverts d'une graisse qui en fait un mets fort délicat.

A son arrivée en France, cet oiseau solitaire, timide et sauvage, s'enfonce, toujours par couples, dans les taillis les plus fourrés du bois, où il se nourrit d'insectes et de vermisseaux. Vers la fin d'Avril ou au commencement de Mai, il construit son nid, de bourre et de poils, en dedans; de fibres de plantes sèches, de joncs et de petites racines, en dehors : il le place sur une touffe d'herbes, ou sur les branches les plus basses de quelque arbuste. La femelle y pond quatre ou cinq œufs d'un brun verdâtre, et après dix-huit ou vingt jours d'incubation il en éclot des petits. Il est reconnu, d'après des observations suivies avec exactitude, que dans chaque couvée le nombre des mâles est toujours double au moins de celui des femelles. Le rossignol fait jusqu'à trois pontes par année; le père et la mère dégorgent à leurs petits la nourriture qu'ils leur apportent, comme le font les femelles des serins.

On déniche et on élève en cage les jeunes rossignols que l'on veut élever pour le plaisir de les entendre chanter dans les appartemens.

On prend les vieux rossignols au printemps, dans le moment où ils commencent à faire entendre leur voix, qui décèle le lieu de leur présence : nous nous contenterons d'indiquer ici le moyen le plus simple et le plus usité de prendre vivans ces animaux ; et nous renvoyons pour les autres manières, comme pour celle de faire l'éducation de leurs petits, au Traité du Rossignol, imprimé à Paris en 1751.

Lorsque l'on veut avoir de vieux rossignols, pour le plaisir de les entendre chanter, sans se donner la peine de les élever à la bûchette, ce qui est très-difficile et très-vétilleux, il faut au préalable s'être muni d'une cage à trébuchet, que tout le monde connoît (voyez la fig. 1 de l'Aviceptologie de l'Atlas des Sciences naturelles, qui paroît chez les éditeurs de ce Dictionnaire); elle doit être sans fond, et les montans (A A A) doivent être disposés dans la forme d'un carré long. Au lieu d'être garnie de fil de fer ou de branches d'osier, cette cage doit l'être, tout autour, d'un filet maillé de petite ficelle teinte en couleur de terre; ses montans, qui ne doivent avoir qu'un décimètre (4 pouces) au plus de hauteur, doivent être peints de la même couleur de terre. Le dessus (BB) de cette cage ne doit être formé que de quatre petites lattes unies ensemble et garnies de même d'un filet maillé; ce couvercle s'ouvre comme celui de tous les trébuchets, et, comme eux, il se ferme librement au moindre contact qu'éprouve son ressort.

La manière dont on fait usage de ce filet est aussi simple qu'elle est amusante. Lorsqu'en se promenant dans les bois on y entend un rossignol, on s'approche le plus près possible de l'endroit où on le soupçonne. Là, après avoir pioché avec un couteau, au pied d'un arbre, la terre dans la longueur et la largeur exactes du filet que l'on porte, et du côté où l'on suppose l'oiseau, on place ce trébuchet ouvert, dont on garnit la détente intérieure (C) d'un ou de deux de ces vers jaunes luisans que l'on trouve dans la farine : on les attache par un fil à cette détente; il faut qu'ils soient vivans, et que leurs mouvemens, lorsqu'ils sont suspendus en l'air, fixent l'attention du rossignol, qui est extrêmement friand de ces sortes de larves. On se retire alors à l'écart et on se place de manière à ce que cet oiseau très-défiant ne puisse apercevoir la personne qui le guette. Bientôt, entraîné par la curiosité qui est le partage de toutes les espèces de son genre, il s'approche de cette terre cultivée et, dès qu'il aperçoit les vers de farine, il se précipite dessus, et, en les saisissant, il provoque le mouvement de la détente (E) : le couvercle se ferme, et le rossignol est captif. On voit, dans la partie du derrière du trébuchet et dans son milieu, deux montans qui laissent entre eux un petit espace vide (F), pour donner à la détente (C), qui tient au couvercle (BB), la liberté de passer en s'échappant.

On s'empresse de saisir cet oiseau ; mais il s'agit de l'accoutumer à la domesticité , si l'on veut jouir du plaisir de l'entendre chanter, et on y réussit de cette manière. Il faut dabord s'être procuré une cage qui soit couverte d'une toile, afin que dans ses bonds et ses sauts il ne se blesse pas à la tête : on a soin de garnir tout le pourtour de cette cage d'une serge verte, soit pour ne pas le distraire par une trop grande lumière, soit afin de lui faire illusion par cette couleur verte, qui lui fait croire qu'il est dans un bocage ; et, pour augmenter encore l'illusion, on garnit le fond de la cage d'une petite épaisseur de sable, que l'on recouvre de mousse. La nourriture ordinaire que l'on donne à ces aimables captifs consiste dans de la mie de pain, quelques grains de millet et de pavot, avec du cœur de bœuf ou de mouton, haché menu et par égale portion avec la mie de pain ; on peut ajouter à cette mixtion un peu de persil haché, des larves de fourmis, et surtout des vers de farine : il est bon de leur donner au moins une fois par an quelques araignées, qui les purgent.

De cette manière, et surtout en tenant les rossignols dans un lieu tempéré, on a le plaisir de les entendre chanter au printemps et à la fin de l'automne : on assure même que si on a l'attention de les faire passer successivement dans des appartemens où ils trouvent une température à peu près égale à celle du printemps, ils chantent durant la plus grande partie de l'année. On dit qu'avec ces soins on a conservé des rossignols en domesticité pendant plus de douze ans.

Rossignol blanc, *Luscinia alba*, Linn. Nous ne parlons ici de cet oiseau que parce que Buffon en a fait mention dans ses œuvres : nous croyons qu'on ne doit pas considérer ce rossignol comme une espèce constante, mais seulement l'envisager comme une variété accidentelle de l'espèce ordinaire, qui ne doit cette couleur blanche qu'à quelques-unes de ces causes que nous ignorons, et dont les effets se manifestent dans un grand nombre d'autres oiseaux.

Le grand Rossignol, *Luscinia major Brissoni*, Linn. Il n'est pas douteux, d'après ce que dit Buffon, qu'il n'existe, et particulièrement en Silésie, une race de rossi-gnols plus grande que la nôtre ; il l'indique comme se tenant habituellement dans les plaines et surtout sur le bord des eaux : nous ne connoissons point ce rossignol : nous ne pouvons conséquemment mieux faire que de rapporter ce qu'en dit le Pline françois. « Cet oiseau a le plumage cen-« dré, avec un mélange de roux, et il passe pour chanter « mieux que le petit. » Le même auteur ajoute qu'en Anjou il est une race de rossignols beaucoup plus gros que les autres, laquelle se tient et niche dans les charmilles.

On voit aux galeries du Muséum de Paris un individu empaillé, qui est sensiblement plus grand que l'espèce or-dinaire ; il pourroit bien se faire qu'il fût de cette race dont parle Buffon.

Les différens moyens que l'on emploie pour prendre les rossignols en automne, étant les mêmes pour tous les oi-seaux du genre des becs-fins, nous allons les indiquer ci-après, et de suite.

Mirecourt, Neufchâteau et Bourmont, dans la ci-devant Lorraine, sont, sans contredit, les contrées de la France où l'on fait la plus grande destruction des oiseaux à bec fin, parce que ce pays, extrêmement boisé, et bordé par la chaîne des montagnes des Vosges, qui sont pour eux comme un point d'arrêt, se trouve placé sur la ligne que suivent ces animaux dans leurs émigrations périodiques du nord au midi, chaque année, et du midi au nord récipro-quement : aussi n'est-il pas fort rare de voir des oiseleurs de ces cantons prendre, en automne, jusqu'à cinquante douzaines et plus de rouge-gorges par jour. Ces grandes chasses ne se font qu'aux sauterelles, que l'on nomme *rejets* dans le pays.

La pipée, l'abreuvoir, ainsi que les perchées, ne sont que des chasses de simple récréation, auxquelles les oiseleurs de profession ne s'amusent guères ; c'est là le plaisir des écoliers, ou des personnes aisées qui, vivant à la campagne pendant l'automne, se procurent de temps en temps et à leur société cette petite jouissance.

Tout le monde connoît la pipée. On sait qu'elle consiste à faire choix d'un arbre de médiocre élévation, dans des bois de haute futaie, à portée d'un taillis de deux ou trois ans : on abat les branches les plus proches du tronc, qui paroissent superflues ou inutiles ; on n'en conserve qu'une certaine quantité, que l'on dépouille de tous leurs rameaux jusques vers leur extrémité, ayant le plus grand soin de laisser à cet arbre la tête de verdure la plus touffue que l'on a pu trouver. Il faut aussi, autant qu'il est possible, que les branches que l'on conserve ne soient point placées dans une situation perpendiculaire les unes au-dessus des autres ; mais, dans leur trajet d'élévation, les supérieures doivent coïncider avec les vides qui se trouvent entre les inférieures. On fait de distance en distance, et d'avant en arrière, sur les branches que l'on a dépouillées de leurs rameaux, des entailles avec une serpe, dans lesquelles on place une petite branche d'osier, à laquelle on a donné le nom de gluau, parce qu'effectivement elle est enduite de glu dans toute son étendue, jusqu'à un décimètre (4 pouces) près de son plus gros bout : on incline ces gluaux le plus près possible les uns sur les autres, et on en garnit ainsi tout l'arbre, ayant soin de commencer par les branches supérieures et de finir par celles qui sont le plus près du tronc. Lorsqu'il s'agit de détendre l'arbre, on commence dans un sens inverse.

On doit être muni de plusieurs milliers de gluaux, que l'on a préparés à la maison et que l'on a eu soin d'envelopper d'un morceau de peau ou de parchemin, imbibé intérieurement d'eau et mieux encore d'huile de chènevis, soit dans la crainte que l'air ne dessèche la glu, soit pour éviter qu'elle ne se salisse et qu'elle ne gâte les gluaux, qui, sans cette précaution, ramasseroient toute l'ordure qui les environne.

Lorsque l'arbre est ainsi préparé et tendu, on élève une petite loge au bas de son tronc. Cette loge n'est autre chose que quelques branches de verdure, que l'on a amoncelées de manière à pouvoir se tenir dessous le moins incommodément possible : on y ménage quelques ouvertures, afin de ramasser, sans en sortir, avec un petit rateau de bois, les oiseaux qui, après s'être englués sur l'arbre, tombent tout autour et souvent sur la loge.

Une pipée bien ordonnée ne consiste pas seulement dans un arbre tendu et dans la loge qui est au bas de son tronc : il faut encore décrire tout autour de cet arbre une circonférence du diamètre au moins de quatre ou cinq mètres (12 à 15 pieds); ramasser en divers faisceaux, que l'on maintient avec des harts, toutes les branches qui ont une certaine grosseur, et n'abattre que le moins possible les autres, dont la coupe effraieroit l'oiseau. Puis, avec une pioche on laboure la terre dans toute cette enceinte au milieu de laquelle l'arbre est situé, et des débris d'ordures qu'on a enlevées on construit tout autour une espèce de bourrelet, en forme de barrière, pour empêcher les oiseaux englués par les ailes de s'échapper à la course.

Au pourtour de cette enceinte on taille des avenues droites, que l'on dispose en rayons divergens dont l'arbre doit être le centre, de manière que de ce point on puisse parcourir de l'œil toute l'étendue de ces diverses ouvertures; on croise dans ces mêmes avenues une ou plusieurs branches d'un côté à l'autre, et on les assujettit, par leur sommet, à quelques petits arbres, avec une hart; on dépouille ces branches ployées de tous les rameaux dont elles sont garnies; on y imprime avec la serpe un grand nombre d'entailles, dans lesquelles on insinue, comme sur les branches de l'arbre, une certaine quantité de gluaux; on laboure aussi avec la pioche la terre de ces avenues, et on se retire dans sa loge. Il arrive presque toujours que, tandis que l'on tend ces plians, le rouge-gorge et le troglodyte, qui sont les oiseaux les plus curieux de ce genre, en venant voir ce que l'on fait, se prennent sur le pliant voisin.

Lorsque cela arrive ainsi, sans se donner la peine de contrefaire le cri des oiseaux (ce à quoi on réussit en sifflant dans une feuille de lierre rampant, roulée en cornet, et percée dans son milieu d'un petit trou), on presse légèrement d'une main les pieds du rouge-gorge ou du troglodyte que l'on a pris et que l'on tient de l'autre main par les ailes; leurs cris d'alarme ou de douleur attirent en foule les autres oiseaux de toutes espèces. Quelquefois une nuée de pinsons ou de mésanges s'abattent sur l'arbre, et tombent de toute part comme une grêle.

On ne doit jamais commencer cette chasse qu'une heure au plus tôt avant le coucher du soleil; et ce n'est que quand cet astre a disparu de dessus l'horizon, que l'on contrefait la voix de la chouette, au moyen d'une feuille du *gramen poa*, que l'on place entre les lèvres et avec laquelle on siffle : ou bien on interpose un ruban étroit entre les deux parties d'un petit morceau de coudrier, que l'on a fendu et que l'on tient sur le bord des lèvres en soufflant à travers.

C'est à ce moment que les merles, les grives, les geais, les pies, etc., accourent en foule pour harceler la chouette qu'ils croient entendre, et que, dans leurs diverses évolutions, que leur colère anime, ils se prennent sur l'arbre. Lorsque l'on tient l'un d'eux et surtout un geai, qu'on fait crier, tous les autres accourent avec une sorte d'acharnement et de fureur, parce qu'ils croient que ce sont les accens de la douleur d'un de leurs semblables saisi par la chouette; ils vont et viennent en foule, ils crient à tue-tête, font un tapage risible, s'élancent étourdiment sur les plians et sur l'arbre, où ils s'engluent, et, en tombant, poussent de nouveaux cris, qui attirent vers ce lieu de trépas tous leurs semblables.

Si l'on veut plutôt s'amuser que détruire, on y réussit d'une manière tout-à-fait plaisante. Lorsque l'on a attrapé un geai, on le place sur son dos, près de la loge, et on l'assujettit dans cette situation avec deux crochets de bois fichés en terre, qui lui tiennent les ailes solidement attachées, sans lui faire d'autre mal que celui de la contrainte et de la privation de la liberté.

Dans cette situation il pousse des cris retentissans, qui attirent de toute part et de très-loin ses camarades; ceux-ci se répandent autour de lui : dans la mêlée confuse les uns se prennent sur les plians des avenues, et les autres sur l'arbre; mais les plus hardis s'approchent de leur compagnon captif, qui les saisit partout où il peut les attraper avec ses ongles, et ne les lâche que lorsqu'on les lui arrache.

La chasse à l'abreuvoir, sans être fatigante, est aussi fort amusante. Pour l'exécuter il suffit de trouver un petit ruisseau (moins il est rempli d'eau, meilleur il est), situé dans un taillis, et mieux encore sur la rive d'un bois. On choisit les endroits de ce petit ruisseau les moins profonds, et avec une pioche on en élargit les bords de manière qu'ils soient en pente douce, afin que l'oiseau trouve une grande facilité pour y aller boire ou s'y baigner : on a soin de couvrir avec des branchages feuillés la plus grande étendue possible du ruisseau, de manière que l'oiseau ne puisse y boire ; on ne laisse à découvert que les petites fosses que l'on a pratiquées de distance en distance, et que l'on garnit d'une multitude de gluaux, foiblement fichés en terre par leur gros bout, et tous obliquement inclinés les uns sur les autres, à la hauteur de huit centimètres (3 pouces).

Tous les oiseaux du bois accourent en foule, le matin et le soir, à ce ruisseau pour se désaltérer ; ils n'y trouvent que quelques endroits découverts, et c'est là qu'ils se rabattent et qu'ils s'empêtrent dans les gluaux : on est quelquefois obligé de tendre plusieurs fois ces petites fosses, sur lesquelles on prend indistinctement toutes sortes d'oiseaux, parce que tous sont également pressés par le besoin de boire.

On ne fait non plus cette chasse qu'à l'arrière-saison, lorsque le temps des nichées est passé ; autrement on prendroit des pères et mères qui ont des jeunes encore petits, et par ce moyen on détruiroit bientôt l'espèce entière.

La tendue aux perchées ne se fait guères que dans les planches de pois, et dans les haies un peu touffues et élevées qui entourent les jardins : elle est bien simple et elle est le grand instrument de la destruction des douces et aimables fauvettes.

Pour exécuter cette chasse, on prend une branche de coudrier (voyez la fig. II.) ou de troëne, peu importe, grosse comme le doigt et longue de six décimètres (2 pieds) : à un décimètre (à peu près 5 pouces) de distance de chacune des extrémités, on fait, avec un couteau, du même côté, une petite entaille (A A), afin que ces deux extrémités se ploient, et forment, en s'élevant perpendiculairement sur la branche (B) qui leur sert de base, deux angles parfaitement droits. A l'extrémité supérieure de ces deux branches perpendiculaires, on fait un cran (C C), qui sert d'arrêt à une ficelle qu'on y attache, et qui traverse de l'un à l'autre côté et parallèlement à la baguette inférieure. Le long de cette ficelle on établit des lacets de crins à nœuds coulans, et on les espace à la distance de cinq centimètres (deux pouces) l'un de l'autre ; on ouvre tous les anneaux que forment les nœuds coulans (D D D): puis, après avoir fait, dans une haie ou dans les ramées d'une planche de pois, une ouverture à pouvoir contenir ce piége, on l'y assujettit au moyen des deux bouts de la ficelle (E E), que l'on a conservés à l'extrémité des montans, et qu'on lie à deux branches voisines de chaque côté.

L'oiseau qui voltige autour de la haie y aperçoit un grand vide, à travers lequel il ne manque jamais de passer ; il se plaît même à se reposer sur ce bâton effeuillé des lacets, dont il s'entoure le cou : il croit prendre au loin son essor, mais il se trouve arrêté par le nœud coulant, qui en se serrant l'étrangle.

Enfin le grand, le puissant moyen de destruction de ces innocens animaux, celui que nous avons dit être employé avec tant de succès dans les endroits de la ci-devant Lorraine que nous avons indiqués ci-dessus, et que l'on appelle rejets ou sauterelles (voyez la fig. III.), consiste dans une branche de coudrier, de troëne (A A A) ou autre brin de mort-bois, d'un centimètre (un pouce à peu près) de diamètre sur un mètre ou un mètre et demi (trois ou quatre pieds) de long, que l'on ploie en demi-cerceau, en en appuyant le milieu sur le genou, tandis que des deux mains on tient les deux extrémités. A cinq centimètres (2 pouces) près du gros bout, on forme avec un couteau un mentonnet (B) (il est plus sensible dans la fig. IV), dont la coupe inférieure est nette, horizontale et parallèle à la plus grande longueur de la baguette ; la coupe supérieure (C) est obliquement posée sur ce mentonnet. Là on perce la baguette dans son milieu (D), avec une gouge faite exprès, qui est de la grosseur d'une petite plume à écrire : à travers ce trou on passe une double ficelle (fig. V.), que l'on attache à l'extrémité opposée de la baguette. (E, fig. III), tandis qu'extérieurement au trou qu'elle traverse, elle est arrêtée par une bûchette de deux centimètres (un pouce) de longueur (F, fig. V); en sorte que cette ficelle, qui n'a guères que quatre décimètres (18 pouces) de long, oblige la baguette, en la ployant en cerceau, à former un ressort.

Avant d'indiquer la manière dont on tend ce piége, il est nécessaire d'observer, 1.° qu'on a ménagé (G, fig. V) dans le milieu de la longueur de la double ficelle, un nœud que l'on a formé en croisant les deux bouts l'un sur l'autre; 2.° que l'on a une autre bûchette (voyez sa forme, fig. VI), de la grosseur du bout du petit doigt et longue d'un décimètre (4 pouces) : on taille carrément une des extrémités (A) de cette bûchette, et à l'autre extrémité on fait avec le couteau une entaille (B) dont l'ouverture regarde la longueur de la bûchette.

Lorsqu'il s'agit de tendre, dans le bois ou le long de sa rive, ce rejet ou cette sauterelle, il faut au préalable avoir fiché perpendiculairement en terre une baguette de six décimètres (2 pieds) de hauteur (voyez la fig. VII, A), dont l'extrémité supérieure est engagée entre les deux bouts de ficelle au-delà du nœud (B), et qui lui sert de tuteur. Les choses étant ainsi disposées, on tire à soi la petite bûchette qui tient à la ficelle, que l'on force de sortir par le trou de la sauterelle, jusqu'au-delà du nœud : lorsque ce nœud est sorti, on interpose, entre lui et le mentonnet dont nous avons parlé, la partie carrée de la bûchette (fig. VI), et au moyen de la force de ressort que fait la partie du derrière du cerceau, le nœud presse nécessairement la bûchette contre le mentonnet et l'assujettit dans cette situation; on étend ensuite en rond sur cette bûchette la partie de la ficelle qui, depuis son nœud, est hors de la sauterelle, et on l'introduit dans le cran (C) dont nous avons parlé.

Cet instrument fatal demeure ainsi tendu jusqu'à ce qu'un oiseau vienne se poser sur la bûchette, que son poids détend; et il se trouve les pieds engagés dans la ficelle, qui, subitement tirée par le ressort de la partie postérieure du rejet, les lui fracasse le plus souvent.

C'est avec cet instrument, cinq, six mille fois répété dans une petite forêt, que les oiseleurs des environs de Mi-recourt prennent une quantité incalculable de becs-fins, de geais, de grives, de merles, etc.

Nous avons pensé qu'il valoit mieux donner à la suite de la première section des Becs-fins la description des dif-férens piéges que nous connoissons pour être employés à leur destruction en général, plutôt que de les répéter à l'article de chaque espèce en particulier.

SECTION II. *Les Fauvettes.*

Caract. partic. Bec très-légèrement échancré vers la pointe; quelques poils roides placés de chaque côté de la base de la mandibule supérieure, et dirigés d'arrière en avant; langue frangée par le bout; dedans du bec noir vers l'extrémité et jaune dans le fond; ongle postérieur le plus fort de tous.

Le nombre des fauvettes est si considérable, les va-riétés que l'on rencontre dans cette famille sont si multi-pliées, que pour donner l'histoire complète de ces oiseaux, après en avoir élagué tout ce qui fait confusion dans le signalement qu'en ont tracé quelques ornithologistes, il faudroit y avoir employé la vie de plusieurs hommes ins-truits et qui se seroient disséminés sur les différens points de la surface du globe.

Nous avons tâché de signaler ici le plus grand nombre de ces oiseaux qu'il nous a été possible, et toutes nos descrip-tions ont été faites sur les individus mêmes; seulement nous regrettons de n'avoir pas été à portée d'étudier les mœurs et les habitudes de chacun d'eux en particulier.

FAUVETTE COMMUNE, *Motacilla hortensis*, Linn., Buff. pl. enl. n.° 579, fig. 1. Cette première espèce de fauvette est la plus grande de celles que nous voyons en France: elle est à peu près de la grosseur du rossignol; sa longueur, du bout du bec à l'extrémité de la queue, est d'un déci-mètre (six pouces); elle a près de deux décimètres (neuf pouces) de vol, et lorsque ses ailes sont ployées, elles atteignent presque les trois quarts de la longueur de sa queue. Son bec est d'un brun noirâtre; l'iris de ses yeux est couleur de noisette, et ses pieds, ainsi que ses ongles, sont bruns.

Elle a tout le dessus du corps d'un gris-brun, plus foncé sur la tête; une raie longitudinale blanchâtre part de la racine du bec, et s'étend jusqu'au-dessous de l'œil, où elle se dessine par un petit trait de même couleur, en forme de sourcil : on voit une tache noirâtre au-dessous et un peu en arrière de cet organe. Tout le bas du corps, à partir de la gorge, est d'un blanc roussâtre : les grandes pennes des ailes sont d'un brun cendré, bordées de gris; celles de la queue sont brunes, à l'exception de la plus extérieure de chaque côté, qui est d'un blanc sale en dehors et vers son sommet.

La fauvette commune habite la France, comme l'Italie, où elle paroît en grand nombre dans les champs et les jardins; on l'y voit s'égayer, agacer ses semblables, les poursuivre à travers les arbustes et les tiges des plantes : leurs attaques sont aussi légères que leurs combats sont innocens, et toujours ils se terminent par une petite chanson. C'est dans ces endroits, et particulièrement sur les ramées qui soutiennent les pois, qu'elle place son nid; elle le compose d'herbes sèches en dehors et de crins en dedans : la femelle y pond ordinairement cinq œufs, qu'elle couve avec le plus grand soin, mais qu'elle abandonne lorsqu'on les a touchés, ou bien quand elle a vu rôder autour quelque ennemi, tel qu'un chat, ou quelque autre animal qu'elle croit pouvoir devenir funeste à sa progéniture. Pendant tout le temps que durent les soins pénibles de l'incubation, le mâle prodigue mille attentions à sa compagne, et tout le temps qui n'est pas employé à lui procurer de la nourriture, il le passe à chanter auprès d'elle; ils partagent de concert les soins de leur famille naissante, dont ils ne se séparent qu'au moment où, après l'année révolue, les jeunes s'accouplent à leur tour.

Toutes les fauvettes sont des oiseaux qui, à leur retour parmi nous, se dispersent dans l'étendue de nos campagnes, qu'elles animent par leurs mouvemens et leurs petits concerts toujours mélodieux. Les unes préfèrent la solitude des bois, et les autres les prairies; celles-ci se cachent parmi les roseaux, et celles-là viennent égayer nos jardins, nos bosquets, nos avenues et nos vergers.

De celles qui habitent la France, toutes y arrivent, ainsi que nous l'avons dit plus haut, au printemps et en partent en automne; une seule espèce, suivant des mœurs opposées, n'y paroît qu'en automne pour repartir au printemps.

Toutes les fauvettes, en général, sont des oiseaux craintifs et timides, qui, à la vue du moindre danger, se cachent en silence dans l'épaisseur du feuillage, et qui, après l'instant du péril, reprennent leur gaieté, leurs mouvemens et leurs chansons. On les voit souvent, le matin surtout, après les pluies douces qui tombent dans les belles nuits d'été, recueillir la rosée, courir sur les feuilles mouillées, et se couvrir des gouttes du feuillage qu'elles secouent. Quoique toutes ne se nourrissent que d'insectes mous et de vermisseaux, cependant, lorsqu'au commencement de l'automne le nombre des insectes commence à diminuer, elles sont forcées de vivre de baies et de petits fruits mous : c'est à ce moment surtout que les oiseleurs leur font une guerre cruelle, parce qu'alors la graisse dont elles sont chargées en fait un mets délicat, et qui pour cette raison est fort recherché. On élève en cage quelques espèces de fauvettes qu'on nourrit à la manière du rossignol, auquel on les préfère quelquefois, sinon pour la beauté et l'étendue du chant, au moins pour la douceur et l'amabilité de leurs mœurs.

FAUVETTE A BEC NOIR, *Motacilla nigrirostris*, Linn. Cette fauvette, qui a près de deux décimètres (7 pouces) de longueur de l'extrémité du bec à celle de la queue, a tout le dessus du corps d'un brun olivâtre; les couvertures des ailes terminées de blanc roussâtre, et les pennes de ces parties bordées de jaunâtre; celles de la queue sont pointues et de même couleur que le dessus du dos, à l'exception de la plus extérieure de chaque côté, qui est blanche : un trait d'un jaune roussâtre est placé entre le bec et l'œil de cet oiseau, dont la poitrine est rousse, tachée de noirâtre, et le ventre blanc. L'iris de ses yeux est couleur de noisette; la base des mandibules du bec est jaunâtre, marquée de chaque côté d'une raie noirâtre ; le reste est noir : les pieds sont d'un jaune brunâtre, et les ongles bruns.

On croit que cette fauvette n'habite que les pays méridionaux, où elle est de passage annuellement périodique.

Fauvette a longs pieds, *Motacilla longipes*, Linn. Cette fauvette, qui se trouve dans la nouvelle Zélande, est surtout remarquable par ses pieds et ses doigts de couleur incarnate ; ces derniers ont plus de deux centimètres (un pouce) de longueur ; elle a le bec noir, l'iris d'un cendré bleuâtre, et les ongles d'un brun clair. Sa longueur totale est de plus d'un décimètre (quatre pouces et demi), de l'extrémité du bec à celle de la queue : le sommet de sa tête et tout le dessus de son corps sont d'un beau vert clair ; les pennes de ses ailes et de sa queue sont d'un vert plus foncé ; ses yeux sont bordés en dessous d'un demi-cercle blanc. Elle a le front, les tempes, les joues et les côtés du cou d'une belle couleur cendrée, qui se répand sur toutes les parties inférieures de son corps, jusques aux couvertures du dessous de sa queue, qui sont d'un blanc sale à leur origine ; cette couleur passe à une teinte jaune, qui insensiblement devient verdâtre, à mesure qu'elle approche de l'extrémité des plumes.

Fauvette a poitrine blanche, *Motacilla dumetorum*, Linn. C'est dans les bois touffus de l'Allemagne et de la Russie qu'on trouve cette fauvette, qui en anime l'ombrage et la solitude par son chant mélodieux et incessamment répété. Elle a un décimètre quatre centimètres (5 pouces) de longueur, du bout du bec à celui de la queue, et ses ailes, lorsqu'elles sont ployées, atteignent la moitié de cette longueur. Le sommet de sa tête est d'un brun bleuâtre ; tout le dessus de son corps est d'un brun cendré ; sa gorge et sa poitrine sont blanches, ainsi que le reste du dessous de son corps, qui cependant est d'une teinte salie ; son bec est d'un blanc jaunâtre à sa base et noir à sa pointe ; l'iris est de couleur de noisette ; ses pieds sont plombés, et ses ongles bruns.

C'est dans les arbustes touffus que cet oiseau fait son nid : il le compose à l'extérieur de mousse, qu'il entrelace avec des racines flexibles de quelques graminées ; l'intérieur est

garni de matières mollettes et surtout de plumes. C'est
sur ce matelas douillet et chaud que la femelle pond ordinairement cinq œufs, d'un fond gris, mouchetés et rayés
finement d'une couleur verdâtre.

FAUVETTE A POITRINE JAUNE DE LA LOUISIANE, *Turdus
trichas*, Linn., Buff. pl. enl. n.° 709, fig. 2. Quoique Linnæus, dans son *Systema naturæ*, présente cet oiseau comme
une espèce de grive, cependant nous le placerons ici parmi les fauvettes, puisque nous y sommes autorisés par
Buffon, qui ne l'a rangé ainsi que d'après des caractères
qui lui ont paru suffisans, sans doute, pour déterminer sa
famille.

Cette fauvette, la plus brillante en couleur de toutes
ses congénères, est de la grossseur de la fauvette grise ;
elle a, comme elle, un décimètre quatre centimètres (cinq
pouces cinq lignes) de longueur, de l'extrémité du bec à
celle de la queue, et lorsque ses ailes sont ployées, elles
ne s'étendent guères qu'au tiers de la longueur de cette
partie : son vol est de deux décimètres deux centimètres
(huit pouces et demi). Tout le sommet de sa tête, depuis
la base du bec jusqu'au haut du cou, est d'un fond noir
et lustré ; une bande, d'un blanc d'autant plus éclatant
qu'il contraste davantage avec le noir de cette partie, couvre
le milieu de la tête, se prolonge en se rétrécissant vers
l'angle postérieur de l'œil, où il forme une ligne de démar-
cation entre la couleur noire de la tête et l'olivâtre foncé
qui est généralement répandu sur tout le dessus du corps,
y compris les pennes des ailes et celles de la queue. Trois
nuances de jaune forment la couleur du dessous de cet
oiseau ; sa gorge, le devant de son cou, ainsi que sa poitrine, sont couleur de citron ; le bas-ventre est d'un jaune
de paille, et les flancs sont d'un jaune de souci pâle. Le
bec et l'iris de ses yeux sont noirs, ses pieds rougeâtres, et
ses ongles d'un brun noir.

FAUVETTE A POITRINE JAUNE (petite), *Motacilla hippolais*,
Linn. La petite fauvette à poitrine jaune est à peu près de
la grosseur du serin ; elle a un décimètre trois centimètres
(cinq pouces) de longueur, du bout du bec à l'extrémité
de la queue : son vol est d'un décimètre neuf centimètres

(7 pouces 8 lignes), et ses ailes ployées atteignent le milieu
à peu près de la longueur de sa queue.

Il paroît que cette espèce avoit été oubliée dans la liste
générale des fauvettes ; il est certain du moins qu'Aldrovande en avoit fait une espèce de becfigue. Nous l'avons
souvent observée dans la ci - devant Lorraine, où elle est
aussi commune que la fauvette ordinaire, et depuis long-
temps nous en réservions l'histoire pour notre Tableau
d'ornithologie de la France. Cette petite espèce établit son
nid, ou dans quelque buisson, ou à la bifurcation de
quelques gros herbages à peu de distance de la terre : elle
le construit extérieurement de mousse entrelacée avec quelques racines fibreuses et déliées de plantes; elle en garnit
l'intérieur d'un peu de laine et de beaucoup de plumes;
et c'est sur ce lit douillet que la femelle pond ordinairement cinq œufs blancs, semés d'une multitude de petites
lignes et de taches d'un brun rougeâtre. La ponte se renouvelle au moins deux fois chaque année, et les petits
qui en éclosent forment avec le père et la mère une société intime, qui ne se sépare que l'année suivante, lorsque
chaque couple s'unit pour donner le jour à une autre petite
famille.

Cette fauvette est une de celles que l'on prend en plus
grande abondance, soit sur les sauterelles, soit dans les
perchées dont nous avons parlé au commencement de cet
article.

Elle a tout le dessus du corps d'un brun verdâtre ; les
pennes des ailes grises, bordées de verdâtre ; le pli de
l'aile d'un brun foncé ; et les pennes de sa queue sont
de même couleur et frangées comme celles des ailes.
Deux traits d'un jaune pâle, partant de la base du bec,
se dirigent vers l'occiput, en passant l'un au - dessus et
l'autre au - dessous de l'œil ; la poitrine est aussi d'un
jaune pâle, et le reste du dessous du corps est d'un gris de
perle, à l'exception des couvertures du dessous de la
queue, qui sont d'un gris lavé de jaune ; l'iris des yeux est
couleur de noisette ; la mandibule supérieure du bec est
noire, ainsi que les pieds et les ongles, et l'inférieure est
de couleur de corne bleuâtre.

Fauvette aquatique, *Motacilla aquatica*, Linn. Celle-ci est un des oiseaux de passage annuel qui nous abandonnent les premiers : durant son séjour parmi nous elle ne fréquente guères que les prairies basses et les endroits fangeux, ce qui, sans doute, lui a valu l'épithète d'aquatique ; là elle paroît toujours perchée au sommet de quelque plante, d'où elle fait entendre des accens courts et fréquemment interrompus. Elle est à peu près de la grosseur d'un chardonneret ; elle a un décimètre trois centimètres (cinq pouces) de longueur, de l'extrémité du bec à celle de la queue, et ses ailes ployées atteignent la moitié de cette longueur. Elle fait son nid à terre, au pied de quelques grosses plantes, telles que le panais sauvage, ou dans la mousse de quelque buisson antique ; elle ne le compose que de quelques herbages secs à l'extérieur, et d'un peu de crin en dedans : il est rare que la femelle y ponde plus de quatre œufs ; ils sont d'un fond de couleur grisâtre, mouchetés légèrement de brun. Sa tête et tout le dessus de son corps sont d'un roussâtre pâle, tacheté de brun ; le croupion est blanchâtre, de même que le ventre et les couvertures du dessous de la queue ; les grandes pennes des ailes sont d'un brun roussâtre, de même que celles de la queue, qui sont pointues. On voit sur le pli de l'aile une bande blanche qui en borde une partie de la longueur ; et au-dessus de l'œil, un peu en arrière, une tache de même couleur : la gorge et la poitrine sont roussâtres ; le bec est brun ; l'iris brunâtre, ainsi que les ongles, et les pieds sont jaunâtres.

Fauvette a queue bleue, *Motacilla cyanura*, Linn. On connoît dans la Sibérie, aux environs du fleuve Jenisseik, une espèce de fauvette de la taille à peu près de notre rouge-gorge, et qui en a le port : cette fauvette, qui est de passage annuel dans ces contrées lointaines, y arrive, comme les nôtres, au printemps, et, comme elles, les abandonne aux approches de l'hiver.

Elle a tout le dessus du corps d'un cendré jaune, depuis la base supérieure du bec jusqu'au croupion, qui est bleuâtre ; toutes les pennes de ses ailes sont brunes, bordées à l'extérieur de jaune verdâtre, et à l'intérieur de jaune pur ;

au-dessus de l'œil on voit un trait de blanc jaunâtre, qui forme une espèce de sourcil : tout le dessous du corps depuis la gorge est d'un blanc jaunâtre, à l'exception des côtés de la poitrine, qui sont d'un beau jaune orangé, et des couvertures de la queue, qui sont d'un blanc pur; les pennes de cette partie, au nombre de douze, sont d'un brun bleuâtre, bordées extérieurement de bleu clair.

FAUVETTE A TÊTE NOIRE, *Motacilla atricapilla*, Linn.; Buff. pl. enlum. n.º 580, fig. 1. Un peu moins grosse que la fauvette commune, elle a un décimètre quatre centimètres (5 pouces 3 lignes) de longueur, de l'extrémité du bec à celle de la queue, et deux décimètres deux centimètres (8 pouces 6 lignes) de vol; lorsque ses ailes sont ployées, elles atteignent, à peu de chose près, la moitié de la longueur de sa queue.

De toutes les espèces de fauvettes celle-ci est, sans contredit, celle dont le ramage est le plus doux, le plus mélodieux et le plus agréable; il tient beaucoup de celui du rossignol, sans en avoir les batteries fortes, qui quelquefois sont dures pour une oreille un peu délicate. Le chant de cet oiseau se continue long-temps après que le rossignol a cessé de se faire entendre; il le prolonge même jusques vers la mi-Août.

Cette fauvette a le dessus de la tête d'un beau noir profond, le derrière du cou et le dessus du corps d'un brun teint d'une nuance obscure d'olivâtre; les joues, la gorge et tout le dessous du corps, d'un gris qui passe insensiblement au blanchâtre, depuis la poitrine jusques sur les couvertures du dessous de la queue. Les pennes des ailes sont d'un gris brun, bordées extérieurement d'olivâtre et intérieurement de blanchâtre; leurs couvertures sont de même couleur, mais bordées de brun olivâtre : les pennes de la queue sont aussi d'un gris brun et bordées de même que les couvertures des ailes. L'iris est d'un brun foncé; le bec est brun; les pieds sont plombés, et les ongles noirâtres.

La femelle de cet oiseau, un peu plus petite que le mâle, en diffère en ce qu'elle a le sommet de la tête d'un brun marron : les jeunes mâles conservent les nuances du plumage de la femelle jusqu'à la première mue, époque où leur tête devient noire.

La fauvette à tête noire construit son nid à peu de distance de terre, dans des buissons de houx ou de genièvre, dans ceux d'églantier ou d'aubépine; ce nid, qui n'a pas beaucoup de diamètre, mais qui est profond, est composé à l'extérieur d'herbes sèches, et le dedans est garni de beaucoup de crins : la femelle y pond quatre ou cinq œufs roussâtres, tachetés de couleur marron.

Tout le temps que dure l'incubation, le mâle ne partage pas seulement ce soin pénible avec sa femelle, mais il se tient près d'elle, et cherche à l'égayer par son chant, qu'il n'interrompt que pour aller lui chercher des mouches, des fourmis ou des vermisseaux.

On nourrit en cage les fauvettes à tête noire que l'on prend jeunes, et on les élève avec la même pâtée et les mêmes soins que le rossignol. Elles se privent facilement et s'attachent d'une manière toute particulière aux personnes qui en prennent soin, ce que ne fait point le rossignol. On les nourrit adultes avec toutes sortes de graines, et particulièrement avec celles du chénevis; elles vivent ainsi six ou sept ans, pourvu qu'en hiver on les tienne abritées du froid.

S'il nous reste quelques fauvettes à tête noire durant la saison rigoureuse, ce ne peut être, comme nous l'avons déjà dit, que celles dont la ponte a été tardive; alors elles sont réduites à se nourrir de petites baies, et il en périt probablement beaucoup. On dit que les femelles arrivent en France long-temps après les mâles.

Fauvette aurore de Sibérie, *Motacilla aurorea*, Linn. Pallas et Latham font mention dans leurs ouvrages d'une espèce de fauvette qui, dès le mois d'Avril, se répand en assez grande abondance dans les saussaies qui bordent la rivière de Selinga en Sibérie, ainsi que dans celles qui avoisinent toutes les rivières qui s'y perdent, jusques vers les confins de la Chine. Cet oiseau ne se confine pas dans ces solitudes, qu'il égaie par son chant, mais il se répand aussi dans les haies et les jardins des villages de ces pays : il y fait son nid dans quelques buissons fourrés ; il le compose extérieurement de mousse et des racines flexibles du chiendent, et il le garnit intérieurement de laine. La femelle y pond quatre ou cinq œufs gris, mouchetés et lisérés de petites lignes fauves.

Cette fauvette est à peu près de la grosseur de notre rouge-gorge, mais elle a le corps plus effilé ; sa longueur, du bout du bec à l'extrémité de la queue, est d'un décimètre trois centimètres (5 pouces), et ses ailes ployées atteignent la moitié de la longueur de sa queue.

Le sommet de sa tête et le haut de son cou sont d'un beau gris de perle ; son front est d'un blanc sale ; tout le dessus de son dos est noirâtre, ainsi que les pennes de ses ailes, qui, dans leur milieu, sont marquées d'une tache blanche triangulaire : des douze pennes qui composent sa queue, les deux intermédiaires sont noires et les latérales fauves ; le dessous de son corps est entièrement de cette dernière couleur, à l'exception de la gorge, qui est ornée d'une espèce de plastron d'un noir velouté. Le bec de cet oiseau est d'un brun foncé ; ses yeux sont gris ; ses pieds plombés, et ses ongles d'un brun marron.

FAUVETTE BABILLARDE, *Motacilla curruca*, Linn.; Buff. pl. enl. n.º 580, fig. 3. C'est l'espèce la plus commune des fauvettes qui habitent la France, où elle arrive une des premières au printemps, et d'où elle repart dans le mois d'Octobre ; elle est à peu près de la taille du becfigue. C'est elle que l'on voit voltiger sans cesse sur le bord des chemins, autour des buissons, et particulièrement dans les champs ensemencés de vesces et de pois, au-dessus desquels elle s'élève fréquemment, pirouette en l'air et retombe perpendiculairement, en chantant toujours d'un ton gai, vif, mais monotone : et c'est sans doute son babil, qui n'est presque jamais interrompu, qui lui a valu l'épithète de babillarde.

Le plumage de cet oiseau ne présente que des nuances sombres et monotones comme son chant. Sa tête est cendrée, le dessus de son corps est de même couleur mêlée d'un peu de brun ; il a la gorge et le dessous du corps d'un blanc teint de roussâtre ; les côtés et les jambes d'un gris clair. On remarque au-dessus de l'œil une bande longitudinale d'un cendré foncé, qui part de la base du bec et se dirige vers l'occiput : les pennes de ses ailes sont brunes, bordées de gris roussâtre ; celles de sa queue sont de même couleur et bordées de même, à l'exception de la plus extérieure de chaque côté, qui est blanche extérieurement, et d'un cendré bordé de blanc du côté intérieur : l'iris de ses yeux est de couleur de noisette ; son bec est noirâtre, ainsi que ses ongles, et ses pieds sont bruns.

Cette fauvette, qui se nourrit de chenilles, de vers et d'autres insectes mous, fait ordinairement son nid dans des buissons environnés de ronces, ou bien dans les champs de pois et de vesces ; elle le compose à l'extérieur d'herbes sèches et grossières, et le garnit intérieurement de laine : la femelle pond, dans ce petit réduit, quatre ou cinq œufs verdâtres, pointillés de brun. On assure que cet oiseau quitte non-seulement ses œufs, lorsqu'il soupçonne qu'on a découvert son nid ; mais on lui reproche encore d'abandonner trop légèrement ses petits, qu'il refuse de nourrir, lorsqu'on les a touchés.

Fauvette bleuâtre de S. Domingue, *Motacilla cærulescens*, Linn. Cette charmante fauvette, qui n'a qu'un décimètre un centimètre (quatre pouces et demi) de longueur, de l'extrémité du bec à celle de la queue, n'est pas constamment sédentaire à S. Domingue. Quelques auteurs prétendent même qu'elle n'y paroît que dans les mois de Janvier, Février et Mars ; qu'elle y est alors en grande abondance, et qu'elle y vit solitaire dans les bois, qu'elle abandonne au printemps pour aller nicher dans les régions septentrionales de cette partie du monde.

Tout le dessus de sa tête et de son corps est d'un cendré bleuâtre : les pennes de ses ailes sont brunes, marquées d'une tache blanche dans leur milieu ; celles de sa queue sont aussi brunes, mais elles sont bordées de cendré brun : tout le dessous de son corps est blanc, à l'exception de sa gorge, qui est noire.

Fauvette Calliope, *Motacilla Calliope*, Linn. C'est à la cime des arbres, dans les saussaies épaisses et voisines des montagnes de la Sibérie orientale, depuis le Jenisseïk jusqu'à la Léna, que Pallas et Latham assurent que l'on rencontre cette fauvette , dont le chant est moelleux et des plus agréables.

Celle qui a fourni le signalement que nous traçons ici de cet oiseau, est à peu près de la grosseur du rossignol ordinaire ; sa longueur , du bout du bec à celui de la queue, est d'un décimètre sept centimètres (six pouces et demi), et ses ailes ployées s'étendent à la moitié de la longueur de cette dernière partie : tout le dessus de son corps est d'un roussâtre tacheté d'olivâtre, ainsi que les pennes de ses ailes et celles de sa queue ; le dessous de son corps est entièrement d'un blanc jaunâtre, à l'exception néanmoins de sa gorge, qui est recouverte d'un joli plastron d'un rouge vif et éclatant, entourée d'une ligne blanche , qui elle - même est entourée d'une autre ligne noire. Ses sourcils sont blancs, et on voit de chaque côté des com- missures du bec un trait noir qui s'étend jusques sous l'œil. Cet oiseau a le bec couleur de corne , ainsi que les ongles ; l'iris brun et les pieds jaunâtres.

Fauvette citrine de la Nouvelle-Zélande , *Motacilla citrina*, Linn. C'est à la Nouvelle-Zélande particulièrement que l'on trouve cette jolie petite espèce, qui n'est pas plus grosse que notre roitelet ; elle a de longueur totale, me- surée du bout du bec à celui de la queue, neuf centimè- tres (trois pouces et demi). Tout le dessus de son corps est finement rayé de noir sur un fond jaune ; ses joues sont blanches, ainsi que tout le dessous de son corps ; les pennes de sa queue , qui est courte, sont d'un beau noir , terminées de jaune ; son bec , ses yeux, ses pieds et ses ongles, sont aussi noirs.

Fauvette de Provence ou le Pit-chou , *Motacilla provin- cialis*, Linn. ; Buff. pl. enlum. n.° 655 , fig. 1. On nomme, en Provence, pit-chou une espèce de petite fauvette qui n'est pas plus grosse qu'un roitelet : elle a un décimètre trois centimètres et demi (cinq pouces trois lignes) de longueur, de l'extrémité du bec à celle de la queue, qui, à elle seule, fait à peu près la moitié de cette longueur ; et lorsque ses ailes sont ployées, elles ne s'étendent que jusqu'à l'origine de cette partie. Cet oiseau rôde pendant le jour autour des choux, dans l'intention d'y découvrir, sans doute, des chenilles, et pendant la nuit il se cache entre les feuilles de ce légume, afin d'éviter, dit-on, la recherche et les poursuites de la chauve-souris, qui vient le soir et le matin voltiger aux environs de cette plante, dans l'intention d'y découvrir cette petite fauvette et d'en faire sa proie; mais cette opinion est sans doute erronée.

Le pit-chou a le sommet de la tête et tout le dessus du corps d'un cendré foncé; les pennes des ailes et de la queue de même couleur, mais bordées de cendré clair en dehors et de noirâtre en dedans. Tout le dessous du corps, depuis la gorge jusqu'aux couvertures de la queue inclusivement, est d'un roux ondé et varié de blanc; le bec de cet oiseau est jaunâtre à sa base, et d'un brun noir à sa pointe; ses yeux sont de couleur de noisette, ses pieds jaunâtres et ses ongles bruns.

Fauvette des roseaux, *Motacilla salicaria*, Linn. Cette fauvette habite les marais et le bord des eaux, les joncs et les herbages, d'où elle s'élance dans les airs pour prendre les demoiselles et autres insectes ailés qui y voltigent. Elle se fait remarquer autant par la mélodie de son chant, qu'elle anime surtout pendant la nuit, que par l'art avec lequel elle construit son nid au-dessus des eaux; elle le suspend à deux, trois ou quatre roseaux, par autant d'anneaux qu'elle a fabriqués de mousse et de crin, et qu'elle a laissés assez lâches pour que le nid puisse s'élever et s'abaisser suivant la crue de l'eau. Cependant, comme ces anneaux ne peuvent glisser que d'un nœud à l'autre du roseau, il arrive que si l'eau, en se gonflant, dépasse le nœud supérieur, la couvée est submergée. Son nid, qui n'est composé que de paille artistement entrelacée avec des brins d'herbes sèches, est très-épais dans le fond, sans doute pour éviter la trop grande humidité de l'eau; il est intérieurement garni d'une certaine épaisseur de crins, sur laquelle la femelle pond quatre ou cinq œufs, d'un blanc sale, marbrés de brun, et de taches plus sensibles vers le gros bout.

Cette espèce de fauvette est extrêmement commune sur le Madou, petite rivière du département des Vosges; elle y est particulièrement connue sous le nom de tran-tran, qui est l'expression ordinaire de son babil, qu'elle n'interrompt pas un instant depuis son arrivée jusqu'à son départ.

Le plumage de cet oiseau, qui n'a qu'un décimètre trois centimètres (cinq pouces quatre lignes) de longueur, et deux décimètres un centimètre (neuf pouces) de vol, n'offre rien de remarquable; il est d'un gris roussâtre sur les parties supérieures, et jaunâtre sur les inférieures: son bec est d'un brun rougeâtre; ses yeux sont de couleur de noisette; ses pieds jaunâtres, et ses ongles gris.

Fauvette des Alpes, *Motacilla alpina*, Linn.; Buff. pl. enlum. n.° 668, fig. 2. Dans les Pyrénées et les Alpes, où cette fauvette habite les lieux solitaires des montagnes les plus escarpées et les plus arides, on la connoit sous le nom vulgaire de *pégol*. On ne rencontre jamais ces oiseaux que par couples: il est rare qu'ils quittent le sommet des montagnes, à moins qu'ils n'y soient forcés par quelques coups violens de tempête, qui s'y font sentir surtout pendant l'hiver; et c'est à ce moment seul qu'on voit cette espèce de fauvettes se précipiter en foule dans les vallons, où elles paroissent extrêmement stupides, et si effrayées qu'elles donnent inconsidérément dans tous les piéges qu'on leur tend.

Durant toute la belle saison, la fauvette des Alpes fait entendre, sur le sommet des montagnes, un chant doux, filé et éxtrèmement monotone: elle s'y nourrit de graines et plus particulièrement d'insectes.

Cet oiseau, qui a un décimètre sept centimètres (six pouces et demi) de longueur, de l'extrémité du bec à celle de la queue, et deux décimètres huit centimètres (dix pouces six lignes) de vol, n'a rien dans son plumage qui ne soit le symbole de son caractère mélancolique: toutes les plumes qui recouvrent le dessus de son corps sont d'un gris sombré, marquées d'une tache obscure brune dans leur milieu; les pennes des ailes sont grises, de même que les douze qui composent sa queue et qui sont fort étroites; sa gorge est d'un blanc sale tacheté de noir; sa poitrine est grise, et ses flancs sont rougeâtres.

Cette fauvette, qui paroît aussi en été sur les hautes montagnes des Vosges, sur lesquelles cependant on ne croit pas qu'elle niche, a la mandibule supérieure du bec d'un brun noir, ainsi que la pointe de l'inférieure, dont la base est jaunâtre; ses yeux sont bruns, ainsi que ses ongles, et ses pieds sont de couleur de chair.

Fauvette des haies. C'est le nom que Brisson donne à la Fauvette d'hiver. Voyez ce mot ci-après.

Fauvette des bois ou la roussette, *Motacilla schœnobænus*, Linn. La roussette est un des oiseaux que, dans la ci-devant Lorraine, l'on prend le plus communément, dès la fin de l'été, à l'espèce de chasse qu'on a nommée abreuvoir; surtout si cet abreuvoir est situé dans le bois, parce que c'est là qu'elle se tient exclusivement, depuis les premiers jours du printemps jusques bien avant dans l'automne, époque à laquelle elle passe dans des régions plus tempérées : elle ne fréquente jamais nos jardins ou nos champs, comme la plupart de ses congénères.

Elle est à peu près de la taille de la fauvette ordinaire; comme elle, elle est d'un naturel gai, alerte, et toujours en mouvement : elle en diffère néanmoins par les couleurs de sa robe, car tout le dessus de son corps est brun, et chaque plume qui recouvre cette partie est légèrement bordée de roux; les pennes de ses ailes et de sa queue sont brunes, sans bordure ni mélange d'autres couleurs; tout le dessous de son corps, depuis la gorge jusqu'aux couvertures inférieures de sa queue inclusivement, est roussâtre; l'iris est brun; le bec et les ongles sont noirâtres, et les pieds d'un blanc jaunâtre.

C'est ordinairement dans le taillis que cet oiseau construit son nid; il le place dans quelque touffe épaisse de jeunes pousses d'arbres, et à la hauteur d'un homme. Ce nid est formé à l'extérieur de mousse consolidée avec quelques crins ou quelques petites racines fibreuses; à l'intérieur il est garni d'une certaine épaisseur de laine, que le mâle et la femelle, de concert, vont recueillir le long des haies garnies d'épines, contre lesquelles les moutons en passant ont accroché leur toison : c'est sur ce lit mollet que la femelle pond quatre ou cinq œufs, d'un joli bleu céleste, et que le mâle et la femelle couvent alternativement.

Les petits de cette fauvette, que l'on élève assez facilement à la bûchette avec des larves de fourmis, que l'on nomme assez improprement leurs œufs, sont gais, aimables, et dédommagent amplement des soins que l'on a donnés à leur éducation, par mille caresses et par leurs agaceries : on continue de les nourrir en cage avec la pâtée que nous avons indiquée pour le rossignol.

Plusieurs observateurs nous assurent que cet oiseau, lorsqu'il nous abandonne, n'outre-passe pas, dans ses émigrations périodiques, nos départemens méridionaux, où la température est suffisamment douce pour y entretenir les insectes et les vermisseaux dont il fait sa principale nourriture lorsqu'il est en liberté.

FAUVETTE DE S. DOMINGUE OU LE COU-JAUNE, *Motacilla pensilis*, Linn.; Buff. pl. enlum. n.° 686, fig. 1. Le nid de cette espèce de fauvette, qui habite S. Domingue, est digne de fixer l'attention des hommes même les plus indifférens sur les productions admirablement variées de la nature : ce nid, dont on voit un grand nombre dans les magasins du Muséum d'histoire naturelle de Paris, est construit avec une industrie qui étonne. Ce petit édifice est composé de brins d'herbes sèches, de fibres de feuilles et de très-menues racines flexibles, que l'oiseau a tissus avec art pour en former une espèce de boule assez épaisse et assez serrée pour devenir imperméable à la pluie : il est hermétiquement fermé en dessus et dans tout son pourtour, et il n'a d'autre ouverture qu'en dessous ; l'oiseau est donc obligé d'y entrer en montant. Une cloison mitoyenne en sépare l'entrée d'avec le fond, qui est destiné à la couvée, et qui est garni d'une sorte de lichen ou bien du duvet soyeux de quelques plantes, sur lequel la femelle pond, plusieurs fois par an, trois ou quatre œufs. Ce nid, admirable dans sa construction, ne l'est pas moins par l'espèce de discernement avec lequel cette fauvette sait le placer afin de se soustraire, ainsi que sa progéniture, aux ennemis nombreux qui ne manqueroient pas de les dévorer s'ils pouvoient y atteindre : c'est toujours à un jet de liane, qui, d'un arbre à l'autre, flotte au-dessus des eaux, qu'elle le fixe par une ligature solide, quoique flexible, qui lui donne la liberté de voltiger au gré des vents, ce qui la rassure contre la crainte de l'oiseau de proie, des rats ou des autres petits quadrupèdes carnassiers, qui en sont très-friands, et qui savent se dédommager de leur impuissance actuelle en épiant les petits sans expérience encore, et en les saisissant au moment qu'ils prennent leur essor pour essayer leurs forces; ce qui est cause que l'espèce n'en est pas très-multipliée.

Le cou-jaune ne fréquente que le bord des ruisseaux ou des sources enfoncées dans les forêts, où on le voit toujours en mouvement, sautant de branches en branches en poursuivant les papillons, cherchant des chenilles et d'autres insectes, et égayant ces lieux solitaires par les sons harmonieux de son chant très-agréable.

Cette fauvette, d'un décimètre deux centimètres (quatre pouces neuf lignes) de longueur, du bout du bec à l'extrémité de la queue, et de deux décimètres un centimètre (huit pouces) de vol, a le plumage orné d'assez belles couleurs; le sommet de sa tête est d'un gris noir, qui s'éclaircit en descendant sur le cou, et passe insensiblement à une couleur de gris de perle, depuis le dos jusqu'au croupion; les couvertures de ses ailes sont hachées et mouchetées de bandes noires et blanches, qui se croisent les unes sur les autres. Les pennes de ces parties, qui sont d'un gris d'ardoise, sont bordées intérieurement de gris blanc; et l'on voit sur ces pennes, lorsqu'elles sont ployées, de grandes taches blanches : celles de la queue, au nombre de douze, sont de même couleur que celles des ailes, à l'exception des deux plus extérieures de chaque côté, qui sont marquées de grandes taches blanches. Entre l'œil et le bec se trouve placée une petite tache jaune, qui se prolonge circulairement au-dessus de cet organe, et y forme une espèce de sourcil. Tout le dessous du corps est blanc, depuis la gorge jusqu'aux couvertures du dessous de la queue, excepté cependant les côtés du ventre, qui sont grivelés de blanc et de gris d'ardoise. Le bec est d'un brun noir, ainsi que les ongles; l'iris est d'un brun marron, et les pieds sont d'un gris verdâtre.

Fauvette d'hiver, *Motacilla modularis*, Linn.; Buffon, pl. enl. n.° 615, fig. 1.re C'est dans le mois de Novembre, lorsque toutes les autres fauvettes ont disparu de la France, que celle-ci y arrive en petites bandes, qui volent toujours fort bas, et que l'on voit courir le long des haies, où elles trouvent des insectes engourdis par le froid et qui, se ranimant par le plus foible rayon de soleil, suffisent à la nourriture de cet oiseau : cependant, lorsque le froid est d'une rigueur excessive, il est forcé de s'approcher des habitations, où il vient chercher, dans les résidus de la paille que l'on a jetés hors des granges, quelques menues graines qui y sont restées. C'est de là que dans divers départemens on lui a donné les noms de gratte-paille : ailleurs il est connu sous ceux de brunette, de rossignol d'hiver, de traîne-buisson, de mouchet, de petite paisse privée, etc.

Dans la ci-devant Lorraine, cet oiseau s'arrête sur les montagnes des Vosges pour y faire sa ponte, lorsqu'au printemps il abandonne l'intérieur de la France pour passer dans des régions plus septentrionales. Il est connu dans cette contrée sous le nom vulgaire de *titit*, dénomination qui sans doute est tirée de l'expression de son cri, et sous celui de rossignol d'hiver, parce que, dans cette saison rigoureuse, il est le seul oiseau qui, avec le troglodyte, fasse entendre un petit chant, qui est d'autant plus agréable, quoiqu'il ne soit pas très-varié, que dans ce moment où la nature paroît comme ensevelie dans un engourdissement léthargique, il nous rappelle les beaux jours du printemps.

Nous avons pris un nid de cet oiseau avec ses œufs, pour notre collection : il étoit posé dans un buisson de genièvre, et très-près de terre; il étoit composé, sans beaucoup d'art, d'un amas de feuilles de graminées sèches, à l'extérieur, et d'un peu de crin en dedans. Les œufs, ordinairement au nombre de cinq, étoient d'un beau bleu uniforme et sans tache : la femelle les couvoit avec tant d'affection qu'on l'eût prise à la main sur son nid, si on l'eût désiré, sans qu'elle se fût mise en devoir de fuir.

Nous avons été à portée de constater ce que Buffon dit de la ruse que cet oiseau emploie pour dérober sa progéniture aux ennemis qui pourroient la lui ravir, et nous avons effectivement remarqué que, chaque fois que nous passions près d'un de ces nids, le père ou la mère paroissoit devant nous en sautillant avec une sorte de peine, comme s'il cût été blessé, et cheminoit ainsi en avant, afin d'attirer sur eux les dangers qu'ils craignoient pour leurs petits.

La fauvette d'hiver n'offre rien de brillant dans son plumage. Le sommet de sa tête et le haut de son cou sont couverts de plumes noirâtres, bordées de cendré: tout le reste du dessus de son corps est revêtu de plumes également noirâtres, légèrement bordées de roux; seulement on voit, à l'extrémité des grandes couvertures des ailes, une petite tache ronde, d'un blanc sale. Le croupion est lavé d'une teinte verdâtre; les joues, ainsi que la gorge et la poitrine, sont d'un cendré plombé, et le ventre est blanc, excepté sur les flancs et sur le haut des jambes; les couvertures du dessous de la queue sont légèrement teintes de roussâtre. Les pennes des ailes sont brunes, bordées de roussâtre en dehors; celles de la queue sont de même couleur, mais elles sont bordées de verdâtre. Entre l'œil et le bec on voit, de chaque côté, une tache roussâtre.

Cette fauvette, qui a un décimètre trois centimètres (cinq pouces trois lignes) de longueur, du bout du bec à celui de la queue, et deux décimètres un centimètre (huit pouces) de vol, a le bec noirâtre, l'iris et les ongles bruns, et les pieds jaunâtres.

Fauvette grise ou grisette, *Motacilla passerina*, Linn.; Buff. pl. enl. n.° 579, fig. 3. Buffon, dans son Histoire naturelle des oiseaux, nous a donné, sous le nom de grisette, la fauvette grise dont il est ici question, et que l'on nomme en Provence passerine.

Cet oiseau, un peu plus gros que le rouge-gorge, a un décimètre neuf centimètres (cinq pouces sept lignes) de longueur, de l'extrémité du bec à celle de la queue, et deux décimètres un centimètre (huit pouces) de vol; et lorsque ses ailes sont ployées, elles n'atteignent pas tout-à-fait la moitié de la longueur de sa queue. Un gris de souris forme la teinte de son plumage sur le sommet de sa tête, le derrière du cou et le dessus du dos; les grandes couvertures de ses ailes sont brunes, bordées de roux, et les petites sont d'un gris uniforme et sans bordures: les pennes de ces parties sont brunes, bordées en dehors d'un gris lavé de roussâtre; celles de la queue, qui sont au nombre de douze, sont également brunes, bordées de gris, excepté la plus extérieure de chaque côté, qui est, en dehors, d'un blanc lavé de roussâtre, et intérieurement de couleur de perle, bordée de blanc. Les côtés du corps, ainsi que les jambes, sont gris lavé de roussâtre ; tout le reste du dessous du corps, depuis la gorge jusques et y compris les couvertures du dessous de la queue, est d'un blanc aussi lavé de roussâtre. Le bec de cet oiseau est d'un brun clair, de même que ses ongles ; l'iris de ses yeux est orangé, et ses pieds sont d'un blanc jaunâtre.

Cette fauvette est recherchée en Provence à cause de la délicatesse de sa chair, qui y prend un fumet exquis, à raison des figues et des olives dont elle se nourrit. Elle fait son nid dans des buissons touffus et peu élevés ; elle le compose d'une manière fort négligée, en dehors d'herbes sèches, et en dedans des mêmes matières, qui sont seulement un peu plus fines. La femelle pond, dans ce réduit amoncelé sans art, quatre ou cinq œufs d'un gris verdâtre, mouchetés de roussâtre et d'une couleur marron, surtout vers le gros bout.

Fauvette grise ou Grisette (la petite), *Motacilla sylviella*, Linn. Avant que Latham n'eût observé cet oiseau avec cette exactitude qui le caractérise, tous les ornithologistes l'avoient confondu avec la fauvette grise dont nous venons de parler; il en diffère néanmoins sensiblement, et par sa taille, et par les couleurs de son plumage.

Cette petite fauvette, outre qu'elle n'est guères plus grosse qu'un roitelet, n'ayant qu'un décimètre deux centimètres (quatre pouces dix lignes) de longueur, a le sommet de la tête et tout le dessus du corps d'un cendré brunâtre, les pennes des ailes brunes, celles de la queue de même couleur : la plus extérieure de chaque côté de cette dernière partie est d'un brun moins foncé, et les deux intermédiaires sont les plus courtes ; ce qui rend cet appendice un peu fourchu. Tout le dessous de son corps est blanchâtre ; l'iris est de couleur de noisette; son bec, jaunâtre à la base de la mandibule inférieure, est brun dans tout le reste, ainsi que les pieds et les ongles.

Cette fauvette habite, dès le printemps, les haies et les

buissons de toute l'étendue de l'Europe, qu'elle abandonne
aux approches de l'hiver : c'est dans ces endroits qu'à très-
peu de distance de terre elle établit son nid, dont l'extérieur est un mélange d'herbes sèches, et dont l'intérieur est
garni de crins ; la femelle y pond quatre ou cinq œufs
marqués de zônes et de taches brunes sur un fond blanc
sale.

FAUVETTE (LA PETITE) ou PASSERINETTE. *Motacilla passerina*, Linn. ; Buff. pl. enl. n.° 579, fig. 2. On connoît encore
en Provence, sous le nom de passerinette, une autre espèce
de fauvette qui a un peu plus d'un décimètre trois centimètres (cinq pouces) de longueur, deux décimètres un
centimètre (huit pouces) de vol, et dont les ailes ployées
s'étendent un peu au-delà de la moitié de la longueur de
la queue. Cet oiseau fait ordinairement son nid fort près
de terre, dans les haies et les arbustes ; il le compose
d'herbes sèches, grossières et assez négligemment arran-
gées au dehors, et des mêmes herbes, mais plus fines
et plus soigneusement tissues, en dedans : la femelle n'y
pond guères que quatre œufs d'un fond blanc sale, tachetés de verdâtre, surtout vers le gros bout.

Cette fauvette, qui arrive en France sur la fin de Mars,
et qui nous quitte au commencement d'Octobre, n'a qu'un
chant monotone, que l'on peut exprimer par ces deux
monosyllabes *tip tip*, qu'elle ne cesse de répéter en sautillant dans les buissons.

Le sommet de sa tête, son cou et le dessus de son corps,
sont d'un gris blanchâtre, de même que les plumes scapulaires, les couvertures supérieures des ailes et celles de la
queue ; le croupion est d'une teinte qui tire plus au blanc :
les pennes des ailes sont brunes, bordées extérieurement
de gris ; celles de la queue sont d'un gris brun en dessus
et d'un gris de perle en dessous ; la gorge, le devant du
cou et la poitrine, sont aussi d'un gris de perle ; le ventre
et les couvertures du dessous de la queue sont d'un blanc
pur. Cet oiseau a l'iris d'un brun-marron, le bec brun, les
pieds, les doigts et les ongles, d'un gris brun.

FAUVETTE ROUSSE (LA PETITE), *Motacilla rufa*, Linn. ;
Buff. pl. enlum. n.° 581, fig. 1. De toutes les fauvettes

indigènes de la France, aucune n'est plus facile à signaler et conséquemment à reconnoître que celle-ci, qui d'ailleurs se plaît dans les lieux habités, tels que nos jardins, nos vergers et nos potagers. Elle est entièrement rousse, seulement d'un roux plus clair en dessous du corps qu'en dessus, et ses joues sont marquées d'une petite bande longitudinale, d'un roux clair sur un fond plus rembruni.

Cette fauvette, qui arrive dans nos contrées une des premières au printemps, ne les quitte qu'aux approches de l'hiver; elle n'a qu'un décimètre deux centimètres (quatre pouces neuf lignes) de longueur, de l'extrémité du bec à celle de la queue : ses yeux sont d'un brun noir, de même que son bec, ses pieds et ses ongles.

Elle fait son nid assez près de terre, dans nos jardins et nos vergers, au centre de quelques touffes de gros herbage; elle y pond ordinairement cinq œufs d'un blanc verdâtre, mouchetés et rayés de la même couleur plus foncée.

SECTION III. *Les rouges-gorges.* Motacillæ rubeculæ.

Caract. partic. Bec grêle, droit, subulé, aplati horizontalement à sa base; langue fourchue; yeux noirs, grands, regard doux; tarse et ongles menus.

Gorge rouge ordinaire. *Motacilla grisea*, Linn.; Buff. pl. enlum. n.° 361, fig. 1. Presque partout où les forêts ont une grande étendue, on trouve des rouges-gorges en abondance. Les ci-devant provinces de Bourgogne et de Lorraine surtout ont toujours été renommées par la quantité étonnante de ces petits oiseaux que l'on y prend chaque jour durant l'automne : on les envoie au loin, et particulièrement à Paris, comme un mets très-délicat; néanmoins leur transport en diminue tellement la qualité, qu'un rouge-gorge, mangé dans le département des Vosges, paroît être d'une espèce différente de celui qui est mangé dans le département de la Seine.

Le rouge-gorge est de passage; il arrive dans nos contrées au printemps, et les quitte au plus tard au commencement de Novembre pour se diriger vers des régions plus méridionales, où une température plus douce entretient les vermisseaux et les autres insectes dont il se nourrit. Il en reste cependant toujours un certain nombre qui passent l'hiver parmi nous : ils se répandent alors dans nos vergers et nos jardins ; et lorsque le froid devient plus rude, quand la terre surtout est couverte de neige, on voit ces aimables oiseaux entrer jusque dans les maisons, et y ramasser quelques miettes de pain ou quelques petits morceaux de viande.

Ces oiseaux ont une telle propension à la familiarité, que souvent on les attire ainsi jusques dans les appartemens, où on leur donne l'hospitalité et des alimens pendant tout le temps que dure la saison rigoureuse. Ils sont alors si peu sensibles à la privation de leur liberté, que souvent le jour même qu'ils l'ont perdue, ils font entendre leur petit ramage, qui est doux et très-modulé ; ils voltigent dans l'appartement sans s'y effaroucher, et en très-peu de temps ils deviennent si peu susceptibles de crainte et de défiance, que bientôt ils mangent dans la main des personnes qu'ils voient le plus habituellement.

Lorsque les rouges-gorges arrivent au printemps dans nos contrées, ils se répandent dans les bois épais et ombragés, dans ceux surtout qui sont les plus humides, parce qu'ils y trouvent plus abondamment des vermisseaux et des insectes, qu'ils savent attraper avec une légèreté extrême.

Le rouge-gorge est le premier des oiseaux éveillés de la forêt, et le dernier qu'on y entende le soir après le coucher du soleil. C'est ordinairement dans les endroits les plus solitaires du bois qu'il établit son nid : il le construit extérieurement de crins, de feuilles de chêne entrelacées avec une grande quantité de mousse ; il le place le plus communément à terre, contre le tronc ou la racine de quelques gros arbres, dont le bas mousseux se confond avec ce nid, et le rend presque introuvable. L'intérieur est garni de beaucoup de plumes, qui forment un matelas chaud et douillet, sur lequel la femelle pond six ou sept œufs brunâtres. Tout le temps que dure l'incubation, le mâle se tient à quelque distance de la femelle, et ne cesse d'égayer ses fonctions pénibles, par la mélodie de ses doux accens. Lors de la naissance des petits, le rouge-gorge, naturellement foible et timide, devient tellement courageux qu'il poursuit avec une sorte d'acharnement et qu'il éloigne ainsi tous les oiseaux de son espèce qui voudroient en approcher.

Le rouge-gorge est un peu moins gros que le rossignol ; il a un décimètre quatre centimètres (cinq pouces neuf lignes) de longueur, de l'extrémité du bec à celle de la queue, et deux décimètres un centimètre (huit pouces) de vol. Un manteau gris brun lui couvre tout le dessus du corps, depuis le sommet de la tête jusques et y compris les pennes de la queue, dont les intermédiaires ont une teinte olivâtre, qui se répand sur la partie extérieure des pennes de l'aile, qui d'ailleurs sont de même couleur que le dessus du dos. Tout le devant du corps, depuis le front jusqu'au haut de la poitrine, est d'un rouge jaunâtre ou orangé, et le reste du dessous du corps est blanc, à l'exception des côtés, qui sont cendrés ; le bec est noirâtre, ainsi que les pieds, les doigts et les ongles ; la plante du pied et le dessous des doigts sont jaunâtres.

Gorge-bleue, *Motacilla suecica*, Linn. ; Buff. pl. enl. n.ᵒˢ 361, fig. 2, et 610, fig. 1 et 2. Bien moins commune que le gorge-rouge, la gorge-bleue est plus généralement répandue en Allemagne, et surtout du côté de la Prusse, qu'en France : on en voit bien quelques couples dans les départemens des haut et bas Rhin ; mais il est néanmoins vrai de dire que cet oiseau y est assez rare. Il arrive chaque année, au printemps, en Allemagne, et en part en automne pour chercher sa nourriture dans des climats plus doux. C'est à cette époque seulement qu'on en voit quelques-uns dans la partie agricole des Vosges, et jamais ou presque jamais dans les montagnes de ce département ; il est rare d'en voir plus d'un couple à la fois, et toujours ils suivent le bas des haies à très-peu de distance de terre, le plus souvent même à terre, où on les prendroit volontiers pour des souris, d'après leur manière de filer le long de ces clôtures.

La gorge-bleue est un oiseau presque aussi familier que le gorge-rouge : il semble, comme lui, rechercher la

société des hommes, qu'il craint si peu qu'on l'approche
de très-près sans qu'il paroisse s'effaroucher. Il a absolument les mêmes mœurs que le rouge-gorge, dont il semble n'être qu'une répétition modifiée légèrement : leurs habitudes ne diffèrent qu'en ce que le rouge-gorge se tient
pendant l'été dans l'épaisseur des bois humides, tandis
que la gorge-bleue habite leurs lisières aqueuses. L'un et
l'autre ne forment jamais de troupes ; la manière de construire leur nid est la même ; tous deux sont des oiseaux
solitaires durant la belle saison, et qui deviennent presque
familiers en automne.

Leur plumage ne diffère qu'en ce que la gorge-bleue, au lieu
d'avoir la gorge d'un rouge orangé, a sur cette partie une
espèce de plastron d'un bleu très-éclatant, qui s'étend de la
base inférieure du bec jusqu'à la poitrine. Au bas de la
plaque bleue on voit une ligne noire, qui lui sert comme
d'un encadrement, qui lui-même est encadré par une zône
de même couleur que le devant du cou du rouge-gorge ;
au milieu de ce plastron, d'un bleu azuré, on voit une
tache d'un blanc très-éclatant, qui dans quelques individus est circonscrit d'un trait léger de noir : le reste du
dessous du corps, les yeux, les pieds et les doigts, sont absolument semblables à ceux du gorge-rouge, dont celui-ci
diffère encore par la première moitié des pennes latérales
de sa queue, qui sont d'un rouge orangé, et par un trait
blanc, qui part de la base du bec et se dirige vers l'œil,
qu'il entoure.

La femelle diffère du mâle en ce qu'elle ne porte sur la
gorge qu'une bande bleue disposée en croissant ; les jeunes
mâles ne prennent les belles couleurs des adultes qu'après
la première mue, et elles s'effacent insensiblement dans
l'état de captivité.

Rouge-gorge bleu, *Motacilla sialis*, Linn.; Buff. pl.
enlum. n.° 390, fig. 1 et 2. Un peu plus gros que notre
rouge-gorge, celui-ci, qui se trouve dans l'Amérique septentrionale, depuis la Virginie jusqu'aux îles Bermudes,
a un décimètre six centimètres (six pouces trois lignes)
de longueur, du bout du bec à l'extrémité de la queue,
et deux décimètres huit centimètres (dix pouces huit li-

gnes) de vol. La grande étendue de ses ailes, en lui four-
nissant les moyens de se soustraire à la poursuite des oiseaux
de proie, lui donne celui de saisir promptement au vol les
insectes dont il se nourrit. Il est, comme toutes les espèces
qui composent cette section, un oiseau d'un naturel doux
et familier ; il en a toutes les habitudes, à cela près qu'il
établit son nid dans quelque trou d'arbre, précaution qui,
sans doute, lui a été inspirée par la nature, afin de soustraire sa progéniture aux poursuites des serpens et des autres
reptiles qui sont fort abondans dans ce pays - là, et qui ne
manqueroient pas de la dévorer.

Tout le dessus du corps de cet oiseau, depuis le sommet
de la tête jusques et y compris les pennes de la queue
et celles des ailes, sont d'un fort beau bleu, excepté l'extrémité des pennes des ailes, qui est brune : tout le devant
de son cou, ainsi que le dessous de son corps, sont roux ;
sa gorge est de cette même couleur, mais elle est légèrement tachetée de bleu ; tout le reste du dessous du corps
est blanc.

Le rouge-gorge bleu a la queue plus courte que notre
rouge-gorge, et les pieds proportionnellement moins longs ;
ils sont bruns, ainsi que les ongles : l'iris et le bec sont
noirâtres.

La femelle ne diffère du mâle qu'en ce que toutes les
couleurs de son plumage sont beaucoup plus ternes.

SECTION IV. *Les Figuiers.* Motacillæ ficedulæ.

Caract. part. Bec droit, délié et très - pointu; deux petites
échancrures vers l'extrémité de la mandibule supérieure ;
ongle du doigt de derrière arqué.

Parmi les nombreuses espèces que cette section renferme,
les ornithologistes, et Buffon surtout, en indiquent cinq seulement qui sont indigènes des contrées les plus chaudes
de l'ancien continent (à ces cinq espèces on a ajouté
notre becfigue), et vingt-neuf espèces exclusivement propres à l'Amérique (la nouvelle édition des Œuvres de
Buffon, imprimée chez Dufart, fait mention de cinquante-
une espèces). La différence que l'on remarque entre les

uns et les autres, c'est que les premiers ont toutes les pennes de la queue d'égale longueur, tandis que ceux de l'Amérique ont cette partie étagée du centre sur les côtés, où les pennes sont plus longues ; ce qui rend cette partie fourchue.

Outre les insectes dont ces oiseaux font leur nourriture principale, il n'en est aucun parmi eux qui ne mange aussi des baies et des fruits mous, tels que des figues, des raisins, etc. ; et c'est particulièrement, d'après leur goût pour ces premiers fruits, que les figuiers, ainsi que les becs-figues, ont pris le nom qu'ils portent. Tous les figuiers en général sont des oiseaux voyageurs, qui, suivant les saisons, se transportent d'une région dans une autre, quoique toujours dans le même continent.

On ne doit pas passer ici sous silence une observation d'autant plus importante qu'elle émane du génie immortel de Buffon : c'est que les figuiers de l'Amérique sont sensiblement plus grands que ceux de l'ancien continent. Cette différence paroît n'être que le produit d'une nourriture plus abondante dans cette partie du monde, ou être occasionée par les insectes eux-mêmes, qui y sont généralement plus grands que partout ailleurs.

Figuiers de l'ancien continent.

Becfigue, *Motacilla ficedula*, Linn. ; Buff. pl. enlum. n.° 668, fig. 1. Il est peu d'oiseaux que l'on confonde plus généralement avec d'autres espèces que le becfigue. Comme sa chair passe pour être un mets fort délicat dans tous les pays, dans ceux même où il ne paroît jamais, on transporte son nom à un oiseau d'une toute autre famille, pourvu qu'il ait la réputation d'un bon gibier : mais comme les amateurs des sciences naturelles s'appliquent plutôt à la connoissance parfaite des êtres qu'à leurs qualités alimenteuses, il importe de signaler cet oiseau de manière à empêcher toute méprise à son égard.

D'abord, le climat qu'il habite semble circonscrit entre la Suède et la Grèce ; et on peut dire, en général, que sa vraie patrie se borne aux contrées du Midi, qu'il ne quitte que fort avant dans le printemps, pour y retourner de très-bonne heure en automne.

Quand le becfigue paroît au printemps dans les régions tempérées, ou dans celles même qui s'avancent vers le nord, il n'y arrive jamais en troupes nombreuses ; il forme une société composée seulement du mâle et de la femelle : à leur arrivée, ils s'enfoncent dans l'épaisseur des bois, où ils se nourrissent d'insectes ; là, ils cachent leur nid à terre, dit-on, avec tant de soin qu'il est introuvable. Cela paroît d'autant plus facile à croire qu'on le chercheroit en vain par terre, puisqu'il le place, comme le gobe-mouche à collier, dans un trou d'arbre quelquefois très-élevé.

Les becfigues, lors de leur retour vers le Midi, qui a lieu au commencement de Septembre, passent en si grande abondance, durant une quinzaine de jours, dans la partie agricole des Vosges, que les tendeurs aux rejets ou sauterelles, dont nous avons déjà parlé, en prennent chaque jour plusieurs douzaines. On leur diroit en vain que ce sont des becfigues ; l'habitude de les nommer pinçons de bois, pinçons d'Ardennes, la tradition de leurs pères, d'ailleurs, qui les appeloient ainsi, fait croire, dans ces contrées, que cet oiseau est un pinçon : on y est seulement étonné que, différent des autres pinçons, sa chair soit un mets fort délicat.

Durant leur passage, on voit ces oiseaux en bandes extrêmement nombreuses, cherchant leur nourriture, dès l'aube du jour et après le coucher du soleil, dans les champs voisins de la lisière des bois ; de là ils se répandent dans les vignes, pour y manger le raisin qui commence à mûrir.

Le becfigue, dont la chair est fort délicate et chargée d'une graisse d'une saveur agréable, à l'époque dont nous venons de parler, n'est pas fort gros, et la couleur de son plumage est assez sombre ; il a tout au plus un décimètre trois centimètres (cinq pouces) de longueur, de l'extrémité du bec à celle de la queue, et à peu près un décimètre huit centimètres (sept pouces) de vol. Tout le dessus de son corps, depuis le sommet de la tête jusqu'au

croupion inclusivement , est d'un gris brun : les petites et
les grandes couvertures de ses ailes sont de même couleur ;
seulement les dernières sont terminées de blanc roussâtre ,
et les plumes de ces couvertures forment, sur chaque aile ,
par leur réunion, une bande transversale de cette même
couleur. Les pennes de ces parties sont aussi d'un gris brun ;
mais les unes sont extérieurement bordées de blanc pur, et
les autres de gris blanc : les pennes intermédiaires de la
queue sont noirâtres, bordées en dehors de gris brun, et les
deux plus extérieures de chaque côté sont en dehors bor-
bées mi-partie de blanc et de gris. Tout le devant du corps
jusqu'au bas de la poitrine est d'un gris blanc, ainsi que
les côtés ; le ventre, les couvertures du dessous des ailes
et de la queue, sont d'un roussâtre clair. Le bec de cet
oiseau, qui est très-mince et très-effilé , est noirâtre, de même
que son tarse et ses ongles : ses yeux sont d'un noir vif ;
ils sont entourés d'un cercle d'un blanc roussâtre.

FIGUIER PETIT-SIMON , *Motacilla borbonica*, Linn. ; Buff.
pl. enlum. n.° 705 , fig. 2. A l'île de Bourbon (la Réunion) on
nomme petit-simon une espèce de figuier qui effectivement
n'est pas plus gros qu'un roitelet ; il a tout le dessus du
corps d'un gris brun, à l'exception des pennes des ailes,
qui sont d'une teinte d'un brun plus foncé, et de celles
de la queue, qui sont d'un blanc jaunâtre, ainsi que le
devant et le dessous du corps. Son bec, ses pieds et ses
ongles, sont brunâtres, de même que ses yeux.

FIGUIER VERT ET JAUNE , *Motacilla zeilonica* , Linn.
Toute la partie du dessus du corps de cet oiseau , qui a à
peu près un décimètre un centimètre (quatre pouces huit
lignes) de longueur, est d'un vert d'olive, depuis la base
du bec jusqu'aux pennes de la queue inclusivement, à
l'exception cependant des pennes des ailes , qui sont noirâtres, et de leurs couvertures supérieures, qui sont d'un
brun foncé, et qui, étant terminées de blanc, forment
sur l'aile deux bandes de cette même couleur ; tout le
dessous du corps, à partir des joues , est jaunâtre : ce
figuier a le bec, les yeux, les pieds et les ongles, noirâtres.

Figuiers d'Amérique.

Tous les figuiers d'Amérique sont dès oiseaux qui voyagent, pendant l'été, dans la Caroline, et se répandent même jusqu'au Canada, d'où ils retournent dans des contrées plus chaudes pour y propager leur espèce.

Les figuiers en général, et particulièrement ceux d'Amérique, ne sont pas, comme la plupart des becs-fins, des animaux qui aiment la solitude des forêts; ils préfèrent au contraire les lieux découverts et habités : on les voit entrer, avec une sorte d'assurance, dans les jardins, y courir et voltiger sur les bananiers, les goyaviers et surtout sur les figuiers, soit pour y saisir de petits insectes, soit pour entamer, avec leur bec grêle et aigu, le fruit de ces arbrisseaux, dont ils se nourrissent également.

Les principales espèces de figuiers d'Amérique, celles du moins qui méritent davantage de fixer l'attention des curieux, sont :

FIGUIER A GORGE BLANCHE, *Motacilla albicolis*, Linn. La grosseur de cet oiseau est celle à peu près du becfigue ; il se trouve à S. Domingue, où on croit qu'il est constamment sédentaire.

Le mâle de cette espèce ne diffère de sa femelle qu'en ce que la couleur d'un vert d'olive qui couvre tout le dessus du corps de l'un et de l'autre, depuis le sommet de la tête jusqu'aux pennes de la queue exclusivement, est sans mélange dans le mâle, tandis que dans la femelle le vert du dessus du cou est lavé de cendré : ils ont d'ailleurs tous deux le devant du corps d'un blanc jaunâtre, tacheté de points rougeâtres sur le cou et sur la poitrine ; et le reste du dessous du corps, d'un jaune pâle et comme éteint. Les pennes de leurs ailes sont brunes, bordées extérieurement de vert brunâtre ; celles de la queue sont de même couleur, moins foncée sur le côté extérieur. Leur bec, leurs yeux, leurs pieds et leurs ongles, sont de couleur de noisette.

FIGUIER COURONNÉ D'OR, *Motacilla corona aurea*, Linn. Une tache ronde, d'une couleur d'or éclatante, placée sur le sommet de la tête, a valu à cet oiseau le nom qu'il porte ; les côtés de cette partie sont blancs, de même que la gorge : une ligne noire, partant de la base de la mandibule supérieure du bec, traverse le blanc des joues et se dirige autour des yeux ; tout le dessus de son corps est d'un gris d'ardoise ; les pennes de ses ailes sont noirâtres, bordées extérieurement de gris. Leurs grandes couvertures supérieures sont terminées de blanc, ce qui forme sur chaque aile deux bandes transversales de cette couleur ; les pennes de la queue sont d'un noir peu profond : le devant du cou, ainsi que la poitrine, sont variés de noir sur un fond gris d'ardoise ; les côtés et le croupion sont jaunes, légèrement maculés de noir : tout le reste du dessous du corps est blanchâtre. Le bec, l'iris des yeux, les pieds et les ongles, sont noirâtres.

La femelle diffère de son mâle en ce qu'elle est roussâtre sur le dessus du corps, et qu'elle n'a de noir ni sur les joues ni sur la poitrine.

Ces oiseaux, qui sont à peu près de la grosseur de notre fauvette ordinaire, traversent la Pensylvanie au printemps, lorsqu'ils se dirigent vers le Nord, où ils passent l'été, pour revenir, en automne, dans des contrées plus chaudes.

SECTION V. *Les Demi-fins.* Motacillæ fringillæ.

Caract. part. Bec droit, fort effilé, plus robuste que celui des fauvettes, et un peu voûté en dessus.

Les demi-fins sont des oiseaux qui paroissent exclusivement propres au nouveau monde : ils se tiennent dans les vastes forêts de l'Amérique, où ils vivent de fruits, de menues semences, et plus particulièrement d'insectes, qu'ils rencontrent en prodigieuse quantité dans ces climats, parce que leur température contribue infiniment à la propagation d'une quantité d'espèces différentes ; aussi le nombre de ces oiseaux s'y multiplie en proportion de celui de ces animaux.

Il n'est pas hors de propos, sans doute, de remarquer ici, que la plupart des oiseaux insectivores et en même temps frugivores semblent ne se multiplier qu'en raison de l'abondance de la nourriture qu'ils trouvent dans les pays qu'ils habitent; et que c'est pour ce motif que les becs-fins, en général, sont infiniment plus nombreux dans le nouveau que dans l'ancien continent, puisqu'ils y trouvent autant d'insectes et de fruits qu'ils rencontreroient de graines différentes dans les autres parties du monde, mais dont ils ne pourroient faire usage à cause de la foiblesse de leur bec.

DEMI-FIN A HUPPE ET GORGE BLANCHE, *Pipra albifrons,* Linn. Quoique Buffon, sur le témoignage d'Edwards, place cet oiseau de l'Amérique méridionale parmi les demi-fins, sa huppe, et plus encore ses habitudes, semblent le ranger plutôt parmi les MANAKINS. Voyez ce mot.

DEMI-FIN MANGEUR DE VERS, *Motacilla vermivora,* Linn. Ce demi-fin, qui est un peu plus gros que notre fauvette des jardins, est un oiseau de passage, que l'on ne voit en Pensylvanie que sur la fin de Juillet : il traverse, chaque année à la même époque, cette province, pour se diriger vers le Nord; cependant, comme il n'y reparoît pas en automne pour retourner du côté du sud, on est fondé à croire qu'il retourne par derrière les montagnes, parce qu'alors, sans doute, les insectes dont il fait sa principale nourriture, abondent plus dans ces régions qu'en Pensylvanie.

Cet oiseau a le sommet de la tête d'un beau jaune orangé, qui se trouve relevé par trois raies placées sur les joues, dont celle du milieu est jaunâtre, et les deux de chaque côté sont noires ; une belle couleur d'un vert-olive foncé est répandue depuis le dessus du cou, sur tout le corps, jusqu'au croupion, en y comprenant les couvertures supérieures des ailes et celles de la queue; les pennes de ces deux parties sont d'un vert d'olive foncé en-dessus, et d'un gris cendré en-dessous. La gorge et le devant du cou sont d'une couleur orangée qui s'éclaircit sur la poitrine; et tout le reste du dessous du ventre, y compris les couvertures inférieures de la queue, est d'un blanc jaunâtre : la mandibule supérieure du bec est brune, ainsi que les yeux, et l'inférieure est de couleur de chair, de même que les pieds.

Demi-fin noir et bleu, *Fringilla cyanomelas*, Linn.
En 1765 il parut, dans les Commentaires de Pétersbourg,
une description de cet oiseau, qui sembla aux ornithologistes insuffisante pour déterminer son genre ; elle étoit
accompagnée d'une planche , d'après laquelle, en considérant surtout la forme de son bec, on étoit plus tenté de
le placer dans la famille des pinçons ou dans celle des
moineaux, que dans le genre des becs-fins : il n'y auroit
donc que ses habitudes qui pourroient déterminer le rang
qu'il doit occuper parmi ces animaux ; mais en attendant
ces considérations ultérieures, il semble qu'on ne peut mieux
faire que de le placer, ainsi que l'a fait Buffon , parmi les
demi - fins.

Cet oiseau est un peu plus grand qu'une linotte : tout son
plumage est un mélange de noir et de bleu ; le noir règne sur
la gorge , la base de l'aile et le haut du dos, où il forme un
demi-cercle dont la concavité regarde la tête. Un trait de
même couleur part de chacune des narines et va aboutir
à l'œil ; les pennes des ailes sont noirâtres, bordées de
bleu, et tout le reste du plumage est d'un bleu changeant,
avec de beaux reflets cuivreux, selon l'incidence de la lumière : le bec et les yeux sont brun-noirâtre ; les pieds
et les ongles sont d'un brun clair.

SECTION VI. *Les Pitpits.* Motacillæ pusillæ.

Caract. part. Bec droit, effilé, demi-fin, proportionnément
plus gros à sa base que celui des figuiers ; queue coupée
carrément.

On a réuni, dans cette section, des oiseaux qui sont généralement fort petits, et dont, sous ce rapport, on auroit
pu ne faire qu'une seule et même section avec les figuiers
et les demi-fins ; d'autant mieux que la plupart de ceux-
ci n'habitent, comme les pitpits, que le nouveau monde :
mais leurs habitudes étant différentes, on s'est cru fondé à
les séparer les uns des autres. Presque tous les figuiers et les
demi-fins sont voyageurs ; les pitpits, au contraire, sont
sédentaires dans les contrées qu'ils habitent et leurs mœurs
sont bien plus sociales : ils vivent en grandes troupes ; ils

se mêlent même avec des oiseaux d'espèces qui leur sont étrangères ; ils sont d'ailleurs plus gais, plus vifs et plus sautillans. Parmi les pitpits les uns ne se trouvent que dans le nouveau monde, et les autres que dans l'ancien continent, et c'est ce qui a engagé à les grouper séparément.

1.° *Pitpits proprement dits.*

PITPIT BLEU, *Motacilla caiana*, Linn. ; Buff. pl. enlum. n.° 699, fig. 2. C'est à la Guiane que l'on trouve cet oiseau, qui est à peu près de la taille du becfigue, ayant un décimètre (quatre pouces) de longueur, du bout du bec à l'extrémité de la queue. Son front, les côtés de sa tête, son dos, les pennes de sa queue, sont d'un beau noir ; celles des ailes sont de même couleur, ainsi que leurs couvertures : mais les unes et les autres sont extérieurement bordées de bleu, et tout le reste du plumage est d'un bleu éclatant. Il a le bec et les yeux noirâtres, et les pieds gris.

Ce pitpit établit son nid sur les mêmes arbres que le pitpit vert, avec lequel il vit familièrement et forme de petites bandes.

PITPIT VARIÉ, *Motacilla velia*, Linn. ; Buff. pl. enlum. n.° 669, fig. 3. C'est à Surinam que l'on trouve le plus communément cet oiseau, qui paroît aussi, mais bien plus rarement, à Caïenne. Il est un peu plus grand que le pitpit bleu : son front est de couleur d'aigue-marine, ou changeant du bleu violet au vert, selon l'incidence de la lumière ; le sommet de sa tête, le haut de son cou et son dos, sont d'un beau noir : son croupion est d'un vert doré. Les petites couvertures du dessus de ses ailes sont d'un bleu violet changeant en vert ; les grandes sont noires, bordées de bleu violet : les pennes des ailes et de la queue sont de même couleur, avec cette différence que les premières sont extérieurement bordées de vert bleu, et les secondes de bleu pur. On voit entre le bec et l'œil une tache de couleur violette, changeant en vert ; les joues, ainsi que les côtés du cou, sont d'un vert changeant aussi en bleu violet : tout le devant du corps, depuis la gorge jusqu'au bas-ventre, est d'un jaune doré, et le bas-ventre, ainsi que les couvertures du dessous de la queue, sont d'un brun marron. Les yeux sont d'un brun rougeâtre ; le bec, les pieds et les ongles, sont de couleur de corne bleuâtre.

PITPIT VERD, *Motacilla cyanocephala*, Linn. Celui - ci est de la même taille que le pitpit bleu. Le sommet de sa tête est d'un bleu clair ; sa gorge d'un gris bleuâtre ; les petites couvertures supérieures de ses ailes d'un beau bleu ; les pennes des ailes brunes, bordées extérieurement de vert ; les deux intermédiaires de la queue d'un vert sombre en dessus ; les latérales brunes, bordées extérieurement de vert, et les unes comme les autres d'un gris bleuâtre en dessous : toutes les autres parties du corps sont d'un vert fort brillant. Ce pitpit, que l'on trouve assez communément à Caïenne, a le bec brun, les yeux noirs, les pieds et les ongles d'un gris de perle.

2.° *Les Pouillots.*

POUILLOT OU LE CHANTRE , *Motacilla trochilus*, Linn. ; Buff. pl. enlum. n.° 651, fig. 1. Le pouillot est un des plus petits oiseaux que l'on trouve en Europe ; il est répandu jusqu'en Suède : c'est un de ces hôtes passagers qui nous arrivent au printemps et qui nous quittent en automne, pour se diriger sans doute vers les contrées méridionales. Il est connu sous des noms différens, suivant les différentes contrées qu'il habite , et toutes ces diverses dénominations lui viennent, ou de ses habitudes, ou bien de son chant, qui n'est autre chose que la répétition fréquente des monosyllabes *tuit tuit :* en Lorraine on le nomme *puit* ou *bœuf;* dans le Boulonois, *réatin ;* en Bourgogne, *fénérotot* ou *frétillet ;* en Normandie, pouillot, et en Sologne , *frelot* et *toute - vie.*

Durant la belle saison le pouillot se tient dans les bois, où il vit d'insectes et de moucherons : il y établit son nid dans quelques touffes d'herbes ou bien dans les buissons. Ce nid est fait avec beaucoup d'art et de soin : extérieurement il est construit de mousse, et en dedans il est garni de crins et de laine; il a la forme d'une petite boule, et n'a d'autre ouverture qu'un trou sur le côté . que la femelle a soin de fermer lorsqu'elle est obligée de quitter ses œufs ou bien ses petits pour pourvoir à sa nourriture ou à quelques autres besoins. Sa ponte est ordinairement de quatre ou cinq œufs, un peu plus gros que des pois ; ils sont d'un blanc piqueté de rougeâtre, et les petits qui en éclosent ne quittent ce berceau chéri de leur enfance, que lorsqu'ils se sentent en état de voler aussi bien que leurs père et mère et de les suivre dans leurs courses vagabondes.

En automne ces petites familles quittent les bois pour se répandre dans nos vergers et nos jardins, où elles trouvent, jusqu'à leur départ prochain, de quoi vivre : là on voit ces oiseaux presque toujours en mouvement ; et lors même qu'ils prennent un instant de repos, ils ont encore une sorte de frétillement dans la queue.

Le pouillot n'est pas plus gros que le roitelet, mais il a une forme plus allongée et plus svelte. La couleur de son plumage ne consiste qu'en deux teintes foibles, l'une de gris verdâtre répandue sur la tête et le dos, et l'autre de blanc jaunâtre, coulée sur les parties inférieures du corps ; on voit seulement une ligne jaunâtre qui part de la base du bec, passe près de l'œil et s'étend sur la tempe : les pennes des ailes et de la queue, qui est un peu fourchue, sont d'un cendré brun, bordées extérieurement de jaune verdâtre ; son bec, ses yeux et ses ongles, sont bruns, et ses pieds jaunâtres.

La femelle diffère du mâle en ce que ses couleurs sont plus pâles, et qu'elle a en outre le bas-ventre blanc et les pieds noirâtres.

Pouillot (grand), *Trochilus lotharingicus*, Linn. Dans la ci-devant Lorraine, dans la partie surtout dont on a formé le département des Vosges, qui, à raison de sa position avantageuse entre les Ardennes et les pays méridionaux, se trouve être la contrée la plus abondante en toutes sortes d'espèces d'oiseaux que l'on ne rencontre que peu ou point dans tout le reste de la France, on connoît une espèce de pouillot, toujours sous la dénomination vulgaire de *puit*, qui est d'un tiers plus grand que le pouillot ordinaire, dont il ne diffère d'ailleurs que par la teinte de son dos et du sommet de sa tête, qui est un mélange de roussâtre et de noirâtre. Les pennes de ses ailes sont de cette dernière couleur frangée de roussâtre, ainsi que leurs grandes couvertures ; la gorge est blanche ; entre l'œil et le bec on voit un trait transversal de cette couleur ; la poitrine et le ventre sont d'un blanc teint de roussâtre : du reste cet oiseau ressemble parfaitement au pouillot ordinaire, soit pour les mœurs, soit pour les autres couleurs de son plumage.

3.° *Les Roitelets.*

Roitelet commun, *Motacilla regulus*, Linn. ; Buff. pl. enl. n.° 651, fig. 3. Le roitelet est sans contredit le plus petit des oiseaux qui habitent l'Europe : il a le corps si grêle qu'il échappe à travers les filets, et des cages dont les mailles ou les barreaux sont très-serrés ; il n'a que neuf centimètres (3 pouces 6 lignes) de longueur, de l'extrémité du bec à celle de la queue, et un décimètre six centimètres (six pouces) de vol. Lorsque ses ailes sont ployées, elles atteignent à peu près les trois quarts de la longueur de sa queue. Ce que le plumage de cet oiseau offre de plus remarquable, ce sont les belles plumes longues, effilées et soyeuses, de couleur aurore fort éclatante, entourées de petites plumes noires, qui couvrent le sommet de sa tête, et qu'il peut redresser à volonté ; ce qui lui forme alors une belle huppe : tout le reste du dessus de son corps, depuis l'occiput jusqu'aux couvertures du dessus de sa queue inclusivement, est d'une couleur olivâtre, teinte de jaunâtre. La base de son bec, ses joues, tout le devant et le dessous de son corps, sont d'un gris lavé de fauve, et mêlé d'olivâtre sur les côtés : les pennes de ses ailes et de sa queue sont d'un gris brun ; elles sont bordées extérieurement d'olivâtre et intérieurement de blanchâtre : on voit sur chaque aile deux bandes transversales blanchâtres, qui sont formées par la bordure de leurs couvertures, qui sont de cette couleur.

La femelle ne diffère de son mâle qu'en ce que sa huppe, au lieu d'être aurore, est d'un jaune de citron, et qu'elle n'a point de teinte jaunâtre sur le dos.

Quelque délicat que paroisse cet oiseau, il résiste cependant aux froids les plus rigoureux des montagnes des Vosges, et même des parties du globe qui sont plus septentrionales encore. Il est extrêmement abondant dans les sapinières de la ci-devant Lorraine ; on le voit voltiger en troupes nombreuses, et avec une agilité surprenante, dans ces arbres toujours verts, s'y suspendre en tout sens, cherchant entre les gerçures de leurs écorces des larves ou des insectes engourdis, et affecter une telle familiarité, qu'il vient se reposer sur les branches même qui touchent à la tête de celui qui l'observe. Le moindre petit sifflement suffit pour en attirer des troupes innombrables ; aussi en prend-on beaucoup à la pipée, comme au bàton fendu : cette dernière manière est la chasse la plus en usage dans ces contrées. Le corps de cet oiseau est si léger que quelquefois il se trouve suspendu à un gluau, sans pouvoir le faire tomber à terre ; dans cette situation il crie beaucoup, et il est, pour ses semblables qui accourent à ses cris de détresse, une occasion certaine de perdre la liberté ou la vie, au moyen des autres gluaux sur lesquels ils s'empêtrent.

Le nid du roitelet est construit avec un art admirable ; cet oiseau le place à la bifurcation de quelques branches de sapins, d'ifs ou de hêtres : ce nid, d'une forme sphérique, et qui n'a qu'une seule ouverture sur le côté, est, à l'extérieur, solidement tissu de mousse affermie par des toiles d'araignées ; en dedans il est garni du duvet le plus doux, tel qu'en fournissent les semences du pissenlit. C'est sur ce lit mollet que la femelle pond six ou sept œufs, presque sphériques, gros comme des pois, et d'un blanc lavé de rose.

Rien n'est amusant dans une chambre comme ces petits oiseaux, qu'on y lâche lorsqu'en automne on en a pris quelques-uns sans leur avoir fait de mal ; ils y font mille tours et détours sans s'effaroucher de rien, en courant après les mouches et les araignées surtout, dont ils sont très-friands : mais il est rare qu'ils ne s'échappent bientôt, soit par la cheminée, soit par la moindre ouverture qu'ils rencontrent.

On connoît dans les Vosges une autre espèce de roitelet ;

qui quitte ces contrées au printemps ; il diffère du commun en ce qu'il est un peu plus petit que lui, que sa huppe est d'un jaune pâle, et qu'il a un trait gris-blanc placé entre l'œil et le bec.

Il se trouve, dans d'autres pays, des roitelets qui ont la huppe plus ou moins rouge, et qui sont d'une taille plus forte que le nôtre : mais on ne doit attribuer ces différences accidentelles qu'aux différens pays qu'ils habitent ; ils ne sont pas moins de l'espèce de notre roitelet, modifiée seulement par des circonstances locales.

Roitelet mésange, *Motacilla regulus*, Linn. ; Buff. pl. enl. n.° 708, fig. 2. Quoique ce roitelet, par sa huppe jaune et surtout par sa taille, ait infiniment de rapport avec le nôtre, il paroît néanmoins se rapprocher davantage des mésanges, à raison de son bec plus court, moins effilé et cunéiforme.

Ce petit oiseau, que l'on trouve à Caïenne, et qui n'a que huit centimètres (trois pouces) de longueur, du bout du bec à l'extrémité de la queue, a sur le sommet de la tête quelques plumes d'un jaune pâle, qu'il n'a pas la faculté de relever : le reste du dessus de sa tête et de son corps est d'un brun verdâtre, à l'exception des couvertures de ses ailes, et de leurs pennes moyennes, qui sont brunes, bordées de verdâtre. Les grandes pennes de ces parties sont tout-à-fait brunes, sans bordure ; les deux du milieu de la queue sont verdâtres, et les latérales d'un brun nué de vert : sa gorge, ainsi que le devant de son cou, est d'un gris de perle ; sa poitrine et son ventre sont verdâtres ; le bas-ventre et les couvertures du dessous de sa queue sont d'un blanc jaunâtre.

4.° *Le Troglodyte.*

Troglodyte, *Motacilla troglodytes*, Linn. ; Buff. pl. enl. n.° 651, fig. 2. Le troglodyte (mot dont l'étymologie grecque, *troglodytes*, signifie habitant des antres et des cavernes) est un oiseau auquel on donne communément, quoique improprement, et dans la presque-totalité de la France, le nom de roitelet ; il est à la vérité après lui le plus petit de nos oiseaux connus, car il n'a, du bout du bec à celui de la queue, que dix centimètres (trois pouces neuf lignes) de longueur.

Il est connu sous autant de noms différens que les diverses contrées qu'il habite : tout son plumage, en général, n'est qu'un mélange de brun foncé et de brun roussâtre, disposés par bandes, taches, lignes et zigzags, à peu près comme celui de la bécasse, en sorte qu'on ne peut mieux faire, pour le signaler, du moins quant au plumage, que de le nommer, avec Buffon, une bécasse en miniature. L'iris de ses yeux est noir; la mandibule supérieure de son bec est noirâtre, et l'inférieure brune; ses pieds et ses ongles sont d'un gris brun.

Le troglodyte vit de vermisseaux, de mouches et d'autres petits insectes. L'été il se tient dans les bois, où il construit son nid près de terre, à terre même, ou à l'abri de quelque rocher auquel il le fixe : ce nid, d'une forme sphérique, ne paroît être à l'extérieur qu'un amas de mousse informe, ce qui fait qu'il échappe facilement aux recherches; mais intérieurement il est fabriqué avec une grande propreté. Il n'a qu'une entrée étroite, située sur l'un des côtés, et toujours diamétralement opposée au vent dominant dans ces montagnes. La femelle y pond neuf ou dix œufs d'un blanc terne, avec une zone de points rougeâtres vers le gros bout. Il n'est pas fort rare de rencontrer au printemps, dans ces nids, des jeunes des souris ou des mulots qui s'en sont emparés.

A l'approche de l'hiver, ce joli petit oiseau quitte les bois et s'approche de nos habitations : il s'introduit alors dans les fentes des murailles, et surtout dans les bûchers, où il entre et d'où il ressort précipitamment, en agitant sans cesse ses ailes d'un trémoussement rapide, et tenant toujours sa queue (les pennes de cette partie sont étagées du centre sur les côtés en diminuant de grandeur) relevée; il accompagne ces mouvemens d'un petit cri incessamment répété. Il a aussi un chant doux et flûté, qui paroît d'autant plus agréable qu'il est presque le seul ramage que l'on entende dans cette triste saison; il l'anime davantage à mesure qu'il y a une plus grande abondance de neige, et lorsque cet oiseau chante, il imprime à sa queue un petit mouvement de vibration de droite à gauche.

Le troglodyte est, avec le rouge-gorge, un de nos oiseaux les moins défians; il est si curieux que, dans le temps de la pipée, il pénètre à travers le feuillage des branches qui composent la loge du pipeur, qu'il considère sans crainte, et avec une sorte de confiance et même de familiarité.

SECTION VII. *Les Traquets*, Motacillæ rubetræ.

Caract. part. Bec grêle et effilé ; tête arrondie ; corps ramassé ; un mouvement continuel d'oscillation dans les ailes et dans la queue.

Les traquets sont en général des oiseaux d'un naturel sauvage, vivant solitairement hors le temps où l'amour les rapproche de leurs compagnes : ils sont très-vifs, très-agiles ; toujours on les voit voltiger de buissons en buissons, sur le sommet desquels, pendant le peu de temps qu'ils y restent perchés, ils ne cessent d'agiter leurs ailes et leur queue, comme s'ils alloient prendre leur essor. Ne doivent-ils leur nom, comme l'observe Bélon, qu'à ce mouvement continuel, que l'on a comparé à celui d'un moulin ? c'est ce que nous ne pouvons affirmer.

On a réuni dans cette section, sous la dénomination de *Motacillæ rubetræ*, le traquet et le tarier, à cause de leurs mœurs et de leurs habitudes, qui sont à peu près semblables.

Traquet ordinaire, *Motacilla rubicola*, Linn. ; Buff. pl. enl. n.° 678, fig. 1. Cet oiseau est à peu près de la grosseur du chardonneret : il a, du bout du bec à celui de la queue, un décimètre deux centimètres (quatre pouces dix lignes) de longueur, et un décimètre dix centimètres (sept pouces dix lignes) de vol : lorsque ses ailes sont ployées, elles s'étendent jusques vers le milieu de la longueur de sa queue. Le sommet de sa tête, le derrière de son cou, son dos et son croupion, sont revêtus de plumes noirâtres, bordées de roussâtre ; la plupart des grandes couvertures du dessus de ses ailes sont noires, bordées de blanc ; les autres, soit moyennes, soit petites, sont de la même couleur, mais bordées de roussàtre : les couvertures du dessus de sa queue sont blanches, pointillées de noiràtre et terminées de roux. Toutes les pennes de ses ailes sont noiràtres : elles diffèrent cependant entre elles par leur bordure extérieure, qui est grise dans les grandes, et roussàtre dans les suivantes : toutes celles de la queue sont également noiràtres et sans bordure, sinon à leur extrémité, qui, comme la penne la plus extérieure de chaque côté, l'est en dehors de blanc roussàtre : les joues et la gorge sont noires, mais les plumes qui les recouvrent sont terminées de roussàtre. On voit entre l'œil et le bec une tache d'un noir velouté ; le devant du cou, la poitrine, le ventre, les flancs et les couvertures du dessous de la queue, sont d'un rouge bai, qui s'éclaircit à mesure qu'il s'avance vers les extrémités du corps. Cet oiseau a le bec, les yeux, les pieds et les ongles, noirs.

Le traquet n'a point de chant. C'est un oiseau de passage, qui nous arrive au printemps et nous quitte pour des régions plus tempérées, lorsque les insectes, dont il fait sa principale, son unique nourriture, commencent à disparoître : et c'est toujours dès les premiers jours de l'automne ; il est alors fort gras et passe pour un mets délicat. Son habitude de se percher au sommet des branches les plus élevées des buissons ou des haies, fait que les oiseleurs en prennent une grande quantité au moyen d'un ou de plusieurs bâtons qu'ils fichent obliquement en terre, et qu'ils garnissent de gluaux.

C'est toujours au pied de quelque buisson, ou sous l'avance de quelque racine ou de quelque pierre, que le traquet fait son nid, qu'il construit extérieurement de graminées sèches, et qu'il garnit intérieurement d'un peu de laine et de crin ; la femelle y pond cinq ou six œufs verts bleuàtres, tachetés de roussàtre : il est presque impossible de découvrir ce nid, à moins qu'on ne se tienne en embuscade à portée de l'endroit où on le soupçonne, pour observer le père et la mère, qui portent fréquemment des insectes à leurs petits dès qu'ils sont éclos.

Tarier ou grand Traquet, *Motacilla rubetra*, Linn. ;

Buff. pl. enl. n.° 678 , fig. 2. Un peu plus gros que le traquet ordinaire, le tarier a un décimètre trois centimètres (cinq pouces trois lignes) de longueur, de l'extrémité du bec à celle de la queue ; lorsque ses ailes sont ployées, elles atteignent à peine la moitié de la longueur de cet appendice. Le sommet de sa tête, le derrière de son cou, ses plumes scapulaires, son dos, ainsi que son croupion, sont revêtus de plumes noirâtres, bordées de roussâtre ; les couvertures du dessus de ses ailes sont aussi noirâtres, et les grandes, qui sont terminées de blanc, forment, par leur réunion, sur chaque aile, deux taches blanches. Toutes les pennes de ces parties sont brunes ; néanmoins les grandes sont bordées extérieurement de gris, et les autres de roussâtre : celles de la queue sont blanches dans leur premier tiers, noirâtres dans le reste de leur longueur, et terminées de gris ; il faut cependant en excepter les deux du milieu, qui sont brunes, bordées de gris, et la plus extérieure de chaque côté, qui est entièrement blanche en dehors. Leurs couvertures supérieures sont rousses, maculées de noir à l'extrémité, et les inférieures sont d'un blanc roussâtre ; une bande blanche, partant de la base du bec, traverse la joue, passe au-dessus de l'œil et s'étend jusqu'à l'occiput, et une plaque noire, placée derrière l'œil, couvre la tempe. La gorge de cet oiseau est blanche, et tout le reste du dessous de son corps est d'un blanc lavé de roussâtre ; son bec, ses yeux, ses pieds et ses ongles, sont noirs.

Le tarier est fort commun en Lorraine, où il arrive en même temps que le traquet, et en part à la même époque : on le nomme vulgairement, dans ce pays, *toc-toc*. Il se tient volontiers à terre sur les taupinières, surtout dans les friches ; il se perche moins que le traquet, et lorsque cela lui arrive, c'est toujours au sommet de quelques gros herbages. Il fait son nid de la même manière et aux mêmes endroits que le traquet ; la femelle, dont le plumage a des couleurs plus pâles que celui de son mâle, pond quatre ou cinq œufs d'un blanc sale, piqueté de noir. Le tarier est un oiseau tout aussi sauvage et aussi solitaire que le traquet.

SECTION VIII. *Les Rouges - queues*, Motacillæ phœnicuræ.

Caract. part. Bec grêle, foible, et en forme d'alêne ; pennes de la queue d'un roux vif ; un trémoussement horizontal de droite à gauche, et presque continuel, dans cette partie.

Les espèces d'oiseaux que l'on a réunies pour former cette section, ont des mœurs, des habitudes et même un vêtement à peu près semblables. Ils sont d'un caractère tellement craintif et soupçonneux, que, loin de rechercher la compagnie de l'homme, comme le fait le rouge-gorge ou la fauvette, ils s'en éloignent promptement et l'évitent avec le plus grand soin : leur instinct est si solitaire, leur naturel si triste, si sauvage et si farouche, qu'il est impossible de les habituer à la captivité, à moins qu'on ne les ait pris très-jeunes et qu'on ne les ait nourris à la manière des jeunes rossignols ; et encore est-il très-rare qu'on y réussisse. Lorsqu'on les prend adultes, ils refusent absolument toute espèce de nourriture, et ils se laissent mourir de faim : si par hasard quelques individus pris ainsi survivent quelques jours à la perte de leur liberté, leur obstination à garder le plus morne silence est un témoignage non équivoque de leur tristesse et de leurs regrets.

Ils sont des oiseaux de passage, qui nous arrivent périodiquement chaque année, au printemps, et nous quittent en automne. Ils préfèrent les pays de montagnes, où ils font leur ponte, et d'où ils ne se répandent momentanément dans la plaine qu'à l'arrière-saison, époque à laquelle ils sont chargés d'une graisse d'un goût exquis, qui fait qu'on les recherche comme un mets fort délicat : aussi lorsqu'ils descendent des montagnes dans la plaine, où ils se rassemblent pour leur départ, qu'ils dirigent vers les régions du Midi, la quantité qu'on en prend, soit à la pipée, soit à l'abreuvoir, aux lacets et surtout aux sauterelles ou rejets, est surprenante.

Le départ des rouges-queues commence vers la fin du mois d'Octobre, et il est rare qu'en Novembre on en ren-

contre un seul là où peu de jours auparavant ils four-
milloient.

ROSSIGNOL DE MURAILLE, *Motacilla phœnicurus*, Linn. ;
Buff. pl. enl. n.° 351, fig. 1 et 2. On a sans doute donné
le nom de rossignol à cet oiseau, à raison de son chant,
dans lequel on a cru remarquer quelque analogie avec
celui du rossignol des bois ; il en diffère néanmoins beaucoup, en ce qu'il est bien moins étendu, moins varié et
moins soutenu : on a pu aussi lui appliquer ce nom à
cause d'une légère ressemblance dans le plumage de ces
deux oiseaux ; celui-ci diffère cependant plus encore du
rossignol des bois par les habitudes que par la taille et
par la robe.

Le rossignol de muraille a le corps bien moins épais que
celui des bois ; il a un décimètre trois centimètres (cinq
pouces trois lignes) de longueur, du bout du bec à l'extrémité de la queue : son vol est de deux décimètres un
centimètre (huit pouces) ; et lorsque ses ailes sont ployées,
elles s'étendent un peu au-delà de la moitié de la longueur
de sa queue.

Il est peu d'oiseaux dont le plumage soit susceptible
d'autant de variations de nuances dans ses teintes différentes, que le rossignol de muraille : aussi Bélon, Olina,
Aldrovande et plusieurs autres ornithologistes, en ont-ils fait
plusieurs variétés, qui ne sont dans le fait que la seule et
même espèce. Il paroît presque certain que ces variations
de couleurs ne sont dues qu'à la différence de l'âge : car
ayant été à portée d'observer scrupuleusement ces animaux
dans les pays qu'ils fréquentent en plus grande abondance,
nous avons remarqué que non-seulement le plumage des
jeunes étoit différent de celui des adultes, mais que,
parmi ces derniers, ceux que nous avons jugés être les
plus vieux, soit à raison de leur bec et de leurs ongles
usés par le frottement, ou par quelques autres caractères,
avoient le plumage du dessus du corps d'un brun de bistre,
la gorge d'un noir de velours, quelquefois mêlé de plumes
grisonantes, qui, comme les cheveux de l'homme ainsi
mélangés, nous ont paru être un indice de la vieillesse.

Comme il seroit difficile de signaler avec exactitude cet

oiseau , nous nous circonscrirons dans le terme moyen des nuances de son plumage. Le sommet de sa tête, son cou, et tout le dessus de son dos, sont, généralement parlant, d'un gris foncé, un peu lustré de bleuâtre ; les pennes de ses ailes, ainsi que les deux intermédiaires de sa queue, sont d'un gris brun, et toutes les latérales de cette partie sont rousses, ainsi que le croupion et les couvertures du dessous de sa queue. Le bec est noir, avec la commissure de ses mandibules jaune ; sa base est entourée de petites plumes d'un noir profond et lustré, qui se dirigent autour des yeux, et y forment un cercle étroit qui les environne ; au-dessus de ces plumes noires, on voit sur le front une ligne blanche qui borde la noire et qui en suit la direction jusqu'un peu au-delà du milieu de l'œil : les joues, les tempes, la gorge et le devant du cou, sont d'un noir bleuâtre ; la poitrine est d'un roux vif, et tout le reste du dessous du ventre est d'un gris clair, légèrement lavé de roux : l'iris est marron, ainsi que les pieds, et les ongles sont noirâtres.

La femelle a tout le dessus du corps d'un gris brun ; les couvertures supérieures de la queue et les pennes de cette partie, rousses ; le front, la gorge et tout le dessous du corps, d'un gris roussâtre.

Lorsque le rossignol de muraille arrive au printemps dans nos contrées, le mâle, toujours seul, se pose sur les édifices les plus élevés, sur les cheminées ou les clochers des villes et des campagnes, d'où il fait entendre, dès l'aube du jour, un chant doux, mélodieux, et qui paroît tendre, en même temps qu'il nous semble mêlé de tristesse ; il est cependant l'accent de son amour. Lorsque cet oiseau s'est choisi une femelle, ils se retirent tous deux dans les montagnes, et y choisissent un trou dans les murailles de quelque bâtiment ancien, où ils établissent leur nid : la femelle y pond ordinairement cinq ou six œufs bleuâtres, et tout le temps que dure l'incubation, le mâle, juché sur quelque élévation à portée de son nid, ne cesse de faire entendre son chant ; il ne l'interrompt que pour aller lui chercher de la nourriture, qui consiste dans des araignées ou des vermisseaux ; et quand leurs petits sont éclos, le mâle et la femelle, de concert, ne s'occupent plus que du soin de les nourrir.

Quelques auteurs, même très-modernes, ont admis plusieurs espèces de rossignols de muraille étrangers ; mais il est à présumer que ce n'est que la nôtre modifiée par la différence des climats qu'elle habite.

ROUGE - QUEUE, *Motacilla erythacus*, Linn. Le rouge-queue est un oiseau de passage, qui arrive dans nos contrées, chaque année, lorsque le printemps est déjà avancé, et qui les abandonne en automne, pour se transporter dans les pays méridionaux, d'où il nous étoit venu.

A leur arrivée, les rouges - queues se répandent dans les plus épaisses forêts des pays de montagnes, d'où ils ne sortent que le soir et le matin pour chercher, dans les champs qui avoisinent les bois, les vermisseaux et autres insectes dont ils se nourrissent.

Ces oiseaux, que l'on pourroit nommer silencieux, n'ont en effet qu'un petit cri filé. Ils sont naturellement timides, craintifs et sauvages : ils sont peu remuans, et on ne les voit guères en action que pour sauter d'une branche à une autre ; toutes les fois que cela leur arrive, ils donnent à leur queue un mouvement de trépidation et de vibration horizontal, de gauche à droite. Quoique les rouges - queues soient d'un naturel timide et sauvage dans toutes les autres saisons, cependant en automne leur caractère devient si confiant, qu'ils donnent inconsidérément dans tous les piéges qu'on leur tend.

C'est ordinairement près de terre, dans les buissons, que le rouge-queue établit son nid : il le construit extérieurement de mousse, et le garnit en dedans de laine et de plumes ; il lui donne une forme sphérique, avec une seule petite ouverture, qu'il place vers l'orient pour l'abriter des vents froids et pluvieux. La femelle pond, dans ce petit réduit commode et chaud, cinq ou six œufs blancs, tachetés et variés de lignes de couleur grise. Jamais cet oiseau ne s'approche de nos habitations, en quelque temps que ce soit.

Le rouge-queue est à peu près de la taille du rossignol de muraille ; cependant sa forme est plus allongée, et sa queue

plus grande : il a tout le dessus du corps, depuis le sommet
de la tête jusqu'au croupion, d'un gris brun ; le croupion
et les couvertures du dessous de la queue, d'un roux de feu
vif et clair ; les pennes de l'aile brunes, légèrement lavées
de roussâtre ; les deux intermédiaires de la queue de même
couleur, et toutes les latérales de cette partie, rousses
dans leur première moitié, et brunes dans le reste de
leur longueur. Ses joues, sa gorge, le devant de son cou
et tout le dessous de son corps, sont d'un blanc sale, qui, au
bas des joues, sur la poitrine et les flancs, est maculé de
taches brunes ; le mâle porte sur la gorge un beau collier
noir, qui manque à la femelle, et qui quelquefois est très-
large, suivant, sans doute, l'âge de l'individu. Le bec et
les yeux sont noirâtres, et les pieds, ainsi que les ongles,
sont bruns.

Quelques ornithologistes ont admis plusieurs espéces du
rouge-queue ; mais ou ce ne sont que des variétés d'âge,
ou bien ils ont confondu avec lui le rossignol de muraille,
dans ses différens âges.

Buffon a fait représenter dans ses planches enluminées,
sous le n.° 686, fig. 1, une espèce de rouge-queue de la
Guiane, qui pourroit bien n'être qu'une variété du nôtre,
occasionée par l'influence du climat.

SECTION IX. *Les Motteux*, Motacillæ œnanthe.

Caract. part. Bec effilé, aplati et large à la base, menu à
  la pointe ; vol court, bas et filé ; un mouvement sensible
  de vibration dans la queue.

MOTTEUX ORDINAIRE, *Motacilla œnanthe*, Linn. ; Buff. pl.
enl. n.° 554, fig. 1 et 2. Le motteux dont il est ici question est à peu près de la taille de l'alouette des champs :
sa forme cependant paroît un peu plus allongée ; il a, du
bout du bec à celui de la queue, un décimètre quatre centimètres (cinq pouces six lignes) de longueur, et deux décimètres six centimètres (neuf pouces dix lignes) de vol.
Lorsque ses ailes sont ployées, elles s'étendent jusqu'aux
deux tiers de la longueur de sa queue.

Cet oiseau, de passage annuellement périodique dans nos

contrées, y arrive assez tard au printemps, et en repart
de bonne heure en automne. A peine y est-il arrivé qu'il
s'occupe de la construction de son nid, qu'il place ou sous
les mottes des terrains nouvellement labourés, ou bien
sous quelque grosse pierre dans les friches. Ce nid est fait
avec beaucoup d'art et de soins : il est construit en dehors
de mousse entrelacée de quelques racines de graminées, qui
le lient contre la motte ou la pierre sous laquelle il est abrité;
l'intérieur en est garni de plumes et de laine, sur lesquelles
la femelle pond cinq ou six œufs d'un blanc bleuâtre, entourés d'une zone de points de même couleur vers le gros
bout.

Tout le temps que dure l'incubation, le mâle se tient sur
quelque grosse pierre à portée du nid, et il s'occupe avec
une affection exemplaire du soin de pourvoir abondamment
de nourriture sa tendre compagne, qu'il chérit beaucoup.
Lorsque du haut de son embuscade il aperçoit quelqu'un
qui dirige ses pas vers les objets de son amour, il vole au-
devant de lui, voltige, pour le distraire, à de petites dis-
tances, toujours en avant; et lorsqu'il juge que l'ennemi
qu'il redoute est suffisamment éloigné, il revient, d'un vol
rapide, en témoigner sa satisfaction à sa compagne : et
c'est presque toujours ce moment de délice pour lui qui
devient un sujet de déchirement pour son cœur, car le
dénicheur inhumain, qui connoît cette ruse, a la cruauté
d'en profiter pour reconnoître le lieu de ce dépôt, qui devroit être sacré pour toute ame sensible, et il ne manque
pas d'en faire le larcin.

Le motteux a le sommet de la tête, le cou, le dos, les
plumes scapulaires et le croupion, d'un gris lavé de fauve,
et les couvertures du dessus de la queue blanches; celles
de ses ailes sont d'un brun bordé de gris fauve, dans les
grandes, et de gris de perle dans les petites. Les grandes
pennes des ailes sont noires dans le mâle, frangées de blanc
roussâtre; elles sont noirâtres dans la femelle : les suivantes
sont de même couleur que les grandes pennes de la femelle,
et elles sont bordées extérieurement de gris fauve. Des
douze pennes qui composent la queue, les deux intermédiaires sont blanches dans leur premier tiers, et noires dans

le reste de leur longueur ; toutes les latérales sont d'autant plus blanches qu'elles sont plus extérieures. De chaque côté de la tête on voit, au-dessus de l'œil, une bandelette blanche qui prend son origine sur le front, où elle fait une bordure : de l'angle du bec il part une plaque noire, qui passe sous l'œil et se dirige vers le méat auditif ; cette plaque et la bandelette manquent à la femelle. Dans l'un et l'autre, les joues, la gorge, le devant du cou et tout le dessous du ventre sont d'un roussâtre qui, à mesure qu'il descend vers l'extrémité du corps, passe par des nuances insensibles au blanc pur, qui est la couleur des couvertures du dessous de leur queue. L'iris, le bec, les pieds et les ongles, sont noirs.

On ne connoît d'autre manière de prendre cet oiseau, du moins dans la ci-devant Lorraine, où il a, comme ailleurs, la réputation d'être un mets délicat, que de le tirer à coups de fusil.

MOTTEUX ou CUL-BLANC ROUSSATRE, *Motacilla rufescens*, Linn. Cette espèce est un peu moins grosse que la commune. Tout le dessus de son corps, depuis l'occiput jusqu'au croupion, est d'un roussâtre clair ; le croupion est blanc ; les pennes de ses ailes sont noirâtres en dehors et brunes en dedans ; les deux intermédiaires de la queue sont noires, et les latérales blanches, bordées tout autour d'une ligne étroite noire : on voit sur la tempe, entre le bec et l'oreille, la plaque noire qui existe dans l'espèce précédente : le sommet de la tête est d'un blanc lavé de roussâtre, ainsi que la gorge, le devant du cou, la poitrine et tout le dessous du corps ; le bec, les yeux, les pieds et les ongles, sont noirs.

Cet oiseau est une des cinq espèces que Brisson donne comme formant des races distinctes et séparées, et que plusieurs ornithologistes ne regardent que comme de simples variétés du motteux ordinaire.

MOTTEUX DU SÉNÉGAL, *Motacilla leucorrhoa*, Linn. ; Buff. pl. enlum. n.° 583, fig. 1. Buffon a fait figurer, dans ses planches enluminées, un oiseau qu'il a nommé motteux du Sénégal, dont il ne dit autre chose sinon qu'il « est « un peu plus grand que le motteux de nos contrées, et

« ressemble très - exactement à la femelle de cet oiseau,
« en se figurant néanmoins, dit-il, la teinte du dos un peu
« plus brune, et celle de la poitrine un peu plus rou-
« geâtre ; peut-être aussi, ajoute-t-il, l'individu sur lequel a
« été gravée la figure, étoit dans son espèce une femelle ».
(S. G.)

BECTSCHUTSCH (*Ichtyol.*), nom que les Kamtschadales
donnent au hareng. Voyez CLUPÉE. (F. M. D.)

BECUIBA. (*Bot.*) Voyez IBICUIBA.

BEDARINGI (*Bot.*), nom arabe de la mélisse, suivant
Dalechamps. (J.)

BEDEAU, BEDEAUDE (*Entom.*) , nom trivial donné en
françois à quelques insectes dont le corps est de deux couleurs bien tranchées. On nomme chenille bedeaude celle
du PAPILLON DOUBLE C BLANC, ou ROBERT-LE-DIABLE ; scarabée bedeau, l'APHODIE DU FUMIER ; cigale bedeaude, la
CERCOPE ÉCUMEUSE. Voyez ces mots. (C. D.)

BEDEAUDE (*Ornith.*), nom trivial de la corneille mantelée, *corvus cornix*, L. (Ch. D.)

BEDEGUAR (*Bot.*), espèce de tumeur ou galle chevelue,
produite sur le rosier par la piqûre d'un insecte du genre
Cynips. On lui a attribué beaucoup de vertus, qui se réduisent à la qualité astringente propre au rosier. (J.)

BÉDEGUARD , BÉDÉGAR , BEDEGARD. (*Entom.*) On a
donné ce nom à plusieurs espèces de galles ou végétations
maladives, qui arrivent sur la tige ou sur les feuilles de
certaines plantes qui ont été piquées par des insectes,
particulièrement par les DIPLOLÈPES, les CYNIPS et les
SCATOPSES : on l'a plus particulièrement assigné à celle
qui naît sur le rosier ou églantier, et qui est produite par
un cynips. On ne s'en sert plus en médecine. On attribuoit
autrefois à cette production de très - grandes propriétés.
Voyez , pour le détail , les trois noms de genre que nous
venons d'indiquer. (C. D.)

BEDOUILLE (*Ornith.*), nom vulgaire de l'alouette farlouse, *alauda pratensis*, L. , qu'on appelle aussi bedouide
(Ch. D.)

BEDOUSI (*Bot.*), nom brachmane du *tsjerou kanneli* des
Malabares (Rhèed. 5 , p. 99 , t. 50), petit arbre à feuilles

alternes, qui a quelque affinité, d'une part, avec l'ana-vingue, de l'autre, avec un nouveau genre observé à Caïenne par Richard, qui ne l'a pas encore publié. On y retrouve, comme dans ce dernier, des fleurs apétales, chargées de beaucoup d'étamines; un ovaire surmonté d'un seul style; une capsule ou baie sèche, s'ouvrant en trois valves, renfermant trois petites graines : ses fleurs sont petites, rassemblées en paquets aux aisselles des feuilles. (J.)

BEDURU, Benduru. (*Bot.*) On nomme ainsi, dans l'île de Ceilan, le polypode à feuilles de chêne, *polypodium querci-folium.* Voyez Polypode. (J.)

BEEDELSNOEREN (*Botan.*), nom flamand d'un arbre nommé sur la côte Malabare *tsieria - samstravadi,* suivant Rhéede (Hort. Malab. 4, p. 15, t. 17), que Linnæus a réuni à son genre *Eugenia,* Jambosier, sous le nom d'*eugenia acutangula,* et qui a été ensuite rapporté au *stravadium* de Jussieu. Voyez Jambosier et Stravadi. (J.)

BEEMERLE. (*Ornith.*) Voyez Bœhmerl.

BEENA. (*Ornith.*) On appelle ainsi, dans le pays des Grisons, le choucas, *corvus monedula,* L. (Ch. D.)

BEENEL (*Bot.*), nom malabare d'un petit arbre cité par Rhéede (Hort. Malab. 5, p. 7, t. 4), et que Burmann, dans sa Flore de l'Inde, nomme *croton racemosum.* Ce n'est peut - être pas un croton, car son fruit contient quatre graines au lieu de trois ; mais il paroît au moins être voisin et appartenir à la famille des euphorbiacées. Sa racine, cuite dans l'huile de sésame, est employée en liniment pour les douleurs de tête. (J.)

BEESHA. (*Bot.*) On nomme ainsi sur la côte Malabare une espèce de bambou, rapportée dans le Hort. Malab. 5, p. 119, t. 60. (J.)

BEETKLIM (*Bot.*), nom flamand de la baselle, que l'on mange dans l'Inde, apprêtée comme l'épinard. (J.)

BEFARIA. (*Bot.*) Voyez Bejare.

BEFBASE. (*Bot.*) Dans les Œuvres d'Avicenne on trouve sous ce nom le macis de la muscade, suivant Clusius. (J.)

BÉFROI. (*Ornith.*) On appelle grand et petit béfrois, deux espèces de grives, *turdus tinniens* et *turdus lineatus,* L. (Ch. D.)

BEGONE (*Bot.*), *Begonia*, Plum., Tourn., Linn., Juss., Lam. pl. 778, l'Herit. Stirp. pl. 48, Dryand. monog. ; genre de plantes dont la famille n'est pas déterminée : il comprend environ une trentaine d'espèces de plantes herbacées ou un peu ligneuses, qui croissent dans des lieux marécageux des parties les plus chaudes de l'Inde et de l'Amérique. Leurs feuilles, ordinairement prolongées sur un des côtés de leur base, naissent de la racine, ou sont alternes sur la tige. Les fleurs sont placées une à une au sommet de chacune des bifurcations du pédoncule commun qui les porte. Le calice, ou la corolle, car il n'y a qu'une seule enveloppe autour des organes sexuels, est ordinairement divisé en quatre parties, dont deux plus étroites : il contient, dans la plupart des fleurs qui sont mâles, plusieurs étamines, dont les filets sont réunis à la base ; et dans les fleurs femelles il est adhérent à l'ovaire, qu'il déborde par son limbe, terminé par trois styles souvent fourchus et à stigmates simples. Le calice tombe après la floraison, et l'ovaire devient une capsule à trois angles membraneux, à trois valves, et à trois loges, remplies par plusieurs graines très-menues, attachées à un axe commun, qui fait partie de la cloison des loges.

Le port et la saveur des begones semble les rapprocher des oseilles ; on les nomme oseille sauvage dans les Colonies françoises, où on les mange à cause de leur agréable acidité. En Europe, on tient en serre chaude les espèces qu'on cultive. (Mas.)

BÉGUAN. (*Rept.*) Les Indiens désignent sous ce nom les bézoards qui se trouvent dans les intestins de l'iguane, auxquels ils attribuent de grandes propriétés. Il paroît que c'est une concrétion analogue à celle qui est appelée *sauritin* par les anciens auteurs latins et surtout par Pline. (C. D.)

BÉGUE (*Ornith.*), ancien nom françois de la mouette cendrée, *larus canus*, L. (Ch. D.)

BEGUIL (*Bot.*), fruit de la grosseur d'une pomme ordinaire, mais dont la chair a la couleur, le grain et le goût de la fraise (Hist. abr. des Voyages, 2, p. 292). L'arbre qui le produit croît dans les bois de la Sierra-Leona, sur les côtes occidentales de l'Afrique ; c'est peut-être une espèce d'arbousier, d'après la description imparfaite du fruit. (J.)

BÉHÉMOTH (*Mamm.*) , nom hébreu de l'hippopotame. (F. C.)

BEHEN BLANC. (*Bot.*) Les Arabes désignoient sous le nom de *behmen abiad*, ou behen blanc, une racine blanche à l'intérieur et à l'extérieur, qui avoit une odeur aromatique et une saveur un peu styptique. Ils lui attribuoient une vertu tonique, et celle d'augmenter la sécrétion de la semence. Elle étoit également estimée chez les Perses, qui, après l'avoir pilée, la mêloient, certains jours de fêtes, dans leurs alimens. On ne la trouve presque plus dans les pharmacies, et l'on est incertain sur la plante qui la fournit. Tournefort paroît croire que c'est celle qui est connue maintenant des botanistes sous le nom de *centaurea behen*. Il ne faut pas la confondre avec le behen blanc des environs de Paris, *cucubalus behen*, qui n'est pas employé en médecine. (J.)

BEHEN ROUGE. (*Bot.*) C'est une racine nommée par les Arabes *behmen ackmar*, que l'on apporte de la Syrie et du mont Liban, coupée par tranches compactes d'un rouge noir, regardée comme astringente et tonique, employée autrefois pour arrêter les hémorragies et les cours de ventre. On a dit, mais sans pouvoir l'affirmer, qu'elle appartenoit au *statice limonium*, que quelques auteurs nommoient pour cette raison *behen rubrum*, et qui participe un peu des mêmes propriétés. (J.)

BEHMEN. (*Bot.*) Voyez Behen blanc.

BEHMEN ACKMAR. (*Bot.*) Voyez Behen rouge.

BEHORS. (*Ornith.*) Ce nom et ceux de bihor et bihour sont vulgairement donnés au héron butor, *ardea stellaris*, L. (Ch. D.)

BEHRÉE (*Ornith.*), nom indien de l'oiseau de proie appelé par Latham *falco calidus*. (Ch. D.)

BEIAHALALEN, Haialhalez (*Bot.*), noms arabes de la joubarbe ordinaire, *sempervivum tectorum*, L., selon Dalechamps. (J.)

BEID EL OSSAR ou Beidelsar (*Bot.*), plante d'Égypte, de la famille des apocinées, rapportée au genre Asclépiade, et que l'on croit être l'*asclepias procera*, Ait. Elle croît abondamment sur les bords du Nil et s'élève à la hauteur de deux coudées, au rapport de Prosper Alpin. Les Égyptiens emploient, en guise d'amadou, les poils soyeux qui couronnent ses graines ; ils en garnissent aussi leurs lits, comme d'une espèce de duvet. L'emplâtre fait avec les feuilles pilées de la plante, est bon dans les tumeurs froides. Son suc laiteux, appliqué sur les cuirs, procure le moyen d'enlever facilement leur poil. On dit encore qu'il peut être mis en usage pour ronger les boutons galeux ou vénériens, et qu'on se sert aussi de la plante contre la fièvre. (J.)

BEILSTEIN (*Minér.*), nom donné par les minéralogistes allemands à la pierre de hache. Voyez JADE. (B.)

BÉJARE (*Bot.*), *Bejaria*, Mutis, *Befaria*, Linn., nouveau genre de petits arbrisseaux rhodoracés, propre à l'Amérique. Mutis, qui découvrit les premiers à la Nouvelle-Grenade, voulant célébrer un professeur de botanique à Cadix, nommé Béjar, dénomma son nouveau genre, *bejaria* : mais ce nom, mal lu dans ses notes manuscrites, devint, dans la nomenclature Linnéenne, *Befaria*, jusqu'à la correction faite par Ventenat, dans sa sixième décade du Jardin de Cels.

Les caractères de ce genre semblent soumis au nombre sept. C'est celui des divisions du calice, et de celles de la corolle, qui porte quatorze étamines, dont sept grandes et sept petites. Sept stries du stigmate répondent aux sept loges de l'ovaire, qui devient une capsule ombiliquée, renfermant des semences nombreuses. La fleur est latérale et un peu irrégulière : le style se tient abaissé sur la division inférieure.

Selon Jussieu, le genre *Acuhna* de Ruiz et Pavon se réunit à celui-ci ; et même, selon Ventenat, les deux espèces que chacun de ces deux genres présente séparément, sont les mêmes dans l'un et dans l'autre.

La première, du genre Bejaria, figurée dans le manuscrit de Mutis (Amer. V. 1, t. 8 et t. 17), a les fleurs pourpres, ramassées au sommet des rameaux, et très-visqueuses, comme dans une des azalées, avec des pédicules uniflores, pubescens : elle fut nommée résineuse, *bejaria resinosa.*

L'autre a les fleurs incarnates et portées sur des pédicules rameux, distribués aux aisselles des feuilles, et plus nombreux vers l'extrémité des branches. Cette espèce reçut le nom spécifique *œstuans*, peut-être à cause de sa sécheresse.

Une troisième espèce a été nommée *racemosa* par Ventenat, qui en distingue deux variétés, l'une glabre, l'autre hérissée de poils.

Elle a été trouvée par le voyageur Michaux dans la Floride occidentale, et placée au Jardin de France à Charlestown, d'où Bosc en a apporté les graines qui ont réussi chez Cels. Elle fleurit au commencement de l'automne. (D. de *V.*)

BÉJAUNE. (*Ornith.*) Ce terme, qui vient de ce que les très-jeunes oiseaux de proie ont le bec jaune, est employé en fauconnerie pour désigner les oiseaux niais, non encore susceptibles d'instruction. (Ch. D.)

BÉJUQUE (*Bot.*), *Hippocratea*, Linn., *Bejuco*, Loëfl., genre de plantes qui tient le milieu entre les érables et les banistères. Il a pour caractères, un petit calice à cinq divisions profondes, cinq pétales plus grands, élargis à leur base, et creusés en capuchon à leur sommet, attachés sous le pistil, ainsi que les étamines, au nombre de trois, dont les filets sont réunis en un tube charnu, qui a aussi la forme d'un disque. L'ovaire, enfoncé à moitié dans ce tube, surmonté d'un style simple et de trois stigmates, devient un fruit composé de trois capsules ovales, comprimées, uniloculaires, s'ouvrant dans leur longueur en deux valves naviculaires, et remplies de deux à cinq graines également comprimées et ailées d'un côté. Ce genre renferme des arbres et des arbrisseaux ordinairement sarmenteux et grimpans, dont les rameaux sont opposés de même que les feuilles ; celles-ci sont simples, accompagnées de très-petites stipules : les fleurs, très-petites, sont disposées en corymbes axillaires. Ce genre diffère de la tontelée d'Aublet, *tontelea*, uniquement parce que le fruit de celle-ci est une baie remplie de plusieurs graines. On devra rapporter à l'un de ces deux genres l'*anthodon*, figuré et décrit dans la Nouvelle Flore du Pérou, de Ruiz et Pavon, qui offre les mêmes caractères ; mais comme ils n'ont pas vu le fruit, on ne sait auquel des deux il doit être associé. Plumier et Linnæus n'ont connu qu'une espèce de bejuque ; le nombre en a été porté à trois par Wildenow, à six par Lamarck, et ce dernier nombre peut maintenant être au moins doublé. Ces plantes habitent l'Amérique méridionale, les Antilles, le Sénégal et le voisinage du cap Vert ; deux espèces se trouvent à Madagascar et aux Indes orientales.

Celle qui a été la première et long-temps la seule connue, fut découverte dans les Antilles par Plumier, qui établit le genre sous le nom de *Coa*, et en traça un dessin, publié depuis dans les Icones de Burmann, t. 88. Linnæus la nomma *hippocratea volubilis*, substituant ainsi le vrai nom du patriarche de la médecine au surnom tiré de son lieu natal. Cette plante n'est pas voluble, mais elle est seulement grimpante, ce qui a fait nommer par Jacquin, Amer. 9, t. 9, *hippocratea scandens*, celle qu'il a publiée et qu'il regardoit comme la même espèce. Lamarck, dans ses Ill. 1, p. 100, t. 28, les sépare, en observant que dans celle de Plumier les feuilles sont ovales, à peine dentées, et les capsules ovales, entières ; et que celle de Jacquin présente des feuilles lancéolées et dentelées, avec des capsules en cœur. Il a nommé la première *hippocratea ovata*, et la seconde *hippocratea obcordata*, en supprimant la désignation de tige grimpante, commune à toutes les espèces observées postérieurement. Celles - ci, dont il est inutile de faire l'énumération, se distinguent en général par la forme de leurs feuilles et de leurs fruits, ainsi que par la disposition de leurs fleurs. Voyez Anthodon, Amandier des bois, Bexugo, Habilla. (J.)

BEKKER-EL-WASCH (*Mamm.*), nom du zébu chez les Arabes. (F. C.)

BEL et BELA (*Bot.*), mots de la langue des peuples de la côte Malabare : ils entrent dans la composition de plusieurs noms de plantes, décrites par Rhéede dans le superbe ouvrage qu'il a publié sous le nom de Hortus Malabaricus.

Dans le dialecte d'où cet auteur les a empruntés, ces mots paroissent être une épithète qui veut dire blanc. Le mot *belutta* a la même signification ; *ben* sert aussi au même usage. Ces trois mots en précédent d'autres qui sont en quelque sorte des noms génériques et spécifient les plantes qui se distinguent des autres par des fleurs blanches. (A. P.)

BELA-AYE. (*Bot.*) Voyez Bé-lahé.

BEL-ADAMBOE. (*Bot.*) Rhéede a décrit et figuré, dans son Hort. Malab. tom. XI, p. 119, t. 58, une belle espèce de liseron qui ressemble à celle de l'Isle-de-France, que Lamarck a fait connoître sous le nom de liseron à feuilles de tilleul, *convolvulus tiliæfolius* : mais celui-ci en diffère par ses fleurs, qui sont blanches; ce que désigne le mot de *bel* qui entre dans la composition de son nom. Celui d'a-damboë qui le suit désigne, soit d'autres liserons, soit le *munchausia*, L. (A. P.)

BÉ-LAHÉ. (*Bot.*) Les habitans de Madagascar donnent ce nom à un arbre de leur pays, dont ils font beaucoup de cas à cause de ses propriétés. Ce mot est composé de *bé*, qui veut dire grand (le *becar* des Malais), et de *lahé*, qui veut dire homme ou mâle. Tout ce que l'on sait jusqu'à présent de ses caractères botaniques, c'est qu'il a des feuilles alternes et trifoliées, qu'il est dioïque, et que ses fleurs mâles ont cinq étamines. Il ne croît qu'à une certaine distance du bord de la mer, et dans les montagnes, à une assez grande élévation : c'est là que les habitans vont le chercher, pour en rapporter l'écorce, dont ils font beaucoup d'usage, la regardant comme un excellent remède, opinion fondée sur sa saveur très-amère et mêlée d'un peu d'arome. Cette qualité la rend propre à un usage qui en fait faire une grande consommation : il consiste à la faire infuser dans la liqueur fermentée que l'on tire du jus de la canne à sucre, et que les habitans de Madagascar nomment *tocfare*, et ceux de l'Isle-de-France *flangourin*. Cette écorce fait le même effet, dans cette boisson, que le houblon dans la bière; l'amertume qu'elle procure et à laquelle on s'accoutume, la rend plus saine : c'est pour la même raison que les habitans de Batavia, au rapport de Rumphius, mêlent au même suc de canne les feuilles et les tiges de la momordique balsamine (la *margose* de l'Isle-de-France), usage que l'on devroit imiter dans nos colonies africaines.

On ne peut guères douter que cette écorce, examinée avec soin, ne se trouvât posséder des propriétés précieuses pour la médecine, dans le genre de celles du simarouba ou du quinquina, auxquels on l'a comparée, et dont même on lui a donné les noms : c'est ce que Mauduit a cherché à établir en publiant, dans les Mémoires de la Société de médecine, vol. 3, p. 369, les observations de Sonnerat : ce savant voyageur en avoit fait usage lui-même avec succès dans un flux de sang. Il lui donne le nom de *bela-aye*. C'est sous ce même nom que Murrai a donné le précis de ce mémoire dans le 6.° vol. de sa Matière médicale, p. 177. (A. P.)

BÉLAM (*Ichtyol.*), espèce de clupée découverte par Forskal, dans la mer d'Arabie. Voyez CLUPÉE. (F. M. D.)

BELAM-CANDA (*Bot.*), nom malabare d'une plante décrite et figurée par Rhèede, Hort. Malab. tom. 11, p. 73, fig. 37, que Linnæus avoit nommée *ixia sinensis*. Murrai et Lamark l'ont transportée au genre Morée. (A. P.)

BELA-MODAGAM (*Bot.*), nom donné par les habitans de la côte Malabare à une plante de leur pays, que Rhèede a décrite et figurée dans le Hort. Malab. vol. 4, p. 121, t. 59. Il est aisé de la reconnoître pour une espèce du genre *Scævola* : mais elle paroît différente de celles connues jusqu'à présent, principalement parce qu'elle forme un petit arbre et qu'elle croît dans l'intérieur des terres ; au lieu que les autres, notamment les deux décrites et figurées, l'une en Amérique, par Plumier, la seconde à Amboine, par Rumphius, ne sont que des arbustes qui bordent le rivage de la mer. (A. P.)

BELA-POLA. (*Bot.*) Rhèede a décrit et figuré sous ce nom malabare (Hort. Malab. vol. 11, p. 69, fig. 35) une plante de la famille des orchidées, qui paroît du même genre naturel que l'angrec écrit, Lam., *epidendrum scriptum*, Linn. Elle croît sur la terre, dans les endroits marécageux ; ses feuilles sont grandes, plissées et nerveuses, réunies à la base en un bulbe : les fleurs sont disposées en un épi serré et latéral ; elles sont blanchâtres. Le tablier, *labellum*, ou division inférieure du calice, est marqué de veines pourpres. Les bulbes de cette plante, pilés avec du riz, forment un liniment propre à hâter la maturation des phlegmons, des tumeurs ou abcès. C'est un usage auquel on emploie assez généralement, dans tous les pays, les différentes espèces de bulbes : dans nos climats, c'est celui pour lequel on se sert le plus communément du lys blanc.

Dans la langue du Malabar, le mot *pola* désigne plusieurs plantes bulbeuses. (A. P.)

BELA-SCHORA. (*Bot.*) Suivant Rhéede, Hort. Malab. vol. 8, p. 8, t. 1, on cultive sous ce nom, à la côte Malabare, dans tous les jardins, une cucurbitacée dont la pulpe, qui est douce, se mange cuite et assaisonnée comme les concombres Elle est mûre dans la saison des pluies. Il paroît que c'est une variété de la calebasse, *cucurbita lagenaria*, L., cultivée pareillement à l'Isle-de-France, sous le nom de calebasse douce, que l'on apprête de la même manière que plusieurs autres cucurbitacées en usage dans cette île, tels que la Papangaie et les Patoles. Voyez ces mots et celui de Courge. Le mot de *schora* désigne, dans le Hort. Malab., plusieurs autres cucurbitacées. (A. P.)

BELBUS (*Mamm.*), nom qui signifie hyène dans le latin moderne. (F. C.)

BÉLEMENT. (*Mamm.*) C'est ainsi que l'on nomme le cri des beliers, des brebis, des moutons, des agneaux et des chèvres. (S. G.)

BÉLEMNITE. (*Moll.*) Ce mot, qui vient du grec, signifie pierre en dard; il désigne une coquille pétrifiée, de forme conique, droite et allongée, dont la structure paroît avoir beaucoup d'analogie avec celle des cornes d'ammon ou Ammonites. Voyez ce dernier mot. Elle est composée de deux parties distinctes, l'étui et l'alvéole. Le premier présente, en général, la forme que nous venons d'indiquer : quelquefois il est arrondi vers son extrémité, et se termine ensuite en une petite pointe; d'autres fois il est renflé dans les deux tiers de sa longueur, et ressemble à un fuseau. Il peut être aussi aplati sur les côtés, et présenter des arêtes latérales : ordinairement il est creusé à sa surface, qui est lisse, d'un sillon longitudinal. Lorsqu'il se rapproche de la forme cylindrique, l'intérieur est marqué de côtes circulaires. Sa cassure transversale offre une sorte de cristallisation composée d'aiguilles, qui vont en rayonnant de l'axe du cône vers sa circonférence. On voit, dans la coupe longitudinale, qu'elles s'inclinent un peu vers le sommet : mais on observe, en même temps , dans cette coupe , principalement dans les étuis de bélemnites qui ont été polis, une suite de lignes longitudinales qui partent deux à deux de l'axe sous un angle très-aigu, et se dirigent vers la base ; elles indiquent une suite de couches ou de cornets de matière pierreuse, comme emboîtés les uns dans les autres. L'étui a, dans son intérieur, une cavité conique , qui s'étend, dans les bélemnites les plus entières, jusques à la moitié de la longueur ; quelquefois elle n'en a que le tiers : cette cavité est exactement remplie par l'alvéole, formé d'une réunion de cellules, dont le nombre et l'étendue varient beaucoup, suivant que les cloisons qui les interceptent sont plus ou moins distantes l'une de l'autre. Celles - ci forment autant de petites calottes, dont la convexité est dirigée vers le sommet du cône ; leur centre est percé quelquefois d'un siphon, ou canal, qui règne d'autres fois sur un côté, traverse toutes les cellules, et ne communique qu'avec celle de la base ou la dernière, comme cela a lieu dans les nautiles et les ammonites.

Il est rare de rencontrer les bélemnites avec leur alvéole ; elles sont par contre extrêmement communes sans cette partie, que l'on trouve aussi séparément, mais plus rarement. La plupart des naturalistes qui ont parlé de ces corps, ne les ont pas vus réunis ; de là viennent les opinions variées qu'ils ont avancées sur leur origine. Quelques-uns ont appelé l'alvéole orthocératite, qui veut dire corne droite, et n'ont pu méconnoître dans cette partie une structure évidemment analogue à celle des ammonites. Il ne faudroit cependant pas en conclure que tout ce qui a été appelé orthocératite puisse être rapporté aux alvéoles dont nous parlons. Voyez au mot ORTHOCÉRATITE. L'étui des bélemnites a été regardé successivement pour un bâton d'oursin, pour la dent, l'épine du dos d'un poisson de mer. Tout récemment encore G. A. Deluc (Journal de Physique, Floréal an IX et Ventôse an X) a avancé que c'étoit l'os d'un poisson mou. Nous avons adopté, dans cet article, l'opinion de Sage (voyez même journal, Brumaire et Fructidor an IX), qui nous a paru, d'après l'examen de la belle collection qui se trouve au cabinet de l'Hôtel des Monnoies, être parfaitement conforme à la nature.

On ne connoît les bélemnites que dans l'état de pétrification : elles sont ordinairement de nature calcaire , et il est très-fréquent de les trouver incrustées dans des marbres avec des ammonites. Celles de Meudon , près Paris, sont demi-transparentes, et à l'état d'albâtre calcaire jaunâtre. Leur grandeur varie de quelques millimètres à plusieurs décimètres. On en trouve de cette dernière dimension à Fahlen, en Suède et en Norwège. Les anciens en avoient découvert sur le mont Idas : de là vient sans doute le nom de doigt du mont Idas, que Pline leur a donné.

Sage , dans le mémoire cité plus haut, en distingue onze variétés, dont plusieurs avoient été indiquées par Knorr : quelques autres sont figurées dans l'ouvrage de Faujas, sur les pétrifications de la montagne de S. Pierre de Mastricht.

Les analogues vivantes des bélemnites sont absolument inconnues, et l'espèce paroît en être détruite. Peut - être existe-t-elle encore dans les profondeurs de la haute mer. Voyez les articles de Géologie, pour la considération, des bélemnites sous ce rapport. (Duv.)

BEL-ERICU (*Bot.*), nom malabare d'une plante de la famille des apocinées, décrite sans figure par Rhéede, Hort. Malab. vol. 11, p. 56. L'éricu, à la suite duquel cette plante est rapportée, est l'*asclepias gigantea* de Linnæus. Voyez Asclépiade. (A. P.)

BELETTE. (*Ichtyol.*) On désigne sous ce nom spécifique le *blennius mustellaris* de Linnæus. Voyez Blennie. (F. M. D.)

BELETTE (*Mamm.*), *Mustella vulgaris*, Linn., petite espèce du genre Marte. Voyez ce mot. (F. C.)

BELETTE DU BRÉSIL. (*Mamm.*) On a donné ce nom au taïra, ou galera, animal de l'Amérique méridionale, plus grand qu'une marte, assez voisin du glouton pour la forme, d'un noir brun, avec une grande tache blanche sous le cou. C'est la grande marte de la Guiane (Buff. Suppl. VII, pl. 60), le grand furet de d'Azara, et le *mustela barbara* de Linnæus ; mais sa synonymie a été fort embrouillée. On a donné l'un de ses noms comme synonyme du vansire, qui est du genre des mangoustes, etc. Nous en traiterons au mot Glouton. Voyez ce mot. (F. C.)

BELETTE DE JAVA. (*Mamm.*) Séba donne ce nom à un

petit animal qu'il dit être nommé *roger - angan* par les habitans de l'île de Java. Sa taille est plus petite que celle de notre belette ; les poils du dessus de la tête sont d'un brun sombre, plus roux sur le dos, et mélangé de jaune sous le ventre : la queue se termine en pointe, et tire sur le noir.

Buffon rapporte, mais en doutant, cet animal à celui qu'il décrit sous le nom de vansire. Il est beaucoup plus probable que c'est l'hermine dans son pelage d'été. (F. C.)

BELIER. (*Mamm.*) C'est le nom que l'on donne communément en France au mâle de la brebis. Voyez Mouton et Bêtes a laine. (F. C.)

BELIER-SPHINX (*Entom.*), nom donné par Geoffroy à la zygène de la filipendule. (C. D.)

BELIGANA (*Bot.*), nom languedocien de la vigne sauvage (J.)

BELILLA (*Bot.*), nom que les habitans de la côte Malabare donnent à un bel arbrisseau de leur pays, dont Rhèede fait mention, tom. 2, p. 27, t. 18. Il appartient à la famille des rubiacées, et est remarquable surtout par une des divisions de son calice, qui s'allonge et s'étend considérablement, et prend la forme d'une feuille marquée de cinq nervures. Rumphius a regardé cet arbrisseau comme le même que son *daun putri*, ou *folium principissæ*, Herb. Amboin. tom. 4, p. 111, t. 51. Burmann a rapporté l'un et l'autre comme synonymes de son *mussænda*, quoiqu'il remarque que sa plante soit velue, et que les autres soient glabres. Linnæus a adopté depuis le nom et la synonymie de Burmann, en sorte que les trois forment son *mussænda frondosa*. Lamarck les laisse aussi réunies, en supprimant le genre, et reportant au *gardenia* cette plante de Rhèede, Rumphius et Burmann. Valh et Wildenow admettent la synonymie, en laissant néanmoins subsister le genre *Mussænda*. Adanson, dans le Supplément à la première Encyclopédie, regarde les trois plantes comme trois espèces distinctes ; et il faut avouer que l'on ne sera assuré de l'identité des plantes figurées par Rhèede et par Rumphius, que lorsqu'elles auront été vérifiées sur les lieux, ou dans des herbiers. Voyez Mussænda et Balifabae. (A. P.)

BELINGÈLE. (*Bot.*) C'est un des noms que porte l'aubergine ou melongène. Voyez-en l'origine au mot Badelcian, et l'histoire à celui de Morelle bringelle. (A. P.)

BELIPATHÆGAS. (*Bot.*) Dans l'île de Ceilan on nomme ainsi l'*hibiscus populneus*, espèce de ketmie. (J.)

BELLADONE (*Bot.*), *Atropa*, genre de plantes à fleurs monopétales, de la famille des solanées, qui a pour caractère un calice presque campanulé, à cinq divisions ; une corolle campanulée, divisée, par le haut, en cinq lobes, deux fois plus longue que le calice ; cinq étamines dont les filamens sont filiformes et les anthères courtes : le fruit est une baie arrondie, à deux loges, entourée à sa base par le calice ; les placentas adhèrent à la cloison par le moyen d'une lame membraneuse ; l'embryon est presque circulaire, situé vers le milieu du périsperme : les feuilles sont simples, alternes, souvent géminées ; les fleurs presque solitaires, ou disposées par petits paquets.

Les espèces sont peu nombreuses, et portent des baies qui sont presque toutes des poisons narcotiques. Le nom d'*atropa*, qui vient de celui d'*atropos*, une des trois parques, indique leurs qualités malfaisantes. On distingue particulièrement :

1.° Belladone commune. *Atropa belladonna*, Linn., Lob. Ic. 263. Si l'on n'eût considéré que l'aspect triste et repoussant de cette plante, ou ses propriétés dangereuses, on ne lui eût pas donné un nom qui rappelle l'idée de la beauté ; aussi ne l'a-t-elle reçu que parce que son eau distillée produit une espèce de fard propre à entretenir la blancheur de la peau, à ce que prétendent les Italiens. Ses tiges, hautes d'un mètre et plus, quoique herbacées, sont très-rameuses et un peu velues ; ses feuilles grandes, ovales, aiguës, pubescentes et molles. A ses fleurs solitaires, d'un pourpre obscur, succèdent des baies noires, de la grosseur d'un grain de raisin.

Ces fruits sont d'autant plus dangereux qu'ils séduisent par leur saveur douceâtre, un peu sucrée. Les effets en sont effrayans, et l'on cite plusieurs exemples de personnes auxquelles elles ont causé la mort au milieu d'un délire stupide, approchant de celui de l'ivresse. On ne peut trop se hâter d'employer les vomitifs pour arrêter les ravages de ce terrible poison : on emploie aussi les acides, le suc de limon, d'amples boissons de vinaigre ; mais ces fruits affoiblissent tellement la sensibilité de l'estomac, qu'on est souvent obligé d'aider l'effet des vomitifs en chatouillant la gorge avec une plume.

Cependant cette plante a aussi son utilité. Ses feuilles et ses fruits sont résolutifs, adoucissans : on les applique sur les hémorroïdes et sur le cancer. En les faisant bouillir avec du saindoux, on en compose une pommade pour les ulcères carcinomateux, et pour les durillons des mamelles. Le docteur Rimærus, professeur de médecine à Hambourg, ayant observé que l'extrait de cette plante, dissous dans de l'eau et appliqué sur l'œil, produisoit une paralysie momentanée, pendant laquelle la pupille se dilatoit extraordinairement, s'est servi avec avantage de ce procédé pour préparer les yeux à l'opération de la cataracte. La grande dilatation de la pupille permet alors à l'oculiste d'entamer la cornée, et de parvenir jusqu'à la capsule du cristallin, sans crainte de blesser l'iris. (Ventenat, Tableau du rég. vég.) La macération de ces fruits fournit un beau vert aux peintres en miniature.

2.° BELLADONE D'ESPAGNE. *Atropa frutescens*, Linn. , Barrel. Ic. 1173. Cette espèce forme un arbrisseau en buisson, à tige tortueuse et rameuse. Les feuilles sont petites, un peu pubescentes, ovales, en cœur ; les fleurs jaunâtres, solitaires, ou deux ou trois ensemble. Cet arbrisseau croît en Espagne.

3.° BELLADONE A FEUILLES DE NICOTIANE. *Atropa arborescens*, Linn., Plum. Spec. 1, Ic. 46. f. 1. C'est un petit arbrisseau qui croît dans l'Amérique méridionale, dont les feuilles sont entières, ovales, lancéolées ; les fleurs blanchâtres, portées sur des pédoncules courts, réunis en faisceau.

Plusieurs autres espèces rapportées à ce genre par Linnæus, appartiennent, tant par leur corolle que par l'enveloppe de leur fruit, aux genres voisins de celui-ci. Voyez COQUERET, MANDRAGORE, MORELLE, NICANDRE. (Poir.)

BELLADONNA. (*Bot.*) Ce nom est donné, non-seulement à un genre particulier de solanées décrit dans l'article précédent, mais encore, suivant Plukenet, au *solanum vespertilio* de la même famille, plante épineuse des Canaries, où elle est nommée *permenton* : ses feuilles sont en cœur ; ses fruits contiennent un suc rouge, que les femmes de ces îles emploient pour se colorer les joues et se rendre plus agréables. On trouve aussi, parmi les narcissées, l'*amaryllis belladonna*, nommée belladonne dans les jardins. Voyez MORELLE, AMARYLLIS. (J.)

BELLAN (*Bot.*), nom arabe de la pimprenelle épineuse, *poterium spinosum*, L. (J.)

BELLAN-PATSJA (*Bot.*) , nom que les habitans de la côte Malabare donnent à une plante remarquable que Rhéede a décrite et figurée, Hort. Malab. tom. 12 , p. 73, t. 40. Linnæus l'a rapportée au *lycopodium cernuum.* Si la synonymie de cette plante est exacte, elle se trouve répandue dans tous les pays situés entre les tropiques, et elle a été figurée par Plumier, Plukenet et Burmann. Adanson, dans le Supplément à la première Encyclopédie, prétend que ce sont quatre plantes distinctes, confondues en une seule. Les herbiers seuls pourroient décider cette question, car les figures et les descriptions de ces auteurs sont trop vagues pour rien asseoir de certain à ce sujet. Voyez LYCOPODE. (A. P.)

BELLARDIA (*Bot.*), nom substitué par Schreber à celui de tontane, *tontanea*, donné par Aublet à une plante de Caïenne. Allioni donne le même nom à des espèces de cocrêtes, *rhinanthus*, qu'il détache de leur genre primitif. Voyez COCRÊTE, TONTANE. (J.)

BELLEDAME. (*Bot.*) Ce nom est donné à plusieurs plantes, telles que l'ARROCHE DES JARDINS, *atriplex hortensis;* la BELLADONE, *atropa belladonna;* et une espèce d'AMARYLLIS, *amaryllis belladonna.* Voyez ces mots. (J.)

BELLE-DAME. (*Entom.*) C'est ainsi que Geoffroy a appelé le papillon du chardon. (C. D.)

BELLE-DE-JOUR (*Bot.*), nom donné à diverses plantes dont la fleur s'ouvre le matin et se referme le soir, et particulièrement au liseron tricolor. Voyez LISERON. (J.)

BELLE-DE-NUIT. (*Bot.*) On nomme ainsi les différentes espèces de nictages, parce que leurs fleurs, un peu odoriférantes, ne s'épanouissent qu'à l'entrée de la nuit. (J.)

BELLE-DE-NUIT (*Ornith.*), nom vulgaire de la rousse-rolle, *turdus arundinaceus*, L. (Ch. D.)

BELLE-DE-VITRY. (*Bot.*) C'est une variété de pêcher, décrite et figurée par Duhamel dans son Traité des arbres fruitiers, vol. 1, p. 36, t. 25. Voyez AMANDIER PÊCHER. (J.)

BELLÈQUE (*Ornith.*), un des noms vulgaires de la grande foulque, *fulica aterrima*, L. (Ch. D.)

BELLERIS, BELLEREGI. (*Bot.*) C'est un des mirobolans mentionnés, dans les divers traités de drogues, sous le nom de *myrobolanus bellerica* ou *bellirica*. Gærtner, qui a examiné l'intérieur de sa graine, la regarde comme une véritable espèce de mirobolan, et croit que c'est la même plante que le *tani* des Malabares, figuré dans le Hort. Malab. 4, p. 23, t. 10. Voyez MIROBOLAN et TANI. (J.)

'BELLICANT. (*Ichtyol.*) On nomme ainsi, suivant La-cépède, sur plusieurs côtes de France, la trigle gurnau. Voyez TRIGLE. (F. M. D.)

BELLIE (*Bot.*), *Bellium*, genre de plantes radiées, de la famille des corymbifères, et qui fait partie de la syngéné-sie polygamie superflue, selon le systéme sexuel de Lin-næus : ses caractères distinctifs sont d'avoir un calice simple, de plusieurs pièces égales et ouvertes ; les fleurons hermaphrodites et à quatre divisions peu profondes ; dix ou douze demi-fleurons fertiles et femelles ; un réceptacle nu ; et des graines surmontées de deux aigrettes, l'une ex-térieure, composée de huit parties, et l'autre intérieure, portant huit arêtes.

Ce genre contient deux espéces de plantes particulières aux lieux humides de l'Europe méridionale. Ce sont des herbes annuelles, remarquables en ce qu'elles sont les plus petites de toutes les corymbifères ; leurs fleurs sont blan-ches, et leur port est celui de la PAQUERETTE (voyez ce mot) ou petite marguerite.

De ces deux espéces, l'une, la bellie bellidioïde, *bellium bellidioides*, L., se distingue de l'autre, de la bellie petite, *bellium minutum*, L., par ses hampes nues et uniflores ; tandis que la seconde a une petite tige feuillée, mais éga-lement uniflore. Lamarck, pl. 684 de ses Ill., donne une figure de la première de ces deux espéces. (Lem.)

BELLIS, Bellio. (*Bot.*) On trouve sous ce nom, dans Pline et dans d'autres anciens auteurs, non-seulement la plante si connue sous celui de paquerette, mais encore plusieurs espèces de chrysanthèmes, et surtout la marguerite ordinaire, *chrysanthemum leucanthemum*, L. (J.)

BELLONIE (*Bot.*), *Bellonia*, genre de plantes de la famille des rubiacées, dont le caractère est d'avoir, 1.º un calice persistant, divisé en cinq languettes étroites et allongées ; 2.º une corolle d'une seule pièce, en roue, à tube court, et à limbe partagé en cinq divisions planes et obtuses ; 3.º cinq anthères écartées, droites et conniventes ; 4.º un ovaire inférieur, chargé d'un style à un seul stigmate.

Le fruit est une capsule en cône renversé, couronnée par les divisions du calice, lesquelles sont rapprochées par le haut, de manière à former une sorte de bec. Cette capsule est à une loge, et contient un grand nombre de petites graines.

On compte deux espèces dans ce genre ; ce sont deux arbrisseaux qui croissent à S. Domingue, dont les feuilles sont simples et dentées, et les fleurs disposées en corymbes terminaux, ou solitaires dans les aisselles des feuilles. Plumier dit de l'un d'eux, du *bellonia aspera*, L., que c'est une plante amère et astringente. Lamarck l'a figurée pl. 149 de ses Illustrations. (Lem.)

BELLOUGA, Belluga, Belluge ou Biellouge. (*Ichtyol.*) On donne ces noms, dans diverses parties de la Russie, et dans d'autres contrées du Nord, à l'*acipenser huso*. Voyez Huso. (F. M. D.)

BELMUSCUS. (*Bot.*) Voyez Abelmosch, Ketmie.

BELO. (*Bot.*) Rumphius, dans son Hort. Amb. 3, p. 98, t. 65, 66, décrit sous le nom de *caju belo*, *arbor palorum*, trois arbres des Moluques, dont les troncs très-durs sont employés pour faire les pieux qui entourent les viviers, et sur lesquels on attache des nattes tressées avec des roseaux. Ces bois ont la propriété de se conserver long-temps dans l'eau de mer, et leur nom, qui signifie arbre de pieux, leur a été donné à cause de cet usage.

Les deux premiers, distingués par leur écorce grise ou blanchâtre, qui les a fait nommer arbres de pieux blancs, présentent de plus des feuilles pinnées sans impaire, et une fructification qui paroît être celle de la famille des SAPIN-DACÉES : l'espèce à petites feuilles, dont le fruit est globuleux comme celui d'un MELICOCCA, est peut-être de ce genre ; celle à feuilles plus larges, qui a un fruit triangulaire, ressemble beaucoup à un CUPANIA. Voyez ces mots.

Le troisième, nommé arbre de pieux noir, *caju belo itam*, à cause de la couleur noire de son écorce, est d'ailleurs différent. Ses feuilles sont alternes et simples ; ses fleurs, en petit nombre, sont disposées en grappes ; ses fruits, de forme ovoïde allongée, renferment, sous une peau mince, quatre noyaux. Ces caractères sont insuffisans pour déterminer son genre et même sa famille. (J.)

BELOERE (*Bot.*), nom malabare sous lequel Rhèede a fait connoître dans le Hort. Malab. 6, p. 77, t. 45, une plante de la famille des malvacées, qui a été décrite par Lamarck sous celui d'abutilon à feuilles de peuplier, *sida populifolia*. Le *katu beloère*, du même ouvrage, est une autre malvacée, mais du genre Ketmie. (A. P.)

BÉLONE (*Ichtyol.*), nom spécifique d'une espèce d'ésoce, dont les arêtes sont vertes, et qui est nommé orphie en France, sur les côtes de la Manche. On l'a réuni jusqu'à présent avec le brochet, parmi les ésoces ; mais j'en fais un genre séparé, sous le nom d'orphie. Voyez ORPHIE. (F. M. D.)

BÉLONE TACHETÉE. (*Ichtyol.*) Ce nom appartient à un poisson chinois, dont Lacépède a formé le genre Aulostome. Voyez AULOSTOME. (F. M. D.)

BELOU (*Bot.*), nom brachmane du *covalam* des Mala-bares, le même que le *beli* ou *belighas* de l'île de Ceilan, que Linnæus rapportoit au genre *Crateva* dans la famille des plantes capparidées, et dont Correa fait un nouveau genre sous le nom d'*ægle*, qu'il réunit à la famille des hespéridées ou orangers. Voyez ÉGLÉ. (J.)

BELSORY (*Ornith.*), nom égyptien de l'ibis. (Ch. D.)

BÉLUGA. (*Mamm.*) C'est le nom adjectif au moyen duquel Lacépède a désigné la première espèce des cachalots delphinostères. Pennant a employé la même épithète en traitant du même animal. Voyez CACHALOTS. (S. G.)

BELUGO. (*Ichtyol.*) Ce nom , qui signifie étincelle , est donné, selon Lacépède, sur quelques côtes du midi de la France , à la trigle milan , parce qu'elle a , comme d'autres poissons, la faculté singulière de luire dans les ténébres. Voyez TRIGLE. (F. M. D.)

BELUTTA (*Bot.*), mot employé dans la composition de plusieurs noms de plantes de la côte Malabare, cités par Rhèede dans son Hort. Malab. Il paroît que c'est le même mot que BEL et BELA (voyez ce mot), qui veut dire blanc, distingué par une terminaison qui a sûrement une signification. Par un changement commun à presque toutes les langues, le même mot devient, dans certaines occasions, *velutta.* (A. P.)

BELUTTA ADECA MANJEN. (*Bot.*) Suivant Rhèede, c'est le nom malabare d'une plante figurée et décrite dans le Hort. Malab. tom. 10, p. 75, t. 58, qui est le passe-velours argenté, *celosia margaritacea,* L. (A. P.)

BELUTTA AMELPODI (*Bot.*), nom sous lequel Rhèede a décrit et figuré (Hort. Malab. tom. 6, p. 85, t. 48) un arbuste intéressant, mais dont il a donné trop peu de détails pour qu'on puisse le classer sûrement. Il a des fleurs semblables à celles du jasmin , et appartient peut-être à quelques apocinées. On l'emploie contre la morsure des serpens : ce que désigne le mot *amelpodi*, qui , dans la langue de la côte Malabare, s'applique à plusieurs plantes réputées comme spécifiques contre ces terribles accidens. (A. P.)

BELUTTA-ARELI. (*Bot.*) Le laurose à fleurs blanches est ainsi nommé sur la côte Malabare, au rapport de Rhèede. (Hort. Malab. v. 9, p. 5, t. 2.) L'espèce à fleurs roses y est sous le nom d'*areli* ou *tsiovana-areli.* (A. P.)

BELUTTA - KAKA - KODI (*Bot.*), nom malabare d'une plante rampante de la famille des apocinées, mentionné par Rhèede dans son Hort. Malab. 9, p. 7, t. 5, 6, qui paroît devoir se rapporter au genre *Echites.* Elle est remarquable par ses feuilles cordiformes, qui ont près d'un pied de diamètre. Ses fleurs sont grandes, rassemblées en corymbe terminal, blanches au moment de leur épanouissement, et elles exhalent alors une odeur des plus suaves, approchant de celle du girofle. En vieillissant , elles jaunissent, et leur odeur se change en celle du melon bien mûr. Les follicules qui leur succèdent sont aussi très-grandes, et contiennent des graines à aigrette soyeuse.

Le mot kaka-kodi s'applique à plusieurs autres plantes de la même famille. (A. P.)

BELUTTA KANELLI (*Bot.*), nom que les habitans de la côte Malabare donnent à un arbre de leur pays, figuré dans le Hort. Malab. 5, t. 20, qui paroît appartenir à la famille des myrtacées. On le nomme encore *ben - niavel* et *poutsja* dans le même lieu. Il s'élève à une hauteur médiocre ; ses feuilles, qui sont entières et opposées, ont une saveur et une odeur aromatiques ; sa fleur est composée d'un calice adhérent, à cinq divisions, et d'un grand nombre d'étamines qui paroissent avoir été recouvertes par un pétale en forme d'opercule, comme dans le genre *Caliptranthes.* Le fruit qui succède est couronné par les divisions du calice, et contient une graine aromatique ; ses feuilles, réduites en poudre, se prennent dans du lait pour arrêter les diarrhées. (A. P.)

BELLUTA-MODELA-MUCU (*Bot.*), nom d'une plante décrite et figurée par Rhéede, dans le Hort. Malab. tab. 10, p. 159, f. 80. Elle paroît devoir se rapporter au genre Renouée, *Polygonum* ; d'autant que le nom *modela-mucu* est appliqué à d'autres espèces de ce genre, telles que la renouée barbue et celle d'Orient, qui sont le *modela-mucu* et le *schovanna-modela-mucu* des Malabares : mais on n'a point exprimé, dans la figure, les gaînes des feuilles, qui sont très-remarquables dans ce genre. (A. P.)·

BELUTTA-ONAPU. (*Bot.*) Rhéede a décrit et figuré, dans son Hort. Malab. tom. 9, p. 99, f. 51, une plante qui est une espèce de balsamine, *impatiens.* Lamarck la regarde comme une variété de celle qu'il nomme balsamine fasciculée. Six espèces du même genre, décrites et figurées sous le nom collectif d'*onapu*, sont distinguées par un prénom qui exprime leur différence ; c'est ainsi que celle-ci est nommée *belutta*, parce qu'elle a les fleurs blanches. (A. P.)

BELUTTA-POLA-TALY (*Bot.*), nom sous lequel Rhéede a fait connoître une plante bulbeuse (Hort. Malab. tom. 11, p. 73, t. 53). Linnæus l'a rapportée au *crinum asiaticum*, dont Gærtner a fait le genre *Bulbine*, fondé sur ce que les capsules se changent en bulbes, comme il arrive à quelques espèces d'ail. Elle s'est naturalisée le long de quelques ruisseaux de l'Isle-de-France. Le mot de *pola*, qui entre dans la composition de son nom malabare, sert dans cette langue à désigner plusieurs plantes bulbeuses. (A. P.)

BELUTTA - TSJAMPAKAM (*Bot.*), nom malabare sous lequel Rhéede a fait connoitre (Hort. Malab. tom 5, p. 65, t. 55) un des plus beaux arbres de l'Inde. Les Brames le nomment *nagatampo*, et les habitans de Ceilan, *naghas*. Outre la beauté de ses fleurs, dont les Indiens aiment à se parer, il est recommandable par son bois, qui est de la plus grande dureté : aussi les Européens lui ont-ils donné le nom de bois de fer. Linnæus en a formé un genre qu'il a consacré à la mémoire du médecin arabe Mesué ; il ne comprend jusqu'à présent qu'une espèce, qui est le *mesua ferrea*. (A. P.)

BELUTTA-TSJORI-VALLI (*Bot.*), espèce de *cissus* de la côte Malabare, *cissus pedata*, remarquable par sa grappe, dont les grains sont blancs ; ce qui le distingue du *cissus carnosa*, qui est la *tsjori-valli* du même pays. On voit la description de ces plantes dans le Hort. Malab. v. 7, p. 17 — 19, t. 9 et 10. (A. P.)

BELVÉDÈRE (*Bot.*), nom vulgaire d'une espèce d'ansérine, *chenopodium scoparium*, que l'on cultive dans les jardins à cause de sa verdure agréable et de l'élégance de son port ; ce qui l'a fait nommer belvédère, ou belle à voir. En Italie, où elle croit naturellement, on en fait des balais. Voyez ANSÉRINE. (J.)

BELVISIE, BELVISIA (*Bot.*), genre de plantes de la famille des fougères, établi par Mirbel, qui l'a dédié à Palisot de Beauvois, connu par ses travaux sur la cryptogamie, et par ses voyages en Afrique, aux Antilles et dans l'Amérique septentrionale. Ce genre comprend les fougères qui ont la fructification en lignes de l'un et de l'autre côté de la nervure principale : la fructification occupe tout l'espace entre le bord de la feuille et la nervure principale ; la membrane qui la recouvre est attachée sur le bord de la feuille, et se détache du côté de la nervure principale. Les *acrostichum spicatum*, *australe*, *digitatum*, *siliquosum*, de Linnæus, font partie de ce genre. (Mas.)

BELZÉBUTH. (*Mamm.*) Les *montreurs d'animaux* donnent généralement ce nom au singe coaïta, et Brisson l'a consacré dans son ouvrage pour désigner le même animal. (F. C.)

BELZOINUM. (*Bot.*) Voyez Benjoin.

BEM ou Ben (*Bot.*), mot employé par les habitans de la côte Malabare dans la composition de plusieurs noms de plantes de leur pays; il veut dire blanc. On peut remarquer qu'il existe, dans la composition des mots des langues du Malabar et des pays Malais, la même différence qu'entre celles du midi de l'Europe, à commencer par la France, et celles du Nord, en y comprenant l'Angleterre : c'est que dans les premiéres l'adjectif précède ordinairement le substantif, et que dans les autres c'est le contraire. (A. P.)

BEM-CURINI (*Bot.*), Hort. Malab. 2, p. 55, t. 21, nom malabare du *justicia betonica*, ou carmantine à fleurs courtes. (A. P.)

BEM-NOSI (*Bot.*), Hort. Malab. 2, p. 15, t. 12. Lamarck regarde cette plante comme une variété du gattilier à trois feuilles, qui est le *nosi* des Malabares. (A. P.)

BEM-PAVEL. (*Bot.*), nom malabare sous lequel Rhéede a décrit et figuré (Hort. Malab. tom. VIII, p. 35, t. 18) une plante cucurbitacée, à racine tubéreuse. La petitesse de ses fleurs, qui sont jaunes, et ses feuilles découpées, peuvent faire présumer qu'elle appartient au genre Momordique. (A. P.)

BEM-SCHETTI (*Bot.*), Hort. Malab. 2, p. 19, t. 14. Le nom d'ixore blanche qu'on a donné à cette plante, est la traduction du nom malabare; car le *schetti* du même ouvrage est l'ixore qu'on a surnommé écarlate à cause de la couleur de ses fleurs. Voyez Ixore, Schetti. (A. P.)

BEM-TAMARA (*Bot.*), Hort. Malab. 11, p. 61, f. 31. Il existe, sur la côte Malabare, deux espèces de nelumbo, l'une à fleurs roses, et l'autre à fleurs blanches; la première est le *tamara*, et on distingue la seconde par la dénomination de *bem-tamara*. (A. P.)

BEMBÈCE (*Entom.*), *Bember*, genre d'insectes hyménoptères, qui ont la forme et les couleurs des guêpes, la bouche des abeilles et les mœurs des sphèges. Fabricius, qui a composé ce nom, l'a pris du mot grec βεμβης (*bembès*), qui signifie toupie, probablement parce que l'abdomen est très-conique et arrondi.

Nous avons été fort embarrassés pour placer ces insectes dans une famille naturelle, ainsi qu'on va s'en apercevoir par la description que nous allons en donner.

Les bembéces ont le corps allongé, ordinairement mélangé de noir ou de vert terne, avec des taches jaunes; la tête large, comprimée de devant en arrière, où elle est comme tronquée; les yeux très-gros, qui en forment près des deux tiers; les antennes filiformes, ou légèrement en fuseau; la lèvre supérieure très-large, prolongée en une sorte de bec; une lèvre inférieure très-longue, dépassant les mandibules lorsqu'elle est en action; le corselet tronqué en avant et en arrière; l'abdomen turbiné, un peu aplati, tronqué à la base; les tarses antérieurs souvent épineux ou ciliés.

La lèvre inférieure des bembéces doit les rapprocher des mellites ou apiaires, parmi lesquels nous les avons provisoirement placés, puisqu'elle est plus longue que les mandibules et sort de la bouche; et la lèvre supérieure qui recouvre la trompe, les taches jaunes qui sont sur le corps, les font aisément distinguer des cinq autres genres, Abeille, Andrène, Hylée, Nomade et Eucère, dont il se trouve alors rapproché.

Cette même forme de la lèvre, et surtout les ailes qui ne sont point doublées, les éloignent des diploptères ou duplipennes; comme des guêpes et des masares, avec lesquels les bembéces ont beaucoup de ressemblance apparente.

Les antennes des sphèges, qui se contournent en cercles, leurs mandibules, qui sont toujours à découvert et non cachées à la base par la lèvre supérieure, suffisent pour les séparer des bembéces.

Les mellines, philanthes, crabrons et scolies, ont aussi quelques rapports avec les bembéces; mais celles-ci s'en distinguent bientôt par le bec que fait la lèvre supérieure, et par la brièveté de la langue.

On trouve les bembèces dans les lieux arides, sablonneux exposés aux plus grandes ardeurs du soleil. Ils ne paroissent pas vivre en famille. On ne connoît pas d'individus neutres. Ils creusent dans le sable avec autant d'adresse et de promptitude que les sphèges. Il paroit que la femelle pond ses œufs dans une cellule isolée, et qu'elle y place, comme les philanthes et les scolies, des cadavres d'insectes, dont la larve doit se nourrir sans connoître sa mère.

Nous n'en trouvons qu'une seule espéce aux environs de Paris, c'est

Le Bembèce a bec, *Bembex rostrata*, Panz. F. G. Init. Fasc. 1, tab. 10.

Caract. Noir : abdomen à bandes ondées d'un vert jaunàtre ; pattes, lèvre, mandibule et dessous des antennes, jaunes.

Cet insecte est assez commun, pendant l'été, dans les sables des bois de Romainville et de Fontainebleau. Il ne pique point ; il vole très-bas, souvent chargé de cadavres de mouches et d'hémérobes. Arrivé près du trou qui renferme son œuf, il creuse très-rapidement avec les pattes de devant, qui sont ciliées, et l'on voit alors, derrière lui, un jet de sable qui se continue jusqu'à ce que l'insecte soit arrêté par sa cellule.

Les autres espèces sont étrangères ; elles diffèrent un peu par la taille et les parties de la bouche, mais le ton de couleur est à peu près le même. Fabricius en a décrit une vingtaine d'espèces, parmi lesquelles il est des mâles qui ont toujours l'anus garni de trois pointes. (C. D.)

BEMBI. (*Bot.*) Suivant Rhéede, c'est le nom donné par les Brames à l'*acorus calamus*, qu'il a décrit et figuré sans fructification, sous celui de *vaembu*, Hort. Malab. tom. XI, p. 99, t. 48. (A. P.)

BEMBIX (*Bot.*), genre de plantes établi par Loureiro sur un arbrisseau des forêts de la Cochinchine. Il grimpe en se roulant autour des corps qui lui servent d'appui. Ses feuilles sont grandes, en forme de coin, opposées ; et ses fleurs forment de petites grappes au sommet des rameaux : elles ont chacune un calice à trois divisions ; cinq pétales ovales ; dix étamines, dont cinq alternes, plus longues ; un ovaire libre, surmonté de trois styles plus épais au sommet qu'à la base, et ayant chacun un stigmate comprimé verticalement. Le fruit est une petite baie à trois loges.

On emploie à la Cochinchine les feuilles du bembix pour couvrir les toits des maisons, les barques et autres choses semblables. Ces couvertures sont très-légères et durent fort long-temps. (Mas.)

BEN (*Bot.*), *Moringa*, Burm., Juss. ; *Guilandina*, Linn. ; *Hyperanthera*, Vahl, Wild. ; *Anoma*, Lour. Ce genre, placé dans la deuxième section des légumineuses, et figuré dans les Illustr. de Lamarck, pl. 337, offre un caractère assez particulier dans son fruit, qui est à trois valves. Il est difficile néanmoins de le classer dans une famille avec laquelle il ait plus d'analogie que celle des légumineuses.

Le Ben oléifère, *Moringa oleifera*, Lam., *Guilandina moringa*, Linn., Blackw. t. 386, est un arbre des Indes orientales, de grandeur moyenne. Ses feuilles sont deux ou trois fois ailées, et composées de pinnules opposées, qui portent cinq à neuf folioles ovoïdes, inégales, vertes, glabres et pétiolées. Les fleurs sont de couleur blanchâtre, hermaphrodites ou polygames, et disposées en panicule au sommet des rameaux ; elles ont un calice d'une seule pièce, divisé presque jusqu'à sa base en cinq folioles oblongues. Sa corolle est à cinq pétales sessiles, égaux ; quatre sont inférieurs, et un supérieur, redressé ; les étamines sont courtes, inégales. L'ovaire, dégagé du calice, se change en une gousse d'environ un pied de long, terminée en pointe, et s'ouvrant dans sa longueur en trois valves. Les graines qu'elle renferme sont tantôt nues, tantôt garnies de trois ailes. Ces fruits, connus dans le commerce sous le nom de noix de ben, contiennent une amande blanchâtre, qui fournit une huile très-recherchée, parce qu'elle ne rancit point en vieillissant : les parfumeurs s'en servent pour retirer et conserver l'odeur des fleurs. La raison en est, dit Bucquet, qu'elle est éloignée de la fluidité, état favorable à la fermentation, et qu'étant sans odeur, elle n'altère point celle des fleurs. On l'emploie en médecine contre les maladies de la peau ; prise intérieurement à une très-petite dose, elle purge par haut et par bas. La décoction de sa racine provoque les évacuations des femmes, et il seroit dangereux, pour celles qui sont grosses, d'en faire usage. On la racle aussi, pour la manger comme les raiforts, dont elle a le goût âcre et piquant. On mange les gousses encore tendres et vertes ; on les mêle avec les alimens, dont elles relèvent le goût. Rumphius a observé qu'un usage continu et modéré de la décoction de la racine préserve les marins du scorbut, et de toutes les humeurs putrides si communes dans les voyages de long cours. Les pigeons aiment beaucoup les fleurs de cet arbre, qui sont d'une couleur blanchâtre, et qui exhalent, surtout au coucher du soleil, une odeur très-agréable. Il est intéressant de le planter autour des maisons ; à Malabar, à Ceilan, et dans les climats chauds de l'Asie, on le trouve ordinairement dans les lieux sablonneux. Dans nos contrées on peut le multiplier de graines ; mais il doit être élevé en serre chaude. Il supporte même la transplantation tant qu'il est jeune, surtout quand elle est faite avec beaucoup de précaution. Il faut tâcher de n'y rien couper et de le mettre dans un pot un peu plus grand ; encore a-t-il quelquefois de la peine à reprendre.

Vahl et Wildenow ont réuni avec le ben, sous le nom générique d'*hyperanthera*, trois arbres dont les fruits n'offrent pas le même caractère.

Moringa vient de *moringou*, nom malais donné à cet arbre. Voyez Anoma, Balanus, Pharagon. (J.S.H.)

BEN (*Bot.*), est un nom de la langue de la côte du Malabar, dont Rhéede a emprunté ceux qu'il a employés dans son superbe ouvrage (Hort. Malab.), et sous lesquels il a décrit les plantes de ce pays : comme ceux de *bel* et de *belutta*, il veut dire blanc. Il se change, à ce qu'il paroît, en *bem*. (A.P.)

BEN DAKI (*Bot.*), suivant Rhéede (Hort. Malab. 2, p. 1, t. 1 — 8), c'est le nom que les Brames donnent au baquois odorant, *pandanus odoratissimus*. (A. P.)

BEN-DARLI. (*Bot.*) Ce nom brame est donné à cinq plantes différentes, citées dans le Hort. Malab. de Rhéede : 1.° au *pari-paroea* (v. 5, p. 91, t. 46), qui est le greuvier d'Orient, *grewia orientalis* ; 2.° à l'*ana-parua* (v. 7 *f* p. 75 , t. 40), ou *pothos scandens* ; 3.° à l'*unjala* (v. 7 , p. 53 , t. 28), qui paroît être une espéce de cussone dans la famille des araliacées ; 4.° au *maletta-mala-maravara* (v. 12 , p. 57 , t. 29), un des acrostiques à feuilles simples, *acrostichum heterophyllum* ; 5.° enfin, au *tama-pouel* (v. 12 , p. 27 , t. 14), que les botanistes nomment *lycopodium phlegmaria*. (A. P.)

BEN DE JUDÉE. (*Bot.*) Voyez Benjoin.

BEN-KADALI. (*Bot.*) Rhéede a décrit sous ce nom (Hort. Malab. 4 , p. 89), sans donner de figure, une plante qui paroît être une espéce de melastome, d'autant que le *kadoli*, à la suite duquel il est décrit, est le mélastome malabathroïde de Lamarck. (A. P.)

BEN-KALESJAM. (*Bot.*) Rhéede a décrit et figuré, sous ce nom de la langue malabare (Hort. Malab. 4 , p. 71 , t. 34), un arbre remarquable par les galles dont il se couvre, et qui sont produites par des piqûres d'insectes ; jusqu'à présent on ne lui a pas reconnu d'autre fructification. Ses feuilles alternes et pennées feroient présumer qu'il doit appartenir à la famille des sapindacées. (A. P.)

BEN-MOENJA. (*Bot.*) Rhéede a décrit sous ce nom, dans son Hort. Malab. 4 , p. 113 , t. 57 , un arbre de trente pieds de haut, dont il n'a point donné la fructification , parce qu'elle n'est point parvenue à sa connoissance. Des racines de cet arbre on fait une décoction alexipharmaque ; qui est très-vantée contre les fièvres malignes : son écorce , bouillie avec le *calamus aromaticus* et du sel, dans une décoction de riz, arrête, dit-on, sur-le-champ les vomissemens qui proviennent de la morsure des serpens. (A. P.)

BEN - NIAVAL. (*Bot.*) Voyez Belutta - Kanelli.

BEN - PALA (*Bot.*), plante du genre Euphorbe, figurée et décrite par Rhéede, Hort. Malab. 10 , p. 115 , t. 58 ; elle doit se rapporter à la section qui comprend les espéces à tige ou panicules dichotomes. (A. P.)

BEN-THEKA. (*Bot.*) Voyez Bentèque.

BEN-TIRU-TALI. (*Bot.*) Rhéede a décrit et figuré sous ce nom (Hort. Malab. tom. II, p. 111 , p. 54) une espéce de liseron à feuilles ovales entières , et à fleurs blanches , solitaires sur de longs pédoncules. Le *tiru-tali* du même ouvrage est une autre espèce de liseron. (A. P.)

BEN-TSJAPO (*Bot.*), nom brame de la zédoaire, *kæmpferia rotunda*. (A. P.)

BENAFOULI (*Bot.*), nom d'un riz de Bengale, très-fin et très-long, de la plus grande blancheur, qui, au rapport de Cossigny, répand, lorsqu'il est cuit, une odeur suave et agréable ; c'est ce qui l'a fait nommer benafouli, qui signifie odorifère dans la langue du pays. (J.)

BENANI. (*Ornith.*) Barrère donne ce nom à des grives de Caïenne. (Ch. D.)

BENA-PATSJA (*Bot.*), nom malabare de l'héliotrope des Indes, *heliotropium indicum*, L., cité dans le Hort. Malab. 10, p. 95, t. 48. (J.)

BENARI (*Ornith.*), nom languedocien du proyer, *emberiza miliaria*, L. Ce nom, qui s'écrit aussi benaris ou benarrie, est également donné à l'ortolan., *emberiza hortulana*, L. (Ch. D.)

BENCARO (*Bot.*), nom brame du *cavalam* des Malabares, figuré dans le Hort. Malab. 1, p. 89, t. 50, qui est une espèce de sterculie, *sterculia balanghas*, L. Voyez Cavalam et Sterculie. (J.)

BENDURU (*Bot.*), espèce de fougère de Ceilan, qui paroît appartenir au genre *Ugena* de Cavanilles ou *Ramondia* de Mirbel, dans lequel ces auteurs ont rapporté l'*ophioglossum scandens*, L., et les autres plantes qui ont le même caractère. (J.)

BENEFEFIGI ou Seneffigi (*Bot.*), noms arabes de la violette de Mars, suivant Dalechamps. (J.)

BENET. (*Ornith.*) Voyez Fou.

BENGALE. (*Bot.*) On nomme ainsi dans l'Inde une racine employée en médecine, plus connue dans les pharmacies sous le nom de Cassumuniar. Voyez ce mot. (J.)

BENGALI. (*Ichtyol.*) C'est le nom que Lacépède a donné à l'holocentre figuré par Bloch, pl. 330, et qui vit au Bengale. Voyez Holocentre. (F. M. D.)

BENGALI. (*Ornith.*) Voyez Moineau.

BENGENI, Albengeni (*Bot.*), noms de l'arbre du benjoin dans l'Indostan, suivant Cossigny. Voyez Benjoin. (J.)

BENGI. (*Bot.*) Dalechamps dit que les médecins arabes nomment ainsi la jusquiame. (J.)

BENGIECHEST (*Bot.*), nom arabe de l'*agnus castus*, espèce de gattilier. (J.)

BENGIRI ou GEIRI (*Bot.*), arbre de la côte Malabare, décrit et figuré sous ce nom par Rhéede, Hort. Malab., tom. IV, p. 105, t. 51. Il appartient à la famille des euphorbia‑cées ; on peut même présumer, malgré l'insuffisance de la description, qu'il appartient au genre Glutier, *Sapium*, d'au‑tant que toutes ses parties contiennent un suc laiteux, très‑abondant et très‑àcre. Cependant on mange ses semences : mais il faut bien faire attention à ce que la pulpe qui entoure leur coque, ne touche point la peau et surtout les lèvres ; car le suc qu'elle contient occasionne des ulcères qui sont quelquefois suivis de la mort. C'est pour cette raison que les Portugais de l'Inde les nomment *nelica d'yn‑ferno* ou d'enfer, pour les distinguer de celles du *phyllan‑thus emblica*, qui est pour eux le *nelica*. (A. P.)

BENISSA (*Bot.*), nom brame d'un arbre que Rhéede a décrit et figuré (Hort. Malab. tom. V, p. 41, t. 21) sous celui de *ponnagam*. Il paroît être de la famille des euphor‑biacées et voisin du ricin. (A. P.)

BÉNITIER (GRAND), (*Moll.*), nom donné au tridacne géant, Lam., *chama gigas*, L. On en a fait des bénitiers dans quelques églises. Voyez TRIDACNE. (Duv.)

BÉNITIER (LE PETIT), (*Moll.*), nom donné à une espèce de coquille du genre PEIGNE. Voyez ce mot. (Duv.)

BENJAOY. (*Bot.*) Voyez BENJOIN.

BENJOIN (*Bot.*), nom d'une substance résineuse que le commerce fait venir de l'Inde pour être employée à différens usages. Il ne paroît pas qu'elle ait été connue des anciens ; mais elle l'est depuis long‑temps des modernes, par l'entremise des Arabes, de qui nous avons emprunté ce mot : comme tant d'autres venus de la même source, il s'est fort altéré ; aussi a‑t‑il beaucoup varié suivant les au‑teurs. En passant par différentes filières, il est devenu, suivant les uns ou les autres, le *belzoinum*, le *benzoin*, le *benivi*, le *bengeni* ou *albengeni* de l'Indostan, le *ben* de Judée, enfin le *benjaoy*. Ce dernier nom est le véritable, et le type de tous les autres; s'il faut en croire Garcias, il signifie fils de *Jaoa*, parce qu'il croît dans un endroit de ce nom, proche de Samarie. Cette étymologie ne s'accorde point avec ce que l'on connoît de l'origine de cette drogue; peut-être cependant, en débrouillant son histoire, trouvera-t-on le moyen de la rendre plus vraisemblable.

Depuis l'auteur que nous venons de citer, cette histoire est restée très-obscure : la notice qu'il en a donnée a été copiée successivement par tous ceux qui en ont traité, entre autres Jean Bauhin et Ray, sans qu'aucun y ait rien ajouté d'intéressant. On a été surtout très-long-temps sans avoir de notions certaines sur le végétal qui produisoit le benjoin. Commelin crut le reconnoître dans un laurier de Virginie, qui est devenu le *laurus benzoe* de Linnæus : mais il ne fut pas difficile de s'apercevoir qu'une drogue apportée d'Asie ne pouvoit provenir d'un arbre de l'Amérique; en sorte qu'on fut obligé de se tourner d'un autre côté. Linnæus reçut ensuite un autre arbuste sous le nom de benzoin; mais n'ayant pu le voir fleurir, il le rapporta, sur l'inspection seule de son port, au genre *Croton*, et en fit son *croton benzoe*.

Quelque temps après, Jacquin, ayant reçu de Lemonnier deux graines sous le nom de benjoin de Bourbon, en confia une à la terre : elle lui produisit un arbrisseau qu'il fit figurer, et d'après l'anatomie de la seconde graine, il le reconnut pour une espèce de *terminalia*, et lui donna le nom de *terminalia benzoe* : mais Murray, qui l'introduisit dans la seconde édition du *Systema vegetabilium*, remarquant qu'aucune de ses parties ne déceloit l'odeur de benjoin, douta que ce fût réellement l'arbre qui le produisoit. Effectivement, d'après les recherches des naturalistes anglois, surtout de Marsden, il parut constant qu'à Sumatra, qui fournit la plus grande partie de cette substance importée par le commerce, elle provenoit d'un arbre congénère du styrax ou aliboufier : Dryander l'a décrit dans les Transactions de la Société royale, année 1777.

Tel est le précis des travaux de la botanique sur cet objet : une autre science est venue donner le nœud de cette fluctuation. La chimie ayant découvert que le benjoin étoit une substance d'une nature différente de la plupart des autres résines et le produit d'un acide particulier, et qu'elle se retrouvoit dans différens végétaux, comme le camphre et le caoutchouc ou gomme élastique, il ne doit pas paroître étonnant que, suivant les pays, différens arbres le produisent et que différens pays le fournissent au commerce. Cet acide, différemment combiné, existe encore dans la vanille, appelée dans quelques lieux *benzoenil*, et il sert de base à plusieurs baumes, tels que ceux du Pérou et de Tolu : il s'est trouvé pareillement dans le styrax ou la résine produite par l'aliboufier commun; et comme cet arbuste croît dans toutes les parties méridionales de l'Europe et des côtes de l'Asie, baignées par la Méditerranée, par conséquent en Palestine, il ne seroit pas étonnant que les Arabes, entraînés par l'analogie, eussent confondu, sous le même nom de *benjoa*, le styrax et le benjoin.

D'après cette découverte chimique, on n'est plus surpris de retrouver l'odeur de benjoin dans le laurier benjoin et dans le liquidambar. La chimie, poussant plus loin ses recherches, a fini par découvrir cette substance dans le règne animal; mais il faut laisser à cette science elle-même le soin de développer ses travaux dans un article particulier.

Il reste encore un point important de l'histoire naturelle du benjoin à éclaircir; c'est celui du benjoin de Bourbon. Comme l'a remarqué Murray, aucune partie de cet arbre n'annonce extérieurement qu'il contienne cette substance; au point qu'à l'Isle-de-France, où il est aussi commun qu'à Bourbon, on est persuadé que ce nom lui a été donné par corruption, de bois qui est bien joint, parce que son bois est très-liant et recherché à cause de cela par les charrons. Cette étymologie a été recueillie d'abord par l'abbé La Caille, ensuite par de S. Pierre : mais à Bourbon, plus anciennement habitée, on y connoit la résine que cet arbre produit, et, dans les premiers temps de la colonie, on s'en servoit dans les églises au lieu d'encens; ce qui avoit engagé Commerson à le nommer *resinaria*. Elle est devenue plus rare, parce qu'il n'y a que les très-vieux pieds qui en produisent. Ce n'est que sur le bois dépouillé de son écorce qu'elle se manifeste. Elle se présente le plus souvent sous la forme d'une grosse larme brune : elle ne consiste d'abord qu'en une pellicule mince et fragile. En la cassant, on trouve tout l'intérieur rempli d'une eau rousse, presque insipide et sans odeur sensible. Il paroît qu'elle se coagule lentement. L'examen de ces larmes et des arbres qui les produisent porte à croire que cette eau n'a rien de commun avec le lait et les autres sucs colorés qui produisent les résines dans les autres plantes, et que c'est l'eau même de la pluie qui, filtrant à travers les fibres des troncs, entraîne avec elle le benjoin qui y est déposé en particules très-menues; elles n'y sont pas dissoutes, mais seulement suspendues, en sorte qu'on peut regarder cette production comme une espèce de stalactite végétale. La supposition du benjoin dans les fibres du bois n'est pas gratuite, car par la combustion il se dégage en fleurs; c'est ce qu'a éprouvé Beauvais, qui avoit été envoyé par le Gouvernement aux îles de France, comme membre distingué de l'école vétérinaire d'Alfort. Ayant été obligé de brûler le bois qu'il avoit abattu pour faire un défriché, il fut fort surpris de trouver sous une pièce qui avoit été épargnée par la flamme, une poussière blanche particulière; l'ayant recueillie, il reconnut que c'étoient des fleurs de benjoin, et qu'elle étoit le produit de la combustion d'un arbre de ce nom.

Ces deux faits, très-importans pour l'histoire naturelle qu'ils éclairent, deviennent très-utiles pour l'économie, en indiquant les moyens par lesquels on peut tirer parti d'arbres énormes que l'on a laissés se consumer par le temps, ou que l'on livre aux flammes pour débarrasser le terrain. Il faudroit chercher à imiter l'un des deux procédés que le hasard a présentés. (A. P.)

BENJOIN. (*Mat. méd.*) Le benjoin du commerce est une substance résineuse, brune, fragile, d'une odeur particulière, agréable, qui se développe avec plus d'énergie quand on la fait brûler. On le distingue par différens noms : le plus pur est l'amygdaloïde, nommé ainsi parce qu'il est divisé en petites masses ou pains, qui ont la forme d'une amande, suivant Marsden, qui a donné les détails les plus authentiques sur le benjoin. A Sumatra on le nomme *camayan* (voyez Hist. de Sumatra, p. 133.); le plus pur est surnommé *cabessa* ou tête, que l'on distingue en tête d'Europe et en tête de l'Inde, suivant les pays pour lesquels il est destiné. La plus grande partie de celui qui arrive en Angleterre est exportée dans les pays catholiques, où on le brûle comme encens dans les églises.

Les usages auxquels on l'emploie en médecine en consomment la moindre quantité, quoiqu'on lui attribue des propriétés assez énergiques. En général, on le regarde comme béchique, vulnéraire et incisif : il entre dans plusieurs compositions, surtout quand il est sous la forme de fleurs ; il est entre autres la base du cosmétique vanté sous le nom de lait virginal. (A. P.)

BENJOIN. (*Chim.*) Le suc végétal nommé benjoin est rangé parmi les baumes naturels par les chimistes, parce qu'il est formé de l'union d'une résine et d'un acide concret ; il sert particulièrement en chimie pour extraire l'acide benzoïque, nommé ainsi à cause de cette extraction.

L'acide benzoïque peut être retiré du benjoïn par l'action du feu, qui le volatilise : on le nommoit autrefois, après cette extraction, fleurs de benjoin. On le retire aussi en faisant bouillir le benjoin en poudre avec de l'eau et de la chaux délayée. Après quelques instans d'ébullition, on filtre la liqueur ; on a une lessive jaunâtre de benzoate de chaux, qu'on décompose par l'acide nitrique ou muriatique foible ; et l'on obtient ainsi l'acide benzoïque precipité en poussière cristallisée, que l'on sépare, que l'on lave et que l'on fait sécher. Le benjoin entre dans beaucoup de médicamens composés et dans la préparation des parfums. (F.)

BENJOIN (faux). (*Bot.*) Voyez Bienjoint, Badamier. (J.)

BENNI et Benny (*Ichtyol.*), noms donnés en Égypte au cyprin binny, qui vit dans le Nil. Voyez Cyprin. Forskal et Bonnaterre ont écrit *binny*, et Linnæus *bynni*. (F. M. D.)

BENOIT. (*Bot.*) Voyez Bois benoit.

BENOITE (*Bot.*), Geum, Linn., Juss., Lam. Illust. pl. 445, genre de la quatrième section des rosacées, qui comprend des plantes herbacées, à feuilles alternes stipulées, le plus souvent ailées avec impaire. Les fleurs sont terminales ou axillaires et d'un aspect agréable; elles ont beaucoup d'affinité avec les potentilles et la driade. Leur calice est d'une seule pièce, et a huit divisions, dont cinq alternes plus petites. La corolle est à cinq pétales arrondis, disposés en rose. Les étamines sont en grand nombre et moins longues que les pétales. Le fruit consiste en beaucoup de graines, ramassées en tête et chargées chacune d'une barbe ou d'un filet long, plus ou moins velu. On en connoît environ douze espèces, dont trois se trouvent en France; deux croissent dans l'Amérique septentrionale, deux au Japon et au Kamtschatka : les autres viennent dans différentes parties de l'Europe. Nous ne parlerons ici que des suivantes :

La BENOITE COMMUNE, vulgairement la Galiote ou la Recise, *Geum urbanum*, Linn. Fl. Dan. t. 672, s'élève à un pied et demi environ de hauteur. Les feuilles radicales sont ailées, et celles de la tige sont ternées. Les fleurs sont jaunes, assez petites. Les barbes des semences, de couleur rouge, sont presque entièrement glabres, et forment un repli en crochet près de leur extrémité. Elle passe pour vulnéraire, sudorifique et peu astringente ; on emploie ses racines et ses feuilles en médecine. Sa racine, fraîche et née dans les lieux chauds, est recommandée pour les catarrhes et embarras de la tête. Lorsqu'elle est sèche, sa vertu est plus astringente : on l'emploie utilement pour affermir le ton des fibres de l'estomac et des instestins, dans le crachement de sang et les hémorragies; on fait boire sa décoction avec la râpure de corne de cerf, dans la petite vérole et les fièvres malignes. Les feuilles sont amères et styptiques ; leur suc rougit le papier bleu : pilées et appliquées sur le poignet avant l'accès, elles guérissent quelquefois les fièvres intermittentes. On trouve cette plante dans tous nos bois, et le long des haies, en Europe.

La BENOITE PENCHÉE, *Geum nutans*, Lam., est une très-belle plante de parterre. Les pétales sont en cœur et toujours plus grands que le calice; les barbes de la graine sont nues vers leur sommet et ne paroissent point plumeuses. Ses belles fleurs jaunes lui assignent une place dans les jardins d'ornement.

On ne connoît pas bien l'étymologie du nom *geum*. Tournefort l'avoit donné à un genre qui renfermoit les espèces du genre *Saxifraga*, Linn., dont l'ovaire est tout-à-fait libre : mais Linnæus, après avoir réuni ces plantes à la saxifrage, a appliqué ce nom à la benoite, que Tournefort nommoit *caryophyllata*. (J. S. H.)

BENSIPONETOS (*Bot.*), nom provençal de la verge d'or des bois, *solidago virga aurea*, suivant Garidel. (J.)

BENZOATES. (*Chim.*) Les chimistes nomment benzoates les composés salins formés par l'union de l'acide benzoïque avec les bases terreuses, alcalines et métalliques. Ces sels sont encore très-peu connus et n'ont presque pas encore été examinés. On sait que le benzoate de chaux est soluble, parce que c'est en formant et en décomposant ce sel, que l'on obtient pur l'acide benzoïque dans le procédé de Schéele.

Les benzoates, excepté celui de chaux, ne sont encore d'aucun usage , et c'est pour cela qu'on s'en est très-peu occupé : aussi ne donnera-t-on ici aucun article sur les espèces de ce genre, qui n'ont point d'emploi dans les arts , et qui ne sont pas même préparés pour les laboratoires de chimie ; je me contenterai de présenter quelques notions sur les caractères génériques de ces sels. Les benzoates sont décomposables par la chaleur, qui en chasse et en brûle l'acide : tous se décomposent aussi par les acides puissans, surtout le sulfurique, le nitrique, le muriatique, le phosphorique.

Voyez d'ailleurs, pour le complément de cet article, l'article ACIDE BENZOÏQUE. (F.)

BENZOENIL. (*Bot.*) Voyez VANILLE, BENJOIN.

BENZOIN, BENZOÉ. (*Bot.*) Voyez les articles BENJOIN, CROTON.

BENZOÏQUE. (*Chim.*) C'est le nom qu'on donne à l'acide concret, volatil , odorant, inflammable, huileux, qu'on retire abondamment et facilement du benjoin, du storax, du liquidambar, du baume de Tolu, du baume du Pérou, de la vanille et de la cannelle ; il a été décrit à l'article ACIDE BENZOÏQUE. Voyez ces mots. (F.)

BEOBOTRYS (*Bot.*), genre de plante que Forster a

trouvé dans son voyage à la mer du Sud, et qui paroît le même que le *mæsa* de Forskal. Voyez MESA. (J.)

BÉOLE, BÆA (*Bot.*), plante figurée dans les Illustrations de Lamarck, pl. 15, et placée par Jussieu dans la famille des personées, suivant ses caractères déterminés par Commerson, savoir : le calice divisé en cinq parties ; la corolle à tube court, à limbe partagé en deux lèvres, dont la supérieure à trois lobes, et l'inférieure à deux ; les étamines, au nombre de deux, à filets épais et courbés ; les anthères rapprochées (*conniventes*) ; le style terminé par un stigmate unique ; une capsule allongée, en corne, contournée, à deux loges, et s'ouvrant en quatre valves, qui se courbent et se roulent après la chute des graines ordinairement nombreuses.

La béole se rapproche des calcéolaires sans tiges. Elle croît sur les rochers humides du détroit de Magellan, sur lesquels Commerson l'a cueillie. En nommant ce genre *Bæa*, il a eu l'intention de le consacrer à la mémoire de François Beau, frère de son épouse, prêtre respectable et curé de Toulon-sur-Arroux dans le Charolois. (D. de *V.*)

BEORI (*Mamm.*), nom que l'on donne dans la nouvelle Espagne au tapir. (F. C.)

BEPOU. (*Bot.*) Voyez AVIA BEPOU.

BÉQUET (*Ichtyol.*), nom donné dans quelques contrées de la France au brochet. Voyez ÉSOCE. (F. M. D.)

BER ou BOR (*Bot.*), noms indiens d'une espèce de jujubier, *ziziphus jujuba*, Wild., qui est le *bori* des Brachmanes, le *perin-toddali* des Malabares. C'est un des arbres sur lesquels on trouve une résine connue sous le nom de gomme-lacque, déposée par une espèce d'insectes du genre *Coccus*. Voyez GOMME-LACQUE, JUJUBIER. Dans les Philippines on nomme ce jujubier *hacosan*. (J.)

BERARDE (*Bot.*), *Berardia*. Villars, dans sa Flore de Dauphiné, remplie de bonnes observations, rétablit avec raison, comme genre nouveau, une plante de la famille des cinarocéphales, que Dalechamps nommoit *arctium*, et qui est l'arctione de ce Dictionnaire. On a cru devoir lui conserver son ancien nom, en l'ôtant à la bardane, à laquelle Linnæus l'avoit transporté, et en restituant à celle-

ci celui de *lappa*, sous lequel Tournefort et ses prédécesseurs la désignoient. Voyez ARCTIONE. (J.)

BERBÉ. (*Mamm.*) Bosmann, dans son voyage en Guinée,
rapporte qu'on donne le nom de berbé a un animal qui a
le corps plus petit et le museau plus pointu que le chat,
et dont la peau ressemble à celle de la civette. Buffon a
cru que ce berbé pourroit être l'espèce de genette qu'il
nomme fossane. Nous croyons que le rapport de Bosmann
ne suffit pas pour faire connoître l'animal dont il a voulu
parler. (F. C.)

BERBENA (*Bot.*), nom languedocien et italien de la
verveine. (J.)

BERBERIDÉES (*Bot.*), famille de plantes hypopétalées,
c'est-à-dire à corolle polypétale, insérées sous le pistil;
laquelle tire son nom du vinetier, *berberis*, son genre
principal, et a été aussi, pour cette raison, nommée famille
des vinetiers. Ses premiers caractères, qui sont ceux de sa
classe, consistent dans un embryon dicotylédon, une corolle existante et composée de plusieurs pétales attachés
sous le pistil, ainsi que les étamines. Ses caractères secondaires sont, un nombre égal de divisions du calice, de
pétales et d'étamines; l'opposition de ces trois parties placées les unes devant les autres et non alternes entre elles;
l'existence d'appendices intérieurs des pétales, attachés
au bas de leurs onglets, ou de glandes tenant lieu d'appendices; les anthères appliquées contre les côtés de leurs
filets, s'ouvrant latéralement du bas en haut par un panneau qui reste supérieurement adhérent. L'ovaire, toujours
supérieur, est couronné par un stigmate simple, tantôt
sessile, tantôt porté sur un style. Il devient une baie ou
capsule à une seule loge, remplie ordinairement de quelques graines attachées au fond de la loge. L'embryon est
aplati, à radicule descendante, entouré d'un périsperme
charnu. La tige est ligneuse ou herbacée; les feuilles, toujours alternes, sont simples ou composées, quelquefois stipulées, plus souvent nues à leur base.

, Les vrais genres de cette famille sont le vinetier, le
léontice, l'épimède : on y rapporte, mais avec doute,
l'*hamamelis*, qui a la même structure dans les anthères,

mais diffère en plusieurs points ; le *riana*, auquel se joignent le *conoria* et le *passoura* d'Aublet ; le *corynocarpus*, le *barreria* de Schreber, l'*othera* de Thunberg. Ces derniers genres, peu connus, exigent des observations nouvelles pour trouver leur véritable affinité : il faut surtout, pour constater leur identité avec la famille des berberidées, reconnoître dans leurs anthères la même manière de s'ouvrir. Ce caractère se reproduit dans les lauriers, qui diffèrent d'ailleurs par l'absence de la corolle, le nombre et la disposition des étamines. (J.)

BERBERIS (*Bot.*), nom latin de l'épine-vinete ou vinetier. Les Anglois le nomment *berberry* ; les Arabes, *tarah* et *mosuk* : ces derniers donnent le nom de *berberim* ou *amirberim* à l'aubepin, *mespilus oxyacanta*. (J.)

BERBOUISSET (*Bot.*), nom languedocien du fragon ordinaire, *ruscus aculeatus*, L. (J.)

BERCE (*Bot.*), *Heracleum*, genre de plantes de la famille des ombellifères, dont le caractère est d'avoir une collerette composée de deux ou trois folioles caduques ; cinq pétales échancrés, réfléchis à leur sommet, égaux dans le centre, inégaux à la circonférence, et les plus extérieurs profondément bifides ; les semences elliptiques, comprimées, striées, un peu échancrées au sommet, membraneuses sur leurs bords. Les fleurs sont blanches. On distingue les espèces suivantes.

1.° BERCE BRANC-URSINE, *Heracleum sphondylium*, Linn., Lob. Ic. 703. C'est une très-grande plante, qu'on rencontre partout, dans les prés et sur le bord des bois. Ses feuilles sont amples, ailées, rudes, blanchâtres en dessous, à folioles crénelées et lobées : les fleurs sont blanches, quelquefois un peu rougeâtres, etc. C'est une plante nuisible dans les pâturages, quand elle y est trop abondante ; mais quelques habitans du Nord, les Lithuaniens et les Polonois, font avec ses semences et ses feuilles une boisson spiritueuse qui leur tient lieu de bière, et qu'ils nomment *parst*. Sa racine et ses semences sont carminatives, incisives.

2.° BERCE A FEUILLES ÉTROITES, *Heracleum angustifolium*, Linn., facile à reconnoître par ses folioles longues, étroites en forme de digitation. Elle croît en Angleterre et en Suède.

Les autres espèces sont : la berce de Sibérie, *heracleum sibiricum*, L. ; Gmel. Sibir. 1. p. 218, t. 50 : la berce des Alpes, *heracleum alpinum*, L. ; Barrel. Ic. 55 : la berce d'Autriche, *heracleum austriacum*, L.; Crantz. Austr. p. 153, t. 1, f. 1. L'*Heracleum panaces*, Linn., ne diffère guère de la première espèce que par la grandeur de toutes ses parties. Lamarck en décrit une autre espèce du Dauphiné, sous le nom de berce naine, remarquable par ses tiges menues et couchées. Il ne faut pas rapporter à ce genre l'opopanax, comme l'ont fait quelques auteurs ; cette gomme-résine est fournie par une espèce de panais. (Poir.)

BERCKHEYA. (*Bot.*) Schreber désigne sous ce nom un genre de plantes corymbifères, nommé AGRIPHYLLUM par Jussieu, APULEIA par Gærtner, et ROHRIA par Vahl. Voyez ces noms. (J.)

BERDA. (*Ichtyol.*) C'est une espèce de spare trouvée par Forskal en Arabie. Voyez SPARE. (F. M. D.)

BERÉE. (*Ornith.*) Le rouge-gorge est connu en Normandie sous ce nom. Voyez BECS-FINS. (S. G.)

BERENDAROS (*Bot.*), nom arabe du basilic des jardins, *ocimum basilicum*, suivant Dalechamps. Dans la Flore d'Arabie, de Forskal, il est nommé *hœbach* et *rihan*. (J.)

BERGAMOTTIER (*Bot.*), espèce d'oranger dont le fruit, connu sous le nom de bergamotte, est plus petit qu'une orange ordinaire, et d'un goût très-suave, qui lui est particulier. Le pétiole de la feuille est marqué en dessous d'une ligne blanche. Voyez ORANGER. (J.)

BERGER (*Agric.*), homme qui soigne et garde les bêtes à laine ; on l'appelle aussi pasteur ou pâtre, des mots paître, pâture et pâturage. Daubenton, qui a fait un excellent ouvrage pour l'instruction des bergers, est entré dans beaucoup de détails utiles à ce sujet. (Voyez Instruction pour les bergers, par Daubenton.) Je ne crains point d'assurer ici que les bons bergers sont extrêmement rares ; très-peu sont capables des soins et des connoissances qu'exigent la garde et la conduite des troupeaux : c'est pour cela que le Gouvernement donne aux propriétaires de troupeaux la facilité de faire instruire de jeunes bergers à Rambouillet. (T.)

BERGERA (*Bot.*), *Bergera*, Linn., Juss., genre de plantes de la famille des hespéridées, très-voisin du *murraia*, et qui ne renferme qu'une seule espèce, originaire des Indes orientales.

Bergera des Indes, *Bergera kœnigii*, Linn., Rumph. Amboin. 1, tab. 53, f. 1. C'est un arbre à feuilles alternes, pennées avec une impaire ; à folioles ovales lancéolées, rhomboïdales, alternes, pétiolées, dont un ces côtés est plus étroit, et l'autre dentelé. Les fleurs sont terminales, disposées en forme de thyrse ; chaque fleur a un calice très-petit, à cinq divisions ; cinq pétales ouverts ; dix étamines, dont cinq alternes plus courtes ; un stigmate turbiné, sillonné transversalement. Le fruit est une baie presque globuleuse, contenant deux graines. (D. P.)

BERGERIE (*Agric.*), bàtiment dans lequel on loge les bêtes à laine, ou pour leur donner à manger, ou pour les garantir des injures de l'air. Voyez Ferme. (T.)

BERGERONNETTES. (*Ornith.*) *Motacillæ*. On a réuni, pour en former un seul et même genre, sous la dénomination de bergeronnettes, des oiseaux d'une forme svelte et allongée, que l'on pourroit considérer comme les motacilles par excellence.

Ces oiseaux ont pour caractères distinctifs, un bec grêle, en forme d'alêne, accompagné d'un léger rebord à son extrémité ; une langue comme festonnée sur ses bords ; le tarse menu et élevé ; quatre doigts dénués de membranes, trois devant et un derrière, tous plus longs que ceux des becs-fins, et terminés par des ongles aussi plus longs et moins courbés, ce qui leur procure une grande facilité pour courir dans les terres labourées ; leur queue, un peu fourchue, est plus longue que le corps, et a un mouvement continuel de vibration de haut en bas ; les premières pennes de leurs ailes, enfin, sont prolongées jusqu'un peu au-delà de l'origine de la queue.

Les bergeronnettes, ainsi que la lavandière, ne se perchent jamais sur les branches des arbres ou des arbustes. Elles sont généralement répandues dans toute l'Europe et jusqu'en

Suède : on les retrouve également en Afrique et en Asie ;
néanmoins elles ne sont que de passage annuellement périodique en France, où elles arrivent au printemps. On les
voit alors courir légèrement et à petits pas précipités, soit
sur la grève de la rive des eaux, soit dans les prairies,
les champs, ou sur les toitures voisines de quelque rivière
ou ruisseau.

Ce sont des oiseaux si familiers que, loin de fuir les
hommes ou les animaux, ils semblent au contraire en rechercher la compagnie. Ils nichent dans nos contrées, et,
lorsque l'automne commence, ils se rassemblent, pour partir, en bandes quelquefois très-nombreuses ; on les voit alors
pirouetter en tous sens dans les champs, répétant sans cesse
un petit cri vif, net et clair, *gui-guit*, qui paroît être pour
eux un signal de ralliement.

Toutes les bergeronnettes, cependant, ne nous abandonnent pas aux approches de la saison rigoureuse ; il en reste
quelques-unes parmi nous durant l'hiver, et elles se retirent alors sur le bord des rivières, des lacs, des étangs, et
surtout des fontaines qui ne gèlent pas, où elles cherchent
les vers dont elles font leur pàture.

Lorsque les bergeronnettes se répandent dans les prairies, parmi les troupeaux qui paissent, on les voit se pro-
mener avec confiance au milieu d'eux ; se poser même
avec sécurité sur le dos des animaux ; accompagner avec
une sorte de familiarité le berger, qu'elles précèdent, devenir pour lui des espions, ou plutôt des sentinelles vigi-
lantes qui l'avertissent, par leurs cris, de l'approche du
loup : et c'est sans doute ce service important qui leur a
valu le nom de bergerettes ou bergeronnettes, qui équi-
vaut à celui de petites bergères.

C'est dans cette saison, où ces oiseaux, chargés d'une
graisse savoureuse, passent pour un mets délicat, que dans
plusieurs contrées de la France on leur déclare une guerre
ouverte : on les prend aux gluaux dans les lieux qu'ils
fréquentent, et généralement à la manière de tous les
autres petits oiseaux.

Sur la fin de l'automne, les bergeronnettes, ainsi que la lavandière, s'attroupent en plus grand nombre encore ;

elles se rabattent le soir dans les saussaies et les oseraies, d'où elles appellent toutes celles qui passent dans le voisinage ; et là, elles font ensemble un charivari bruyant, qui dure jusqu'à la nuit close. Dans les belles matinées de Novembre, on les voit passer en l'air par troupes très-nombreuses, et quelquefois à une hauteur considérable, d'où on les entend s'appeler et se réclamer mutuellement sans cesse. Elles se dirigent alors vers les contrées méridionales, et quelquefois très-lointaines ; car de Maillet assure que, dans cette saison, il s'en rabat une si grande quantité sur les plages de l'Égypte, que le peuple, qui en prend beaucoup, les fait sécher dans le sable, afin de les conserver pour les manger dans la suite. Anderson rapporte qu'on ne les voit qu'en hiver au Sénégal, en même temps que les hirondelles et les cailles. Des navigateurs disent que, dans leur trajet outre mer, ces oiseaux se rabattent quelquefois sur les vaisseaux, où ils boivent et mangent avec une grande familiarité, et où ils demeurent jusqu'à ce qu'ils aperçoivent de près la terre, qu'ils s'empressent alors d'aborder bien vite au vol.

Nous signalerons ici particulièrement les espèces que l'on trouve en France, et qui suffisent pour donner une idée des principaux caractères dont nous venons de parler.

BERGERONNETTE GRISE. *Motacilla cinerea*, Linn. ; Buff. pl. enl. n.° 674, fig 1.'° Quoiqu'on ne voie en France qu'une seule espèce de lavandière, on y rencontre cependant trois espèces bien distinctes de bergeronnettes qui fréquentent, de compagnie, nos campagnes, sans néanmoins jamais se mêler pour produire ensemble ; ces trois espèces sont la bergeronnette grise, celle du printemps et la jaune.

La bergeronnette grise, ainsi que ses congénères, est plus petite que la lavandière, et sa queue est proportionnellement plus longue ; elle a, du bout du bec à l'extrémité de la queue, un décimètre huit centimètres (6 pouces 9 lignes) de longueur, et deux décimètres trois centimètres (8 pouces 10 lignes) de vol : lorsque ses ailes sont ployées, elles atteignent à peu près le tiers de la longueur de sa queue. Tout le dessus de son corps, depuis le sommet de la tête jusqu'au croupion inclusivement, est d'un beau gris de perle. Les couvertures du dessus de la queue sont noirâtres, et des douze pennes qui composent cette partie, toutes les intermédiaires sont de cette même couleur ; l'extérieur de chaque côté seulement est mi-partie de noirâtre et de blanc : celles des ailes sont brunes, les premières terminées de blanchâtre, et les suivantes bordées de cette couleur. Une particularité remarquable dans ce genre d'oiseaux, c'est la troisième penne de l'aile, à compter de celle qui est la plus proche du corps, qui est presque aussi grande que la plus longue de cette partie. Tout le dessous du corps est d'un gris blanc, à l'exception d'une bande brune, qui forme un demi-collier sur le bas du cou du mâle, et qui manque dans la femelle ; ce qui établit la seule différence qui se trouve entre l'un et l'autre. Le bec, les yeux, les pieds et les ongles, sont d'un brun noirâtre.

C'est sur la fin de Mars, peu de temps après son retour parmi nous, que la bergeronnette grise fait son nid ; elle l'établit ordinairement sur des branches de saules ou d'osiers, assez près de terre : elle le construit extérieurement de feuilles de graminées sèches, et elle le garnit intérieurement de crins et de laine en plus grande abondance. C'est sur ce matelas mollet que la femelle pond cinq ou six œufs d'un gris bleuâtre ; elle fait plusieurs pontes par an, et il est à présumer que ce sont les individus éclos des dernières nichées, souvent très-tardives, qui, ne se trouvant pas assez forts pour entreprendre le long voyage de leur émigration, demeurent forcément parmi nous et y passent l'hiver.

Malgré la familiarité et l'instinct social des bergeronnettes en général avec l'homme, il est néanmoins reconnu qu'elles ne peuvent survivre à leur captivité, à moins qu'on ne leur laisse la liberté d'un grand appartement, où elles donnent la chasse aux mouches pendant l'hiver, et sur le plancher duquel elle s'habituent insensiblement à ramasser les mies de pain et les parcelles de viande qu'on leur a jetées.

Bergeronnette du printemps. *Motacilla flava*, Linn. Buff. ; pl. enlum. n.° 674, fig. 2. On a donné à cette bergeronnette l'épithète de printannière ou du printemps, parce qu'elle est la première de son genre qui reparoît dans nos campagnes à la fin de l'hiver ; et à cette époque, comme il arrive souvent que le froid empêche la naissance des insectes et la sortie de terre des vermisseaux dont elle fait sa principale nourriture, on la voit le long des ruisseaux, et surtout des fontaines qui ne gèlent que par un froid d'une rigueur excessive, y chercher sa pâture et sa subsistance.

Au printemps ces oiseaux commencent à entrer en amour : on voit alors le mâle tourner autour de sa femelle, faire devant elle mille passes gracieuses, en gonflant considérablement les plumes de son cou et de son dos, et cherchant à lui exprimer par là la vivacité de ses désirs. Lorsque le temps de la ponte approche, l'un et l'autre s'occupent de la construction de leur nid, qu'ils placent sous quelque abri le long des ruisseaux et assez souvent dans des champs de blé. Ce nid est formé de la même manière et avec les mêmes matériaux que celui de la bergeronnette grise, et la femelle y pond de six à huit œufs d'un blanc sale, légèrement maculés de jaunâtre. Cette espèce paroît répandue dans toute l'Europe, et jusqu'en Suède, comme la précédente, avec laquelle d'ailleurs elle partage toutes les autres habitudes.

La bergeronnette du printemps a un décimètre sept centimètres (6 pouces et demi) de longueur, de l'extrémité du bec à celle de la queue ; deux décimètres quatre centimètres (9 pouces quelques lignes) de vol ; et, lorsque ses ailes sont ployées, elles atteignent presque la moitié de la longueur de sa queue.

Sa tête, de couleur cendrée, a son sommet teint d'olivâtre ; on voit, au-dessus de l'œil du mâle, une ligne jaune, qui est blanche dans la femelle : tout le manteau, dans l'un et dans l'autre, est d'une couleur olivâtre obscure ; les pennes des ailes sont brunes, bordées extérieurement de blanchâtre. On remarque sur chaque aîle une bande transversale d'un beau jaune, formée par la frange de leurs couvertures moyennes, qui sont brunes, bordées de jaune : des douze pennes qui composent la queue, les huit intermédiaires sont brunes, et les deux plus extérieures de chaque côté sont plus de moitié blanches, tandis que le reste est brun. Tout le devant et le dessous du corps sont d'un beau jaune vif et écla-

tant. On voit, sur la gorge du mâle, des mouchetures noirâtres, plus ou moins abondantes, suivant l'âge, sans doute.
de l'animal ; elles sont disséminées en croissant sur le fond
jaune de cette partie, et se répètent encore au-dessus
des genoux. Ces deux caractères manquent à la femelle,
qui a tout le dessous du corps d'un jaune pur, mais moins
vif que celui du mâle : l'un et l'autre ont le bec, l'iris, les
pieds et les ongles, noirâtres.

Bergeronnette jaune. *Motacilla boarula*, Linn. ; Buff.
pl. enlum. n.° 28 , fig. 1.'" De toutes les espèces de bergeronnettes, celle dont les individus restent en plus grand
nombre dans nos contrées durant les rigueurs de l'hiver,
est, sans contredit, la bergeronnette jaune, et de là on
peut conclure que c'est celle dont les couvées sont les plus
multipliées et en même temps les plus tardives, puisque
leurs dernières nichées ne se trouvent point encore assez
vigoureuses pour oser entreprendre un voyage d'un long
trajet; et ce qui vient à l'appui de cette présomption, c'est
que si on compare ces individus hivernaux, si on peut
parler ainsi, avec des individus adultes que l'on auroit
empaillés pendant l'été, on voit une différence sensible
dans les couleurs du plumage, qui est toujours infiniment
plus terne dans ceux qui nous restent, parce que souvent ils
n'ont pas encore complétement mué.

C'est durant les rigueurs de cette saison que ces né-
cessiteuses, qui ne trouvent pas toujours sur les bords des
ruisseaux ou des fontaines qu'elles fréquentent une nourriture suffisante, viennent se rabattre sur les fumiers des villages, où elles cherchent des vers et d'autres insectes que
la chaleur y entretient; et à leur défaut, on les voit avaler
quelques menus grains : aussi remarque-t-on que dans les contrées où les rigueurs de l'hiver sont plus âpres qu'ailleurs,
le nombre des bergeronnettes réduites à y passer cette saison, qu'elles animent par un petit chant doux qui semble être
l'expression de leurs besoins, diminue insensiblement, au
point qu'à la fin on n'en voit que peu ou point, soit
qu'elles aient péri de misère, soit que leur foiblesse les
mette hors d'état de se soustraire aux poursuites des oiseaux de proie, qui sont d'autant plus redoutables pour

tous nos petits oiseaux sédentaires, qu'ils sont alors aussi affamés qu'eux.

Lorsqu'au printemps les bergeronnettes jaunes sont de retour dans nos contrées, elles s'occupent bientôt du soin de propager leur espèce : le màle et la femelle s'empressent de concert à la construction de leur nid ; ils le bàtissent extérieurement de mousse et de graminées sèches, qu'ils entrelacent ensemble, et ils le garnissent en dedans de laine, de crins et de plumes, sur lesquels la femelle pond, à chaque couvée, six ou huit œufs, d'un blanc sale, maculé de jaunàtre. C'est presque toujours dans les prairies un peu humides, et quelquefois dans les taillis à portée de quelque source ou ruisseau, sous une pierre, ou sous une racine d'arbre qui lui sert d'abri, que ces oiseaux placent leur nid.

La bergeronnette jaune ne fréquente pas seulement les troupeaux qui paissent dans les prairies, comme les précédentes, mais elle a de commun avec elles toutes leurs autres habitudes. Elle est particulièrement remarquable en ce qu'elle est celle de toutes qui a la queue la plus longue ; car cet appendice, dans cette espèce, a près d'un décimètre (4 pouces) de longueur, tandis que son corps, mesuré du bout du bec jusqu'à l'origine de cette partie, n'a que neuf centimètres (3 pouces et demi). Elle a le sommet de la tête gris ; tout le dessus du corps d'un gris lavé d'olivàtre foncé, et le croupion jaune : les pennes des ailes sont d'un gris brun ; quelques-unes sont légèrement frangées de gris blanc. On voit, à l'origine des pennes moyennes, lorsqu'elles sont étendues, une certaine quantité de blanc qui y forme une bande transversale ; celles de la queue sont noirâtres dans les six intermédiaires ; les deux suivantes de chaque côté sont de la même couleur extérieurement, mais intérieurement elles sont blanches ; enfin, la plus extérieure de chaque côté est entièrement blanche, avec une tache noire en dedans. Au-dessus des yeux on voit une bandelette longitudinale blanche, qui prend son origine à la base de la mandibule supérieure, et une autre bande blanche sur les joues du mâle, qui ne se trouve pas sur celle de la femelle. L'un et l'autre ont la gorge blanche, et tout le devant et le dessous du corps, jusques et y compris les couvertures du dessous de la queue, d'un jaune très-vif et très-éclatant dans les mâles adultes, mais pâle dans les jeunes individus et dans les femelles ; celles-ci se distinguent encore des mâles en ce qu'elles n'ont pas, comme eux, sous la gorge, une tache noire surmontée de cette bande blanche qui s'étend sur les joues. Ils ont l'un et l'autre le bec brun, ainsi que l'iris des yeux, et les pieds, comme les ongles, noirâtres.

Lavandière. *Motacilla alba*, Linn. ; Buff. pl. enlum. n.° 652, fig. 1.re La lavandière est un oiseau svelte, allongé, de la taille de notre charbonnière à peu près. On la voit voltiger autour et sur les écluses des moulins, et on la remarque fréquemment, pendant l'été, courant à petits pas précipités sur la grève, tournant autour des lessiveuses, s'en approchant familièrement, et recueillant, sans crainte, les miettes de pain que lui jettent ces femmes : elle semble imiter par le mouvement de sa queue celui qu'elles font pour battre leur linge ; ce qui a valu, sans doute, à cet oiseau le nom de lavandière ou de lessiveuse.

La lavandière est d'une forme élégante ; tous ses mouvemens sont légers et pleins de grâce. Tantôt on la voit courir légèrement sur la grève à pas précipités et toujours faciles, en secouant sans cesse sa queue du haut en bas ; tantôt se jouer en tous sens dans le vide des airs. D'autres fois, posée sur quelque pierre ou sur toute autre élévation, elle guette d'un œil attentif les moucherons qui voltigent au-dessus de la surface de l'eau, se précipite dessus comme un trait, en étalant sa longue queue en éventail, et les saisit dans sa course vagabonde : elle entre même quelquefois à une petite profondeur dans l'eau, pour y attraper un vermisseau qu'elle y a aperçu.

La lavandière est un des premiers oiseaux qui, après avoir quitté nos contrées en automne, pour des régions plus chaudes, s'empresse à revenir parmi nous. Quelque temps après son arrivée, elle s'occupe du soin de la construction de son nid, qu'elle établit près des eaux, soit dans les fentes de quelques murailles ou rochers, soit sous quelques grosses racines, ou sous l'avance de quelque pierre, qui l'abritent des injures du temps : elle en construit l'extérieur de mousse, de menues racines et d'herbes sèches, qu'elle entrelace ensemble ; elle en garnit le dedans de crin et de plume, sur lesquels la femelle, qui ne fait qu'une seule ponte par an, dépose quatre ou cinq œufs blancs, légèrement rayés et tachés de brun. Lorsque les petits sont éclos, le père et la mère leur prodiguent des soins étonnans, et les tiennent dans la plus grande propreté. Leur tendresse est si affectueuse pour leurs enfans, qu'ils veillent sans cesse autour d'eux pour découvrir les ennemis qui chercheroient à leur nuire ; et lorsqu'ils en découvrent quelques-uns, leur colère se témoigne de la manière la plus vive, et sert toujours d'indice à ceux qui cherchent leurs nids.

La lavandière a le sommet de la tête et le dessus du cou noirs ; son front est couvert d'un demi-masque blanc, qui enveloppe l'œil et tombe sur les côtés du cou ; tout le dessus de son corps, ainsi que les flancs, sont d'un gris cendré ; les petites couvertures des ailes sont de même couleur ; les grandes sont noirâtres, bordées en dehors d'un gris de perle ; et les pennes des ailes sont d'un brun cendré, bordées extérieurement de gris. Des douze pennes qui composent la queue, toutes sont noires, bordées de gris en dehors, excepté les deux plus extérieures de chaque côté, qui sont noires à leur origine et blanches dans le reste de leur longueur. Toute la partie antérieure et le dessous du corps, depuis la gorge jusqu'aux couvertures du dessous de la queue inclusivement, sont blancs ; un beau plastron noir, en forme de croissant, couvre le bas de la poitrine, et chacune des branches de ce croissant remonte de chaque côté du cou : il y a quelques individus dans cette espèce, qui, au lieu de ce beau plastron noir, n'ont sur la gorge qu'une petite zone de cette couleur.

La femelle diffère du mâle en ce qu'elle n'a pas, comme lui, ce beau plastron noir sur la poitrine, et que le sommet de sa tête, au lieu d'être de cette couleur, est brun.

La bergeronnette étrangère, la plus généralement connue, est la

Bergeronnette de Java. *Motacilla boarula*, Linn. Cette

4 21

bergeronnette, que Brisson a signalée dans son Ornithologie, t. 3, p. 474, comme une espèce distincte, ressemble si fort à notre bergeronnette jaune, qu'il est impossible de ne pas se persuader qu'elles sont une seule et même espèce : car les différences que l'on aperçoit entre celle d'Asie et notre européenne sont si peu sensibles qu'on les distingue à peine ; et d'ailleurs elles pourroient bien n'être que le cachet imprimé par la différence des climats. (S. G.)

BERGFORELLE (*Ichtyol.*), nom d'une espèce de salmone, qu'on trouve principalement dans les eaux des montagnes de Laponie, du pays de Galles et de la Suisse, où ce mot signifie truite de montagne. Voyez Salmone. (F. M. D.)

BERG-GALT ou Berg-gylte. (*Ichtyol.*) On trouve, dans la mer de Norwège, ce poisson, qui est le labre bergylte. Voyez Labre. (F. M. D.)

BERGIE (*Bot.*), *Bergia*, genre de plantes dicotylédones, à fleurs polypétalées, que Jussieu a placé avec doute dans la famille des caryophyllées, et qui comprend des herbes dont les feuilles sont opposées, les fleurs petites, presque sessiles, réunies par paquets dans les aisselles des feuilles. Ce genre a pour caractère essentiel un calice à cinq divisions, cinq pétales, dix étamines, cinq styles, des stigmates simples et persistans. Le fruit est une capsule globuleuse, à cinq côtes, à cinq loges, à cinq valves, ouvertes en forme de pétales à l'époque de la maturité. Chaque loge renferme un grand nombre de graines fort petites.

Ce genre n'est composé que de deux espèces, qui toutes deux croissent au cap de Bonne-Espérance.

1.° Bergie du Cap, *Bergia capensis*, Linn. Ses tiges sont simples, droites, garnies de feuilles presque sessiles, lancéolées; les fleurs sont nombreuses, disposées par verticilles à peine pédonculés.

2.° Bergie glomérulée, *Bergia glomerata*, Linn. S. On distingue cette espèce de la précédente, par ses feuilles beaucoup plus petites, ovoïdes, très-rapprochées; par ses tiges rameuses et ses fleurs glomérulées. (Poir.)

BERGKIAS. (*Bot.*) Sonnerat, dans son Voyage à la Nouvelle-Guinée, désigne sous ce nom un arbuste de Mauille, que l'on y connoît sous celui de grand pandacaqui, et qui, transporté au cap de Bonne-Espérance, y est nommé caquepire sauvage. C'est le *gardenia thunbergia* des botanistes. Voyez GARDENIA. (J.)

BERGLACHS. (*Ichtyol.*) Suivant Lacépède, ce nom, dans quelques contrées du Nord, signifie saumon de rochers, et il est donné au poisson qui constitue le genre Macroure. Voyez MACROURE. (F. M. D.)

BERGMANITE. (*Minér.*) Schumacher a nommé ainsi, dans sa Minéralogie danoise, une pierre qu'il regarde comme une nouvelle espèce, et qu'il décrit de la manière suivante.

Elle est d'un gris foncé, parsemée de couleur de chair grisâtre. On la trouve en masse compacte, n'affectant aucune forme.

Son éclat extérieur est foible, parce que les morceaux sont couverts d'une couche de jaune d'ocre.

L'éclat intérieur a un coup d'œil gras ; sa cassure est un peu inégale ou écailleuse.

Sa texture est fibreuse ; ses fibres vont en divergeant en forme d'étoile. Les fragmens sont angulaires, mais indéterminés et à bords assez aigus.

Cette pierre est opaque, à peine translucide sur les bords. Elle se laisse rayer par l'acier, et cependant elle donne quelques étincelles avec le briquet; elle est assez difficile à casser.

Sa pesanteur spécifique est de 2, 300.

Elle ne bouillonne point au chalumeau ; mais lorsqu'on la fait rougir, elle paroît devenir phosphorescente dans quelques points : elle finit par se fondre en un émail blanc demi-transparent.

Les acides n'ont aucune action sur cette pierre.

La bergmanite ne s'est trouvée qu'à Friederichsväm, en Norwège ; encore y est-elle rare. Elle est quelquefois accompagnée de feld-spath en masse, couleur de chair.

L'auteur soupçonne quelque analogie entre cette pierre et l'œdelite de Kirwan ; mais comme il ne connoît pas cette dernière pierre, il ne peut rien affirmer à cet égard. (B.)

BERGSNYLTRE. (*Ichtyol.*) Ce poisson, qu'on pêche dans le nord de l'Europe, principalement en Suède et en Norwège, a d'abord été regardé comme un spare par Linnæus; ensuite il a été reporté avec plus de raison parmi les labres. Le labre bergsnyltre est le *labrus suillus*, L. éd. de Gmel. Voyez Labre. (F. M. D.)

BERGYLTE. (*Ichtyol.*) C'est une espèce de labre de la mer de Norwège. Voyez Labre. (F. M. D.)

BERICHON. (*Ornith.*) C'est le nom que l'on donne, dans la ci-devant province d'Anjou, au troglodyte. Voyez Becs-fins. (S. G.)

BÉRIL ou Béryl. (*Minér.*) Ce nom, donné par quelques minéralogistes modernes à plusieurs pierres très-différentes les unes des autres, est emprunté de Pline, qui l'appliquoit aussi à des pierres dont quelques-unes paroissent avoir entre elles des différences plus grandes que celle des couleurs. Le béril, que Pline paroit regarder comme le plus pur, qu'il établit pour ainsi dire comme type de l'espèce, avoit la couleur verte de la mer; il paroît d'ailleurs qu'il avoit la forme prismatique allongée, puisqu'il dit que la longueur est une de ses qualités. Il ne peut y avoir de doute, d'après ces notes caractéristiques, que ce béril des anciens n'appartienne à la variété d'émeraude que l'on a nommée aigue-marine, et à laquelle on avoit même appliqué le nom de béril. Ce rapprochement est tellement frappant qu'il a été fait presque unanimement par tous les minéralogistes.

Il n'en est pas de même des pierres que Pline désigne comme des variétés de couleur du béril; il n'est pas toujours possible, d'après les caractères vagues pris des couleurs qu'il indique, de les rapporter toutes avec quelque certitude à des pierres connues.

Ces pierres sont, premièrement, les bérils les plus estimés, d'un pur vert de mer; c'est notre émeraude vert bleuâtre : secondement les chrysobérils, un peu plus pâles que les premiers, mais ayant quelque chose de l'éclat de l'or; il est possible que ce soit l'émeraude jaune verdâtre d'Haüy, pierre que plusieurs naturalistes avoient nommée chrysolithe : troisièmement la chrysoprase, dont quelques-uns font un genre particulier ; ce béril est plus pâle que les précédens , et ne peut être la pierre que nous avons nommée chrysoprase, qui est un silex : quatrièmement les bérils qui s'approchent de l'hyacinthe par leur couleur; on doit observer ici que la pierre nommée hyacinthe par Pline étoit bleue, et qu'il n'est pas extraordinaire que le béril eût cette variété de couleur, d'autant plus qu'on la retrouve, mais plus pâle, dans la variété suivante. Il seroit également possible que cette variété de béril eût des zones d'hyacinthe, comme l'a indiqué Gabelchover dans ses Notes sur Baccius ; ces raies seroient bleues, sur un fond vert de mer : on sait qu'il y a peu de collections de gemmes qui n'offrent de semblables mélanges de couleurs. Cinquièmement, ceux que l'on nomme aéroïdes ; ces bérils pourroient être rapportés à l'émeraude bleue, qui est en effet d'un bleu de ciel pâle : sixièmement, ceux qui sont couleur de cire jaune; il y a une émeraude de cette couleur qui est très-connue sous le nom d'émeraude miellée : septièmement, les bérils oléagineux ou de couleur d'huile; ces derniers pourroient appartenir à la variété nommée par Haüy émeraude vert jaunâtre.

On voit, d'après ce que nous venons de dire, que les variétés de bérils de Pline peuvent être rapportées presque toutes à des variétés d'émeraude bien connues, et qu'il n'est pas nécessaire de regarder ces variétés comme autant de pierres différentes, ainsi que l'a fait Wallerius et que l'ont soupçonné Boot et de Laet. La seule variété de cette pierre qui présente quelques difficultés, c'est le béril couleur d'hyacinthe. Guettard étoit entièrement de l'avis que l'on vient d'émettre : mais il n'avoit pas pu rapporter les variétés de Pline aux variétés des minéralogistes modernes aussi précisément que nous l'avons fait, parce que ces pierres n'étoient pas aussi bien déterminées de son temps qu'elles le sont aujourd'hui ; il s'est trouvé d'autant plus embarrassé par la variété couleur d'hyacinthe, qu'il n'a pas songé, dans le moment où il a écrit sa note, que l'hyacinthe des anciens étoit bleuâtre et non pas d'un rouge orangé, comme la nôtre. Voyez ÉMERAUDE, HYACINTHE. (B.)

BÉRIL. (*Minér.*) Les minéralogistes modernes ont donné ce nom à l'aigue-marine lorsqu'on croyoit cette pierre différente de l'émeraude. Werner le lui a conservé, et a désigné l'émeraude par le nom de béril noble. Voyez ÉMERAUDE. (B.)

BÉRIL. (*Minér.*) On a nommé ainsi, mais très-improprement, le quartz verdâtre, et la chaux phosphatée, connue sous le nom d'apatite. Voyez QUARTZ et CHAUX PHOSPHATÉE.

La pierre à laquelle Buffon a donné ce nom n'est point une émeraude, mais une topaze ; c'est la variété bleue verdâtre. Voyez TOPAZE. (B.)

BÉRIL BLEU. (*Minér.*) C'est le DISTHÈNE. Voyez ce mot. (B.)

BÉRIL. FEUILLETÉ. (*Minér.*) Sage a nommé ainsi le DISTHÈNE. Voyez cet article. (B.)

BÉRIL. DE SAXE. (*Minér.*) Cette pierre n'est point une émeraude : Troinsdorf a cru y reconnoître une terre nouvelle, qu'il a nommée agustine, et il a donné à la pierre qui la renfermoit le nom d'AGUSTITE. Voyez ce mot. On doutoit avec raison de l'existence de cette pierre ; Vauquelin et Haüy viennent de lever le doute, en prouvant, le premier, que cette prétendue terre n'est que du phosphate de chaux, et le second, que le béril de Saxe, ou agustite, a la forme, la division mécanique et la phosphorescence de la chaux phosphatée, nommée vulgairement apatite. (B.)

BÉRIL SCHORLACÉ ou SCHORLIFORME. (*Minér.*) C'est la PYCNITE d'Hauy. Voyez ce mot. (B.)

BERINGÈNE. (*Bot.*) *Solanum melongena*, Linn. A S. Domingue et dans les Antilles on connoît sous ce nom la melongène, dont Desportes cite deux espèces ou variétés, l'une à fruit jaune, et l'autre à fruit violet ; elle est aussi appelée brehème. Le nom de beringène paroît originaire des provinces de France qui avoisinent les Pyrénées, et dans lesquelles cette plante est encore nommée vulgairement *verengena*. Les créoles sont friands de ce fruit, qu'ils font fendre et mettre sur le gril, après avoir mélangé la chair avec de la mie de pain, du beurre, du piment et beaucoup d'épices. Voyez MELONGÈNE. (P. B.)

BERLE (*Bot.*), *Sium*, *Sison*, Linn., genre de plantes de la famille des ombellifères, qui a pour caractère une collerette à plusieurs folioles lancéolées ou linéaires ; cinq pétales lancéolés ou un peu en cœur, légèrement courbés à leur sommet ; des fruits oblongs ou ovoïdes, glabres, striés, couronnés quelquefois par les petites dents du calice.

La plupart des espèces ont les feuilles simplement ailées, les folioles souvent entières, les ombelles ouvertes et planes. Plusieurs auteurs ont réuni en un seul genre les *sium* et *sison* de Linnæus, n'y ayant point trouvé assez de différence pour en former deux genres. On distingue particulièrement :

1.° BERLE A LARGES FEUILLES , *Sium latifolium*, Linn.; Moris. Hist. 3, 11, 9, t. 5, f. 1. Elle est très - commune dans les ruisseaux et les fossés aquatiques. Sa tige est creuse, munie de feuilles grandes, une fois ailées, et dont les folioles sont lancéolées, dentées en scie. Les fleurs sont blanches, terminales ; les fruits presque ovales. On la regarde comme très-nuisible aux bestiaux, et l'on croit qu'elle excite en eux un délire qui les rend furieux. Elle passe pour apéritive et antiscorbutique.

2.° BERLE A FEUILLES ÉTROITES , *Sium angustifolium*, Linn., Jacq. Austr. t. 72. On trouve cette espèce avec la précédente ; les fleurs sont blanches, latérales ; les folioles incisées, presque auriculées à leur base.

3.° BERLE NODIFLORE, *Sium nodiflorum*, Linn., Moris. Hist. 3, 11, 9, t. 5, f. 3, facile à distinguer par ses ombelles portées sur des pédoncules courts aux aisselles des feuilles : celles-ci sont simplement ailées ; les folioles lancéolées, dentées. Elle croît sur le bord des rivières.

Ces deux espèces sont dangereuses.

4.° BERLE CHERVI , *Sium sisarum* , Linn., Moris. Hist. 3, 11, 9, t. 4, f. 8. Sa racine est composée de plusieurs tubérosités oblongues, ridées, réunies en faisceau ; ses feuilles sont simplement ailées, à folioles lancéolées, ternes près des fleurs. On la soupçonne originaire de la Chine. Elle se cultive dans les jardins comme plante potagère. Ses racines sont douces, d'un goût agréable ; on les sert frites ou cuites au lait ou dans le bouillon. Boerhaave les regardoit comme un excellent remède dans le crachement de sang. Margraaf en a retiré un sucre peu inférieur à celui du commerce. Selon Pline , l'empereur Tibère les aimoit tellement qu'il les

exigeoit des Allemands en tribut annuel. Elles sont apéritives et vulnéraires.

5.° BERLE DE LA CHINE, *Sium ninsi*. Linn., Burm. Fl. Ind.
p. 74, t. 29, f. 1, plante intéressante de la Chine, dont les
racines sont tubéreuses, fasciculées. Sa tige est divisée en rameaux alternes, qui offrent souvent dans leurs aisselles des
bulbes de la grosseur d'un pois. Ses feuilles sont simplement
ailées, à folioles ovales, dentées; les fleurs blanches. On
cultive cette plante au Japon et à la Chine, à cause du
grand usage que l'on y fait de ses racines, qui sont employées dans tous les cordiaux et remèdes fortifians, comme
le *ginseng*.

La plupart des autres espèces sont exotiques, telles que
le *sium siculum*, L., à feuilles de panais ; le *sium canadense*,
L., à larges folioles ; le *sium rigidius*, L., de Virginie ; le
sison ammi, L., dont les feuilles ressemblent à celles du fe-
nouil, et qui, par sa fructification, se rapporte au séséli,
selon Lamarck. (*Poir.*)

BERMUDIÈNE (*Bot.*), *Sisyrinchium*, Linn., Juss., Lam. t.
569, genre de la famille des iridées, qui comprend huit
espèces de petites plantes herbacées, dont six se trouvent
dans l'Amérique septentrionale, et deux au cap de Bonne-
Espérance. Elles ont toutes à peu près le même aspect ; leur
racine fibreuse produit une tige comprimée et rameuse,
garnie de feuilles en épée, qui s'engaînent par le bas de
leur tranchant. Les feuilles, placées à l'extrémité de la
tige ou des rameaux, ou à l'aisselle des feuilles, sont en-
fermées plusieurs ensemble, avant leur développement, dans
une spathe de deux pièces ; leur calice, développé sur l'o-
vaire, forme un tube court à la base, s'épanouit en un
limbe plane, à six divisions : les étamines, au nombre de
trois, sont entièrement réunies en tube par les filets; l'o-
vaire, terminé par un style à stigmate fendu en trois, devient une capsule à trois loges, à trois valves et à plusieurs
graines.

Les bermudiènes ont les fleurs petites, blanches, bleues,
jaunes ou variées de jaune et de bleu, et ne sont guères
cultivées que par les amateurs de végétaux étrangers. L'espèce la plus commune, la bermudiène graminée, *sisyrin-*

chium *bermudiana*, forme, dans les terrains humides de l'Amérique septentrionale, son pays natal, des gazons très-élégans, lorsque ses fleurs bleues sont développées. La bermudiène bulbeuse, figurée, dans le Voyage de Feuillée, sous le nom d'*illmu*, fournit aux habitans du Chili des bulbes qui sont d'un goût exquis, selon Molina. (Mas.)

BERNADET. (*Ichtyol.*) On désigne sous ce nom le squale humantin sur quelques côtes du midi de la France. Voyez Squale. (F. M.)

BERNARD L'HERMITE ou Soldat. (*Entom.*) On désigne ainsi les espèces d'un genre fort nombreux de crustacés, qui ont l'abdomen mou et habitent ordinairement des coquilles ou de petites géodes. Voyez Pagure. (C.D.)

BERNARDIA. (*Bot.*) Houston avoit donné à un nouveau genre de plantes de la famille des euphorbiacées, trouvé par lui, le prénom de Bernard de Jussieu, son maître et son ami; prénom sous lequel celui-ci étoit plus souvent désigné dans sa société particulière, pendant la vie d'Antoine de Jussieu, son frère aîné. Brown avoit adopté ce nom dans son ouvrage sur les plantes de la Jamaïque. Linnæus, qui rejetoit de sa nomenclature les prénoms, substitua pour ce genre le nom d'*adelia*, qu'il avoit trouvé dans la même page du livre de Brown, et qu'il crut libre, parce que le genre ainsi nommé par Brown lui parut devoir être supprimé. Cependant Michaux, dans sa Flore d'Amérique, l'a rétabli avec raison, et il a bien prouvé son affinité avec le chionanthe dans la famille des jasminées. En rétablissant le genre de Brown, il s'est également ressaisi de son nom générique, qui sembloit lui appartenir par droit d'antériorité; de sorte qu'on sera peut-être forcé de nommer autrement le genre Euphorbiacé de Houston et de Linnæus. C'est cependant ce genre qu'on trouve sous le nom d'adélie dans ce Dictionnaire: cet article ayant été imprimé avant la publication du travail de Michaux. (J.)

BEROË (*Moll.*), sous-genre. Voyez Méduse, genre. (Duv.)

BERSAUSAN, BERSCEGNASCEN (*Bot.*), noms arabes du capillaire de Montpellier, suivant Dalechamps. (J.)

BERSCHIK (*Ichtyol.*) Les Calmouks donnent ce nom au diptérodon apron. Voyez DIPTERODON. (F. M. D.)

BERTIÈRE (*Bot.*), *Bertiera*, genre de plantes de la famille des rubiacées, qui a pour caractères distinctifs, un calice turbiné à cinq dents; une corolle tubuleuse, dont l'orifice est velu, et le bord divisé en cinq parties; cinq anthères presque sessiles et un peu redressées; enfin un ovaire adhérent, chargé d'un style et d'un stigmate bifide. Le fruit, de la grosseur et de la forme d'un pois, est une baie couronnée par le limbe du calice, et à deux loges contenant chacune plusieurs graines.

Ce genre est composé de deux arbrisseaux à feuilles simples, opposées, et à fleurs disposées en grappe à l'extrémité des branches. L'un d'eux a été trouvé à la Guiane par Aublet. Nous avons vu, parmi les plantes recueillies dans l'île de Bourbon par Commerson, deux espèces de ce genre, sous le nom de *zaluzania*, que Lamarck a figurées dans ses Illustrations, pl. 165. (Lem.)

BERSTLING. (*Ichtyol.*) Les Autrichiens appellent ainsi la perche. Voyez PERSÈQUE. (F. M. D.)

BERTONNEAU. (*Ichtyol.*) On nomme ainsi le turbot sur quelques côtes du nord-ouest de la France. Voyez PLEU-RONECTE. (F. M. D.)

BESCHENAJA-RYBA (*Ichtyol.*), nom russe donné à l'alose. Voyez CLUPÉE. (F. M. D.)

BESLÈRE (*Bot.*), *Besleria*, genre ainsi nommé par Plumier, en l'honneur de l'auteur du Jardin d'Eischtet, et qui a parù à Jussieu appartenir à l'appendice de la famille des personées, ainsi que la colomnée. Ses caractères sont, suivant Linnæus, le calice divisé profondément en cinq parties; la corolle tubuleuse, renflée à la base et au sommet, dont le limbe est à cinq lobes inégaux; quatre étamines, dont deux plus courtes; l'ovaire porté sur un disque glanduleux, et surmonté d'un style terminé par un stigmate fendu en deux; le fruit mou, en baie, à une seule loge; des graines nombreuses, portées par plusieurs placentas attachés aux parois, en quoi ce genre s'éloigne du caractère de la famille.

Les sept à huit espèces que l'on a observées dans ce genre sont toutes de l'Amérique méridionale.

Müller dit en avoir élevé trois espèces : la beslère à feuilles de mélite, de la Martinique, *besleria melittifolia*, L., Plum., Burm. t. 48 ; la beslère jaune, de même origine, *besleria lutea*, L., Plum., Burm. t. 49, f. 1 ; la beslère à crête, des Antilles et de la Guiane, *besleria cristata*, L., Plum., Burm. t. 5o. Jacquin, qui a figuré cette espèce (t. 115), lui donne un calice à crête, un cinquième filet d'étamine avortée, le stigmate en tête, la capsule coriace et à deux valves.

Linnæus ils cite une seconde espèce, bivalve, à laquelle il en donne le nom, et qui croît à Surinam.

Aublet a figuré, dans ses Plantes de la Guiane, une beslère rouge (t. 255), une violette (t. 254) et une incarnate (t. 256). Les baies de la rouge sont acides et bonnes à manger ; celles de la violette servent dans le pays à donner cette couleur aux étoffes de coton : ce sont deux arbustes ; le dernier a des tiges sarmenteuses. On a trouvé à Otaïti un arbrisseau regardé d'abord comme une beslère, mais dont les fleurs n'ont que deux étamines ; il a reçu le nom de Cyrtandre. Voyez ce mot. (D. de *V.*)

BÉSOLAT. (*Ichtyol.*) C'est le corégone Wartmann. Voyez Corégone et Bézole. (F. M. D.)

BESSA (*Bot.*), nom languedocien de la vesce ordinaire, *vicia sativa*, L. (J.)

BESSI (*Bot.*), nom du fer dans la langue malaise ; d'où *caju bessi*, bois de fer. Les habitans de Madagascar prononcent le même mot *vissi*, suivant le changement général dans les deux langues de B en V. Voyez Caju bessi et Intsi. (A. P.)

BESTEG ou BESTIEG. (*Minér.*) Les mineurs allemands donnent ce nom à une terre onctueuse et colorée ; c'est probablement une argile ferrugineuse, une lithomarge, ou une stéatite : elle se trouve dans les filons, et annonce ordinairement la présence des substances métalliques que l'on y cherche. (B.)

BESTIAL, Bestiaux. (*Agric.*) Ces mots comprennent tous les animaux d'un pays ou d'une ferme, ou d'une métairie. On dit : le bestial ou les bestiaux de ce pays sont peu considérables ; dans cette province, ou dans cette ferme, le bestial ou les bestiaux sont de grande taille, etc. Voyez Bétail. (T.)

BESTRAM (*Bot.*), nom brame du *noëli-tali* des Malabares, décrit par Rhècde (t. 4, p. 115, f. 56), arbre faisant partie du genre que Burmann a nommé *antidesma* (ce qui veut dire contre-poison), parce qu'il passe pour le spécifique contre la morsure du serpent nommé *cobra di capello*. Adanson a conservé le nom de bestram, et place ce genre dans la première section de sa famille des tithymales. Voyez Antidesme. (A. P.)

BÉTAIL. (*Agric.*) Sous ce nom sont compris tous les animaux d'une ferme, métairie, grange, bergerie et des autres exploitations rurales, excepté les chiens et les volailles.

On distingue le bétail en gros et menu.

Pour rendre le classement des animaux qui entrent dans la composition d'un ménage des champs plus complet et plus clair qu'il ne l'a été jusqu'ici, voici comme j'ai pensé qu'on pouvoit l'établir.

Le gros bétail.

I. *Bêtes chevalines.* 1.º Cheval entier, cheval hongre (cheval coupé), jument, poulain, pouliche.

2.º Ane, ânesse, ânon (jeune âne, mâle ou femelle).

3.º Mulet, mule, muleton (jeune mulet, mâle ou femelle).

II. *Bêtes bovines.* Taureau, bœuf (taureau coupé), vache ; veau mâle et veau femelle (véle), ayant des cornes ou sans cornes.

III. *Buffles.* Buffle mâle entier, buffle coupé, bufflesse ; bufflon, bufflonne (jeunes buffles).

IV. *Chameaux et dromadaires.* Chameau et dromadaire, mâles et femelles ; jeunes chameaux, mâles et femelles.

Le menu bétail.

I. *Bêtes à laine.* Belier, mouton (belier coupé), brebis, agneau, agnelette.

II. *Bêtes à poil.* 1.º Bouc entier ou châtré, chèvre, chevreau, chevrette (jeune chèvre).

2.° Cochon entier (verrat), cochon coupé (porc), truie; jeunes cochons, mâles et femelles. (T.)

BETAULE. (*Bot.*) Voyez BEURRE DE BAMBOUC.

BÊTE. (*Mamm.*) Ce mot est vulgairement adopté pour désigner un animal privé de raison. On l'emploie rarement en histoire naturelle, les sciences exactes ayant surtout besoin d'un langage très-précis. Voyez AME DES BÊTES et ANIMAL. (F. C.)

BÊTE-A-DIEU, MARTIN, VACHE-A-DIEU. (*Entom.*) On donne ce nom aux diverses espèces de coccinelles. (C. D.)

BÊTE A FEU. (*Entom.*) On nomme généralement ainsi toutes les espèces d'insectes luisans. Voyez, parmi les coléoptères, les genres LAMPYRE et TAUPIN ; les FULGORES, parmi les hémiptères, et les SCOLOPENDRES dans l'ordre des aptères. (C. D.)

BÊTE A LA GRANDE DENT. (*Mamm.*) C'est un des noms vulgaires du morse. (F. C.)

BÊTE NOIRE DE BOULANGER. (*Entom.*) C'est probablement la blatte des anciens, ou le ténébrion. (C. D.)

BÊTE PUANTE. (*Mamm.*) C'est un nom qui a été donné à différens animaux, remarquables par la faculté qu'ils ont de répandre une odeur extrêmement infecte lorsqu'ils courent quelque danger. De ce nombre sont les mouffettes en général, dont l'urine est très-puante ; elles la lancent contre ceux qui les attaquent. (F. C.)

BÉTEL (*Bot.*), espèce de poivre, *piper betel*, Linn., cultivée dans diverses parties de l'Asie, surtout près des côtes de la mer, et qui grimpe, à la manière de la vigne, sur les arbres ou sur les supports qu'on lui donne. Les Indiens le mâchent continuellement, et corrigent son amertume par le mélange de chaux et d'arec. On prend le bétel après le repas, pour ôter l'odeur des viandes, et avant de se présenter chez les personnes auxquelles on doit des égards. Dans les visites on s'en présente mutuellement et on le mâche toujours. Le bétel est diversement nommé dans chaque lieu ; mais ses dénominations de bételé, bètle, bètre, sont dérivées d'un même nom primitif. On trouve aussi à Madagascar et ailleurs, sous le nom de *tembul* ou *tamboul*, la même plante ou une espèce congénère. Plusieurs poivres sont connus au Brésil sous celui de *jaborandi*. Il paroît que le *betys* du même pays appartient encore au même genre. (J.)

BÊTES ASINES. (*Agric.*) Ce sont les ânes, ânesses et ânons. On pourroit y comprendre les mulets et les mules, qui tiennent plus de l'âne que du cheval. Voyez ces mots à leurs articles. (T.)

BÊTES BLANCHES. (*Agric.*) L'origine du nom de bêtes blanches vient de ce qu'on divisoit autrefois, comme on fait encore en quelques provinces, les troupeaux d'une ferme en deux classes ; l'une de bêtes rouges, qui comprenoit les bœufs et les vaches, et l'autre de bêtes blanches, qui ne comprenoit que les bêtes à laine. (T.)

BÊTES BOVINES. (*Agric.*) Dans la classe des bêtes bovines il y a diverses races qui se distinguent par les formes du corps, par les cornes, par la taille, etc. Je ne parle point de la couleur du poil, qui n'est qu'accidentelle, et se nuance suivant les mélanges des taureaux et des vaches. Nous avons possédé et nous possédons encore, à Rambouillet, une race de bêtes bovines importée de la Romanie, qui a la jambe menue, la démarche légère, et des cornes de plus de vingt pouces de longueur et recourbées. Le même établissement nourrit et multiplie une race sans cornes, qu'on croit originaire d'Asie. Elle est forte, douce et abondante en lait ; elle a cela de particulier que, par le seul mâle métis, tous les individus qui naissent sont sans cornes.

Les bêtes bovines sont de la plus grande utilité à l'agriculture ; mais pour en retirer tout le profit qu'on doit en attendre, il faut de l'attention, non-seulement dans le choix des individus, mais encore dans la manière de les conduire.

Choix des taureaux.

La plupart des taureaux qui naissent dans la domesticité sont ou vendus à des bouchers, ou châtrés pour devenir des bœufs : on n'en conserve dans l'état de taureaux qu'un petit nombre, pour propager et multiplier les races ; c'est le principal usage auquel on les destine. Quelquefois cependant on les soumet au travail ; mais on n'est pas sûr de leur obéissance, et il faut être en garde contre l'emploi qu'ils peuvent faire de leurs forces.

Le taureau, naturellement fier et indocile, devient indomptable et furieux. Deux taureaux de deux troupeaux différens, lorsque quelque vache est en chaleur, se battent avec fureur jusqu'à ce que l'un d'eux se retire vaincu. Le taureau attaque le chien, le loup, l'homme même, avec le plus grand courage.

Buffon trace ainsi les qualités du taureau qui doit servir d'étalon. « Il faut qu'il soit gros, bien fait, en bonne « chair : que son œil soit noir, son regard fixe, son « front ouvert, sa tête courte; ses cornes grosses, courtes « et noires; ses oreilles longues et velues, son mufle grand, « son nez court et droit, son cou gros et charnu, ses « épaules et sa poitrine larges, son fanon pendant jus- « qu'aux genoux, les organes de la génération gros, les « reins fermes, le dos droit, les jambes grosses et char- « nues, la queue longue et bien couverte de poil, le poil « rouge, et l'allure ferme et sûre. »

Buffon ne connoissoit ni la race à grandes cornes de la Romanie, ni la race sans cornes que je viens de citer, car il n'auroit pas assigné la forme des cornes pour un des caractères du bon taureau.

Il est avantageux de renouveler souvent le taureau étalon, soit qu'on habite un pays propre à faire des élèves en bestiaux, soit qu'on ne nourrisse un taureau que pour avoir des veaux et du laitage. On doit toujours le choisir un peu plus gros que les vaches, afin d'améliorer la race. S'il naît quelque veau mâle, bien fait et qui promette beaucoup, on peut le réserver pour en faire un taureau étalon. Les pays qui fournissent les plus beaux taureaux, sont le Danemarck, l'Angleterre, la Suisse, les Cévennes et l'Auvergne.

La différence du veau produit par un beau taureau, et de celui qui est produit par un taureau commun ou foible, est souvent d'un cinquième pour le poids et pour le prix. Malgré cet excédant de profit, il faut avoir l'attention de ne pas trop disproportionner la grosseur du taureau à celle des vaches, parce qu'en les couvrant il les écrase, et que les veaux étant trop gros, relativement au diamétre du bassin des vaches, elles vêlent avec plus de difficulté et souvent avec danger. On a vu sans doute de petits taureaux produire des veaux assez gros ; mais cela est rare. Pour que les veaux soient beaux et pesans, il faut qu'ils soient formés par un taureau et conçus par une vache de belle race. Le veau né d'un beau taureau et d'une belle vache peut peser, en naissant, soixante et dix livres.

Quoique le taureau soit en pleine puberté à deux ans, il est bon d'attendre jusqu'à trois avant de lui livrer des vaches ; il n'en est que plus fort, et conserve sa vigueur jusqu'à neuf ans. Si on lui permet de s'accoupler plus tôt, il faut le réformer aussi plus tôt : alors on l'engraisse et on le vend au boucher ; mais la viande n'en peut jamais être bonne. Sa vie naturelle, suivant Buffon, est de quatorze à quinze ans, c'est-à-dire, sept fois le temps de son accroissement, qu'il acquiert en deux ans. Lorsqu'on s'aperçoit qu'il devient lourd et pesant, il n'est plus en état de saillir les vaches. En avançant en âge, beaucoup de taureaux, très-doux auparavant, sont intraitables et dangereux ; il ne faut plus attendre pour s'en défaire.

Lorsqu'un troupeau est composé seulement de vingt vaches, un taureau peut suffire. En Auvergne, on n'en met que deux, quel que soit le nombre des vaches au-dessus de vingt, en sorte que s'il y en avoit quatre-vingts ou cent, chaque taureau devroit couvrir quarante ou cinquante vaches ; ce qui est trop considérable.

Pendant que les troupeaux sont dans les étables, le taureau ne s'épuise pas auprès des vaches : on ne lui livre que celles qui sont en chaleur ; ce n'est que la plus petite partie, et encore de loin en loin. Dans les pâturages, où tout est en liberté, le taureau poursuit les bêtes en chaleur ; il les couvre à son gré, sans qu'on le dirige. Le taureau ne répand pas aussi facilement sa semence que le cheval : il paroit qu'il en a peu ; car l'accouplement ne dure qu'un instant.

Il y a beaucoup de pays où le taureau du fermier sert d'étalon à toutes les vaches des particuliers, moyennant une rétribution pour chaque saut : plus on amène de vaches, plus le gain augmente ; mais le taureau s'épuise plus tôt, et il faut le renouveler plus souvent.

On nourrit le taureau comme les vaches : il paît ordinairement avec elles dans les pâturages. A l'étable il a les mêmes alimens : on a seulement soin, au temps où il couvre le plus de vaches, de lui donner quelques poignées de grains. Il y a des fermes où il est d'usage de lui en faire manger immédiatement après qu'il a sailli.

On emploie quelquefois les taureaux pour labourer, ou seuls, ou concurremment avec des bœufs. Quand on les attelle avec des bœufs, on choisit les plus doux, et on les place entre les bœufs ou le plus près de la charrue.

Choix des vaches.

Il faut que la vache soit, eu égard à sa race, d'un grand corsage : qu'elle ait le ventre gros ; l'espace compris entre la dernière fausse côte et les os du bassin, un peu long ; le front large ; les yeux noirs, ouverts et vifs ; la tête ramassée, le poitrail et les épaules charnus, les jambes grosses et tendineuses, les oreilles velues, les mâchoires serrées, le fanon pendant, la queue longue et garnie de poils, la corne du pied petite et d'un bleu jaune, les jambes courtes, le pis gros et grand, les mamelons ou trayons gros et longs.

La vache est en pleine puberté à dix-huit mois. Quoiqu'elle puisse déjà engender à cet âge, on fera bien d'attendre jusqu'à trois ans avant de lui permettre de s'accoupler. Elle est dans sa force depuis trois jusqu'à neuf ans. Elle vit de quatorze à quinze ans, suivant Buffon, c'est-à-dire, sept fois le temps de son accroissement, qui a lieu en deux ans : mais il me semble que ce savant naturaliste a fixé le terme trop bas ; communément les vaches en vivent vingt. On porteroit le terme de leur vie plus loin, si l'on en jugeoit par les exceptions ; car j'ai connu une vache qui a été vingt-six ans dans la même étable : elle avoit deux ou trois ans quand elle y est entrée ; à vingt-sept ans elle a fait un veau femelle qu'on a élevé, et cette vache a ensuite été vendue.

Les plus hautes vaches sont les flandrines, les bressanes

et les hollandoises , qu'on retrouve dans les marais de la Charente , du Poitou et de l'Aunis; elles ont quatre pieds six à dix pouces 'de hauteur , sept pieds quelques pouces de longueur, et six pieds quelques pouces de grosseur. Les vaches sans cornes, moins connues encore , sont aussi belles et aussi grandes. Celles de Suisse , des Cévennes et de l'Auvergne , occupent le second rang. Je placerois ensuite les vaches du pays de Caux et les vaches de la Romanie. Les plus petites sont celles de la Bretagne et de la Sologne ; elles ont trois pieds huit à dix pouces de hauteur, environ cinq pieds et demi de longueur, et cinq pieds de grosseur. Si l'on en croit l'auteur de la Maison rustique , édition de 1775 , les flandrines, les bressanes et les hollandoises , auroient été apportées de l'Inde par les Hollandois ; mais l'abbé Rozier les fait descendre , avec plus de vraisemblance , des vaches que les Hollandois tirent tous les ans du Danemarck, où elles sont très-belles.

Il sera utile de renouveler et d'entretenir le troupeau , en se débarrassant des vaches tarées, ou trop vieilles, ou incapables de produire, ou peu abondantes en lait. On élèvera les genisses issues de mères reconnues bonnes, ou on en achètera dans le pays, ou on en fera venir de lieux éloignés. Dans ces achats on doit consulter les ressources du canton qu'on habite, afin de n'introduire dans ses étables que des vaches qu'on puisse nourrir. Les grandes consomment beaucoup : dans les pays même des meilleurs pâturages, en Suisse, par exemple, les plus intelligens économes, à ce qu'on m'a assuré, préfèrent les vaches d'une grandeur moyenne à celles dont la taille fait l'admiration des voyageurs , mais qui ne produisent pas à proportion de leur grandeur.

Comme il est d'expérience que les grandes vaches du Holstein, de Hollande et de Suisse, maigrissent, languissent et meurent souvent dans des pâturages moins gras , la question semble décidée. Il y a cependant une remarque à faire, c'est qu'on peut choisir les plus belles et les meilleures dans la classe de celles qui conviennent au pays, et que dans beaucoup d'endroits, pour être en état d'avoir de grandes races , il suffit d'améliorer et de multiplier les pâturages.

Je conseille aux cultivateurs de prendre le parti d'élever eux-mêmes leurs genisses; et je crois ce parti très-sage, pourvu qu'ils aient un bon taureau, et qu'ils n'élèvent que les veaux des belles vaches.

Pour entretenir et renouveler un troupeau de vingt vaches, il suffit d'élever tous les ans trois ou quatre genisses. On voit des vaches qui sont bonnes laitières au-delà de douze ans; on les conserve tant qu'elles se soutiennent : mais communément, après douze ans, on ne doit pas en attendre un grand profit ; c'est l'âge où l'on s'en défait. Ainsi en élevant tous les ans trois ou quatre genisses, on peut remplacer les vaches qu'on vend et celles qui meurent.

De l'accouplement et de la multiplication des bêtes bovines.

Les vaches sont plus disposées, au moins dans nos climats, à recevoir le taureau dans le printemps et dans l'été, que dans toute autre saison. Les signes de la chaleur de la vache ne sont pas équivoques. Elle saute sur les vaches, sur les bœufs, sur les taureaux même ; sa vulve est gonflée et proéminente : elle mugit alors très-fréquemment et plus fortement qu'à l'ordinaire. Il faut, autant qu'on le peut, profiter de cet état pour lui donner le taureau : si on le laissoit passer ou s'affoiblir, elle ne retiendroit pas aussi sûrement.

Quand les animaux mâles et femelles sont ensemble dans les pâturages, le taureau couvre en liberté, sans qu'on s'en mêle, les vaches qui sont en chaleur ; mais quand il sert d'étalon à tout un pays, on lui en amène qu'il ne connoît pas : quelquefois il les dédaigne ou ne les couvre qu'à regret, ou parce qu'on lui inspire de la crainte en lui montrant un bâton. Il arrive aussi au taureau de sortir avant d'avoir éjaculé la liqueur séminale, de monter plusieurs fois inutilement, de vouloir répéter l'acte de la génération, et d'être dérangé par les divers mouvemens de la vache : dans tous ces cas, on lui ôte la vache pour la faire reparoître quelques instans après ; alors il la couvre.

Les vaches retiennent souvent dès la première ou la seconde fois ; rarement il faut qu'elles aillent au taureau une troisième fois : sitôt qu'elles sont pleines, il refuse de les couvrir, quoiqu'il y ait encore apparence de chaleur. Ordinairement toute la chaleur cesse dès qu'elles ont conçu ; elles ne veulent plus souffrir les approches du taureau. On en voit qui sont fréquemment en chaleur et qui ne retiennent pas ou qui ne retiennent qu'après beaucoup de temps ; ce sont presque toujours celles qui ont avorté. Ce besoin répété du mâle et cette difficulté de concevoir tiennent à un dérangement, à une irritation dans les organes de la génération. Il ne faut pas garder des vaches qui ne conçoivent pas, surtout si elles sont d'un certain âge. L'accouplement fait, on sépare le taureau de la vache, et on. les laisse reposer. La vache fécondée ne mugit plus, sa vulve cesse d'être gonflée.

On croit que l'accouplement du taureau avec une ânesse ou une jument produit un mulet, qu'on a appelé jumart ; mais on est loin de pouvoir garantir cet accouplement, qui n'est pas probable. Jusqu'ici on a produit, comme jumarts, des mulets qui avoient des imperfections.

Des soins qu'on doit donner aux vaches pendant qu'elles sont
pleines.

Pendant la gestation, on ne doit employer les vaches ni au charroi ni au labourage ; si on y est forcé, on les ménagera et on les traitera doucement. Les gardiens éviteront de leur laisser sauter des fossés ou des haies, de les exposer aux grandes pluies ou aux grands froids, et de les frapper ; on aura soin qu'elles ne soient point froissées lorsqu'elles entrent dans l'étable ou qu'elles en sortent ; on fera en sorte que le sol sur lequel elles reposeront soit horizontal et non incliné du côté de la matrice, ou s'il l'est un peu pour favoriser l'écoulement des urines, on tiendra la litière plus haute du coté de la croupe que du côté du train de devant. On donnera de l'air à leurs étables, afin qu'elles ne soient pas trop chaudes ; on ne leur fera manger aucun aliment de mauvaise qualité ; on ne les conduira pas dans les pâturages trop humides et marécageux, mais dans les pâturages substantiels. Si c'est en hiver, on leur donnera à l'étable du son, ou de la luzerne, ou du sainfoin, etc. : par ce moyen on préviendra plusieurs causes d'avortement.

Enfin, si une vache est trop sanguine ou trop foible, on la saignera ou on lui donnera des substances capables de la fortifier.

Lorsque la vache pleine est une genisse qui n'a pas encore vêlé, on lui maniera souvent le pis pendant sa gestation, afin qu'elle s'accoutume au toucher, et qu'elle se laisse traire facilement. Six semaines ou deux mois avant qu'une vache mette bas, on cesse de la traire; le fœtus a besoin de tout le lait, qui, d'ailleurs, dans les derniers temps, est de mauvaise qualité. Plusieurs vaches tarissent naturellement un mois ou même trois ou quatre mois avant de vêler : ce ne sont pas de bonnes vaches, car les bonnes ne tarissent jamais : si on cessoit de les traire, leurs mamelles s'engorgeroient. Il y en a qu'on parvient à tarir en ne les trayant, sur la fin de la gestation, d'abord qu'une fois par jour, ensuite tous les deux ou trois jours, en éloignant peu à peu les intervalles; ce ne sont pas celles qui ont le plus de lait qui le conservent le plus long-temps.

Les vaches portent neuf mois révolus. On en voit peu qui vêlent au terme juste de neuf mois : la plupart font leurs veaux au commencement du dixième; quelques-unes portent plus de vingt jours au-delà des neuf mois.

Vêlement ou accouchement de la vache.

Quand les vaches sont prêtes à vêler, leur pis grossit et se remplit de lait; l'entrée du vagin se gonfle : les eaux, qu'on appelle mouillures, ne tardent pas à percer; quelquefois elles percent long-temps d'avance. Le veau, poussé par les efforts de la mère, dans l'état naturel, se présente par les pieds de devant et le museau; s'il se présente par une autre partie, il faut le retourner dans la matrice, et lui donner la position convenable à sa sortie. Il y a des vaches dont les veaux ne se présentent jamais bien. Les genisses, plus étroites que les vaches d'un certain âge, ont plus de peine à mettre bas. Il arrive souvent qu'une saignée pratiquée dans un travail laborieux, l'abrége et le facilite : mais on doit bien s'en donner de garde si la bête est délicate et déjà épuisée; alors, au lieu de la saigner, il faut

la ranimer avec du vin chaud ou quelque autre boisson
fortifiante.

Dans les vacheries bien soignées, à l'époque où une vache
doit vêler on la visite tous les soirs : si on présume qu'elle
doit vêler dans la nuit, on tient une lampe allumée, et on
veille pour la secourir s'il en est besoin.

Si le délivre ne sort pas de la matrice, il est utile de
l'extraire avec la main ; cette méthode est préférable aux
breuvages échauffans qu'on fait prendre aux vaches.

Lorsque le délivre tombe à portée de la vache, elle le
mange : on ne s'aperçoit pas qu'elle en soit incommodée ;
néanmoins on a soin de l'éloigner d'elle.

Quelquefois la matrice, qu'on nomme portière, sort avec
le veau ; il faut la faire rentrer quand la vache a vêlé : on
est dans l'usage, en la replaçant, d'y mettre un peu de sel
et de poivre, qui servent d'astringent et l'empêchent de
sortir de nouveau.

Quelques vaches, même parmi celles d'une race commune,
ont deux veaux d'une seule portée ; on en tue un à sa naissance : ou, si on les conserve tous les deux, on les fait téter
ensemble pendant quinze jours ; on en vend un à cet âge,
et on garde encore quelque temps l'autre, qui acquiert
beaucoup de forces, tétant le lait de deux.

Au moment où le veau vient de naître, sa mère le lèche ;
si elle n'y paroissoit pas disposée, pour l'y engager on
jetteroit sur le veau quelques poignées de son ou de sel,
ou un mélange de sel et de mie de pain.

On ne prend aucune précaution pour lier le cordon om-
bilical ; il se sèche en peu de temps. Quelquefois la mère
le mâche ; elle a tant de propension à le mâcher, que si
on lui laissoit son veau dans les premiers temps, elle cau-
seroit quelque ulcération à cette partie, à force de la lécher
et de la mâcher.

La vache ayant fraîchement vêlé, on lui donne du son
mêlé d'un peu d'avoine ou de pois dans de l'eau chaude ;
on continue ainsi pendant quelques jours : on ajoute pour
sa nourriture du bon foin, ou du trèfle, ou de la luzerne
sèche, si c'est en hiver. En été, on la mène paître dans
les pâturages, ou on lui porte de la bonne herbe à l'étable.

Dès qu'elle est rétablie, on la remet à la nourriture des autres.

Quantité de lait que peuvent donner les vaches.

En général, le lait des vaches qui ont vêlé depuis peu est séreux ; il n'est bon ni pour faire du beurre, ni pour faire du fromage, parce qu'il ne contient point de parties butireuses et caséeuses, ou qu'il n'en contient que très-peu : aussi doit-il être employé à la nourriture des veaux, pour lesquels la nature l'a ainsi préparé. Il y a des vaches qui l'ont trop séreux et trop long - temps séreux, et d'autres trop épais dans un temps où il faudroit qu'il fût léger. Dans ces deux cas, il est également pernicieux aux veaux : dans l'un, il les relâche et les empêche de profiter ; dans l'autre, il leur donne des indigestions souvent mortelles. Il seroit possible, avec du soin, de prévenir ces accidens, si l'on examinoit la qualité du lait ; on corrigeroit les deux défauts, en donnant à certaines vaches des alimens plus substantiels, et à d'autres des alimens plus aqueux.

Les vaches ont plus ou moins de lait, selon leur taille et leur race, le climat, la constitution des individus, la saison et les alimens qu'on leur donne, et la distance de l'époque où elles ont vêlé.

Il paroît que c'est dans les climats qui approchent du tempéré qu'on retire le plus de lait, à égalité de pâturage. Les vaches africaines, qui donnent, pendant les premiers mois qui suivent le vêlement, neuf à douze livres de lait par jour, sont réputées les meilleures ; et à Surinam, dans la Guiane hollandoise, où la température est très-élevée, il est rare qu'une vache en fournisse deux à trois livres. Les vaches russes donnent aussi très - peu de lait, tandis que celles de nos climats en donnent depuis dix - huit jusqu'à trente - six livres. Parmi ces dernières, les flandrines, les bressanes et les hollandoises, celles sans cornes, en ont le plus de toutes ; et les suisses en ont plus que les françoises.

Engrais des veaux.

Les veaux sont destinés ou à être livrés jeunes au boucher, ou à être élevés, pour perpétuer l'espèce.

Parmi les veaux qui doivent aller aux boucheries, les uns, et c'est le plus grand nombre, y sont portés après avoir seulement tété leur mère un mois ou six semaines, quelquefois moins quand on est pressé d'avoir le lait : ces veaux sont en chair, mais ne sont pas gras. D'autres sont engraissés avec un soin particulier : on connoît ces derniers à Paris sous le nom de veaux de Pontoise, parce que les environs de Pontoise en fournissent beaucoup. Voici la manière dont on les engraisse.

On ne les laisse point téter ; on les sèvre dès le moment de leur naissance ; mais on leur fait boire, dans des seaux, du lait sortant du pis, sans le passer, et en en réglant la quantité sur leur âge et leur appétit. Dans les premiers momens c'est le lait de leur mère qu'on leur donne ; s'il ne suffit pas, on en prend à une autre vache qui a fraîchement vêlé. Dans la suite, on leur fait boire du lait qui a plus de consistance.

S'ils ne veulent pas boire seuls, on leur passe les doigts dans la gueule en inclinant le vaisseau plein de lait. A la faveur de ce petit artifice plusieurs se déterminent à avaler ; il y en a qui le refusent constamment ; on n'a pour ceux-ci d'autres moyens que de leur faire téter leur mère.

L'usage est de leur porter à boire le matin, à midi et le soir, pendant le premier mois, et les deux mois suivans, le matin et le soir.

Les mâles et les femelles peuvent également être engraissés, pourvu qu'ils soient d'une bonne nature ; il y en a qui engraissent difficilement.

Dans les premiers quinze jours un veau consomme six pintes de lait par jour, mesure de Paris ; huit pintes dans les quinze jours suivans, et dix pintes jusqu'à ce qu'on le vende.

On nourrit ces veaux en hiver de la même manière qu'en été.

Lorsqu'on a suffisamment de lait, on ne leur donne pas autre chose ; si on en manque, on ajoute à leur nourriture une pinte d'eau avec trois ou quatre œufs.

Chaque fois qu'on les fait boire, on les bouchonne et on répand de la litière sous eux.

On les tient dans un endroit qui ne soit ni trop chaud ni trop froid.

Les fermiers qui engraissent des veaux en engraissent autant que le lait de leurs vaches le leur permet : ils achètent des veaux de différens âges, pourvu qu'ils soient encore veaux de lait.

On les vend ordinairement, quand ils ont trois mois, à des bouchers ou à des marchands qui les portent à Paris ou à Versailles.

A six semaines, un veau engraissé, de grosseur moyenne, peut peser de quatre-vingts à quatre-vingt-dix livres, et à trois mois, de cent vingt à cent trente livres.

Il est de meilleure qualité quand il est tué sur le lieu où il a été nourri. Il faut avoir l'attention de le laisser saigner le plus qu'il est possible : on le suspend la tête en bas, et on le conduit dans une charrette, sur beaucoup de paille. Avec ces soins, la chair est belle, blanche, tendre et bonne.

Éducation des élèves.

Pour perpétuer les bêtes bovines on élève des femelles et des mâles, dont quelques-uns restent taureaux, et dont les autres doivent être châtrés pour faire des bœufs de travail. Ils exigent les mêmes soins dans leur jeunesse. Pour être élevés, on préfère les veaux nés aux mois d'Avril, Mai et Juin : ceux qui naissent plus tard ne peuvent acquérir assez de force avant l'hiver ; ils languissent de froid et périssent. Beaucoup de fermiers les laissent téter six semaines ou deux mois.

On règle leurs repas ; on leur donne, comme aux veaux d'engrais, autant de lait qu'ils en peuvent boire. Si on leur donne des œufs crus, ils n'en viennent que mieux ; la dose est de deux ou trois par jour, pendant un mois.

Au bout de six semaines, on sèvre les veaux qu'on a laissés téter, et on les met à la nourriture de ceux qu'on a sevrés dès leur naissance : mais je trouve que c'est trop tôt pour les premiers ; ils formeroient de plus belles races si on les laissoit téter deux ou trois mois. On donne aux uns comme aux autres un quart d'eau mêlé avec le lait ; de semaine en semaine, on augmente la quantité d'eau, jusqu'à ce qu'on n'y mette presque plus de lait, observant de donner de l'eau, surtout dans le commencement, à un degré de chaleur égal à celui du lait qu'on vient de traire. A mesure qu'on diminue la portion du lait, on rend la boisson plus nourrissante d'une autre manière : dans le mélange on délaie de la farine de froment, en petite quantité d'abord, puis en plus grande quantité, quand on a totalement supprimé le lait pour ne plus donner que de l'eau. Les veaux peu à peu s'accoutument à manger ; alors on leur donne du son, et le fourrage le meilleur, de la gerbée d'avoine avec son grain, ou du lentillon. A l'âge de trois ou quatre mois, ils sont assez forts pour être à la nourriture des vaches, et pour aller avec elles au pâturage, pourvu qu'il ne soit pas éloigné, car ces jeunes animaux exigent encore des ménagemens. On évite de les tenir dehors aux heures où il fait froid. Le premier hiver est le seul qu'ils aient à redouter.

Pour détruire le caractère impétueux des jeunes taureaux, en ne retranchant qu'une partie de leur force, on les châtre. Il faut choisir l'âge le plus convenable. Suivant Buffon, c'est à dix-huit mois ou deux ans ; ceux qu'on y soumet plus tôt périssent tous. Cependant les jeunes veaux à qui on ôte les testicules quelque temps après leur naissance, et qui survivent à cette opération si dangereuse à cet âge, deviennent des bœufs plus grands, plus gros, plus gras que ceux auxquels on ne fait la castration qu'à deux, trois ou quatre ans ; mais ceux-ci paroissent conserver plus de courage et d'activité. Ceux qui ne la subissent qu'à l'âge de six, sept ou huit ans, ne perdent presque rien des autres qualités du sexe masculin : ils sont plus impétueux, plus indociles que les autres bœufs, et dans le temps de la chaleur des femelles, ils cherchent encore à s'en approcher ; mais il faut avoir soin de les en écarter.

Il y a plusieurs manières de châtrer, que je rapporterai au mot CASTRATION.

Manière de traire les vaches.

Lorsque les vaches ont allaité leurs veaux un mois ou six semaines, ou lorsqu'on veut faire boire les veaux, on trait les vaches pour tirer parti de leur lait. La manière n'est point indifférente. Souvent, par la maladresse ou la paresse des personnes auxquelles on confie ce soin, une vache diminue de produit, devient sèche et perd un ou deux mamelons. Il faut traire avec précaution, éviter de meurtrir, et épuiser tout le lait.

On lave d'abord avec de l'eau le pis de chaque vache, et surtout les mamelons; on les presse ensuite avec deux doigts, de haut en bas, sans toucher au pis. Les vaches ayant quatre mamelons, on en trait deux du même côté à la fois, on passe aux deux autres pour reprendre les deux premiers, et ainsi de suite jusqu'à ce qu'il ne vienne plus de lait. Pendant qu'on trait les mamelons d'un côté, ceux de l'autre côté se remplissent. Tant qu'il y a du lait au mamelon, il descend d'un jet dans le vase, où il fait l'arrosoir; ce qui dépend de la manière de le traire, et quelquefois de l'ouverture des mamelons. Au milieu de l'action de traire, les mamelons se sèchent; on a soin de les adoucir en les humectant de lait.

Ordinairement on trait les vaches le matin et le soir, à des heures réglées : on les trait une troisième fois au milieu de la journée, quand elles abondent en lait, ce qui arrive lorsqu'elles ont vêlé depuis peu. On ne cesse point de les traire, si elles sont bonnes, jusqu'à ce qu'elles vêlent. Cependant on ménage davantage une genisse qui est pleine, même pour la seconde fois, si elle a pris le taureau de bonne heure, parce qu'en continuant de la traire on l'empêche de prendre son entier accroissement.

Quand une vache a le pis chatouilleux, ce qui peut être un défaut d'éducation, on prend des précautions pour la traire. Afin d'éviter ses coups de pieds, on trait les deux mamelons d'un côté en se plaçant toujours du côté opposé, et on change de place chaque fois qu'on a vidé deux mamelons; car la vache donne des coups avec le pied qui est du côté des deux mamelons qu'on trait. Souvent cette difficulté n'a lieu que pendant un temps : si elle continue et devient considérable, on plie et on attache une jambe de la vache avec une corde; dans cette attitude gênante elle se laisse traire.

On emploie, pour traire les vaches, de petits seaux de bois de chêne ou de sapin, qu'on tient très-propres ; chaque fois qu'on doit s'en servir, il faut les laver et les nettoyer.

Après qu'on a trait les vaches, on passe le lait dans un couloir de cuivre ou de bois, pour le mettre dans le lieu qui lui est destiné ; il faut bien nettoyer ce couloir chaque fois qu'on s'en est servi.

Des soins et de la nourriture des vaches.

Pour conserver aux vaches la santé , sans laquelle elles n'auront pas de beaux veaux ni la quantité de lait qu'on en attend , il est utile de les brosser et étriller tant qu'elles restent renfermées. Des curages fréquens d'étables, la litière souvent renouvelée, les mangeoires nettoyées chaque fois qu'on y porte de la nourriture , les repas répétés avec intervalles de repos, pour laisser aux animaux le temps de ruminer ; les vaisseaux dont on se sert, toujours tenus proprement ; les portes, les ventouses et les fenêtres habituellement ouvertes en été, saison où on doit les couvrir d'un canevas à cause des mouches, et ouvertes au moins quelques instans dans les jours froids : voilà les principaux soins qu'exigent les vaches dans les vacheries. Il est bon aussi d'y établir, au-dessus des mangeoires, des râteliers pour recevoir les fourrages : par ce moyen, cette partie de leur nourriture n'est pas gâtée ; les épis des céréales, et les fleurs et graines des autres plantes , tombant dans les mangeoires, sont ramassés par les vaches, et rien ne se perd. Quand on conduit ces animaux, ou à la montagne, ou aux champs, ou dans les bois, il ne faut point presser leur marche, soit en allant, soit en revenant, et ne leur point faire sauter de fossés ni de haies : on leur évitera, s'il est possible, les gelées blanches, les ouragans, la neige et la grêle. On doit regarder les pailles qu'on leur donne, comme une ressource à laquelle on est forcé par le manque d'une autre nourriture : tout l'art du propriétaire sera de chercher à leur procurer le plus long-temps possible de l'herbe verte ou fanée, et surtout des racines, telles que carottes, raves, navets, betteraves, topinambours (taratoufes) et pommes de terre, chacun cultivant ce que son pays comportera.

Ayez du fourrage vert de bonne heure au printemps ; ayez-en en été, et le plus long-temps possible en automne ; et réservez pour l'hiver les racines, feuilles ou fruits aqueux, capables de tempérer les effets des pailles sèches : avec ces moyens vos vaches seront bien nourries.

On fait servir les vaches à la charrue et même à la voiture ; mais il faut que les terres soient légères et qu'on charge peu la voiture, car les vaches ne sont pas fortes. On attelle deux bêtes de la même taille et de la même force, afin de conserver l'égalité du tirage. Il est nécessaire de ne point trop exiger des vaches, de cesser de les employer au travail quelque temps avant qu'elles ne vêlent et quelque temps après qu'elles ont vêlé, et de les bien nourrir.

Des bœufs.

Le bœuf fait une partie de la force de l'agriculture ; il est même la base de l'opulence des états, puisqu'ils ne peuvent se soutenir ni fleurir que par la culture des terres et par l'abondance du bétail. Cependant le bœuf ne convient pas autant que le cheval, l'âne, le chameau, etc., pour porter des fardeaux ; la forme de son dos et de ses reins le démontre : mais la grosseur de son cou et la largeur de ses épaules indiquent assez qu'il est propre à tirer.

La taille des bœufs dépend de la race dont ils sont, du climat qu'ils habitent et des pâturages qui les nourrissent. La race des vaches de la Romanie me paroît une de celles qui doit donner les meilleurs bœufs ; outre la force qu'ils acquièrent, ils sont moins lourds que ceux des autres races. Des taureaux et des vaches de belle taille produisent des veaux capables de devenir de beaux bœufs. Les climats tempérés conviennent le mieux pour élever de grandes races ; le froid extrême et l'excessive chaleur ne leur sont pas favorables.

Choix des bœufs.

Les bœufs étant destinés particulièrement pour la charrue, lorsqu'on en achète pour cet usage il faut choisir ceux qui ne sont ni maigres ni gras. Les bons bœufs doivent avoir la tête courte et ramassée, le front large, les oreilles grandes,

bien velues et bien unies, les yeux gros et noirs, le mufle
gros et camus, les naseaux bien ouverts, les dents blanches
et égales, les lèvres noires, le cou charnu, les épaules
grosses, la poitrine large, le fanon pendant sur les genoux,
les reins larges, les flancs grands, les hanches longues, la
croupe épaisse, les jambes et les cuisses grosses et nerveuses,
le dos droit et plein, la queue pendante jusqu'à terre et garnie de poils touffus et fins, les pieds fermes, le cuir grossier
et maniable, les muscles élevés, l'ongle court et large.

On fait cas des bœufs à poil noir : on prétend que ceux
qui ont le poil bai durent long-temps ; que les bruns durent
moins et se rebutent bientôt ; que les gris, les pommelés
ou pies, et les blancs, ne valent rien pour le travail et ne
sont propres qu'à être engraissés. Ces prétentions sont en
général sans fondement. De quelque poil que soit un bœuf,
ce poil est luisant, doux et épais, quand l'animal se porte
bien ; s'il est hérissé, sombre et rude, l'animal est malade.

Un bon bœuf doit en outre être sensible à l'aiguillon, obéis-
sant à la voix, et bien dressé. On remarque que le bœuf qui
mange lentement dure plus long-temps et résiste mieux au
travail. On connoît l'âge des bœufs à leurs dents et à leurs
cornes.

Manière de dresser les bœufs.

Lorsqu'on achète des bœufs pour les faire travailler, il
faut s'informer de quel pays ils viennent. On croit que les
montagnards sont moins lourds, moins paresseux, plus forts
et plus aisés à nourrir que ceux qui ont été élevés dans les
vallées. Si on les tire d'un pays où la qualité et l'abondance
des pâturages diffèrent de celles des lieux où on les introduit, on doit les y accoutumer par degrés, et suppléer par
d'autres alimens convenables à ce que les pâturages ne fournissent pas. Il est prudent d'acheter des bœufs dans le voisinage, parce qu'on les connoît mieux et que le climat
est le même. On les fera peu travailler d'abord, jusqu'à ce
qu'ils soient faits au pays et à la nourriture. On accoutume
les jeunes bœufs au travail en prenant des précautions.
L'Arabe prépare de loin l'éducation de ses chevaux : de même
il faut manier et lier souvent les cornes des jeunes tau-

reaux dont on veut faire des bœufs, leur passer la main sur le dos, leur lever les pieds; ils en seront plus faciles à se soumettre au joug, si on les y destine, à se laisser conduire et ferrer. Dans les pays montueux et pierreux, ils se blesseroient continuellement les pieds si on ne l.s ferroit. Les taureaux étant coupés, on aura les mêmes attentions; jamais on n'emploiera la force ni les mauvais traitemens, qui ne serviroient qu'à les rebuter et à les rendre méchans.

On soumet au joug le jeune bœuf avec un bœuf de même taille, tout dressé, à côté duquel on le fait manger, afin qu'ils se connoissent et qu'ils s'habituent à n'avoir que des mouvemens communs. Pendant quelques jours on ne leur fait rien traîner; ensuite on attache au joug le timon, et la chaîne pour faire du bruit; puis, trois ou quatre jours après, des pièces de bois; enfin on les attelle à la charrue.

On prend des précautions semblables pour accoutumer au travail les vaches ou les jeunes taureaux, dans les pays où on les emploie à cet usage. Les vaches, plus douces, donnent moins de peine.

On ne fait travailler un jeune bœuf que peu à peu et par reprises. Un animal qui n'est pas dressé se fatigue beaucoup; il faut le ménager et le nourrir plus largement quand il travaille.

Si malgré ces précautions le bœuf est difficile à retenir, s'il est impétueux, s'il donne du pied ou frappe de ses cornes; pour le corriger, on l'attache bien ferme à l'étable, et on le laisse jeûner quelque temps. Lorsqu'il n'est que peureux, cet inconvénient est peu de chose; l'âge et le travail le diminuent. Dans le cas où il seroit furieux, il faudroit l'atteler, entre d'autres bœufs, à une charrette bien chargée, et le piquer souvent de l'aiguillon. On conseille encore de lui lier les quatre jambes pour le terrasser, et de ne lui donner que peu à manger.

On fait travailler les bœufs de huit à douze heures par jour, suivant les saisons, depuis trois jusqu'à dix ans; lorsqu'ils sont parvenus à cet âge, on les engraisse pour les boucheries.

Des soins qu'on doit avoir des bœufs, et de leur nourriture.

L'homme qui soigne et conduit les bœufs se nomme bouvier. Dans les domaines et métairies où il y a un certain nombre de bœufs, plusieurs valets sont employés à les conduire : le principal est le bouvier ou le laboureur; les autres lui sont subordonnés, et partagent avec lui le soin des animaux. Un bon bouvier doit être fort, vigoureux, adroit, patient et doux.

La marche et l'allure naturelle des bœufs est lente ; il seroit bon de chercher à l'accélérer en la rendant constante et régulière. Le bouvier, soit en allant aux champs et en en revenant, soit en labourant ou en faisant tirer une voiture, ne doit pas mener les bœufs trop vîte, surtout quand il fait chaud : il doit bien prendre garde que les bœufs ne se blessent, ne soient piqués par les taons et autres insectes qui les tourmentent, et il doit veiller à leur conservation pour les intérêts de son maître.

On conseille beaucoup de moyens pour écarter des bœufs les mouches qui les tourmentent aux champs. Les uns disent qu'il faut les frotter avec une décoction de baies de laurier ; d'autres, qu'il faut placer sur leur corps des branches de noyer, des tiges de curage ou persicaire brûlante ; d'autres indiquent d'autres préservatifs. Il y a des cantons où on les couvre, même aux champs, d'une grande toile ; on leur attache au front des espèces de canevas qui défendent particulièrement leurs yeux : ce moyen me paroît le meilleur.

Dans la saison où le bouvier fait travailler ses bœufs le matin et le soir, dès qu'il est de retour de la première attelée, il leur donne de la nourriture et les fait boire. Dans les grandes chaleurs, il leur donne de temps en temps des seaux d'eau acidulée de vinaigre et quelquefois nitrée, ou de l'eau dans laquelle on délaie du son. Ces moyens sont propres à prévenir les maladies inflammatoires et putrides, auxquelles les bœufs sont sujets. Le retour du soir doit être suivi des mêmes attentions. Il est salutaire de les bouchonner quand ils arrivent à l'étable couverts de poussière et de sueur. Dans ce cas, on ne les expose pas à un courant d'air qui puisse trop les refroidir. Cependant le froid n'est dangereux pour les bœufs que quand ils ont chaud, et le produit qu'on en attend n'étant que du travail au dehors, pour lequel ils ne sauroient avoir trop de force, un air frais dans les étables est celui qui leur convient généralement ; mais on aura soin de ne pas y laisser entrer de volailles, parce que les plumes qu'elles perdent, avalées par les bœufs avec leur fourrage, les incommodent.

Quand les bœufs ne travaillent pas, ce qui arrive pendant une grande partie de l'hiver, on les nourrit moins bien que quand ils travaillent : on leur donne de la paille et du foin, quelquefois de la paille seule, ou de froment d'hiver ou de grains d'été. S'il y a du foin de qualité inférieure, c'est celui-là qu'ils mangent au commencement de l'hiver. A l'approche du printemps, on leur en donne de meilleur pour les fortifier. Aussitôt qu'ils travaillent, on ajoute à leur nourriture un peu de son ou d'avoine. En été, ils consomment encore quelquefois du foin ; le plus souvent, dans cette saison, on apporte à leur crèche de l'herbe fraîchement coupée.

Le bœuf ne fait jamais d'excès de foin ni de paille ; on croit qu'il n'est pas aussi nécessaire de les lui ménager qu'au cheval : mais il mangeroit de la luzerne et du trèfle jusqu'à s'incommoder.

Les herbes des prairies naturelles et artificielles, tant vertes que fanées, sont les meilleurs alimens qu'on puisse donner aux bœufs. On reconnoît à la beauté des bœufs les pays abondans en bonnes prairies. Le nombre des pays qui ont peu de ressources est le plus considérable. En certaines années où les fourrages manquent, il faut avoir recours, pour nourrir les bœufs, à d'autres substances ; ils mangent les feuilles de la plus grande partie des arbres forestiers ou de jardin, des mûriers, oliviers, etc.

De la manière d'engraisser les bœufs.

L'âge le plus favorable pour engraisser les bœufs est l'âge de sept ans ; cependant la plupart ne sont mis à l'engrais qu'à dix ans : on les retire alors de la charrue, parce qu'ils deviennent trop lourds. Si l'on différoit plus long-temps de les mettre à l'engrais, leur chair ne seroit pas si bonne, et ils s'engraisseroient plus difficilement. Lorsqu'ils sont au-dessous de l'âge de sept ans, au lieu d'engraisser, on croit qu'ils ne prennent que de l'accroissement : cependant ils ont, avant cet âge, acquis toute leur force. Je ne sais si on a comparé sous ce rapport deux bœufs de même âge et de même race, et en leur donnant les mêmes alimens.

Dans les pays où les labours se font avec des bœufs, les fermiers ou métayers en réforment tous les ans une ou deux paires, pour les remplacer par de jeunes bœufs.

On engraisse les bœufs de trois manières : ou seulement dans les pâturages, ce qu'on appelle engrais ou graisse d'herbe : ou partie dans les pâturages et partie à l'étable : ou seulement à l'étable; cette manière est l'engrais de poture, ou pouture, ou engrais au sec.

Engraissement au pâturage.

Je me sers ici du mot *engraissement*, pour ne pas confondre l'engrais des bestiaux avec l'engrais des terres.

C'est particulièrement en Normandie qu'on engraisse les bœufs de cette manière, soit qu'ils aient été achetés maigres en automne dans d'autres pays, ou que ce soient des bœufs normands.

La grande habitude apprend à ceux qui achètent des bœufs maigres à connoître s'ils sont plus ou moins susceptibles de prendre une bonne graisse ; ils les paient en conséquence. En général, de larges côtes, une peau douce et de grosses veines, sont un signe favorable; quelquefois cependant on y est trompé. On les met d'abord dans les herbages, où ils passent l'hiver avec le secours de quelques bottes de foin seulement, qu'on leur donne dehors, dans le plus rigoureux de la saison. On les retire cependant à l'étable quand la terre est couverte de neige ; mais ce qu'on leur donne de nourriture est si peu de chose que j'ai cru devoir les ranger dans la classe de ceux qui ne sont engraissés qu'à l'herbe. Le foin qu'ils mangent est une production des herbages mêmes. Les bœufs qui sont dans les herbages en hiver s'appellent bœufs d'hiver.

En hiver on ne met que douze bœufs dans un herbage qui en été en engraisseroit cinquante, parce qu'ils n'y trouvent que peu d'herbe, et de la vieille herbe, qui suffit pour les entretenir, mais qui n'est pas propre à les engraisser, comme celle du printemps.

Les bœufs d'hiver sont vendus gras dans le courant du mois de Juin. Ils sont vendus beaucoup plus cher que dans le reste de l'année, parce que le Limousin et les autres provinces qui engraissent de pouture, et qui ont fourni Paris depuis Noël, n'en ont plus alors.

Indépendamment des bœufs d'hiver on en engraisse d'autres à l'herbe, au printemps et en été. On croit avoir observé que les petits bœufs et les petites vaches ne s'engraissent pas aussi bien dans les bons fonds, et que les gros bœufs s'engraisseroient mal dans les herbages médiocres : il faut à ceux-ci de l'herbe très-substantielle, qui ne convient pas à ceux-là.

Selon les cantons et les fonds, l'herbe de Mai ou celle de Septembre est la meilleure. L'expression du pays est d'appeler forte l'herbe la plus nourrissante : on préfère les herbages qui donnent de bonne herbe en Mai, parce que les bœufs dont l'engrais finit après ce mois ont plus de valeur. Les herbages se louent depuis vingt jusqu'à trois cents livres l'acre de cent soixante perches de vingt-deux pieds ; d'après cette différence de prix on conçoit qu'il y en a une bien grande dans celle des fonds. On proportionne le nombre des bœufs à l'étendue et à la qualité de l'herbage : comme cette qualité varie suivant les fonds, les années et la saison, il est impossible de déterminer ce qu'on met de bœufs par acre dans un herbage.

Les herbagers désirent avoir des herbages de diverse qualité. A l'arrivée des bœufs maigres qu'ils tirent des autres provinces, ils les mettent dans les herbages les moins gras d'abord, ou dans les parties les moins grasses d'un herbage, afin que par degrés ces animaux s'accoutument à une nourriture au-dessus de celle qu'ils avoient dans leur pays. Ils arrivent très-fatigués : les premiers jours, ils restent presque continuellement couchés ; ils ne se relèvent que pour aller chercher leur strict nécessaire.

brouter et boire. Lorsqu'ils sont délassés, ils errent dans l'herbage à leur gré. Quelques herbagers font tirer un peu de sang à ces animaux, afin de les rafraîchir et de les mieux disposer à prendre l'herbe et à s'engraisser. Au bout de quelque temps on les fait passer dans un second herbage qui est meilleur, et quelquefois aussi dans un troisième dont l'herbe est exquise, lorsqu'on veut les faire tourner promptement à la graisse, suivant le langage du pays. Il y a des herbages qui ont cette propriété à un degré éminent; ceux qu'on loue jusqu'à trois cents livres l'acre sont de cette classe.

Lorsqu'il n'y a ni fontaine ni ruisseau dans un herbage, on y pratique des mares dans les endroits où il est facile de ramasser et de retenir les eaux de pluie; si ces mares sont taries, on mène boire les bœufs, trois fois par jour, à l'eau la plus prochaine.

A mesure que les bœufs engraissent ils deviennent plus friands; ils n'aiment point l'herbe ombragée par les arbres, ni celle qui vient dans l'emplacement où ils ont nouvellement fienté. On fauche cette herbe dans l'été pour faire du foin, qu'on appelle pour cette raison relais dans quelque pays, et refus dans d'autres; c'est ce foin qu'on fait manger aux bœufs d'engrais d'hiver, quand le temps est mauvais et la terre couverte de neige. L'herbe qui revient dans l'emplacement où les bœufs ont fienté, leur plaît : ils la mangent volontiers.

On ne met de fumier dans les herbages que celui qu'on transporte au printemps dans les endroits les plus maigres; il est produit par le séjour des bœufs et des moutons à l'étable en hiver. Un herbage marécageux ne vaudroit rien, parce qu'il produiroit des plantes grossières : mais un herbage aquatique sans être marécageux, et qui renferme beaucoup de sources, donne une grande quantité d'herbe, ordinairement bonne. Cette herbe a moins de substance si l'été est pluvieux, parce qu'elle est trop abreuvée d'eau; les bœufs s'y engraissent moins bien : dans ce cas celle des herbages moins frais a la préférence. Dans les années sèches, les herbages à sources reprennent l'avantage sur les autres, et sont plus favorables à l'engraissement.

Le temps de l'engraissement des bœufs est plus long quand on les met dans l'herbage au mois de Novembre, que quand on les y met en Mai : ceux qu'on y met en Mai sont quatre mois seulement à s'engraisser, parce qu'ils ont presque toujours de bonne herbe ; les autres, pendant l'hiver, n'acquièrent, pour ainsi dire, que de la disposition à engraisser, et ils n'engraissent réellement qu'en Avril et Mai, quand ils ont l'herbe nouvelle.

Engraissement au pâturage et à l'étable.

Cette manière d'engraisser les bœufs n'étant guères en usage que dans le Limousin et dans les provinces voisines, et se trouvant d'ailleurs subordonnée aux préceptes que nous venons d'établir et à ceux qui concernent la manière d'engraisser à l'étable, dont je vais m'occuper, je renvoie pour les détails à l'excellent Mémoire de Desmarest, consigné dans ceux de la Société d'agriculture de Paris, année 1787.

Engraissement à l'étable, ou de pouture.

Lorsque les ensemencemens des terres sont finis, c'est-à-dire, à la Toussaint, on met les bœufs à l'engrais dans les étables, et on les y retient tout l'hiver et jusqu'à la Saint-Jean. Cette méthode est employée dans les environs de Chollet en Anjou, d'où viennent à Paris de très-bons bœufs, et dans toute la partie du Bas-Poitou, appelée Bocage. Les plantes dont on y fait usage sont, le foin choisi, les choux à moelle et à mille têtes, les raves connues dans le pays sous le nom de *rebbes*, les navets longs, le seigle, l'orge, l'avoine et la vesce en coupage, c'est-à-dire en vert ; le ray-grass, cultivé surtout aux environs de Chollet ; enfin le son de seigle et de froment, l'avoine en grain grossièrement moulue, les glands même et les châtaignes en quelques cantons.

On partage, comme en Limousin, la nourriture des bœufs en plusieurs repas : on ne donne pas deux fois de suite le même aliment. En Limousin, on leur donne trois fois du foin dans les vingt-quatre heures, en plaçant deux distributions de raves, ou de farine de seigle, ou de sarrasin, entre celles du foin. L'engraisseur limousin est tellement attaché à soigner les bœufs mis en pouture, qu'il passe presque les jours entiers dans les étables, leur présentant souvent à la main les divers alimens qu'il leur destine. En Poitou, les bœufs qu'on veut engraisser font six repas différens dans la matinée, et six dans l'après-midi. Chaque repas n'est que d'une petite quantité d'alimens, et toujours suivi d'un petit intervalle de repos. Dès quatre heures du matin ils ont un peu de foin, ensuite des choux, puis des raves, puis du foin, puis des navets, et du foin après; quelquefois à cette dernière ration on substitue de l'avoine en grain, ou du son, ou des glands, ou des châtaignes. Quand ils ont mangé, on les fait boire, dans les premiers temps, hors de l'étable, sur la fin, dans l'étable, afin qu'ils ne sortent pas. Les bœufs ruminent ensuite pendant quelques heures, et on recommence à leur donner les mêmes alimens dans le même ordre, sans les faire boire.

Dans le mois de Novembre ce sont les feuilles basses des choux et les feuilles de raves qu'on leur fait manger : aux premières gelées, on emploie les racines des raves et les tiges des choux à moelle, ou les feuilles des choux à mille têtes; au mois de Mars, on a recours aux feuilles des navets tardifs, que l'on n'a point tirés de terre, et aux montans des choux, qui sont d'un très-grand produit, surtout les choux à mille têtes. Aux feuilles des raves et des choux succèdent le coupage ou le seigle et les autres grains en herbe, et au coupage, la vesce en vert. On croit que, pour engraisser complétement deux bœufs, il faut le produit de trois arpens de quatre-vingt-dix toises, moitié en choux, moitié en raves; trois quarts d'arpens de coupage, et autant de vesce : quelquefois les bœufs sont gras avant que le coupage soit mangé. Il faut observer qu'on ne donne pas à boire à ces bœufs quand on les nourrit seulement de vert, comme il arrive quelquefois. On ajoute toujours à leur boisson du son ou de la farine.

L'extrême propreté est regardée comme essentielle. La nourriture est déposée dans un endroit où rien ne peut la souiller; tous les jours, la crèche, le râtelier et le vase dans lequel on fait boire les bœufs, sont nettoyés; la litière est renouvelée deux fois par jour, le fumier enlevé tous les huit jours et même plus souvent.

Avec tous ces soins il faut cinq ou six mois pour engraisser complétement un bœuf. Le profit dédommage amplement de la peine. Sur une métairie de cent arpens de quatre-vingt-dix toises, où l'on engraisse six ou huit bœufs, le profit ordinaire sur chaque bœuf peut être de cent cinquante à deux cents livres : excepté le son et l'avoine, le reste ne coûte que la peine de la culture. On distingue les cantons où l'on se donne le plus à ce genre de commerce par un air d'aisance qu'on ne voit pas ailleurs.

On engraisse aussi de pouture seulement dans d'autres provinces que le Poitou : on engraisse de cette manière dans quelques cantons de la Normandie, avec du foin et douze à quinze livres chaque jour d'un mélange de farine de seigle, d'orge, d'avoine, de pois, de vesce.

Produits des bêtes à cornes.

Les produits des bêtes à cornes consistent dans la vente des veaux et celle des genisses d'éléve ; dans la vente des taureaux, quand ils ne peuvent plus servir comme étalons ; dans celle des vieilles vaches ; dans le travail des bœufs, soit à la charrette, soit à la charrue ; dans la vente de ces animaux ; dans celle du lait ou des parties constituantes du lait, telles que la crême, le beurre, le fromage, le sel de lait ; dans l'engrais que fournissent toutes les bêtes à cornes, et dans l'emploi de leur fiente ou bouse pour faire du feu.

Provinces qui fournissent des bœufs à Paris, et ordre des fournitures.

Les provinces de France d'où Paris tire ses bœufs, soit directement, soit indirectement, sont la Normandie et surtout le Cotentin, la Bretagne, le Maine, la Sologne, la Touraine ; l'Anjou, dont le pays de Chollet fait partie ; le Poitou, où se trouvent les grands et petits marais et Lamothe Sainte-Heraye ; l'Angoumois, l'Aunis, la Saintonge, la Gascogne, le Périgord, le Quercy, le Limousin, le Berry, la Marche, la Combrailles, l'Auvergne, le Bourbonnois, le Nivernois ou la vallée de Lurcy, la Bourgogne, le Morvan, le Charolois et le Brionnois, la Franche-Comté, la Lorraine, la Champagne dans les environs de Langres, et l'Alsace. Les provinces de France ci-dessus dénommées ne suffisant pas pour approvisionner Paris de bœufs, on en tire encore de la Hollande, du pays de Liége, de la ci-devant principauté de Porentrui, du comté de Neufchâtel, de la Souabe, du Palatinat, de la Franconie, du marquisat de Bade; ce qu'on tire de la Sologne, des environs de Langres, de la Hollande et du pays de Liége, est peu considérable.

Depuis la fin de Juin ou le commencement de Juillet jusqu'à la fin de Février, la Normandie envoie des bœufs gras à Paris; elle fournit, pendant ces huit mois, les trois quarts de la provision de la ville : l'autre quart est fourni, pendant le même temps, par le Charolois, le Morvan, le Nivernois, la Bourgogne, le Berri, les grands et petits marais du Poitou, la partie de la Franche-Comté qui est vers Jussey, sur les bords de la Saône, la ci-devant principauté de Porentrui, le comté de Neufchâtel, et la Hollande en très-petite quantité. Tous ces bœufs sont des bœufs d'herbe ou engraissés à l'herbe.

Il faut comprendre dans ce quart les bœufs engraissés à la rave et au foin, que la Marche et la Combrailles envoient en Novembre, Décembre, Janvier et Février. Les bœufs du comté de Bourgogne, de la Franche-Comté, de la ci-devant principauté de Porentrui et du comté de Neufchâtel, arrivent en Août, Septembre et Octobre.

En Mars, Avril et Mai, le Limousin contribue pour les deux tiers de l'approvisionnement de Paris. L'autre tiers est formé des bœufs de Chollet, de Lamothe-Sainte-Heraye en Poitou, du Bourbonnois, du Nivernois, de la Bourgogne, de la Franche-Comté, de la Franconie, du Palatinat, de l'Alsace : tous ces bœufs sont engraissés au foin ou avec du grain, ou avec du foin et du grain concurremment. La majeure partie de ce dernier tiers est envoyée du pays de Chollet, qui, en Juin, envoie encore des bœufs engraissés au foin et aux choux. Les grands marais du Poitou et le Charolois complètent la provision de ce mois en bœufs d'herbe, dont la quantité est moindre que celle des bœufs de Chollet.

A la fin de Juin ou dans les premiers jours de Juillet, la Normandie recommence ses envois, et avec elle les autres provinces indiquées ci-dessus.

On fait faire aux bœufs qui viennent à Paris plus ou moins de chemin par jour, selon qu'ils viennent de plus loin, selon la saison, les besoins, et selon que la race est plus ou moins sujette à se fatiguer : communément ils font par jour huit lieues dans les beaux temps. On les essaie dans quelques endroits avant de les mettre tout-à-fait en marche. Ceux qui paroissent ne pouvoir pas résister, ne sortent point du pays; on les vend aux bouchers des environs. Il paroît constant que le voyage des bœufs, pourvu qu'on ne les excède pas de fatigue, contribue à rendre la viande meilleure, en faisant passer la graisse dans les fibres charnues; c'est une des causes de l'excellence du bœuf à Paris : il faut observer aussi qu'on achète pour cette ville tout ce qu'il y a de meilleur, à cause de la certitude du débit; l'éloignement et l'entrée rendant d'ailleurs une partie des frais égale. On a soin de ferrer les bœufs qui ont un long voyage à faire, afin que leurs pieds ne se fendent et ne se blessent pas. Les bœufs d'Allemagne et de Suisse sont ferrés pour venir à Paris. Ceux de Franconie ont cent soixante à cent soixante-dix lieues à faire.

En quoi diffèrent les bœufs des provinces qui fournissent Paris.

Les personnes accoutumées à acheter des bœufs, ou pour les tuer, ou pour les vendre à des bouchers, distinguent aisément s'ils ont été engraissés à l'herbe ou au sec; s'ils ont toujours vécu dehors, ou le plus souvent dans les étables, et dans quels pays ils sont nés.

Plusieurs signes extérieurs sont propres à faire distinguer les bœufs des différens pays, quoiqu'ils soient de même race : la forme plus ou moins ramassée, la taille du corps, la couleur, la longueur et la disposition des cornes, l'épaisseur du cuir; la couleur du poil, variable suivant les pays, les habitans d'un canton voulant leurs bœufs noirs, ceux d'un autre les voulant bai-rouges, ou bruns, ou pies de blanc et de noir, etc. Je ne rapporterai pas tous les signes qui les distinguent, mais seulement les principaux.

Les bœufs de race normande sont de haute taille; ils prennent aisément de la chair et de la graisse : ils pèsent jusqu'à douze cents livres, et quelquefois davantage ; le poids le plus commun est de six à huit cents livres : leurs cornes sont de moyenne grandeur. Les fermiers qui les élèvent ne sont pas attachés à une couleur : car on voit de ces bœufs pies de rouge et de blanc ; on en voit qui sont pies de blanc et de noir; on en voit de noirs. Les habitans du Cotentin préfèrent les bœufs à poil truité, ce qu'on appelle dans le pays bringé. Le meilleur bœuf normand pour la chair est le bœuf du Cotentin ; ce qui peut dépendre autant de la constitution de l'animal, que de la qualité de l'herbe avec laquelle on l'engraisse. Les bœufs normands travaillent peu.

Les bœufs bretons sont petits : c'est aux environs de Vannes et de l'ont-Carré qu'on les engraisse le mieux, à l'herbe et au foin. Ils pèsent cinq cents livres au plus; leurs cornes sont grandes : leur poil est en général blanc du côté de Vannes ; dans le reste de la Bretagne, ils sont ou blancs et noirs, ou rouges et blancs.

Les bœufs monceaux sont ramassés, de moyenne taille, et du poids de cinq à sept cents li.res; ils s'engraissent bien à l'herbe : c'est une des races qui réussit le mieux dans les herbages de Normandie. Leurs cornes sont courtes, et leur poil est ou blond, ou blanc, ou rouge.

Les bœufs de la Sologne sont petits, comme tout ce que produit cette malheureuse province ; ils ne pèsent que quatre à quatre cent cinquante livres au plus. Leur poil est le plus ordinairement rouge ou brun. On les engraisse dans les pâturages les moins mauvais. Il en vient rarement à Paris, parce qu'ils sont de petite taille et de mauvaise qualité.

Les bœufs de la Touraine sont de taille élevée ; ils n'engraissent pas beaucoup. Leur poids est de cinq cents à cinq cent cinquante livres. Ils sont ou de poil brun ou de poil blond. Les habitans du pays en vendent aux Bérichons et aux Normands.

Les bœufs d'Anjou sont bruns ou gris ; ils ont des cornes moyennes, dont le bout est noir. La race en est bonne pour être engraissée ; elle réussit bien dans les herbages de la Normandie, et à l'engrais de Chollet, pays situé dans la province et qui donne le nom aux bœufs dits chollets. Les bœufs d'Anjou peuvent peser de cinq cents à huit cents livres. Les plus pesans sont ceux de Chollet.

Les bœufs du Poitou sont gros, surtout ceux qui sont élevés dans les marais de cette province ; on les appelle bœufs de grands et petits marais. Ceux du canton de Lamothe-Sainte-Heraye, et de celui de Vau-de-Bic, même province, où on les engraisse au foin, sont supérieurs en qualité aux bœufs des grands et petits marais ; on les connoît sous le nom de bœufs mothois. Les bœufs de Lamothe ont le poil d'un rouge vif et les cornes grandes ; ils pèsent de six à huit cents livres : le pays les tire en partie de l'Auvergne.

Les bœufs de l'Angoumois, de l'Aunis et de la Saintonge, provinces voisines, sont à peu près les mêmes ; leur taille est grande, mais leur poids n'est pas en proportion de leur taille, ce qui dépend de la texture lâche de leurs fibres : ils pèsent de cinq à sept cents livres. Leurs cornes sont grandes et leur poil est rouge pâle ; on les engraisse au foin.

Les bœufs de Gascogne sont les plus grands de tous ; ils sont pour la plupart à poil blond. Leur poids varie de six à huit cents, et quelquefois ils pèsent neuf cents livres : leurs cornes sont grandes.

Les bœufs du Périgord et du Quercy sont de haute taille, mais au-dessous de celle des précédens. Leur poil est d'un rouge blond ; ils pèsent de six à huit cents livres ; leurs cornes sont grandes. On les engraisse avec du foin.

La taille des bœufs du Limousin est aussi assez haute ; ils sont tous d'un blond rouge ; leurs cornes sont courtes. Ils pèsent de six à huit cents, et même jusqu'à neuf cents livres. On engraisse en Limousin les bœufs en grande partie à l'étable, après avoir commencé à les engraisser dans le temps du regain.

Après la Normandie, le Limousin est la province de France qui engraisse le plus de bœufs.

Les bœufs du Berri sont de moyenne race ; leur poil est blond : ils pèsent de cinq à six cents livres. Les Bérichons engraissent une partie des bœufs de la province, et en achètent en Touraine et en Limousin, pour les engraisser à l'herbe, en été, et au foin, en hiver.

Les bœufs de la Marche ont les cornes courtes et le poil d'un blanc blond ; on en engraisse quelques-uns dans le pays : ils pèsent de cinq à six cents livres.

Les bœufs d'Auvergne sont gros ; ils ont des cornes moyennes : leur poil, en général, est d'un rouge vif ; il y en a cependant de blonds, de blancs, de noirs et de pies de blanc et rouge. On en engraisse très-peu dans le pays ; ils pèsent de cinq à six cents livres.

Les bœufs de la partie du Bourbonnois située entre l'Allier et la Loire, appelée petit Bourbonnois, sont pies de blanc et rouge ; ceux de l'autre partie du Bourbonnois, appelée grand Bourbonnois, sont blonds. Outre les bœufs du pays, on engraisse dans le Bourbonnois, au foin et à l'avoine, des bœufs du Limousin et de l'Auvergne. Les bœufs du Bourbonnois pèsent de cinq à sept cents livres.

Les Bœufs du Nivernois sont de moyenne taille ; on les engraisse à l'herbe en été, et au foin en hiver ; ils pèsent de cinq à sept cents livres.

Les bœufs de la Bourgogne et du Morvan sont petits : leur poil est pie de blanc et rouge : ils pèsent de quatre à cinq cents livres. On les engraisse au foin.

Les bœufs du Charolois et du Brionnois sont blancs, ou pies de blanc et rouge : leur taille est moyenne ; ils sont ramassés et massifs. Ils pèsent de six à sept cents livres. C'est après la Normandie le pays qui engraisse le plus de bœufs à l'herbe : il n'engraisse même qu'à l'herbe. La majeure partie de ses bœufs est pour Lyon ; il en vient une partie à Paris.

On peut distinguer les bœufs de Franche-Comté en bœufs de vallées et en bœufs de montagnes. Ceux qui naissent sur les bords de la Saône sont de petite race ; leur poil est rouge blond ; leurs cornes sont grandes ; on les engraisse l'été à l'herbe et l'hiver au foin. Ils pèsent de quatre à cinq cents livres. Ceux des montagnes sont plus gros ; ce sont des bœufs achetés en Suisse : ils ont le poil rouge ; il y en a quelques-uns pies de blanc et de rouge. On les engraisse en hiver à l'étable, et en été dans les pâturages des montagnes : ils pèsent de six à huit cents livres.

Les bœufs de Lorraine ont les cornes courtes ; ils sont petits et de couleur rouge : quelques-uns sont noirs ou pies de blanc et de noir. Ils pèsent de quatre à cinq cents livres. C'est dans les Vosges qu'on les engraisse à l'étable.

Les bœufs de la partie de la Champagne où est située la ville de Langres, sont petits ; leur poil est rouge, leurs cornes sont courtes. Ils pèsent de cinq à six cents livres. Ils sont engraissés à l'étable. Il en vient peu à Paris.

Les bœufs de l'Alsace ont la taille forte ; ce sont des bœufs achetés en Suisse : ils ont le poil rouge ou brun ; quelques-uns sont pies de rouge et de blanc. On les engraisse à l'étable. Ils pèsent de six à sept cents livres.

Les bœufs du Palatinat sont gris, ou bruns, ou rouges ; il y en a de pies de rouge et de blanc. Ils ont les cornes grosses, et pèsent depuis cinq jusqu'à neuf cents livres. On les engraisse aux carottes, aux betteraves, à la rave, au foin, à l'avoine et aux pommes de terre.

Les bœufs de Franconie sont presque tous d'un rouge vif, avec une marque blanche au front, et les quatre pieds blancs. Leurs cornes sont minces et longues. Ils pèsent depuis cinq jusqu'à huit cents livres. On les engraisse au foin et à l'avoine.

Les bœufs de Suisse ont sur la tête un gros toupet de longs poils ; ils ont les cornes longues et renversées : ils sont de très-haute taille ; ils prennent plus de chair que de graisse. Ils sont rouges, ou bruns, ou noirs, ou pies de blanc et rouge, ou cendrés. Ils pèsent depuis six jusqu'à neuf cents livres. On les engraisse dans les montagnes, ou avec du foin, à l'étable.

Remarque sur ce qui constitue le bon engrais et la bonne qualité de la chair des bêtes à cornes, et sur ce qui s'en consomme.

Les bœufs qui ont été le mieux nourris, soit au pâturage, soit à l'étable, fournissent le plus de suif ; on en voit des exemples dans les bœufs de Normandie, du Cotentin, du Maine, de Chollet, du Limousin, du Bourbonnois, etc. Il

y a des années où les bœufs d'un canton ont plus de suif
que dans une autre; ce qui dépend de la nature des herbes. Ceux des grands marais du Poitou ont plus de suif
dans les années sèches, parce que l'herbe y ayant alors
plus de qualité, ils profitent davantage. Dans les années
humides, les herbages secs sont plus favorables à l'engrais
des bœufs, que dans les années sèches.

Il y a différente qualité de suif : on préfère celui des
bœufs engraissés de pouture.

Un bœuf de taille ordinaire a communément cent livres
de suif; on en a vu, qui n'étoient pas de la plus haute taille,
en donner jusqu'à cent quatre-vingt-seize livres.

On reconnoît les bœufs qui ont long-temps travaillé à la
charrue ou au charroi à l'usé de leurs cornes, s'ils ont tiré
par les cornes; ou à des durillons sur le garrot, s'ils ont
porté des colliers et tiré du poitrail.

Les bœufs endurcis au travail, et âgés de dix à douze
ans, sont moins propres à prendre graisse que les bœufs qui
n'ont point travaillé ou qui n'ont travaillé que quelques
années et peu : la chair de ces derniers est meilleure. On
remarque que les bœufs qui ont porté long-temps le joug
ont la tête plus dure, et sont plus difficiles à assommer. Tels
sont les bœufs limousins, qu'on engraisse plus tard.

Il y a une grande différence entre la chair d'un bœuf
qui a subi seulement l'opération du bistournage, et celle
d'un bœuf auquel on a enlevé les testicules. Voyez Castration. On voit que les bœufs ont subi cette dernière opération
dans un âge avancé, ou jeunes, selon qu'ils conservent plus
ou moins la forme de taureaux, ou que la cicatrice est
plus ou moins effacée. On reconnoit que les bœufs bistournés
l'ont été de bonne heure, à la petitesse de leurs testicules.
Les bœufs qui ont servi d'étalons pendant quelques années,
avant d'être châtrés, n'ont jamais la chair bonne.

Pour que la viande d'un bœuf soit aussi bonne qu'il est
possible, il faut qu'il ait été châtré de bonne heure par l'en-
lèvement des testicules; qu'il n'ait que peu ou point travaillé;
qu'on l'engraisse à six ou sept ans, ou dans un herbage de
bonne qualité, comme en Normandie, ou de pouture; en
lui donnant de temps en temps du grain.

Les marchés de Poissy et de Sceaux, situés l'un à cinq, l'autre à deux lieues de Paris, sont le rendez-vous des bêtes à cornes destinées pour les boucheries de Paris.

Les bouchers remarquent que la viande des bœufs engraissés d'herbe ne se conserve pas aussi long-temps sans s'altérer, que celle des bœufs engraissés de grains. La chair des bœufs engraissés dans des pâturages peu substantiels, se gâte plus tôt que celle des bœufs engraissés d'herbe fine et de bonne qualité : par exemple, on redoute moins les grandes chaleurs et les temps où la viande se corrompt facilement, pour les bœufs engraissés dans les herbages de Normandie, que pour ceux qui l'ont été dans les grands et petits marais du Poitou.

Le poids des bœufs de France, engraissés, varie depuis quatre jusqu'à douze cents livres; je les suppose sans cuir, sans extrémités ni cornes, et pesés gras dedans, c'est-à-dire n'ayant point les entrailles ni la graisse attachées. Il y en a de plus pesans en Hongrie, en Allemagne, en Suisse, en Angleterre, en Irlande.

Le poids des bœufs dépend de plusieurs causes combinées, mais particulièrement de la manière dont ils sont engraissés, et de la qualité de leur nourriture. Un animal engraissé de grain acquiert plus de pesanteur que celui qui est engraissé à l'herbe; et parmi les grains et les herbes il y en a qui contiennent plus de parties nutritives, et qui sont par conséquent plus propres à rendre un animal pesant. Si la haute taille, si des fibres musculaires serrées et des alimens substantiels se trouvent réunis, les bœufs doivent avoir autant de poids qu'il est possible.

Les bouchers font beaucoup de cas des bœufs qui ont une grande quantité de suif, parce que cette denrée a de la valeur, et qu'ils sont moins trompés dans leurs achats. Les quantités relatives de chair et de suif varient beaucoup dans les différens bœufs.

D'après un relevé de la vente des marchés de Poissy et de Sceaux, pendant dix ans, y compris 1788, on y achetoit pour Paris, année commune, quatre-vingt-treize mille cinq cent cinquante bêtes à cornes, dont un cinquième en vaches. Ce nombre comprend la fourniture des hôpitaux.

On sait que la viande des vaches n'est pas en général aussi bonne que celle des bœufs. Les fibres des vaches sont d'une texture lâche : on ne les engraisse que quand elles ne donnent plus de lait, toujours après douze ans, quelquefois à dix-huit ou à vingt. On rendroit leur viande meilleure si on les châtroit encore jeunes, comme quelques personnes l'ont pratiqué ; mais il vaut mieux les destiner à la propagation de l'espèce.

Année commune, il entre dans Paris environ quatorze mille vaches vivantes et mille vaches en viande morte, qui est le plus souvent suspecte, c'est-à-dire, qui ne provient pas de bêtes tuées en bon état de santé.

La Flandre, l'Artois, la Picardie, la Brie, la Beauce, le Gatinois, le Vexin, sont les pays d'où on amène des veaux à Paris.

Les veaux qu'on nourrit de lait en leur en faisant boire autant qu'ils en veulent, sont blancs, tendres et d'un goût excellent : on les nourrit ou plutôt on les engraisse de cette manière aux environs de Pontoise et de Meulan.

Le meilleur âge pour les bons veaux est l'âge de deux mois, parce que la chair est un peu plus faite que s'ils étoient plus jeunes. Dans les mois de Mai, Juin et Juillet, saison où les herbes sont plus abondantes et plus substantielles, les veaux sont d'un goût plus délicat.

Le poids des veaux varie depuis cinquante jusqu'à cent cinquante livres.

Il entre dans Paris, année commune, environ cent mille veaux, en y comprenant la fourniture des hôpitaux.

Ainsi Paris, qui compte six cent quinze mille habitans, consomme, année commune, soixante-treize mille bœufs, quinze mille vaches et cent mille veaux. (T.)

BÊTES CHEVALINES. (*Agric.*) Voyez Ane, Cheval, Mulet, à leurs articles. (T.)

BÊTES A CORNES. (*Agric.*) On a jusqu'ici désigné par le nom de bêtes à cornes toute la classe composée de taureaux, vaches et bœufs : mais cette désignation n'est pas bonne, parce que, 1.º dans cette classe il y a des races à cornes et des races sans cornes ; 2.º parce que les buffles mâles et femelles ont des cornes ; 3.º parce que dans les bêtes à laine, comme dans les chèvres, il y a des mâles et des femelles qui ont des cornes. On doit donc regarder la désignation de bêtes à cornes comme générique et appartenante à diverses classes et races d'animaux, dont il sera question chacune à son article. Voyez les mots Bêtes bovines, Bêtes a laine, Buffles, Chèvres. (T.)

BÈTE DE LA MORT (*Ornith.*), nom vulgaire de la fresaie, *strix flammea*, L. (Ch. D.)

BÊTES A LAINE. (*Agric.*) Sous ce terme générique on comprend le belier, la brebis, l'agneau mâle et femelle, le mouton, la moutonne. Presque tous les auteurs qui ont écrit sur ces animaux en ont traité à l'article Mouton ; je les imiterai, et j'y renvoie pour tous les détails qui ont rapport à ce genre de bétail. (T.)

BÊTES ROUGES. (*Entom.*) En Amérique c'est une espèce de tique ou de chique. (C. D.)

BÊTES DE SOMME. (*Agric.*) La bête de somme est celle qui porte des fardeaux sur son dos. Le cheval, l'âne, le mulet, le chameau, le dromadaire, l'éléphant, le lama. et, dans quelques états d'Asie, le bœuf, sont des bêtes de somme. (T.)

BÊTES DE TRAIT (*Agric.*) : ce sont celles qui tirent des fardeaux, des voitures ou des charrues. Le cheval, le mulet, l'âne, le bœuf, la vache, le buffle, le chien au Kamtschatka, en Hollande, et même en France, sont des bêtes de trait. (T.)

BETINA (*Ichtyol.*), nom donné dans les Indes orientales au chétodon cornu. Voyez Chétodon.

L'aboe-betina est au contraire l'holacanthe anneau. Voyez Holacanthe. (F. M. D.)

BÉTIS. (*Bot.*) Dans l'Histoire des plantes des Philippines, de Camelli, imprimée par Rai, on trouve sous ce nom un grand arbre dont le bois est solide, pesant, incorruptible et d'une saveur amère. Ses feuilles sont alternes, grandes, ovales, lancéolées et entières. Aux fleurs, rassemblées en paquets et portées chacune sur un pédoncule particulier, succèdent des fruits fort petits. Le bois est bon pour exciter l'éternument et pour chasser les vers, à raison de son amertume. La disposition des fleurs peut faire présumer que cet arbre appartient à la famille des sapotilliers. (J.)

BÉTOINE (*Bot.*), *Betonica*, genre de plantes de la famille des labiées, dont le caractère est d'avoir un calice tubulé, à cinq dents très-aiguës; une corolle tubulée, à deux lèvres; le tube cylindrique, courbé, plus long que le calice; la lèvre supérieure plane, arrondie, droite, entière; l'inférieure à trois lobes, dont celui du milieu plus large, échancré; quatre étamines, dont deux plus courtes; un style, dont le stigmate est bifide. Les tiges sont très-rarement ramifiées; les feuilles sont opposées et crénelées; les fleurs verticillées et disposées en un épi terminal. On remarque les espèces suivantes:

1. BÉTOINE OFFICINALE, *Betonica officinalis*, Linn., Fl. Dan. t. 726, plante très-renommée chez les anciens, et qui jouit encore parmi nous de quelque réputation par ses propriétés médicinales. Sa tige est droite, simple, carrée, un peu velue, garnie de feuilles oblongues, en cœur, ridées, dont les inférieures sont portées sur de très-longs pétioles, les supérieures presque sessiles. Les fleurs forment un épi souvent interrompu et composé de verticilles serrés. Ces fleurs sont purpurines ou blanches. Cette plante croît partout dans les bois ombragés.

On emploie ses feuilles et ses fleurs en décoction pour les maux de tête, pour la sciatique et la goutte. Elles sont céphaliques, vulnéraires, apéritives, détersives et sternutatoires. Plusieurs personnes les font sécher et les fument comme celles du tabac. Elles ont d'ailleurs une odeur si pénétrante qu'elles occasionnent à ceux qui les recueillent en grande quantité un étourdissement approchant de l'ivresse. On prétend que ses racines purgent par haut et par bas.

2. BÉTOINE VELUE, *Betonica hirsuta*, Linn., Barrel. Ic. 340. Elle ne diffère de la précédente que par le duvet abondant qui revêt ses tiges et ses feuilles, par ses fleurs d'un rouge vif, et son épi dont les verticilles sont bien plus rapprochés. Elle croît dans les Alpes et les Pyrénées. (Poir.)

BÉTOINE D'EAU. (*Bot.*) On donne ce nom à la scrophulaire aquatique. (J.)

BÉTOINE DE MONTAGNE. (*Bot.*) C'est l'arnique, *arnica montana*, L. (J.)

BETOIR. (*Minér.*) Guettard dit que l'on donne ce nom en Normandie à des espèces de petits gouffres en forme d'entonnoir, dans lesquels se perdent en partie ou en totalité les eaux de certaines rivières, telles que la Rille, l'Iton, l'Aure, etc. Voyez Rivière.

Il paroît qu'on appelle généralement de ce nom de petites dépressions naturelles ou artificielles, qui absorbent les eaux de la pluie ou des ruisseaux. (B.)

BETONICA. (*Bot.*) Ce nom latin de la bétoine a été aussi donné par quelques auteurs anciens à deux espèces de véroniques, à deux scrophulaires, à un stachys, à deux œillets, *dianthus carthusianorum* et *dianthus superbus*, à une toque, *scutellaria peregrina*, L. (J.)

BETRE. (*Bot.*) On trouve dans Daleckamps une longue discussion sur ce mot, qui avoit été attribué mal à propos à la cannelle, mais qui paroît mieux appartenir à une espèce de poivre, et surtout à celui que l'on nomme bétel. Le même nom est donné, dans le Brésil, à une plante semblable. Voyez Bétel, Betys. (J.)

BETTE, Poirée (*Bot.*), *Beta*, Linn., Juss., Lam. pl. 182, genre de plantes de la famille des atriplicées, composé de trois espèces de plantes herbacées bisannuelles, qui croissent, l'une à Madère, et les deux autres sur le bord des mers en Europe. L'une de ces dernières, dont les variétés sont connues de tout le monde sous le nom de betterave et de poirée, est généralement cultivée dans les potagers. Ces plantes, hautes d'un à quatre pieds et rameuses, ont la tige sillonnée, les feuilles simples et alternes, les fleurs sans corolle, peu apparentes, ramassées en petits pelotons, et formant, vers les sommités de la tige et des rameaux, de longs épis feuillés. Leur caractère générique est d'avoir un calice à cinq folioles, qui porte cinq étamines, et un ovaire muni de deux styles et deux stigmates, à demi enfoncé dans la substance du calice, et devenant une graine en forme de rein, à laquelle le calice tient lieu de capsule.

La Bette étalée, *Beta patula*, Ait. Kew. 1, p. 315, est l'espèce qui croît à Madère. Sa hauteur est d'un pied ; ses rameaux sont nombreux et étalés ; ses feuilles sont étroites, en fer de lance, et les fleurs, réunies plusieurs ensemble dans chaque groupe, ont les folioles du calice entières à leur bord. Il n'y a pas long-temps qu'on a découvert cette plante. Elle n'est d'aucun usage et passe l'hiver en orangerie.

La BETTE MARITIME, *Beta maritima*, Linn., Rai, Angl. 4, p. 127. Elle habite le bord de la mer dans le midi de la France et en Angleterre, et s'élève à un pied et demi ou deux pieds. Sa tige est un peu courbée à la base ; ses feuilles sont triangulaires et dirigées obliquement ; ses fleurs, réunies deux à deux, forment de longs épis et ont les folioles du calice entières. Cette espèce fleurit la première année. On soupçonne qu'elle est le type de la suivante.

La BETTE COMMUNE, *Beta vulgaris*, Linn., est l'espèce cultivée. On présume qu'elle est originaire des lieux maritimes du midi de l'Europe. Sa hauteur, dans nos potagers, est de trois ou quatre pieds. Sa tige est droite et divisée à son sommet en plusieurs rameaux. Les feuilles sont grandes, ovales, molles, entières, lisses, et portées sur des pétioles épais. Les fleurs, réunies trois ou quatre ensemble, forment des épis très-grêles, et ont les folioles du calice munies d'une dent à chacun des côtés de la base.

L'espèce offre deux variétés principales. L'une a les racines dures et cylindriques ; elle porte le nom de poirée : l'autre a les racines grosses et charnues ; on la nomme betterave. La poirée réunit trois variétés secondaires : 1.° la poirée blanche, dont Linnæus avoit fait une espèce sous le nom de *beta cicla;* elle a les fleurs trois à trois et les feuilles d'un vert blanchâtre : 2.° la poirée blonde ou la poirée à cardes ; ses feuilles sont d'un blanc jaunâtre : 3.° la poirée rouge ; elle a les feuilles d'un rouge foncé. La betterave se divise aussi en trois variétés secondaires : 1.° la betterave rouge, qui a sa racine couleur de sang et les feuilles d'un rouge foncé ; cette sous-variété se subdivise en betterave rouge petite, betterave rouge grande, betterave rouge veinée, et celle-ci, connue sous le nom de betterave champêtre, et en Allemagne sous celui de racine de disette, a la surface rouge et l'intérieur blanc avec des veines roses : 2.° la betterave jaune ; sa racine et les côtes des feuilles sont d'un jaune pâle : 3.° la betterave blanche ; sa racine et les côtes des feuilles sont blanches ou d'un vert blanchâtre.

Les feuilles de cette plante sont émollientes et relâchantes ; tout le monde sait l'usage qu'on en fait pour panser les vésicatoires, les cautères, etc. La bette et la poirée sont cultivées pour l'usage de la cuisine ; on mêle leurs feuilles avec l'oseille pour en adoucir l'acidité, et on mange les pétioles comme les cardons d'Espagne. On mange en salade les betteraves cuites au four ou sous la cendre ; la jaune est plus sucrée que les autres. On les conserve dans le vinaigre lorsqu'elles sont cuites ; elles portent alors le nom de betteraves confites : les Allemands les mangent avec le potage, et on s'en sert en France pour assaisonner les salades pendant l'hiver. Dans le Nord on fait fermenter les betteraves, et lorsque leur pulpe est arrivée à la fermentation acéteuse, on s'en sert comme d'un excellent préservatif du scorbut. La betterave champêtre, très-inférieure aux autres pour l'usage de la cuisine, a été très-vantée pour la nourriture des bestiaux, et on la cultive en grand en Allemagne pour cet usage. Cette variété servit, il y a quelques années, à Achard de Berlin pour extraire en grand le sucre de betterave. Ce sucre, aussi beau que celui de canne, fut annoncé dans tous les journaux comme ne devant revenir qu'à cinq ou six sous la livre ; mais, d'après les expériences qui furent faites en France par une commission de l'Institut, il fut démontré que le sucre de betterave obtenu par les procédés d'Achard, ou par tout autre moyen, n'indemnisoit pas des frais de l'extraction.

La culture des poirées n'exige aucun soin ; elles se sèment d'elles-mêmes dans les potagers. (Mas.)

BETTERAVE. (*Agric.*) La betterave, ayant une racine très-forte et très-grosse, ne peut se cultiver que dans une terre qui soit meuble et qui ait douze à quinze pouces de profondeur. Un sol gras et sablonneux est celui qui lui convient le mieux. Il faut qu'il ait été bien fumé.

On peut la semer de deux manières, ou en pépinière ou en place. On la sème en pépinière, ou sur couche, ou en pleine terre. La première méthode accélère la jouissance , parce que la betterave semée sur couche peut être repiquée de bonne heure : mais si on sème en pépinière, en pleine terre, la végétation étant plus ou moins tardive selon la saison, les plants, pour être repiqués, attendent souvent long-temps.

Chacun doit étudier son climat et son terrain. Si on sème la betterave trop tôt, elle monte. Aux environs de Paris, on est dans l'usage de la semer en Avril dans les terres chaudes, en Mai dans les terres froides. La betterave, celle que les Allemands appellent betterave sur terre et que d'autres appellent racine de disette, ou betterave champêtre, peut être semée dès la fin de Mars, surtout si on doit la repiquer.

En supposant que la betterave ait été semée en pépinière, soit sur couche, soit en pleine terre, on choisit, pour la repiquer, le lendemain d'une pluie, ou l'approche de la pluie. Si le temps n'étoit pas disposé à l'eau, on mettroit les jeunes plants dans de la terre détrempée d'eau d'un trou à fumier, et on les planteroit avec cette terre dont ils seroient enveloppés. On les place à quatre ou cinq décimètres (15 ou 20 pouces) les uns des autres : bientôt ils reprennent; il ne faut plus ensuite que des binages et des sarclages pour ameublir la terre et détruire les mauvaises herbes.

On sème aussi les betteraves en pleine terre de deux manières. La plus ordinaire est de les semer par raies, afin de pouvoir marcher entre deux, pour les éclaircir quand elles ont poussé. Dans les pays d'irrigation, il vaut mieux les semer en bordure le long des planches où coule l'eau. Si on ne les sarcle pas souvent, elles ne viennent jamais belles; même lorsqu'on les sarcle elles ne viennent pas aussi belles que quand on les repique.

De Thosse indique la seconde manière, qui est plutôt une plantation qu'un semis. Elle est en usage dans quelques cantons d'Allemagne; elle consiste à labourer plusieurs fois la terre à des époques différentes, et à mettre dans des trous, d'un pouce de profondeur, pratiqués avec les doigts, deux graines de betterave. Quand les plantes ont bien levé, on ne conserve que la plus forte de chaque trou. Il leur faut de fréquens sarclages. Elles s'enfoncent beaucoup plus que celles qu'on a repiquées. Ce que de Thosse avance à cet égard, dans son Mémoire inséré parmi ceux de la Société d'agriculture de Paris, trimestre d'hiver de 1786, se retrouve, au trimestre d'hiver de 1787, dans un Mémoire de l'abbé de Commerel; avec cette différence, que ce dernier recommande que la terre soit bien fumée, qu'on choisisse les plus belles graines de betterave, qu'on les fasse tremper pendant vingt-quatre heures dans l'eau ordinaire, qu'on les ressuie pour mieux les manier, qu'on tende un cordeau pour les planter par rangs égaux et alignés à un demi-mètre (18 pouces) en tout sens, qu'on ne mette qu'une seule graine dans chaque trou, et qu'on arrache les plus foibles des cinq ou six petites racines qui sortent de terre, issues d'une seule graine. Cette dernière manière de cultiver les betteraves dispense de la transplantation.

Les racines de betterave, au lieu d'avoir besoin d'être buttées, comme celles de beaucoup d'autres plantes, doivent être déchaussées, parce qu'elles grossissent davantage lorsqu'elles peuvent s'élever un peu au-dessus de terre; ce qui a engagé les Allemands, qui cultivent beaucoup de betteraves, à les mêler dans un champ avec des espèces de choux qu'il faut butter : la terre qu'on retire des betteraves est portée au pied des choux. Aussitôt que les racines sont assez fortes, on enlève les feuilles pour les bêtes à cornes et même pour les moutons. On assure que la betterave peut donner en une année quatre bonnes récoltes de feuilles ; ce ne peut être que dans le meilleur terrain. Si on compare cette plante avec les navets, les pommes de terre et les choux, on voit qu'aucune ne donne des fanes aussi avantageuses.

Pour récolter les feuilles de betterave de manière qu'elles puissent repousser, il ne faut pas les couper horizontalement, parce qu'elles repoussent mal et foiblement; mais on les détache à la main par leurs pédicules, en les abaissant. On laisse subsister les feuilles du cœur. Cette précaution est très-essentielle.

On fouille les betteraves avant les gelées. Plusieurs de

ces racines pèsent douze à quinze livres : on les conserve dans des caves qui ne sont pas humides, ou dans des granges, en les mettant à l'abri de la gelée. On doit auparavant leur faire perdre une partie de l'eau de végétation, en les laissant deux ou trois jours exposées au soleil, dans un lieu abrité. On peut, lorsque la récolte en est considérable, et qu'on manque d'emplacement, les mettre dans une fosse pratiquée en plein champ, les recouvrir de paille fraîche, et de terre par-dessus. A mesure qu'on en a besoin, on les en retire. Si on en a beaucoup, il vaut mieux faire plusieurs fosses, qu'on ouvre les unes après les autres, afin de les moins exposer à la gelée. Au reste, les précautions à prendre dépendent du climat.

Au retour du printemps, ces racines poussent de nouvelles feuilles. On les retire de l'endroit où on les conservoit, pour les remettre en terre, afin d'en obtenir de la graine.

Ce que je viens de dire est applicable aux diverses variétés de betterave que l'on cultive : excepté que les variétés les plus délicates, et dont on fait usage dans les cuisines, se cultivent dans les jardins et en petit ; tandis que la grosse betterave, que l'on destine pour la nourriture des bestiaux, se cultive dans les champs et un peu en grand. (T.)

BETTERAVE (*Bot.*), variété de la bette commune. Voyez Bette. (J.)

BÉTYS. (*Bot.*) Pison, dans son Histoire du Brésil, cite sous ce nom et sous celui de bétre un arbrisseau de quatre à cinq pieds de hauteur, dont la tige est droite, noueuse, verdâtre, parsemée de points blancs. De quelques nœuds supérieurs il pousse des rameaux conformés et colorés de la même manière. Ses feuilles lancéolées ressemblent un peu à celles du laurier ; les fleurs, disposées en petits chatons, comme celles du poivre long, paroissent opposées aux feuilles sur les rameaux. Cette plante a en général le port du poivrier, mais non sa saveur. La racine seule contient un aromate semblable à celui du gingembre, et sa décoction est employée pour calmer les douleurs de colique et dissiper les vents. Le caractère énoncé fait présumer que le bétys est un poivre, ou fait partie d'un genre voisin. Son nom, qui approche de celui de bétel, autre espèce de poivre, semble fortifier cette opinion. Il ne paroît pas qu'on puisse le rapprocher du batis, que Brown a observé à la Jamaïque, et dont les chatons sont différens, d'après les descriptions. Voyez Batis, Poivre, Bétel. (J.)

BEUDINGIAN. (*Bot.*) Voyez Badindjan.

BEURRE (*Agric.*), substance huileuse epaissie, que l'on obtient, dans des vaisseaux particuliers, par l'agitation de la crême ou du lait, dont elle fait une des parties constituantes. Voyez Lait. (T.)

BEURRE. (*Chim.*) Le beurre est, comme tout le monde le sait, une matière grasse tirée du lait, et qui par sa saveur douce et agréable sert à l'assaisonnement des alimens. Son extraction, son analyse, ses propriétés chimiques, seront traitées à l'article Lait : il suffira de dire ici que le beurre est une espèce d'huile animale concrète, très-fusible, et qui paroît devoir son état solide à la présence d'une certaine proportion d'oxigène. Voyez l'article Lait. (F.)

BEURRE D'ANTIMOINE. (*Chim.*) Par un abus actuellement détruit dans la nomenclature méthodique, on nommoit autrefois beurre d'antimoine le muriate d'antimoine obtenu de la décomposition du sublimé corrosif par l'antimoine. C'étoit à cause de sa forme solide, de sa grande fusibilité et de son apparence graisseuse, qu'on lui avoit donné cette fausse dénomination. Voyez l'article Antimoine. (F.)

BEURRE D'ARSENIC. (*Chim.*) Le produit sublimé du sublimé corrosif décomposé par l'arsenic métallique obtenu à l'aide de la distillation, avoit reçu, comme le précédent, le nom de beurre d'arsenic ; mais plus à tort que le premier, puisqu'il n'a pas la même apparence ni le même état concret. Voyez Arsenic. (F.)

BEURRE DE BAMBOUC. (*Bot.*) Mungo-park, dans son Voyage d'Afrique, parle d'un arbre médiocre, à feuilles alternes et ovales, à fruits ronds, de la forme d'une noix, contenant un noyau rempli d'une amande de la grosseur d'un gland. Ces graines, pilées et bouillies dans l'eau, donnent une graisse d'un blanc sale, qui tient lieu de beurre et ressemble à du lard ; c'est le beurre de bambouc, dont on fait usage er liniment pour guérir la sciatique. Il paroît qu'on lui donne aussi le nom de betaule. (J.)

BEURRE DE BISMUTH (*Chim.*), même fausse application pour ce produit, obtenu comme les précédens de la décomposition du muriate oxigéné d'antimoine par le Bismuth. Voyez l'article de ce métal. (F.)

BEURRE DE CACAO. (*Chim.*) On est convenu de nommer beurres les huiles végétales, lorsqu'elles sont concrètes et semblables au beurre par leur consistance et leur fusibilité. Le beurre de Cacao est le plus connu et le plus important peut-être de ces composés. On l'extrait de l'amande du cacao légèrement torréfiée et chauffée dans l'eau bouillante. La chaleur de l'eau fond cette huile concrète, qui se sépare de l'amande et qui vient nager à la surface du liquide. Par le refroidissement cette huile se fige, et on l'enlève en pains blancs qui nagent sur l'eau. On fait refondre ce beurre, et on le purifie même par deux refontes successives : il est alors blanc, doux et même légèrement aromatique. Il se fond entre quarante et cinquante degrés du thermomètre de Réaumur. Il se volatilise comme le beurre et la cire, et presque sans décomposition, à une température supérieure à celle de l'eau bouillante. Il s'altère et rancit quand il est exposé pendant quelques jours à un air chaud au-dessus de douze degrés : voilà pourquoi l'on ne doit employer le beurre de cacao, pour l'usage médicinal auquel il est destiné, que récemment extrait. C'est cette matière qui donne au chocolat la saveur onctueuse et douce, l'aspect gras et huileux, qui le caractérisent. Voyez Cacao et Chocolat. (F.)

BEURRE DE CIRE. (*Chim.*) La cire, distillée rapidement, passe presque toute entière et sans altération dans le récipient : c'est cette matière ainsi sublimée qu'on nomme, à cause de sa consistance, beurre de cire. Voyez Cire. (F.)

BEURRE DE COCO. (*Chim.*) On retire du coco, parmi une foule de produits divers et tous utiles, une substance huileuse, grasse et concrète, qui se sépare spontanément du lait contenu dans ce fruit, et qu'on nomme, à cause de sa consistance, beurre de coco. Ce beurre, très-doux et très-

agréable, sert à l'assaisonnement des mets, comme le beurre
ordinaire. Voyez l'article Coco. (F.)

BEURRE D'ÉTAIN. (*Chim.*) C'est le muriate d'étain, sinon sublimé, au moins soulevé dans la cornue lors de la
décomposition du muriate oxigéné de mercure par l'étain,
employée pour la liqueur fumante de Libavius. Voyez l'article ÉTAIN. (F.)

BEURRE DE GALAM. (*Chim.*) Le commerce de l'Afrique apporte en Europe, sous le nom de beurre de Galam,
une matière grasse, concrète, jaunâtre, un peu grenue,
d'une saveur douceâtre et peu agréable. On la tire, selon
Aublet, du fruit du palmier avoira, *elais*, et, suivant Jussieu, de la graine d'un arbre de la famille des sapotées,
non nommé par les botanistes. Quoiqu'il paroisse que cette
graisse végétale sert d'assaisonnement dans le pays où on la
prépare, elle est déjà trop altérée à son arrivée en Europe
pour pouvoir être employée à cet usage, et elle doit être
appliquée à d'autres emplois. Voy. AVOIRA, JAUNE D'ŒUF. (F.)

BEURRE DE MONTAGNE, DE PIERRE OU DE ROCHE.
(*Minér.*) Les minéralogistes ont donné ou laissé ce nom
à une matière qui est un mélange d'argile, d'alumine sulfatée et d'oxide de fer. Elle est en masse jaunâtre, un peu
translucide sur les bords ; souvent solide, mais onctueuse
au toucher. Sa cassure est lamelleuse et brillante. Sa saveur
est très-astringente. Elle est en partie dissoluble dans l'eau ;
elle contient, outre les substances qui paroissent lui être
essentielles, du fer sulfaté et du bitume pétrole, que l'on
reconnoît facilement à son odeur pénétrante.

Cette substance se trouve, en forme de stalactites, dans
les cavités des montagnes schisteuses dans la haute Lusace,
et en Sibérie aux environs de Krasnoiarsk sur le Jenisseik.
Patrin en a trouvé dans les montagnes voisines du fleuve
Amour. Il dit que les élans et les chevreuils aiment beaucoup cette substance, et qu'on la transporte dans les pays
où il n'y en a pas, pour servir d'appât aux piéges que l'on
tend à ces animaux. (B.)

BEURRE DE MUSCADE (*Chim.*), espèce d'huile grasse,
concrète, très-odorante, mêlée d'huile volatile, extraite de
la muscade bouillie dans l'eau. (F.)

BEURRE DE ZINC (*Chim.*), muriate de zinc, blanc, concret et solide, fusible et d'apparence grasse; obtenu dans la décomposition du sublimé corrosif par le zinc. Voyez l'article ZINC. (F.)

BEURRERIA ou BOURRERIA. (*Bot.*) Brown, dans son Histoire des plantes de la Jamaïque, avoit désigné sous ce nom un arbrisseau qui porte dans les Antilles françoises celui de bois cabril bâtard, et que Jacquin a ensuite décrit sous le même nom. Linnæus, qui l'avoit rapporté d'abord au sébestier, *cordia*, l'a ensuite réuni à son genre *Ehretia*, qui a pris en françois le nom de cabrillet. Le fruit de l'*chretia* est une baie qui se partage en deux hémisphères, chacun à deux loges monospermes : celui du *beurreria* se divise en quatre segmens également biloculaires ; ce qui peut établir entre eux une distinction générique. Au reste ces deux genres doivent toujours rester rapprochés, et le beurreria sert de transition du sébestier à l'*ehretia*.

Le nom de *beurreria* avoit encore été donné au genre maintenant connu sous celui de calycant. (J.)

BEVARO. (*Mamm.*) C'est en espagnol le nom du castor. (F. C.)

BEXUGO. (*Bot.*) Clusius parle d'une racine de ce nom, apportée du Pérou et employée dans le pays comme purgative. Son écorce est grisàtre; son goût, d'abord visqueux et douceàtre, devient ensuite àcre, et finit par être brûlant. Elle est sarmenteuse et ressemble un peu à celle d'une clématite; ce qui l'a fait nommer *clematis peruviana* par Caspar Bauhin. On ignore cependant à quelle plante peut appartenir cette racine : seroit-ce à l'*hippocratea*, qui est connu dans les Antilles et à Carthagène sous le nom de *bejuco*? et ce rapport de nom pourroit-il servir d'indication pour un rapport de caractère botanique? Nous trouvons encore, dans le Recueil des voyages, la vanille indiquée au Mexique sous le nom de *vexuco;* mais il ne paroit pas, d'après l'énoncé de Clusius, que sa plante ait de l'affinité avec la vanille. Voyez BEJUQUE et VANILLE. (J.)

BEZAANTJE - KLIPVISCH (*Ichtyol.*), nom donné dans les Indes orientales, selon Renard, par les Hollandois, aux chétodons cornu et grande écaille. V. CHÉTODON. (F. M. D.)

BEZERCHETAN (*Bot.*), nom arabe du lin, suivant Dalechamps. (J.)

BEZERCOTHUME (*Bot.*), un des noms arabes donnés à la pulicaire ou herbe aux puces, *plantago psyllium L.*, suivant Dalechamps. (J.)

BEZETTA. (*Bot.*) On trouve sous ce nom, dans la Matière médicale de Murray, le tournesol, *croton tinctorium*, dont on retire, dans le Languedoc, une fécule employée dans les teintures. Voyez TOURNESOL. (J.)

BÉZOARD. (*Chim.*) On nomme en général bézoards, en histoire naturelle, des concrétions formées dans le corps des animaux et dans différentes régions. Le plus souvent ces conerétions se trouvent dans les intestins, et quelquefois dans l'estomac ou dans la vessie des animaux : on distingue les bézoards en orientaux et occidentaux. Voyez les articles suivans. (F.)

BÉZOARD FACTICE. (*Chim.*) Dans un temps où l'on attribuoit de grandes vertus aux bézoards et surtout aux bézoards orientaux, òn imitoit ceux-ci par art, en mêlant et fondant ensemble des baumes naturels, des gommes-résines, des aromates; en donnant à ces mélanges une forme sphéroïdale allongée et en les recouvrant de feuilles d'or. Ces bézoards factices sont reconnoissables par l'absence des couches concentriques. On croyoit que les vertus cordiales, alexipharmaques, roborantes et même anti-pestilentielles de ces compositions, comparées en tout aux bézoards orientaux, étoient si énergiques, qu'on renfermoit et qu'on représentoit l'ensemble de toutes ces propriétés par l'expression de bézoardique. On nommoit ainsi les remèdes naturels ou artificiels dans lesquels on les admettoit. (F.)

BÉZOARD FOSSILE. (*Chim.*) On rencontre quelquefois des fossiles calcaires, arrondis, formés de couches concentriques, semblables à celles que l'on remarque dans les bézoards. Ils sont d'un volume très-variable, depuis celui d'une petite pomme jusqu'à celui d'un gros melon. Il n'y a aucun rapport réel entre les bézoards proprement dits et les bézoards fossiles, que celui de la forme extérieure et intérieure; encore cette dernière n'est-elle qu'une analogie souvent fort éloignée : on ne doit donc pas prendre le mot de bézoards fossiles dans son sens littéral, et croire que ces concrétions soient de véritables bézoards enfouis dans la terre. Il suit de là qu'ils n'ont pas les vertus qu'on leur a attribuées, et qu'ils ne sont que des absorbans, comme toutes les matières calcaires. (F.)

BÉZOARD MINÉRAL. (*Chim.*) On a nommé ainsi le muriate d'antimoine sublimé, ou le beurre d'antimoine, traité par l'acide nitrique et réduit à l'état d'un oxide d'antimoine le plus oxidé possible. Cette préparation n'a point à beaucoup près toutes les vertus qu'on lui avoit légèrement attribuées autrefois. Voyez l'article ANTIMOINE. (F.)

BÉZOARD MINÉRAL ou FOSSILE. (*Minér.*) V. CHAUX CARBONATÉE GLOBULIFORME.

BÉZOARD OCCIDENTAL. (*Chim.*) Le bézoard occidental est une concrétion qu'on rencontre quelquefois dans les intestins ou dans la vessie des animaux d'Europe ou d'Amérique. Ce sont des composés salins, blancs ou gris, formés les uns de carbonate de chaux, les autres de phosphate ammoniaco-magnésien. Comparativement aux qualités qu'on a attribuées au bézoard oriental, on a dû trouver les propriétés du bézoard occidental bien foibles et bien différentes de celles du premier : aussi ne l'a-t-on que très-peu recommandé, et on ne l'a conservé long-temps, dans les matières médicales, que pour en montrer la grande différence d'avec le bézoard oriental. (F.)

BÉZOARD ORIENTAL. (*Chim.*) Les caractères du bézoard le plus estimé autrefois, sont une surface lisse et brillante, une couleur brune ou verte foncée, une forme par couches fines, lisses et cassantes, une odeur forte et aromatique quand on les chauffe, une saveur un peu âcre et chaude. Ces espèces de bézoards se trouvent dans les intestins de quelques animaux de l'Inde, de la Perse, etc. : ce sont des concrétions résino-bilieuses, fusibles à une chaleur douce, solubles dans l'alcool et précipitées par l'eau, et inflammables lorsqu'on les chauffe fortement. On voit qu'elles sont d'une nature bien différente de celle des bézoards occidentaux ; mais, malgré cette différence, il s'en faut de beaucoup que les vertus qu'on leur a attribuées autrefois soient véritables : aussi a-t-on abandonné , depuis environ un demi-siècle, l'emploi de ces matières comme médicamens. (F.)

BÉZOARD VÉGÉTAL. (*Bot.*) On peut donner ce nom à des concrétions pierreuses que l'on trouve dans l'intérieur du fruit du cocotier ou *calappa* de l'Inde. Ces concrétions, dont la forme varie, sont nommées *calappites* par Rumphius, qui en parle dans son Herb. Amboin. vol. 1 , p. 21. Voyez CALAPPITES, COCOTIER. (**J.**)

BÉZOARDIQUES. (*Chim.*) On a nommé bézoardiques les médicamens odorans , résineux, souvent volatils, de quelque nature qu'ils fussent, pourvu qu'ils parussent réunir les propriétés cordiale et alexipharmaque qu'on attribuoit aux bézoards orientaux. Elles sont plus vraies dans, quelques-uns de ces médicamens, tels que le musc, le castoréum, la civette, que dans les bézoards eux - mêmes ; mais il est encore plus vrai que de pareilles vertus ne sont pas aussi exaltées ni surtout aussi certaines qu'on l'avoit cru autrefois. (F.)

BEZOGO. (*Ichtyol.*) C'est le nom qu'on donne dans quelques contrées de l'Espagne au spare pagre. Voyez SPARE. (F. M. **D.**)

BEZOLE. (*Ichtyol.*) Rondelet a donné ce nom au corégone Wartmann. Voyez CORÉGONE. (F. M. **D.**)

BEZUGO. (*Ichtyol.*) On appelle ainsi la scorpène truie dans la Ligurie. Voyez SCORPÈNE. (F. M. **D.**)

BHAIRA (*Mamm.*), est le nom indostanien du BELIER. Voyez ce mot. (S. G.)

BHULLES. (*Bot.*) Voyez BULEF, SAULE.

BHUNTES. (*Bot.*) Voyez BURAK, ASPHODÈLE.

BI (*Entom.*) , nom suédois de l'abeille domestique. (C. D.)

BIB ou BIBE.' (*Ichtyol.*) Les naturalistes désignent ainsi, d'après les pêcheurs anglois, une espèce de gade ou morue qui existe dans l'Océan d'Europe. Voyez GADE. (F. M. **D.**)

BIBBY (*Bot.*), espèce de palmier de la terre ferme d'Amérique, cité dans l'Histoire des voyages, et que Lamarck regarde comme voisin du palmier aouara : il a le tronc très-élevé, et cependant assez menu, armé de piquans ; ses fruits sont ronds, de la grosseur d'une poix, et de couleur blanchâtre. Les naturels du pays tirent du tronc, par incision, une liqueur claire comme du petit-lait, d'un goût un peu acide, qu'ils boivent après l'avoir gardée un ou deux jours. Ils broient le fruit avec un pilon, et après en avoir exprimé le suc dans une chaudière, ils le font bouillir: il s'élève, à la surface, une huile très-claire, qu'ils mêlent avec les couleurs dont ils se teignent le corps. (J.)

BIBER (*Mamm.*), nom allemand du castor, qui vient sans doute de *fiber*, nom latin du même animal. (F. C.)

BIBION (*Entom.*) , *Bibio*, nom d'un genre d'insectes à deux ailes, de notre famille des sarcostomes ou proboscidés, tel que l'a établi Fabricius. Il avoit été donné auparavant par Geoffroy à une réunion fort naturelle de petits diptères, que Fabricius avoit alors rangés, comme Linnæus et Degéer, avec les tipules ; mais qu'il a séparés depuis, et réunis à son genre Hirtée, autre nom qu'il a emprunté de Scopoli, par lequel cet auteur désignoit un insecte à suçoir, voisin des conops.

Latreille, et avant lui Olivier, voulant rétablir le droit de Geoffroy, ont nommé bibions les hirtées de Fabricius, et ils ont appelé thérève le genre Bibion qui fait le sujet de cet article. Nous avons cru devoir faire connoître ces diverses dénominations, afin que le lecteur puisse consulter ces différens articles.

Les bibions de Fabricius seront donc ceux que nous nommerons ainsi, pour éviter ou plutôt pour ne point augmenter la confusion. On les distingue de tous les autres diptères à trompe charnue, dont le suçoir ne dépasse pas la bouche, parce que leurs antennes ont un poil isolé, terminal, que leur abdomen est conique et leur corps velu.

Les genres avec lesquels celui du bibion ont le plus de rapport, après celui des asiles, dont ils diffèrent par la trompe charnue sans suçoir corné, sont les rhagions, dont le corps est glabre et les cuillerons très-courts ; et les anthrax, les ocgodes et les hypoléons, qui ont tous l'abdomen obtus.

Nous caractérisons, ainsi qu'il suit, le genre Bibion :

Caract. gén. Antennes en fer d'alène, à poil terminal ; corps oblong, conique, velu ; tête grosse, transverse ; corselet ovale, un peu bossu, à écusson arrondi ; ailes étroites, plus longues que l'abdomen ; cuillerons petits ; balancier à masse ovale.

On ne connoît pas la manière de vivre de ces insectes, dont nous trouvons sept à huit espèces aux environs de Paris, et dont nous ferons seulement connoître ici les caractères.

1. BIBION PATTES-JAUNES, *Bibio flavipes.*

Degéer, tom. VI, tab. 9, fig. 22 et 23. *Némotèle.*

Caract. Cendré ; pattes d'un roux jaunàtre ; abdomen à cerceaux roux.

Degéer a très-bien décrit cet insecte, et figuré ses antennes. On le trouve ordinairement dans les lieux humides, sur les fleurs des ombellifères, particulièrement sur celles de la berce, *heracleum spondylium*, à Meudon, à Livry près Paris.

2. BIBION CUIVREUX, *Bibio œneus.*

Caract. Noir, comme cotonneux ; abdomen verd doré, pattes jaunes, à cuisses noires.

3. BIBION PLÉBÉIEN, *Bibio plebeius..*

Caract. Cendré, pubescent ; anneaux de l'abdomen plus blancs.

4. BIBION ENNOBLI, *Bibio nobilitatus.*

Caract. Ferrugineux, à poil jaunàtre ; extrémité de l'abdomen noire.

5. BIBION LUGUBRE, *Bibio lugubris.*

Caract. Noir, pubescent ; bouche à poils cendrés ; pattes pàles.

6. BIBION BORDÉ, *Bibio marginatus.*

Caract. Noir ; ailes transparentes, à taches brunes ; abdomen à cerceaux blancs.

7. BIBION VIEILLARD, *Bibio anilis.*

Caract. Noir brun, à duvet comme farineux, blanchàtre, satiné ; ailes transparentes.

8. BIBION FLORAL, *Bibio floralis.*

Caract. Noir, à bouche et pattes de devant pàles. (C. D.)

BICARÉNÉ (*Rept.*), nom donné, d'après Linnæus, au tupinambis sillonné. Voyez TUPINAMBIS. (F. M. **D.**)

BICHE (*Mamm.*), nom que reçoit la femelle du cerf. (F. C.)

BICHE. (*Ichtyol.*) On désigne ainsi, sur quelques côtes méridionales de la France, le caranx glauque de Lacépède, qui avoit été placé parmi les scombres par Linnæus. Voyez CARANX. (F. M. **D.**)

BICHE DES BOIS (*Mamm.*), cerf de Caïenne, roux, qui, au rapport de Barrère, est d'une taille plus grande que la biche des palétuviers, a les bois très-courts, et habite l'intérieur des forêts. Buffon l'a prise pour un chevreuil, et d'Azzara pour son gouazou-pita. Voyez CERF.

Il est bon d'observer ici que l'on donne indistinctement à Caïenne le nom de biche au mâle ou à la femelle de toutes les espèces de cerf. (F. C.)

BICHE, GRANDE, PETITE. (*Entom.*) Geoffroy a donné le premier nom à la femelle du lucane cerf, qu'il croyoit une espèce, et le second au lucane parallélipipède. Voyez PRIO-CÈRES et LUCANE. (C. **D.**)

BICHE DES PALÉTUVIERS. (*Mamm.*) Barrère, dans son Essai d'histoire de la France équinoxiale, dit que l'on donne ce nom à Caïenne à un petit cerf dont les bois sont très-courts, et qui habite les endroits marécageux, nommés dans ce pays palétuviers.

Buffon croyoit que cette espèce n'étoit qu'une variété du chevreuil d'Europe ; et d'Azzara la regarde comme la même que son gouazou-bira : mais il donne à celui-ci un bois lisse, gros, en dague d'une seule pièce , tandis que Laborde donne à la biche des palétuviers des bois branchus et assez longs. Toutes ces contradictions font naturellement supposer que les cerfs d'Amérique n'ont point encore été décrits avec toute l'exactitude nécessaire pour les distinguer les uns des autres. Voyez CERF. (F. C.)

BICHE DE SARDAIGNE. (*Mamm.*) Perrault, dans les Mémoires de l'Académie des sciences, donne ce nom à l'axis femelle. Voyez CERF. (F. C.)

BICHERÉE (*Agric.*), mesure de terre, usitée dans les départemens de Rhône-et-Loire, de l'Isère et de la Drôme (Lyonnois et Dauphiné). (T.)

BICHET (*Agric.*), mesure de grains, qui étoit particulièrement en usage en Bourgogne et dans le Lyonnois (départemens de l'Yonne, de la Côte-d'or, de Rhône-et-Loire). Dans le Lyonnois, on disoit bichette pour un demi-bichet. (T.)

BICHIR (*Ichtyol.*), nom donné en Égypte à un poisson du Nil décrit récemment par Geoffroy, et placé par lui dans un genre nouveau. Voyez Polyptère. (F. M. D.)

BICHO, Bichios ou Bicios (*Entom.*), noms du dragonneau ou ver de Guinée. (C. D.)

BICHON (*Mamm.*), race de chien, provenant de l'union du petit barbet et de l'épagneul. (F. C.)

BICHON. (*Entom.*) Geoffroy avoit donné ce nom à une espèce de diptère de la famille des sclérostomes. Voyez Bombyle majeur. (C. D.)

BICHOT (*Agric.*), mesure de graines, qui étoit en usage dans quelques provinces orientales de la France. (T.)

BICORNES (*Bot.*), nom donné par Ventenat à la famille des bruyères ou éricinées, parce que, dans beaucoup de plantes de cette famille, les anthères ont à leur base deux prolongemens en forme de cornes : mais comme ce caractère n'est pas universel dans toutes, il convient peut-être de conserver à la famille le nom tiré d'un de ses principaux genres. Voyez Éricinées. (J.)

BIDACTYLE. (*Ornith.*) Voyez Didactyle.

BIDENT (*Bot.*), *Bidens*, Linn., Juss., genre de plantes de la famille des corymbifères, qui a beaucoup de rapports avec les spilanthes, et qui renferme une vingtaine d'espèces. Ce sont en général des plantes herbacées, annuelles, la plupart indigènes de l'Amérique, et dont trois seulement ont été observées en Europe. Leurs feuilles, presque toujours opposées, sont simples ou quelquefois pennées ; les fleurs sont axillaires ou terminales, ordinairement flosculeuses, hermaphrodites et à cinq découpures ; quelquefois elles ont des demi-fleurons à leur circonférence, mais en petit nombre, et le plus souvent staminifères. Le calice commun est formé de deux rangs de folioles inégales, les graines sont surmontées de deux à cinq arêtes, roides et persistantes. Le réceptacle est chargé de paillettes. Les espèces les plus communes sont les suivantes :

BIDENT CHANVRIN, *Bidens tripartita*, Linn., Blackw. t. 519, vulgairement l'Eupatoire femelle, l'Eupatoire aquatique, le Chanvre aquatique, le Cornuet. Cette plante est commune en Europe, dans les fossés et les lieux aquatiques. Sa tige est haute d'un ou de deux pieds, garnie de feuilles opposées, divisées en trois ou cinq segmens; ses feuilles sont dentées, et ressemblent un peu à celles de l'*eupatorium cannabinum*, L. Les fleurs sont jaunes, entourées à leur base de quatre à cinq bractées, qui débordent le calice en manière d'involucre. Elle est mondificative, résolutive, sternutatoire : on peut l'employer dans la teinture des laines : elle donne, suivant les préparations, diverses nuances de jaune-aurore très-solides.

BIDENT PENCHÉ, *Bidens cernua*, Linn., Fl. Dan. t. 841. On trouve cette espèce dans les mêmes lieux que la précédente. Sa tige s'élève à la hauteur d'un pied ; ses feuilles sont opposées, amplexicaules, lancéolées et dentées en scie; les fleurs sont jaunes, un peu penchées, et garnies de bractées plus longues que le calice. Elle répand une odeur forte. On la croit diurétique, emménagogue, diaphorétique ; elle donne aussi une teinture jaune.

Plusieurs botanistes regardent le *bidens minima*, L., Fl. Dan. t. 312, et le *coreopsis bidens*, L., Moris. Hist. 5, s. 6, t. 5, f. 25, comme des variétés de cette plante : en effet, le premier n'en diffère que par ses tiges moins élevées, ses feuilles plus étroites; le second, par les demi-fleurons qui se développent au rayon, ce que l'on observe également, selon Lamarck, dans les fleurs du *bidens cernua*. Voyez ADJERANUTAN. (D. P.)

BIDET. (*Mamm.*) On donne généralement ce nom à un cheval de petite taille. Les bidets s'emploient plus à la monte qu'au trait. (F. C.)

BIDI BIDI (*Ornith.*), nom donné, d'après son cri, à un petit râle de la Jamaïque, *rallus jamaicensis*, L. (Ch. D.)

BIDZJAM. (*Bot.*) Les habitans de Malaca nomment ainsi le sésame d'Orient, au rapport de Rhéede. (J.)

BIEGGUSB (*Ornith.*), nom donné en Laponie au phalarope, *tringa lobata*, L. (Ch. D.)

BIELUGA. (*Ichtyol.*) C'est le nom sous lequel Steller dit que l'on connoît au Kamtschatka le delphinastère béluga. Voyez son histoire au mot Cétacé. (S. G.)

BIEN-JOINT. (*Bot.*) On nomme ainsi, à l'Isle-de-France et à l'île de Bourbon (la Réunion), un arbre congénère du badamier, *terminalia benzoin*, L. F. Sup., qui est probablement le même que le *terminalia mauritiana*, Lam. Dict. Ce nom lui a été donné parce que son bois, ferme et très-liant, est recherché par les charrons. Il contient aussi un suc résineux qui transsude facilement des vieux arbres, et que l'on a cru être de la nature du benjoin ; ce qui l'avoit encore fait appeler benjoin de Bourbon, faux benjoin, de sorte que son nom paroissoit avoir deux étymologies différentes. Commerson, par le même motif, le nommoit *resinaria*, et en faisoit un genre nouveau, dont il n'avoit pas aperçu les rapports intimes avec le badamier. Voyez Badamier, Benjoin. (J.)

BIÈRE. (*Chim.*) La bière, *cerevisia* des auteurs latins, nommée pendant quelque temps cervoise en françois, à cause de cette dénomination latine, est une espèce de liqueur fermentée qu'on fabrique avec une décoction de grains germés, et surtout de l'orge. On peut en faire avec le froment, le seigle, le maïs ; mais on préfère l'orge, comme moins utile pour la nourriture humaine, et comme donnant une boisson plus agréable à ceux qui en font usage.

L'art du brasseur, ou de l'ouvrier qui fabrique la bière, consiste, 1.º à faire germer l'orge renflée d'eau, en l'exposant pendant quelques jours à une température de quinze degrés ; 2.º à la sécher, dans cet état de germination qui en divise la farine et y développe une matière sucrée, au - dessus d'un fourneau qu'on nomme touraille, et à en séparer, par cette dessiccation et par le frottement, les germes saillans à l'extrémité du grain ; 3.º à moudre ce grain germé, à en faire une décoction plus ou moins forte, dans laquelle on fait naître la fermentation vineuse ; 4.º à saisir le moment où cette fermentation est suffisamment avancée, pour tirer le liquide des cuves où elle s'est établie, et le recevoir dans des tonneaux ; 5.º à conserver la liqueur fermentée, par l'addition d'une matière amère, surtout du houblon, qui relève en même temps la saveur fade de la bière. Suivant la force de la décoction, la durée de la fermentation, la proportion de houblon qu'on y ajoute, on fait des bières blanches ou rouges, légères ou lourdes, mousseuses ou non.

Les peuples qui ne peuvent pas cultiver la vigne à cause qu'ils habitent un climat trop froid ou trop humide, et qui suppléent au vin de raisin par la bière, varient beaucoup dans la composition de cette liqueur, et en font de plusieurs espèces, plus ou moins différentes. C'est surtout en Angleterre, en Hollande et en Flandre, que l'on fabrique ces diverses sortes de bière.

Pour bien connoître le mécanisme et la théorie de cette utile fabrication, qu'on trouve d'ailleurs décrits avec des détails très-longs dans différens ouvrages, ou peut parcourir une brasserie avec soin, en observer les divers ateliers, se faire expliquer les procédés successifs par les ouvriers qui les pratiquent. Cette méthode est bien préférable aux lectures les plus attentives, ou au moins elle seule peut faire bien concevoir ce qu'on a lu.

On retire de la bière une espèce d'eau-de-vie par la distillation ; on en fabrique aussi un vinaigre assez bon. L'extraction de l'alcool se fait avec le grain lui-même, fermenté et détrempé dans l'eau, plutôt qu'avec la bière proprement dite. Cette liqueur est préparée très-abondamment dans les pays du Nord, et on la connoît sous le nom impro re d'eau-de-vie de genièvre. Voyez les mots MALT, DRÊCHE, ORGE, HOUBLON, TOURAILLE, TOURAILLONS. (F.)

BIERG-FUGL. (*Ornith.*) Ce nom islandois désigne, d'une manière générale, les macareux et les pingouins. (Ch. D.)

BJERG-UGLE (*Ornith.*), dénomination norwégienne du grand duc, *strix bubo*, L. (Ch. D.)

BIERKNA. (*Ichtyol.*) Daubenton a donné ce nom spécifique à un cyprin. Voyez BJORKNA. (F. M. D.)

BIÈVRE. (*Mamm.*) C'est le nom que le castor recevoit anciennement en France. (F. C.)

BIÈVRE (*Ornith.*), nom vulgaire du harle commun, *mergus merganser*, L. (Ch. D.)

BIF. (*Mamm.*) On trouve ce nom dans quelques ouvrages pour désigner un mulet, prétendu produit de l'accouplement du taureau et de l'ânesse. (F. C.)

BIF. (*Ornith.*) Dalechamps, dans ses Notes sur Pline,

donne cette expression comme un des noms vulgaires de l'aigle orfraie, *falco ossifragus*, L. (Ch. D.)

BIFURQUE (*Bot.*), *Dicranum*, genre de plantes de la famille des mousses ; troisième ordre (les étopogones) de ma méthode ; dix-septième genre des aplopéristomates de Bridel.

Péristome simple, externe, composé de seize dents fendues ; coiffe lisse, cuculliforme ; opercule conique, gaîne presque globuleuse ; point de périchèse.

Tiges simples ou rameuses ; feuilles éparses ; fleurs latérales ou semi-latérales.

Ce genre est composé de quarante-quatre espèces, dont dix à douze se trouvent aux environs de Paris, et qui se divisent en cinq sections.

Les principales sont :

1.° *A feuilles subulées secondaires.*

BIFURQUE UNILATÉRALE, *Dicranum heteromallum*, *Bryum heteromallum*, Linn. : tige droite, simple et rameuse ; feuilles subulées secondaires, garnies d'une côte ; fleurs semi-latérales, droites ; urne ovale, légèrement inclinée ; opercule relevé.

Elle croît dans les bois aux environs de Paris, et fleurit au commencement de l'été.

2.° *A feuilles subulées presque secondaires.*

BIFURQUE SINUEUSE, *Dicranum flexuosum*, *Bryum flexuosum*, Linn. : tige droite, presque rameuse ; feuilles linéaires subulées, privées de côte ; urne ovale striée ; tube plié en S et renversé parallèlement dans son milieu, avant la maturité.

Dans les montagnes de la Suisse, etc.

3.° *A feuilles non secondaires.*

BIFURQUE POURPRE, *Dicranum purpureum*, *Mnium purpureum*, Linn. : tige droite, rameuse ; feuilles éparses, lancéolées, marquées d'une côte rougeâtre ; urne ovale striée, légèrement inclinée ; opercule court, conique.

On la trouve presque partout, sur les murs, sur les

pierres, sur les toits et sur la terre. Elle est sujette à varier par la longueur des tiges et du tube de l'urne, suivant la nature des lieux où elle croît.

BIFURQUE COUSSINET, *Dicranum pulvinatum, Fissidens pulvinatus,* Hedw., Brid.; *Bryum pulvinatum,* Linn. : tige droite, rameuse; feuilles lancéolées, carénées, terminées par un poil blanc; urne ovale, striée, renversée, ainsi que son tube, qui forme l'arc à son extrémité.

Cette plante est une des plus communes aux environs de Paris et dans presque toute l'Europe. Elle croit sur les toits, sur les pierres et sur les murs, formant une masse ronde, élevée comme un petit monticule; ce qui, sans doute, joint au toucher doux que lui donnent les poils qui terminent les feuilles, lui a valu le nom spécifique de coussinet, que lui a donné Bridel.

Pancovius nous apprend que cette plante, infusée dans le vinaigre et appliquée au haut de la tête, fait cesser les hémorragies des narines.

4.° *A tiges et feuilles fragiles, cassantes.*

BIFURQUE GLAUQUE, *Dicranum glaucum, Bryum glaucum,* Linn. : tiges droites, rameuses, feuilles très-épaisses, imbriquées, lancéolées, ovales, sans côte; urne ovale, droite.

On la trouve dans les bois par larges touffes. Sa couleur est d'un vert glauque, tirant quelquefois sur le blanc.

5.° *A urne garnie d'une apophyse.*

BIFURQUE AMBIGUE, *Dicranum ambiguum :* tiges droites, simples; feuilles lancéolées, ovales, imbriquées sur quatre faces.

On la trouve en Suède.

Les espèces de cette section se distinguent par un petit renflement à la base de l'urne. (P. B.)

BIGARRADE (*Bot.*), variété de l'ORANGE. Voyez ce mot. (J.)

BIGARRÉ (*Rept.*), nom d'un grand tupinambis de la Nouvelle-Hollande. Voyez TUPINAMBIS. (C. D.)

BIGARREAUTIER (*Bot.*), variété remarquable du cerisier. Voyez ce mot. (J.)

BIGARRURES (*Ornith.*), terme employé en fauconnerie

pour exprimer les taches dont le plumage des oiseaux de proie est varié. (Ch. D.)

BIGITZ. (*Ornith.*) La ressemblance de ce terme, employé par Tragus, avec ceux de *gyfytz*, *giwitz*, *kiwitz*, qui, en Allemagne et en Suisse, désignent le vanneau commun, *tringa vanellus*, L., ne permet pas de douter qu'il ne faille l'appliquer au même oiseau. (Ch. D.)

BIGNEASSU (*Bot.*), nom que porte aux Philippines, suivant Camelli, un arbrisseau dont les fruits sont des petites baies disposées en grappes, et qui paroît être une espèce de *phytolacca*. (J.)

BIGNI (*Moll.*), nom donné par Adanson au *buccinum nitidulum*, L. Voyez au mot BUCCIN. Cette espèce est représentée pl. 9, f. 27. des Coquill. du Sénégal. (Duv.)

BIGNONE (*Bot.*), *Bignonia*, Linn., Juss., genre de plante à grandes fleurs monopétales irrégulières, et auquel Tournefort a fait porter le nom d'un de ses contemporains, illustre dans la république des lettres. Ce genre, qui appartenoit à la classe des personées (Didynamie angiosperme de Linnæus), a fourni à Jussieu le modèle de structure de l'une des trois familles qu'il en a détachées, et qui est devenue celle des bignonées.

Il a trouvé encore, dans les espèces nombreuses qui le composent, des différences suffisantes pour le subdiviser et en détacher quatre genres faciles à distinguer du genre principal par le nombre des étamines et la structure du fruit, savoir le JACARANDA, le CATALPA, le TÉCOMA et le GELSÉMIE. Voyez ces mots.

Celui qui conserve le nom de bignone a son calice presque entier à son limbe ; sa corolle en cloche à cinq lobes inégaux, chargée de quatre étamines fertiles et inégales, et d'un cinquième filet stérile. Le stigmate qui termine le style est à deux lames. La capsule, dont la forme varie, prend souvent la forme d'une silique qui s'ouvre dans sa longueur en deux valves : elle est à deux loges, séparées par une cloison parallèle aux valves, et ne faisant point corps avec elles. Les graines nombreuses, attachées sur le contour de la cloison, sont entourées d'une aile membraneuse. C'est surtout la situation respective des valves et de la cloison qui constitue le principal caractère distinctif de ce genre.

Wildenow, continuant à réunir les cinq genres en un seul, présente cinquante-quatre espèces, divisées en sept sections, d'après leurs feuilles simples, conjuguées, ternées, digitées, pennées, décomposées ou bipennées : on peut y distribuer aussi dix-huit autres espèces, dont il n'a pas eu connoissance. Les vraies bignones sont réduites à quatorze ou quinze bien déterminées, à la suite desquelles on en laisse plus de trente, encore mal connues faute de fruits.

Des six principales élevées dans les jardins de botanique, deux sont des Antilles : 1.° la bignone équinoxiale, *bignonia equinoxialis*, L., Sabb. Hort. 2, t. 85 ; Burm. Amer. t. 55, f. 1 ; à feuilles composées de deux folioles et une vrille à l'extrémité du pétiole commun, avec de grandes fleurs rougeâtres, deux sur le même pédicule ; c'est la liane à crabes, ou liane à paniers, des Antilles et de Caïenne, où elle est d'un grand usage : 2.° la bignone griffe-de-chat, *bignonia unguis cati*, L., Burm. Amer. 48, t. 58, dont les feuilles conjuguées ont une vrille à trois crochets (d'où lui vient son nom), et qui a des fleurs jaunes, pédiculées et axillaires.

Deux autres espèces de l'Amérique méridionale sont, l'une sarmenteuse, dite bignone porte-croix, *bignonia crucigera*, L., Burm. 48, t. 58, Moris. t. 3, f. 16, à raison de la figure d'une croix que présente la coupe transversale de ses tiges. Elle se distingue par ses feuilles à deux folioles et une vrille terminale : ses fleurs, en grappes aux aisselles, sont assez grandes et d'un jaune pâle. L'autre est, dans les contrées équatoriales, un arbre de douze à treize mètres (36 à 40 pieds) de haut, dont les feuilles sont opposées, digitées, pétiolées, à cinq folioles entières, glabres, inégales ; les fleurs solitaires aux aisselles, blanches et odorantes. Cette espèce, qui est l'ornement des forêts de la Guiane, fournit un beau bois jaune, fin et dur ; c'est la bignone à ébène, *bignonia leucoxylon*, L., Pluk. t. 200, f. 4.

Une cinquième espèce est la bignone de l'Inde, *bignonia indica*, L., Pajanelli, Rhéed. Mal. 1, f. 43 et 44 ; c'est encore un grand arbre, à feuilles deux fois ailées : les cinq ou sept folioles, très-entières, terminées en pointe, presque en cœur ; les fleurs grandes, d'un blanc jaunâtre, marquées de lignes rouges et en grappes terminales. On emploie, dans le Malabar, ses feuilles appliquées sur les ulcères.

Ces cinq bignones ne peuvent vivre en Europe que dans la tannée : avec beaucoup de soin on les voit fleurir, et elles sont l'ornement des serres. Une seule espèce, naturelle à l'Amérique septeptrionale, s'acclimate, comme le técoma de Virginie ; c'est la bignone orangée, *bignonia capreolata*, L., figurée par Breyn, Ic. 33, t. 25, et Duhamel t. 40. Ses tiges grêles et sarmenteuses ne s'élèvent qu'à deux mètres (6 pieds) au plus. Les feuilles sont, pour la plupart, simples, lancéolées, opposées, pétiolées ; les supérieures seulement conjuguées et vrillées. Les fleurs, d'un jaune orangé à leur sommet, pourpré à leur base, sont pétiolées et sortent des aisselles plusieurs ensemble. Cette espèce est recherchée des curieux de plantes.

Plusieurs autres espèces sont indiquées et doivent être fort intéressantes dans les pays où elles se trouvent. Telles sont :

Dans celles à feuilles simples : la bignone à feuilles de cassine, *bignonia cassinoides*, Lamarck, et la bignone à feuilles obtuses, *bignonia obtusifolia*, Lam., observée au Brésil par Commerson ; la bignone à petites feuilles, *bignonia microphylla*, Lam., vue par Plumier à S. Domingue.

Dans les feuilles ternées : la bignone à longues étamines, *bignonia staminea*, Lam., de S. Domingue ; la bignone paniculée, *bignonia paniculata*, L., de l'Amérique méridionale ; la bignone à trois feuilles, *bignonia triphylla*, Lam., de la Vera-Crux ; et la bignone à rape, de Carthagène, *bignonia echinata*, Jacq., Aubl. t. 264 ; la bignone pubescente, *bignonia pubescens*, L., qu'Aublet a trouvée dans la Guiane, s'élevant au sommet des arbres les plus élevés ; la bignone à l'ail, ou liane à l'ail, *bignonia alliacea*, dont l'odeur se répand au loin dans les mêmes forêts ; la bignone à liens, ou liane à crabes, liane à paniers, le *kereré* des Galibis, *bignonia kerere*, Aubl. t. 260, dont les Nègres font à Caïenne des paniers ; et la bignone incarnate, *bignonia incarnata*, Aubl. Guian. t. 260, qui a les mêmes usages.

Quatre autres espèces à feuilles digitées sont : la bignone à cinq feuilles, *bignonia pentaphylla*, L., Catesb. Car. 1, t. 37, dite aussi le poirier des Antilles, à cause de la finesse et de la durée de son bois inattaquable aux insectes ; la bignone aquatique, *bignonia fluviatilis*, Aubl. Guian. t. 267, qui croît à la Guiane, sur le bord des rivières, près des embouchures, où très-souvent les marées la submergent entièrement ; la bignone à fleurs velues de l'Inde, *bignonia hirsuta*, Lam. ; et la bignone rayonnée du Pérou, *bignonia radiata*, L.

Enfin, dans les bignones à feuilles une ou deux fois ailées : la bignone de la Chine, *bignonia chinensis*, Lam., où Sonnerat ne doute pas qu'elle ne soit cultivée pour la beauté de ses fleurs ; la bignone du Pérou, *bignonia peruviana*, L., citée par Linnæus dans son Jardin de Cliffort ; la bignone d'Afrique, *bignonia africana*, Lam., grand arbre à longues fleurs et longs fruits, observé par Adanson au Sénégal ; la bignone à grappes, *bignonia racemosa*, Lam., observée à Madagascar par Commerson ; la bignone à rameaux aplatis, ou *sévarantou* de l'Herbier du voyageur Poivre, *bignonia compressa* ; la bignone spathacée, *bignonia spathacea*, L., ou *singi* et *nirpongélion*, des rivières du Malabar, de Java et d'Amboine, Rhèed. 6, t 29, dont le bois, facile à travailler, est employé pour faire divers ustensiles ; la bignone à fruits tors, *bignonia chelonoides*, L. F., *padri* de Malabar, dont les fleurs odorantes communiquent leur odeur à l'eau lustrale dont on parfume les temples ; la bignone à fleurs bleues, *bignonia cærulea*, L., copaïa de la Guiane, Aubl. t. 265, qui est peut-être un *jacaranda*.

La bignone blanche, observée par Aublet à la Guiane, est un *técoma* ; et la bignone du Brésil, dont le bois sert à la marquéterie, est le *jacaranda* de Pison. Voyez Jacaranda et Técoma. (D. de *V.*)

BIGNONÉES (*Bot.*), famille de plantes hypo-corollées, c'est-à-dire, à corolle monopétale insérée sous le pistil, qui tire son nom de l'un de ses principaux genres. Ses principaux caractères sont, avec ceux que l'on vient d'énoncer, un embryon dicotylédone, et des étamines portées sur la corolle, toujours en nombre défini. Elle offre pour caractères secondaires un calice monophylle, divisé à son limbe; une corolle ordinairement irrégulière, à quatre ou cinq lobes inégaux; des étamines au nombre de cinq, dont une ou quelquefois trois avortent; l'ovaire surmonté d'un style et d'un stigmate simple ou à deux lobes. Le fruit a deux loges polyspermes, tantôt capsulaires, s'ouvrant en deux valves et contenant une cloison entière, parallèle ou opposée aux valves, appliquée contre leur milieu ou leurs bords, sans contracter d'adhérence avec elles; tantôt coriace et comme ligneuse, s'ouvrant seulement par le haut, séparée intérieurement par une cloison adhérente aux valves, du milieu de laquelle sort quelquefois un réceptacle en forme d'aile ou de demi-cloison, qui sépare chaque loge en deux demi-loges. Le nombre des graines est moindre dans ces fruits coriaces que dans les fruits capsulaires. L'embryon, dans les uns et les autres, est dénué de périsperme.

Cette famille renferme plusieurs arbres ou arbrisseaux et quelques herbes. Les feuilles sont opposées dans la plupart, alternes dans un petit nombre.

La corolle irrégulière, les étamines réduites par avortement à un nombre pair, la cloison du fruit capsulaire simplement contiguë aux valves, la non-existence du périsperme et la tige ligneuse, forment le caractère le plus distinctif des vraies bignonées, qui sont le *millingtonia*, le jacarande, le catalpa, le técome et la bignone. On leur a joint, dans une section distincte, des herbes qui ont presque les mêmes caractères, et qui diffèrent seulement par leur port et par la cloison centrale du fruit. Cette cloison, dans quelques-unes, n'est qu'un axe filiforme, contre lequel s'appliquent des crêtes intérieures des valves; tels sont le sésame et la galane, *chelone*, dont quelques espèces détachées forment maintenant le genre *Penstemon.* L'*incarvillea*, qui a une véritable cloison membraneuse, tient le milieu entre ces genres et les vraies bignonées. Une troisième section renferme les genres à fruit coriace, qui sont en même temps herbacés, tels que le *tourrettia*, le *martynia* et le *pedalium.* Lorsqu'on connoîtra mieux le *tanœcium* de Swartz, le *salpiglossis* de Ruiz et Pavon, et le *tripinna* de Loureiro, qui paroissent appartenir à cette famille, on saura à laquelle de ses sections il convient de les rapporter. (J.)

BIGOT (*Agric.*), instrument de culture des environs de Montpellier, département de l'Hérault. Il a deux fourchons étroits et carrés, terminés en pointe ; il sert principalement à défricher, à rompre, ou à défoncer les terres novales, ou celles qui sont trop battues. On s'en sert encore ailleurs que dans les environs de Montpellier. (T.)

BIHAÏ (*Bot.*), *Heliconia*, Linn., Juss., Lam. pl. 148, genre de plantes de la famille des bananiers ou musacées, auquel on rapporte cinq espèces de plantes herbacées de l'Amérique méridionale, qui ressemblent à la canne d'Inde et au bananier. Leurs feuilles, comme dans ces derniers, sont simples et traversées d'une nervure longitudinale, d'où partent, à droite et à gauche, de fines nervures simples et parallèles. Les pétioles, dilatés en gaîne autour de la tige, lui forment quelquefois une enveloppe si épaisse qu'elle a l'aspect du tronc d'un jeune arbre, quoiqu'elle ne soit réellement, ainsi que dans le bananier, guères plus grosse que le pouce. Elle sort du centre des gaînes, au milieu des feuilles, comme un long pédoncule terminé par un épi, composé de spathes en forme de nacelle, placées alternativement l'une à droite, l'autre à gauche, et contenant chacune un paquet de fleurs. Chaque fleur a un calice (corolle, Linn.), divisé profondément en deux parties principales : l'inférieure simple, creusée en gouttière ; la supérieure à trois lobes, dont les deux latéraux plus étroits sont attachés sur le dos du lobe du milieu, creusé en gouttière comme l'inférieur. Les étamines ne sont qu'au nombre de cinq ; mais on voit l'indice d'une sixième qui est avortée. L'ovaire, faisant corps avec le calice, est terminé par un style dont le stigmate est courbé au sommet ; il devient une capsule à trois côtes et à trois loges, qui contiennent chacune une graine.

Les espèces les plus remarquables sont le bihaï des Antilles et le bihaï à feuilles pointues.

BIHAÏ DES ANTILLES, *Heliconia caribœa*, Lam., Plum. gen. 5o, ie. 59. Cette belle plante est commune dans les bois humides et les lieux fangeux des Antilles. Elle a presque entièrement l'aspect du bananier. Sa tige, droite, grosse comme le pouce, et haute de deux toises, est enveloppée à la base, dans une longueur de cinq pieds, par les gaînes des feuilles, qui lui donnent l'aspect d'un tronc presque aussi gros que la cuisse ; chaque gaîne, en s'écartant de la tige, porte une feuille longue d'une toise, large d'un pied dans toute sa longueur, et arrondie aux deux bouts. La tige se termine par un épi agréablement coloré et long de deux pieds environ.

Les nègres couvrent leurs cases avec les feuilles de cette plante. Les créoles et les Galibis, dans la Guiane, les emploient à faire des cabanes sur leurs pirogues, pour se garantir de la pluie et de l'ardeur du soleil.

Bihaï a feuilles pointues , *Heliconia bihaï*, Linn., Swartz Obs. tab. 5, f. 2. Cette espèce, qui croît dans l'Amérique méridionale, est aussi grande que la précédente, et a, comme elle, l'aspect du bananier. Ses feuilles sont terminées en pointe aux deux bouts, au lieu d'être arrondies. Dans les Antilles on donne à cette plante, et probablement à d'autres espèces du genre et de la famille, le nom de balisier. Comme les feuilles de ces plantes sont souples, fermes et polies, on s'en sert comme de serviettes et de nappes, pour couvrir les tables et pour envelopper divers objets. (Mas.)

BIHAR (*Bot.*), nom arabe de *l'anthemis tinctoria*, qui étoit le *buphtalmum* ou œil de bœuf des anciens et de Tournefort. Voyez Camomille. (J.)

BIHIMITROU. (*Bot.*) Voyez Bois d'anisette.

BIHOR (*Ornith.*), nom vulgaire du héron butor, *ardea stellaris*, L. (Ch. D.)

BIHOREAU. (*Ornith.*) Cette espèce de héron est l'*ardea nycticorax*, L. Voyez Héron. (Ch. D.)

BIJON (*Bot.*), nom donné dans quelques lieux à la térébenthine commune tirée du pin. (J.)

BILAK (*Bot.*), *Bilacus.* Dans les Moluques on nomme ainsi, au rapport de Rumphius (Herb. Amb. vol. 1, p. 197, t. 81), le *marmelos* ou *marmeleira* des Portugais, que Linnæus avoit réuni à son genre *Crateva*, mais que Correa en sépare pour former son genre *Ægle*, qu'il place dans la famille des hespéridées ou orangers. (J.)

BILBIL. (*Ornith.*) C'est le nom qu'en Turquie on donne à notre troglodyte. Voyez la vi.ᵉ section du genre Becs-fins. (S. G.)

BILDSTEIN (*Minér.*), pierre à sculpture des minéralogistes allemands. Voyez Talc pagodite. (B.)

BILE (*Physiol.*), liqueur jaune et amère, produite par le foie, et versée dans le canal intestinal, où elle est d'une grande importance pour la digestion. Nous en traiterons plus en détail au mot Foie. (C.)

BILE. (*Chim.*) La bile ou fiel est une liqueur animale préparée dans le foie, qui se rassemble souvent dans une vessie qu'on nomme vésicule du fiel, pour couler de là, par un canal très-étroit, dans l'intestin duodénum, qui suit immédiatement l'estomac. Il y a des animaux dans lesquels la bile coule immédiatement et sans vésicule intermédiaire, du foie, où elle se sépare, dans l'intestin : le cheval, parmi les animaux domestiques, est de cet ordre ; il n'a point de vésicule du fiel, tandis qu'il y en a une très-grande dans le bœuf. On la nomme l'amer dans les volailles et dans les poissons, à cause de la saveur fortement amère qui la caractérise et qu'elle communique aux chairs qu'elle touche et qu'elle imprègne.

La bile est un liquide un peu visqueux, filant, jaune, verdâtre ou entièrement vert, d'une odeur fade et d'une saveur très-amère. Elle se coagule par le feu, par les acides et par l'alcool, comme le font tous les liquides albumineux des végétaux et des animaux. On peut l'épaissir en une espèce d'extrait poisseux, par l'évaporation. Quand on la distille à feu nu, elle se boursoufle considérablement et en donnant tous les produits d'une matière très-animalisée. Elle est très-miscible à l'eau, qui affoiblit sa couleur et sa viscosité. Elle est décomposée par tous les acides, qui y produisent au moins deux effets simultanés ; ils en coagulent la partie albumineuse en flocons épais, et ils en décomposent la partie savonneuse, en s'emparant de la soude et en précipitant une espèce d'huile concrescible, qui prend dans ce cas une couleur verte claire ou rouge brune, suivant la nature et la force de l'acide employé pour sa décomposition. La bile précipite les sels métalliques.

Les chimistes ont conclu de leurs analyses, que la bile est une espèce de liqueur albumineuse et savonneuse, formée par une huile concrescible et la soude. Sa formation dans le foie paroît tenir à une nature particulière, contractée par la lenteur du mouvement du sang qui pénètre ce viscère. On voit que le sang nommé sang des portes, sang de la veine porte, par les anatomistes, est moins oxigéné et plus hydrogéné que celui de toutes les autres régions du corps. On reconnoît que, vu sous ce rapport, le foie est une espèce de couloir par lequel l'excès d'hydrogène s'écoule sans cesse. Il paroît que cette excrétion, nécessaire au maintien de l'équilibre des humeurs, joue un grand rôle dans la machine animale, puisque le foie et la bile sont très-constans dans toutes les classes des animaux, et qu'on les retrouve, souvent même en grand volume, dans les insectes et les mollusques. On remarque même que le foie de quelques poissons, surtout de la raie, est une matière presque entièrement huileuse.

En même temps que la bile est une sorte d'excrément du sang sur-hydrogéné, la nature la fait servir à un autre usage d'une très-grande importance pour le soutien de la vie animale : cette liqueur est un des agens de la digestion, et c'est ainsi que les physiologistes l'ont considérée depuis les médecins grecs jusqu'à nos jours ; ils lui ont attribué la propriété de mêler les parties grasses des alimens avec l'eau, et d'en former une espèce d'émulsion. Outre le grand usage d'évacuer l'hydrogène superflu, que j'ai le premier annoncé dans le système hépatique et biliaire, j'ai conçu un emploi de la bile dans la digestion, autre que celui qui avoit été imaginé avant moi par les physiologistes. Suivant moi, les alimens ramollis et digérés dans l'estomac y contractent un caractère acide ; arrivés dans le duodénum, cette pulpe chymeuse décompose la bile et en est décomposée : son acide s'unit à la soude ; la partie huileuse, devenue insoluble, se précipite sur les portions grossières des alimens, qu'elle colore, et dont elle détermine, soit la nature excrémenteuse, soit la sortie. Le chyle, adouci par l'absorption de l'acide, est ensuite pompé par les vaisseaux absorbans ou chyleux, à mesure que la masse traverse les intestins par son poids et par le mouvement péristaltique de ce tube membrano - musculeux. Il y a donc sous ce rapport, dans la bile, une portion qui rentre dans le sang avec le chyle, et une portion qui sort avec les excrémens, qu'elle colore.

Cette théorie simple explique tout à la fois la nature de la bile, ses grands usages dans la digestion et dans l'entretien de la vie, sa constance dans presque tous les animaux, et même le rôle qu'elle joue, ainsi que le foie, dans la naissance, la reproduction, les changemens des maladies. Cet objet, d'une haute importance pour la physiologie, ne peut être présenté ici qu'en aperçu général. Il en est reparlé aux articles FOIE, DIGESTION, CHYLE. On le trouvera traité fort en détail dans mon Système des connoissances chimiques, 10.eme vol.

La bile sert dans les arts au dégraissage des étoffes. On l'emploie aussi quelquefois en médecine, pour suppléer à celle qui paroît manquer. (F.)

BILIAIRES (*Chim.*), ce qui tient ou vient de la bile; huile ou résine biliaire, liqueur biliaire, et surtout CONCRÉTION OU CALCULS BILIAIRES. Voyez ces derniers mots. (F.)

BILIMBI, BILIMGBING, BILIMBEIRA, BILIN, BILLINGHAS, BLIMBING, BLIMBYNEN (*Bot.*), noms indiens de diverses espèces de caramboliers. (J.)

BILLARDIÈRE, BILLARDIERA (*Bot.*), genre de plantes établi par Smith sur un arbuste de la Nouvelle - Hollande que tous ses caractères rapprochent de la famille des solanées, à l'exception de sa corolle, qui est polypétale au lieu d'être monopétale. Il est petit et foible, couché sur la terre, ou élevé le long des corps qui lui servent d'appui; ses feuilles, alternes, sont longues d'un pouce, ovales et velues; les rameaux, également velus, sont terminés par une longue fleur cylindrique, pendante et blanchâtre. Elle a le calice à cinq dents en alène; la corolle à cinq pétales linéaires; cinq étamines opposées aux divisions du calice, et alternes avec les pétales; un ovaire libre et cylindrique, terminé par un style court et un stigmate à deux lobes, et devenant une baie en forme d'olive, très-obtuse et presque tronquée aux deux bouts, contenant sous une pulpe épaisse quatre séries de graines semblables à des lentilles. Cet arbuste est le seul végétal à fruits bons à manger que les voyageurs aient trouvé dans les contrées désertes de la Nouvelle-Hollande. On le cultive depuis quelques années en Europe. Il pourra être naturalisé dans la Provence. A Paris on le rentre pendant l'hiver en orangerie.

Labillardière, de qui cette plante tire son nom, est avantageusement connu par ses Décades des plantes de Syrie, son Voyage à la Nouvelle-Hollande, et l'Essai sur les plantes de cette région, dont il a déjà publié plusieurs fascicules. Ce nom a encore été donné par Vahl à un genre de la famille des rubiacées, mentionné maintenant dans la nouvelle édition du *Species plantarum* par Wildenow, sous le nom de *frœlichia*. (Mas.)

BILLON (*Agric.*), espèce de labour élevé, usité dans les terres humides. Voyez Labour. (T.)

BILLONNER (*Agric.*), labourer en billons. Voyez Labour. (T.)

BILLONNER (*Agric.*), châtrer. Voyez Castration. (T.)

BILLONS (*Bot.*), nom languedocien de la vesce cultivée. (J.)

BILOROT (*Ornith.*), nom vulgaire du loriot commun, *oriolus galbula*, L. (Ch. D.)

BILULO (*Bot.*), arbre des Philippines, qui paroît être une espèce de manguier; son fruit a la saveur de la mangue, et même il est plus agréable, suivant Camelli. (J.)

BIMACULÉ. (*Ichtyol.*) Ce nom sert pour désigner deux espèces de poissons. Voyez Chétodon et Cycloptère. (F. M. D.)

BIMAREGALY (*Bot.*), nom caraïbe de l'eupatoire, suivant Nicholson. (J.)

BIMBELÉ. (*Ornith.*) Ce petit oiseau de S. Domingue, dont le plumage n'offre qu'un mélange de brun, de jaunâtre et de blanc, a la voix douce et agréable. Comme il niche sur les palmiers, Linnæus l'a appelé *motacilla palmarum*. Voyez Becs-fins. (Ch. D.)

BIN. (*Rep.*) On nomme ainsi à Amboine l'espèce de lézard

appelé basilic porte-crête. Sa véritable dénomination est *bin jawacok jangur eckor*. Voyez BASILIC. (C. D.)

BINAGE (*Agric.*), opération rurale par laquelle on laboure pour la seconde fois les champs déjà labourés. Le binage vient de *bini*, dont la racine est *bis*, deux fois. Le froment étant la principale plante, c'est sa culture qui sert de règle pour les opérations ; ainsi le binage est la seconde façon donnée à la terre qui doit être ensemencée en froment. Si la première commence en Avril, le binage a lieu deux mois après ; si elle commence avant l'hiver, on fait le binage après les froids. Il est moins difficile que la première façon, parce que la terre est déjà en labour, ou divisée ; aussi a-t-on besoin de moins de chevaux ou de bœufs pour le binage, dans les pays où les terres ne sont pas compactes. Les labours suivans sont encore plus aisés. La plus grande partie des fumiers se mènent aux champs avant le binage ; cette opération les enterre : ils se consomment en partie jusqu'à la troisième façon, qui les ramène à leur surface, il est vrai ; mais, s'il n'y a pas une quatrième façon, la herse les renterre de rechef. Dans les terres humides et compactes, qui ont besoin d'être soulevées par de longs fumiers, il vaut mieux ne les conduire aux champs qu'après le binage. (T.)

BINDE. (*Minér.*) *Ceratonium* , *Binda* des Suédois. C'est une roche composée, d'après Retzius, de cornéenne, qui en fait la base, et qui renferme, suivant ses variétés, des parties d'amphibole, de feld-spath, de mica, de quartz ou même de grenats.

Galitzin rapporte cette roche au *saxum ferreum* de Wallerius, et l'une de ses variétés au basalte éthiopique de Pline et de Dolomieu.

Retzius distingue six variétés dans cette roche.

1.° Binde brune, composée de quartz et de cornéenne, ou de cornéenne et de feld-spath. Ce dernier est si peu apparent qu'on ne peut le voir à l'œil nu. Cette binde forme des montagnes auprès de Klefva.

2.° Binde basaltique, composée de cornéenne et de feld-spath ; c'est à cette variété que l'auteur rapporte le basalte d'Éthiopie.

3.° Binde noire, composée de quartz, de cornéenne et de mica. Sa cassure est chatoyante.

4.° Binde verte, résultant du mélange du schorlstein de Rinman, et du mica.

5.° Binde pierre verte, se rapportant à quelques variétés de grünstein et de siénites des minéralogistes allemands. Elle est composée de quartz, de mica et de cornéenne : son tissu est en partie écailleux et en partie feuilleté ; mais il est si lâche et si grossier que cette binde se délite par l'action de l'eau et du soleil.

6.° Binde granatique, composée de cornéenne et de grenats foiblement unis. On trouve cette variété à Tunaberg. (B.)

BINE (*Agric.*), instrument de labour dans le Boulonnois (département du Pas-de-Calais). (T.)

BINECTARIA. (*Bot.*) Le genre de plantes du Levant que Forskal avoit établi en Arabie sous ce nom, a été réuni par Vahl au mimusope. (J.)

BINER (*Agric.*), donner une seconde façon à la terre destinée à être ensemencée en froment. Voyez BINAGE. (T.)

BINERY (*Ornith.*), nom vulgaire du bruant commun, *emberiza citrinella*, L. On dit aussi bineril. (Ch. D.)

BINET (*Agric.*), nom que l'on donne à une petite charrue auprès de Valence en Dauphiné (département de la Drôme) : elle sert à donner le deuxième et le troisième labours. (T.)

BINETTE (*Agric.*), instrument de fer, enmanché d'un long manche, destiné à différens labours et au sarclage à la main. Le manche est moins long que celui de la marre ou houe, et le fer moins large ; mais il a beaucoup de rapport avec cet outil. On s'en sert pour planter les haricots, les pommes de terre, le maïs, et pour rapprocher la terre auprès de ces plantes et pour les sarcler. Cet instrument est d'usage dans les environs de Rambouillet, et encore ailleurs ; il m'a paru fort commode. (T.)

BINKOHUMBA (*Bot.*), nom que porte dans l'île de Ceilan une espèce de phyllante, *phyllanthus urinaria*, employée en décoction pour faire couler les urines ; ce qui l'avoit fait nommer *urinaria* par Hermann, premier observateur de cette plante. *Binko* veut dire terre dans la langue du pays ; ce mot fait partie du nom de cette plante, parce qu'elle est toujours couchée par terre. (J.)

BINNY. (*Ichtyol.*) Voyez CYPRIN BINNY.

BINOCLE (*Entom.*), *Binoculus*, nom donné par Geoffroy à un genre de crustacés qui vivent dans les eaux douces.

Latreille a restreint ce nom de binocle aux espèces d'entomostracés qui ont des appendices barbus à la queue, et six pattes qui paroissent simples à l'extrémité.

Ces binocles ont une bouche qui consiste en une sorte de bec; leur corps est recouvert par un bouclier mou, flexible, membraneux. Les branchies paroissent être l'espèce de plumet qui termine la queue : aussi Latreille les a-t-il placés dans son second ordre, celui des clipéacés, sous le nom de *pneumonures*, ce qui signifie poumons en queue.

Les binocles diffèrent des limules et des monocles parce qu'ils n'ont point de mandibules : on les distingue des calyges de Müller et des ozoles de Latreille, parce qu'ils n'ont que six pattes, et non huit à dix.

Le genre de Geoffroy étoit composé de trois espèces, qui sont maintenant rangées dans trois genres différens : la première, ou le binocle à queue en filet, est le phyllopode apus; la seconde, qui a la queue en plumet, est celle que nous décrivons ici; la troisième, ou celle de l'ÉPINOCHE, forme le genre OZOLE de Latreille. Voyez ces mots.

Nous ne connoissons qu'une seule espèce de binocle aux environs de Paris, c'est le

BINOCLE PISCIFORME. *Binoculus piscinus.*

Geoff. Hist. des insect. tom. II, p. 660, pl. 21, fig. 3.

Caract. Corps arrondi; queue en forme de feuillets; trois points bruns sur la tête.

On trouve cette espèce assez communément, l'été, dans les marres qui se forment, après de grandes pluies, sur les terres argileuses. Sa couleur est bleuàtre passant au rouge. Elle vit en très-grande société. Nous l'avons trouvée plusieurs fois au bois de Boulogne, près de la marre du château de la Muette. (C. D.)

BINOT (*Agric.*), espèce de charrue sans coutre et sans oreilles, avec laquelle on écorche la terre, pour lui donner quelques demi-labours, la retourner et la disposer aux labours pleins (Ancienne Encyclopédie). On appelle aussi binot, dans l'Artois et dans le Beauvoisis (départemens du Pas-de-Calais et de l'Oise), une espèce de charrue propre à enterrer de l'avoine. (T.)

BINOTIS (*Agric.*), demi-labour ou première façon légère qu'on donne aux terres à grains pour les disposer aux labours pleins. Ces demi-labours se donnent avec le binot, ce qui les a fait nommer binotis. (T.)

BINTAL. (*Bot.*) On nomme ainsi la baselle à Ceilan. (J.)

BINTAMBURU (*Bot.*), espèce de liseron de Ceilan, *convolvulus pes capræ*, L. (J.)

BINTANGOR (*Bot.*), nom malais d'une espèce de calaba, *calophyllum inophyllum*. C'est le *vintan* ou *vintango* de Madagascar. (A. P.)

BINTOCO (*Bot.*), petit arbre des Manilles dont parle Camelli, cité dans le grand ouvrage de Ray. Il contient une résine ou térébenthine jaunâtre et odorante, que l'on peut employer comme vernis. On peut présumer, non pas que c'est un térébinthe, comme le dit Camelli, mais qu'il appartient au moins à la famille des térébhintacées. (J.)

BINUNGA, Minunga. (*Bot.*) Camelli, dans ses Plantes des Philippines, désigne sous ces noms un végétal qui paroît être le même que le *ricinus mappa*, L. Voyez Ricin. (Lem.)

BIONDELLA. (*Bot.*) En Toscane on donne ce nom, suivant Dalechamps, à la petite centaurée, parce qu'elle est propre, dit-il, à faire les cheveux blonds. On a encore désigné sous le même nom le bois gentil ou sain-bois, *daphne gnidium*, peut-être parce qu'on en tiroit une teinture jaune. (J.)

BIPÈDES. (*Rep.*) Les naturalistes désignent sous ce nom tous les animaux qui sont munis de deux pieds seulement; tels sont les oiseaux, et plusieurs espèces de reptiles de l'ordre des sauriens, dont Lacépède a formé un genre particulier. Les bipèdes de ce savant auteur sont voisins de ses chalcides, et n'ont que deux pattes; tandis que tous les autres lézards en ont quatre. Il a établi deux sections dans ce genre; savoir :

1.º Les bipèdes à pattes antérieures ;

2.º Les bipèdes à pattes postérieures.

Dans mon ouvrage sur les reptiles, j'ai fait remarquer que les pattes des bipèdes sont tellement foibles et courtes qu'on ne doit les regarder que comme des organes superflus, qui ne peuvent servir à ces animaux dans leurs divers mouvemens progressifs : ensuite, passant à des considérations plus importantes, j'ai observé que, dans une méthode naturelle, il est nécessaire de séparer les bipèdes en deux genres ; et comme leurs pieds n'offrent pas un caractère bien important, j'ai eu recours à la forme des tégumens, et j'ai prouvé, à l'aide de mes recherches, que les bipèdes connus doivent être répartis dans mes genres Seps et Chalcide, pour y former dans chacun une seconde section. Je dois ajouter qu'il y a des seps et des chalcides bipèdes à pieds antérieurs , des seps et des chalcides bipèdes à pieds postérieurs : ce qui nécessiteroit l'établissement de quatre genres nouveaux pour les naturalistes simplement méthodistes, qui ne s'embarrassent nullement de multiplier les genres et de rompre les rapports qui existent entre les animaux ; rapports si précieux pour les observateurs dont l'esprit ou le génie se plaît à considérer les êtres sous toutes leurs faces , et à rechercher avec empressement les caractères les plus importans qui les lient entre eux. Voyez Seps et Chalcide. (C. D.)

BIPHORE. (*Moll.*) Voyez Salpa.

BIPICAA (*Bot.*), nom caraïbe du cytise des Indes, *cytisus cajan.* (J.)

BIPIRA´ (*Bot.*), nom caraïbe d'une espèce de glycine des Antilles , *glycine phaseoloides*, Swartz , que Plumier avoit rangée parmi les haricots, et qui est remarquable par sa graine rouge, marquée d'une tache noire. (J.)

BIQUET (*Agric.*), se dit du petit de la chèvre. Voyez Chèvre. (T.)

BIRANI, Virahi (*Bot.*), noms macassars du *gaudal* des Malais, espèce de figuier que Rumphius décrit et figure dans l'Herb. Amboin. vol. 3, p. 145, t. 95 ; les botanistes ne l'ont pas encore rapporté à une espèce connue. (J.)

BIRASOUREL (*Bot.*), nom languedocien de l'hélianthe

à grandes fleurs, vulgairement connu sous celui de soleil. (J.)

BIRCH-TREE (*Bot.*), nom anglois qui signifie arbre bouleau ; il a été donné dans la Jamaïque au gomart, *bursera gummifera*, dont l'écorce ressemble à celle du bouleau. (J.)

BIRD - GRASS , en anglois, FOWL - MEADOW - GRASS (*Agric.*), herbe d'oiseaux. Cette graminée, apportée de Virginie en Angleterre vers 1764, paroît être un *poa*, inconnu aux botanistes. Elle est figurée dans le Dictionnaire anglois d'agriculture (The complete Farmer) ; mais cette figure incomplète ne peut pas servir à la classer : on voit seulement que ce n'est point le *poa compressa*, comme quelques personnes l'ont pensé. On dit dans ce Dictionnaire anglois, à l'article consacré à cette plante, que ce sont des oiseaux qui en ont apporté la graine dans la Virginie, etc.

C'est une erreur plus grave d'avoir dit, dans l'Encyclopédie méthodique, Dictionnaire d'agriculture, que cette plante étoit le *festuca ovina*, car elle ne peut être cultivée avec succès comme fourrage. Je ne me rappelle point ce qui a donné lieu à cette erreur, que j'ai commise. (T.)

BIRIBOY (*Bot.*), nom caraïbe d'une espèce de lobélie des Antilles, *lobelia conglobata*, Lam. (J.)

BIRIIDRYS. (*Bot.*) Dans l'Herbier de Surian on trouve sous ce nom caraïbe l'*epigæa cordifolia* de Swartz, plante basse des Antilles, que Richard a nommée *gaultheria sphagnicola*, dans les Mém. de la Soc. d'hist. nat. de Paris, p. 109. Voyez ÉPIGÉE, PALOMMIER. (J.)

BIR-REAGEL (*Ornith.*), espèce d'engoulevent, qui se trouve á la Nouvelle-Galle du Sud, et que Latham a décrite sous le nom de *caprimulgus strigoïdes*. (Ch. D.)

BIRRHE (*Entom.*) *Byrrhus.* Linnæus a nommé ainsi un certain genre d'insectes coléoptères qu'il avoit placés d'abord parmi les mordelles, puis avec les dermestes. Ce genre est très-bon, parfaitement distinct ; il comprend des insectes qui ont cinq articles à tous les tarses, et les antennes en masse perfoliée. Il est rangé, dans notre méthode, avec les hélocères ou clavicornes.

L'étymologie de ce mot est obscure. Fabricius a pensé qu'il pouvoit être tiré du grec βυρσίς (*bursis* ou *bursa*), qui signifie peau ou bourse : peut-être vient-il du mot latin *burrus*, par lequel on désignoit une couleur d'un rouge terne, commun, dont nous avons fait les mots de bure, de bourre.

Geoffroy avoit fait de ces insectes son genre Cistéle ; Degéer ne leur avoit point reconnu de caractères propres à les distinguer des dermestes : mais tous les autres auteurs, quand ils n'ont point adopté ces deux opinions, leur ont donné ce même nom de birrhe.

On reconnoît facilement ces insectes et on les distingue de tous les autres genres de la même famille, par leurs antennes, qui sont en masse perfoliée et non solide, comme dans les escarbots et les anthrènes : par leur corps, qui est ové, tandis qu'il est hémisphérique dans les sphéridies ; aplati, allongé, dans les nécrophores, les nitidules, les silphes et les élophores ; aplati et ovale dans les hydrophiles, dermestes et parnes. Il n'y a donc que le genre Scaphidie qu'on pourroit confondre avec les birrhes, si les premiers n'avoient le corps pointu aux deux extrémités, et des pattes allongées, dont les articulations ne se reçoivent pas réciproquement.

Nous donnons au genre Birrhe le caractère suivant.

Caract. Corps ové ; antennes en masse perfoliée, allongée, plus courtes que le corselet ; tête inclinée, engagée dans le corselet ; articulations des pattes se recevant réciproquement dans des rainures.

On ne connoît point du tout la larve de ces insectes, qu'on trouve très-communément l'été sur les feuilles ou dans les fleurs. Ils volent assez bien, car les ailes déployées ont près du double de la longueur des élytres. Lorsqu'on les touche, ils feignent d'être morts, en contractant tous leurs membres et en restant dans une immobilité absolue. Si l'on examine alors l'insecte, on a peine à reconnoître les membres sur la surface inférieure, ou du côté du ventre : cela tient à une organisation des parties que nous allons faire connoître.

La hanche est large, enfoncée dans le corps, et creusée,

sur sa face externe, d'une cavité fort considérable, dans laquelle peut entrer en entier la cuisse, qui est globuleuse, ovale ; celle-ci porte, sur son tranchant postérieur, une rainure, dans laquelle se place la jambe, qui est fort large, garnie aussi, mais extérieurement ou sur sa convexité, d'une rainure qui loge les articles du tarse, auxquels l'insecte peut donner une extension forcée. Les antennes se placent de la même manière entre les cuisses de devant ; la tête se retire dans le corselet, sous une sorte de sternum ou de ganache, comme dans les buprestes : de sorte qɩ• l'insecte qui s'est ainsi contracté ressemble aux excrémens du mouton ou du lapin ; aussi a-t-on donné à une espèce le nom de pilule.

Nous trouvons une douzaine d'espèces de birrhes dans ce pays ; les plus communes sont :

1. BIRRHE PILULE, *Byrrhus pilula.*

Deg. Mem. p. 213, n.° 8, *Dermeste.* Pl. VII, fig. 23 - 26. Geoff. Insect. tom. I, p. 116. Pl. I, fig. 8, *Cistèle satinée.*

Caract. Brune, élytres à quelques bandes longitudinales satinées.

2. BIRRHE NOIR, *Byrrhus ater.*

Panz. F. Germ. Fasc. 32, n.° 2. Geoff. ibid. n.° 3. *Cistèle noire lisse.*

Caract. Entièrement noir, sans taches.

3. BIRRHE A BANDES, *Byrrhus fasciatus.*

Panz. F. Germ. Fasc. 32, n.° 1. Geoff. ibid. n.° 2. *Cistèle à bandes.*

Caract. Noir ; corselet à quelques lignes et élytres, avec une tache ondée rousse.

4. BIRRHE CHANGEANT, *Byrrhus varius.*

Caract. Noir, cuivreux en dessus ; élytres striées, à interstices marqués de points noirs.

Cet insecte, dont les élytres sont d'un vert comme nacré, varie beaucoup : tantôt il n'y a point de taches sur les élytres ; quelquefois le vert en est obscur et les taches comme effacées ; quelques individus ont l'abdomen et la base des cuisses roux. Il est ordinairement moitié plus petit que le birrhe pilule. Nous l'avons trouvé sur les semences du brongoir, *typha latifolia.*

5. Birrhe cuivreux, *Byrrhus œneus.*

Caract. Cuivreux en dessus, noirâtre en dessous; écusson blanc.

C'est le plus petit de ceux de ce genre que nous ayons trouvés aux environs de Paris. (C. D.)

BIRVACH. (*Bot.*) Voyez Buvak.

BISAGO. (*Ornith.*) Voyez Misago.

BISAM-MAUS (*Mamm.*), nom allemand de la musaraigne, qui signifie souris musquée. (F. C.)

BISBERG (*Bot.*), nom arabe du polypode ordinaire, selon Dalechamps. (J.)

BISER (*Agric.*), dégénérer. Voyez Froment. (T.)

BIS-ERGOT. (*Ornith.*) L'espéce de perdrix que Buffon a ainsi nommée, à cause de son double éperon, est le *tetrao bicalcaratus*, L. (Ch. D.)

BISET. (*Ornith.*) Ce pigeon, regardé comme souche de nos espèces domestiques, est le *columba livia*, L. (Ch. D.)

BISETTE. (*Ornith.*) Salerne dit qu'on appelle ainsi vulgairement la femelle de la macreuse commune, *anas nigra*, L. (Ch. D.)

BISLINGUA. (*Bot.*) On trouve sous ce nom, dans quelques anciens auteurs, une espèce de fragon, *ruscus hypophyllum*, dont la fleur, portée sur le milieu des feuilles, est recouverte, avant son développement, d'une spathe en forme de languette, qui subsiste encore après la fleuraison ; de sorte que la fleur paroît sortir du milieu de deux écailles. On nomme aussi cette plante *bonifacia* dans quelques lieux, au rapport de Jean Bauhin. (J.)

BISMALVA. (*Bot.*) Dans quelques livres anciens on donne ce nom à la guimauve. (J.)

BISMUTH. (*Minér.*) Le bismuth est un métal fragile, mais qui s'aplatit cependant un peu sous le marteau avant de se laisser briser. Il est d'un blanc jaunâtre; il prend à l'air une teinte légèrement violette. Sa structure est très-sensiblement lamelleuse, et ses lames sont parallèles aux faces d'un octaèdre régulier, qui est la forme primitive de ce métal.

Sa pesanteur spécifique, lorsqu'il a été fondu, est de 9,8227.

Il est tellement fusible que la chaleur de la flamme d'une bougie suffit pour le faire fondre lorsqu'il est en petits fragmens. Son oxide, en petite quantité, ne communique au verre aucune couleur, mais il le rend plus fusible et plus liquide ; en plus grande proportion, il lui donne une teinte jaunâtre, comme le plomb.

Le bismuth est dissoluble dans l'acide nitrique ; cette dissolution est décomposée par l'eau, qui en précipite l'oxide sous la forme d'une poussière blanche. Telles sont les propriétés caractéristiques qui peuvent servir à faire distinguer le bismuth à l'état métallique de tous les autres métaux, et même à le faire reconnoître à l'état d'oxide ou dans ses autres combinaisons naturelles.

Le bismuth se fond aisément, comme on vient de le dire. Lorsqu'on le laisse refroidir lentement, sa surface ne se couvre pas, comme celle de l'antimoine, de vestiges de cristaux entrelacés, qui ressemblent assez bien à des feuilles de fougère : mais si on brise sa surface avant que le bismuth du centre soit redevenu solide, et que l'on décante la partie fluide, on trouve la cavité renfermée entre les parois du culot devenu solide, tapissée de cristaux cubiques, dont les faces sont creusées et marquées de lignes saillantes, disposées en forme de bâtons rompus, et imitant ces ornemens que l'on appelle des grecques. Les espèces du bismuth sont peu nombreuses et peu caractérisées.

1. Bismuth natif. C'est l'état le plus ordinaire de ce métal ; il se présente alors avec tous ses caractères. Il est quelquefois tellement disséminé dans sa gangue qu'il n'est pas apparent ; sa pesanteur seule et une légère efflorescence verdâtre le font soupçonner : on s'assure de sa présence en mettant le minerai sur le feu ; on voit suinter le bismuth de toutes parts, et se figer en globules à la surface du morceau. La pesanteur spécifique du bismuth natif est de 9,0202. Ce métal est tantôt en masse, de struc-

ture lamellaire, tantôt en petites lames, disséminées dans une gangue et tombant l'une sur l'autre sous divers angles. Tantôt enfin il pénètre ses gangues et s'y divise sous forme de dendrites. On trouve cette variété à Schnéeberg en Saxe ; la pierre qui renferme ce bismuth est un jaspe d'un rouge brun. Les dendrites de bismuth font un effet fort agréable par l'opposition de leur éclat métallique avec le fond rembruni de leur gangue. La surface de ce métal natif est quelquefois irisée.

Le bismuth natif est rarement pur, peut-être même ne l'est-il jamais ; il contient presque toujours un peu de cobalt ou un peu d'arsenic : mais ces métaux y sont en trop petite quantité pour qu'on établisse sur leur présence une espèce particulière de minerai de bismuth.

Il se trouve en Bohème, à Joachimsthal, en petits cubes, dans une argile noire ou dans le quartz violet ; en Saxe, à Freyberg et à Schnéeberg, il est en grandes lames irisées ; en Souabe, à Wittichen ; en Suède, près de Loos et de Lofasen, et dans la paroisse de Stora - Skedwi, en Dalécarlie ; en Transilvanie, près de Salatna ; en France, dans les mines de Bretagne et dans la vallée d'Ossan, dans les Pyrénées : il est toujours en filon ; il accompagne le cobalt, le zinc sulfuré, l'argent natif, et plus rarement le plomb sulfuré.

Ses gangues sont le jaspe rouge, le quartz, la chaux carbonatée, la baryte sulfatée, etc.

2. BISMUTH SULFURÉ. Cette espèce rare est difficile à caractériser, et par conséquent à reconnoître. Elle est d'un gris de plomb avec une légère teinte jaunâtre ; sa structure est ordinairement aiguillée, quelquefois lamellaire ; elle se laisse facilement racler avec le couteau. Ses caractères les plus tranchés sont, de ne point faire effervescence avec l'acide nitrique à froid, et c'est en cela qu'elle se distingue du bismuth natif ; d'être fusible à la simple flamme d'une bougie, ce qui ne peut permettre de la confondre avec le plomb sulfuré ; de ne pouvoir être entièrement volatilisée par le feu du chalumeau, comme l'antimoine sulfuré, avec lequel il est facile de la confondre au premier moment. Ces caractères sont presque les seuls que

l'on puisse facilement et efficacement employer pour distinguer le bismuth sulfuré des autres sulfures métalliques.

Il paroît que la forme primitive de ce minerai est un prisme quadrangulaire. Il est assez pesant : d'après l'analyse de Sage, il contient soixante parties de bismuth et quarante de soufre. On y trouve aussi quelques autres substances métalliques qui n'y sont qu'accessoires. Il se réduit très-difficilement au chalumeau.

Ce minerai peu connu, ayant tantôt la structure aciculaire, comme l'antimoine sulfuré, tantôt la structure lamellaire, comme le plomb sulfuré, s'est trouvé à Joachimsthal en Bohême, à Schnéeberg en Saxe, et à Bastnaës en Suède, dans une gangue de quartz : il est en aiguilles déliées et ornées de couleurs vives, dans la mine de fer carbonaté de Biber en Hesse.

Il ne faut pas confondre le bismuth sulfuré dont on vient de parler, avec une variété de bismuth natif qui contient accidentellement un peu de soufre, et que l'on a nommée aussi bismuth sulfureux.

3. Bismuth oxidé. Le bismuth oxidé se présente ordinairement sous la forme d'une poussière ou d'une masse compacte, d'un jaune verdâtre. En faisant éprouver à cette matière l'action du chalumeau sur un charbon, elle se réduit facilement en bismuth métallique.

Sa couleur jaunâtre le distingue au premier coup d'œil du nickel et du cuivre; mais sa réduction au chalumeau est le seul caractère dans lequel on puisse avoir une entière confiance.

Cette mine est toujours si peu abondante qu'elle mérite à peine d'être mentionnée. Elle recouvre ordinairement, sous la forme d'une légère efflorescence, la surface du bismuth natif, et se trouve par conséquent à peu près dans les mêmes lieux que lui.

Le bismuth est un des métaux qui joue dans la nature le rôle le moins important. Les mines où on le trouve sont peu nombreuses; il ne forme jamais dans les mines le filon principal : il accompagne plutôt les autres métaux, tels que le cobalt, l'arsenic, l'argent, même le zinc ou le plomb sulfuré ; et il n'est pas même très-abondant dans ces mines. Le bismuth paroît appartenir aux terrains primitifs ou de cristallisation. Nous venons de citer les métaux qu'il accompagne; les gangues qui les renferment sont aussi celles du bismuth : ce sont le quartz, la chaux carbonatée, la baryte sulfatée. On prétend cependant qu'on en a trouvé de disséminé dans la roche argileuse nommée wacke par Werner : cette roche est regardée comme secondaire.

Malgré la rareté de ce métal, bien plus grande que celle de l'or, son prix n'est pas élevé; ce qui tient au peu d'estime que l'on en fait, parce que ses qualités sont en petit nombre et ses usages très-bornés.

Les lieux où on exploite ce métal sont Schnéeberg et Freyberg, en Saxe. Le traitement de ce minerai est fort simple; on en met les morceaux concassés dans de grands creusets, que l'on entoure de bois allumé. Une chaleur très-modérée suffit pour faire fondre le métal et pour le dégager de sa gangue. Si cependant la proportion de la gangue au métal est trop considérable, on y ajoute un fondant terreux et alcalin. Quand le bismuth contient de l'arsenic, on fait volatiliser ce métal, en tenant le premier en fusion pendant quelque temps.

A Schnéeberg, le minerai dont on retire le bismuth est une mine de cobalt. On met les morceaux concassés de ce minerai dans des tuyaux de fer de quatorze décimètres (4 pieds) de long sur un décimètre (3 pouces) de diamètre. Ces tuyaux sont placés en travers sur un fourneau. L'une des extrémités, celle par laquelle doit s'écouler le bismuth, est bouchée par un morceau d'argile, percé seulement d'une petite ouverture; l'autre extrémité est fermée avec un couvercle en fer. Lorsque le minerai est suffisamment échauffé, le bismuth coule par l'extrémité inférieure du tuyau dans une capsule de fer.

Dans tous les cas il faut avoir soin de ne pas chauffer le bismuth trop fortement, car ce métal est très-oxidable, et son oxide est volatil.

Agricola, qui nomme le bismuth *plumbum cinereum*, dit que pour le retirer de sa mine on s'y prend de la manière suivante. On forme sur la terre un bassin circulaire, dont les parois sont enduites de poussière de charbon bien battue :

on donne au fond de ce bassin une pente, qui aboutit à une ouverture par où le bismuth fondu doit s'écouler dans un petit bassin de réception, plus bas que le premier. On dispose le bois sur le premier bassin; les bûches croisées portent sur ses deux bords : on étend le minerai de bismuth sur ce bois, et on l'allume. La chaleur foible produite par cette combustion suffit pour faire fondre le bismuth : les scories restent dans le premier bassin; le métal assez pur s'écoule dans le petit bassin latéral.

Il y a encore d'autres méthodes de fusion plus compliquées que celles-ci, qui sont décrites par Agricola et figurées à sa manière; mais elles reviennent toutes à ce principe, que le bismuth, en raison de sa grande fusibilité et de l'état métallique dans lequel on le trouve, est facilement séparé de sa gangue en jetant son minerai dans le milieu d'un feu de bois très-léger.

Le bismuth, employé par les potiers d'étain, donne à ce métal plus de solidité, sans lui enlever sa blancheur.

Ses oxides communiquent aux émaux et au verre une couleur jaune, analogue à celle qui est donnée par le plomb.

On se sert de son oxide, bien lavé, dans la dorure sur porcelaine; ajouté à l'or dans la proportion d'un quinzième environ, il lui sert de fondant et le fixe sur la porcelaine.

Il a été employé récemment, comme antispasmodique, dans les crampes de l'estomac. (B.)

BISMUTH. (*Chim.*) Le bismuth, *wismuthum*, est un métal cassant, blanc jaunâtre, à grandes facettes dans son tissu intérieur, qu'on peut réduire en poudre, et qui n'est pas susceptible de s'acidifier; voilà pourquoi je le range dans ma seconde section des métaux cassans et oxidables. Ce métal étoit connu des anciens, et Pline en fait mention sous le nom d'étain de glace.

On trouve le bismuth dans un grand nombre de montagnes métallifères, soit à l'état métallique et sous forme d'octaèdre, soit combiné avec le soufre et ordinairement mêlé avec des mines d'arsenic et de cobalt. Il est très-aisé à extraire de sa mine, à cause de sa grande fusibilité et de sa facile réductibilité : aussi suffit-il de chauffer sa mine, lavée et pilée, au travers du charbon ; il est en peu d'instans réduit et fondu. C'est pour cela que dans plusieurs endroits on fait ce travail en plaçant la mine, pilée et lavée, pêle-mêle avec le charbon, sur un tronc d'arbre creusé en canal, et placé obliquement sur le sol. Le métal coule le long du bois, et se rassemble dans une fosse creusée sur le sable, sans que le tronc soit brûlé, quoique entouré de charbons allumés.

Outre l'aspect et les caractères physiques très-distinctifs du bismuth, ce métal a des propriétés chimiques qui le font très-facilement reconnoître. C'est un des métaux les plus fusibles : la mine, présentée devant un foyer, ou placée dans la flamme d'une bougie, laisse suinter de toutes parts des globules métalliques. C'est aussi le métal qui cristallise le plus facilement par le refroidissement. Quand on le chauffe avec le contact de l'air, il se couvre d'une pellicule grise d'oxide, laquelle, agitée et chauffée toujours à l'air, forme une poussière jaune verdâtre. Cet oxide jaune vert est très-fusible et vitrifiable ; il traverse, comme l'oxide de plomb, les vases poreux, et c'est pour cela qu'il peut servir à la coupellation, comme ce dernier métal : il fait aussi entrer en vitrification la silice et les terres réfractaires.

Le bismuth ne s'oxide point à froid ; il s'unit facilement au phosphore et au soufre par la fusion : ce dernier lui donne une couleur noire et une forme prismatique. Son oxide est réduit par le gaz hydrogène, et surtout par le gaz hydrogène sulfuré. Ce métal s'allie à la plupart des métaux ; il les durcit et les rend cassans : il ne décompose point l'eau ni aucun des oxides métalliques.

Il décompose l'acide sulfurique bouillant, et forme un sulfate presque indissoluble : l'acide nitrique l'oxide et le dissout promptement. Cette dissolution cristallise en lames rhomboïdales : elle est précipitée par l'eau en un sel blanc, pulvérulent, et forme un nitrate avec excès d'oxide, qu'on prépare en grand pour le blanc de fard. Ce blanc est d'autant plus beau qu'il a été fait à plus grande eau et suspendu plus long-temps.

L'acide muriatique dissout aussi le bismuth à l'aide de

la chaleur. Cette dissolution, qui précipite par l'eau, se volatilise par le feu, et donne ce qu'on nommoit autrefois le beurre de bismuth, à cause de sa consistance et de sa fusibilité.

Excepté les nitrates et les muriates sur‑oxigénés, qui l'oxident plus ou moins facilement, les autres sels n'ont aucune action sur le bismuth.

Le plus grand usage de ce métal cassant, qu'on a comparé au plomb, et qui a en effet quelques propriétés analogues à celles de ce métal, consiste dans son alliage avec les métaux mous, et surtout l'étain, pour les durcir, et dans la préparation du blanc de fard. Sous le premier rapport, il entre dans les vases d'étain et dans les alliages blancs qu'on veut rendre durs : sous le second, l'application de ce blanc sur la peau en altère peu à peu le tissu, et est d'ailleurs sujette à beaucoup d'inconvéniens, fondés sur la facilité avec laquelle il se réduit et noircit par les vapeurs combustibles. (F.)

BISNAGUO (*Bot.*), nom provençal de la visnague. *daucus visnaga*, espèce de carotte. Elle est sous le nom de *visnaga* et *bisnaga* dans les livres anciens. (J.)

BISON (*Mamm.*), nom sous lequel est connue une espèce de bœuf de l'Amérique septentrionale, *bos americanus*, Gmel. Voyez Bœuf. (F. C.)

BISSE (*Ornith.*), un des noms vulgaires du rouge-gorge, *motacilla rubetra*, L. (Ch. D.)

BISSE-MORELLE (*Ornith.*), nom vulgaire de la fauvette d'hiver, *motacilla modularis*, L. (Ch. D.)

BISSERULE (*Bot.*), *Bisserula*, Linn., Juss., genre de la sixième section de la famille des légumineuses, qui comprend des plantes herbacées à fleurs disposées en épis. Leur calice est en tube et à cinq dents; l'étendart est plus grand que les ailes et la carène. Le fruit est une gousse oblongue, plane, et renferme plusieurs semences; elle est traversée dans le milieu par une suture longitudinale, à deux loges: la cloison est étroite et opposée aux valves. Les graines sont au nombre de huit dans chaque loge, arrondies et comprimées.

La BISSERULE PELECINE, vulgairement le Rateau, *Bisse-*

rula pelecinus, Linn., Moris., sect. 2, tab. 2, fig. 6, est une plante qui s'élève à sept ou huit pouces de hauteur. Ses feuilles sont velues, ailées et composées de quinze à vingt-cinq folioles elliptiques ; elles sont munies de stipules distinctes du pétiole. Le nom de *bisserula* vient des dentelures que l'on aperçoit sur les deux bords du fruit. (J. S. H.)

BISSOURDET (*Ornith.*), nom vulgaire du roitelet commun ou troglodyte, *motacilla troglodytes*, L. (Ch. D.)

BISSUS. (*Bot.*) Voyez Bysse.

BISTARDE ou Bitarde. (*Ornith.*) Voyez Outarde.

BISTORTE. (*Bot.*) Le genre Renouée, *Polygonum* de Linnæus, réunit plusieurs genres de Tournefort, dans le nombre desquels est la bistorte, auparavant distinguée par ses graines triangulaires, ses fleurs en épis terminaux, et sa racine charnue, repliée deux fois sur elle-même, d'où lui venoit son nom. On pourroit ajouter qu'elle a neuf étamines, pendant que les autres renouées en ont moins. La racine de la bistorte est très-astringente. Dans une espèce, *polygonum viviparum*, la graine germe avant d'être séparée de la plante, et le petit tubercule qui en résulte pousse ses premières feuilles sans se détacher. Voyez Renouée. (J.)

BISTOURNÉE (*Moll.*), espèce d'Arche. Voyez ce mot. (Duv.)

BISULCE (*Mamm.*), nom collectif donné à tous les animaux à pieds fourchus ou Ruminans. Voyez ce dernier mot. (F. C.)

BITAFRES. (*Ornith.*) Les Portugais ont donné ce nom à des oiseaux de proie qui sont très-nombreux dans les îles de l'Afrique occidentale, où ils détruisent beaucoup de volaille ; mais le P. Labat, qui en parle dans sa Nouvelle relation de l'Afrique, n'y donne pas assez de détails pour en faire reconnoître l'espèce. (Ch. D.)

BITE. (*Bot.*) Voyez Biti, Bois de bite.

BITI (*Bot.*), nom malabare d'un grand arbre mentionné par Rhéede, Hort. Malab. 5, p. 115, t. 58, qui paroît être celui d'où provient le bois que les François de l'Inde nomment bois de bite, très-estimé à cause de sa dureté, qui le rend susceptible d'un beau poli. La description qu'en donne Rhéede, comme presque toutes les autres de son ouvrage très-intéressant d'ailleurs, est très-incomplète : la figure l'est encore plus, car elle ne représente pas les fleurs. On peut cependant y reconnoître que cet arbre appartient à la famille des légumineuses, et peut-être à la partie du genre *Sophora*, qui comprend l'*anticholerica* de Rumphius, ou *sophora heptaphylla* de Linnæus. (A. P.)

BITI - MARAM MARAVARA (*Bot.*), nom que les habitans de la côte du Malabar donnent à une plante orchidée, figurée dans le Hort. Malab. 12, p. 5, t. 2, qui croît sur les troncs d'arbres, et spécialement sur le biti, comme son nom l'indique. *Maravara* s'applique à toutes les plantes parasites du même genre. Cette plante doit être rapportée maintenant à l'*epidendrum* de Linnæus; mais dans la suite elle fera partie d'un nouveau genre, produit par la refonte générale qu'exige cette famille. (A. P.)

BITIN. (*Rept.*) Gronou indique sous ce nom diverses espèces de serpens du Mexique et de Ceilan, qu'il est très-difficile de reconnoître d'après sa description; car il dit que l'une d'elle a quatre pieds cinq pouces de longueur sur quatre pouces de diamètre, ce qui paroît incroyable et doit être attribué à quelque erreur typographique. (C. D.)

BITOME. (*Entom.*) Herbst a nommé ainsi un genre de coléoptères qui ont quatre articles à tous les tarses; les antennes un peu en masse, et le corps aplati, et qui appartiennent à notre famille des omaloïdes ou planiformes. Leur corps est presque linéaire. Nous les ferons connoître au genre Lycte, sous lequel Fabricius les a compris. (C. D.)

BITON (*Moll.*), nom donné à une espèce de coquille du genre Porcelaine, appelée aussi porcelaine pou. Voyez Porcelaine. (Duv.)

BITOUR (*Ornith.*), nom vulgaire du héron butor, *ardea stellaris*, L. (Ch. D.)

BITTERLING (*Ichtyol.*), nom donné par les Allemands au cyprin bouvière. Voyez Cyprin. (F. M. D.)

BITTERSPATH (*Minér.*), mot à mot spath amer, c'est-à-dire spath renfermant de la magnésie, qui est la base du sulfate de magnésie, nommé vulgairement sel cathartique amer. Voyez Chaux carbonatée magnésifère. (B.)

BITUME. (*Minér.*) Trois substances noires, à peu près

également combustibles avec flamme et fumée, se trouvent naturellement dans les entrailles de la terre. Ces trois substances ont plusieurs rapports entre elles ; mais elles sont cependant encore assez différentes pour devoir être séparées en trois genres ou espèces distinctes : ce sont le bitume, la houille et le jayet.

Pour bien distinguer ces espèces, qui ont des intermédiaires qui se ressemblent beaucoup, on doit comparer leurs caractères. Cette comparaison les fera ressortir beaucoup mieux que la description absolue la plus longue.

Les bitumes proprement dits ne sont pas toujours noirs quand ils sont liquides ; une variété a le blanc jaune du vin, une autre est roussâtre : mais tous ceux qui sont solides ou mous sont noirs ou au moins bruns. Dans tous les états ils répandent une odeur très-forte lorsqu'ils sont un peu échauffés : cette odeur n'a rien de piquant ou d'âcre ; elle n'est même pas désagréable pour certaines personnes. Ils sont tous liquéfiables par la chaleur ; lorsqu'ils sont secs et froids, ils deviennent très-friables.

Tous brûlent facilement en répandant une fumée épaisse, très-odorante, qui n'a pas le piquant ou l'âcreté de celle du jayet. Il ne reste, après cette combustion, que très-peu de résidu terreux, tandis que la houille la plus pure en laisse au moins le vingtième de son poids.

Enfin, ils ne donnent point, comme la houille, de l'ammoniaque par distillation.

Tels sont les caractères communs à toutes les variétés qui composent cette espèce. Leur pesanteur spécifique est trop variable pour que nous l'indiquions ici : on en trouve qui surnagent l'eau ; le maximum de pesanteur est 1,1044. Ils s'électrisent par frottement et sans être isolés, à la manière des corps résineux.

Les variétés de cette espèce sont la plupart peu distinctes, et passent de l'une à l'autre par des nuances insensibles. Nous les distinguerons par les noms triviaux qu'ils portent le plus ordinairement.

1. BITUME NAPHTE. Il est parfaitement fluide et diaphane, d'un blanc un peu jaunâtre ; il répand perpétuellement une odeur très-forte, qui a quelque analogie avec celle de l'huile

volatile de térébenthine. Il est un peu onctueux au toucher; tellement léger qu'il surnage l'eau, sa pesanteur spécifique étant 0,80 au plus.

Il est si facilement combustible qu'il s'enflamme par la simple présence d'un corps enflammé que l'on tient près de lui sans cependant le toucher; il répand, en brûlant, une flamme bleuâtre et une fumée très-épaisse. Il ne laisse aucun résidu.

Le naphte est le plus rare des bitumes : on ne le trouve presque jamais dans la nature à l'état de pureté que nous lui avons supposé; il est même très-difficile de l'avoir sans être sophistiqué par de l'huile essentielle de térébenthine. On prétend qu'il est assez commun en Perse, sur les bords de la mer Caspienne, près de Bakou, dans la presqu'île d'Apchéronn. Les environs de ce lieu sont calcaires, et le sol qui donne le naphte est marneux et sablonneux. Il s'en dégage perpétuellement des vapeurs très-odorantes et très-inflammables. Les gens du pays se servent de ce feu naturel pour faire cuire leurs alimens, en le concentrant et le dirigeant au moyen de tuyaux de terre ; ils l'emploient aussi à cuire de la chaux, ce qui doit faire supposer à ce feu beaucoup d'activité.

On creuse, à six cents mètres (304 toises) environ de ces feux perpétuels, des puits de dix mètres (1 toise 4 pieds) de profondeur, au fond desquels se rassemble le naphte, qui n'est pas parfaitement limpide, mais d'une couleur ambrée. On le distille pour en extraire le naphte pur, employé en médecine. Les Persans emploient le plus noir pour le brûler dans les lampes, en place d'huile. Ce naphte et le pétrole qui l'accompagne sont un revenu de deux cent mille francs pour le kan de Bakou.

On en trouve aussi en Calabre ; sur le mont Zibio, près de Modène ; en Sicile ; en Amérique : mais il faut observer que les voyageurs le confondent souvent avec la variété qui va suivre.

Il sert dans l'Inde à faire des vernis. Kempfer rapporte qu'on l'ajoute au vernis fait d'huile de lin et de sandaraque, et qu'on fait fortement mousser ce mélange avant de l'appliquer.

Il étoit employé autrefois comme vermifuge.

Hérodote parle d'une fontaine d'Éthiopie, dont la nature et les propriétés paroissent si singulières qu'il semble lui-même douter de son existence ou au moins de ses propriétés. Il dit que : « Les espions de Cambyse paroissant étonnés « de la longévité des Éthiopiens, le roi les conduisit à une « fontaine d'où ceux qui s'y baignent sortent parfumés « comme d'une odeur de violette, et plus luisans que s'ils « s'étoient frottés d'huile…. L'eau de cette fontaine est si « légère que rien ne peut y surnager, pas même le bois, « ni les choses encore moins pesantes que le bois. » (Liv. 3, §. 23.)

Boerhaave cherche à expliquer ce phénomène en supposant que les bois d'Éthiopie sont plus lourds que l'eau. Il me semble qu'il n'est pas nécessaire d'avoir recours à cette supposition gratuite et même fausse, et que, s'il est possible de rapporter cette source singulière à quelque substance connue, c'est au naphte : on y reconnoît la même légèreté, la même apparence huileuse et la même odeur, qui approche de celle de la violette lorsqu'elle n'est pas trop concentrée. Cette dernière ressemblance est prouvée directement par une observation qu'ont faite des physiciens qui n'avoient point en vue ce rapprochement. Ils ont remarqué que l'eau salée de Reichenhall, en Bavière, exhaloit, dans son évaporation, une odeur de violette (Journ. des Mines, n.° 75, p. 243) : or, on sait maintenant que les sources salées sont presque toujours accompagnées de bitume, et cette observation rend encore plus probable l'existence d'une abondante source de naphte en Éthiopie, pays extrêmement riche en mines de sel, comme on peut le voir à l'article SOUDE MURIATÉE.

On ne prétend pas prouver, par ce qui vient d'être dit, qu'il existoit en Éthiopie une fontaine de naphte qui eût précisément toutes les qualités qu'Hérodote lui attribue, mais seulement faire voir qu'il est possible qu'une source de ce bitume ait existé dans ce lieu, et ait été l'origine des fables dont on a depuis embelli son histoire.

Au reste, quoique le naphte pur soit le plus rare des bitumes, on cite cependant des sources qui en produisent une assez grande quantité. Il existoit dans le quinzième siècle, à Waldsbrunn, à quinze kilomètres (3 lieues) de Bitsche, département de la Moselle, une source dont les eaux étoient recouvertes de pétrole blanc (c'est le naphte). Elles étoient recueillies dans un bassin situé dans la cour du château de Bitsche. (Heron. J. d. mines, n.° 82.)

On a découvert, en 1802, prés du village d'Amiano dans l'État de Parme, et sur les confins de la Ligurie, une source de naphte jaune de topaze, brûlant facilement et sans laisser de résidu, et pesant 0,83. Cette source nouvelle est assez abondante pour fournir la quantité de naphte nécessaire à l'illumination de la ville de Gênes. Pour employer le naphte à cet usage, il faut avoir soin que la flamme soit un peu éloignée du réservoir qui le renferme, et de tenir celui-ci exactement fermé ; sans cette précaution ce bitume volatil et très-inflammable s'allumeroit entièrement.

2. BITUME PÉTROLE. Cette variété est très-voisine de la précédente ; elle paroît même n'en être qu'une altération. Le pétrole est liquide, mais moins que le naphte ; il est souvent d'une consistance huileuse, d'un brun noirâtre, presque opaque, et quelquefois même d'un brun rougeâtre. Il est plus onctueux au toucher ; son odeur bitumineuse est forte et très-tenace. Il est encore plus léger que l'eau; mais sa pesanteur spécifique va jusqu'à 0,854. Il est très-combustible, répandant dans sa combustion une fumée noire très-épaisse ; il laisse un peu de résidu.

Lorsqu'on abandonne du naphte au contact de l'air et de la lumière, il brunit, s'épaissit, et semble passer à l'état de pétrole. Lorsqu'on distille du pétrole, on en retire une huile semblable au naphte, et enfin, lorsqu'on expose du pétrole au contact de l'air, il s'épaissit et passe à la troisième variété. Ces espèces de passages prouvent la grande ressemblance qui existe entre ces trois variétés, et font voir les difficultés qu'il y a de les distinguer dans bien des cas.

Le pétrole est beaucoup plus abondant dans la nature que le naphte. On a souvent confondu ses localités et ses usages avec ceux de la variété suivante, qui lui ressemble beaucoup.

Voici les lieux où il paroît que se trouve le pétrole proprement dit.

En France. A Begréde, près d'Anson en Languedoc. A Gabian, dans les environs de Beziers : il sort de terre avec une assez grande quantité d'eau pour qu'il surnage ; il porte souvent dans le commerce le nom d'huile de Gabian. Cette source ne produit plus autant de pétrole. En Auvergne, près de Clermont. Dans les Landes, près de Dax ; près d'Orthez. A Beckelbronn, commune de Lampertsloch, près de Wissembourg et des sources salées de Sultz, dans le département du Bas-Rhin ; il est mêlé avec du sable, que l'on extrait dans ce lieu par des puits qui ont quarante-trois mètres (22 toises) de profondeur : on place ce sable, qui tient environ dix pour cent de pétrole, dans des chaudières, et on en retire par l'ébullition dans l'eau un bitume visqueux qui appartiendroit au malthe ; mais on en sépare par distillation un véritable pétrole.

On trouve également une couche de sable bitumineux, posée entre un banc d'argile et un banc de pierre calcaire, depuis Seyssel jusqu'à la perte du Rhône : on exploite ce sable comme le précédent ; il donne douze pour cent de pétrole, qui sert dans les ouvrages de maçonnerie que l'on fait sous l'eau.

En Angleterre, à Omskirk dans le Lancashire, dans les mines d'étain de Cournouailles ; et en Écosse.

En Bavière, au lac Tegern, et en Suisse, auprès de Neuchâtel.

En Italie, à Miano, à douze lieues de Parme. On trouve dans ce lieu des sources de pétrole exploitées. On creuse souvent les puits sans être dirigé par aucun indice certain ; on sait seulement que le terrain renferme ce bitume presque partout. Cependant on a plus de probabilité d'en trouver lorsqu'on a remarqué une argile verdâtre, dure et compacte, et surtout lorsque le terrain est imprégné de l'odeur de ce bitume. A mesure que l'on creuse le puits, l'odeur de pétrole devient encore plus forte, et s'exalte tellement que les ouvriers ne tardent pas à en être incommodés. On creuse les puits jusqu'à soixante mètres (30 toises) de profondeur : lorsqu'on a atteint les sources

du pétrole, on donne au fond du puits la forme d'un cône
renversé ; le pétrole se rassemble au fond de ces cônes, et
on le puise tous les deux jours avec des seaux. L'odeur de
ce bitume est tellement forte que les ouvriers ne peuvent
la supporter dans le fond du puits plus d'une demi-heure,
sans courir les risques de s'évanouir. On remarque que ces
sources sont presque toujours accompagnées de sources
d'eau salée.

Au mont Zibio, près de Modène, les sources de pétrole
sont situées au fond d'un vallon : les terrains qui les entourent, composés d'une roche assez friable, mêlée d'argile,
de chaux carbonatée et de sable, sont remarquables par les
feux de gaz hydrogène qui s'en dégagent, et par les salses ou
volcans vaseux qu'on y observe, et qui sont imprégnés eux-
mêmes de ce bitume. Ces sources coulent au fond du puits
que l'on a creusé dans cette vallée : elles sont composées
d'eau et de pétrole qui nage sur l'eau ; et lorsqu'en hiver
les eaux deviennent trop abondantes, le pétrole ne paroît
plus. On laisse ce bitume s'accumuler à la surface de l'eau
rassemblée au fond du puits, et tous les huit jours on
vient le recueillir avec des seaux. Ce pétrole a une teinte
de jaune quelquefois assez claire.

On trouve encore ce bitume en Sicile, à Petraglia : en Transilvanie, dans toutes les mines de sel gemme, et sur le penchant des montagnes ; on y creuse des puits, dans lesquels on verse de l'eau ; le pétrole qui suinte de la montagne vient se réunir à la surface de cette eau : en Galicie,
dans une vallée voisine des monts Krapach, et près de
Kaluche : en Grèce, dans la Thébaïde, dans une montagne
appelée Gebel-el-Moel : en Moldavie ; en Suède. Au Japon
on s'en sert en place de chandelles.   —

On exploite une mine abondante de pétrole dans le
royaume d'Ava, à 20° 26′ lat. nord, à trois milles anglois
de l'Irraouaddy, ou rivière d'Ava. Il y a environ cinq
cents puits dans une colline. On trouve d'abord un terreau sablonneux, puis un grès très-friable, ensuite des
couches de glaise schisteuse d'un bleu pâle, imprégnées
de pétrole, puis des schistes, et enfin, à trois cents coudées, de la houille ; c'est de cette houille que découle le

pétrole. On le retire du fond des puits avec des seaux de fer. Il fait si chaud au fond de ces puits que les ouvriers sont couverts de sueur. Ce bitume est mêlé d'eau, qu'on sépare par décantation; on le met dans de grandes jarres de terre : on dit qu'il est verdâtre. Ces mines ont été décrites par le major Symes et Hiram Cox. [1]

On trouve également ce bitume à Madagascar ; en Sibérie ; en Afrique, dans le mont Atlas, où les Maures le recueillent ; en Amérique, sur les côtes de Carthagène.

Les usages particuliers du pétrole ne sont pas très-différens de ceux des autres bitumes ; on l'emploie comme huile a brûler, après l'avoir purifié, et même comme combustible, dans les lieux où il est très-abondant. Il peut aussi remplacer le goudron.

3. BITUME MALTHE. Le malthe est noir comme le pétrole, même souvent plus noir ; il a l'aspect gras, et la consistance visqueuse, presque solide dans les temps froids : il a d'ailleurs l'odeur bitumineuse, la combustion avec flamme et fumée abondante ; il laisse plus de résidu que le pétrole, et quoique plus lourd que lui, il nage encore sur l'eau.

On voit que cette variété ne se distingue de la précédente que par des caractères relatifs, et que les intermédiaires doivent être très-difficiles à classer.

Non-seulement ce bitume se confond souvent avec le précédent par ses caractères ; mais il se confond aussi avec lui par ses localités et ses usages, qui sont souvent les mêmes. On trouve cependant celui-ci plus particulièrement près de Clermont, département du Puy-de-Dôme, dans le lieu nommé Puy de la Pège. Il enduit le sol d'un vernis visqueux qui s'attache assez fortement aux pieds des voyageurs. Le malthe se trouve aussi en Perse, sur la route de Schiras à Bender-congo, dans une montagne appelée Darap ; on le nomme baume momie. Il est recueilli avec soin, et

---

1. Les noms de lieu, quoique les mêmes, ne se ressemblent guères par la manière dont ils sont écrits. Ainsi le royaume de *Burmha* de Cox est celui d'Ava ou des Birmans de Symes : la rivière *Erai Wuddey* du premier est l'*Irraouaddy* du second, etc.

envoyé au roi de Perse, comme un baume efficace pour la guérison des blessures.

On donne aussi à ce bitume le nom de poix minérale, de pissasphalte, de bitume dés Arabes, etc.

Nous ne rappellerons pas les autres qualités de ce bitume. Quant à ses usages, ils sont un peu plus nombreux que ceux des autres espèces.

Le malthe est employé comme le goudron végétal, pour enduire les cables et les bois qui servent dans l'eau : on lui a donné, d'après cela, le nom de goudron minéral. On s'en sert en Suisse pour enduire les bois des maisons et des charrettes ; il entre dans la composition de la cire à cacheter noire, et dans celle de certains vernis qui servent à préserver le fer de la rouille.

La poix minérale la plus estimée des anciens étoit celle qui étoit apportée du mont Ida ; ils plaçoient au second rang celle qui venoit de la Pierie, contrée de la Macédoine (Pline, liv. 14).

Les anciens appeloient aussi malthe une composition très-différente de ce bitume, et dont ils se servoient pour les enduits. Voyez MALTHE.

4. BITUME ASPHALTE , Poix minérale scoriacée, Wern. Cette variété est non-seulement solide, mais encore friable au point qu'elle se laisse pulvériser avec l'ongle : sa cassure est tantôt parfaitement conchoïde et luisante, tantôt raboteuse et terne ; elle donne dans ce cas la sous-espèce que Werner a nommée poix minérale terreuse.

L'asphalte est souvent parfaitement noir et opaque ; quelquefois il a sur les bords une demi-transparence et une nuance rougeâtre. Ce bitume ne répand d'odeur bitumineuse que lorsqu'il est échauffé ou frotté ; dans ce dernier cas il acquiert en même temps l'électricité résineuse. Il est un peu plus pesant que l'eau, sa pesanteur spécifique étant de 1,104, et même de 1,205. Il brûle fort bien , et laisse environ quinze pour cent d'un résidu composé de parties égales de silice et d'alumine ; il donne à peine de l'ammoniaque par la distillation.

On trouve l'asphalte plus particulièrement à la surface du lac de Judée, qui s'appelle lac Asphaltique, et dont l'eau est salée. L'asphalte, produit par des sources, s'accumule à la surface du lac, y prend de la consistance ; les vents le dirigent sur les bords : les habitans viennent le ramasser pour le mettre dans le commerce. Il répand dans l'air une odeur désagréable, et que l'on croyoit assez active pour faire mourir les oiseaux qui passoient au-dessus de ce lac : de là le nom de Mer morte qu'on lui a donné.

On trouve aussi ce bitume à Morsfeld, dans le Palatinat ; à Iberg, dans les montagnes du Hartz ; à Neuchâtel, en Suisse. On en cite des couches assez épaisses près d'Aulona, en Albanie.

Pallas a décrit une source d'asphalte qui se trouve chez les Tartares Tschouvasches. Ce bitume nage à la surface de l'eau d'une petite fontaine.

Usages et gisemens des bitumes.

Nous avons dit que la plupart de ces variétés de bitumes se confondoient par leurs caractères, leurs localités et leurs usages ; nous avons fait connoître quelques-uns des faits qui nous ont paru être particuliers à chacune d'elles : nous allons compléter leur histoire, en traitant de leurs localités, de leurs gisemens et de leurs usages en général.

Les bitumes mentionnés ci-dessus appartiennent exclusivement aux terrains de sédiment ou de seconde formation ; on n'en cite aucun dans les terrains primitifs ou de cristallisation. Parmi les terrains de seconde ou de troisième formation, ceux qui les renferment le plus ordinairement sont les terrains calcaires, les argileux, les sablonneux de transport, et les terrains volcaniques.

La chaux carbonatée compacte est souvent imprégnée de bitume. Pallas a vu sur les bords du Volga, près de Syrsan, de l'asphalte, mêlé par veines ou par globules dans de la chaux carbonatée compacte, entourer les cubes qui résultoient de la division naturelle de cette pierre, et pénétrer jusques dans les madrépores qu'elle renfermoit. Les schistes qui accompagnent la houille en sont imbibés, et ce dernier minerai a été regardé lui-même comme une terre enveloppée d'une grande quantité de matière bitumineuse. Il est certain qu'on a souvent vu le pétrole couler au milieu des couches de houille.

La substance avec laquelle le bitume paroît avoir les rapports les plus constans et les plus remarquables, c'est le sel marin (soude muriatée). On parlera de cette correspondance de gisement à l'article de la SOUDE MURIATÉE : on rappellera ici que presque tous les pays qui fournissent le plus de bitume, comme l'Italie, la Transilvanie, la Perse, les environs de Babylone, etc., contiennent aussi ou des mines de sel gemme, ou des efflorescences salines, ou des sources salées.

Le bitume peut être allié aussi avec le fer sulfuré. De Born assure qu'il a retiré du pétrole par distillation d'un sulfure de fer trouvé dans de la marne endurcie, en Transilvanie, dans le pays de Secklers. Il décrit aussi un mélange d'argile, d'asphalte, et de mercure sulfuré, des mines du Palatinat.

A Surjout, département de l'Ain, on exploite dés mines d'asphalte, dans lesquelles on trouve des pyrites qui sont enveloppées d'une couche très-épaisse de minerai d'asphalte. Ce bitume découle abondamment des fissures de ces pyrites.

L'origine des bitumes est aussi inconnue que celle de la plupart des productions de la nature. On a proposé pour l'expliquer peu d'hypothèses différentes ; elles se réduisent presque toutes à les regarder comme l'huile empyreumatique, la matière analogue aux graisses, qui a dû résulter de la destruction de cette multitude effrayante d'animaux et de végétaux enfouis dans la terre, et dont nous retrouvons tous les jours des dépouilles solides. On a pensé que le naphte et le pétrole étoient le produit de la distillation des houilles par les feux souterrains des houilles elles-mêmes, par celui des pyrites en décomposition, ou même par le feu des volcans. Cette opinion, qui peut avoir quelque fondement, n'est prouvée par aucune observation directe ; mais l'observation prouve que le naphte et le pétrole, abandonnés à eux-mêmes avec le contact de l'air, se noircissent, s'épaississent et prennent la consistance et une partie des caractères du malthe et de l'asphalte.

On a vu que ces bitumes se trouvoient tantôt à une assez grande profondeur dans la terre, tantôt à sa superficie; que souvent ils nageoient à la surface de certains
lacs, ou sortoient de la terre avec les sources d'eau qui
en jaillissoient. Le bitume qui fut employé dans la construction des murs de Babylone couloit avec les eaux de la
rivière d'Is, qui se jette dans l'Euphrate, et se trouvoit
dans des sources d'eau salée aux environs de cette ville;
il étoit en telle abondance qu'il ne s'épuisoit pas, malgré les usages multipliés auxquels l'employoit journellement un peuple nombreux.[1] Spon cite une fontaine d'eau
et de pétrole dans l'île de Zanthe. Flacourt a vu la mer
couverte de pétrole près des îles volcaniques du cap Verd,
et Breislak en a observé une source au fond de la mer, près
du fort de Pietra-bianca.

On a déjà fait connoître les usages auxquels sont employés
quelques espèces particulières de bitumes : il nous reste à
parler de l'emploi que l'on fait des bitumes en général.

Dans plusieurs endroits, en Auvergne, en Suisse, etc.,
on se sert du bitume liquide ou glutineux pour graisser les
roues des charrettes.

A Genève on le pétrit avec la pierre calcaire même, dont
il découle lorsqu'on la fait chauffer, et on en fait des
tuyaux de conduite pour les eaux.

Les anciens employoient dans la construction de leurs édifices les bitumes glutineux ou les bitumes solides, qu'ils faisoient chauffer. Tous les historiens s'accordent à dire que les
briques dont étoient construits les murs de Babylone étoient
cimentées avec du bitume chaud; ce qui devoit leur donner
une grande solidité.

Les Égyptiens employoient le bitume, solide ou mou, pur
ou mélangé de la liqueur extraite du cèdre et nommée *cedria*,
pour conserver les cadavres : les momies d'hommes et d'a-
nimaux sont fortement imprégnées de cette matière, qui a
pénétré jusque dans la substance des os.

5. BITUME ÉLASTIQUE. Nous séparons entièrement cette
variété des précédentes, parce qu'elle en diffère beaucoup

---

1. Hérodote, liv. 1, S. 179. Diod. Sicul. lib. II, cap. 12. etc.

par ses caractères extérieurs, par ses propriétés et par son gisement.

Ce bitume, aussi nommé caoutchou minéral ou fossile, a en effet l'aspect, la mollesse et l'élasticité de cette substance végétale ; il en diffère très-peu.

Cette ressemblance est assez singulière ; mais il ne faut pas se hâter d'en conclure que c'est ce produit végétal enfoui dans la terre et devenu fossile.

Le bitume élastique n'a pas toujours cette propriété : il est quelquefois presque mou ; dans d'autres circonstances il est presque sec. Il est brun ou rouge hyacinthe, avec un peu de translucidité sur les bords. Il efface le crayon comme la gomme élastique, mais en même-temps il salit un peu le papier.

Il a une odeur bitumineuse très-forte, surtout lorsqu'il est très-mou ; il brûle facilement avec une flamme claire, et est assez léger pour nager sur l'eau. Il contient très-peu de matière terreuse, à peine cinq pour cent de son poids. Cette singulière substance a été trouvée, en 1785, dans les filons de plomb sulfuré d'Odin près de Castletown en Derbishire. Elle est entrelacée par petites veines avec ce plomb sulfuré, avec de la chaux carbonatée, de la chaux fluatée, et de la baryte sulfatée. On en a trouvé aussi une variété ayant la consistance du liége, dans une petite rivière qui coule près de cette mine. L'analyse de ce bitume, faite par Klaproth, donne peu de lumières sur sa nature. On voit qu'il contient soixante et treize pour cent d'huile bitumineuse, très-peu de matières terreuses, et qu'il ne donne pas d'ammoniaque.

Enfin, Pictet a trouvé dans une mine de fer argileuse, en Angleterre, des rognons en sphères aplaties, qui renfermoient des prismes calcaires formés par le retrait, à la manière de ceux de ludus. L'intervalle entre ces prismes est rempli par une matière noire, de consistance de cuir, n'ayant point d'odeur, mais brûlant avec flamme : les prismes en étoient eux-mêmes quelquefois composés. Est-ce une variété du bitume élastique ? (B.)

BITUME DES ARABES. (*Minér.*) Il paroît que c'est le bitume malthe. Voyez cet article au mot BITUME. (B.)

♦ BITUME DE JUDÉE. (*Minér.*) C'est le bitume asphalte. Voyez BITUME. (B.)

BITUMES. (*Chim.*) Les bitumes, considérés sous le rapport chimique, sont des corps huileux, végétaux ou animaux, enfouis dans la terre, presque toujours sous l'eau, souvent déposés par couches très-minces, et qu'on croit généralement avoir été altérés par des vapeurs ou des liquides souterrains. Mais cette définition générale ne donne ni une notion exacte de la formation, ni une connoissance suffisante de la nature des bitumes. En effet, quant à la formation, on regardoit autrefois tout bitume comme une matière végétale, un bois, une résine, etc., enfouis sous l'eau ou dans des terres humides : on admet aujourd'hui des bitumes provenant de matières animales; telle est particulièrement la houille, comme on le verra à son article. Quant à la nature, on admettoit autrefois la présence d'un acide ou la propriété d'en donner un par la distillation, comme un caractère essentiel et nécessaire des bitumes : cependant il en est qui ne contiennent ni ne donnent à la distillation aucune espèce d'acide, comme la houille. Il n'y a donc pas de caractères généraux et constans pour les bitumes : c'est aux espèces de chacun d'eux qu'il faut étudier leurs propriétés. Voyez les mots AMBRE JAUNE, BITUME DE JUDÉE, CHARBON DE TERRE, HOUILLE, PÉTROLE, SUCCIN, etc. (F.)

BITURE (*Entom.*), genre d'insectes coléoptères. Voyez BYTURE et NITIDULE. (C. D.)

BIVAI (*Ornith.*), nom vulgaire du pivert, *picus viridis*, L. (Ch. D.)

BIVALVE (COQUILLE). (*Moll.*) On nomme ainsi les coquilles à deux valves ou à deux battans réunis par une charnière. Elles font partie de l'ordre des mollusques acéphales. Voyez COQUILLE et ACÉPHALE (*Moll.*). (Duv.)

BIVARO, BIVERO (*Mamm.*), noms qui, en italien, signifient castor et qui viennent sans doute du nom latin *fiber*. (F. C.)

BIVERONNE (*Moll.*), nom donné à l'espèce de coquille appelée encore vénus clonisse, *venus verrucosa*, L. Voyez VÉNUS. Elle est représentée dans Adanson : pl. 16, f. 1. (Duv.)

BIVET. (*Moll.*) Adanson a décrit sous ce nom le coquillage appelé par Linnæus *voluta cancellata.* C'est une espèce de cancellaire de Lamarck. Voyez Cancellaire. Elle est représentée, pl. 8, f. 16, des Coquillages du Sénégal. (Duv.)

BIVIT. (*Ornith.*) On nomme ainsi en Piémont le martinet noir, *hirundo apus,* L. (Ch. D.)

BIXA (*Bot.*), nom ancien du rocou, et que les botanistes ont adopté. (J.)

BIZARDA (*Bot.*), nom donné par les Italiens à des citrons produits par le mélange de deux espèces. (J.)

BIZE. (*Ichtyol.*) Rondelet donne ce nom, d'après des pêcheurs espagnols, au scombre sarde. Voyez Scombre. (F. M. D.)

BIZERT. (*Ornith.*) L'auteur du Dictionnaire universel des animaux dit, d'après Catel, qu'on nomme ainsi un oiseau de passage appelé *peringue* dans le Languedoc. Cette note est insuffisante pour le faire reconnoître. (Ch. D.)

BIZHIUTZH. (*Ornith.*) On nomme ainsi en Laponie le pluvier doré à gorge noire, *charadrius apricarius,* L. (Ch. D.)

BJORKNA. (*Ichtyol.*) Dans la treizième édition du Syst. nat., Gmelin a décrit sous ce nom une espèce de cyprin, que Lacépède a ensuite réuni au cyprin large, *cyprinus latus,* L. Voyez Cyprin. (F. M. D.)

BLA, BLAD (*Bot.*), noms languedociens du blé ou froment. (J.)

BLAAFOT (*Ornith.*), nom que l'on donne en Norwège au balbuzard, *falco haliœtos,* L. (Ch. D.)

BLAA-HALS. (*Ornith.*) Les Norwégiens donnent ce nom et celui de blaa-nakke au canard sauvage ordinaire, *anas boschas,* L., que les Islandois appellent *blaa - kolls - ond.* (Ch. D.)

BLAA-KRAAKE (*Ornith.*), dénomination norwégienne du rollier d'Europe, *coracias garrula,* L. On nomme aussi, dans le même pays, *kraake,* la corneille mantelée, *corvus cornix,* L., et *blaa - raage,* la corneille commune, *corvus corone,* L. (Ch. D.)

BLAA-SILD (*Ichtyol.*), nom donné dans quelques contrées de la Norwège au hareng. Voyez Clupée. (F. M. D.)

BLAASTAAL. (*Ichtyol.*) Voyez Blaustak.

BLAC. (*Ornith.*) Cet oiseau, qui sous plusieurs rapports diffère des milans, a néanmoins été rangé avec eux par Latham et Daudin, sous le nom de *falco melanopterus.* Voy. Milan. (Ch. D.)

BLACK-FISH. (*Ichtyol.*) Ce poisson de la Caroline n'est pas une persègue ; comme Linnæus et Daubenton l'ont cru d'après Garden : Lacépède l'a fait connoître sous le nom de lutjan noir. Voyez Lutjan.

Russel, dans son Voyage à Alep, a représenté, pl. 12, fig. 1, sous le nom de black-fish, le macroptéronote charmuth. Voyez Macroptéronote. (F. M. D.)

BLACK-UMBER (*Ichtyol.*), nom que l'on donne en Angleterre à la sciène umbre. Voyez Sciène. (F. M. D.)

BLACOUEL (*Bot.*), *Blakwellia,* Commers., Juss., genre de plantes très-voisin de la famille des rosacées, qui comprend des arbres ou des arbrisseaux étrangers. Les fleurs des blacouels sont velues, petites, nombreuses et disposées en épis ou en panicules. Chaque fleur a un calice d'une seule pièce, turbiné à sa base, persistant, et divisé en quinze découpures étroites, linéaires et ciliées en leurs bords ; les étamines au nombre de huit à quinze, et plus courtes de moitié que les divisions du calice : de petites glandes situées à la base des divisions du calice et alternes avec elles. L'ovaire fait corps avec le calice par la base ; il est barbu et surmonté de quatre à six styles et d'autant de stigmates. Il se change en une capsule à une loge, à quatre ou six valves, et renferme des semences en petit nombre. On connoît trois ou quatre espèces de blacouels, observés à l'Isle-de-France ou à Madagascar ; leurs feuilles sont simples et alternes. On a donné à ce genre le nom d'Élisabeth Blackwell, auteur du Curious herbal. (J. S. H.)

BLADIE (*Bot.*), *Bladhia,* Thunb., Juss., Lam. Ill. pl. 138, genre de plantes qui paroît avoir des rapports avec la famille des sapotées ; il est établi sur quatre espèces d'arbustes du Japon, dont l'un est cultivé dans les jardins de ce pays à cause de la bonne odeur de ses fleurs. Ils ont tous les feuilles simples et opposées, et les fleurs disposées en grappe à leur aisselle. Chaque fleur a un calice court, à cinq divisions profondes ; une corolle monopétale, à cinq divisions étalées en zone ; cinq étamines courtes, attachées à la corolle et ayant des anthères rapprochées ; un ovaire libre, terminé par un style surmonté d'un stigmate. Le fruit, de la grosseur d'un pois, accompagné par le calice, persistant à sa base, et surmonté par le style, qui persiste comme le calice, contient, sous une enveloppe charnue, une graine revêtue d'un arille. L'espèce cultivée par les Japonois porte le nom de bladie du Japon, *blahdia japonica*, Th. Elle est haute d'un pied, peu rameuse, et garnie, vers les sommités, de feuilles longues d'un pouce, et de fleurs blanches, ramassées en petites ombelles. Les autres espèces n'offrent aucun intérêt. (Mas.)

BLAGRE. (*Ornith.*) Cette espèce d'aigle est le *falco blagrus* de Daudin et de Latham. Voyez AIGLE. (Ch. D.)

BLAGYLTA. (*Ichtyol.*) C'est ainsi qu'on appelle, à Friderichstadt en Norwège, le labre bergsnyltre, *labrus suillus*, L., selon Fabricius de Kiel. Voyez LABRE. (F. M. D.)

BLAIREAU (*Mamm.*), *Ursus meles*, Linn. L'animal qui porte ce nom, et que l'on connoît aussi sous celui de taisson (*meles* et *taxus* en latin), a été placé par Linnæus dans le genre Ours ; et comme ce genre a été depuis divisé en plusieurs autres, on en a formé un du blaireau, du glouton, et du ratel : mais les différences qui existent entre les deux premières espèces ne nous permettent point de les laisser ensemble, et la troisième est encore trop peu connue pour que nous puissions lui assigner la place qui lui convient ; voyez pour ce qui la concerne le mot RATEL. Le blaireau formera donc à lui seul un genre séparé, en attendant que d'autres espèces mieux connues viennent s'y ranger, et les gloutons en formeront un autre, dans lequel devront se trouver, outre le glouton proprement dit, le grison et le tayra de Buffon. Voyez GLOUTON.

Le blaireau, comme tous les autres animaux de la nombreuse famille des plantigrades, a la faculté d'appuyer en marchant la plante entière du pied sur le sol. Il se distingue des autres genres de cette famille par beaucoup de caractères : mais comme les caractères distinctifs d'un

genre ne se composent que des particularités d'organisation
qui sont communes aux espèces qui le constituent, et que
dans celui - ci nous ne connoissons que la seule espèce du
blaireau, ses caractères ne peuvent encore se fixer définitivement, et ils se trouveront dans la description que nous
allons donner du seul animal qui le compose. Nous croyons
cependant utile de faire observer que les principaux de ces
caractères doivent se trouver dans la conformation des
dents, comme cela a lieu dans les genres si naturels des
ours, des chats, des martes, des chiens, etc. Quand la
nature nous donne de si nombreux exemples de la géné-
ralité de ses lois, ne devons - nous pas regarder les exceptions que nous apercevons comme étant uniquement des
effets de notre ignorance ?

Le blaireau est de la taille d'un chien de médiocre grandeur, et il a la physionomie du mâtin; mais il est beaucoup plus bas sur jambes. Son poil le fait paroître plus bas
encore à cause de sa longueur; aussi ses oreilles, qui sont
courtes et arrondies, semblent-elles entièrement cachées, et
sa queue n'a guère que l'apparence d'un faisceau de poils
qui descendroit jusques vis-à-vis le milieu des jambes. Ses
yeux sont très-petits : il a cinq doigts à chaque pied, armés
d'ongles forts et crochus. En général le poil du blaireau,
qui est dur, rare et long, est de trois couleurs, blanc,
noir et roux; et, comme chez tous les autres animaux dont
la couleur du poil n'est pas uniforme, c'est de l'étendue
de l'une ou de l'autre de ces trois couleurs sur les poils,
que dépendent les couleurs des différentes parties de l'animal. La tête du blaireau est blanche, excepté le dessous
de la mâchoire inférieure, et deux taches noires qui naissent de chaque côté entre l'extrémité du museau et l'œil,
et qui vont en s'élargissant de manière à envelopper l'œil et
l'oreille, derrière laquelle elles se terminent; elles laissent
entre elles, sur le front, une bande blanche qui les sépare.
La gorge, la face inférieure du cou, la poitrine, les aisselles,
la face intérieure du bras, le ventre, les aines, la face intérieure de la cuisse et des quatre jambes, sont noirs; tout le
reste du corps, excepté les côtes, la queue et les alentours
de l'anus, qui sont d'un blanc sale, est d'un gris roussâtre.

On observe entre l'anus et la queue du blaireau une poche dont l'ouverture est transversale, et des parois de laquelle suinte une matière grasse, très-fétide : on ignore de quel usage cette matière est à l'animal.

Le blaireau a six dents incisives à chaque mâchoire, et deux canines. Les secondes des incisives de la mâchoire inférieure, en commençant à compter par les plus extérieures, sont placées un peu plus en arrière que les autres ; les molaires de la même mâchoire sont au nombre de six, et forment une série non interrompue jusqu'aux canines. La première, qui se trouve à la base de la canine, n'est qu'un petit tubercule linéaire, à peine apparent ; les trois suivantes sont aplaties latéralement et à une seule pointe aiguë : la première des trois est disposée obliquement, et sa pointe n'est point au milieu, comme dans les deux suivantes, mais elle est un peu en avant. Ces dents diffèrent en outre un peu pour la grandeur, de manière que la seconde est sensiblement plus grande que la première, et la troisième que la seconde. La cinquième, la plus grande des six, a trois pointes aiguës et coniques à la partie antérieure, et ces trois pointes forment entre elles un triangle, dont le côté le plus large regarde l'intérieur de la mâchoire ; les deux autres côtés sont égaux : la partie postérieure a quatre tubercules moins aigus que les premiers et disposés par paires, l'une à la face extérieure de la mâchoire, l'autre à la face intérieure. La dernière de ces dents est ronde, petite, et garnie de tubercules peu distincts. La mâchoire supérieure a cinq dents molaires, formant également une série non interrompue jusqu'aux canines. La première est linéaire, et petite comme celle d'en bas ; la seconde et la troisième sont entièrement semblables à celles du même rang de la mâchoire inférieure : la quatrième, au lieu d'être étroite, est triangulaire ; c'est proprement la quatrième dent de l'autre mâchoire, dont la face intérieure se seroit prolongée vis-à-vis de la première canine. Ce prolongement est plat et donne à cette dent la faculté de broyer tandis que par sa face extérieure elle a la faculté de couper. La dernière de ces dents est très-grande et presque aussi large que longue. La face extérieure présente trois tubercules

obtus ; la face intérieure, deux tubercules, ou plutôt deux
crêtes plus obtuses encore : celle de la partie antérieure est
la plus petite ; l'autre est plus étendue, mais elle semble
partagée en deux par une légère échancrure qu'on aperçoit
dans son milieu. Au centre de cette dent on voit trois petits tubercules, dont le premier s'appuie sur le premier
tubercule de la face extérieure, et le dernier sur le troisième de cette même face.

La conformation de ces dents indique suffisamment que le
blaireau se nourrit à la fois de viande et de fruits. C'est un
animal solitaire, qui passe la plus grande partie de sa vie
au fond d'un terrier, oblique et tortueux, qu'il se creuse
facilement à l'aide de ses forts ongles. Il ne sort guère de
son gîte que la nuit, pour chercher sa nourriture, ou une
femelle au temps des amours.

Il tient toujours son manoir propre, et l'on dit même
que le renard, pour profiter du terrier du blaireau, l'en
chasse en faisant ses ordures à l'entrée ; alors le blaireau
va à peu de distance se creuser un nouveau gîte. Les blaireaux femelles mettent bas en été, et ont soin de préparer
auparavant pour leurs petits un lit d'herbe et de mousse ;
leur portée est ordinairement de trois ou de quatre : elles
les nourrissent de lapereaux, de mulots, de lézards, et de
miel, lorsqu'elles découvrent des nids de bourdons. On voit
quelquefois les petits téter et jouer auprès de leur mère
au bord du terrier.

Les jeunes blaireaux s'apprivoisent assez facilement ; ils
sont frileux et cherchent la chaleur : ils suivent comme
les jeunes chiens la personne qu'ils connoissent et qui les
nourrit.

Le blaireau n'est encore connu que dans les parties tempérées de l'Europe. Les animaux des autres parties du monde
auxquels les voyageurs ont donné le nom de blaireau, ou
sont encore trop mal connus pour savoir si ce nom leur
appartient en effet, ou sont des animaux très-différens du
blaireau, et ont reçu ce nom à tort. Voyez BLAIREAU BLANC,
BLAIREAU PUANT, BLAIREAU DE ROCHE.

On chasse le blaireau avec le basset, qui pénètre dans
son gîte, l'accolle, et donne ainsi les moyens de le prendre

avec des pinces, en ouvrant le terrier par dessus. Les chiens attaquent rarement le blaireau, qui a la mâchoire très-forte, et qui possède surtout une arme puissante dans ses ongles; aussi, lorsqu'il est surpris hors de son gîte, il se couche sur le dos et se défend ainsi avec beaucoup d'avantage contre les chiens.

On chasse aussi cet animal au collet, en tendant le piége sur son passage. Quelquefois on l'attend à l'affût.

Autrefois la chasse de cet animal étoit plus suivie, parce qu'il étoit plus commun; aujourd'hui il est assez rare. Sa chair n'est point désagréable à manger, et sa peau est employée comme fourrure grossière: son poil a la propriété singulière de ne point se feutrer; c'est pourquoi on s'en sert très-avantageusement pour la fabrication des brosses employées dans des circonstances qui favoriseroient le feutrage. Les meilleures brosses à barbe se composent avec ce poil.

Quelques auteurs ont parlé de deux sortes de blaireaux, l'un à museau de cochon, et l'autre à museau de chien : la plupart des chasseurs parlent aussi de ces deux espèces, et cependant il n'a pas encore été possible, malgré les recherches de plusieurs naturalistes, de découvrir la vérité à cet égard. La question sur l'existence de ces deux espèces reste donc encore indécise. (F. C.)

BLAIREAU BLANC. (*Mamm.*) Réaumur a reçu de la Nouvelle-Yorck, sous le nom de blaireau blanc, un animal qui avoit, depuis le bout du museau jusqu'à l'extrémité de la queue, soixante-sept centimètres (un pied neuf pouces) de long, des yeux petits, des oreilles et des jambes courtes, avec des ongles blancs; son corps étoit couvert de poils très-épais, blancs dans toute la partie supérieure du corps, et jaunâtres à la partie inférieure.

Brisson en a fait une espèce de blaireau, et Buffon l'a regardé comme une variété du blaireau ordinaire : le Muséum d'histoire naturelle de Paris possède l'individu qui a servi de type à cette description, et il ne paroît être autre chose qu'une variété albine du raton. (F. C.)

BLAIREAU PUANT. (*Mamm.*) Lacaille donne ce nom à une espèce de marte du cap de Bonne-Espérance, qui répand une odeur excessivement puante lorsqu'elle court quelque danger : c'est le zorille de Buffon et le *viverra zorilla*, L. Voyez Marte. (F. C.)

BLAIREAU DE ROCHE (*Mamm.*), traduction du mot hollandois *klipdas*, qui a été donné au daman, *hyrax capensis*, L. Voyez Daman. (F. C.)

BLAIREAU DE SURINAM. (*Mamm.*) Brisson donne le nom de *meles surinamensis* à l'animal que Séba décrit sous les noms d'*ichneumon*, d'*yzquiepatl*, et Linnæus sous celui de *viverra quasje*, qui paroît être le même que son *viverra nasua*, ou le coati noirâtre de Buffon, quoique ce dernier auteur rapporte l'ichneumon de Séba à son coase ; cette derniere synonymie est certainement fausse. Voyez Coati. (F. C.)

BLAIRIE (*Bot.*), *Blæria*, Linn., genre d'arbustes dont Wildenow compte huit espèces, toutes du cap de Bonne-Espérance, analogues aux bruyères, et qui diffèrent principalement de ce genre nombreux, en ce que les étamines n'y sont qu'au nombre de quatre, et qu'elles n'ont point cet appendice qui a fait donner le nom de bicornes aux bruyères et autres genres de la même famille des éricinées. La capsule est à quatre loges, comme dans les bruyères, mais non pas à quatre valves ; elle s'ouvre par les angles.

L'espèce la plus commune dans les jardins de botanique est le *blæria ericoides*, figuré par Petiver, t. 2, f. 10, sous le nom d'*erica* ; elle ne fleurit qu'en Septembre.

On en élève une seconde espèce qui fleurit en Juillet, et à laquelle la nature de son feuillage a fait donner le nom de blérie mousseuse, *blæria muscosa*, *W*. (D. de *V*.)

Houston le premier avoit donné le nom de Blair, botaniste anglois, à une plante que Linnæus crut devoir depuis réunir au genre Verveine. S'emparant ensuite du nòm de *blairia*, changé par lui en *blæria*, il l'appliqua au genre que nous venons de décrire, et qui l'a conservé, quoique plus récemment Thunberg, dans son Prodrom. plant. Cap., ait essayé de le détruire en le confondant avec la bruyère. On a reconnu, depuis Linnæus, que le genre Verveine contenoit plusieurs espèces qui devoient en être séparées : la plante de Houston étoit de ce nombre, et forma le genre

Priva d'Adanson ; Scopoli établit avec d'autres son genre *Zapania*. Gærtner en détacha aussi trois, et voulut rétablir en leur faveur le nom de *blairia*; mais l'une d'elles appartient au *priva*, et les deux autres ont été reportées au *zapania* par Lamarck, qui a adopté ce dernier genre dans ses Illustrations. Voyez Priva et Zapanie. (J.)

BLAIRIE (Droit de). (*Agric.*) C'est celui qu'avoient les seigneurs de permettre à leurs habitans de mener leurs bestiaux sur les chemins publics, sur les terres à grains et les prés de leurs seigneuries, après l'entière dépouille : ce droit est plus connu sous le droit de vaine pâture. Voyez Vaine pature.

Blairie vient probablement du latin *bladum*, *blaium*, blé : aussi dans certains pays, comme dans le département de la Seine - inférieure (pays de Caux) et autres, appelle - t - on *blairi* les champs nouvellement dépouillés de leurs blés. (T.)

BLAKEA (*Bot.*), Linn., Juss., genre de plantes de la première section de la famille des melastomées, qui comprend des arbrisseaux et des arbres de l'Amérique méridionale. Les fleurs des blakeas sont situées aux aisselles des feuilles, et presque solitaires ; elles ont un calice à limbe entier, à six angles, et entouré à sa base de six écailles rangées sur trois rangs. La corolle est composée de six pétales égaux. Les étamines sont au nombre de douze : leurs filamens sont droits ; leurs anthères se touchent et forment une espèce d'anneau. L'ovaire est couronné par les bords du calice ; il se change en une capsule à six loges. Les arbres de ce genre, observés par Brown et Aublet, dans l'Amérique, sont encore très-peu connus.

Le Blakea a trois nervures, *Blakea trinervia*, Linn., Brown., Janv. 323, t. 35, est un joli arbre, qui s'élève à vingt ou trente pieds de hauteur ; on le plante dans les jardins, où il produit un effet agréable. Ses feuilles sont très-entières, dures au toucher, et munies de trois nervures.

Aublet a donné ce nom générique à un arbre de la Guiane, dont le calice est à cinq lobes à son limbe, qui est caduc ; sa corolle est à huit ou neuf pétales, munis d'un onglet, et les étamines, au nombre de seize à vingt, ont leurs anthères réunies. Le fruit, qui porte le nom de *méle* ou *corme* à la Guiane, est une baie à plusieurs loges, pulpeuse à l'intérieur, et couronnée par le calice. Aublet et Lamarck ont traduit le nom latin de *blakea* par celui de mêlier, parce que son fruit est nommé mêle à Caïenne à cause de sa ressemblance avec le fruit du cormier.

Comme ces deux genres paroissent différer, nous avons conservé le premier nom, donné par Brown en mémoire de Martin Blake, cultivateur éclairé des sciences à Antigoa, qui l'avoit secondé dans ses recherches botaniques. (J. S. H.)

BLAKWITE. (*Ornith.*) Cet oiseau de la Nouvelle-Galle du Sud est le *corvus melanoleucus*, Lath. Voyez Corbeau. (Ch. D.)

BLAMARÉ (*Bot.*), nom languedocien du maïs. (J.)

BLANC (*Physiol. végét.*), maladie des végétaux. On nomme ainsi deux maladies aussi distinctes par leurs effets que par leurs causes : l'une peut attaquer toutes les espèces de végétaux ; l'autre n'attaque guère que les arbres fruitiers.

La première, que nous nommerons blanc sec, est générale ou partielle.

Quand la maladie est générale, les feuilles du sommet et les extrémités supérieures des tiges blanchissent d'abord ; puis, la pâleur se répandant sur les parties inférieures, les feuilles s'inclinent vers la terre, se fanent, et la plante ne tarde pas à périr.

On prévient quelquefois les effets de cette maladie en arrosant abondamment les plantes qui en sont incommodées ; mais le remède le plus sûr est de retrancher les sommités attaquées, et d'empêcher par ce moyen que le mal ne fasse des progrès.

Les plantes venues en pleine terre ne sont guère sujettes à cette maladie. Elle se montre particulièrement dans les plantes venues sur couche, sous cloche ou sous châssis. Les melons et les concombres en sont souvent attaqués ; il en est de même des *hortensia* exposés au grand soleil.

Cette maladie a des symptômes tels qu'on seroit tenté de la confondre avec l'étiolement, si l'on ignoroit qu'elle est due à une cause contraire.

Le blanc sec partiel est une maladie locale. Les feuilles se marquent de taches blanches. Cet accident n'a point de suites graves lorsqu'il n'atteint qu'un petit nombre de feuilles; mais lorsque tout le feuillage d'une plante herbacée en est affecté, la plante périt.

Les arbres ne meurent point des suites de ce mal.

On croit que le blanc sec est produit par l'altération du tissu cellulaire, altération due à trop d'humidité suivie d'une évaporation trop considérable.

On a remarqué que le blanc sec partiel se développoit en été quand des ondées passagères sont suivies de coups de soleil violens.

Nous nommerons blanc mielleux la seconde maladie, qui n'a été observée, comme nous l'avons dit précédemment, que dans les arbres fruitiers, et notamment dans l'abricotier, le prunier et le pêcher. Elle est désignée dans plusieurs auteurs sous le nom de lèpre ou de meunier.

Elle se manifeste dès la fin de Juin, et durant les mois de Juillet, d'Août et de Septembre. Les petites feuilles de l'extrémité des rameaux se couvrent d'une substance blanchâtre, mielleuse, qui transsude à travers les pores allongés de l'épiderme, et qui paroît au microscope comme une multitude de filets collés les uns aux autres. Le mal gagne insensiblement les parties inférieures; il attaque toutes les feuilles; il détermine leur chute prématurée, et occasionne, par cette raison, l'avortement des boutons à fruits qui étoient destinés à se développer l'année suivante.

On guérit l'arbre en retranchant les parties malades, ou simplement en les lavant avec soin, dès que les premiers symptômes paroissent; par ce moyen on dégage les pores obstrués, et la transpiration se rétablit.

Il semble, d'après ce que nous venons de dire, que les excrétions qui ont lieu dans cette maladie ne sont nuisibles aux végétaux que parce qu'elles s'accumulent à la superficie des feuilles, qui ne peuvent plus alors remplir leurs fonctions ordinaires.

On ignore absolument ce qui produit cet épaississement et cette altération des fluides.

Cette maladie, que quelques cultivateurs regardent comme contagieuse quoiqu'ils n'en donnent pas de preuves suffisantes, est beaucoup plus rare dans les départemens méridionaux que vers le nord de la France; et l'on remarque que les arbres que l'on rogne, que l'on pince, ou qui sont couverts de mousse, de chicots, de chancres, etc., y sont plus sujets. (B. M.)

BLANC. (*Chim.*) La couleur blanche, ou le blanc comme couleur, est plutôt l'absence de toute couleur qu'une couleur proprement dite. Le corps le plus blanc est celui qui réfléchit complétement la lumière : c'est l'opposé du noir, qui l'absorbe toute entière. On croit que la couleur blanche des corps dépend de la structure des surfaces, ou des molécules qui les constituent, et qui est telle que la lumière est repoussée sans aucune absorption. Les corps blancs sont ceux qui s'échauffent le plus lentement par le contact des rayons solaires. (F.)

BLANC D'ALBATRE. (*Chim.*) Le blanc d'*albâtre*, employé depuis quelques années par les peintres en bâtimens, est du sulfate de chaux, ou albâtre gypseux, pur, tel que celui de Lagny, qu'on calcine et qu'on broie ensuite à l'eau pour lui donner la forme de pains. C'est en effet un très-beau blanc, qui ne change pas, mais qui a peut-être un peu trop de transparence, et dont il faut employer une trop grande quantité. Voyez SULFATE DE CHAUX. (F.)

BLANC DE BALEINE. (*Chim.*) Le blanc de baleine, fort improprement nommé *sperma ceti*, est une matière grasse, concrète, tenant le milieu entre la graisse et la cire, que j'ai nommée à cause de cela adipocire. On retire cette matière d'une cavité particulière de la tête de plusieurs espèces de cachalots, surtout du *physeter macrocephalus*, la même espèce qui paroît fournir l'ambre gris. On l'extrait aussi de l'huile de ce cétacé, et de celle des poissons en général, d'où elle se sépare par le repos : on la purifie par la fusion et en la passant fondue à travers des tamis ou toiles de crin. On la purifie aussi en la soumettant à la presse, pour en faire sortir l'huile brune qu'elle contient, et en la fondant ensuite comme il vient d'être dit. Cette matière, cristallisée, brillante, demi-transparente, est dissoluble dans l'alcool; elle brûle avec une flamme blanche, et est beaucoup plus utile à la fabrication des bougies qu'à

l'usage médicinal, auquel on l'employoit beaucoup autrefois. Voyez les mots Baleine, Cachalot, Adipocire. (F.)

BLANC DE BISMUTH. (*Chim.*) Voyez Blanc de fard.

BLANC DE CÉRUSE. (*Chim.*) C'est un oxide ou un
carbonate de plomb, mêlé de carbonate de chaux. Voyez
Plomb et Blanc de plomb. (F.)

BLANC DE CHAMPIGNON (*Bot.*), terme de jardinier
pour désigner une masse de racines filamenteuses dont
les fumiers sont quelquefois chargés, qui n'est autre chose
que le premier développement des graines de champignons,
et qu'ils recueillent avec soin pour garnir les couches qu'ils
préparent à l'effet de se procurer un grand nombre de ces
plantes. Voyez Champignon. (P. B.)

BLANC DE CRAIE. (*Chim.*) C'est de la craie ordinaire,
ou du carbonate de chaux, extrait des carrières, broyé
avec de l'eau, ramassé au fond de ce liquide, formé en
pains cylindriques, et séché à l'air. On en prépare à Meudon, à Bougival et dans plusieurs autres endroits des environs de Paris. C'est le blanc le plus fréquemment et le
plus abondamment employé pour les bâtimens ; on le mêle
avec la colle pour le faire adhérer aux murs et l'empêcher
de s'en aller par le frottement. Voyez Carbonate de chaux.
(F.)

BLANC D'EAU (*Bot.*), un des noms vulgaires du nénu-
far blanc. (J.)

BLANC D'ESPAGNE. (*Chim.*) C'est une des dénominations populaires du blanc de craie préparé en pains. (F.)

BLANC-NEZ. (*Mamm.*) Ce nom a été donné par Allamand
à une espèce de quadrumane de la famille des guenons.
C'est le *simia petaurista* de Schreber, l'ascagne d'Audebert,
etc. Voyez Singes. (F. C.)

BLANC DE PLOMB. (*Chim.*) Le blanc de plomb est un
acétate de ce métal, fabriqué par le contact durant quelques
jours entre les lames de plomb et l'acide acétique. On
se sert, pour cette fabrication très-délicate et très-utile,
d'acide acétique fait avec du vin, de la bière, des grains,
des farines, des pommes de terre, des racines, des feuilles. On
suspend dans les pots des lames de plomb roulées, qui s'oxident par la vapeur ; on plonge les pots dans du fumier, ou

on les tient dans une étuve dont la température excède quinze à vingt degrés ; on détache l'oxide, on le broie à l'eau, on en forme des pains, qu'on débite dans le commerce. Ce travail exige beaucoup d'attention et de propreté : on n'y réussit pas aussi facilement qu'on le croiroit au premier aspect. Voyez PLOMB. (F.)

BLANC DE ZINC. (*Chim.*) Les chimistes ont proposé de substituer l'oxide de zinc, précipité du sulfate de ce métal par la potasse, au blanc de plomb ; en effet ce nouveau blanc ne noircit pas comme le plomb, et n'expose point ceux qui le travaillent ou qui l'emploient aux maladies que le blanc de plomb fait naître : mais les peintres n'estiment pas le blanc de zinc ; il est trop léger, trop peu coulant ; il n'a ni la beauté, ni la finesse, ni la richesse du blanc de plomb. Voyez ZINC. (F.)

BLANCHARD. (*Ornith.*) Cette espèce d'aigle est le *falco albescens*, Daud., Lath. Voyez AIGLE. (Ch. D.)

BLANCHE. (*Ornith.*) Sonnini a, dans ses Supplémens à l'Histoire naturelle de Buffon, désigné par la seule épithète de *la blanche* une hirondelle de mer dont le plumage est en effet entièrement blanc, mais à laquelle il auroit été plus régulier de conserver sa dénomination substantive. C'est le *sterna alba*, Gmel. Voyez STERNE. (Ch. D.)

BLANCHE-COIFFE (*Ornith.*), corbeau de Cayenne, *corvus cayanus*, L. (Ch. D.)

BLANCHE-QUEUE (*Ornith.*), nom vulgaire du jean-le-blanc, *falco gallicus*, L. (Ch. D.)

BLANCHE-RAIE. (*Ornith.*) C'est l'étourneau des Terres Magellaniques, *sturnus militaris*. (Ch. D.)

BLANCHET (*Ichtyol.*), nom spécifique d'un osmère. Voy. OSMÈRE. (F. M. D.)

BLANCHET (*Rept.*), nom d'une espèce d'ophidien, du genre des amphisbènes, figurée dans le Trésor de Séba, tom. II, pl. 24, fig. 1. Voyez AMPHISBÈNE. (C. D.)

BLANCHET. (*Chim.*) C'est le nom qu'on donne, dans les laboratoires de chimie, aux linges blancs ou aux étoffes de laine blanche, plus ou moins fines, à travers lesquelles on fait filtrer les liqueurs pour en séparer quelques corps étrangers. (F.)

BLANCHETTE (*Bot.*) ; nom vulgaire de la mâche, *valeriana locusta*. On le donne aussi à l'ansérine maritime, *chenopodium maritimum*, plus connue cependant sous celui de blanquette. (J.)

BLANCHIMENT. (*Chim.*) Dans les arts chimiques on connoît sous le nom de blanchîment l'opération par laquelle on blanchit les fils ou les tissus jaunes, fauves, ou colorés naturellement, comme le sont presque toutes les fibres végétales. Cette couleur, comme la plupart des matières colorantes des plantes, se détruit par une longue exposition à l'air ; aussi blanchit-on les toiles en les exposant sur des prés et en les arrosant d'une certaine quantité d'eau. On les blanchit aussi quelquefois avec des lessives alcalines, soit à froid, soit à chaud, soit en les faisant pénétrer par une vapeur d'eau bouillante qui entraîne avec elle une certaine quantité d'alcali fixe.

On opère aujourd'hui beaucoup de blanchîmens par un procédé beaucoup plus rapide que les précédens, et qui consiste dans l'action de l'acide muriatique oxigéné. Ce procédé, dû à Bertholet, opère le blanchîment des toiles en quelques heures : on y allie en même temps l'action des lessives alcalines, qui ont la propriété de dissoudre la matière colorante déjà blanchie par l'acide ; sans cette addition la couleur revient en partie et les toiles jaunissent par l'exposition à l'air.

On blanchit par le même procédé, et avec beaucoup d'avantages, les papiers, les feuilles imprimées, les estampes, les étoffes de toile teinte. Il a rendu beaucoup de services aux arts, et il a influé d'une manière notable sur leur prospérité. (F.)

BLANCHIMENT ARTIFICIEL. (*Chim.*) C'est celui dont il vient d'être question dans l'article précédent, et qui se fait par les acides ou les sels oxigénés, et par les alcalis. (F.)

BLANCHIMENT NATUREL. (*Chim.*) Le blanchîment naturel consiste dans la destruction des couleurs des fils, des étoffes végétales et des solides animaux, par le contact de l'air, de l'eau et du soleil. (F.)

BLANCHISSAGE. (*Chim.*) Le mot blanchissage s'applique

plus particulièrement à l'opération par laquelle on blanchit le linge sale dans les ménages. C'est avec des alcalis fixes, de la potasse ou de la soude, qu'on fait cette opération, qui porte alors le nom de LESSIVE. Voyez ce mot. Pour les linges faits, on n'emploie que le savon et les rinçages abondans. (F.)

BLANCHISSERIES. (*Chim.*) On donne ce nom aux établissemens dans lesquels on blanchit les tissus et les étoffes au moyen de l'acide muriatique oxigéné. On les nomme blanchisseries bertholiènes. (F.)

BLANCULET (*Ornith.*), nom vulgaire du motteux, *motacilla œnanthe*, L. (Ch. D.)

BLANDE. (*Rept.*) La salamandre terrestre porte ce nom à Marseille et à Montpellier. (C. D.)

BLANGLAX (*Ichtyol.*), nom donné au saumon dans quelques parties de la Suède. Voyez SALMONE. (F. M. D.)

BLANKARA (*Bot.*), nom donné par Adanson au genre de mousse ORTHOTRIC. Voyez ce mot. (P. B.)

BLANOV (*Ichtyol.*), nom donné dans les Indes orientales, selon Lacépède, au muge céphale. Voyez MUGE. (F. M. D.).

BLANQUETTE (*Bot.*), nom vulgaire de l'anserine maritime, *chenopodium maritimum*. Voyez BLANCHETTE. (J.)

BLAPS (*Entom.*), *Blaps*, genre d'insectes coléoptères qui ont cinq articles aux tarses de devant, quatre à ceux de derrière, les antennes moniliformes, les élytres dures, soudées, embrassant le ventre; et que nous avons rangés dans la famille des photophyges ou lucifuges.

C'est Fabricius qui a formé ce genre, en rapprochant quelques espèces de celui des ténébrions de Linnæus. Degéer l'avoit déjà indiqué. Son nom est grec, $\beta\lambda\alpha\xi$ (*blax*), et signifie lent, paresseux, qui n'est bon à rien. Il peint assez bien le caractère de cet insecte, dont la démarche est en effet très-lente.

Les blaps sont faciles à distinguer de tous les genres de la même famille : d'abord des érodies et des cossyphes, parce que leur corps n'est point aplati, ni leurs antennes en masse; et des opatres, sépidies, scaures, eurychores et pimélies, parce que leurs antennes sont à articles cylindriques, et que le troisième est toujours beaucoup plus long que les autres.

Voici comment nous les caractérisons.

Caract. Corps bossu, rétréci en avant ; à élytrés soudées, prolongées en queue sur un abdomen tronqué : antennes filiformes ; le troisième article beaucoup plus long ; les trois avant-derniers globuleux, rapprochés : corselet presque carré, plus étroit que les élytres.

On ne connoît point la larve des blaps, quoique sous l'état parfait l'insecte soit fort commun.

On les trouve dans les lieux humides, sous les pierres, sous les plantes qui se pourrissent, dans les jardins, dans les caves, sous les tonneaux et les solives, sous les planchers. Ils restent cachés pendant le jour et ne marchent guère que la nuit. Leur marche est extrêmement lente. Ils ne paroissent avoir aucune espèce d'instinct pour fuir le danger. Ils exhalent, lorsqu'on les saisit, une odeur très-singulière, qui approche de celle du muriate de mercure lorsqu'on mêle ce sel avec du soufre. C'est une odeur comme minérale, qui paroît provenir d'une humeur qu'ils rendent par l'anus, et qui se sécrète dans des canaux, où on l'aperçoit par sa couleur verte au travers des membranes, lorsqu'on enlève les anneaux de l'abdomen.

Ce genre ne renferme que cinq ou six espèces d'Europe. Fabricius, dans la dernière édition de son ouvrage, l'a divisé en deux : l'un, qu'il désigne sous le nom de platynote, qui signifie dos plat, renferme un grand nombre d'espèces qui sont la plupart étrangères. Il a laissé dans le genre que nous décrivons les espèces suivantes et une douzaine d'autres.

1. BLAPS GÉANT, *Blaps gigas.*

Caract. Noir : corselet élevé en bosse, plus large au milieu ; élytres très-lisses.

On le trouve dans les pays méridionaux de la France. Il a près d'un pouce et demi de long. Il se trouve dans les lieux humides et obscurs.

2. BLAPS ANNONCE-MORT, *Blaps mortisaga.*

Panz. F. G. Fasc. 3 , n.° 3.

Caract. Noir : élytres et corselet finement et irrégulièrement ponctués.

Cet insecte est un des plus connus ; les enfans le nomment dans quelques provinces mère à poux. Les anciens auteurs l'ont décrit sous le nom de blatte fétide ou de scarabée puant. La femelle diffère du mâle en ce qu'elle a sous l'abdomen , entre le premier et le second anneau, une brosse ou bouquet de poils roides, de couleur jaune, qu'elle frotte sur les corps durs pour appeler son mâle ; ce qui se remarque au reste dans plusieurs autres espèces et dans le genre Pimélie. Geoffroy a nommé cet insecte ténébrion à prolongemens.

3. BLAPS SILLONNÉ, *Blaps sulcata.*

Caract. Noir : à élytres sillonnées ; neuf stries sur chacune.

Cet insecte vient d'Égypte ; il est un peu plus petit que celui des environs de Paris. Il nous a été donné par Savigny. Forskal, qui l'a décrit, l'a nommé polychreste, c'est-à-dire qui sert à beaucoup d'usages. On dit qu'on le mange dans le pays pour engraisser, et que c'est un très-bon spécifique contre la morsure des scorpions. On le vante aussi comme remède dans les douleurs d'oreilles. Nous ignorons quelle espèce de confiance on doit ajouter à ces prétendues propriétés ; mais il est probable que c'est un moyen empyrique, comme tant d'autres préjugés. (C. D.)

BLASIE (*Bot.*), *Blasia,* genre de plantes de la famille des hépatiques.

Caract. gén. Fructification bisexuelle, sessile au sommet des divisions des feuilles : base, ou ovaire, monoloculaire, polysperme, placée entre les deux surfaces, à l'extrémité d'une côte verdâtre et peu apparente ; terminée par un tube (pistil) évasé et cyathiforme à son extrémité : poussière fécondante, blanche, nue, agglomérée en masse ovale dans l'évasement du tube : semences nombreuses , ovales, d'un roux clair.

On voit que la description ci-dessus n'est nullement conforme à celle que les naturalistes ont jusqu'à présent donnée de cette plante. Les bornes de ce Dictionnaire ne me permettent pas d'entrer ici dans une longue dissertation : je me bornerai à renvoyer les botanistes à mon ouvrage sur les plantes cryptogames de Linnæus, et à l'article Hé-PATIQUE de ce Dictionnaire. Je ne puis cependant me dispenser de mettre en parallèle avec la description ci-dessus, résultat de nouvelles observations faites sur cette plante, les connoissances qu'on en avoit. Jussieu ayant formé ce genre d'après ce qu'en ont dit les botanistes les plus recommandables, il me suffira de donner ici les caractères qu'il lui attribue.

Plante monoïque ou rarement dioïque. Mâle : points granuleux (capsule, Mich., Linn.), sessiles, épars sur le feuillage, à peine saillans, s'évanouissant. Femelle : calice (mâle, Mich. et Linn.) plus durable, sessile, monophylle, enflé à sa base, entier; rempli de grains poussés hors d'un tube, agglutinés et persistans pendant un certain temps.

Jussieu regarde comme fleur femelle ce qui me paroît une fleur hermaphrodite bien prononcée. En effet, on y remarque deux sortes de poussières, bien différentes par la couleur et par leur position : l'une, blanche et une fois plus petite que l'autre, se trouve placée à nu au sommet d'un tube que je regarde comme le pistil ; l'autre, brunâtre, beaucoup plus grosse, est renfermée dans une capsule ovale. Quant aux points ronds, verts et devenant noirs par la dessiccation, points que Jussieu envisage comme appartenant à la fleur mâle, je les crois entièrement étrangers à la fructification.

On ne connoît qu'une seule espèce de ce genre.

Blasia pusilla : feuillage radical, plane, lobé ; chaque division marquée d'une nervure à l'extrémité de laquelle naît la fructification ; des points noirs, ronds, planes, épars sur le feuillage.

On la trouve en Angleterre. (P. B.)

BLA-SPOL (*Ichtyol.*), nom donné en Norwège au cyprin aspe. Voyez Cyprin. (F. M. D.)

BLASTE (*Bot.*), *Blastus*, genre de plantes établi par

Loureiro sur un arbrisseau de la Cochinchine, *blastus co-chinchinensis*, dont les fleurs, si la description de Loureiro est exacte, offrent des caractères qui n'ont jamais été observés dans aucun autre végétal : c'est d'avoir les ovaires sur le dos des anthères. Get arbrisseau est haut de six pieds, très-rameux, et ses feuilles, lancéolées et opposées, sont traversées par trois nervures. Les fleurs sont blanches et disposées plusieurs ensemble sur des pédoncules épars sur les rameaux. Elles ont chacune un calice à quatre dents ; quatre pétales attachés au fond du calice ; autant d'éta-mines, et environ vingt ovaires, placés, suivant Loureiro, sur le dos des anthères, qui sont grandes et courbées. Les ovaires, terminés chacun par un style délié et un stigmate peu apparent, deviennent autant de fruits enveloppés dans les calices, qui prennent de l'accroissement, et attachés sur les anthères, qui persistent après la floraison.

Ces caractères n'ont pas été figurés par Loureiro, et sont si extraordinaires qu'on ne peut les croire exacts avant de les avoir vérifiés par de nouvelles observations ; et il est plus que probable que ce que l'on prend pour des étamines, appartient exclusivement à l'organe femelle. (Mas.)

BLATIER (*Agric.*), homme qui fait le commerce de blé. Il sembleroit que ce nom eût pris naissance en Provence, où le blé s'appelle le blat : ou plutôt blatier et blat ont la même origine ; ils viennent du mot latin *bladum*, blé. Du temps de S. Louis il y avoit à Paris une commu-nauté de blatiers, qui avoit des statuts. Les blatiers al-loient chercher des grains dans les villages, chez les petits propriétaires, ou dans les marchés où il y avoit peu de débouchés, et les transportoient dans d'autres marchés ; ils les falsifioient, souvent même les dénaturoient, comme on peut bien le penser. Depuis que les provinces de France sont percées d'une plus grande quantité de routes et de grands chemins, le nombre des blatiers a beaucoup diminué. Les fermiers et métayers mènent eux-mêmes, avec leurs voitures, les grains de leur récolte aux marchés, qui se sont aussi multipliés. Des marchands de profession se sont établis pour acheter ces grains et les revendre, soit dans les villes, soit à des meuniers, pour l'approvisionnement des villes, soit même à l'étranger, dans le cas d'exportation libre. Les blatiers ne sont plus que de très-petits marchands, qui vont encore dans les pays de mauvais chemins acheter des grains qu'ils transportent sur des chevaux, des ânes ou des mulets. (T.)

BLATTAIRE (*Bot.*) , *Blattaria*, genre de plantes que Tournefort distinguoit de la molène, *verbascum*, par sa capsule globuleuse et non ovoïde , par ses fleurs en épis plus lâches. Linnæus n'a pas cru ce caractère distinctif suffisant, et il a réuni les deux genres sous le nom de *verbascum*. La blattaire a été nommée improprement herbe aux mites, parce qu'elle est souvent chargée d'anthrènes, que l'on nommoit vulgairement mites. Voyez MOLÈNE. (J.)

BLATTE (*Entom.*), *Blatta*, genre et famille d'insectes de l'ordre des orthoptères. C'est Linnæus qui lui a donné ce nom, tiré du verbe grec βλαπτω (*blapto*), qui signifie je nuis, je fais tort; parce qu'en effet, comme on le verra par la suite de cet article, ces insectes font beaucoup de tort à l'homme.

On distingue assez facilement les blattes des autres insectes orthoptères : d'abord d'avec les grylloïdes, parce que jamais elles n'ont les pattes de derrière excessivement allongées et propres au saut; des perce-oreilles ou forficules, parce que celles-ci n'ont que trois articles aux tarses; enfin de la famille des mantes, parce que leurs élytres sont plates, horizontales et non en fourreau, et parce que le corselet, plus large que long , n'est point étroit et allongé. Voyez ORTHOPTÈRES.

Nous donnons au genre Blatte les caractères suivans.

Caract. Corps ovale, allongé, déprimé, plane en dessus ; tête inclinée, courte, cachée sous le corselet ; antennes sétacées, longues, à articles nombreux, insérées au dedans des yeux ; corselet scutiforme, couvrant la tête et l'origine des élytres ; abdomen terminé par deux appendices coniques ; pattes comprimées, longues, à jambes épineuses ; tarses à cinq articles.

Ainsi que les autres orthoptères, les blattes ne subissent point de métamorphose complète. Leurs larves et leurs nymphes ressemblent à l'insecte parfait : elles n'en diffèrent que parce qu'elles sont privées d'ailes, ou qu'elles n'en ont seulement que des rudimens. Les femelles, comme celles des hippobosques, pondent leurs œufs successivement et un à un. Cet œuf a une figure toute particulière ; il est fort gros, cylindrique, arrondi aux deux extrémités, et porte sur sa longueur une ligne saillante en carène. Son volume est aussi considérable que la moitié du ventre. Il reste sept à huit jours engagé entre les deux lames de la vulve, avant d'être abandonné par la femelle.

La blatte étoit connue des anciens : ils la nommoient lucifuge, *lucifuga*, qui fuit la lumière ; parce qu'en effet cet insecte aime l'obscurité et qu'on ne le voit que la nuit. Il court avec beaucoup de vitesse. Plusieurs espèces vivent dans les bois : quelques-unes, comme celles d'Orient et d'Amérique, se sont établies dans nos habitations, et y font beaucoup de tort, parce qu'elles dévorent le sucre et toutes les substances animales et végétales qu'on n'a pas eu le soin de renfermer dans des armoires bien closes ; elles détruisent les vêtemens, les cuirs, le coton, la laine, les comestibles, surtout le fromage et la mie de pain. Elles portent une odeur fort désagréable. On les voit rarement le jour, parce qu'elles se retirent dans les trous de murailles, entre les planchers et sous les armoires : mais le soir elles sortent toutes de leur retraite, aussitôt que les lumières sont retirées, et dans le calme de la nuit ; alors elles couvrent les tables des cuisines, se jettent avec voracité sur les restes d'alimens, dont elles ne laissent pas un atome. Elles s'échappent au moindre danger, courent très-vite et sont difficiles à saisir.

Il y a beaucoup d'espèces de ce genre en Europe : les plus communes aux environs de Paris, sont les suivantes.

1. BLATTE D'AMÉRIQUE, *Blatta americana.*

Degéer, tom. III, p. 535, n.° 1. *Kakkerlac.* Pl. 44, fig. 1 - 3.

Caract. Jaune-roux : corselet à deux taches et bords plus foncés.

C'est la plus grande espèce que nous trouvions dans ce

pays. Elle est fort commune, les soirs et pendant la nuit, dans les serres du Musée d'histoire naturelle, où elle a été apportée, il y a quatre ou cinq ans, avec des caisses de plantes. Elle a plus de trois pouces de long, en y comprenant les antennes. Tout son corps est ferrugineux. Le corselet seulement présente une ligne large, d'un jaune pâle, qui encadre une tache plus foncée. Elle fait beaucoup de tort en Amérique, où elle dévore le sucre. On ne s'est point encore aperçu de ses ravages au Jardin des plantes.

2. BLATTE DES CUISINES, *Blatta orientalis.*

Geoff. Insect. tom. I, p. 343, n.° 1, pl. VII, fig. 5. Vulg. *Bête noire des cuisines ; Noirot ; Grugeur ; Bête des boulangers.*

Caract. Brun en dessus, plus clair en dessous ; élytres à un sillon longitudinal.

C'est l'espèce la plus commune dans ce pays. Elle paroît être arrivée en Europe par le commerce du Levant, dont elle aura suivi les caisses. Ces blattes aiment la chaleur ; aussi les trouve-t-on principalement dans les cuisines des hôpitaux, autour des chaudières au bouillon, et chez les boulangers, où elles habitent dans les fentes des murailles près des fours. Elles sont une peste pour les cuisines. On prétend que le grillon des champs les détruit.

3. BLATTE LIVIDE, *Blatta livida.*

Degéer, tom. III, p. 538, n.° 4. Pl. XLIV, fig. 6.

Caract. D'un brun pâle ; à pattes et dessous du corps plus pâles encore : élytres pointues, de la longueur de l'abdomen.

On trouve souvent cet insecte dans les bois, où il grimpe et court avec la plus grande vivacité sur les tiges des graminées. Il n'a que le quart de la grosseur de la précédente espèce.

4. BLATTE DE FRANCE, *Blatta gallica.*

Caract. Grise, à taches jaunes ; élytres livides.

Elle est fort commune, le soir et les jours obscurs, dans

les bois de haute futaie; elle se trouve sous les fougères ou sous les feuilles sèches.

5. Blatte lapone, *Blatta laponica.*

Geoff. Insect. tom. I , p. 381 , n.° 3. *Blatte jaune.*

Caract. Noire; élytres jaunes avec quelques taches noires, corselet encadré de jaune pâle.

Les herbes des bois de haute futaie sont couvertes quelquefois le soir et pendant quelques jours des plus grandes chaleurs, de cette espèce de blatte, qu'on trouve souvent sans ailes. Linnæus dit que c'est cette espèce qui détruit le poisson que les Lapons conservent séché pour s'en nourrir pendant l'hiver. Il paroît qu'elle s'introduit aussi dans les habitations, car Geoffroy l'a observée chez les boulangers.

6. Blatte d'Allemagne, *Blatta germanica.*

Caract. Livide; corselet à deux lignes parallèles noires.

7. Blatte tachetée, *Blatta maculata.*

Caract. Noire; corselet encadré de pâle; élytres pâles, à taches noires.

Cette espèce a beaucoup de rapport avec la blatte lapone, dont elle n'est peut-être qu'une variété.

8. Blatte bordée, *Blatta marginata.*

Caract. Noire; corselet et élytres noirs, bordés de blanc.

9. Blatte a courtes ailes, *Blatta hemiptera.*

Caract. Brune; à tête, pattes et corselet livides; ailes et élytres moitié plus courtes que l'abdomen.

On trouve fort communément cette espèce à Meudon et dans la forêt de Saint-Germain près Paris, en Juin et Juillet.

10. Blatte cimiciforme, *Blatta cimiciformis.* (Nobis).

Caract. Brune; à élytres plus longues que l'abdomen, croisées en arrière et à demi transparentes.

Nous avons trouvé cette singulière espèce dans un guépier de la Cartonnière de Caïenne (*vespa tatua*).

11. Blatte de Petiver, *Blatta petiveriana.*

Pall. Spicil. zoolog. Fasc. 9, tab. 1 , fig. 5. *Blatta heteroclita.*

Caract. Noire ; chaque élytre à quatre taches jaunes.

C'est la plus belle espèce de ce genre pour les couleurs Elle ressemble, au premier aperçu, à un érotyle. Nous l'avons reçue des Indes.

12. Blatte égyptienne, *Blatta ægyptiaca.*

Caract. Toute noire ; à bord antérieur du corselet blanc.

Elle est plus grande que la blatte des cuisines. Elle nous a été donnée par Savigny, qui l'a rapportée d'Égypte. (C. D.)

BLATTE DE BYZANCE (*Moll.*), nom que portoit, dans les pharmacies, l'opercule de différens coquillages, et particuliérement celui de plusieurs espèces de pourpres. C'est un médicament recommandé par les anciens médecins contre l'hystérie et l'épilepsie, mais qui n'est plus en usage aujourd'hui. (Duv.)

BLATTI (*Bot.*), nom malabare d'un arbre qui croît sur toutes les plages maritimes de l'Inde. Rhéede l'a décrit et figuré, Hort. Malab. tom. III , pag. 40, t. f. 1. Linnæus l'avoit réuni au manglier, *rhizophora;* mais depuis on l'a reconnu avec beaucoup de raison pour un genre particulier d'une famille différente, que les botanistes ont nommé *sonneratia* pour conserver la mémoire du voyageur Sonnerat. Voyez Pagapate, Ambetti. (A. P.)

BLAUFELCHEN (*Ichtyol.*), nom donné par Wartmann et par les Allemands au corégone Wartmann lorsqu'il a sept ans au moins. Voyez Corégone. (F. M. D.)

BLAUFISH. (*Ichtyol.*) C'est le nom qu'on donne en Angleterre à l'holocentre noir. Voyez Holocentre. (F. M. D.)

BLAUKOPF. (*Ichtyol.*) C'est ainsi que les Allemands appellent le lutjan écureuil. Voyez Lutjan. (F. M. D.)

BLAUSTAK. (*Ichtyol.*) C'est ainsi qu'on appelle en Danemarck le labre bleu. Voyez Labre. (F. M. D.)

BLAVELLE, Blavéole, Blaverolle (*Bot.*) , noms vulgaires du bluet. (J.)

BLAVETA (*Bot.*), nom languedocien du bluet. (J.)

BLÉ. (*Agric.*) Le mot françois blé vient du latin *bladum :*

mais ce mot latin, comme le mot françois, est générique ; il exprime toutes sortes de grains propres à faire du pain. Pour en désigner la qualité il falloit ajouter l'espèce : *bladum frumentum*, vouloit dire le froment ; *bladum ab equis*, l'avoine ; *bladum mediatum*, le méteil ; *bladum hiemale*, le blé d'hiver ; *bladum grossum, minutum*, le gros blé, le petit blé.

Quand on dit le commerce des blés ou des grains, on comprend non - seulement les fromens, mais encore le seigle, l'orge, l'avoine.

Dans les pays où l'on ne cultive que du seigle, il porte le nom de blé. On distingue même celui qui se sème en automne de celui qui se sème au printemps, par les mots de blé d'automne ou d'hiver, de gros blé, de blé de printemps ou de Mars, de petit blé.

Le blé de la Saint - Jean est du seigle qui se sème au mois de Juin.

Le blé méteil est le mélange du froment et du seigle.

Le blé d'Inde, ou d'Espagne, ou d'Italie, ou de Turquie, est le maïs.

Trois autres plantes sont appelées blé quoiqu'elles n'aient point de rapport avec les fromentacées : ce sont le blé noir, qui est le sarrasin ; le blé de vache, espèce de mélampirum ; le blé d'oiseau, qui est l'alpiste. Voyez SARRASIN, BLÉ DE VACHE, ALPISTE.

Comme en général le mot blé exprime plus particulièrement le froment, et qu'on donne une infinité de noms différens à ses variétés, pour éviter toute équivoque je traiterai du froment au mot FROMENT, où je tâcherai de développer, le mieux qu'il me sera possible, ce qui concerne cette précieuse graminée.

On distingue beaucoup d'espèces de blés, mais ils appartiennent en général à quelques variétés du froment, auxquelles on a donné différens noms. Je traiterai de ces variétés les plus connues à l'article FROMENT. (T.)

BLÉ D'ABONDANCE, DE MIRACLE, DE SMYRNE. (*Bot.*) On désigne sous ces divers noms une espèce de froment, *triticum compositum*, dont l'épi est rameux, et offre ainsi une sorte de multiplication. Voyez FROMENT. (Lem.)

BLÉ AVORTÉ (*Agric.*), maladie du froment. Voyez
Froment. (T.)

BLÉ AVRILLET. (*Agric.*) C'est un froment qu'on sème
en Avril dans quelques pays, en Mars dans d'autres. Voyez
Froment. (T.)

BLÉ BARBU. (*Bot.*) On donne ce nom au froment,
lorsque ses épis sont garnis de barbes. Quelquefois on
désigne par cette dénomination le sorgo ou grand millet,
dont les fleurs sont aussi munies de barbes ou d'arêtes. (Lem.)

BLÉ CARIÉ (*Agric.*), maladie du froment. Voyez Carie. (T.)

BLÉ CHARBONNÉ (*Agric.*), froment attaqué de la
maladie du charbon. Voyez Charbon. (T.)

BLÉ CORNU. (*Bot.*) C'est ainsi qu'on nomme le seigle
lorsqu'il est atteint de la maladie qu'on appelle ergot, parce
que, dans ce cas, les grains qui sont malades acquièrent
beaucoup plus de volume et prennent la forme d'une petite
corne ou de l'ergot d'un coq. Le froment est quelquefois
ergoté, et reçoit aussi le nom de blé cornu. Voyez Ergot
et Froment. (Lem.)

BLÉ ERGOTÉ. (*Agric.*) On appelle ainsi une maladie
du seigle. Voyez Ergot. (T.)

BLÉ D'ESPAGNE. (*Bot.*) Voyez Maïs.

BLÉ DE GUINÉE (*Bot.*), nom vulgaire du sorgo à épi.
C'est une plante très-précieuse pour les habitans de la côte
occidentale de l'Afrique, auxquels elle tient lieu de froment. (Lem.)

BLÉ D'HIVER. (*Bot.*) On appelle blé d'hiver le blé,
n'importe l'espèce ou variété, qu'on sème en automne pour
le laisser séjourner en terre pendant l'hiver. Les blés qui ne
passent point l'hiver en terre, c'est-à-dire qu'on sème au
printemps, prennent le nom de blés de Mars. On nomme
blé d'hiver un froment que Linnæus a décrit comme une
espèce distincte du même blé qu'on sème au printemps, et
qu'il appelle blé d'été; mais Lamarck, avec raison, a réuni
ces deux prétendues espèces sous le nom de froment cultivé,
triticum sativum. (Lem.)

BLÉ D'INDE. (*Agric.*) C'est le *zea mays*, Linn. Voyez
Maïs. (T.)

BLÉ LOCULAR (*Bot.*), espèce de froment dont l'épi est composé de petits paquets ou épillets, qui ne donnent chacun qu'une seule graine. Ce froment est cultivé dans le midi de l'Europe ; c'est le *triticum monococcum* des botanistes. (Lem.)

BLÉ MARCEL. (*Agric.*) On appelle ainsi dans quelques pays le blé qu'on sème en Mars. Voyez FROMENT. (T.)

BLÉ DE MARS (*Agric.*), *Triticum æstivum*, Linn., froment qu'on sème en Mars. Voyez FROMENT. (T.)

BLÉ MÉTEIL (*Agric.*), mélange de froment et de seigle. On le fait à parties égales ou à parties inégales. Voyez MÉTEIL. (T.)

BLÉ DE MIRACLE. (*Bot.*) Voyez BLÉ D'ABONDANCE.

BLÉ NOIR. (*Bot.*) On appelle ainsi le sarrasin ordinaire, parce que ses grains sont de couleur noire. Cette plante appartient au genre Persicaire. Voyez SARRASIN. (Lem.)

BLÉ NOIR DE TARTARIE ou SARRASIN DE TARTARIE. (*Bot.*) C'est une plante qui ressemble beaucoup au sarrasin ordinaire. Elle est originaire de la Tartarie. Voyez SARRASIN. (Lem.)

BLÉ DE PROVIDENCE. (*Agric.*) C'est une variété de froment, qui diffère beaucoup du blé d'abondance. Voyez FROMENT. (T.)

BLÉ DE ROME. (*Bot.*) Voyez MAÏS.

BLÉ ROUGE. (*Bot.*) C'est le nom qu'on donne au sarrasin dans certains pays. (Lem.)

BLÉ DE LA SAINT-JEAN (*Agric.*), espèce de seigle qu'on a l'usage de semer à la Saint-Jean. Voyez SEIGLE. (T.)

BLÉ DE SMYRNE. (*Bot.*) Voyez BLÉ D'ABONDANCE.

BLÉ TREMOIS. (*Agric.*) On nomme ainsi le blé de Mars, parce qu'il n'est que trois mois en végétation jusqu'à sa floraison. Voyez FROMENT. (T.)

BLÉ DE TURQUIE (*Agric.*), *Zea mays*, Linn. Voyez MAÏS. (T.)

BLÉ DE VACHE (*Agric.*), espèce de mélampire, dite mélampire des champs, *melampirum arvense*, Linn. On lui donne communément des noms différens selon les différens pays. Les principaux sont ceux de queue de renard, queue de loup, rougeole, rougette, herbe rouge, cornette, mahon, etc.

Cette plante, en certaines années et en certains terrains, est d'une abondance extrême. Elle croît surtout au milieu des fromens. Elle porte un grand préjudice au prix des grains et à la qualité du pain. Il seroit bien utile qu'on en connût à fond la végétation : mais, malgré tous mes efforts, je n'ai pu encore y parvenir, et je ne sache pas que personne ait jusqu'ici donné quelque chose de concluant à cet égard. Au reste, je rendrai compte ici de mes recherches, et je mettrai peut-être quelque agriculteur instruit sur la voie des expériences à faire pour connoître les moyens les plus efficaces d'en purger les moissons.

La végétation du blé de vache peut varier suivant les climats. Je ne rapporterai ici que ce que j'ai observé dans celui des environs de Paris.

Le blé de vache ne commence à lever qu'à la fin de Mars : peut-être germe-t-il déjà avant l'hiver. On en voit des pieds qui sortent de terre pendant la première moitié du mois d'Avril. Il parvient peu à peu à la hauteur d'un pied, un pied et demi (33 à 50 centimètres). La plupart de ses racines sont traçantes; il y en a une qui pivote : celle-ci, la plus grosse, est dure et comme ligneuse; c'est d'elle que partent les autres. La tige est également dure et forte; elle est carrée, ayant deux ou trois lignes (5 à 8 centimètres) d'épaisseur. Il en sort, de distance en distance, de petites branches opposées et dont les unes croisent les autres. Les inférieures sont plus longues que les supérieures.

Chaque épi, surtout le plus élevé, est formé d'un grand nombre de fleurs en masque, dont les capsules contiennent communément deux graines, quoique quelquefois il y en ait trois et quatre dans les plus basses; une belle plante de blé de vache peut produire jusqu'à cent graines. La substance intermédiaire par laquelle la graine est attachée à la capsule s'en sépare par la dessiccation, ou bien, si elle y reste collée, elle noircit et se ride.

La graine de blé de vache est d'abord d'un jaune pâle, qui augmente d'intensité par degrés à mesure qu'elle approche du terme de sa maturité. La couleur en est toujours terne ; sa forme est cylindrique, quoique un peu plus étroite à l'extrémité supérieure. Elle est si lisse au sortir de sa capsule qu'elle glisse entre les doigts. Quand elle est desséchée elle est moins arrondie ; toutes les parties en sont serrées, et du même jaune terne que la surface ; on n'en peut séparer l'écorce. Au lieu de réduire la graine de blé de vache en farine fine, la meule, en l'écrasant, en forme des lames ou écailles grossières, rudes au toucher et d'une saveur légèrement amère.

Cette farine ne s'oppose pas à la fermentation de la pâte dans laquelle elle entre ; peut-être contient-elle elle-même quelques parties fermentescibles.

Si l'on met la graine de blé de vache dans l'eau, elle s'y précipite comme le froment. Quelque temps après elle laisse échapper une odeur vineuse, indice de la fermentation spiritueuse ; la surface de l'eau se couvre ensuite d'une pellicule huileuse, qui graisse les doigts. Des grains de blé de vache soumis à une digestion pendant quelques jours prennent la plupart une couleur noire.

Le blé de vache ne vient pas dans tous les terrains ; c'est ordinairement dans ceux de mauvaise qualité que cette plante se plaît. J'en ai rarement vu dans les champs et dans les parties des champs qui ont du fond, par exemple aux environs des villages, et sur les sommières ou petites élévations qui sont aux extrémités des champs, où la charrue amène toujours la bonne terre.

Le pays Chartrain y est en général moins sujet que les cantons de la Beauce qui avoisinent le Gâtinois et où le sol a moins de qualité. Il paroît que la terre rouge, ou martiale, ameublie, est celle qui produit le plus de blé de vache ; du moins j'en ai toujours trouvé une plus grande quantité dans cette espèce de terre, lorsqu'elle est très-près de la surface.

D'après des expériences que j'ai réitérées, il me semble probable, 1.° que la plus grande partie des graines de blé de vache, qui se trouvent avec la semence ou dans les fumiers, ne lève pas, mais qu'il en lève une partie ; 2.° que cette plante se reproduit, par les graines qui tombent des capsules et qui se conservent plusieurs années, comme Ray et beaucoup d'autres l'ont observé à l'égard d'un grand nombre d'autres graines ; 3.° que celle de blé de vache ne germe et ne pousse des tiges qu'à la faveur de quelques autres plantes : on sait qu'il y en a qui ont besoin d'être abritées pendant qu'elles sont jeunes.

On peut attribuer à la cause suivante la raison pour laquelle la plus grande partie des graines de blé de vache qui se trouvent avec la semence ou dans les fumiers, ne lève pas, tandis que cette plante se reproduit d'elle-même et en abondance par les graines qui tombent des capsules. La même plante de blé de vache fleurit pendant un mois : les fleurs inférieures s'épanouissent les premières ; les fleurs supérieures sont les dernières à paroître. Les graines des premières fleurs, les mieux nourries, ont le temps de mûrir et de tomber sur le champ avant la moisson ; il n'en est pas de même de celles des fleurs supérieures, qui, au moment de la récolte, n'ont pas encore acquis leur degré de maturité. On seroit porté à croire que les graines de blé de vache qui se trouvent parmi la semence, étant le produit des dernières fleurs et n'étant pas mûres, elles doivent être pour la plupart infécondes, tandis qu'il doit en lever beaucoup de celles qui se sont semées d'elles-mêmes, et dont la maturité, d'où dépend la fécondité, a été parfaite.

Le blé de vache talle beaucoup, puisque ses branches occupent quelquefois au moins un espace de quatre-vingts centimètres (deux pieds et demi) de circonférence. Lorsqu'un printemps pluvieux en favorise l'accroissement et le développement, il prend le dessus et étouffe, dans certains terrains, le froment trop foible pour lui résister. Ses fibres sont dures et compactes, sa tige forte, et ses racines nombreuses et longues. Cette plante doit donc épuiser ce que la nature a destiné au froment, et ce qui sert à l'alimenter, et dans ces cas elle fait tort à cette utile production. Quand le blé de vache pousse tard, ses tiges et ses feuilles ne sont pas mûres au temps de la récolte : elles sont en cet état portées à la grange, où elles suent dans le tas et excitent le froment à fermenter ; ce qui altère sa qualité et lui donne un goût âcre, sensible lorsqu'on le mâche, et une couleur plus foncée. Pour obvier à cet inconvénient, les fermiers coupent les derniers les fromens remplis de blé de vache ; ou bien ils n'entrent les gerbes qui en contiennent beaucoup, qu'après les avoir laissé sécher. En voulant ainsi éviter un mal ils tombent dans un autre, parce qu'ils favorisent par là la maturité d'un plus grand nombre de graines, qui tombent sur le champ.

Le blé de vache paroît être une plante qui pousse peu dans les provinces méridionales de la France. Elle est beaucoup plus abondante dans les départemens septentrionaux : ceux du Nord, du Pas-de-Calais, de la Somme et de l'Oise, en sont souvent infestés au point que les cultivateurs la regardent comme un fléau.

Quelques auteurs prétendent que le blé de vache est très-nuisible à la santé ; d'autres, au contraire, regardentcomme très-sain et même comme agréable le pain où il entre du blé de vache : ce qu'il y a de certain, c'est que dans les pays où cette plante est abondante dans les blés le paysan n'en sépare pas la graine du blé ordinaire, et le pain qui en résulte ne produit aucun mauvais effet. Ce qu'il y a de certain encore, c'est que la graine de blé de vache communique au pain dont elle fait partie, 1.º de l'amertume, si elle y entre pour plus d'un dix-huitième, car à la dose d'un dix-huitième cette saveur n'est presque plus rien ; 2.º une odeur piquante et désagréable ; 3.º de la noirceur, moins intense que celle qui vient de la carie. Cette couleur noire est facile à distinguer de celle que donnent au pain d'autres substances, parce qu'elle a une teinte rougeâtre ; elle se distribue par taches çà et là, et rend le pain comme marbré.

Moyens de détruire le blé de vache.

Duhamel, dont la sagesse et la réserve dans tout ce qu'il avance sont un modèle à suivre, regarde le blé de vache comme difficile à détruire. Il croit qu'en général les labours répétés sont le moyen le plus sûr pour extirper les mauvaises herbes : mais ce moyen est impraticable dans les terres légères, car moins on les laboure, plus elles produisent de froment ; et cependant ces sortes de terres sont les plus sujettes au blé de vache.

Puisque, d'après les expériences que j'ai faites, il résulte qu'il ne lève qu'une petite partie des graines de blé de vache qui se trouvent avec la semence de froment ou dans les fumiers, et que cette plante se reproduit considérablement par les graines qui tombent des capsules et qui se conservent plusieurs années, les cultivateurs doivent donc ne jamais faire jeter sur leurs fumiers les débris des granges ni les criblures remplies de graines nuisibles, et surtout de blé de vache. Par les fumiers ces graines sont reportées aux champs ; elles y germent la première année, ou elles s'y conservent pour produire l'année d'après et dans les circonstances qui leur sont favorables.

Je leur conseillerois, pendant quelques années, de ne semer que des fromens, dont les grains, plus gros que ceux du blé de vache, resteront sur les cribles ordinaires, tandis que le blé de vache passera à travers les trous.

Les cultivateurs doivent dessaisonner de temps en temps les terres sujettes à pousser cette mauvaise herbe, en y semant d'autres plantes que du froment, qui se récoltent avant la maturité des premières graines de blé de vache. Le sainfoin est de ce genre ; on le coupe à la fin de Juin, temps où le blé de vache est peu avancé : la luzerne et le trèfle produiroient le même effet si ces plantes pouvoient se cultiver dans les terres à blé de vache. Les champs qui ont été ensemencés en sainfoin sont, pour quelque temps, préservés du blé de vache.

Les bonnes terres, comme je l'ai dit, ne poussent pas de blé de vache ; celles qui sont rouges et martiales y sont fort sujettes. Il n'y a presque de précaution à prendre que pour ces dernières. (T.)

BLÉ DE VACHE. (*Bot.*) Ce nom a été appliqué à trois plantes différentes, savoir, le sarrasin, la saponaire, et le mélampyre des champs. Dans l'art vétérinaire on donne ce nom à cette dernière plante, que Lémery, je ne sais pourquoi, appelle blé de bœuf. (Lem.)

BLEAK et BLIKKE. (*Ichtyol.*) Le premier nom est donné

par les Anglois, et le second par les Danois, au cyprin able. Voyez CYPRIN. (F. M. D.)

BLECCA. (*Ichtyol.*) Voyez BLICCA.

BLECKE. (*Ichtyol.*) C'est le nom qu'on donne en Norwège, selon Fabricius, au merlan, *gadus merlangus*, **L.** Voyez GADE. (F. M. D.)

BLEDA, BLETA (*Bot.*), noms languedociens de la bette ou poirée; on la nomme *bledo* dans la Provence. (J.)

BLÈGE (*Ichtyol.*), nom donné en Norwège au corégone marénule. Voyez CORÉGONE. (F. M. D.)

BLÈGNE (*Bot.*), *Blechnum*, genre de plantes de la famille des fougères, dont le caractère, selon Linnæus et Jussieu, est d'avoir la fructification sur deux lignes, placées l'une à droite, l'autre à gauche de la nervure principale. Smith, considérant que ces lignes sont, ou continues, ou coupées de distance en distance en lignes partielles, conserve aux espèces qui ont les lignes continues le nom de *blechnum*, et donne aux autres le nom de *woodwardia*. Les *blechnum australe* et *occidentale* de Linnæus sont des espèces du *blechnum* de Smith. Mirbel y rapporte l'*osmunda spicanthus*, L., et le *blechnum orientale* de Linnæus est une espèce de *woodwardia*. Ces plantes ont le feuillage penné; elles ne sont d'aucun usage: presque toutes sont étrangères à l'Europe.

Les *blechnum* appartiennent à la section des fougères dont la fructification, placée sur le dos des feuilles, est composée de capsules munies d'un anneau élastique. La disposition de cette fructification en ligne de l'un et de l'autre côté de la nervure principale, distingue ce genre, 1.° des *lonchitis*, des *pteris*, L., et des *vittaria*, Smith, qui ont la ligne sur le bord du feuillage; 2.° des *asplenium*, L., qui l'ont sur les nervures latérales; 3.° des *belvisia*, Mirb., dans lesquelles la ligne fructifère occupe également les deux côtés de la nervure principale, mais dont le feuillage est si étroit que la fructification en couvre toute la surface. Ce dernier genre a, comme les *blechnum*, dont il est très-voisin la fructification recouverte d'une membrane qui se détache du côté de la nervure principale. (Mas.)

BLEICKE (*Ichtyol.*), nom allemand du cyprin large. Voy.
Bliecke. (F. M. D.)

BLEITZEN (*Ichtyol.*), nom allemand de la brême. Voyez
Cyprin. (F. M. D.)

BLENDE (*Minér.*), nom allemand qui vient de *blenden*,
tromper. On l'a donné plus particulièrement au zinc sulfuré, parce que ce minerai, qui accompagne fréquemment
les mines de plomb, a l'apparence du plomb sulfuré et
trompe souvent les mineurs peu expérimentés. V. Zinc. (B.)

BLENDE CHARBONNEUSE. (*Minér.*) En traduisant
ainsi le nom de *Kohlenblende*, qui veut dire charbon trom-
peur et que les minéralogistes allemands ont donné à
l'anthracite, on fait naître l'idée qu'il désigne une variété
particulière du sulfure de zinc, qui est nommé généralement blende : cependant cette substance n'a pas le plus
léger rapport avec ce sulfure métallique. C'est un des
exemples à citer des défauts de la nomenclature allemande
lorsqu'elle est mal traduite ou employée improprement
en françois. Les noms de pierre de corne, *Hornstein*,
d'écume de mer, *Meerschaum*, de lait de montagne, *Berg-
milch*, de spath amer, *Bitterspath*, de beurre de montagne,
Bergbutter, etc., qu'on a conservés ou introduits nouvellement dans la nomenclature allemande, ne sont-ils pas de
la même famille que ceux d'huile de vitriol, crême de
tartre, beurre d'antimoine, laine philosophique, etc., qu'on
a exclus nouvellement en France de la nomenclature
chimique ?

La blende charbonneuse est l'Anthracite. Voyez ce mot.
(B.)

BLENNE (*Ichtyol.*), nom donné aux blennies par Daubenton et Bonnaterre. Voyez Blennie. (F. M. D.)

BLENNIE. (*Ichtyol.*) Ces poissons, ainsi nommés, d'a-
près les Grecs, à cause de la mucosité assez abondante dont
leurs écailles sont enduites, ne présentent pas un grand
intérêt aux navigateurs ; car ils sont trop petits, trop peu
nombreux pour être utiles aux marins comme aliment :
mais les naturalistes les recherchent avec empressement à
cause de leurs habitudes ou de divers attributs qui leur
sont propres, et qui les rendent dignes d'être observés.

Nous savons que tous les reptiles venimeux, et que d'autres reptiles innocens, tels que la couleuvre hétérodon, l'orvet et la salamandre terrestre, sont ovovivipares, c'est-à-dire que les œufs éclosent dans l'intérieur du corps et que les petits sortent vivans et tout formés hors du corps. Cette singulière faculté, qui sert en quelque sorte à réunir par un chaînon intermédiaire les animaux ovipares aux animaux vivipares, se retrouve aussi dans plusieurs poissons appartenant à des genres très-différens, tels que les squales et les blennies. Une espèce, le blennie sauteur, se rapproche assez des poissons volans, par la longueur des nageoires pectorales qui l'aident à s'élancer et à glisser avec vitesse sur la surface des eaux, et à s'échapper de dessus les rochers où il se trouve quelquefois à sec, en s'élançant par des sauts nombreux et rapides au milieu des flots. Les blennies vivent tous dans la mer auprès des rochers, et s'y retirent quelquefois dans les fentes les plus profondes ; aussi a-t-on cru, du temps de Pline, qu'ils perçoient les pierres, et qu'ils offroient par conséquent une nourriture salutaire et lithontriptique aux personnes malades du calcul. Comme ils se nourrissent de mollusques et de vers, on a trouvé une fois le blennie pholis dans l'intérieur d'une huître. Les blennies ressemblent beaucoup par leur forme principale aux gades, et ils appartiennent au même ordre, c'est-à-dire qu'ils sont aussi des poissons osseux, jugulaires, ayant un opercule et une membrane branchiale : ils ont l'anus plus ou moins rapproché de la gorge.

Le caractère générique des blennies consiste à avoir le corps et la queue allongés et comprimés ; deux rayons au moins et quatre au plus à chacune des nageoires jugulaires.

PREMIÈRE SECTION.

Caract. Deux nageoires sur le dos, des filamens ou appendices sur la tête.

1.° BLENNIE LIÈVRE, *Blennius lepus*, *Blennius ocellaris*, Linn. Ce blennie a un appendice non palmé au-dessus de chaque œil, et une grande tache ocellée, noire, lisérée de blanc, sur la première nageoire dorsale ; la couleur est verdâtre, avec des bandes irrégulières transverses d'un vert d'olive.

1 D. — 11. 2 D. — 15. P. — 12. J. — 2. A. — 16. C. — 11.

Il est long de cinq à six pouces, et couvert de très-petites écailles, avec une seule pièce à chaque opercule branchial ; quelques marins l'ont nommé lièvre de mer, à cause de sa grosse tête munie de deux appendices qui ressemblent légèrement aux oreilles du lièvre. On le pêche dans la Méditerranée. Le dos a quelquefois une teinte bleue. Bloch, pl. 165, fig. 1.

2.° BLENNIE PHYCIS, *Blennius phycis*, Linn. Il a un appendice auprès de chaque narine, et un barbillon à la lèvre inférieure ; la tête est rougeâtre, le dos brunâtre, les nageoires pectorales sont rouges, et l'on voit un cercle noir autour de l'anus.

B. — 7. 1 D. — 10. 2 D. — 61. P. — 15. J. — 2. A. — 57. C. — 20.

Il vit dans la Méditerranée, et il a jusqu'à un pied et demi de longueur totale.

DEUXIÈME SECTION.

Caract. Une seule nageoire dorsale, des filamens ou appendices sur la tête.

3.° BLENNIE MÉDITERRANÉEN, *Blennius mediterraneus*, *Gadus mediterraneus*, Linn. Il a deux barbillons à la mâchoire supérieure, et un à l'inférieure.

D. — 54. P. — 15. J. — 2. A. — 44.

On le trouve dans les mêmes parties de la Méditerranée que les gades capelan, mustelle et merlan.

4.° BLENNIE GATTORUGINE, *Blennius gattorugine*, Linn. On voit un appendice palmé auprès de chaque œil, et deux appendices semblables auprès de la nuque ; il a en dessus des raies brunes avec des taches claires ou foncées, et les nageoires jaunâtres. Les seize premiers rayons de la dorsale sont aiguillonnés.

D. — 30. P. — 14. J. — 2. A. — 23. C. — 13.

On le trouve dans l'Océan et la' Méditerranée, où il se nourrit de petits crustacés, de jeunes poissons et de vers.

5.° BLENNIE SOURCILLEUX, *Blennius superciliosus*, Linn.

Il a un appendice palmé au-dessus de chaque œil, et la ligne latérale courbe; sa couleur est jaune, relevée par de belles taches rouges.

D. — 44. P. — 14. J. — 2. A. — 28. C. — 12.

On le pêche dans les mers de l'Inde; son opercule branchial est formé d'une seule pièce, comme dans la plupart des autres blennies. Bloch, pl. 168.

6.º B LENNIE CORNU, *Blennius cornutus*, Linn. Il est orné d'un appendice long, non palmé, au-dessus de chaque œil; on lui voit une dent plus longue que les autres sur chaque côté de la mâchoire inférieure.

D. — 34. P. — 15 J. — 2. A. — 26. C. — 12.

Ce blennie habite dans les mers de l'Inde.

7.º B LENNIE TENTACULÉ, *Blennius tentaculatus*, Linn. Il a un appendice non palmé au-dessus de chaque œil, et une tache ocellée sur la nageoire dorsale.

D. — 34. P. — 14. J. — 2. A. — 25. C. — 11.

Il vit dans la Méditerranée, et ne diffère pas beaucoup du blennie précédent, si ce n'est par sa petite taille de trois ou quatre pouces, et par sa tache du dos.

8.º B LENNIE SUJEFIEN, *Blennius sujefianus*, *Blennius simus*, Linn. Il est garni d'un très-petit appendice non palmé au-dessus de chaque œil; la ligne latérale est courbe, et la nageoire dorsale est réunie à la caudale.

D. — 27. P. — 15. J. — 2. A. — 17. C. — 15.

Il est à peine plus grand que le précédent.

9.º B LENNIE FASCIÉ, *Blennius fasciatus*, Linn. Il a deux appendices non palmés entre les yeux, et quatre ou cinq bandes transversales : sa couleur est d'un bleu brunâtre en dessus, et le dessous est jaunâtre; quelques nageoires ont aussi des bandes ou taches brunes.

D. — 29. P. — 13. J. — 2. A. — 19. C. — 11.

Il vit dans les mers de l'Inde.

10.º B LENNIE COQUILLADE, *Blennius coquillad.*, *Blennius galerita*, Linn. On lui voit un appendice cutané et transversal, un peu mobile, en forme de crête, sur la tête; sa couleur est en dessus brune et mouchetée, et d'un vert foncé en dessous.

D. — 6o. P. — 1o. J. — 2. A. — 56. C. — 16.

On le pêche auprès des rochers dans l'océan d'Europe et la Méditerranée ; sa longueur est à peine de six pouces.

11.° BLENNIE SAUTEUR, *Blennius saliens.* Il est muni d'un appendice cartilagineux et longitudinal ; ses nageoires pectorales sont presque aussi longues que le corps proprement dit, et ses nageoires jugulaires n'ont chacune que deux rayons ; sa couleur est brune, rayée de noir.

B. — 5. D. — 55. P. — 13. J. — 2. A. — 26. C. — 10.

Ce blennie, long de deux pouces, est commun près des récifs de la nouvelle Bretagne, où il a été découvert par Commerson : il est très-agile, saute, bondit à la surface de l'eau ou à sec, à l'aide de ses nageoires pectorales ; il a deux pièces à chaque opercule.

12.° BLENNIE PINARU, *Blennius pinaru, Blennius cristatus,* Linn. On voit à cette espèce un appendice filamenteux et longitudinal, et jusqu'à trois rayons à chacune des nageoires jugulaires.

B. — 5. D. — 26. P. — 14. J. — 3. A. — 16. C. — 11

Il existe dans les Indes.

TROISIÈME SECTION.

Caract: Deux nageoires dorsales, point de barbillons ni d'appendices sur la tête.

13.° BLENNIE GADOÏDE, *Blennius gadoïdes, Gadus albidus,* Linn. Il a un filament au-dessous de l'extrémité antérieure de la mâchoire d'en bas, et deux rayons seulement à chaque nageoire jugulaire.

B. — 7. 1 D. — 10. 2 D. — 56. P. — 11. J. — 2. A. — 53. C. — 16.

Ce poisson, long de quatre à six pouces, existe dans la Méditerranée.

14.° BLENNIE BELETTE, *Blennius mustelaris,* Linn. Sa mâchoire inférieure n'a pas de filament ; la première nageoire dorsale a trois rayons, et les jugulaires en ont chacune deux seulement.

1 D. — 3. 2 D. — 43. P. — 17. J. — 2. A. — 29. C. — 13.

On le pêche dans l'Inde.

15.° BLENNIE TRIDACTYLE, *Blennius tridactylus*. On voit un filament au-dessous de l'extrémité antérieure de la mâchoire d'en bas, et trois rayons à chacune des nageoires jugulaires, un rayon long et d'autres très-courts à la première dorsale; la couleur est brun foncé avec le pli des lèvres et les bords de la membrane branchiale d'un blanc très-éclatant.

B. — 5. 2 D. — 45. P. — 14. J. — 5. A. — 20. C. — 16.

On le pêche dans les mers voisines des îles Britanniques.

QUATRIÈME SECTION.

Caract. Une seule nageoire dorsale, point de barbillons ni d'appendices sur la tête.

16.° BLENNIE PHOLIS, *Blennius pholis*, Linn. Il a les ouvertures des narines tuberculeuses et frangées; la ligne latérale est courbe; sa couleur générale est olivâtre, avec de petites taches blanches ou plus foncées.

B. — 7. D. — 28. P. — 14. J. — 2. A. — 19. C. — 19.

On prend dans l'Océan et la Méditerranée, parmi les algues, ce blennie, long de cinq pouces environ. Bloch, pl. 71, fig. 2.

17.° BLENNIE BOSQUIEN, *Blennius bosquianus*. La mâchoire inférieure est plus avancée que la supérieure; l'anus est situé sous le milieu du corps, entre la gorge et la queue; la nageoire anale, composée d'environ dix-huit rayons, est réunie à la caudale, et elle a ses rayons crochus en arrière à leur extrémité; sa couleur est d'un vert foncé varié de blanc, avec des bandes brunes en travers.

D. — 30. P. — 12. J. — 2. A. — 18. C. — 12.

Ce blennie, long de quatre pouces au plus, est commun dans la baie de Charles-Town; lorsqu'on veut le prendre, il cherche à mordre, de même que l'anguille.

18.° BLENNIE OVOVIVIPARE, *Blennius ovoviviparus*, *Blennius viviparus*, Linn. Il a les ouvertures des narines tuberculeuses et non frangées; la ligne latérale est droite, et la nageoire anale, composée de plus de soixante rayons, est réunie à la caudale.

B. — 7. P. — 20. J. — 2. D. , A. , C. — 148.

On pêche dans l'Océan , vers les côtes d'Europe , ce petit poisson , dont les arêtes brillent dans l'obscurité avant d'être sèches , et verdissent par la cuisson , comme aux poissons et aux serpens ovovivipares : il y a un accouplement réel et une fécondation intérieure.

19.° BLENNIE GUNNEL, *Blennius gunnellus*, Linn. Le corps, très-allongé , a les nageoires dorsale, caudale et anale distinctes l'une de l'autre, la dorsale très-longue et très-basse; il y a neuf ou dix taches rondes, placées chacune à demi sur la base de la nageoire dorsale, et à demi sur le dos.

D. — 88. P. — 10. J. — 2. A. — 43. C. — 18.

Variété. B. — 7. D. — 50. P. — 17. J. — 4. A. — 38. C. — 18.

Le gunnel a environ un pied de longueur et vit dans l'océan d'Europe ; la variété n'a que huit pouces de longueur, et se pêche dans la mer du Groenland.

20.° BLENNIE POINTILLÉ , *Blennius punctulatus*. Il a ses nageoires jugulaires presque aussi longues que ses pectorales, avec un grand nombre de points autour des yeux, sur la nuque et sur les opercules.

D. — 47. P. — 17. J. — 2. A. — 29. C. — 13.

On ignore dans quelle mer il habite.

21.° BLENNIE GARAMIT, *Blennius garamit*. Quelques dents, situées vers le bout de son museau, sont plus crochues et plus longues que les autres.

B. — 6. D. — 36. P. — 14. J. — 2. A. — 26. C. — 13.

Ce blennie, long d'un pied au plus, vit dans la mer Rouge.

22.° BLENNIE LUMPÈNE , *Blennius lumpenus*, Linn. Il a des taches transversales, et trois rayons à chaque jugulaire.

D. — 63. P. — 15. J. — 3. A. — 41. C. — 18.

On trouve ce poisson parmi les fucus de l'océan d'Europe , sur les fonds de sable et d'argile.

23.° BLENNIE TORSK , *Blennius torsk*. Il est muni d'un barbillon à la mâchoire inférieure ; ses nageoires jugulaires sont charnues, et divisées chacune en quatre lobes.

B. — 5. D. — 31. P. — 8. A. — 21.

Ce blennie, long d'un pied et demi au plus, vit dans la mer du Nord, jusqu'auprès du Groenland. (F. M. D.)

BLENNIE MURÉNOÏDE. (*Ichtyol.*) Ce poisson, décrit par Sujef, ensuite par Linnæus, dans le genre des blennies, a fourni au naturaliste Lacépède des caractères assez remarquables pour en être séparé. C'est le murénoïde sujef. Voyez MURÉNOÏDE. (F. M. D.)

BLENNIOÏDE (*Ichtyol.*), nom d'une espèce de gade, et d'un batrachoïde, qui ressemblent par leur forme aux blennies. Voyez GADE et BATRACHOÏDE. (F. M. D.)

BLÉPHARE (*Bot.*), *blepharis*, genre de plantes de la famille des acantacées : la lèvre inférieure de la corolle, très-ample, et la supérieure presque nulle, lui donnent les plus grands rapports avec l'acante : il en diffère, ainsi que la dilivaire, en ce que le tube de sa corolle est fermé par une écaille et non par des poils ; que son stigmate est simple, et qu'il a un double calice, dont l'intérieur est quadrifide, à deux divisions très-grandes, et l'extérieur à quatre feuilles ciliées. Trois bractées, qui accompagnent chaque fleur, sont également ciliées. Ce sont ces cils qui ont fourni à Jussieu le nom de *blepharis*, tiré du grec. La première espèce, auparavant réunie par Linnæus à l'acante, sous le nom d'*acanthus maderaspatensis*, L., et figurée par Pluknet sous le nom de *melampyro affinis....* t. 99, t. 5, est maintenant le *blepharis boerhaviæfolia*.

Il y en a cinq ou six autres espèces à enlever également au genre Acante pour les rapporter à celui-ci. (D. de *V.*)

BLÉRIE (*Ornith.*), nom vulgaire de la foulque commune, *fulica atra*, L. (Ch. D.)

BLÉTE ou BLITE (*Bot.*), *Blitum*, Linn., Juss., Lam, Ill. pl. 5, genre de plantes de la famille des atriplicées ; il réunit trois espèces d'herbes d'Europe ou des pays tempérés de l'Asie, qui sont annuelles, et cultivées quelquefois à cause de la singularité de leurs fruits, semblables à de petites fraises. Leur tige est haute depuis quelques pouces jusqu'à un pied et demi au plus. Leurs feuilles sont un peu triangulaires, alternes, et plus petites à mesure qu'elles sont plus voisines des sommités de la plante, où elles ont chacune à leur aisselle un globule de fleurs très-petites, munies d'un calice à trois divisions, d'une seule étamine et d'un ovaire surmonté de deux styles terminés chacun par un stigmate simple. Les calices prennent de l'accroissement, deviennent rouges et succulens, se collent les uns aux autres, et forment par leur ensemble un fruit comme une fraise ; ces fruits, placés le long de la tige et des rameaux, donnent à la plante un assez joli aspect.

La blète capitée, *blitum capitatum*, L., est employé en médecine comme émolliente. Ses fruits forment un bel épi terminal : ils sont insipides. (Mas.)

BLETIA (*Bot.*), genre de plantes établi par Ruiz et Pavon sur une plante herbacée du Pérou, qui paroît devoir être placé dans la famille des orchidées, à côté du *limodorum*. On ne connoît encore que les fleurs de cette plante, dont les caractères ont été figurés dans la Flore du Pérou et du Chili, pl. 26. Le calice, semblable à une corolle et placé sur l'ovaire, est composé de six pièces, dont cinq supérieures et une inférieure ; des cinq supérieures, trois extérieures sont ovales lancéolées, et deux intérieures, égales en longueur aux extérieures, sont une fois plus larges. La division inférieure, plus grande que les autres et de forme différente, est en gouttière à sa base, et terminée par un grand lobe pendant. Entre la division inférieure et les supérieures est placé sur l'ovaire un corps étroit, allongé, creusé en gouttière et formé par la réunion du style et des étamines confondus ensemble : au sommet, sur la face interne, le pollen est niché dans huit fossettes. L'ovaire devient une capsule à une loge et à trois valves, remplie par un grand nombre de graines très-menues. Les autres caractères de cette plante et les détails sur son histoire seront exposés dans la Flore du Pérou, dont Ruiz et Pavon n'ont encore publié qu'une partie. (Mas.)

BLEU. (*Chim.*) Le bleu est une couleur primitive qui plaît à tous les yeux, et dont un grand nombre de productions de la nature sont revêtues. L'atmosphère dans sa masse est d'un bleu d'autant plus pur qu'il y a moins d'eau et plus de sécheresse dans l'air : c'est pour cela que le ciel dans les pays méridionaux et dans les saisons chaudes est beaucoup plus foncé que celui des régions septentrionales et des saisons froides ou humides. Il y a un grand nombre de fleurs bleues dans la nature, et leurs nuances sont singulièrement variées, depuis le bleu foncé jusqu'aux bleus clairs et aux teintes bleuissantes les plus légères. La couleur bleue est très-fréquente dans l'iris humain, dans les plumes des oiseaux, les écailles des poissons, les élytres ou les ailes des insectes, et les coquilles des mollusques recouverts. Les minéraux présentent aussi des bleus plus ou moins brillans et durables : le lapis ou le lazulite fournit la plus belle et la plus inaltérable de ces couleurs. Les oxides de cuivre en sont souvent teints, mais d'une manière passagère et qui marche constamment au vert. La cyanite, le saphir, le feld-spath bleu, offrent encore des nuances de cette couleur. L'art a su former aussi des bleus plus ou moins beaux et utiles à la peinture, à la teinture : plusieurs portent le nom de bleu avec un autre mot placé à la suite ; il va en être fait mention dans les articles qui suivent. Quant aux bleus de teinture, on trouvera aux articles INDIGO et PASTEL les notions élémentaires sur leur préparation et sur leur nature. (F.)

BLEU D'AZUR. (*Chim.*) On nomme bleu d'azur plusieurs espèces de bleu très-différentes l'une de l'autre.

L'un est l'outremer ou le lapis broyé très-fin. Voyez les mots OUTREMER et LAZULITE.

L'autre est le BLEU D'ÉMAIL. Voyez aussi ce mot. (F.)

BLEU DE COBALT. (*Chim.*) Quoique le nom de bleu de cobalt paroisse appartenir au bleu d'émail, il est utile de le consacrer en ce moment à une nouvelle espèce de couleur bleue, dont on doit la découverte à la chimie françoise depuis quelques mois. Vauquelin avoit observé, il y a plusieurs années, que les oxides et les sels de cobalt devenoient d'un bleu brillant par l'action d'une chaleur douce : Thénard, en poussant plus loin cette première observation, est parvenu à fabriquer un bleu magnifique, aussi beau et aussi durable que l'outremer, en calcinant légèrement un phosphate de cobalt mêlé d'alumine. Voyez son procédé à l'article COBALT. (F.)

BLEU-DORÉ (*Icthyol.*), nom spécifique donné par Lacépède, d'après Plumier, au harpé. Voyez HARPÉ. (F. M. D.)

BLEU D'ÉMAIL (*Chim.*) C'est un oxide de cobalt vitrifié avec de la silice, broyé, et déposé au fond de l'eau dans laquelle on a agité sa poussière, qui est vendue sous ce nom aux fabricans d'émail. On le nomme aussi quelquefois improprement azur. Voyez l'article Cobalt. (F.)

BLEU-MANTEAU. (*Ornith.*) On appelle ainsi sur les côtes de Picardie et de Normandie (départemens de la Somme, de la Seine inférieure, etc.) le goéland à manteau gris, *larus cinerarius.* L. (Ch. D.)

BLEU DE MONTAGNE. (*Minér.*) C'est le cuivre azuré. Voyez cet article au mot Cuivre. (B.)

BLEU D'OUTREMER. (*Chim.*) On nomme ainsi le lapis lazuli réduit en poudre impalpable. On broie d'abord cette pierre assez rare, on la mêle avec de la cire fondue, qu'on verse ensuite dans une grande quantité d'eau, et il se dépose ainsi une poussière très-fine, qui forme l'outremer. Cette couleur très-éclatante est précieuse pour la peinture : elle est inaltérable à l'air; elle ne change pas par le mélange des autres couleurs. Elle est trop chère et on commence à y substituer le bleu de cobalt. Voyez le mot Lazulite. (F.)

BLEU DE PRUSSE. (*Chim.*) On nomme ainsi le composé d'un acide particulier et de l'oxide de fer très-oxidé, qui a une belle et riche couleur bleue, et qui a été découvert au commencement du dix-huitième siècle, à Berlin. L'acide nommé prussique, à cause du lieu de la découverte, se forme par la décomposition des matières animales, opérée, soit par la putréfaction, soit par l'action des acides puissans, soit par celle du feu : ce dernier moyen de production est le meilleur et celui qui donne le plus d'acide. Il faut de plus la présence d'un alcali et d'un peu de fer pour favoriser la formation de l'acide prussique : c'est pour cela qu'on le fabrique en chauffant fortement, dans des creusets de fer ou dans des fours, des cornes, des ongles, des poils, des peaux, des os, des chairs, du sang, cuits avec de la potasse ou de la soude, en lessivant l'espèce de charbon qui en provient, en mêlant cette lessive avec une dissolution de sulfate de fer et d'un peu d'alun, en agitant le précipité verdâtre ou gris vert qui se forme sur-le-champ avec le contact de l'air. Peu à peu ce précipité se sépare en un oxide jaune ou ocre de fer, qu'on décante avec de l'eau, et en un beau bleu, qui se dépose. Quand celui-ci est bien pur on le fait sécher et il est prêt pour la peinture.

Ce bleu, très-altérable par l'air, par les huiles, par le mélange des couleurs, et qui disparoît tout à coup par l'action des alcalis, est d'un dangereux emploi dans la peinture ; les traits et fonds bleus sont sujets à devenir verts et jaunes.

Pour connoître mieux la nature de ce bleu, il faut avoir recours aux articles FER et PRUSSIATE. (F.)

BLEU DE PRUSSE NATIF. (*Minér.*) On a cru reconnoître cette combinaison du fer avec l'acide prussique dans une poussière bleuâtre assez commune dans les tourbières ; mais il paroît prouvé maintenant que le fer a ici pour minéralisateur l'acide phosphorique. On avoit d'abord nommé cette matière fer azuré, pour ne rien décider au sujet de sa composition. Voyez *Fer phosphaté* au mot FER. (B.)

BLEU-VERT. (*Ornith.*) Cette nouvelle espèce de guépier est le *merops cœrulescens*, Lath. (Ch. D.)

BLEUET. (*Bot.*) Voyez BLUET.

BLEUET (*Ornith.*), nom vulgaire de l'alcyon d'Europe, *alcedo ispida*, L. (Ch. D.)

BLEY (*Ichtyol.*), nom hollandois du cyprin large. Voyez CYPRIN. (F. M. D.)

BLEYBLICKE et BLEYWEISFISCH (*Ichtyol.*), noms donnés à Dantzig au cyprin large : *bleyer* est le nom saxon du même poisson ; mais en Livonie c'est le nom du cyprin sope. Voyez CYPRIN. (F. M. D.)

BLEYE (*Ichtyol.*), nom saxon de la brème. Voyez CYPRIN et BRASSLE. (F. M. D.)

BLICCA. (*Ichtyol.*) Ce poisson, figuré par Bloch, pl. 10, est le cyprin large. Voyez BORDELIÈRE. Les Suédois donnent aussi les noms de blecca et de blicca au cyprin sope. Voyez CYPRIN. (F. M. D.)

BLICKE. (*Ichtyol.*) Voyez BLIECKE. (F. M. D.)

BLICTA. (*Ichtyol.*) Dans plusieurs contrées du nord de l'Europe on donne ce nom au corégone able. Voyez CORÉGONE. (F. M. D.)

BLIECKE et BLICKE. (*Ichtyol.*) Le premier nom est donné par les Hollandois, et le second par Gesner, au cyprin large. Voyez CYPRIN. (F. M. D.)

BLIK -SKARV (*Ornith.*), dénomination norwégienne du cormoran, *pelecanus carbo*, L. (Ch. D.)

BLIKEN. (*Ornith.*) Les Islandois nomment ainsi le mâle de l'eider, *anas mollissima*, L. (Ch. D.)

BLIMBING, Blimbynen. (*Bot.*) Voyez Bilimbi.

BLINDS. (*Ichtyol.*) Quelques pêcheurs des côtes d'Angleterre appellent ainsi le gade bib. Voyez l'article Gade. (F. M. D.)

BLOC. (*Ornith.*) On nomme ainsi en fauconnerie la perche couverte de drap, sur laquelle se met l'oiseau de proie. (Ch. D.)

BLOCHIEN. (*Ichtyol.*) Lacépède donne ce nom spécifique à un poisson dont Bloch, célèbre ichtyologiste de Berlin, s'est servi pour former le genre Kurte. Voyez Kurte. Il y a aussi un cæsiomore bloch. Voyez Cœsiomore. (F. M. D.)

BLOM-ROKKE. Voyez Rutte. (Ch. D.)

BLONGIOS. (*Ornith.*) Cette petite espèce de héron est l'*ardea minuta*, L. (Ch. D.)

BLONTAS CHINA (*Bot.*), nom donné dans l'île de Java à une espèce de seneçon, *senecio biflorus*, Burm. Fl. Ind. p. 181. (J.)

BLUET. (*Ornith.*) L'espèce de tangara qui porte ce nom est le *tanagra gularis*, L. Edwards appelle aussi bluet la poule sultane ou porphyrion, *fulica porphyrio*, L. (Ch. D.)

BLUET (*Bot.*), *Cyanus*, Juss., genre de plantes de l'ordre des cinarocéphales, qui renferme cinq espèces, vivaces ou annuelles, réunies par Linnæus avec les centaurées, et toutes indigènes de l'Europe. Leurs feuilles sont simples, et leurs fleurs terminales composées de deux sortes de fleurons : les uns, hermaphrodites et quinquéfides, forment le disque ; les autres sont neutres, plus longs, multifides, irréguliers et placés à la circonférence. Le calice commun est imbriqué d'écailles cartilagineuses, bordées de cils à leur sommet ; les graines sont couronnées d'une aigrette courte, sessile, légèrement ciliée ; le réceptacle est garni de soies roides.

Ce genre, que Jussieu a rétabli, est très-voisin des jacées et pourroit y être réuni ; car ces dernières n'en différent essentiellement que par leurs fleurons neutres, dont le limbe est régulier et quinquéfide : nous ne parlerons que de deux espèces.

1.° BLUET DES BLÉS, *Cyanus segetum*, N. ; *Centaurea cyanus*, Linn., Bull. Hort. t. 221; vulgairement le Barbeau des champs, l'Aubifoin, le Casse-lunette, la Blavelle. Cette plante, connue de tout le monde, est annuelle, et se trouve abondamment dans les champs parmi les blés : sa tige est droite, haute d'un à deux pieds, rameuse, et couverte d'un duvet blanchâtre ; les feuilles sont longues, étroites, cotonneuses, entières ou garnies de quelques dents. Les fleurs sont ordinairement d'un beau bleu, mais dans les jardins elles prennent toutes les teintes, excepté le jaune ; il y en a de blanches, de roses, de purpurines, de panachées, etc.

Ces variétés se reproduisent par les graines, et on les cultive ordinairement dans les parterres, où elles produisent un effet très-agréable : on les sème à demeure en automne ou au printemps, car elles souffrent difficilement la transplantation, et le plant que l'on repique donne des fleurs plus petites.

Les anciens attribuoient à cette plante de grandes propriétés qu'on peut aujourd'hui révoquer en doute : l'infusion de ses fleurs étoit recommandée contre l'hydropisie; on vantoit son eau distillée contre la foiblesse de la vue et les maladies des paupières, ce qui lui avoit fait donner le nom d'eau de casse-lunette; ses feuilles, bouillies dans la bière, passoient pour la rendre apéritive et bonne contre la jaunisse et la rétention d'urine. Maintenant, on ne se sert que du suc des fleurs dans les légères ophtalmies, pour apaiser l'inflammation des yeux.

On en retire encore une belle couleur violette, qui rougit avec les acides et devient bleue avec l'alun ; on l'emploie pour peindre en miniature. Dambourney a essayé d'en tirer parti pour la teinture des laines, mais toutes ses tentatives ont été sans succès. Ces mêmes fleurs, broyées avec du sucre, servent à colorer les crèmes, les dragées, etc.

2.° BLUET DES MONTAGNES, *Cyanus montanus*, N. ; *Centaurea montana*, Linn., Jacq. Austr. t. 371 ; vulgairement Barbeau vivace ou de montagne. C'est une plante vivace qui croît sur les montagnes de la France, de l'Allemagne et de la Suisse; on la cultive dans quelques jardins : sa tige est ailée, uniflore, et s'élève depuis trois pouces jusqu'à un pied; elle est garnie de feuilles lancéolées, entières, décurrentes et cotonneuses ; les fleurs sont terminales, bleues ou purpurines, et plus grandes que celles du bluet des blés, auxquelles elles ressemblent beaucoup. (**D. P.**)

BLUET DU CANADA (*Bot.*), nom donné dans le Canada, suivant Sarrazin, à une espéce d'airelle, qui paroît être le *vaccinium album*. Voyez AIRELLE. (**J.**)

BLUETTE. (*Ornith.*) Ce nom a été donné à la pintade proprement dite, *numida meleagris*. **L.** (**Ch. D.**)

FIN DU QUATRIÈME VOLUME.

STRASBOURG, DE L'IMPRIMERIE DE F. G. LEVRAULT.

SUPPLÉMENT.

BANANA. (*Ornith.*) Quoiqu'on ait fait au mot *Bonana*, pag. 146 du 5ᵉ vol. de ce Dictionnaire, quelques observations relatives à l'oiseau décrit par Albin sous le nom de *Banana bird*, on croit devoir entrer ici dans de nouveaux détails sur un article qui n'est pas encore suffisamment éclairci. Pendant que des ornithologistes regardoient le nom de l'oiseau comme tiré de l'arbre sur lequel il aimoit à se percher, ou dont il mangeoit les fruits, d'autres auteurs ont élevé des doutes sur l'existence, ou au moins sur le véritable nom de l'arbre en question ; et, tandis que les uns balançoient entre banana ou bonana, Valmont de Bomare, qui ne faisoit pas même mention du premier de ces noms, et qui, sous le second, observoit : 1°. que, d'après Catesby, on avoit ainsi appelé le troupiale, parce qu'il se nourrissoit des fruits ou semences de l'arbre banana ; 2°. que le *fringilla bonana*, Linn., ou pinson de la Jamaïque, Br., avoit reçu la même dénomination pour la même cause, ajoutoit que le nom de bonana étoit une corruption de celui de *conana*, arbre de la Guiane, dont le fruit ressembloit à celui du coignassier. D'une autre part, les auteurs du Nouveau Dictionnaire d'Histoire Naturelle disent au mot *Conana*, que ce nom appartient à deux arbres de Cayenne, dont un est une espèce *d'avoira*, de la famille des palmiers, et l'autre probablement une espèce de corossol ; mais lorsque l'on considère que Marcgrave décrit, p. 138 de son *Histoire naturelle du Brésil*, sous le nom de *banana*, un végétal nommé dans le pays *pacobuar*, il semble qu'au lieu de combattre l'existence de l'arbre, il auroit été préférable d'attaquer l'application du nom comme fausse ; et si l'on a eu raison de donner pour synonyme à l'oiseau d'Albin le *guira*

tangeima de Marcgrave, p. 192, lequel a des rapports sensibles avec le troupiale, il faudroit peut-être changer la direction des recherches sur l'arbre par lui fréquenté. En effet,
cet oiseau fait son nid sur l'*acaya*; or, l'arbre de la famille
des térébinthacées qui porte ce nom, est le *spondias*, Linn.,
en français monbin, dont le myrobolan est une espèce.

Il est assez étonnant que tant d'obscurités existent sur l'histoire d'un oiseau aussi connu que le troupiale, Buff., pl.
enl. 532, dont les insectes forment la principale, sinon la
seule nourriture, et qui est un grand destructeur de chrysa-
lides; mais ce qui doit ajouter aux incertitudes, c'est de voir
le nom de bonana peu distingué de celui de banana, et appliqué en même temps: 1° au carouge, pl. enl. de Buff., n° 535, 1,
qui a pour synonymes l'*oriolus banana*, Linn., le xochitototl
d'Hernandez, pag. 40, et dont Latham dit, tom. I, part. 2,
p. 436 de son *Synopsis*, que le nid est attaché avec grand art
aux feuilles de la plante de *banana*, qui lui sert d'appui; 2° à un
oiseau d'une autre famille, *fringilla jamaïca*, Linn., pinson
de la Jamaïque, Br., *Grey Grosbeaek*, Brown, Illustr., pl.
26, lequel oiseau doit également son nom, suivant Gueneau
de Montbeillard, à l'habitude de se percher sur l'arbre d'A-
mérique appelé banana.

Mauduyt avoit déjà fait sentir la nécessité de réformer
l'application du nom de banana, en ne la considérant que
comme un double emploi relatif au troupiale et au pinson
de la Jamaïque. Cette nécessité devient plus grande encore
lorsqu'on voit la confusion étendue au carouge. (Ch. D.)

BANANIER. (*Bot.*) Après avoir lu l'article *bananier* dans
le quatrième volume du Dictionnaire des Sciences naturelles,
et l'histoire de cette plante intéressante dans le troisième volume de l'ouvrage de M. de Humboldt, intitulé: *Essai politique
sur la Nouvelle-Espagne*, tom. III, pag. 20, on ne sera pas surpris que, dans ma Flore des Antilles, j'aie placé au premier
rang une plante à laquelle sa taille gigantesque donne la préé-
minence sur tous les végétaux herbacés, et dont les produits
économiques ne peuvent souffrir de comparaison avec aucun
de ceux des autres végétaux connus; je citerai pour preuve
l'évaluation faite par M. de Humboldt, d'un terrain de
cent mètres carrés, dans lequel on a planté quarante touffes

de bananiers, rapportant, dans un an, quatre mille livres en poids de substance nourrissante. Ce même terrain semé en froment, ne donne que trente livres pesant de grain : d'après ce calcul, le produit des bananes est à celui du froment (sous le rapport de la nourriture et du terrain cultivé), comme 133 est à 1, et à celui des pommes de terre, comme 44 est à 1, ce qui est prodigieux. (De T.)

BANANIVORES. (*Ornith.*) On appelle ainsi les oiseaux qui se nourrissent particulièrement des fruits du bananier, *musa*. (Ch. D.)

BANARABECK. (*Ornith.*) Nom que l'on donne à Surinam au toucan, c'est-à-dire, d'après la description du voyageur Stedman, à l'espèce figurée dans les planches enluminées de Buffon, sous le nom de toucan à gorge jaune de Cayenne, *rhamphastos dicolorus*, Linn., édit. 13ᵉ. (Ch. D.)

BANC. (*Géog. phys.*) Endroit où le fond de la mer se relève. Les bancs peuvent être formés de sable ou de roche; les uns sont à fleur d'eau, d'autres couvrent et découvrent à chaque marée, d'autres enfin sont placés à une grande profondeur. Le banc de Terre-Neuve est de ces derniers. (L.)

BANC. (*Ichtyol.*) C'est un des noms du thon ordinaire. (H. C.)

BANCAL, *Bancalus*. (*Bot.*) Nom malais du *nauclea*, genre d'arbres, suivant Rumph et Burmann. (J.)

BANCHEM. (*Ornith.*) Le coucou commun, *cuculus canorus*, Linn., est désigné en hébreu par ce nom, par celui d'*euchem*, etc. (Ch. D.)

BANCS DE POISSONS. (*Ichtyol.*) On appelle bancs les troupes innombrables de certains poissons qui traversent en ordre l'étendue des mers. C'est ainsi qu'on dit des bancs de harengs, de maquereaux, etc. M. Henri Salt (*Voy. en Abyssinie, tom. I, pag.* 119) rapporte avoir rencontré, à cinq lieues du cap des Baxas, en Afrique, un banc de poissons morts flottans sur l'eau, qui avoit plus d'une lieue d'étendue, et dont quelques-uns étoient d'un très-gros volume ; il étoit composé de spares, de labres et de tétrodons. (H. C.

BANCUDU. (*Bot.*) Nom malais d'une espèce de royoc, *morinda citrifolia*, suivant Rumph et Burmann. (J.)

BANDELETTE. (*Ichtyol.*) Voyez CÉPOLE TÆNIA. (H. C.)

BANDELETTES. (*Ornith.*) On donne ce nom, en latin *strigæ*, à des zones capilliformes qui ne diffèrent de la ligne, *linea*, et de la zone proprement dite, *fascia*, que par la largeur relative. (Ch. D.)

BANDFARRN. (*Bot.*) Willdenow donne ce nom allemand au genre *taenitis*, de la famille des fougères. (LEM.)

BAND-RIRE. (*Ornith.*) Nom sous lequel le râle d'eau, *rallus aquaticus*, Linn. est connu en Norwége. (Ch. D.)

BANGLE. (*Bot.*) La plante que Rumph, dans son *Herb. Amboin.* vol. V, p. 154, tab. 65, décrit et figure sous ce nom, appartient certainement à la famille des amomées, dont elle a les caractères et les propriétés; mais on ne peut déterminer avec précision à quel genre elle se rapporte. Son port la rapproche de l'amome. (J.)

BANK-MARTIN. (*Ornith.*) Les Américains nomment ainsi une hirondelle noire en dessus et blanche en dessous, dont M. Vieillot a donné la figure, pl. 31 de son *Histoire Naturelle des Oiseaux de l'Amérique septentrionale*, et qu'il a décrite, tom. I, pag. 61 de cet ouvrage, sous le nom d'*Hirundo bicolor*. Cet oiseau, dont les pieds sont totalement dénués de plumes, diffère de notre hirondelle de fenêtre au croupion blanc, *hirundo urbica*, Linn. (Ch. D.)

BANTAJAM. (*Mamm.*) C'est, au rapport de Wurmb (Actes de la Société de Batavia), le nom que les habitans de Pontiana donnent au kahau (*simia nasica*). (F. C.)

BARACHOUAS. (*Ichtyol.*) D'après une note manuscrite communiquée à M. le comte de Lacépède par le vice-amiral Pléville-le-Pelcy, on appelle ainsi le long des côtes du Groënland, à la baie d'Hudson, à Terre-Neuve, des enfoncemens de la mer dans les terres, où l'eau est tranquille sur un fond de vase, et où les maquereaux viennent se cacher pendant l'hiver, en s'enterrant à demi dans le limon. (H. C.)

BARACOOTO. (*Ichtyol.*) La Chênaie des Bois dit qu'à l'île de Tabago, on appelle ainsi deux espèces de poissons, dont la bouche est toute hérissée de dents, et dont l'un est bon à manger, tandis que la chair de l'autre est vénéneuse. Nous ne savons à quel genre les rapporter ni l'un ni l'autre. (H. C.)

BARADA. (*Ornith.*) Nom italien du traquet, *motacilla rubicola*, Linn. (Ch. D.)

BARANEK. (*Ornith.*) Nom polonais de la bécassine, *scolopax gallinago*, Linn. (Ch. D.)

BARBACOU. (*Ornith.*) Les oiseaux qui sont figurés dans les planches enluminées de Buffon, sous les n°s. 512 et 505, avec la dénomination de coucou noir de Cayenne et de petit coucou noir de Cayenne, *cuculus tranquillus* et *tenebrosus*, Linn., ont été décrits et figurés par M. Levaillant, dans son *Histoire des Barbus*, sous les n°s. 44 et 46, et sous les noms de barbacou à bec rouge, et barbacou à croupion blanc, qu'il leur a imposés d'après des rapports avec les genres barbu et coucou. Ces oiseaux dont le bec est conique, allongé, légèrement arqué comme ceux des coucous, ont, en effet, des plumes effilées ou poils roides à la base des mandibules. M. Vieillot, qui tire les caractères de la sixième famille de ses sylvains, de l'existence de ces poils, a placé les coucous noirs de Cayenne à côté des barbus, en en formant toutefois le genre particulier monase, *monasa*; et M. Cuvier les a, au contraire, laissés parmi les coucous, en adoptant le nom de barbacou pour cette section de la grande famille. Voyez Coucou. (Ch. D.)

BARBA HIRCI. (*Bot.*) Quelques anciens botanistes donnoient ce nom aux *tragopogon*. (H. Cass.)

BARBARO. (*Ornith.*) On appelle ainsi, en Italie, le guêpier, *merops apiaster*, Linn. (Ch. D.)

BARBAROTTI. (*Ornith.*) Nom que l'on donne, à Gênes, au martinet noir ou grand martinet, *hirundo apus*, Linn. (Ch. D.)

BARBATI et BARBUTI. (*Bot.*) Micheli nomme ainsi les champignons qui ont le chapeau ou les racines garnis de franges ou filamens en guise de barbe. (Lem.)

BARBE, *Barba.* (*Bot.*) Mot employé pour désigner des poils réunis en touffe. Barbe est aussi employé vulgairement pour désigner les arêtes des graminées. (Mass.)

BARBE. BARBÈLE. (*Ichtyol.*) Noms allemands du barbeau, suivant Aldrovande. Voyez ce mot. (H. C.)

BARBE DE BOUC, Barbe de chèvre, Barbe de bique, Barbe des arbres, Barbe parasite et Barbe terrestre. (*Bot.*) Autant de noms vulgaires de quelques espèces de *clavaria* et de *hydnum*. (Lem.)

BARBEAU, *Barbus.* (*Ichtyol.*) Genre de poissons de la famille des gymnopomes, très-voisin des carpes, et confondu avec elles, par la plupart des auteurs, sous le nom de *cyprins:* M. Cuvier l'en sépare simplement comme sous-genre.

Le caractère principal des barbeaux est de présenter quatre barbillons, dont deux sur le bout et deux aux angles de la mâchoire supérieure, des nageoires dorsale et anale très-courtes, et une forte épine pour second ou troisième rayon de la dorsale.

Comme dans les carpes, les goujons. les tanches, les ables, etc., la bouche est peu fendue dans les barbeaux, les mâchoires sont foibles, le corps est couvert d'écailles, l'intestin dépourvu de cul-de-sac à l'estomac, et sans cœcums. Ils manquent également de dents, et leurs organes de mastication se trouvent dans le pharynx (Voyez Carpe et Cyprin); leur vessie natatoire est aussi divisée en deux par un étranglement.

Ils diffèrent des carpes proprement dites, en ce que, dans celles-ci, la nageoire dorsale est longue, et a, ainsi que l'anale, une épine dentelée pour deuxième rayon. Ils se séparent naturellement des goujons qui manquent d'épines à toutes leurs nageoires, des tanches qui sont dans le même cas, et dont les écailles sont très-menues, des cirrhins dont les barbillons sont sur la lèvre inférieure, des brêmes qui n'ont ni épines ni barbillons, ainsi que les ables. (Voyez ces divers mots.)

Ce sont les moins carnassiers des poissons, en quoi ils tiennent de tous ceux de la famille des cyprins. Leur nom est tiré de la présence des barbillons aux mâchoires, et a la même signification chez les différens peuples de l'Europe; les anciens les désignoient aussi par une expression analogue à celle que nous employons.

1°. Le Barbeau commun, *Barbus vulgaris.*
(*Cyprinus barbus*, Linn.; Bloch, 18.)

Caract. Tête oblongue, bouche un peu en dessous; troisième rayon de la dorsale dentelé des deux côtés : lèvres rouges, charnues, extensibles; ligne latérale droite. Corps allongé et arrondi, olivâtre en dessus, bleuâtre sur les côtés et blanchâtre en dessous. Nageoires rougeâtres; celle de la

queue qui est fourchue, est bordée de noir. Quatre barbillons.

Le barbeau habite les eaux claires et vives des rivières
d'Europe et d'Asie; il est fort répandu en France. Aldrovande
dit qu'il vit dans les lacs et les rivières, mais de préférence
dans celles-ci; Ausone le compte parmi les poissons de la
Moselle; et il existe en grande quantité dans le Danube. Il
reste le plus ordinairement d'une taille médiocre, ne pesant
guère plus de deux livres, quoiqu'on en ait vu parvenir jusqu'à dix-huit et vingt. Au reste, comme la carpe, il arrive
à un âge fort avancé, et sa chair paroît acquérir un goût plus
délicat avec les années, ce qui a fait dire à Ausone :

> *Liberior laxos exerces Barbe natatus,*
> *Tu melior, pejore ævo; tibi contingit uni*
> *Spirantum ex numero, non illaudata senectus.*
> (MOSELLA.)

Et, pour le remarquer en passant, chez les anciens, on esti-
moit peu les vieux poissons; nous en trouvons la preuve dans
les ouvrages d'Aristote et de Xénocrate.

Au reste, les barbeaux d'étang sont mous et insipides; ceux
des rivières sont plus recherchés, mais c'est surtout la partie
moyenne de leur corps que l'on mange. Ils valent mieux en
hiver qu'après le frai. Dans un manuscrit du 13ᵉ siècle, intitulé les *Proverbes*, et qui est à la Bibliothèque royale, les *bar-*
beaux de Saint-Florentin sont comptés au nombre des productions estimables de la France; mais depuis cette époque on
a changé d'avis, et un proverbe populaire dit encore de
nos jours : *Il ressemble au barbeau qui n'est bon ni à rôtir, ni à*
bouillir. Leurs œufs passent en général pour vénéneux; ce qu'il
y a de certain, c'est que très-souvent ils occasionnent des su-
perpurgations à ceux qui en mangent, et causent des vomissemens douloureux, particulièrement au printemps. D'après
un préjugé assez généralement répandu, on attribue cet effet
aux fleurs des saules qui tombent dans l'eau, et qui sont dé-
vorées par les barbeaux; mais ce fait est loin d'être prouvé.

Anciennement on attribuoit aux barbeaux de merveilleuses
propriétés médicales; les Romains en faisoient un fort grand

cas, non-seulement pour le goût, mais encore pour la santé. Il existe un grand nombre de fables à ce sujet; qu'il nous suffise de citer ici Pisanelli, qui prétend qu'en administrant le vin dans lequel on a fait mourir ce poisson, on rend les hommes impuissans et les femmes stériles.

Le barbeau se nourrit de petits poissons, de mollusques, de vers, d'insectes et de plantes en décomposition; aussi sa chair a souvent une saveur et une odeur de vase.

Il mange aussi les cadavres des animaux submergés. Suivant Bloch, il acquiert dans le Véser une graisse très-agréable au goût, à cause du lin que l'on fait rouir dans ce fleuve.

Ce poisson ne fraye que vers la quatrième ou la cinquième année; on a compté plus de huit mille œufs dans une femelle; elle les dépose au milieu du printemps, sur les pierres du fond des rivières, dans les endroits où le courant est le plus rapide.

Comme les autres poissons de rivières, le barbeau se prend à la seine, à l'épervier, à la trouble, etc. M. Bosc assure qu'on le pêche très-aisément à la ligne en employant pour appât des insectes vivans, comme des sauterelles et des grillons, mais surtout le bombice du saule, qui est blanc, et qui se fait voir de loin. Le barbeau se jette également sur les sangsues, et sur un mélange de vieux fromage, de jaunes d'œuf et de camphre; mais quand il est poursuivi dans sa retraite, il se laisse enlever les écailles et même tuer, plutôt que de se jeter dans le filet qui lui ferme le passage.

Les barbeaux se réunissent en troupes de douze, quinze et quelquefois même cent individus, dans une grotte commune, surtout pendant l'hiver, lorsque les rivières charrient.

2°. Le Barbeau capoet, *Barbus capoëta.*
(*Cyprinus capoëta*, Güldenstedt.)

Caract. Tête courte, museau obtus, opercules unies, brunes et pointillées; ligne latérale courbée vers le bas près de son origine; troisième rayon de la dorsale et de l'anale très-long; caudale bifurquée; appendices au-dessus des catopes. Écailles arrondies, minces, striées, argentées et pointillées de brun sur le dos. Longueur de douze à quinze pouces. Deux barbillons.

Il passe la belle saison dans la mer Caspienne, et remonte dans les fleuves pendant l'hiver.

3°. Le Murse, *Barbus mursa*.

(*Cyprinus mursa*, Linn.)

Caract. Corps couvert d'un enduit muqueux, tête oblongue, déprimée; quatre barbillons; écailles petites; premier rayon de la nageoire anale très-long et très-épais, dentelé jusqu'au milieu de sa longueur. Couleur générale dorée; dos brunâtre; ventre blanchâtre; nageoires foncées; catopes et anale blanches.

Habite la mer Caspienne, et remonte pour frayer au printemps dans le fleuve Cyrus.

4°. Le Bulatmai, *Barbus bulatmai*.

(*Cyprinus bulatmai*, Pall.)

Caract. Dos d'un bleu de fer, flancs dorés, ventre argenté; tête oblongue; second rayon de la dorsale très-grand, non dentelé; caudale fourchue; quatre barbillons; anale, catopes et thoracines rouges en tout ou en partie; dorsale noirâtre. Habite la mer Caspienne, près Enzelli. Sa chair est blanche et d'une saveur agréable.

5°. Le Binny, *Barbus binny*.

(*Cyprinus binny*, Forsk.; *cypr. lepidotus*, Geoffr.)

Caract. Ressemble beaucoup à notre barbeau. Corps argenté, ventre arrondi, dos élevé; les trois premiers rayons de la nageoire dorsale comme rapprochés en un seul aiguillon corné, très-dur et très-épais. Quatre barbillons. Ligne latérale ponctuée. Écailles larges, striées, argentées; nageoires anale et caudale d'un rouge de safran; catopes appendiculées.

Très-commun dans le Nil, tant au-dessus qu'au-dessous du Caire. Il devient gros, et sa chair est assez délicate. C'est probablement de lui que Belon parle sous le nom de barbeau du Nil; il en a vu à Memphis qui pesoient vingt livres. Hasselquitz ne l'a point connu, mais Forskaël l'a décrit. Sonnini présume avec assez de vraisemblance que le binny est le poisson dont parle Athénée sous le nom de λεπιδóϊος, et qui fut honoré dans l'ancienne Egypte. (*Voyage en Egyp.*, tom. 11, p. 40.)
(H. C.)

BARBEAU JAUNE. (*Bot.*) C'est l'un des noms vulgaires de la centaurée odorante, *centaurea suaveolens*, Willd. (H. Cass.)

BARBEAU MUSQUÉ. (*Bot.*) L'un des noms vulgaires de la centaurée musquée, *centaurea moschata*, Willd. (H. Cass.)

BARBEAU VIVACE. (*Bot.*) Nom vulgaire de la centaurée de montagne, *centaurea montana*. (H. Cass.)

BARBELLES. (*Bot.*) Voyez le mot Barbes. (H. Cass.)

BARBELLULES. (*Bot.*) Voyez le mot Barbes. (H. Cass.)

BARBES. (*Bot.*) Nous nommons ainsi les appendices des squamellules dont se compose l'aigrette de la cypsèle des synanthérées; et nous distinguons les *barbes*, proprement dites, les *barbelles* et les *barbellules*. Les squamellules sont donc *barbées*, quand elles émettent des ramifications très-longues, flasques, flexueuses, et absolument capillaires, comme dans les cirses; elles sont *barbellées*, quand ces ramifications sont beaucoup plus courtes, roides, droites, cylindriques, obtuses, comme dans les centaurées; elles sont *barbellulées*, quand elles sont hérissées de petits appendices coniques, pointus, semblables à des épines, comme dans les asters. (H. Cass.)

BARBET. (*Ornith.*) Nom allemand du barbu, *bucco*, que les Allemands appellent *bartvogel*. (Ch. D.)

BARBIAUX. (*Ichtyol.*) Un des noms vulgaires du barbeau commun. Voyez Barbeau. (H. C.)

BARBICAN. (*Ornith.*) L'oiseau ainsi appelé par Buffon, et figuré dans ses planches enl. sous le n° 602, *bucco dubius*, Linn., a été décrit au tom. IV de ce Dictionnaire, sous le mot *Barbu*, pag. 45; mais depuis, Illiger a fait un genre de cet oiseau, sous le nom de *pogonias* (de πογον, *barbe*) en lui donnant pour caractères un bec épais, robuste, en forme de carène, garni de longues barbes, dirigées en avant; la mandibule supérieure fortement échancrée de chaque côté, cannelée longitudinalement et fléchie à la pointe; l'inférieure sillonnée en travers; les narines situées à la base du bec et couvertes par des soies; la langue épaisse; les doigts placés deux en avant, deux en arrière; les extérieurs plus longs que les intérieurs. M. Vieillot a adopté ce genre; mais M. Cuvier n'a formé du barbican qu'une section du genre *barbu*. Voyez-en sous ce mot les caractères. (Ch. D.)

BARBILANIER. (*Ornith.*) Voyez Bec-de-fer. (Ch. D.)

BARBISA. (*Ornith.*) Un des noms sous lesquels le bruant-fou, *emberiza cia*, Linn., est connu dans le Piémont. (Ch. D.)

BARBLAU. (*Ichtyol.*) Un des noms vulgaires du barbeau commun en France. Voyez BARBEAU. (H. C.)

BARBLE. (*Ichtyol.*) Nom allemand du barbeau, suivant Aldrovande. Voyez ce mot. (H. C.)

BARBO. (*Bot.*) C'est le nom provençal d'un champignon du genre bolet de Linnæus, et que Garidel nomme *agaricus esculentus*. C'est un très-gros champignon que l'on mange sans danger. (LEM.)

BARBU, *barbatus.* (*Bot.*) Muni de poils disposés en touffe. Le style du *vicia*, etc.; les filets des étamines du tradescantia, du bouillon-blanc, de l'anagallis, etc.; les anthères des pédiculaires, de l'acanthe, du charme, etc., sont *barbus*. Les feuilles du tilleul, du pavia, etc., sont *barbues* dans l'angle des nervures. Blé *barbu*, synonyme de blé *aristé*, signifie blé qui a des barbes ou arêtes. (MASS.)

BARBU. (*Ornith.*) En établissant, dans le tom. IV de ce Dictionnaire, le genre *bucco*, l'on avoit fait observer les variations que présentoient les formes du bec. Depuis, MM. Illiger et Vieillot ont formé pour le barbican, le genre *pogonias*, distinct du genre *bucco*, comprenant les barbus de l'ancien continent, et les tamatias ou barbus d'Amérique. Illiger donne pour caractères communs aux oiseaux de ces deux sections, un bec tantôt plus long, tantôt plus court que la tête, plus ou moins voûté et comprimé. Les mâchoires ordinairement sans échancrures, mais quelquefois la mandibule supérieure bifurquée à son extrémité, ou munie d'une ou de deux dents sur les bords; les narines recouvertes de soies; la tête forte; la queue de médiocre longueur, composée de dix ou douze pennes égales; les doigts deux à deux; l'extérieur de ceux de derrière versatile.

M. Vieillot a conservé dans ce genre et sous le même nom de *bucco*, sans distinction des tamatias, les individus qui ont la mandibule supérieure munie d'une ou de deux dents sur chaque bord, et ceux qui l'ont fendue sur la pointe; mais il en a séparé tous ceux dont le bec est entier, c'est-à-dire sans échancrure et sans dents; et, en y ajoutant des considérations tirées de l'existence des soies divergentes à la base du bec et de l'inclinaison de la mandibule supérieure vers le bout, il en a formé le genre cabézon, *capito*.

M. Cuvier a ainsi établi le grand genre *bucco* : bec conique, renflé aux côtés de sa base, et garni de cinq faisceaux de barbes roides, dirigées en avant, un derrière chaque narine, un de chaque côté de la base de la mâchoire inférieure, et le cinquième sous la symphyse ; il a ensuite proposé de diviser les oiseaux présentant ces attributs généraux, en trois sous-genres, savoir : les barbicans, les barbus proprement dits et les tamatias ; les premiers, (*pogonias*, Illig. *pogonia*, Vieill.) sont ceux dont la mandibule supérieure a l'arête mousse et arquée, avec deux échancrures de chaque côté, et dont la mandibule inférieure est sillonnée transversalement. On les trouve en Afrique et aux Indes ; ils mangent plus de fruits que les autres espèces.

Les caractères qui distinguent les *barbus* proprement dits, sont d'avoir le bec simplement conique, légèrement comprimé, l'arête mousse, un peu relevée au milieu. On en trouve dans les deux continens ; ils vont par paires dans le temps des amours, et le reste de l'année en troupe.

Enfin, le bec des *tamatias* est un peu plus allongé, plus comprimé, et l'extrémité de la mandibule supérieure est recourbée en dessous. Les espèces connues sont toutes d'Amérique, où elles vivent solitaires et se nourrissent d'insectes.

Première Section.

Le barbican, pl. 602 de Buffon et 18 de Levaillant, a été décrit dans le tom. IV de ce Dictionnaire, sous le mot *Barbu*, et avec la dénomination latine de *bucco dubius*. C'est maintenant le *pogonia erythromelas* de M. Vieillot, et le *pogonias major* de M. Cuvier. Le *petit barbican* de M. Levaillant, pl. A, *pogonius Levaillantii*, de Leach, *Zoological Miscellany*, tom. II, pag. 146 et pl. 117, *bucco Levaillantii*, de M. Vieillot, est le *pogonias minor* de M. Cuvier. Beaucoup plus petit que le barbican de Barbarie, ce dernier a, comme lui, deux dents sur chaque bord de la mandibule supérieure ; son front est d'un rouge vif ; le reste de la tête et les parties supérieures du corps sont d'un brun roussâtre ; les plumes uropygiales et les pennes de la queue noires ; la gorge, la poitrine et les plumes anales blanches; le ventre d'un rose terne; les jambes noires et les pieds rougeâtres. On le trouve en Afrique, où il est rare.

Deuxième Section.

La plupart des *barbus* ont été décrits sous ce mot dans le Dictionnaire; mais M. Leach a, dans le IIe vol. de ses *Mélanges d'Histoire Naturelle*, donné la description et la figure de plusieurs espèces par lui regardées comme nouvelles : ce sont, 1°. le *pogonius sulcirostris*, p. 46 et pl. 66, qui est le grand barbican; 2°. le *pogonius levirostris*, pag. 47 et pl. 77, regardé par Latham comme une variété du grand barbican, *bucco dubius*, et décrit par M. Vieillot comme une espèce réelle, sous le nom de barbu à dos blanc, *bucco leuconotus*. Cet oiseau d'Afrique, dont la mandibule supérieure a deux dents, est noir sur les parties supérieures, avec des nuances rouges sur le sommet de la tête et une tache blanche au milieu du dos; en arrière est une petite touffe de plumes soyeuses, argentées et coupées carrément : les parties inférieures sont rouges; 3°. le *pogonius Vieillotii*, p. 104, pl. 97, barbu brunâtre, *bucco fuscescens* de M. Vieillot, qui a deux dents à la mâchoire supérieure, dont la couleur dominante est brunâtre en dessus, blanchâtre en dessous, et dont la tête et les parties inférieures sont d'un rouge mélangé de teintes plus pâles, qui annoncent un individu non encore adulte, et ne permettent pas de déterminer positivement l'espèce; 4°. le *pogonius Stephensii* (du nom de M. Stephens, continuateur de la Zoologie générale de Shaw), pag. 145, pl. 116, qui paroît être de la même espèce que le barbu à gorge noire, décrit au tome IV de ce Dictionnaire, pag. 46.

L'individu que M. Levaillant a figuré pl. 55, sous le nom de barbu à front d'or, et que M. Cuvier a désigné sous celui de *flavifrons*, semble avoir beaucoup de rapport avec le barbu à masque roux, décrit pag. 49 de ce volume, et dont Latham a donné la figure, pl. 22 de son *Synopsis*, tom. Ier, pag. 504.

Troisième Section.

Les seuls barbus que M. Cuvier ait indiqués dans le *Règne animal distribué d'après son organisation*, comme appartenant à la section des tamatias, c'est-à-dire les *bucco macrorhyn-*

cos, *melanoleucos*, *collaris*, et le *tamatia maculata*, ont déjà été décrits dans ce Dictionnaire. Quoique ce naturaliste ne déclare point précisément si le *chacuru* d'Azara, n° 261, lui paroît, comme à Sonnini, être le tamatia de Buffon, de Marcgrave et de Pison, figuré dans la 746ᵉ planche enluminée, sous le n° 1, rien n'annonce qu'il le regarde comme une espèce différente. M. Vieillot pense, au contraire, que le chacuru trouvé par M. d'Azara au Paraguay, où il est rare, forme une espèce particulière et nouvelle, et il lui donne le nom de *bucco chacuru*. Ce qu'il y a de certain, c'est que d'après l'identité de mœurs, et le grand crochet de la mandibule supérieure, il appartient à la section des tamatias. L'individu que d'Azara a décrit à la suite des charpentiers ou pics, dont il différoit assez par la courbure de son bec pour ôter toute idée de rapprochement, avoit aux ailes vingt-une pennes ; la première étoit la plus courte, et la quatrième la plus longue ; il y en avoit à la queue douze, dont la première étoit de cinq lignes plus courtes que la sixième ; la seconde étoit de trois lignes plus longue que la première ; les deux intermédiaires d'une ligne plus courte que la suivante, et les autres étagées ; la longueur totale de l'oiseau étoit de huit pouces ; celle de la queue, de deux et demi ; la gorge, le dessous du corps et les couvertures inférieures des ailes étoient blanchâtres ; les côtés du corps étoient traversés de lignes noirâtres, comme le tamatia proprement dit ; une espèce de cravate blanche se remarquoit sur la nuque, et une bandelette de la même couleur, qui commençoit aux narines, entouroit l'œil et presque toute l'oreille. La tête, noire sur les côtés, avoit au sommet des raies transversales noirâtres sur un fond roux ; la partie postérieure du cou, le dos, le croupion et les couvertures supérieures des ailes offroient les mêmes couleurs ; mais les pennes des ailes et de la queue étoient rayées de roux.

Une considération propre à faire attacher moins d'importance aux variations du plumage, pour l'établissement d'une espèce particulière, c'est que M. d'Azara a vu des individus dont la gorge étoit blanche, le devant du cou fauve, le dessous et les côtés du corps blanchâtres : les plumes couvrant la tête étoient noirâtres et bordées de roux : celles des autres parties supérieures bordées de blanc; il avoit des taches triangulaires blanchâtres et rousses sur les pennes des ailes ; le bec rouge en dessous et noir en dessus. (C. D.)

BARBUE. (*Ichtyol.*) Les matelots français nomment ainsi, en Amérique, le bagre barbu (*Pimelodus barbus*, Lacép.), suivant Commerson. Voyez Bagre. (H. C.)

BARBUE. (*Ornith.*) On appelle ainsi la mésange barbue ou moustache, *parus biarmicus*, Linn. (Ch. D.)

BARBULA (*Bot.*), Barbule. Dictionn., vol. IV, pag. 59. Hedwig, le premier, dans son *Species Muscorum*, donna le nom de *barbula* à des mousses à fleurs dioïques, et chez lesquelles le péristome est simple et garni d'un seul rang de cils capillaires tordus en spirale. Ses *tortula* n'offroient d'autre différence que d'être monoïques. Ces deux genres réunis constituent le *tortula* établi avant Hedwig par Schreber (*Gen. Plant.*), et que beaucoup de botanistes adoptent aujourd'hui, par exemple Smith, Swartz, Decandolle. D'autres botanistes ont cru devoir conserver les deux genres en modifiant les caractères; et d'autres enfin, tels que M. Beauvois et Bridel, en ont établi trois. Bridel en forme ses Syntrichia, Barbula et Tortula. Depuis il a réuni les deux premiers genres sous le nom de *barbula*, dans lequel se trouvent les deux espèces décrites par M. Beauvois dans ce Dictionnaire. Ce nouveau genre est aussi celui établi et nommé ainsi par M. Beauvois, et différent de celui d'Hedwig, puisqu'il renferme des mousses dioïques et des mousses monoïques. Il en résulte que ce *tortula* de Bridel est aussi dans le même cas. M. Beauvois partage le *tortula* de Bridel en deux, *tortula* et *streblotrichum*; ce dernier ne comprend que des *barbula* d'Hedwig.

Enfin M. Decandolle pense que toutes ses divisions sont celles qui donnent les coupes d'un genre naturel auquel il conserve le nom de *tortula*, des mieux caractérisé parmi les mousses à péristome simple, par les cils tournés en spirale, quelquefois soudés à la base, et par la coiffe fendue latéralement. Voyez Tortula et Streblotrichum.

Barbula, diminutif du mot latin *barba*, barbe, donné à ce genre, à cause des cils du péristome, plus longs que dans les autres genres. (Lem.)

BARCINO. (*Ornith.*) M. Noseda a décrit sous ce nom un

oiseau de proie, auquel il attribue les mêmes habitudes qu'à l'aigle couronné d'Azara, qui le regarde comme la femelle de celui-ci. (Ch. D.)

BARDANE. (*Bot.*) Ce genre appartient à notre tribu naturelle des carduacées : cependant, nous avons remarqué que la corolle des *lappa* s'éloignoit de la conformation ordinaire à cette tribu. (H. Cass.)

BARDEAUT. (*Ornith.*) C'est, en Guienne, le nom du bruant commun, *emberiza citrinella*, Linn. (Ch. D.)

BARETINO. (*Ornith.*) Nom italien du geai, *corvus glandarius*, Linn. (Ch. D.)

BARGE. (*Ichtyol.*) Suivant la Chénaie des Bois, on appelle de ce nom, dans quelques provinces, une espèce de pleuronecte très-voisine du carrelet. Voyez PLEURONECTE. (H. C.)

BARGE. (*Ornith.*) Aux généralités exposées relativement aux barges, rangées par Linnæus dans le genre *scolopax*, et formant depuis le genre *limosa*, Briss., on peut ajouter que le sillon de leurs narines règne jusque près de l'extrémité du bec, qui est un peu déprimée et mousse, sans sillon impair ni pointillure; et M. Baillon fils a remarqué, d'une autre part, que les mâles sont plus petits que les femelles, qui prennent plus tard leur plumage d'été, mais qui, d'ailleurs, n'offrent pas de différences. Quant aux espèces, il a existé long-temps parmi les barges une confusion que les dernières observations de MM. Meyer, Leisler et Temminck contribueront puissamment à faire disparoître pour celles d'Europe. Il paroît résulter d'un plus soigneux examen de ces oiseaux, dans leurs différens âges, que le *scolopax glottis* de Gmelin et de Latham, indiqué sous cette dénomination dans le tom. IV de ce Dictionnaire, pag. 65, doit être rayé de la liste nominale des barges, et que c'est le *totanus glottis* de Bechstein et de Leisler, le chevalier auquel M. Temminck a transporté la dénomination d'aboyeur, et auquel se rapporteroient aussi, dans son premier âge, la barge grise de Brisson, vol. V, pl. 25, fig. 1, la barge grise de Buffon, pl. enl. 876, et ses barges variée et aboyeuse, tom. VII in-4°., pag. 501 et 503.

On a également reconnu que le *scolopax fusca* de Gmelin, déjà indiqué dans ce Dictionnaire comme étant un chevalier, ne différoit pas du *totanus fuscus* de Leisler, ou chevalier arlequin de M. Temminck, qui lui donne pour synonymes : 1°. dans le plumage d'hiver, le *scolopax curonica*, et le *scolopax cantabrigiensis*, Gmel. et Lath., le chevalier de Courlande, de Sonnini, dans son édition de Buffon ; 2°. avant la première mue, le *scolopax totanus*, Linn. et Lath. ; 3°. dans le plumage d'été ou de noces, le *scolopax fusca* et le *tringa atra*, Gmel. et Lath., la barge brune de Buffon, pl. enl., 875.

Les espèces de barges européennes sont :

1°. La barge commune, *limosa vulgaris* de ce Dictionnaire, laquelle est la même que la barge à queue noire de MM. Temminck et Cuvier, *limosa melanura*, Leisler ; le *scolopax limosa*, Linn. et Gmel. et la barge, ou barge commune de Buffon, pl. enl. 874, dans son plumage d'hiver. Cet oiseau, dans son plumage d'été, est le *scolopax belgica*, et le *scolopax ægocephala*, Gmel. et Lath., la grande barge rousse de Buffon, pl. enl. 916. La queue de cette barge est entièrement noire, à base d'un blanc pur ; elle a un miroir blanc sur les rémiges, et son ongle du milieu est long et dentelé.

2°. La barge rousse de ce Dictionnaire, *limosa rufa*, Briss., la même que la barge rayée ou aboyeuse de M. Cuvier. Cet oiseau, avant sa première mue, a reçu de Latham le nom de *scolopax leucophœa*, et de Brisson celui de barge grise, t. V, pl. 24, fig. 1. Dans son plumage d'été, c'est le *scolopax lapponica* de Linnœus, la barge rousse de Brisson, tom. V, pl. 25, fig. 1, et de Buffon, pl. enl. 900. Toutes les pennes de sa queue sont rayées transversalement de blanc et de brun ; et son ongle du milieu est court et sans dentelures.

Leisler et, d'après lui, M. Temminck, donnent comme une troisième espèce de barge d'Europe, la barge de Meyer, *limosa Meyeri*. Cette espèce, dédiée à M. Meyer, ne présente pas les différences tranchées des barges à queue noire et à queue rayée, puisqu'elle a des pennes de la queue rayées transversalement de blanc et de noirâtre, tandis que les deux du milieu, et la dernière de chaque côté, sont rayées longitudinalement, et que son ongle du milieu est, comme celui de l'espèce précédente, court et sans dentelures. M. Cuvier ne faisant point mention de cette espèce, peut-être la regarde-t-il comme douteuse ; au reste, jusqu'à ce que des observations postérieures aient contribué à écarter toute incertitude, on observera ici que les parties supérieures de son corps sont d'un gris brun, qu'elle a des raies noirâtres sur le cou et le haut de la poitrine, dont le fond est cendré, et d'autres raies brunes sur les flancs, lesquelles raies sont transversales, tandis que celles de la précédente espèce sont longitudinales. Dans l'état adulte, le haut de la tête, la nuque et les scapulaires sont d'un brun noirâtre avec des taches jaunâtres sur le bord des plumes. Le milieu du ventre est d'un blanc pur, et le reste des parties inférieures est d'un jaune roussâtre clair et parsemé de traits roux. Les rémiges sont noires et marbrées intérieurement de blanc. Cette espèce est d'une taille plus forte que la barge rousse; celle-ci n'a que treize pouces trois ou quatre lignes de longueur, et son bec n'excède pas trois pouces; la barge de Meyer a deux pouces et neuf lignes de plus, et son bec est long de quatre pouces. Elle vit le long des bords fangeux des rivières du nord, et ne se voit que dans des passages accidentels en Allemagne. On ne l'a pas encore trouvée en Hollande. (Ch. D.)

BARGIEL. (*Ornith.*) Nom polonais de la mésange bleue, *parus cæruleus*, Linn. (Ch. D.)

BARISTUS. (*Ornith.*) Brown désigne sous ce nom, dans son *Histoire naturelle de la Jamaïque*, les sittelles, dont il décrit trois espèces. (Ch. D.)

BARITE. (*Ornith.*) M. Vieillot a fait un quiscale de cet oiseau d'Amérique, placé parmi les mainates. M. Cuvier a appliqué le mot grec *barita* aux cassicans, comme nom générique. (Ch. D.)

BARIUM. (*Chim.*) Nom du métal que l'on a retiré de l'alcali, appelé *baryte*.

Jusqu'ici on s'est procuré le barium par deux procédés, dont l'un consiste à décomposer la baryte par l'électricité, et l'autre à la décomposer par l'action d'une haute température. Quand on veut suivre le premier procédé, on fait un mélange de trois parties de baryte légèrement humectée, et d'une partie de peroxide de mercure; on le place sur une lame de platine; on pratique, dans la partie supérieure du mélange, une petite cavité dans laquelle on met un globule de mercure. On rend celui-ci négatif et la lame de platine positive, au moyen de fils de platine, dont l'un communique au pôle négatif, et l'autre au pôle positif d'une batterie voltaïque de cent doubles plaques. L'oxigène du peroxide de mercure et celui de la baryte vont au pôle positif, tandis que le mercure et le barium se rassemblent au pôle négatif, où ils s'amalgament. On met l'amalgame dans une très-petite cornue, et on le chauffe au milieu de la vapeur de naphte ; le mercure se volatilise, et le barium reste dans la cornue. Le second procédé est d'une exécution plus simple que celui dont nous venons de parler ; car il se borne à exposer de la baryte, placée sur un support de plombagine ou de charbon, à la flamme d'un mélange de deux volumes de gaz hydrogène et d'un volume de gaz oxigène, qui sort du chalumeau de Newman (voyez ce mot) ; la température produite par la combustion de ce mélange est assez élevée pour séparer l'oxigène du barium, ainsi que M. Clarke l'a découvert.

Le barium est blanc d'argent. Il est ductile ; car il s'aplatit un peu par la pression. Sa densité est de 4.

Il se fond à une température rouge assez élevée ; il est fixe, comme le prouve l'expérience de M. Clarke.

Exposé à l'air, à la température ordinaire, il se recouvre d'une couche de baryte ; à la température rouge, il brûle en répandant une lumière rougeâtre.

Quand on le jette dans l'eau, il dégage du gaz hydrogène et se convertit en baryte.

Combinaisons du barium avec l'oxigène.

Protoxide de barium. (Terre pesante, barote, baryte.)

Le moyen le plus économique de se procurer cet alcali, est le suivant, que nous devons à M. Vauquelin. On met du nitrate de baryte dans un creuset de platine, de manière à ce qu'il en soit rempli au plus aux trois quarts ; on le ferme avec son couvercle, et on le chauffe doucement ; le nitrate entre en fusion ; l'acide nitrique se décompose et se dégage peu à peu. Lorsque la matière ne se boursoufle plus, et qu'elle a pris une certaine consistance, on augmente le feu, afin de décomposer les dernières portions d'acide. Dans les fabriques de produits chimiques, on opère la décomposition du nitrate de baryte dans des creusets de Hesse ; mais il arrive alors que le creuset est attaqué, et que la baryte dissout de la silice, de l'alumine, de la chaux et de l'oxide de fer; c'est à ce dernier qu'il faut attribuer la coloration en vert que l'on observe dans la baryte qui n'a pas été préparée dans les creusets de platine, ainsi que je m'en suis assuré par l'expérience. Pour conserver la baryte, il faut la renfermer dans des flacons bouchés à l'émeril, ou dans des flacons bouchés avec du liége enduit d'une forte couche de résine.

La baryte pure obtenue par la décomposition du nitrate est en masse grise poreuse. Fourcroy lui attribue une densité de 4, tandis que Hassenfratz lui en attribue une de 2,374.

Elle a une saveur chaude, âcre et caustique; c'est un violent poison. Elle est infusible.

Exposée à l'air atmosphérique, elle devient blanche, pulvérulente, en absorbant d'abord de l'humidité, puis de l'acide carbonique.

Quand on jette de l'eau sur de la baryte, il se produit beaucoup de chaleur; de la vapeur d'eau se dégage avec sifflement, et la baryte se réduit en poudre blanche, qui est un hydrate. Cet hydrate peut supporter une chaleur rouge long-temps soutenue sans se décomposer; le seul changement qu'il éprouve alors est la liquéfaction. Suivant M. Berzelius, l'eau de l'hydrate de baryte contient autant d'oxigène que la baryte à laquelle cette eau est unie. J'ai trouvé que 100 parties d'eau à 15ᵈ tenoient en dissolution 2, de baryte caustique. L'eau bouillante en dissout beaucoup plus; aussi lorsque cette dissolution se refroidit, elle dépose une grande quantité de cristaux, dont la forme est presque toujours indéterminable: mais dans le cas où les particules prennent lentement l'état solide, elles se réunissent sous la forme de prismes hexaèdres aplatis. Dans tous les cas, ces cristaux contiennent une beaucoup plus grande quantité d'eau que l'hydrate dont nous avons parlé ci-dessus; car, lorsqu'on les expose à l'action de la chaleur, ils se fondent dans leur eau de cristallisation à une température qui ne fait éprouver aucun changement à l'hydrate; si on les chauffe suffisamment, ils perdent la moitié de leur poids d'eau, le résidu est de l'hydrate: à 15ᵈ,55, il faut 17,51 parties d'eau pour les dissoudre, suivant Hope.

L'alcool ne dissout qu'une très-foible quantité de baryte.

Sulfure de baryte. Lorsqu'on expose au feu un mélange de

parties égales de soufre et de baryte, ces corps se combinent et le soufre qui est en excès se dégage. Ce sulfure est jaune, fixe, indécomposable par la chaleur. Lorsqu'il est chauffé avec le contact de l'air, il se convertit en sulfate. Traité par l'eau, il se convertit en sulfure hydrogéné de baryte qui se dissout, et en sulfite qui ne se dissout pas.

Phosphure de baryte. Lorsqu'on fait arriver du phosphore en vapeur sur de la baryte rouge de feu, l'on obtient un phosphure d'un rouge brun. Le procédé le plus convenable pour le préparer, consiste à introduire une partie de phosphore desséché au fond d'un tube de verre fermé par un bout et luté extérieurement; à mettre sur le phosphore cinq à six parties de baryte environ ; puis, à chauffer seulement au rouge la partie du tube contenant la baryte; à quoi l'on parvient facilement, en introduisant le tube dans un fourneau, de manière que l'extrémité où se trouve le phosphore soit dans le cendrier ou hors du fourneau. Lorsque la baryte est rouge de feu, on vaporise le phosphore. On laisse refroidir le tube, on le délute, on le casse, et on met à part dans un flacon toutes les portions de matière qui sont d'un rouge brun. Ce phosphure dégage du gaz hydrogène phosphoré, dès qu'on le met en contact avec l'eau, et en même temps il se produit de l'hypophosphite de baryte soluble et du phosphate qui ne se dissout pas , suivant l'observation de M. Dulong. Voyez Hypophosphoreux (Acide).

La baryte est composée , suivant M. Berzelius :

Oxigène. . . . . . 10,5 . . . . 11,732.
Barium . . . . . . 89,5 . . . . . . 100.

Peroxide de barium. MM. Gay-Lussac et Thénard ont observé qu'en chauffant au rouge de la baryte dans une petite cloche pleine d'oxigène, ce gaz étoit absorbé ; ils en ont conclu l'existence d'un oxide de barium plus oxigéné que la baryte.

Le peroxide de barium a tous les caractères extérieurs de la baryte; lorsqu'on le chauffe fortement, il se réduit en gaz oxigène et en baryte.

Lorsqu'on le chauffe au milieu du gaz hydrogène, celui-ci est absorbé ; il y a dégagement de chaleur et de lumière, et formation d'hydrate de baryte qui se fond.

Le peroxide de barium mis dans l'eau se convertit en baryte, et laisse dégager son excès d'oxigène.

Chlorure de barium (muriate de baryte fondu). On peut le préparer : 1°. en faisant passer du chlore sur de la baryte qui est chauffée au rouge dans un tube de porcelaine. 1 volume d'oxigène est expulsé, et 2 volumes de chlore s'unissent au barium; 2°. en prenant une solution d'hydrochlorate de baryte, l'évaporant à siccité, et exposant le résidu à une chaleur rouge.

Ce chlorure est incolore, transparent, a une saveur amère ; il est fusible à la chaleur rouge, en un liquide qui se prend en lames brillantes en refroidissant. Il est fixe au feu ; il se dissout dans l'eau.

Il est formé, suivant M. Davy :

       Chlore. . . . . . 34 . . . . . . 51, 55
       Barium. 66 100

Iodure de barium. Il est inconnu. On sait seulement qu'en faisant passer de l'iode sur de la baryte rouge de feu, l'on obtient un sous-iodure de baryte.

Alliages de barium. M. Clarke a fait plusieurs essais que nous allons faire connoître sur les alliages de barium.

Ce métal, fondu avec l'argent, produit un alliage d'une couleur plus sombre que celle de l'argent.

Le barium, chauffé au chalumeau de Newman, sur une lame de palladium, s'étend sur cette lame, et prend l'aspect d'un bronze verni. Lorsqu'on le chauffe sur une lame de platine, la surface de ce dernier devient semblable au laiton poli.

Le barium ne s'allie point à l'or. Il ne s'amalgame point avec le mercure, quand le contact a lieu dans les circonstances ordinaires. *(Ch.)*

BARKER. (*Ornith.*) L'oiseau que les Anglais appellent ainsi, est un chevalier et non une barge. (Ch. D.)

BARKHAUSIA. (*Bot.*) [*Chicoracées*, Juss.; *syngénésie polygamie égale*, Linn.] Ce genre de plantes, de la famille des synanthérées et de la tribu des lactucées, a été formé par Mœnch, qui lui a donné le nom de l'auteur de la Flore de Leipsick. M. Decandolle l'a adopté dans la Flore française ; et nous croyons devoir suivre son exemple, parce que le genre *crepis* étant nombreux, il est utile de le diviser, et que l'aigrette de la cypsèle, selon qu'elle est sessile ou pédicellée, fournit un caractère commode et suffisant pour établir cette division.

Les barkhausies ont la calathide semiflosculeuse; l'invo'ucre composé de bractées disposées sur deux rangs; celles du rang extérieur courtes, lâches, membraneuses, un peu inégales; celles du rang intérieur égales, linéaires-lancéolées, embrassant étroitement les cypsèles extérieures; le clinanthe est alvéolé; les cypsèles sont allongées, droites, amincies supérieurement en un pédile filiforme, qui porte au sommet une aigrette formée de filets capillaires.

On connoit une douzaine d'espèces de barkhausies, toutes européennes, herbacées, et a fleurs jaunes ou rouges. Les plus remarquables sont la barkhausie rouge et la barkhausie fétide.

La barkhausie rouge (*burkhausia rubra*, Mœnch.; *crepis rubra*, Linn.) est une jolie plante annuelle, cultivée pour l'ornement des parterres. La tige, haute d'un pied, est presque simple, striée; garnie, en sa partie inférieure, de feuilles pinnatifides, terminées par un lobe élargi et anguleux; nue en sa moitié supérieure, qui porte au sommet une grande calathide de fleurs roses. Cette espèce croit naturellement dans nos provinces méridionales et en Italie.

La barkhausie fétide (*barkhausia fœtida*, Decand.; *crepis fœtida*, Linn.) est commune dans les champs incultes, et se reconnoit facilement à l'odeur forte qu'elle communique aux doigts quand on la touche, odeur qui rappelle celle des amandes amères. C'est la seule chose qui rende cette plante remarquable. Sa tige, un peu rameuse, hérissée de poils rudes, s'élève jusqu'a deux pieds, portant des feuilles embrassantes, hérissées de poils, pinnatifides, et des calathides à fleurs jaunes, rougeâtres en dessous. Cette espèce est annuelle, comme la précédente. (H. Cass.)

BARLEY BIRD. (*Ornith.*) L'oiseau qu'Albin désigne sous ce nom est le tarin, *fringilla spinus*; Linn. (Ch. D.)

BARNADESIA. (*Bot.*) Ce genre est compris dans la section artificielle des labiatiflores de M. Decandolle, ou chœnantophores de Lagasca; et nous le classons, avec doute, dans notre tribu naturelle des carlinées, près du *turpinia* de MM. Humboldt et Bonpland. (H. Cass.)

BARNOUG. (*Bot.*) Nom arabe de la vesse-loup pédonculée (*tulostoma pedunculatum*, Pers.), retrouvée par M. Delisle dans les déserts de l'Egypte. (I.nm.)

BARO. (*Ichtyol.*) C'est le nom spécifique d'un chétodon que Renard a figuré pl. 20, fig. 109, et qu'on trouve à Amboine, où, suivant Ruysch., les Maures le mangent après l'avoir exposé à la fumée pour lui donner du goût. Voyez Chétodon. (H. C.)

BAROMÈTRE. (*Phys.*) Depuis l'impression de cet article, le baromètre portatif a été beaucoup perfectionné par M. Gay-Lussac, qui l'a rendu susceptible d'être renfermé dans une canne, et d'être transporté sans risque dans les courses difficiles. Voyez-en la description dans le *Traité de physique expérimentale et mathématique*, par M. Biot, t. I, p. 92.

Pour connoitre, avec toute l'exactitude possible, la hauteur du mercure dans le baromètre, il faut avoir égard à l'abaissement que ce liquide éprouve par l'effet de la capillarité, effet encore sensible lors même que le diamètre du tube surpasse la limite assignée ordinairement à ceux qu'on nomme *capillaires*. (Voyez page 90 du volume cité plus haut.) On a proposé aussi d'avoir égard aux variations que le changement de température produit dans la longueur des échelles métalliques sur lesquelles est marquée la graduation de l'instrument. Ce changement ne s'effectuant pas avec la même rapidité dans les corps denses que dans l'air, on a reconnu la nécessité d'enchâsser un thermomètre dans la monture du baromètre, pour déterminer, avec plus de précision, la température de la colonne de mercure.

Dans les *Mémoires de la classe des sciences mathématiques et physiques de l'Institut*, M. Ramond a inséré, sur la mesure des hauteurs par le baromètre, des recherches très-détaillées, ayant pour objet d'apprécier l'influence que les variations diurnes et les variations accidentelles de cet instrument exerçoient sur cette mesure (Voyez l'art. Météorologie), et de montrer quelle attention il faut apporter dans la détermination des hauteurs moyennes du baromètre, lorsqu'on veut en déduire des différences de niveau peu considérables.

Comme c'est ordinairement à celui de la mer que l'on rapporte tous les autres, il est important de connoître la hauteur moyenne du baromètre à ce niveau : mais il y a des circonstances locales qui la modifient, ainsi qu'on le verra à l'article Mer. M. Biot, dans son *Traité de physique*, donne 0^m,7629 (ou 28p 2¹ $\frac{7}{10}$) pour la hauteur moyenne du baromètre au bord de l'Océan, le thermomètre centigrade étant à 0°8. (L.)

BAROSMA, Willd. (*Bot.*) Ce genre, le même que le *parapetalifera* de Wendland, est très-voisin de l'*agathosma*, par conséquent peu différent du *diosma*. Son calice est à cinq folioles ; sa corolle, composée de dix pétales insérés sur le réceptacle ; les pétales alternes plus grands ; un disque glanduleux à cinq lobes, placé sur le réceptacle ; une capsule à cinq loges, à cinq valves ; les valves monospermes ; les semences arillées. Ce genre appartient à la famille des *rutacées* et à la *pentandrie monogynie* de Linnæus. On en cultive une espèce dans quelques jardins de botanique, qui est le *barosma serrata*, Willd., arbrisseau du cap de Bonne Espérance, à feuilles opposées, lancéolées, glabres, dentées en scie, odorantes et glanduleuses : les fleurs solitaires, axillaires, ou terminales. Wendland en a donné la figure sous le nom de *parapetalifera serrata*. Coll. pl. 1, pag. 92, tab. 34. (POIR.)

BAROTSO. (*Erpétol.*) D'après Barbot, les nègres du cap de Monte appellent ainsi le caméléon. Voyez ce mot. (H. C.)

BARRE. (*Géog. phys.*) Sables amoncelés en travers de l'embouchure de certaines rivières. (L.)

BARRÉ. (*Ichtyol.*) Nom spécifique d'un poisson du genre bagre, de M. Cuvier, et qu'on trouve dans l'Amérique méridionale. C'est le *Silurus fasciatus* de Bloch, et le *Pimélode barré* de M. de Lacépède. Voyez BAGRE.

C'est particulièrement dans les eaux douces de Surinam que vit ce poisson. (H. C.)

BARRICADO. (*Ichtyol.*) Suivant la Chênaie des Bois, c'est un poisson d'Afrique, d'un excellent goût, long d'un pied et demi, mais qui passe pour malsain lorsqu'il a le palais noir. Ce poisson n'est pas bien connu. (H. C.)

BARTHOLINA. (*Bot.*) Ce genre a été établi par Rob. Brown, dans la nouvelle édition de l'*Hortus Kewensis* d'Aiton, pour l'*orchis pectinata*, Willd. seu *burmanniana*. Sw. et quelques autres espèces. Il se distingue par sa corolle (périanthe, Mirb.) en masque, les pétales intérieurs adhérens à la lèvre par leur partie inférieure ; la lèvre munie d'un éperon à sa base extérieure. (POIR.)

BARTHRAMIA. (*Bot.*) Voyez BARTRAMIA, Suppl. (LEM.)

BARTMÆNNCHEN. (*Ornith.*) Nom allemand de la mésange moustache, *parus biarmicus*, Linn. (Ch. D.)

BARTMOOS. (*Bot.*) Nom allemand donné par Bridel au genre *barbula* de la famille des mousses. (Lem.)

BARTRAMIA. (*Bot.*) *Bartramie*. Dictionn. vol. IV, p. 88. Ajoutez : *barthramia*, Bridel, Decand.

Dans la méthode d'Hedwig, ce genre est caractérisé ainsi : Urne sphérique, terminale ou latérale; péristome double, l'extérieur à seize dents cunéiformes un peu infléchies en dedans; l'intérieur membraneux, conique, plissé, partagé au sommet en seize découpures bifides.

Ce genre comprend dix espèces, desquelles sept croissent en France. M. Palisot de Beauvois propose de le nommer *cephalozia*. M. Dawson-Turner en a donné une Monographie dans les *Annal. Bot. Angl.*, vol. I. p. 517. (Lem.)

BARU-LAUT. (*Bot.*) Nom malais de l'*hibiscus populneus*, suivant Rumph. (J.)

BARUTIN. (*Bot.*) En Syrie, au rapport de Lindet, cité par M. Dufour, on nomme ainsi une espèce ou variété de mûrier qui paroit avoir deux individus distincts : l'un appelé mâle, à les fruits un peu rouges à leur maturité et des feuilles plus arrondies; elles sont plus allongées et terminées en pointe dans celui qui est dit femelle, dont les fruits restent blancs. (J.)

BARYLL. (*Ichtyol.*) Suivant Aldrovande, c'est un des noms anglais du barbeau. Voyez ce mot. (H. C.)

BARYPHONUS. (*Ornith.*) Nom appliqué par M. Vieillot au genre momot. Voyez ce mot. (Ch. D.)

BASAALE-MARAVARA. (*Bot.*) Nom malabare sous lequel Rheede désigne une espèce d'angrec, *epidendrum resupinatum* de Linnæus, nommé plus récemment *malaxis Rhedii* par Swartz et Willdenow. (J.)

BASACARAGUAY. (*Ornith.*) Nom sous lequel est connu, dans le Paraguay, une espèce de troglodyte décrite par M. d'Azara. (Ch. D.)

BASALTE. (*Min.*) On avoit généralement considéré le basalte comme une roche d'apparence homogène, mais néanmoins composée de plusieurs espèces minérales, dont le volume étoit trop peu considérable pour qu'on puisse les détinguer à l'œil nu. On avoit cru que l'espèce dominante , celle qui donnoit les caractères à la roche, étoit l'amphibole, ou *hornblende* en masse, associée avec le felspath, et quelquefois avec d'autres minéraux.

M. Cordier a prouvé dernièrement, autant par ses observations sur le gisement, les passages, et les variétés du basalte, que par un nouveau mode d'analyse mécanique dont il a su tirer un très-grand parti, que le basalte étoit composé de pyroxène en masse, ou en très-petites parties cristallines et de felspath, et qu'au contraire de ce qu'on pensoit généralement, l'amphibole, soit en grains, soit en cristaux distincts, étoit très-rare, non-seulement dans le basalte, mais encore dans toutes les roches d'origine évidemment volcanique, et que c'étoit toujours le pyroxène, qui faisoit les parties principales de celles de ces roches qui sont noires ou verdâtres. M. Cordier en faisant remarquer que le pyroxène, qui est l'espèce minérale dominante et comme caractéristique des roches évidemment volcaniques, se trouvoit aussi comme partie constituante des basaltes, apporte un des argumens les plus puissans en faveur de l'origine volcanique de cette roche homogène, origine sur laquelle se sont élevées des discussions si longues et si vives.

On a fait aussi, depuis que nous avons publié l'article BA-SALTE, de nouvelles observations sur des gisemens qui concourent, avec la connoissance qu'on vient d'acquérir sur sa nature, à jeter un grand jour sur sa véritable origine. Nous exposerons au mot BASANITE, les changemens et additions qu'il faut faire dans l'histoire des gisemens de ces deux roches. (B.)

BASANITE. (*Min.*) D'après les règles que nous avons cru devoir établir et suivre, dans la classification minéralogique des roches mélangées, tous les minéraux simples, ou au moins d'apparence homogène, qui composent les roches, doivent avoir été préliminairement étudiés, déterminés et dénommés dans le système de minéralogie, de manière que la nature minéralogique d'une roche mélangée puisse être exposée et connue par la simple énumération des espèces minérales, réelles ou conventionnelles, qui entrent dans sa composition.

Ces principes, qui seront développés au mot *roche*, mais que nous ne pouvons nous dispenser d'indiquer ici, nous forcent d'établir dans la classe des roches mélangées l'espéce du basanite. Le basalte, soit qu'on le considère comme roche simple, soit qu'on le regarde comme base de roche mélangée , est un minéral d'apparence parfaitement homogène, lors même qu'il est examiné à la loupe; et si on lui refusoit cette qualité, il faudroit également la refuser à un grand nombre de calcaires, comme à la craie, au felspath compacte, nommé pétrosilex, et au schiste argileux. On ne sauroit plus alors où placer les limites entre le granit à gros grains et le felspath compacte. Le basalte a donc dû être décrit, dans le système de minéralogie, comme espèce minérale arbitraire; et dans ce cas il est supposé homogène. Et en effet, on voit des masses considérables de ce minéral qui sont parfaitement *homogènes*, dans l'acception que nous donnons à ce mot, ou qui ne présentent que quelques minéraux disséminés.

D'après ces principes, il falloit étudier sous un autre point de vue les basaltes, considérés comme roches mélangées, en leur donnant une dénomination particulière. Nous avons adopté celle de *basanite*, qui paroit avoir été donnée par les anciens à cette roche dans certains cas, et nous allons compléter sous ce nom l'histoire naturelle du basalte, qui a été faite dans le 4ᵉ. volume de ce Dictionnaire, en y apportant les changemens que de nouvelles observations, et les conséquences qui en sont résultées, nous forcent d'y apporter.

Les parties constituantes essentielles du basanite, sont une pâte ou base de basalte, enveloppant des cristaux de pyroxène.

Les parties constituantes accessoires, sont le péridot, le fer titané et l'amphibole.

Les parties éventuelles disséminées, sont le mica, le felspath compacte, le felspath vitreux, le zircon hyacinthe; et les *parties éventuelles pelotonnées*, sont la lithomarge, la stéatite, la mésotype, la stilbite, l'analcime, le calcaire spathique, l'ocre, la calcédoine, le quarz.

La *structure* de cette roche est massive. Elle n'est donc ni feuilletée, ni fissile, ni fragmentable. Sa *texture* est souvent grenue, un peu brillante, quelquefois compacte. Les parties disséminées y sont cristallisées, et de formation contemporaine à la pâte. Les parties éventuelles pelotonnées y sont presque toujours formées par voie d'infiltration.

Elle a la *cohésion*, la *cassure* et la *dureté* du basalte.

Ses *couleurs* sont le noir, le noir verdâtre et le gris foncé. Les parties disséminées sont presque toutes de la même couleur que la pâte, à l'exception du péridot, du felspath, du zircon, et de quelques autres minéraux, qui conservent leur couleur propre.

Ce que nous avons dit de *l'altération naturelle* du basalte, s'applique entièrement au basanite. Il faut seulement faire remarquer que les cristaux de pyroxène, résistant beaucoup mieux à cette altération, font ordinairement saillie à la surface des rochers de basanite, et manifestent ainsi très-bien leur présence dans cette roche.

Le basanite passe par des nuances insensibles au mimose, et c'est même au moyen de cette transition qu'on est parvenu à déterminer plus exactement la nature minéralogique des principes constituans de la base de cette roche, et de cette roche elle-même. Il passe aussi à la variolite, à la vakite, à l'argilophyre, ainsi qu'à l'eurite et à la diabase ; mais à ces deux dernières roches beaucoup moins fréquemment qu'on ne l'a cru.

Gisement. Ce que nous avons dit sur le gisement du basalte s'applique entièrement aux basanites. Nous ne pouvons reprendre entièrement l'histoire remarquable des terrains composés de ces roches. Elle est liée avec un trop grand nombre d'autres considérations, pour que nous puissions la présenter dans son ensemble à l'occasion d'une des roches qui en fait partie. Nous en renvoyons donc l'histoire au mot Terrains, et à l'article *terrains trappéens.* Nous nous contenterons d'apporter à ce que nous avons dit au mot basalte, quelques modifications importantes qui résultent des observations faites récemment :

1°. Il paroît que la formation de la plupart et peut-être de tous les basanites est postérieure à celle des calcaires, dits calcaires du Jura, et même à celle de la craie ; qu'elle est également postérieure, ou au moins contemporaine, à celle des argiles plastiques, des sables et grès et des lignites qui recouvrent ces calcaires, mais qu'elle est antérieure à la formation des calcaires grossiers à cérites et des gypses à ossemens. Les motifs de cette présomption seront donnés en traitant des terrains trappéens, au mot *Terrains.*

La circonstance des filons de plomb qui traversent, dit-on, les filons de basalte à Persabus et à Glascowbeg, dans l'île d'Ilay, semble contredire cette présomption. Mais il paroit qu'il y a eu dans la citation du fait une erreur complète, et que M. Mills, dont le docteur Richardson l'a tirée, a dit au contraire que les filons de basalte coupoient dans l'île d'Ilay les filons de plomb. Ce qui s'accorde avec ce que M. Berger rapporte des filons de basalte (*dykes*) qui coupent les filons de minerai de plomb de la mine de Kildrins, dans le Donégal.

L'alternance des couches de basalte avec celles de houille citée dans un assez grand nombre de lieux, sembleroit également donner à la formation du basalte une assez grande ancienneté ; mais il paroit que ces faits ont été ou mal observés ou mal compris par ceux qui les ont cités. Il est du moins reconnu que dans la plupart des cas c'est du lignite et non de la houille que le basalte recouvre immédiatement, comme cela est certain pour le Meissner, en Hesse ; que dans d'autres cas, lorsque le basalte se trouve en contact avec de la véritable houille, c'est en filons qu'il la traverse ou la pénètre ; mais il ne paroit alterner nulle part en couche de stratification concordante avec elle : presque tous les faits observés en Irlande se rapportent à cette manière de voir.

2°. Malgré le grand nombre de citations que nous avons rapportées touchant la présence de diverses coquilles fossiles dans le basalte, il paroit que la présence de ces corps organisés dans le vrai basalte, et dans la roche elle-même, n'est nullement constatée. Dans quelques cas, la roche qu'on a désignée comme basalte n'appartient pas à cette espèce. Ainsi, suivant M. de Luc, la pierre de Portrusch et des îles Skerries qui renferme, d'après le docteur Richardson, des ammonites, n'est point un basalte, mais une argile durcie noirâtre qui se trouve par couches au bord de la mer, sur la côte d'Antrim. M. Pictet dit aussi en décrivant les couches basaltiques de l'Irlande, qu'on n'a jamais trouvé de coquilles fossiles dans le basalte prismatique dont la structure semble indiquer une cristallisation confuse.

M. de Sch'otheim paroit adopter cette opinion. Il dit que les pétrifications citées dans les terrains de trapp, de nouvelle formation, ne se trouvent pas dans les trapp qui sont nos basanites, mais dans les couches subordonnées de sable, de marne. Toutes les pétrifications annoncées comme ayant été trouvées dans le basalte, et qu'on a fait voir à ce naturaliste qui, comme on sait, s'est spécialement occupé de cette partie de la géologie, étoient ou dans des morceaux de calcaire enveloppés dans du basalte, ou dans un calcaire de transition altéré et poreux qui se trouve avec des morceaux de basalte dans des couches composées de fragmens de terrains trappéens. Fortis avoit adopté cette opinion négative, et rapportoit l'absence des corps marins dans les basaltes comme une preuve qu'ils n'avoient pas été formés dans la mer.

Néanmoins, ces faits sont encore trop peu éclaircis pour qu'on puisse en tirer une conséquence certaine sur la présence ou l'absence des corps organisés immédiatement et dans la masse même des vrais basanites ; mais les doutes élevés sur leur présence doivent nous engager à examiner de nouveau les observations qui l'établissent.

3°. Il est maintenant bien constaté que les basaltes ont exercé dans un grand nombre de cas une action puissante sur les roches qu'ils ont eues en contact immédiat, et cette action a la plus grande analogie avec celle que la chaleur fait éprouver à plusieurs roches. Ce résultat, dont je ne puis douter, contredit entièrement les assertions des naturalistes qui avoient cru remarquer, et qui avoient dit que les basaltes n'avoient nullement altéré les roches et même les combustibles contre lesquels ils étoient placés. Pour nous borner à un petit nombre de preuves, nous citerons les faits suivans :

J'ai vu, et M. Schaub l'avoit déjà dit et publié dans un ouvrage sur le Meissner, que je n'avois pas encore lu lorsque je visitai cette montagne de la Hesse ; j'ai vu, dis-je, que la partie de la couche de lignite exploitée au Meissner, sous le basalte, et qui touche immédiatement cette roche, est la seule qui soit évidemment altérée ; elle est changée en anthracite. Sa structure est bacillaire ; c'est le seul endroit où l'on trouve cette curieuse variété de lignite que les minéralogistes allemands nomment *stangenkohle*. Ce lignite ressemble parfaitement à la houille distillée, nommée *coke*. Lorsqu'on chauffe de la houille avec une certaine précaution, comme je l'ai fait, on peut lui donner la structure bacillaire du *stangenkohle* ; et elle n'en diffère alors que parce qu'elle est beaucoup moins dense, et par conséquent plus boursoufflée ; mais il n'y a pas de doute qu'elle auroit la densité de l'anthracite bacillaire du Meissner, si on la chauffoit sous une pression comparable à celle qu'a dû éprouver le lignite de cette montagne sous la masse supposée liquide du basalte qui le recouvre.

C'est un fait connu en Irlande et en Ecosse, que toutes les couches de houille traversées par les énormes filons de basalte, qu'on nomme dykes, sont altérées dans les parties où elles touchent ces filons, et changées en anthracite, qui est une houille dense privée de bitume.

Un autre fait également reconnu des géologues écossais et anglais qui ont visité les terrains basaltiques des iles du nord de l'Irlande, c'est l'altération fort remarquable que les filons de basalte (dykes) ont fait éprouver à la craie et aux bancs de grès qu'ils traversent ; altération évidemment due à l'influence du basalte, puisqu'elle est d'autant plus forte, que ces roches sont plus près du basalte, et qu'elle diminue très-sensiblement et très-rapidement dans les parties de la roche qui s'en éloignent. Dans les points de contact, la craie a la texture grenue et saccharoïde du calcaire saccharoïde ; un peu plus loin, elle perd cette texture pour prendre celle d'un calcaire dense, à grain très-fin, presque translucide, et ayant une couleur légèrement bleuâtre. Cette craie est très-fortement phosphorescente par l'action de la chaleur. Les silex renfermés dans ces parties sont devenus rougeâtres et faciles à casser (1). Enfin, si c'est le grès qui est ainsi traversé, il a pris une texture plus friable, et un aspect blanchâtre. A Carrickmour, en Irlande, il est en outre pénétré de pyrites ; et on suppose que c'est encore à l'influence des filons de basalte qui traversent ce grès que sont dues les pyrites qu'il renferme dans ce point.

Ces exemples de la conversion de la craie en une sorte de marbre saccharoïde, ont été vus sur le penchant oriental de la montagne de Divis, près Belfast, en Irlande, dans le ravin auquel le D' Macdonald a donné le nom de ravin d'Alian. Ceux qu'on a observés dernièrement dans les environs de

---

(1) D' Berger. Esquisse Géologique du nord de l'Irlande. Transact. de la Soc. Géol. de Londres, tom. 111.

Glenarm consistent en trois branches d'un filon de basalte qui se ramifie dans la craie. La partie de cette roche renfermée entre ces ramifications a éprouvé l'altération que nous venons de décrire. Un filon (dyke), très-semblable aux précédens, se présente dans l'île de Rathlin, près *Churchs-Bay*, et a produit sur la craie la même altération. Ce filon paroit se représenter sur le point opposé de la côte d'Antrim, au cap Kenbaan, où on trouve également du marbre granulaire. Un filon, près Ballinstoy, altère la craie de la même manière. On voit un semblable marbre, près d'un filon de basalte, à l'extrémité S. O. de la côte d'Antrim, à Bamersglen, près Trummery, à environ un mille N. O. de Moira. Quoique l'espèce de changement singulier que la craie a éprouvé dans ces circonstances ne puisse encore être exactement apprécié, on ne peut douter, d'après de telles observations, que le basalte n'ait eu, sur cette roche, une action qu'on ne peut attribuer à la seule compression.

4°. On a dit, dans beaucoup d'ouvrages, et nous l'avons répété à l'article du basalte, que cette roche passoit à la diabase (*grünstein*), et qu'elle en étoit recouverte dans plusieurs cas. On citoit le mont Meissner comme un exemple authentique de cette disposition. C'est encore une erreur qui tient à deux causes : 1°. à l'ignorance où l'on a été pendant long-temps, et de la vraie nature du basalte, et de celle de la roche granitoïde qui l'accompagne, et le recouvre quelquefois; 2°. à ce que l'on a donné le nom de *grünstein* à deux espèces de roches mélangées, très-différentes. Il est bien reconnu maintenant que le prétendu *grünstein* qui recouvre le basalte est une roche composée de felspath compacte et de pyroxène; par conséquent, des mêmes minéraux que le basalte. Il a fallu lui assigner un nom particulier; les minéralogistes allemands ont donné, à quelques-unes de ses variétés, le nom de *graustein*; et M. Haüy a proposé de lui donner, en français, celui de *mimose*, que j'ai adopté dans ma classification minéralogique des roches. (B.)

BASCOUETTE. (*Ornith.*) Nom sous lequel on connoît, dans le département des Deux-Sèvres, la mésange à longue queue, *parus caudatus*, Linn. (Ch. D.)

BASE, *Basis.* (*Bot.*) On entend par ce mot, tantôt l'extrémité inférieure d'une partie quelconque, tantôt le point par lequel une partie tient à son support, tantôt le support lui-même. (Mass.)

BASIFIXE. *basifixus.* (*Bot.*) M. Mirbel nomme placentaire *basifixe* celui qui, à la maturité, ne tient qu'à la base du péricarpe : tel est celui des primulacées, du siléné, etc. ; il peut être pédicellé, et de formes variées, en quoi il diffère du placentaire *basilaire* , lequel occupe la base de la cavité péricarpienne, et ne fait aucune saillie. Une anthère est dite *basifixe* lorsqu'elle est attachée au filet par son extrémité inférieure : voyez celles des *Iridées* , des *Synanthérées*, etc. (Mass.)

BASIGYNE, *Basigyndam.* (*Bot.*) M. Richard donne ce nom au support du pistil, lorsque ce support est dû au prolongement aminci de la base de l'ovaire, et n'est point articulé avec lui. On en a un exemple dans le câprier. Voyez Pondo-cyne. (Mass.)

BASILAIRE, *basilaris.* (*Bot.*) Placé à la base d'une partie quelconque, y prenant naissance. Cette expression est de Gærtner. Dans les graminées, l'arête est dite *basilaire* lorsque, au lieu de partir du sommet ou du dos de l'écaille qui la porte, elle est fixée à sa base : voyez le *Polypogon.* Le style est dit *basilaire,* lorsque, au lieu de surmonter l'ovaire, il prend naissance à sa base : on en a des exemples dans l'*artocarpus* ou arbre à pain, dans le *hirtella,* etc. Le placentaire est *basilaire* lorsqu'il occupe la base de la cavité péricarpienne : on peut le voir dans le liseron, le berberis, etc. M. Mirbel considérant l'embryon relativement au périsperme, nomme embryon *basilaire* celui qui est logé tout entier dans la portion du périsperme la plus voisine du hile : on en a des exemples dans les ombellifères, les cypéracées, le jonc, la renoncule, etc. Lorsque l'embryon occupe la partie opposée du périsperme, on le dit *apicilaire.* (Mass.)

BASILAIRE. (*Bot.*) Daubenton, dans les Mém. de la Soc. d'Agric. de Paris, 1787, nomme ainsi le pin du Chili, *araucaria,* Juss. : *pinus araucaria* de Molina : *dombeya* de Lamarck, dont il existe dans la Collection du Muséum d'Hist. Natur. des rameaux et des cônes, apportés par Dombey. (J.)

BASILÉ. (Poil), *Pilus basilatus.* (*Bot.*) Elevé sur une base, sur un mamelon. Voyez les *poils de l'Ortie, du Houblon,* etc. (Mass.)

BASILEOS. (*Ornith.*) Nom grec du roitelet, *motacilla re-gulus*, Linn., qu'Aldrovande désigne aussi sous celui de *basi-leus*. (Ch. D.)

BASOURA. (*Bot.*) Voyez Basourinha. (J.)

BASOURINHA , Tufficava. (*Bot.*) Pison , dans son *Histoire du Brésil*, nomme ainsi une plante employée dans ce pays comme anodine et émolliente, qui est le *vandellia pratensis* du Vahl, *Eclog.* 2, p. 48. Cet auteur croit que c'est auss le *matourea*, qu'Aublet cite dans ses plantes de la Guiane, comme vulnéraire, et le basilic sauvage, dont Bajon , dans ses *Mém. sur Cayenne*, fait un grand éloge pour la guérison des flueurs blanches. Willdenow la regarde comme une variété du *sco-paria dulcis*, qui paroit être la plante que Pison dit être la *basoura* des Brésiliens, et qui est employée par eux pour faire des balais. (J.)

BASSE (Radicule), *Radicula demissa.* (*Bot.*) Epithète qui indique une des positions de la radicule relativement au fruit. La radicule est dirigée ou vers le centre, ou vers la paroi, ou vers le sommet, ou vers la base du fruit; c'est lors-qu'elle a cette dernière direction, que M. Mirbel lui donne le nom de radicule *basse :* on en a des exemples dans la polé-moine, le caille-lait, le plantain, etc. (Mass.)

BASSETS. (*Bot.*) Plusieurs champignons portent ce nom. Le basset creux, ou en creuset ou des caves , est une petite espèce, non encore déterminée , du genre *agaricus*, Linn. , dont le pédicule est très-court et le chapeau presque noir et sujet à se déchirer en rayons. Les *bassets à crochets* sont aussi des *agaricus* ; leur pédicule est crochu. Voyez Pain de vache, Tout gris, et Manchettes grises. (Lem.)

BASSIN. (*Géog. phys.*) Portion de la surface terrestre qui fournit des eaux à un *cours d'eau*. Voyez, à l'article Terre, ce qui regarde les formes de sa surface. (L.)

BASSON. (*Ornith.*) Un des noms vulgaires de la foulque, *fulica atra*, Linn. (Ch. D.)

BASSORINE. (*Chim.*) Suivant M. J. Pelletier, la gomme de Bassora , qui a été examinée par M. Vauquelin, doit être con-sidérée comme une espèce de principe immédiat auquel il donne le nom de *bassorine*. M. J. Pelletier a trouvé la basso-rine dans l'*assa-fœtida*, *le bdelium*, *l'euphorbe*, et le *sagapenum*.

La bassorine est demi-transparente, insipide, inodore. A la distillation, elle donne : 1°. un produit liquide formé d'eau, d'huile, d'acide acétique ; 2°. du gaz acide carbonique et hydrogène carboné ; 3°. un charbon contenant de la chaux et de l'oxide de fer.

La bassorine, mise dans l'eau froide, se gonfle extrêmement, mais ne se dissout pas. L'eau bouillante agit de la même manière.

L'eau, aiguisée d'acide nitrique, ne la dissout point à froid ; mais à chaud, la dissolution s'opère, à l'exception d'un résidu jaunâtre qui ne s'élève pas au cinquantième de la matière. L'alcool, mêlé à la liqueur filtrée, en précipite une substance qui a la plus grande analogie avec la gomme arabique, et retient en dissolution une matière jaunâtre d'une saveur amère très-remarquable.

L'eau, acidulée par l'acide hydrochlorique et l'acide acétique, se comporte d'une manière analogue à l'eau aiguisée d'acide nitrique ; mais le résidu insoluble, au lieu d'être jaune, est blanc. (Ch.)

BASSUS. (*Entom.*) Fabricius a désigné, sous ce nom de genre, toutes les espèces d'ichneumons à ventre cylindrique, à peine pétiolé. Voyez Ichneumon, Entomotilles. (C. D.)

BASTA MARINA, Basta lam. Noms que Rumph, Amb., p. 355, tab. 89, donne à une espèce d'éponge, *Spongia basta* de Pallas. (De B.)

BATARA. (*Ornith.*) Il existe au Paraguay une famille d'oiseaux qui se plaît dans les halliers fourrés, où les rayons du soleil pénétrent à peine, et qui ne sortent de leurs retraites que le soir et le matin ; on les voit alors posés sur des branches basses, ou cherchant à terre les vers et les insectes dont ils font leur nourriture. Ces oiseaux, qui ne se réunissent que par paires, évitent les campagnes, les lieux découverts et les grands bois ; néanmoins ils sont peu farouches, et ils se tiennent souvent dans les broussailles des cantons cultivés et dans les enclos. Silencieux hors le temps des amours, ils ne jettent à cette époque, en agitant leurs ailes, qu'un seul cri, qui est la répétition de la syllabe *tu*, mais dont la force est telle qu'on l'entend à un demi-mille de distance. M. d'Azara leur a conservé le nom de *batara*, que leur donnent les Guaranis.

Ces oiseaux ont d'assez grands rapports avec les fourmiliers, et M. d'Azara, qui les en rapproche, combat les faits que Buffon a exposés dans l'histoire naturelle de ceux-ci, d'après les notes de Sonnini; il prétend que les bataras ne mangent pas de fourmis, et que, loin d'avoir l'habitude de marcher le plus souvent comme les perdrix, ils ne font que sautiller lorsqu'ils sont par terre, et restent presque toujours perchés; qu'on ne les voit jamais en troupes, etc.; à quoi Sonnini a répondu en déclarant que les bataras de M. d'Azara n'étoient pas ses fourmiliers, dont les mœurs étoient telles que Buffon les avoit décrites.

Relativement à la conformation, M. d'Azara a observé que tous les bataras avoient sur le dos et la poitrine une quantité extraordinaire de plumes longues, douces et sans tiges; que celles de la tête se relevoient en forme de huppe, lorsqu'ils étoient affectés ou faisoient entendre leur cri; que leur queue, très-foible, étoit étagée, et que les pennes de l'aile étoient concaves et peu vigoureuses; qu'ils avoient le pied très-robuste, luisant, rude et couvert d'écailles; le bec droit, crochu à sa pointe, comprimé sur les côtés, solide et *dénué de poils à sa base*; la langue ferme, peu grosse, à bords amincis, et divisée en deux parties à son extrémité, où elle devenoit transparente; les narines fort reculées et linéaires.

M. d'Azara n'a décrit que huit à neuf bataras; mais M. Vieillot, en adoptant ce nom générique, et formant celui de *thamnophilus*, des mots grecs ταμνος, *frutex*, et φιλέω, *gaudeo*, a quadruplé le nombre des espèces, et il a ainsi établi les caractères de son nouveau genre, placé dans la famille des collurions: un bec droit à la base, robuste, convexe en dessus, comprimé latéralement; la mandibule supérieure échancrée ou dentée et crochue vers le bout; l'inférieure entaillée, aiguë et retroussée à la pointe; la *bouche ciliée*; les ailes courtes, arrondies. Cet auteur observe que le bec des bataras n'est pas de la même force dans toutes les espèces, et que, très-robuste et très-renflé en dessous chez les unes, il est moins fort et peu bombé chez d'autres, et même à peu près grêle dans plusieurs. Ces différences dans la grosseur et la forme du bec semblent assez importantes pour avoir pu faire hésiter à réunir aux bataras, des oiseaux jusqu'alors rangés parmi les pics-grièches, les tyrans et les fourmiliers, et dont les mœurs peuvent n'être pas les mêmes. Ce ne sera donc qu'après avoir décrit les bataras de M. d'Azara, qu'on désignera brièvement les autres espèces nouvelles et celles qui ont été extraites d'anciens genres.

Grand Batara, Azara, n° 211; *thamnophilus major*, Vieill. La longueur du mâle est de huit pouces deux lignes; il est noir en dessus et blanc en dessous; les couvertures et les pennes des ailes ont une bordure blanche; les deux pennes extérieures de la queue sont traversées par cinq bandes de la même couleur; les trois suivantes n'ont que quelques points blancs; les jambes sont marbrées de blanc et de noir; le tarse est d'une couleur plombée claire; le bec est noir, à l'exception de la base qui est d'un bleu de ciel: l'iris est rouge. La femelle, un peu plus petite que le mâle, a les parties supérieures du corps et les couvertures inférieures de la queue d'une couleur de tabac d'Espagne, moins vive sur le croupion; les parties inférieures sont blanches avec un mélange de brun sur la poitrine et sur les côtés, et son bec est entièrement bleu de ciel. Elle pond des œufs blancs, avec des marbrures d'un violet obscur, dans un nid composé au dehors de petites branches épineuses, et qu'elle construit dans des buissons à environ trois pieds au-dessus du sol.

Batara rayé, Azara, n° 212; *thamnophilus radiatus*, Vieill. La longueur du mâle et de la femelle est de six pouces et demi. Le mâle a une huppe de huit lignes de hauteur et d'un beau noir; les plumes de la base du bec, du dessous et des côtés de la tête et du haut du cou sont marbrées de noir et de blanc; des raies transversales blanches et noires se remarquent sur le cou, le dos et les couvertures supérieures des ailes, dont les pennes noires sont tachetées de bleu; la queue, noire, est traversée de bandes blanches; le devant du cou et la poitrine sont blanchâtres, avec des raies noires; le ventre est de couleur blanche, ainsi que les couvertures des ailes, dont les pennes offrent des taches blanches sur un fond d'un noir luisant; les tarses sont d'une couleur de plomb peu foncée; le bec est d'un bleu céleste, à l'exception de la base, qui est noirâtre; et l'iris est d'un jaune de paille. La femelle, huppée comme le mâle, a les côtés et le derrière de la tête d'un brun mêlé de blanchâtre et de roux, avec des raies noires. Une couleur de tabac règne sur le dessus de la tête et du corps, et toutes les parties inférieures sont d'un roux blanchâtre.

Le nid de cet oiseau, qui, plus commun que le précédent, a les mêmes habitudes et le même cri, se trouve sur les branches horizontales d'épais buissons; il est construit, en dehors, de filamens attachés à des rameaux formant la fourche à l'extrémité d'une branche, et tapissé intérieurement de crins et de tiges de plantes déliées. Les œufs que la femelle y dépose sont blancs, avec des raies rougeâtres.

Batara noir et plombé, Azara, n". 213; *thamnophilus cærulescens*, Vieill. Cet oiseau, dont la huppe est moins longue que celle du précédent, n'a que cinq pouces trois quarts de longueur. La tête, noire en dessus, est, sur les côtés, d'une couleur plombée qui s'étend sur le cou et le dessus du corps. On voit une tache presque noire au haut du dos. Les couvertures supérieures des ailes et les pennes des ailes et de la queue sont noires et bordées de blanc. Le devant du cou et la poitrine sont d'une couleur plombée qui s'éclaircit sur le reste des parties inférieures; les grandes couvertures inférieures des ailes sont blanches, avec quelques taches noirâtres sur celles du milieu. Les tarses sont plombés; et le bec, noir en dessus, est, sur le reste, d'un bleu céleste.

Batara mordoré, Azara, n°. 214; *thamnophilus auratus*, Vieill. Cet oiseau, dont les dimensions, les formes, les habitudes et le cri sont les mêmes que ceux du batara noir et plombé, a été reconnu par M. Noseda comme d'espèce différente. Le dessus de la tête de celui-ci est mordoré, et le dessus du cou et du corps d'un brun plombé, avec des nuances de couleur d'or qui se trouvent aux couvertures supérieures des ailes, et forment le liseré des pennes : celles de la queue sont noirâtres, et ont les extrémités blanches, à l'exception des deux du milieu. Les côtés de la tête présentent des points plombés et blanchâtres. Le devant du cou est marbré, la gorge de couleur de perle, et le dessous du corps d'un roux doré.

Batara a tête rousse, Azara, n°. 215 ; *thamnophilus ruficapillus*, Vieill. Cette espèce, dont la longueur totale est de six pouces trois lignes, a les plumes du sommet de la tête plus longues et susceptibles d'être relevées, d'une couleur de tabac d'Espagne foncée, et les côtés d'un brun blanchâtre. Le dessous du corps est blanchâtre, avec des raies transversales noires sur le devant, les côtés du cou et la poitrine. Le derrière du cou, les couvertures supérieures et les trois dernières pennes de l'aile sont mordorés ; les autres pennes ont seulement la bordure de la même couleur. Le dos est d'un brun bleuâtre. Les pennes extérieures de la queue sont noires, avec des traits blancs sur leur côté intérieur, et une tache de la même couleur à leur extrémité. Le tarse est plombé, et le bec, noir en dessus, est d'un bleu clair en dessous. La femelle, dont le plumage paroit avoir des teintes plus claires, pond deux œufs blancs, légèrement piquetés de rouge, dans un nid construit comme celui du batara rayé. M. d'Azara trouve, entre cet oiseau et le colma de Buffon, *turdus colma*, Gmel., des rapports qui n'empêchent pas Sonnini de regarder l'espèce comme nouvelle.

Batara a gorge noire, Azara, n°. 216 : *thamnophilus cinnamomeus*, Vieill. Cet oiseau, long de cinq pouces, et dont la queue, étagée, a deux pouces trois lignes, se distingue par deux traits blancs, dont l'un, partant de chaque côté du front, passe au-dessus de l'œil, entoure la paupière supérieure, et, descendant le long du cou, atteint l'autre sur la poitrine. La gorge est d'un noir velouté, le ventre roussâtre, et les couvertures inférieures des ailes sont blanches ; les couvertures supérieures sont noires, avec une tache blanche à leur extrémité. Tout le dessus de l'oiseau est d'un roux foncé ; les pennes des ailes et de la queue sont bordées de blanc. Le bec est noir, et les tarses plombés. M. d'Azara rapporte cet oiseau au merle à cravate, de Caienne, Buff., pl. enl. 560, fig. 2 ; *turdus cinnamomeus*, Gmel., lequel, malgré de grandes différences dans la longueur de la queue, est rapproché, par Gueneau de Montbeillard, du fourmilier palikour, *turdus formicivorus*, Gmel., pl. enl. de Buff., n°. 700, fig. 1. M. Vieillot penche aussi pour l'opinion d'Azara ; mais Sonnini n'est pas du même avis, et il seroit indiscret d'en présenter un particulier, lorsqu'il s'agit de discuter sur de simples figures qui peuvent étre inexactes, et sur des oiseaux dont les espèces sont présentées comme trop nombreuses dans les mêmes lieux, et offrent trop peu de distinctions tranchées, pour ne pas faire craindre des erreurs.

Batara a tête bleue, Azara, n°. 217; *thamnophilus cyanocephalus*, Vieill. Sonnini ne fait pas mention de cette espèce dans sa traduction de l'ouvrage de M. d'Azara, qui la décrit pag. 210 et suiv. du tom. II de l'original, sous le nom de *obscuro y negro*. Le mâle, dont la longueur est de six pouces quatre lignes, a les parties supérieures noires, et les inférieures d'une teinte sombre. La tête est d'un bleu turquin, traversé par une raie blanche. Les couvertures des ailes offrent quelques taches de la même couleur, qui se trouvent à l'extrémité de ces couvertures et des pennes des ailes et de la queue, à l'exception des deux intermédiaires, entièrement noires. Les tarses sont noirâtres, et le bec d'un bleu obscur. La longueur de la femelle est de six pouces moindre que celle du mâle; elle n'a point d'ailleurs de raie blanche sur la tête, et l'on remarque une teinte verdâtre sur son dos, sur son ventre et sur les parties inférieures.

Batara roux, Az., n°. 318; *thamnophilus rufus*, Vieill. M. d'Azara, en plaçant cet oiseau à la suite des bataras, parmi lesquels il vit habituellement, avoue qu'il en diffère par sa queue non étagée, par ses ailes plus longues, et d'une contexture plus forte, par les tarses et les doigts plus courts, et par le bec moins crochu à la pointe, et moins comprimé sur les côtés. En outre, ses narines sont arrondies et recouvertes par quelques poils, tandis que l'auteur les a décrites comme linéaires, en établissant les caractères génériques des bataras, qu'il a dit être dépourvus de soies. En attendant, au surplus, qu'on ait été à portée d'examiner de nouveau cet oiseau, on se bornera a observer que tout son plumage est de couleur de tabac d'Espagne, à l'exception des parties inférieures, qui sont d'un blanc jaunâtre, et des couvertures supérieures des ailes, qui sont noirâtres, ainsi que les barbes intérieures des pennes. Les tarses sont de couleur de plomb; la mandibule supérieure noirâtre, et l'inférieure d'un blanc sale.

Batara a amygdales nues. Sonnini regarde cet

oiseau , décrit par M. d'Azara , à la suite de ses bataras, n°. 219 , comme identique avec le merle à tête noire, ou casque noir de Buffon, pl. enl. 592 , *merula atricapilla*, Briss., et *turdus atricapillus*, Linn., malgré le silence de ces auteurs sur la place nue observée par M. d'Azara à l'extrémité des deux branches de la mandibule inférieure ; aussi ce dernier avoue-t-il que l'absence du crochet au bec , et celle d'autres attributs, l'empêchent de regarder l'oiseau comme appartenant positivement à la famille des bataras, avec lesquels néanmoins sa queue étagée, la forme de ses ailes et la nature de son plumage lui donnent des rapports. Quoi qu'il en soit, l'oiseau dont il s'agit, qu'on paroît avoir mal à propos supposé du cap de Bonne-Espérance , et dont on ignoroit les mœurs, habite dans le Paraguay les lieux inondés, où on l'aperçoit de grand matin sur les plantes aquatiques, derrière lesquelles il se tient ordinairement caché , à peu de distance de sa femelle, qui lui ressemble. Son vol est court et bas. Les parties inférieures sont d'un roux jaunâtre ; la tête est d'un noir velouté ; le dessus du cou, le haut du dos et les couvertures des ailes sont d'un roux noirâtre. Les plumes uropygiales sont rousses, et les pennes des ailes , qui sont brunes, offrent, près de leur origine , une tache blanche fort apparente. La longueur totale de l'oiseau est de huit pouces trois lignes.

Les n°s. 220 , 221 et 222 de l'ouvrage de M. d'Azara, sont consacrés à la description de deux oiseaux nommés, au Paraguay, *annumbis*, et d'un autre déjà connu sous le nom de *fournier*. L'auteur ne leur assignant point de place particulière, on parlera des trois sous le mot *fournier*.

Parmi les autres oiseaux auxquels M. Vieillot a appliqué le nom de batara, plusieurs espèces sont présentées comme nouvelles. Telles sont : 1°. le BATARA AGRIPENNE, *thamnophilus cauduculus*. Vieill., qui se trouve à Cayenne, et qui, long de sept pouces six lignes, a le bec brun en dessus, blanc en dessous, le plumage d'un roux verdâtre. qui s'éclaircit sur le cou, et la tige des pennes de la queue comme usée vers le bout ; 2°. le BATARA A AILES VERTES, *thamnophilus chloropterus*, autre espèce nouvelle de la Guiane, qui a huit pouces de longueur, et dont le haut de la tête et les parties supérieures du corps sont d'un roux rembruni ; les petites couvertures des ailes d'un roux pâle, avec une zone noire à l'extrémité ; les pennes vertes ; des raies transversales brunes et noires sur tout le dessous du corps, et d'autres alternativement noires, blanches et grises sur la queue, qui est arrondie, mais longue, ce qui s'écarte du caractère général des bataras ; 3°. le BATARA A LONGUE QUEUE, *thamnophilus longicaudus*, Vieill., espèce de l'Amérique méridionale qui semble encore plus s'éloigner de la forme ordinairement ramassée des bataras, et qui, à l'exception de petites taches blanches sur la gorge et sur les pennes de la queue, a le plumage, le bec et les pieds entièrement noirs ; 4°. le BATARA MOUCHETÉ, *thamnophilus guttatus*, Vieill., oiseau des mêmes contrées que le précédent, qui a la taille de la pie-grièche rousse ; le bec de couleur de corne ; les pieds brunâtres, et dont le plumage, blanc sur les parties supérieures, avec des taches en forme de larmes, pour les deux sexes, est de la même couleur, sans mouchetures au-dessous du corps de la femelle, tandis que le mâle a les côtés de la poitrine noirs, mouchetés de blanc ; 5°. le BATARA ROUGEATRE, *thamnophilus rubicus*, Vieill., aussi de l'Amérique méridionale, qui a le dessus de la tête d'un gris cendré, les joues blanches, avec des taches brunes ; le dessous du corps rougeâtre, le dessus d'un roux brun ; les ailes noirâtres, ainsi que la queue, dont la bordure est blanche ; 6°. le BATARA RAYÉ A TÊTE ROUSSE, *thamnophilus lineatus*, Vieill., dont tout le plumage est rayé transversalement de noir et de blanc roussâtre, à l'exception du dessus de la tête, qui est roux ; 7°. le BATARA VERT, *thamnophilus viridis*, Vieill., et le BATARA VERDATRE, *thamnophilus virescens*, id., tous deux de l'Amérique méridionale, et dont le premier est entièrement vert, à l'exception de raies transversales noires et blanches sur le front, le dessus de la queue, et toutes les parties inférieures du corps, et dont le second a le dessus du corps verdâtre, le dessous d'un gris noirâtre chez le mâle, et d'un gris pur chez la femelle ; la tête d'un gris verdâtre, tachetée de noir ; les ailes noires, avec des points blancs ; la queue de la même couleur, avec une bordure blanche ; le bec brun, et les pieds gris.

La plupart des espèces de bataras dont on vient de donner une courte description, semblent plutôt appartenir au genre pie-grièche, *lanius* ; en voici d'autres, qui, d'après leur synonymie donnée par M. Vieillot lui-même, ont aussi été extraites de ce genre :

1°. Batara a calotte noire, *thamnophilus atricapillus*, Vieill., espèce décrite sous le nom de *lanius atricapillus*, d'abord par Merrem, fascicule 2, pl. 8, et ensuite par Gmelin et Latham, laquelle n'a que cinq pouces de longueur, et dont la taille n'excède pas celle du chardonneret · ses ailes sont courtes, et sa queue étagée ; elle a le sommet de la tête noir; les ailes et la queue de la même couleur, avec une bordure blanche: le dessus du corps est d'un gris de souris, et le dessous d'un cendré bleuâtre. Sonnini, en parlant de cet oiseau, tom. XXXIX, pag. 386 de son édition de Buffon, jette des doutes sur la réalité de cette espèce, qui pourroit, comme beaucoup d'autres, n'être qu'une variété. 2°. Le Batara ferrugineux, *thamnophilus rubiginosus*, Vieill. Latham, qui décrit sous le nom de *lanius rubiginosus*, cet oiseau dont les parties supérieures sont d'une couleur de rouille, les parties inférieures d'un rouge jaunâtre, et dont la tête est huppée, le regarde comme une espèce particulière. 3°. Le Batara rayé, de Cayenne, *thamnophilus doliatus*, Vieill.: *lanius doliatus*, Gmel. et Lath. Cet oiseau, figuré pl. 297 de Buffon, n° 2, est de la grosseur d'un moineau, et a six pouces six lignes de longueur. Tout son plumage, dont le fond est blanc, offre des raies longitudinales sur la tête et le cou, et transversales sur le reste du corps; les pieds et le bec sont noirâtres. 4°. Le Batara tacheté, *thamnophilus nævius*, Vieill.: *lanius nævius*, Gmel et Lath. Le bec, les pieds et les parties supérieures de cet oiseau sont noirs; une bordure blanche termine les couvertures et les pennes secondaires des ailes, et il y a une tache oblongue de la même couleur vers le milieu de chaque penne de la queue; le dessous du corps est cendré. 5°. Le Batara varié, *thamnophilus varius*, Vieill.: *lanius varius*, Gmel. et Lath. Cet oiseau du Brésil a le front et les joues d'une couleur pâle, le dos d'un brun cendré, le manteau blanc; les ailes et la queue brunes, la gorge et la poitrine jaunâtres; le ventre et les plumes fémorales et anales brunâtres: le bec et les pieds noirs. 6°. Le Batara schet-bé, *thamnophilus rutilus*, Vieill.; *lanius rufus*, Gmel. et Lath. Cet oiseau, figuré dans la pl. enl. de Buffon 293, n° 2, a la tête, la gorge et le cou d'un noir verdâtre;

le dos, les ailes et la queue roux, et les parties inférieures d'un gris blanchâtre. 7°. Le BATARA TCHAGRA, *thamnophilus tchagra*, Vieill.; *lanius senegalus*, Gmel. et Lath., pl. enl. de Buff., n°. 479, fig. 1. Levaillant, Ornith. d'Afr. pl. 70, dont le mâle a la tête noire, le dessus du corps d'un brun tanné, le dessous cendré, et dont la femelle, un peu plus petite, diffère du mâle en ce que le dessus de la tête n'est pas noir.

D'autres oiseaux, placés par M. Vieillot parmi les bataras, ont été extraits du genre *turdus*. Ce sont : 1°. le BATARA A GORGE BLANCHE, *thamnophilus albicollis*, Vieill., oiseau de la Guiane, dont la gorge est blanche, la poitrine et les joues noires, le dessus du corps brun, les couvertures des ailes noires, avec de petites marques blanches; les pennes des ailes et de la queue noires, et qui a le cou entouré, de chaque côté, d'une raie noire et blanche, le ventre blanc au milieu, et roux sur les flancs, le bec noir, et les pieds bruns. M. Vieillot doute si cet oiseau n'est pas une simple variété du batara à gorge ou à cravate noire. 2°. Le BATARA ALAPI, *thamnophilus alapi*, Vieill., *turdus alapi*, Gmel et Lath., pl. enl. de Buff., n°. 701, fig. 2, oiseau de la Guiane, dont la tête, le cou et le dos sont d'un brun foncé, la gorge et la poitrine noires, et qui se reconnoît particulièrement aux mouchetures blanches des couvertures supérieures des ailes, et à une bande de la même couleur sur le dos, bande qui n'existe pas chez la femelle. 3°. Le BATARA CORAYA, *thamnophilus coraya*, Vieill.; *turdus coraya*, Gmel. et Lath., pl. enl. de Buff., n°. 701, fig. 1, dont la tête est noire, le dessus du corps d'un brun roux, la gorge et le devant du cou blancs, et la queue rayée transversalement de noirâtre. 4°. Le BATARA HUPPÉ, *thamnophilus cirrhatus*, Vieill.; *turdus cirrhatus*, Gmel. et Lath., qui a une petite huppe noire, la gorge noire et blanche, et le reste du plumage cendré, à l'exception de la poitrine et des couvertures supérieures des ailes, lesquelles sont noires. 5°. Le BATARA A FRONT ROUX, *thamnophilus rufifrons*, Vieill.; *turdus rufifrons*, Gmel. et Lath, et pl. enl. de Buff., n°. 644, fig. 1, oiseau décrit par Gueneau de Montbeillard, sous le nom de merle roux de Caïenne, mais que Sonnini croit devoir être rapproché du fourmilier palikour, et qui a le front, le cou et tout le dessous du corps roux, le dessus brun, à l'exception des couvertures supérieures des ailes, qui sont noires avec une bordure d'un jaune vif, et de la queue qui est cendrée. 6°. Enfin le Batara grisin, *thamnophilus griseus*, Vieill., *turdus griseus*, Gmel., pl. enl. de Buff., n°. 243, fig. 1 et 2, petit oiseau dont la longueur n'excède pas quatre pouces six lignes, que Latham a placé parmi les fauvettes, et qui se reconnoît à la couleur cendrée de ses parties supérieures, et à la couleur noire du devant du cou, de la gorge, de la poitrine et de la tête chez le mâle seul. M. Vieillot a trouvé les mandibules, les ailes et la queue de cet oiseau conformées de la même manière qu'aux bataras; mais il avoue que le bec est plutôt grêle qu'épais; et cette remarque s'applique également aux bataras alapi, à calote noire, à front roux, et coraya. (Ch. D.)

BATAVIA. (*Ichtyol.*) C'est le nom que les Hollandais donnent à un poisson de la Côte-d'Or, dont la chair a le plus souvent une saveur de vase. Bosman ne lui trouve aucune ressemblance avec la perche, ainsi que l'ont voulu quelques Européens. (H. C.)

BATEAU. (*Conch.*) Nom vulgaire d'une espèce de patelle. (De B.)

BATHELIUM. (*Bot.*) Dictionn. vol. IV, pag. 133, Ajoutez : Acharius, dans sa Lichenographie universelle, adopte pour ce genre le nom de *trypethelium*, que Sprengel lui avoit donné. Voyez ce mot. (Lem.)

BATHOS. (*Ornith.*) Nom grec de l'étourneau commun, *sturnus vulgaris*, Linn. (Ch. D.)

BATHYERGUS. (*Mamm.*) Illiger a établi ce genre sur l'animal décrit par Allamand, sous le nom de grande taupe du Cap (*mus maritimus*, Gmel.); et, réunissant le petit rat-taupe du Cap de Buffon (*mus capensis*, Pall.) à l'aspalax (*mus talpinus.*), il en a fait le genre *georychus*. Mais comme ces genres ne sont point naturels, que la grande et la petite taupe du Cap ne doivent point être séparées, et que la dernière n'a que des rapports assez éloignés avec l'aspalax, nous décrirons le *mus maritimus* et le *mus capensis*, dans le genre Oryctères, que nous avons établi d'après ces animaux, Ann. du Mus. d'his. nat. T. XIX. Voyez Oryctères. (F. C.)

BATIS. (*Ornith.*). Nom grec du traquet, *motacilla rubicola*, Linn. (Ch. D.)

BATOLITES, *Batolite*. (*Foss.*) Il est bien difficile de rapporter d'une manière un peu sûre à un groupe déterminé des corps organisés animaux, le singulier fossile que M. Denys de Monfort a nommé *batolites*, et que M. Picot de la Peyrouse plaçoit dans ses orthocératites : ce qu'il y a de certain, c'est qu'il doit suivre les hippurites, dont il ne diffère guère que par la forme. Voyez le mot Hippurites, où l'on discutera leur véritable place. Quoi qu'il en soit, les batolites sont des espèces de tubes extrêmement longs, presque cylindriques, adhérens entre eux en plus ou moins grande quantité, et probablement aux corps sous-marins, formés d'articulations nombreuses, inégales, à parois minces, séparées par des cloisons criblées de trous, dont deux latéraux, beaucoup plus grands, donnent passage à deux espèces d'arêtes interceptant un demi-canal, qui règne d'une extrémité à l'autre de la cavité de chaque articulation, dont l'ouverture est ronde et horizontale.

L'espèce qui a servi à l'établissement de ce genre, et que M. Denys de Monfort nomme *batolites organisans*, le batolite tuyau d'orgue, est figurée dans Knorr, Monumens, etc., t. II, sect. 2, p. 45, pl. I**, fig. 2. (De B.)

BATON DE JACOB. (*Bot.*) Les jardiniers nomment ainsi l'asphodèle jaune ; ils désignent sous le nom de *bâton royal* l'asphodèle blanc ; sous celui de *bâton-d'or*, la giroflée jaune à fleurs doubles en épi serré ; sous celui de *bâton-de-Saint-Jean*, la persicaire du Levant, *polygonum orientale*. (J.)

BATONET. (*Conch.*) Nom marchand d'une espèce de cône, figurée par Favannes, pl. 3, fig. 405, du Catalogue de Latour-d'Auvergne. (De B.)

BATRACHOSPERMUM. (*Bot.*) *Batrachosperme*, v. IV, p. 159. Ajoutez : Depuis la publication de cet article, M. Bory de Saint-Vincent a donné successivement divers Mémoires sur plusieurs genres de conferves, et spécialement sur le *batrachospermum*, le *thorea* et le *draparnaldia*, fondés sur des plantes rapportées avant lui aux *batrachospermum*. Les espèces de ce genre, qu'il n'a point rapportées, dit-il, aux trois genres ci-dessus, sont des *rivularia*, ou bien des genres nouveaux. Le *chætophora*, Link., ou *myriodactylon* de M. Desvaux, est un de ces derniers ; il comprend le *batrachosperme fasciculé*, décrit dans le 1er vol. de ce Dictionnaire.

Selon M. Bory de Saint-Vincent, il ne faut laisser dans les *batrachospermum* que les conferves rameuses dont les filamens très-flexibles, cylindriques et articulés, sont garnis à leurs articulations de ramules microscopiques articulés à leur tour, verticillés, très-compactes et globuleux dans les parties de la plante, où leur extrême rapprochement ne les force point à se confondre ou à prendre une figure différente. Aux entre-nœuds de ces ramules, sont des globules ovoïdes et diaphanes. La fructification est donnée par des amas de gémules sphériques, supportés chacun par un pédicule articulé. Ces amas sont situés dans les verticilles ; ils s'en détachent dans leur maturité, époque à laquelle des filamens imperceptibles, rudimens de nouvelles tiges, s'échappent. Une mucosité limpide recouvre toute la plante qui paroît à travers, comme les œufs de grenouilles à travers la substance gélatineuse qui les enveloppe ; de là le nom de batrachospermum (*semence de grenouille*, en grec), donné par Roth à ce genre, et adopté par Vaucher. Dans ces plantes, la mucosité ne paroît pas due à une sécrétion particulière, elle existe partout où il y a des parties organiques ; on peut donc la regarder comme une partie de ces végétaux. Vaucher l'attribuoit aux prolongations ciliformes et transparentes qui sont aux extrémités des ramules, et qu'il soupçonne devoir contenir la poussière fécondante. M. Bory n'y voit, avec raison, que des rameaux dont la structure échappe à notre vue, à cause de leur petitesse et de leur transparence. Enfin, les batrachospermes paroissent vivipares et de véritables végétaux ; les molles ondulations qu'elles éprouvent lorsqu'on veut les prendre dans l'eau, ne sont dues qu'à la pression du liquide. Voyez ce Dictionnaire pour les observations de Vaucher sur ce genre.

Six espèces composent le nouveau genre *batrachospermum ;* elles vivent dans les eaux froides, pures, tranquilles, ou qui n'ont qu'un cours paisible ; elles aiment les fontaines et les ruisseaux ombragés ; elles sont attachées, quelquefois par un petit empâtement circulaire, aux pierres et aux racines des plantes. Elles sont vertes, brunes ou violettes.

1. B. Bambusina. Bory, Ann. vol. XII. Verte, rameuse : articulations allongées ; verticilles très-petits, écartés, conoïdes. Elle croît attachée aux galets dans les rivières des îles de France et de Bourbon. Elle noircit en se desséchant.

2. **B. Helmentosa.** Bory, Ann. 12, ic. Verte, rameuse; filamens pyramidés, nus à la base; rameaux simples aigus; verticilles comprimés contigus. Se trouve dans les ruisseaux des environs de Paris et en Bretagne, etc.

3. **B. Ludibunda.** Bory, Ann. vol. 12, ic. Filamens rameux, vagues, garnis dans toute leur étendue; rameaux divisés, obtus; verticilles distincts, sphériques. C'est le *conferva gelatinosa*, Linn., type de ce genre. Quelques botanistes (Weisse, Roussel) l'ont rapporté aux chara. C'est aussi le *batrach. moniliforme* des auteurs. Il varie à l'infini pour les dimensions et la couleur, tantôt verte ou brune, ou bleue, tantôt noire ou violette. On compte sept variétés principales qui viennent dans nos ruisseaux, et quelques-unes dans les rivières d'Afrique et des îles de France et de Bourbon. Elles colorent en violet, puis en rouge, le papier sur lequel on les dessèche.

Les B. *turfosa*, *keratophyta* et *tristis*, sont les autres espèces de ce genre. (Lem.)

BATRACIENS. (*Erpétol.*) Depuis la rédaction de cet article dans le Dictionnaire (pag. 141, tom. IV), M. Duméril, qui en est l'auteur, a lu à l'Institut, en 1807, un Mémoire dans lequel il propose la division des reptiles batraciens en deux familles, dont le caractère principal est tiré de la présence ou de l'absence de la queue. Ces deux familles sont celles des *anoures* et des *urodèles*. Nous avons déjà parlé de l'une d'elles : en traitant de l'autre, nous compléterons tout ce qui concerne l'histoire de cette classe de reptiles. Voyez Anoures, Urodèles, et Apodes (*Erpétol.*) dans le Supplément.

D'après le nouveau travail de l'auteur que nous venons de citer, il faut donner, des batraciens en général, la définition suivante : *Animaux à corps nu, pourvus de membres; sans écailles, sans carapaces, sans pénis, sans ongles : à respiration soumise à l'empire de la volonté (pulmonibus arbitrariis): à cœur à une seule oreillette; à œufs enveloppés d'une membrane, fécondés sans un véritable coït, et subissant plusieurs métamorphoses dans le cours de leur vie.* (H. C.)

BATSCHIA. (*Bot.*) [*Corymbifères*, Juss.; *syngénésie polygamie égale*, Linn.] Mœnch ayant remarqué que *l'eupatorium ageraoïdes*, Linn., avoit l'involucre simple et non imbriqué, comme la plupart des eupatoires, a cru pouvoir en faire le type d'un nouveau genre, auquel il donne le nom d'un professeur de botanique d'Iéna. Nous craignons que ce genre n'obtienne pas plus l'assentiment des botanistes que trois autres de familles différentes, auxquels on a voulu attacher le nom de Batsch. Cependant, comme les eupatoires sont très-nombreux, et qu'il seroit commode pour l'étude de les diviser, si l'on reconnoît qu'un certain nombre d'espèces, analogues d'ailleurs pour le port à l'*eupatorium ageratoides*, aient comme lui l'involucre simple, il conviendra d'adopter, au moins comme sous-genre, le *batschia* de Mœnch, auquel ce botaniste assigne les caractères suivans : Calathide de fleurs hermaphrodites ; involucre cylindrique de plusieurs bractées disposées sur un seul rang ; corolles tubuleuses, quinquéfides ; style à deux branches très-longues, écartées ; cypséles oblongues, tétragones, couronnées d'une aigrette sessile, capillaire. Nous ajouterons que la base du style est glabre, tandis que dans les vrais eupatoires que nous avons analysés, elle est hérissée de poils.

La batschie agératoide (*batschia ageratoides*; B. *nivea*. Mœnch, Méth. 567) est une plante herbacée, à racine vivace, de la Virginie et du Canada, dont les tiges glabres, hautes de deux pieds, portent des feuilles opposées, pétiolées, ovales, acuminées, trinervées, glabres, d'un vert obscur, grossièrement et inégalement dentées en scie ; les calathides, rassemblées au sommet des tiges en corymbe étalé, sont composées de fleurs blanches qui s'épanouissent au mois d'août.

On pourra sans doute comprendre dans le genre ou le sousgenre *batschia*, les *eupatorium aromaticum*, *deltoideum*, et plusieurs autres qu'il faudroit examiner. Il est presque inutile de dire que ce genre appartient à notre tribu naturelle des eupatoriées ; mais il importe beaucoup de faire observer qu'on ne doit pas confondre le *Batschia* de Mœnch avec le *mikania* de Willdenow, qui en diffère par le petit nombre déterminé des fleurs de la calathide et des bractées de l'involucre. (H. Cass.)

BATT. (*Ornith.*) Ce nom arabe que Forskal applique, avec le signe du doute, à l'*anas ferina* ou millouin, désigne, suivant M. Savigny, l'oie du Nil. (Ch. D.)

BATTAJASSE. (*Ornith.*) Un des noms vulgaires de la lavandière, *motacilla alba*, Linn. (Ch. D.)

BATTANS. (*Conch.*) On donne quelquefois ce nom aux deux pièces de l'enveloppe calcaire des mollusques acéphales. Voyez VALVES. (DE B.)

BATTARA. (*Bot.*) *Battarée.* Dictionn. vol. IV, p. 149. — A la page 150, lignes 4 et 8, lisez *voive* au lieu de *valve.*

Ce genre, intermédiaire entre les *lycoperdons* et les *phallus*, porte le nom de *Battara*, professeur de philosophie à Rimini, qui a publié à *Faenza*, en 1755, une Histoire des champignons qui croissent aux environs de Rimini. Un vol. in-4°, fig. (LEM.)

BATTE. (*Entom.*) On trouve réunis, sous ce nom de genre, dans l'Introduction à l'Histoire Naturelle, par Scopoli, toutes les espèces de papillons de jour qui ont des ailes tachetées, ponctuées ou striées, sans taches œillées, ni bandes, ni prolongemens'. (C. D.)

BATTEURS DE FAUX. (*Ornith.*) Voyez BATTEURS D'AILES. (Ch. D.)

BAUDISSERITE. (*Min.*) M. de la Métherie donne ce nom à la magnésite piémontaise des environs de Baudissero. Voyez MAGNÉSITE. (B.)

BAUDRIER DE NEPTUNE. (*Bot.*) Nom vulgaire du *fucus saccharinus*, Linn. Voyez LAMINARIA. (LEM.)

BAUM. (*Ornith.*) Ce terme qui, en allemand, signifie arbre, entre dans la composition de plusieurs noms d'oiseaux en cette langue. C'est ainsi que *baum-heckel, baum-kletterlin, baumlauffert*, désignent le grimpereau, la sittelle ; que le *baumsperling* est le friquet, le *baum-hatze*, le geai, etc. (Ch. D.)

BAUMBILZE. (*Bot.*) Nom allemand des bolets qui croissent sur les arbres. Schæffer en a figuré cinq espèces : ce sont les *boletus annulatus*, t. 106, *albidus*, t. 124, *caudicinus*, t. 131 et 132, *variegatus*, t. 263, et *albus*, t. 314. (LEM.)

BAUME DE COCHON. (*Bot.*) Voyez BAUME SUCRIER. (Ce n'est point le Gomart, mais l'Hedwigia.) (DE T.)

BAUMFARREN. (*Bot.*) L'un des noms allemands du Polypode commun (*Polypodium vulgare*, L.) (LEM.)

BAVECO D'ARGO. (*Ichtyol.*) M. Risso dit qu'à Nice, on appelle ainsi le poisson qu'il a décrit sous le nom de *Blennius tripteronotus.* Voyez BLENNIE. (H. C.)

BAVENA. (*Ichtyol.*) A Nice, c'est le nom de plusieurs espèces de Blennies. Voyez ce mot. (H. C.)

BAVEQUE. (*Ichtyol.*) Voyez Baveuse et Blennie. (H. C.)

BAVERA. (*Bot.*) Ce genre, dont la famille naturelle n'est pas encore déterminée, appartient à la *polyandrie digynie* de Linnæus. Il a été établi pour un arbrisseau de la Nouvelle-Hollande, et consacré par M. Bancks à MM. Hof Baver frères, nés en Allemagne, peintres d'histoire naturelle très-distingués. Ses fleurs offrent un calice persistant à six ou huit découpures profondes, velues, lancéolées; autant de pétales très-caducs, insérés, ainsi que des étamines nombreuses, sur un disque qui entoure un ovaire libre globuleux, très-velu, surmonté de deux styles. Le fruit est une capsule globuleuse, coriace, velue, recouverte par le calice, à deux loges, s'ouvrant à son sommet en deux valves bifides, contenant des semences nombreuses, fort petites, attachées à un placenta de moitié plus court que la capsule, dilaté et membraneux sur ses bords.

La seule espèce de ce genre est le *bavera rubioïdes*, Andr. Bot. Repos., tab. 198, et Vent. Jardin de la Malm., tab. 96. Ses tiges, hautes d'environ trois pieds, se divisent en rameaux velus, opposés, articulés à leur base; les feuilles verticillées trois par trois, presque sessiles, ovales-lancéolées, pileuses en dessous; les fleurs pédonculées, axillaires, presque solitaires, couleur de rose : leur pédoncule filiforme et pubescent. (Pois.)

BAVESQUE. (*Ichtyol.*) Du temps de Belon, on nommoit ainsi, à Marseille, un petit poisson qui reste à sec sous les pierres, quand la mer se retire, et que les pêcheurs emploient comme appât. C'est une espèce de *blennie*, qui paroit être l'*exocet* de Rondelet, ou le γλινος des Grecs modernes. Voyez Blennie. (H. C.)

BAYAD, Porcus. (*Ichtyol.*) M. Geoffroy-Saint-Hilaire a établi, sous ce nom, un genre de poissons qui appartiennent à la famille des oplophores, et que M. Cuvier fait rentrer dans son genre bagre. (Voyez ce mot.) Ce genre n'est composé que de deux espèces; toutes deux sont du Nil.

1°. Le Bajad, ou Bayad, ou Fitilé, *Porcus bayad*, Geoff.
(*Pimélode bajad*, Lacép.; *Silurus bajad*, Forsk.)

Caract. Huit barbillons; les extérieurs de la lèvre supérieure très-allongés; deux rangs de dents à la mâchoire supérieure; aiguillon très-fort, placé sous la peau, auprès de chaque nageoire pectorale; seconde nageoire du dos adipeuse. Teinte générale bleuâtre; toutes les nageoires rousses, excepté l'adipeuse (*Poissons d'Egypte, in-fol., pl. 15*).

Chair molle et sans saveur. Acquiert souvent plus de trois pieds de longueur.

2°. Le Docmac, *Porcus docmac*, Geoff.; *Bagre docmac*, Cuv. (*Pimélode docmac*, Lacép.; *Silurus docmak*, Forsk.)

Caract. Premier rayon de chaque nageoire pectorale et de la première dorsale, osseux, dentelé par derrière. Barbillons inégaux, très-longs. Gris en dessus, blanc en dessous. Atteint quelquefois la taille de quatre à cinq pieds. (H. C.)

BAYAPUA. (*Erpétol.*) Espèce de serpent d'Afrique, très-joliment peint, et qui est très-probablement un *boa*. Voyez ce mot. (H. C.)

BAZ. (*Ornith.*) Nom arabe de l'autour, *falco palumbarius*, Linn., que l'on appelle aussi *bazy*. (Ch. D.)

BEAGANA. (*Ornith.*) Le venturon, *fringilla citrinella*, Linn., se nomme ainsi dans plusieurs endroits de l'Italie. (Ch. D.)

BÉANTE. (*Bot.*) Nom français proposé par Bridel pour désigner les *anictangium*. Voyez ce mot. (Lem.)

BEARBERRY. (*Bot.*) Nom anglais signifiant grain d'ours, donné, dans les environs de New-Yorck, à la Busserolle, *Arbutus uva ursi*. (J.)

BEARDLESS-MOSS. (*Bot.*) Nom anglais des *anictangium*, genre de mousses. Voyez ce mot. Suppl. (Lem.)

BEAUFORTIA. (*Bot.*) Genre de la famille des *myrtacées*, de la *polyadelphie icosandrie* de Linnæus, rapproché du *calothamnus*. Ses fleurs ont un calice persistant à cinq dents; une corolle à cinq pétales; les étamines nombreuses, réunies en cinq paquets opposés aux pétales; les anthères attachées par leur base, divisées à leur sommet en deux lobes caducs; un style; une capsule à trois loges monospermes, renfermée dans le tube épaissi du calice.

Rob. Brown, auteur de ce genre dans l'*Hortus kewensis* d'Aiton, Ed. nov. en cite deux espèces originaires de la Nouvelle Hollande, le *beaufortia decussata*, et le *beaufortia sparsa*, arbrisseaux peu élevés; le premier, distingué par ses feuilles opposées en croix, à plusieurs nervures; les filamens étalés en rayons, resserrés à leur base en un seul pédicule très-long; dans le second, les feuilles sont éparses, ovales, très-nerveuses. (Poir.)

BEAUMULIX. (*Bot.*) Willdenow a établi, sous ce nom, un genre particulier pour le *reaumuria hypericoïdes*, Lam.. que M. de Labillardière rapporte aux *hypericum*, tandis que Marchall ne considère cette plante que comme une simple variété du *reaumuria vermiculata* : d'une autre part, Weber et Mohr l'ont nommée *reaumuria cistoïdes*. Voyez RÉAUMURIA. (Poir.)

BEAUTIA. (*Bot.*) Genre de la famille des *capparidées*, établi par Commerson, et qui doit être réuni au genre *thilachium* de Loureiro. Voyez THILACHIUM. (Poir.)

BECACCIA. (*Ornith.*) C'est le nom italien de la bécasse commune, *scolopax rusticola*, Linn., qu'on appelle aussi *becassa*, (Ch. D.)

BECAFICO. (*Ornith.*) Ce nom, appliqué, par Olina, avec les épithètes *canapino* et *ordinario*, à la fauvette babillarde et au gobe-mouche noir ou bec-figue, se change en *becafigulo*, dans les environs de Marseille, où il paroît désigner plus spécialement la fauvette passerinette, *motacilla passerina*, Linn. Les mots *becafig*, en Piémont, et *becafiga*, *beccafigo*, ou *becquafiga*, *becquafigo* en Italie, ont aussi une signification commune, et ils s'appliquent au loriot. (Ch. D.)

BEC-ALLONGÉ. (*Ichtyol.*) Nom spécifique du *chætodon longirostris* de Bloch. Voyez CHELMON. (H. C.)

BEC-AN-CROUS. (*Ornith.*) On appelle ainsi, dans le Piémont, le bec croisé commun, *loxia curvirostra*, Linn. (Ch. D.)

BÉCARD. (*Ichtyol.*) On appelle ainsi, en France, les saumons dont la mâchoire inférieure est surmontée d'un tubercule osseux, conique. reçu dans une cavité particulière de la supérieure. M. Boucher (*Mag. encyclop.*, aan. V, pag. 246) dit qu'on observe cette particularité dans la plupart des mâles qui remontent les fleuves, et que cette espèce de crochet, dans le temps du repos, leur sert d'ancre, pour les faire résister à la force du courant. Voyez SAUMON. (H. C.).

BÉCARD. (*Ornith.*) Sur les bords de la Saône, on appelle ainsi le harle, *mergus merganser*, Linn. (Ch. D.)

BÉCARDES. (*Ornith.*) Buffon a décrit sous cette dénomination quatre oiseaux, qui sont : la bécarde grise, la bécarde tachetée, la bécarde à ventre jaune, et la bécarde à ventre blanc. Il a lui-même avoué qu'il regardoit les deux premiers oiseaux comme étant le mâle et la femelle d'une même espèce. La bécarde à ventre jaune est le tyran tictivie, *lanius sulfuratus*, Linn. Gmel.; et la bécarde à ventre blanc est le vanga, *lanius curvirostris*, Linn. Or, ce dernier oiseau ayant le bec comprimé par les côtés, la pointe de la mandibule supérieure échancrée et crochue, et celle de la mandibule inférieure recourbée en dedans, M. Cuvier en a fait une section particulière dans la famille des pies-grièches, et M. Vieillot un genre distinct sous le nom de *vanga*. Il ne reste donc qu'une espèce proprement dite de bécarde. M. Cuvier ayant remarqué que le bec de cet oiseau, conique, très-gros et rond à sa base, ne formoit pas, comme aux casicans, après lesquels il le place, une échancrure au front, et que sa pointe étoit légèrement comprimée et crochue, en a formé un genre sous le nom de *psaris*, qui désignoit en grec un oiseau actuellement inconnu; et M. Vieillot en a aussi établi, pour le même oiseau, un autre, qu'il a nommé *tityra*, et auquel il a réuni les *caracterizados* ou *distingués* d'Azara, n° 207 à 210. Les caractères qu'il leur a assignés sont : un bec rond et glabre à la base, robuste, épais, droit, un peu déprimé, convexe en dessus et en dessous; la mandibule inférieure entaillée, aiguë et retroussée à la pointe, la bouche ample et ciliée.

La bécarde, proprement dite, ou la BÉCARDE GRISE, *lanius cayanus* et *nævius*, Linn. Gmel. pl. enl. de Buffon. n° 304, 377, a le bec rouge à sa base et noir à sa pointe; la tête, la queue et le dessus des ailes noirs; le dessous du corps et des ailes cendré, ainsi que les pieds. On trouve cet oiseau à Cayenne et au Paraguay, où il paroit que les parties inférieures sont plus blanches que dans la première contrée.

Les trois oiseaux que M. Vieillot a considérés comme des bécardes, et qui vivent tous au Paraguay, sont :

1°. Le DISTINGUÉ ROUX, A COURONNE ARDOISÉE, de M. d'Azara, n°. 208; *tityra rufa*, Vieill., dont la longueur est de sept pouces quatre lignes, dont la mandibule supérieure est noire, l'autre d'un bleu violet, et qui a la tête de couleur d'ardoise et les parties supérieures d'un roux plus foncé que celui des parties inférieures.

2°. Le DISTINGUÉ ROUX, A TÊTE NOIRE, Azara, 209 : *tityra atri-capilla*, Vieill., qui a le sommet de la tête noir, les côtés d'un brun foncé, la nuque rousse, le dessus du cou et le dos d'un brun roussâtre, les couvertures supérieures des ailes d'un brun noirâtre, avec des taches blanches ou rousses à l'extrémité de quelques-unes. Toutes les parties inférieures sont un mélange de brun, de blanchâtre et de roux, à l'exception des plumes anales, qui sont rougeâtres. Cette espèce est de la même taille et a le bec des mêmes couleurs que la précédente.

3°. Le DISTINGUÉ VERT, A COURONNE NOIRE, Azara, n°. 210 ; *tityra viridis*, Vieill., qui n'a que six pouces de longueur, et dont le bec, d'un bleu de ciel, est noir à sa pointe, le front blanc, le bord des paupières d'un jaune vif ; le haut de la tête d'un noir de jais, les côtés et le derrière mélangés de blanc et de bleu. Les pennes sont brunes, et le reste des parties supérieures est d'un vert foncé. La gorge, le devant du cou et les couvertures inférieures de l'aile sont d'un beau jaune ; le dessous du corps est d'un blanc roussâtre. (Ch. D.)

BECASSA. (*Ornith.*) Nom piémontais de la bécasse commune, *scolopax rusticola*, Linn. (Ch. D.)

BÉCASSE. (*Ornith.*) On n'a formé, à cet article du Dictionnaire, que deux sections du genre *scolopax*, pour les bécasses et les bécassines. M. Temminck a suivi la même marche, et M. Cuvier a, comme lui, établi pour ces oiseaux des caractères communs, qui sont d'avoir le bec droit, la mandibule supérieure creusée d'un simple sillon, depuis les narines jusque près de l'extrémité, dont le renflement, qui dépasse la mandibule inférieure, offre, après la mort, une surface pointillée ; la tête comprimée ; les yeux gros et placés fort en arrière. M. Vieillot ayant remarqué que les bécassines avoient près de la moitié de la jambe nue, tandis que les bécasses avoient les jambes emplumées jusqu'au genou, et ajoutant à ce caractère, fort sensible, l'existence d'une courte membrane par laquelle les deux doigts extérieurs des premières seroient réunis, tandis que les autres auroient les trois doigts entièrement séparés, il en a formé deux genres, en réservant le nom de *scolopax* aux seules bécassines, et appliquant celui de *rusticola* aux bécasses : mais la membrane entre les doigts extérieurs des bécassines est imperceptible, et de son aveu elle n'existe proprement que chez les espèces étrangères, ce qui même seroit contraire à l'observation faite par Azara sur les bécassines du Paraguay, dont les doigts sont, dit cet auteur, *entièrement séparés.*

Ces bécassines, décrites sous les n°s 387 et 388, sans dénominations particulières, mais que les Espagnols appellent *becasinos*, les Guaranis *yacuberes*, et qu'on nomme aussi, dans les environs de Monte-Video, *aguateros*, sont rapportées, la première par M. d'Azara à la bécasse des Savanes, *scolopax paludosa*, Linn., et par Sonnini à la petite bécasse d'Amérique, *scolopax minor*, Linn.; la seconde, par Sonnini, à la bécassine des Savanes, de son édition de Buffon, tom. LVIII, pag. 13 et 14, *scolopax cayennensis*, Linn. M. Vieillot, de son côté, transporte la bécasse des Savanes de ce Dictionnaire parmi les bécassines, en observant, contre l'opinion de M. Temminck, qu'elle ne peut, malgré des ressemblances dans le plumage, être confondue avec la double bécassine d'Europe, vu la longueur de son doigt postérieur, dont l'ongle est arqué, la grosseur et la longueur de son bec, etc.; et, relativement aux deux bécassines décrites par M. d'Azara, loin d'adopter le rapprochement de la première par celui-ci et par Sonnini, il en forme une espèce distincte sous le nom de *bécassine aguatère (scolopax paraguaiensis).* A l'égard de la seconde espèce, il se borne à faire observer qu'elle n'a que quatorze pennes à la queue, tandis que l'autre en a seize, et que ses proportions sont, en général, plus petites.

Le même auteur ajoute aux espèces ou variétés dont il est fait mention dans ce Dictionnaire :

1°. La bécassine grise, *scolopax leucophœa*, que l'on trouve dans l'État de New-Yorck, et dont le bec est noir, les parties supérieures d'un gris-blanc avec des taches noirâtres, de plus en plus larges à mesure qu'elles s'éloignent de la tête; le cou et la poitrine d'un roux très-clair, avec de petites taches noirâtres; le ventre blanc; et, ce qui la distingue surtout des autres, les deux doigts extérieurs unis par une membrane qui s'étend jusqu'au tiers de leur longueur.

2°. La bécassine sakhaline, *scolopax sakhalina*, que M. Sakhalin a figurée, pl. 85 d'un ouvrage écrit en langue russe, et qui se distingue par le bec et par la gorge mélangés de blanc et de brun, la poitrine brune, les côtés du ventre, les plumes anales, le bord des pennes des ailes blanches, et toutes les parties supérieures d'un fauve rougeâtre avec de nombreuses taches brunes. Cette espèce, dont les pieds et le bec sont aussi bruns, se trouve en Russie.

On ne croit pas devoir terminer cet article sans indiquer une remarque de M. Temminck propre à faciliter la distinction de la bécasse commune d'Europe et de la bécasse d'Amérique, laquelle, outre des dimensions moins fortes, n'a pas les parties inférieurs rayées de zigzags. (Ch. D.)

BÉCASSINE CUBIANE. (*Ornith.*) On appelle ainsi, dans le Piémont, le bécasseau, *tringa ochropus*. Linn. (Ch. D.)

BÉCASSINE DE MER. (*Ornith.*) Des chevaliers, des pluviers à collier et d'autres oiseaux fréquentant les rivages maritimes, sont désignés vaguement sous ce nom par des navigateurs. (Ch. D.)

BECASSINO DE MAR. (*Ichtyol.*) A Nice, c'est l'orphie ou ésoce bélone. Voyez Orphie. (H. C.)

BÉCASSOUN. (*Ornith.*) Nom du courlis, *scolopax arquata*, Linn., dans le Piémont, où le corlieu, *scolopax phœopus*. Linn., s'appelle *Becassouna*. (Ch. D.)

BEC-CROCHE. (*Ornith.*) L'oiseau ainsi nommé par le Page du Pratz, paroît être le courlis brun à front rouge de Buffon, *tantalus fuscus*. Gmel. (Ch. D.)

BEC-CROISÉ. (*Ornith.*) En décrivant, tom. IV, p. 176 et suiv. de ce Dictionnaire, sous les noms de *cruxirostra vulgaris* et *cruxirostra leucoptera*, les deux espèces de bec-croisé, l'une d'Europe et l'autre d'Amérique, nommées par Gmelin *loxia curvirostra* et *loxia leucoptera*, on a fait mention comme susceptible d'un examen ultérieur, de la variété désignée provisoirement sous la dénomination de *loxia major*. Bechstein, après un examen plus particulier, s'est déterminé à présenter cet oiseau comme une espèce, en l'appelant *loxia pytiopsittacus*, bec-croisé des sapins; et MM. Temminck et Vieillot ont suivi son exemple. Peut-être, malgré plusieurs points de ressemblance et des rapports dans les habitudes, etc., a-t-on été fondé à établir cette distinction; mais l'a-t-on été également à augmenter d'une quatrième le nombre des espèces de ce genre, en y plaçant le *loxia sibirica?* L'oiseau dont il s'agit ici est celui qui est décrit dans l'Appendix du premier Voyage de Pallas,

t. 8, in-8°, n°. 53. Le traducteur y a rendu le terme *loxia* par le mot *gros-bec*, et cette version paroît avoir eu quelque influence sur le parti adopté par l'auteur de cet article dans le nouveauDictionnaire d'Histoire naturelle ; mais la description n'annonce aucunement que les mandibules soient croisées, et le contraire peut être regardé comme résultant de la description de Pallas, qui compare le bec à celui du bouvreuil, et ajoute seulement qu'il est un peu plus long. Cet oiseau n'a d'ailleurs pas été placé par Daudin dans son genre des becs-croisés, mais avec ses *loxia*, caractérisés par un bec court et gros à sa base ; il en a formé la treizième espèce, sous le nom de *cardinal de Sibérie*, que lui a conservé M. Virey dans l'Histoire naturelle de Buffon, édition de Sonnini. La manière de vivre de cet oiseau, qui se nourrit des graines de l'armoise et d'autres plantes, n'exigeoit pas, en effet, les mandibules croisées, nécessaires pour séparer les écailles des fruits conifères ; et loin de rechercher, de préférence, comme le bec-croisé, les climats les plus rigoureux, quoique habitant des pays froids, c'est dans les lieux les plus doux et les retraites les plus tempérées, qu'il se plaît à établir sa demeure et à faire sa ponte. (Ch. D.)

BEC D'ARGENT. (*Ornith.*) Ce nom, déjà appliqué au tangara pourpré de Buffon, l'a été, par M. d'Azara, à un oiseau des environs de Monte-Video, qui paroît être le traquet à lunettes ou clignot, *motacilla perspicillata*, Linn. Gmel., déjà observé par Commerson dans les mêmes contrées. (Ch. D.)

BEC DE CANARD. (*Conch.*) Quelques anciens conchyliologistes désignent sous ce nom plusieurs espèces de coquilles bivalves des genres *telline*, *glycimeris;* et plus souvent on le donne à celle de la lingule. (De B.)

BEC DE FER. (*Ornith.*) M. Vieillot a formé de cet oiseau, dont il est fait mention page 184 du quatrième volume de ce Dictionnaire, un genre particulier sous le nom de sparacte, *sparactes*. (Ch. D.)

BEC DE PERROQUET. (*Ichtyol.*) Voyez SCARE. (H. C.)

BEC-EN-POINÇON. (*Ornith.*) M. d'Azara a trouvé au Paraguay une famille de petits oiseaux qui se glissoient en tous sens, et sans s'arrêter, le long des branches supérieures des arbres les plus élevés, où ils paroissoient chercher des insectes et des fruits. L'une des espèces se tenoit ordinairement en troupes, et il ne rencontroit les autres que seules ou par paires. Ces oiseaux, plus petits que les *lindos* ou tangaras, avoient le corps plus allongé, la tête moins grosse, la physionomie plus animée, le bec plus court, affilé, pointu et conique, la queue moins carrée et plus étroite; leur vol étoit très-rapide. M. d'Azara les a appelés becs-en-poinçon, et il en a décrit onze espèces, dont la première, la plus commune, est celle qui se réunit en troupes.

Bec-en-poinçon jaune. — *Oiseaux du Paraguay*, n° 102. Cette espèce a sur le front un trait d'un jaune très-vif qui passe au-dessus de l'œil, et s'élargit sur les côtés du cou. Le dessus de la tête et du cou, une partie du dos, les couvertures supérieures des ailes, et les bords des pennes des ailes et de la queue sont d'un jaune verdâtre. Les côtés de la tête et la gorge sont noirs; le devant du cou, la poitrine et le bas du dos d'un orangé vif; les parties inférieures jaunes; les côtés du corps plombés; les couvertures inférieures des ailes argentées. La femelle diffère du mâle en ce que la gorge a des taches noirâtres sur un fond jaune, et que le dessus et les côtés de la tête, le derrière du cou, le dessus du corps, sont d'un jaune verdâtre un peu rembruni. M. d'Azara a comparé cet oiseau à plusieurs autres décrits dans l'Histoire Naturelle de Buffon, et le rapprochement qui paroit le plus juste est celui du tangara à gorge noire.

Bec-en-poinçon noir et bleu de ciel, n° 103. Cet oiseau, qui a cinq pouces de longueur, et qui est fort rare au Paraguay, a l'œil entouré d'une ligne noire, qui part de la base du bec, et se termine en pointe au-dessus de l'oreille. Le haut de la gorge et du dos, la queue et les couvertures supérieures des ailes sont noirs. Une couleur de bleu de ciel couvre la tête, le cou, le dos et toutes les parties inférieures. Les grandes couvertures et les pennes des ailes sont noirâtres; celles de la queue sont noires, et toutes sont bordées de bleu. Le bec est noir. Il semble résulter des rapprochemens faits par l'auteur, que le manakin bleu de Buffon seroit le mâle de l'espèce, et le pipit vert la femelle.

Bec-en-poinçon bleu et roux, n° 104. Le front et les côtés de la tête de cet oiseau, que M. d'Azara regarde comme le *tevauhtotoll* de Fernandez, ou tangara diable-enrhumé de

Buffon, sont d'un noir velouté : le dessus et le derrière de la tête, le cou, le dos, les couvertures supérieures des ailes et le croupion, sont d'un beau bleu de ciel; les pennes des ailes et de la queue sont brunes avec une bordure bleue, et les parties inférieures fauves; le bec, noirâtre en dessus, est blanchâtre en dessous.

Bec-en-poinçon bleu et blanc, n° 105. Les joues blanches, le sommet, les côtés de la tête et du cou, d'un noir velouté; les couvertures supérieures des ailes, noires; les pennes des ailes et de la queue noirâtres, avec une grande partie des barbes supérieures bleue; le dessus du cou et du corps d'un bleu pur; les couvertures du bord de l'aile d'un bleu turquin; les parties inférieures blanches; le bec noir et les tarses jaunes, sont les traits auxquels se reconnoît cet oiseau, qui paroît être le tangara coiffé noire de Buffon, *tanagra pileata*, Linn.

Bec - en - poinçon vert et blanc, n° 106. Cet oiseau, que M. d'Azara paroit avoir justement rapproché du tangara syacou de Buffon, *tanagra syaca*, Linn., n'a que quatre pouces de longueur; le dessus de sa tête est d'un bleu de ciel terne, et les côtés, ainsi que les parties inférieures, sont blancs ou jaunâtres; le dessus du cou, le dos et les couvertures supérieures des ailes, d'un vert qui devient jaune chez quelques individus.

Bec-en-poinçon bleu et blanc bleuatre, n° 107. Espéce de la même taille que la précédente, dont le dessus de la tête et les parties supérieures du corps sont bleus; les côtés de la tête, la gorge et la poitrine, d'un blanc mêlé de bleu; les pennes des ailes et de la queue noirâtres, avec une bordure bleue, excepté sur les 2ᵉ, 5ᵉ, 10ᵉ et 11ᵉ pennes des ailes, où elle est verte, les 5ᵉ à 9ᵉ ayant d'ailleurs une tache blanche à leur naissance; les couvertures inférieures des ailes blanches, ainsi que le ventre, et celles de la queue roussâtres; le bec noir en dessus, et d'un bleu de ciel en dessous.

Bec-en-poinçon bleu, n° 108. Le seul individu que M. d'Azara ait eu en sa possession, et qui lui a paru en mue, avoit quatre pouces deux lignes; le bec étoit noir en dessus, jaunâtre en dessous; toutes les parties supérieures étoient bleues, les pennes des ailes et de la queue noirâtres, avec une bordure bleue et une tache blanche près de l'extrémité des deux extérieures; les plumes de la poitrine et des côtés du corps étoient d'un bleu sombre et terminées de blanchâtre, celles du ventre et les couvertures inférieures des ailes étoient blanches, ainsi que le dessous des pennes de la queue.

Bec-en-poinçon a poitrine dorée, n° 109. Cet oiseau, connu au Paraguay sous le nom de *pitiayumi*, a le front noir, le dessus de la tête, le cou et les parties supérieures du corps, d'un bleu-de-ciel un peu foncé, à l'exception d'une large tache d'un vert jaunâtre sur le haut du dos; les grandes couvertures des ailes, qui ont une tache blanche sur leurs barbes extérieures, sont noirâtres, ainsi que les pennes alaires et caudales. La gorge, le devant du cou et la poitrine sont de couleur d'or; le ventre, les jambes et le dessous des ailes sont blancs. Le bec est jaune en dessous, noir en dessus, et les tarses bruns. La gorge est, chez les jeunes, du même bleu que le cou.

Bec-en-poinçon bleu et blanc, n° 110. Espèce dont la longueur est de cinq pouces quatre lignes, dont le bec est noir en dessus, jaune en dessous, et qui est blanchâtre sur les joues et le menton, roussâtre sur la gorge, blanche en dessous du corps, bleue par-dessus, noirâtre sur les pennes alaires et caudales.

Bec-en-poinçon de couleur de plomb, n° 111. Le plumage de cet oiseau, que M. d'Azara n'a point vu, et dont il transcrit seulement la description, faite par son ami Noseda, est d'une couleur de plomb foncée, ou d'un roux cendré, plus rembruni dessus le corps qu'en dessous; les pennes des ailes et de la queue sont noirâtres, et les couvertures supérieures des ailes, noires, avec une bordure cendrée; son bec, long de 5 lignes, épais de trois et un peu moins large, est fort pointu et presque droit. Sonnini trouve des rapports entre cet oiseau et le manakin cendré, *pipra cinerea*, Linn.; mais la conformation de son bec a paru à Noseda la même que celle du gabier, oiseau voisin du pouillot, et les mouvemens de l'oiseau, sautillant de branche en branche et d'arbre en arbre, ont été par lui comparés à ceux du contre-maître, qui appartient également à la famille des becs-fins. Aussi M. d'Azara avoue-t-il qu'il ignore la place que cet oiseau devroit occuper.

Bec-en-poinçon a queue en pelle, n° 112, que M. d'Azara dit être fort rare dans l'intérieur des bois du Paraguay, et remarquable par la longueur des deux pennes du milieu de la queue qui, à l'endroit où elles dépassent les autres, prennent la forme d'une petite pelle. Le bec de cet oiseau est courbé, dit l'auteur, à la manière de celui des perroquets, et ses narines circulaires sont placées dans un enfoncement. Sa longueur est de cinq pouces sept lignes; les plumes du dessus de sa tête, dont les barbes ont le brillant de la soie, sont d'un rouge vif et orangées à leur naissance; le reste de la tête, la gorge et les ailes sont noirs; la queue est de la même couleur, à l'exception des deux pennes intermédiaires, qui sont d'un bleu de ciel comme le surplus du plumage. Celui de la femelle est en général d'un vert sombre.

La courbure du bec sembloit devoir suffire pour détourner M. d'Azara de réunir l'oiseau dont il s'agit à ses becs-en-poinçon, et on n'en a donné la description à cet article que provisoirement, et jusqu'à ce qu'on ait été à portée de le placer d'une manière plus convenable. (Ch. D.)

BEC-FIGUE. (*Ornith.*) On a reconnu que cet oiseau, dont l'on avoit formé une espèce particulière, n'étoit qu'un jeune, ou la femelle du gobe-mouche noir, *motacilla atricapilla*, Linn.; mais le nom de bec-figue s'applique, dans le midi de la France et en Italie, à diverses fauvettes, à des farlouzes ou pipits, et en général aux becs-fins qui mangent des figues, et que ce fruit engraisse. On a même étendu ce nom à plusieurs oiseaux étrangers. (Ch. D.)

BECGHU. (*Ornith.*) Un des noms allemands du grand duc, *strix bubo*, Linn. (Ch. D.)

BECHERFARRN. (*Bot.*) Nom allemand donné par Willdenow au genre *trichomanes*, de la famille des fougères. (Lem.)

BECHERSCHWAMM. (*Bot.*) Nom allemand des *peziza*. (Lem.)

BECKMANNIA. (*Bot.*) Genre de plantes de la famille des graminées, établi par Host, et dont les principaux caractères sont les suivans : Calice 2-flore, de deux glumes égales, naviculaires, obtuses à leur sommet, presque de la longueur des fleurettes; corolle de deux balles presque égales, dont l'extérieure, terminée en pointe très-aiguë; trois étamines; un style partagé en deux, à stigmates plumeux.

Beckmannia erucoïde, *beckmannia erucœformis*. Host., Graam. 3, p. 5, tab. 6.; *phalaris erucœformis*, Linn., Sp. 80. Cette plante s'élève à deux pieds et plus. Ses fleurs sont très-serrées les unes contre les autres, sessiles, imbriquées, unilatérales, disposées vingt-cinq et plus ensemble sur deux rangs opposés, et formant plusieurs épillets redressés, assez rapprochés les uns des autres, tournés du même côté, et formant une sorte d'épi allongé. Cette espèce croit en Italie, en Autriche, en Sibérie et en Orient. (L. D.)

BEC-MOUCHES. (*Entom.*) Nous avons désigné dans la Zoologie analytique, sous ce nom de famille, qui a pour synonyme *hydromyes*, les diptères qui n'ont pas de trompe, et dont la bouche se prolonge en un museau plat et saillant, avec des palpes très-visibles. Tels sont les *tipules*, les *hirtées*, les *scatopses.* Voyez Hydromyes. (C. D.)

BECO DE PRATO. (*Ornith.*) Le pinson frisé, *fringilla crispa*, Linn., porte ce nom en Portugal. (Ch. D.)

BEC-PLAT. (*Ornith.*) On désigne par ce mot, sur les bords de la Saône, le canard-souchet, *anas clypeata*, Linn. (Ch. D.)

BECS-FINS. (*Ornith.*) L'auteur des articles d'ornithologie, dans ce Dictionnaire, ayant été obligé, pendant une maladie, de confier à une autre personne la rédaction de plusieurs mots de la lettre B, l'article *Becs-fins* a été traité sur un plan différent du sien : tandis qu'il ne regardoit cette dénomination que comme désignant une famille, on l'a envisagée comme un genre, et le subdivisant en sections, l'on y a compris une foule d'oiseaux qui possèdent des caractères suffisans pour en former des groupes particuliers. Chacun de ces groupes sera soumis à un nouvel examen dans la suite de cet ouvrage. (Ch. D.)

BÉCUNE. (*Ichtyol.*) Nom spécifique d'un poisson du genre *sphyrène*. Voyez ce mot. (H. C.)

BEEBOCK. (*Mamm.*) On ne connoît, sur cette espèce d'antilope, que ce que Buffon rapporte (Sup., t. VI, pag. 186), dans une note qui lui fut remise par Forster, et qui est ainsi conçue : « Une troisième espèce de nagor est le *beebock*, ou « chevre pâle, qui ressemble presque en tout au steenbok, à « l'exception de la couleur du poil qui est beaucoup plus « pâle, ce qui lui a fait donner ce nom. » C'est donc une espèce qui se rapprocheroit du nagor (*ant. redunca*), mais qui n'est point encore assez connue pour être exactement déterminée. (F. C.)

BEE-EATER. (*Ornith.*) Nom anglais du buphage ou piquebœuf, *buphaga africana*, Linn. (Ch. D.)

BÉELZEBUT. (*Mamm.*) Ce nom, qui est le même que celui de belzébut, a été transporté par Gmelin au guariba de Marcgrave, l'ouarine de Buffon. Voyez Alouattes et Sapajous. (F. C.)

BEERA-KAIDA. (*Bot.*) Cette plante malabare est une espèce de choin, *schœnus nemorum*, de Vahl. (J.)

BEETLA-CODI. (*Bot.*) Nom du poivre bétel, sur la côte malabare, suivant Burmann. (J.)

BEFFAIGI, BISBERG, AIBEIG. (*Bot.*) Ce sont les noms arabes du polypode commun (*polypodium vulgare*, Linn.), selon Camerarius. (Lem.)

BEGAS. (*Ornith.*) Nom égyptien du pélican, *pelecanus onocrotalus*, Linn. (Ch. D.)

BÉGASSE. (*Ornith.*) Dans le département des Deux-Sèvres, on nomme grosse bégasse ou bégasse des haies, la bécasse commune, *scolopax rusticola*, Linn., et bégassine ou bégasson, la petite bécassine ou la sourde, *scolopax gallinula*, Linn. (Ch. D.)

BEHEMLE. (*Ornith.*) Un des noms allemands de la grive mauvis, *turdus iliacus*, Linn. (Ch. D.)

BEIKAMAN. (*Bot.*) Nom arabe d'une morelle observée par Forskal, en Arabie, et qui est le *solanum coagulans* de Vahl. (J.)

BEINBRECHER. (*Ornith.*) L'oiseau auquel Gesner rapporte ce nom allemand, est le vautour de Malte, *vultur percnopterus*, Linn., *neophron percnopterus*, Savig. Suivant Aldrovande, c'est le vautour barbu, *vultur barbatus*, Linn. ou gypaète des Alpes, de Daudin, *phene ossifraga*, Savig. (Ch. D.)

BEJUCO-BLANCO. (*Bot.*) Nom péruvien du *lygodisodea* de la Flore du Pérou, genre de plante la famille des rubiacées. (J.)

BEKAS. (*Ornith.*) Ce nom polonais désigne la bécassine commune, *scolopax gallinago*, Linn. (Ch. D.)

BEL-ARJE. (*Ornith.*) Nom barbaresque de la cigogne, *ardea ciconia*, Linn. (Ch. D.)

BELCH. (*Ornith.*) La grande foulque, *fulica aterrima*, Linn., porte en Suisse ce nom et celui de *belchinen*. (Ch. **D.**)

BELDROEGAS. (*Bot.*) Nom portugais du pourpier, selon Vandelli. (J.)

BELEC BEC. (*Ornith.*) Nom d'une espèce de sarcelle à Sumatra. (Ch. **D.**)

BÉLEMNITES. (*Foss.*) *Belemnites, ceraunites, coracias, corvinus lapis.* Les anciens leur donnoient aussi les noms de *lapis lyncis; spectrorum candela; sagitta, telum, jaculum; lapis fulminaris; tonitrui cuneus.* Pline leur a donné celui de *dactylus idæa.* Les Allemands le sont appelées *luschstein, alpchos*, etc. Les Anglais les appellent *thunderstones, thunderbolts;* les Danois, *vettelinss.* Dans toutes les langues on les a appelées pierre de foudre ou de tonnerre, dans la fausse supposition qu'elles tomboient avec la foudre.

Il n'y a point de corps fossile sur lequel on ait autant varié d'opinion que sur les *bélemnites.* Luid, dans son *Ichnographia Lithophilacii Britannici*, dit que c'est une corne de poisson, ou une concrétion formée dans une *dentale.* Helwing a cru que c'étoit une plante de mer. Woodward les range au nombre des productions minérales. Lang a annoncé que c'étoit une *stalactite.* Volkman a prétendu que c'étoit l'épine du dos d'un animal. Ehrard, Breynius, ont cru que c'étoit le domicile d'un animal marin. Bourguet soutient que ce sont des dents d'une espèce de *baleine.* Enfin Linnæus les rapporte aux testacés à plusieurs chambres.

Comme on ne retrouve à l'état vivant aucune production qui se rapproche des *bélemnites*, le champ reste libre aux conjectures pour expliquer leur origine. Cependant, en examinant attentivement leur organisation, on ne peut s'empêcher de croire qu'elles sont l'ouvrage d'un animal marin, et qu'elles ont dû être recouvertes en entier par les *mollusques* auxquels elles ont appartenu. On sait déjà que la petite coquille à cloisons qu'on appelle *spirule* (*spirula fragilis*), est contenue en très-grande partie dans le corps de l'animal auquel elle appartient. De là on est conduit à penser qu'il en peut être de même des *nautiles* et des *cornes d'ammon*, dont les animaux pourroient encore à la rigueur se placer dans la dernière loge; mais quant aux *nummulites*, aux *syderolites*, aux *lenticulites*, aux *rotalites* et aux autres coquilles cloisonnées qui n'ont pas de dernière loge capable de contenir le corps du *mollusque* qui les a formées, et dont quelques espèces même n'ont pas de dernière loge ouverte, comme les *nummulites* et les *sydérolites*, il est impossible qu'elles n'aient pas été recouvertes en entier par l'animal, pour recevoir les couches les plus extérieures qui les envelóppent. Il a dû nécessairement en être ainsi des *bélemnites* qui sont composées de couches dont la dernière enveloppe toutes les autres.

Je possède des morceaux d'une espèce trouvée près de Caen, qui prouvent que l'animal a commencé sa cavité, ou son alvéole, par un très-petit point globuleux, et qu'ensuite se sont succédées les petites calottes qui augmentent de largeur et d'épaisseur à mesure qu'elles s'éloignent de ce point et forment un cône allongé. J'ai compté quarante-deux de ces calottes dans une cavité de quatre décimètres (1 pouce 7 lignes) de longueur. Elles portent toutes la trace d'un siphon marginal, qui non-seulement communiquoit d'une cloison à l'autre, mais encore qui touchoit par un point le bord de l'étui, du côté où se trouve une rainure ou fente qui paroît communiquer avec l'extérieur de l'étui. Ce dernier est composé de couches parallèles et longitudinales : elles sont minces et souvent très-distinctes. Le nombre de ces couches est d'autant plus grand que l'étui est plus gros. C'est à la naissance de la cavité où se trouve ordinairement le plus grand nombre de couches. Les plus intérieures sont toujours les plus courtes, et ne se prolongent ni par le sommet ni par la base. Elles sont recouvertes par celles qui sont les plus extérieures. Elles vont se terminer à leur base sur les bords de la cavité, et de ce côté, l'étui devient d'autant plus mince et le nombre de couches diminue d'autant plus que l'alvéole devient plus grande ; en sorte que tel étui qui avoit quarante couches vers le haut de la cavité, se trouve n'en avoir que trois ou quatre, ou peut-être quelquefois moins, à sa base. Je possède des *bélemnites* de Maëstricht dont la base paroit n'être formée que d'une seule couche de l'épaisseur d'une feuille de papier. La cavité prenant naissance à une très-grande distance du sommet, et étant séparée de lui par un grand nombre de couches, il est impossible que celles qui sont les plus extérieures n'aient pas été appliquées les dernières, et par conséquent que ce singulier fossile n'ait pas été contenu en entier dans le corps de l'animal qui l'a formé.

Quelques auteurs ont cru que les *bélemnites* étoient des pointes d'oursins ; mais lors même que leur organisation permettroit de le croire, voici ce qui s'y opposeroit. On ne rencontre jamais de *bélemnite* qui présente dans sa cassure autre chose qu'une cristallisation en aiguilles rayonnant de l'axe à la circonférence ; tandis qu'au contraire on ne voit jamais de pointes d'oursins fossiles qui soient changées en une autre substance qu'en *spath calcaire* qui se casse en lames rhomboïdales. D'ailleurs, on rencontre des quantités considérables de *bélemnites* dans des lieux où on ne rencontre aucun oursin, ni aucune portion du test auquel elles auroient pu appartenir.

Il existe un très-grand nombre de *bélemnites* qui sont assez difficiles à déterminer : chaque pays en présente qui diffèrent presque toujours de celles d'un autre pays. On doit distinguer en général celles que l'on trouve dans les couches à *cornes d'ammon*, de celles qui se trouvent dans les *craies*. Le nombre d'espèces des premières est considérable, tandis qu'il paroît qu'il ne s'en trouve que d'une seule espèce dans les craies. La fente de ces dernières ne se trouve qu'à la base de la cavité, et elles portent à leur sommet un mamelon qui ne se trouve point à celles qui proviennent des couches à *cornes d'ammon*. On n'en rencontre jamais avec leurs cloisons ; mais on peut remarquer les traces qu'elles ont laissées sur les parois intérieures de la cavité. Cette dernière est ordinairement conique : mais je possède deux *bélemnites* des craies dont la cavité est carrée ; j'ignore si cette différence provient d'un accident, ou si elle seroit attachée à une espèce particulière.

On ne trouve point de *bélemnite* très-petite avec la cavité conique, ce qui pourroit faire croire qu'une partie de l'étui qui se trouve au-dessus de cette cavité doit avoir été formée avant elle.

Je possède une très-petite *bélemnite* dont la base ne paroît point avoir été brisée, et qui n'a point de cavité. Elle a à peine trois millimètres (1 ligne) de diamètre sur vingt millimètres (9 lignes) de longueur. Elle porte deux légères rainures opposées qui deviennent plus marquées à la base. Cette dernière est aplatie, et laisse voir à son centre une petite proéminence circulaire. Elle a été trouvée à Mollans, département de la Drôme. On trouve dans les Ann. du Mus. d'Hist. nat., tom. 16, pl. 3, fig. 8 et 9, les figures de deux bélemnites qui paroissent entières, et qui n'ont pas de cavité. Y auroit-il des espèces qui n'en auroient point? C'est ce que de nouvelles recherches apprendront peut-être.

Je n'ai jamais vu de cloisons de *bélemnites* percées dans leur centre; et je suis porté à croire que les cloisons à siphon central dépendent des *orthocérates*. Voyez ce mot.

Je possède des *bélemnites* trouvées à Maëstricht et dans les couches de craie des environs de Paris, et d'autres trouvées à Saint-Paul-Trois-Châteaux, à Barr, à Ribeauvillers, dans le Jura, à Nevers, à Vitteaux, à Tallant près de Dijon, à Nancy, dans le Cotentin, département de la Manche, et en Suisse. On en trouve à Gap, en Angleterre, en Saxe, en Souabe, en Franconie, en Prusse, en Espagne, en Ecosse, en Suède, dans le comté de Nice, dans la vallée de Lagno en Italie. Pallas en a trouvé beaucoup sur les bords du Volga, dont quelques-unes avoient jusqu'à quarante millimètres (1 pouce et demi) de diamètre.

On en voit des figures dans l'ouvrage de Knorr, dans celui de Klein, *Descrip. Tab. Mar.*; dans le Traité des Pétrific. de Bourguet, et dans l'Oryct. de Dargenville. (D. F.)

— Il faut ajouter à cet article, que M. Denys de Monfort soutient tellement l'opinion que ce qu'on nomme *l'alvéole* dans ce Dictionnaire n'appartient pas à l'étui, ou à la bélemnite proprement dite, qu'il en a fait un genre particulier sous le nom de *callirhoé*. Voyez ce mot, sous lequel on rapportera les raisons sur lesquelles se fonde M. Denys de Monfort. (De B.)

BELENION ou VELENION. (*Bot.*) Anciens noms du doronic, cités par Dioscoride et Césalpin. (H. Cass.)

BELETTE. (*Mamm.*) Les Espagnols, au rapport de d'Azara, donnent ce nom au sarigue à longs poils (*Opossum virginiana*, Penn.). Voyez Sarigues. (F. C.)

BELIER. (*Ichtyol.*) Pline, Élien, Gesner, parlent de ce poisson, sous le nom d'*aries bellua*, et comme d'un animal effroyable par sa taille et par sa forme. Rondelet avoue ne point le connoître; mais Pline dit qu'il agite autour de lui les flots de la mer, et Gesner qu'il se cache à l'ombre des grands vaisseaux pour s'emparer des nageurs. (H. C.)

BÉLIER DE MONTAGNE. (*Mamm.*) Espèce de ruminant à cornes creuses, découverte, il y a peu d'années, dans l'Amérique septentrionale, et qui paroit se rapporter aux moutons ou aux antilopes. Voyez Mouton. (F. C.)

BELIÈVRE. (*Min.*) C'est le nom que l'on donne à Forges, en Normandie, à l'argile plastique avec laquelle on fait des vases de grès. (B.)

BELLENDENA. (*Bot.*) Genre de la famille des *protéacées*, de la *tétrandrie monogynie* de Linnæus, établi par Rob. Brown pour un arbrisseau de la Nouvelle-Hollande, glabre sur toutes ses parties, garni de feuilles planes, éparses, trifides à leur sommet; les fleurs éparses, rarement géminées, disposées en grappes terminales : il n'y a point de calice. La corolle (périanthe simple, M.) est blanche, très-caduque, composée de quatre pétales étalés, réguliers; quatre étamines insérées sur le réceptacle; point de glandes; un ovaire à deux ovales, surmonté d'un stigmate simple : le fruit non ailé, à une ou à deux semences. On n'en connoit encore qu'une seule espèce, le *bellendena montana.* (Poir.)

BELLÉROPHE. (*Conch.*) Nom français du genre Bellérophon. (De B.)

BELLÉROPHON. (*Conch.*) M. Denys de Monfort a séparé sous ce nom de genre une coquille que l'on n'a encore trouvée qu'à l'état fossile; elle ne diffère réellement des nautiles, que parce que sa forme est à peu près celle d'une navette disposée transversalement, et que, par conséquent, l'ouverture est ovale, beaucoup plus large d'un côté à l'autre que de haut en bas. Il lui donne le nom de *Bellerophon vasulites*, le bellérophe vasulite; elle est figurée dans de Hupsch, tab. 3, fig. 20-21, sous celui de *nautile simple* de Bamberg. (De B.)

BELLIDIASTRUM. (*Bot.*) [*Corymbifères*, Juss.; *syngénésie polygamie superflue*, Linn.] Micheli nommoit ainsi une plante que Linnæus a cru pouvoir comprendre dans le genre *doronicum*, et Willdenow, Villars, Allioni, Gærtner, Persoon, Decandolle, dans le genre *arnica*. Le même nom a été appliqué par Vaillant à une autre plante, l'*osmites bellidiastrum* de Linnæus.

Ayant examiné le style et le stigmate du *bellidiastrum* de

Micheli, nous avons reconnu que cette plante appartenoit incontestablement à notre tribu naturelle des astérées, et que par conséquent elle ne pouvoit être convenablement rangée ni dans le genre *doronicum*, qui est de la tribu des sénécionées, ni dans le genre *arnica*, qui paroît être de la tribu des hélianthées. Dès-lors nous n'avons plus douté qu'elle ne fût le type d'un genre particulier, comme quelques botanistes l'avoient déjà soupçonné, et nous avons cru devoir conserver à ce genre le nom que lui donnoit le savant botaniste florentin. Nous ferons remarquer que les anciens avoient une idée plus juste que les modernes des rapports naturels de notre plante, puisque la plupart la nommoient *bellis*. Scopoli, qui la rangeoit parmi les *aster*, ne s'éloignoit pas non plus des indications de la nature.

Le genre *bellidiastrum*, qu'il faudra placer auprès du *bellis* et du *bellium*, a pour caractères la calathide radiée, composée de fleurons hermaphrodites occupant le disque, et de demi-fleurons femelles formant le rayon; l'involucre simple, formé de bractées linéaires, pointues, disposées sur un seul rang; le clinanthe conique, nu; les cypsèles du disque et du rayon velues, striées, et munies d'une aigrette de filets spinulés.

Le bellidiastre de Micheli (*bellidiastrum Michelii*, H. Cass; *doronicum bellidiastrum*, Linn.) est une petite plante herbacée, à racine vivace, analogue à la pâquerette, qui croit dans les Alpes, et dans les bois montagneux de nos provinces méridionales. Sa tige scapiforme, dénuée de feuilles, ne porte qu'une calathide terminale, dont les rayons sont blancs ou rouges. Les feuilles toutes radicales sont obovales, pétiolées, sinuées.

Le *doronicum rotundifolium*, Desf., que MM. Persoon et Decandolle croient congénère du *bellidiastrum*, est réellement un *bellium*, que nous nommons *bellium giganteum*. (H. Cass.)

BELLIDIOIDES. (*Bot.*) Ce nom a été appliqué par Vaillant au *chrysanthemum*. Linnæus en fait le nom spécifique d'une espèce de *bellium*. (H. Cass.)

BELLIE, BELLIUM. (*Bot.*) Nous classons ce genre dans notre tribu naturelle des astérées.

M. Desfontaines a décrit dans sa Flore atlantique, sous le nom de *doronicum rotundifolium*, une plante qu'il nous a permis d'examiner dans son Herbier, et sur laquelle nous avons reconnu les caractères essentiels du genre *bellium*.

Le bellion géant (*bellium giganteum*, H. C.; *doronicum rotundifolium*, Desf.) est une plante herbacée, à racine vivace, qui habite le mont Atlas, et qui se distingue facilement de ses congénères par sa stature gigantesque, relativement à elles. Du milieu de quelques feuilles radicales arrondies en forme de spatule, et dentées en scie, s'élève une hampe munie d'une feuille, et terminée par une calathide composée de fleurons hermaphrodites et de demi-fleurons femelles. Le péricline est formé de squames linéaires presque égales, bisériées; le clinanthe est nu, conique; la cypsèle très-comprimée bilatéralement, hérissée de poils, et bordée d'un bourrelet sur la tranche, porte une aigrette très-courte, composée de cinq squamellules filiformes barbellulées, alternant avec cinq squamellules paléiformes laciniées au sommet. (H. Cass.)

BÉLOSTOME. (*Entom.*) Ce nom, qui signifie bouche en flèche, a été employé par M. Latreille pour désigner une grande espèce de scorpion aquatique de l'Amérique méridionale, de notre famille des hémiptères Hydrocorises. Voyez ce mot. (C. D.)

BELSAMON. (*Bot.*) C'est sous ce nom qu'on trouve cité dans Théophraste le baume de la Mecque ou de Judée, produit par une espèce de balsamier. (J.)

BELVISIA. (*Bot.*) *Belvisia*, Dict., vol. IV, p. 294.

Ce genre, dont on a parlé vol. IV, pag. 294, est le même que le Lomaria de Willdenow; du moins ils ne paroissent pas différer dans les caractères. L'*acrostichum spicatum*, Linn., a servi de type au *belvisia* comme au *lomaria*. Cependant Willdenow n'y rapporte point les autres espèces indiquées par M. Mirbel: savoir, l'*acrostichum australe*, qu'il place parmi les Asplenium; l'*acrostichum digitatum*, qu'il renvoie aux Schizœa; l'*acrostichum silicosum*, qu'il unit aux Pteris; enfin, l'*acrostichum septentrionale*, Linn. (Voyez Acrostiche, Dict., vol. I) est également placé avec les Asplenium, par Willd. Voyez Acrostichum, Supplément, et Lomaria.

Ce genre a été dédié par M. Mirbel à M. Palisot de Beauvois, membre de l'Institut, auteur de plusieurs ouvrages sur la botanique, et notamment sur quelques parties de la cryptogamie de Linnæus; ouvrages remplis de faits nouveaux et d'observations qui ont jeté un grand jour sur cette partie si embrouillée de la science. Nous aurons occasion de citer plus d'une fois les travaux de M. Palisot de Beauvois. (Lem.)

BELYTE. (*Entom.*) C'est un nom de genre d'hyménoptères dans l'ouvrage de M. Jurine. Il n'y comprend que deux très-petites espèces, remarquables parce que leurs ailes offrent le moindre nombre de nervures observées jusqu'ici. Leurs antennes sont perfoliées. (C. D.)

BELZÉBUT. (*Mamm.*) C'est par erreur que nous avons dit que Brisson avoit donné ce nom au coaïta (*Sim. paniscus Gmel.*). Il fut donné par ce naturaliste à une espèce très-différente, que M. Geoffroy a fait connoitre plus particulièrement depuis dans son genre Atèles. Voyez ce mot et Sapajous. (F.C.)

BELZMEISE. (*Ornith.*) Nom autrichien de la mésange à longue queue, *parus caudatus*, Linn. (Ch. D.)

BEMBIDION. (*Entom.*) Ce nom, qui a probablement la même étymologie que celui de bembèce, a été donné par M. Latreille à un genre d'insectes coléoptères de la famille des créophages, et il comprend un grand nombre de petites espèces rangées précédemment dans celui des carabes ou parmi les élaphres. La plupart des auteurs modernes l'ont adopté.

Les bembidions ont cinq articles à tous les tarses, qui sont simples et non en nageoires; leurs antennes sont en soie, non dentées : leur corselet est plus étroit que les élytres qui recouvrent des ailes membraneuses; leurs jambes antérieures sont échancrées, et leurs palpes ne sont pas épineux.

Tous ces caractères distinguent les bembidions des espèces que l'on a rapportées aux autres genres de coléoptères carnassiers. Ils ressemblent, en petit, aux espèces du genre anthie de Weber; mais ils s'en éloignent, ainsi que de tous les autres genres formés dans celui des carabes de Linnæus, par l'étroitesse de leur corselet comparée à la largeur de leur tête et de leurs élytres.

On les sépare facilement des dryptes et des colliures de Degeer par l'inspection du dernier article de leurs tarses, qui est simple, et non à deux lobes. Leurs ailes membraneuses les isolent des mantricores qui n'en ont pas, et dont les élytres sont soudées. Enfin, leurs palpes sont encore hérissés de poils, comme dans les *cicindèles*, et leurs jambes échancrées ont servi à les faire séparer des *élaphres*, avec lesquels certains auteurs les avoient d'abord rangés.

Les bembidions ont aussi quelques rapports de forme et d'habitudes avec les *brachins;* mais ils n'ont pas, comme ces derniers, les élytres tronquées et le corselet aussi large.

Les auteurs n'ont pas décrit les larves des bembidions ; il est probable qu'elles ont beaucoup de rapports avec celles des carabes ; on les trouve, en général, dans les lieux humides couverts de byssus, et sur les bords des étangs et des ruisseaux. Ils courent très-vite, et se nourrissent de petits animaux. Quand ils ne peuvent échapper par la fuite ou se soustraire aux dangers en pénétrant dans les sillons de la terre ou en se cachant sous les pierres, ils restent immobiles, et laissent échapper une liqueur par l'anus, qui porte une odeur désagréable, légèrement acide. Leurs élytres, et toute leur surface, sont toujours lisses, polies et brillantes ; la terre humide ne s'y attache pas ; il semble qu'ils soient comme huilés.

Nous allons décrire ici quelques-unes des espèces des plus communes aux environs de Paris ; mais les plus grandes ont au plus trois lignes de longueur. On rapporte au moins trente espèces à ce genre, qu'on pourroit disposer facilement d'après les taches des élytres.

1. BEMBIDION DES ROCHERS, *Bemb. rupestre.*

PANZER. *Faun. Germ.*, 40, *carabus littoralis. Elaphrus,* FAB. *cicindela,* LINN.

Caract. Cuivreux ; élytres à stries de points, avec deux taches obliques, la base des antennes et les pattes rousses.

2. BEMBIDION BRULÉ, *Bemb. ustulatum.*

PANZER. *Faun. Germ. fasc.* 40, n°. 7, *carabus.*

Caract. D'un brun cuivreux ; élytres à stries de points, avec les côtés ondés de pâle.

3. BEMBIDION QUATRE GOUTTES, *Bemb. 4 guttatum.*

PANZER. *Faun. Germ. fasc.* 40, n°. 5.

Caract. Noirâtre, avec deux taches sur chaque élytre et les pattes pâles.

4. BEMBIDION QUATRE TACHES, *Bemb. 4 maculatum.*

Carabus pulchellus, PANZER, *Faun. Germ. fasc.*, 38, 8.

Cette espèce ressemble à la précédente ; mais ses antennes sont rousses.

Il n'entre pas dans le plan de ce Dictionnaire de donner plus de détails à ce sujet. Voyez Créophages. (C. D.)

BEMBIDION. (*Ichtyol.*) Gesner (*De Aquat.*, p. 146), d'après Hésychius et Varinus, donne ce nom à un petit poisson qui nous est inconnu. (H. C.)

BEMTÈRE. (*Ornith.*) Nom indien du tyran bentaveo, *lanius pitangua*, Linn. (Ch. D.)

BENDEHALZ. (*Ornith.*) Nom danois du torcol, *yunx torquilla*, Linn. (Ch. D.)

BENEFFIDI. (*Bot.*) Nom arabe d'un œillet d'Inde, *agettes*, suivant Forskal. (J.)

BENGUELINHA. (*Ornith.*) Edwards nomme ainsi la femelle de la linotte d'Angola ou vengoline, *fringilla angolensis*, Linn. (Ch. D.)

BENIAH-BOU. (*Ornith.*) Voyez Baniah-Bou. (Ch. D.)

BENJAN. (*Bot.*) A Sumatra, suivant Marsden, on nomme ainsi le sésame qui y est très-cultivé, à cause de l'huile par expression que l'on tire de ses graines, et qui est employée pour les lampes. Il paroit que cette espèce est la même que le sésame des Indes, cultivé aussi en Afrique, transporté ensuite par les nègres dans la Caroline, où il est nommé *benny* ou *bonny*, et mentionné par M. Poiret dans l'Encyclopédie Méthodique. (J.)

BENNET. (*Ichtyol.*) Lachenaye-Desbois, j'ignore d'après quels renseignemens, donne ce nom à un poisson du cap de Bonne-Espérance, de la longueur et de la grosseur du bras, et du poids de six à huit livres. Il est revêtu de grandes écailles d'un pourpre reluisant, avec des raies couleur d'or; ses yeux et sa queue sont rouges; ses nageoires jaunes; lorsqu'on le dépouille de ses écailles, tout l'éclat de sa couleur pourpre se conserve sur la peau; sa chair est cramoisie, et cette couleur n'est point détruite par l'ébullition dans l'eau. Elle est séche et d'une saveur agréable. (H. C.)

BENNY ou BONNY. (*Bot.*) Voyez Benjan. (J.)

BENOIT. (*Ichtyol.*) Voyez Bennet. (H. C.)

BENTAVEO. (*Ornith.*) Nom d'une espèce de tyran, *lanius pitangua*, Linn. (Ch. D.)

BEON-HOLI. (*Ornith.*) Nom provençal de l'effraie, *strix flammea*, Linn. (Ch. D.)

BEQUEBO. (*Ornith.*) Nom vulgaire du pic-vert, *picus viridis*, Linn., qui s'écrit aussi *becquebo*. On appelle de même *becquebois cendré* la sittelle, *sitta europæa*, Linn. (Ch. D.)

BERBÉRIDÉES. (*Bot.*) Cette famille de plantes tire son nom du vinettier ou épine-vinette, *berberis*, un de ses principaux genres. Elle offre dans leur organisation plusieurs caractères très-remarquables. La corolle polypétale et insérée sous l'ovaire, entoure un nombre égal d'étamines attachées au même point, mais placées chacune devant un des pétales. Ce nombre est au moins de quatre, et ne s'élève pas au-delà de sept; tantôt les pétales sont simples, tantôt ils supportent, chacun à leur base intérieure, ou des glandes ou un autre pétale. Le calice est composé ordinairement d'un nombre égal de feuilles qui sont le plus souvent opposées aux pétales. Les anthères sont à deux loges, et ces loges s'ouvrent par un panneau relevé de la base au sommet. L'ovaire occupant le centre est simple, libre, surmonté d'un style, ou au moins d'un stigmate simple. Il devient une baie, ou plus rarement une capsule à une seule loge, renfermant plusieurs graines attachées à sa base. L'embryon qu'elles renferment, entouré d'un périsperme charnu, est dicotylédone à radicule descendante et à lobes droits. Sa tige est ligneuse ou herbacée; les feuilles ordinairement alternes sont simples ou composées, accompagnées quelquefois de stipules. La disposition des fleurs n'offre rien de constant. L'opposition des pétales et des étamines, et la déhiscence des anthères, sont les caractères principaux de cette famille, qui se rapproche en ce dernier point des laurinées, dont elle diffère surtout par l'existence d'une corolle et d'un périsperme. Les genres anciens qui lui appartiennent sont le *berberis*, le *leontice*, l'*epimedium*, le *rinorea* d'Aublet, dont le *conoria* n'est probablement qu'une espèce. A ces genres se joignent plus récemment le *tovaria* de la Flore du Pérou, le *diphylleia* et le *caulophyllum* de Michaux, le *nandina* du Japon.

Quelques autres ont été placés à la suite, comme ayant quelque affinité avec cette famille dont ils diffèrent par plusieurs caractères: tels sont le *riana* et le *poraqueiba* d'Aublet, le *coryocarpus* de Forster, l'*hamamelis* de Linnæus, auquel on peut encore ajouter le *calispermum* de Loureiro, et l'*ery-*

throspermum de M. Lamarck. Il faut retrancher de cette série l'*othera* de Thunberg, qui paroît appartenir à la nouvelle famille des *ardisiacées*, et le *rapanea* d'Aublet, que M. Swartz a réuni au *samara* dans la famille des *rhamnées*. (J.)

BERBRAS. (*Ichtyol.*) Gesner appelle ainsi un poisson qui paroît se rapprocher des cobitis. (H. C.)

BERCLAN. (*Ornith.*) Nom sous lequel on désigne en Picardie la tadorne, *anas tadorna*, Linn. (Ch. D.)

BERD. (*Bot.*) Nom égyptien du papyrus, *cyperus papyrus*, qui croît dans le Nil, et dont Prosper Alpin fait mention. (J.)

BERESOVIK. (*Bot.*) Nom que les Russes donnent au *boletus luteus*, Linn. Voyez AGARIC. (LEM.)

BERETTA DI PRETE. (*Bot.*) Bonnet de prêtre. C'est un petit champignon (*agaricus*, Linn.) que les Italiens nomment ainsi, parce que son chapeau a presque la forme carrée, et s'élève en pyramide sur un long pédicule fistuleux, tors et couleur orange. Ses feuillets sont gris. (LEM.)

BERG-ANDER. (*Ornith.*) L'oiseau auquel ce mot anglais s'applique, est la tadorne, *anas tadorna*, Linn., qui se nomme en allemand *berg-enten*, tandis que le *berg-ente* de Klein est l'eider, *anas mollissima*, Linn. (Ch. D.)

BERG-DOL. (*Ornith.*) Ce nom allemand désigne le choquard ou choucas des Alpes, *corvus pyrrhocorax*, L., qui se nomme aussi *bergtul*. (Ch. D.)

BERG-ENTE. (*Ornith.*) Voyez BERG-ANDER. (Ch. D.)

BERG-FINK. (*Ornith.*) Nom allemand du pinson d'Ardennes ou de montagne, *fringilla montifringilla*, Linn. Voyez BRAMBLE. (Ch. D.)

BERG-HAAN. (*Ornith.*) Les colons d'Auteniquoi, au cap de Bonne-Espérance, donnent ce nom, qui signifie *coq des montagnes*, à l'aigle de mer, désigné par Levaillant sous celui de *bateleur*, *falco ecaudatus*, Lath. et Daudin. (Ch. D.)

BERG-SPERLING. (*Ornith.*) Nom allemand du friquet, *fringilla montana*, Linn. (Ch. D.)

BERG-TROSTEL. (*Ornith.*) C'est, en Suisse, le loriot, *oriolus galbula*, Linn. (Ch. D.)

BERG-TUL. (*Ornith.*) Voyez BERG-DOL. (Ch. D.)

BERG-UGLE. (*Ornith.*) On nomme ainsi, en Norwége, le harfang, *strix nyctea*, Linn. (Ch. D.)

BERGEFLAAFK. (*Bot.*) C'est le nom que *l'aspidium fragile* porte en Norwége. (LEM.)

BERGERONETTE. (*Ornith.*)M. Cuvier a séparé les bergeronettes, auxquelles il a spécialement appliqué le nom de *budytes*, des lavandières ou hochequeues proprement dits, parce que ceux-ci ont l'ongle du pouce courbé comme les autres becs-fins, tandis que chez les bergeronettes cet ongle est allongé et peu arqué, ce qui les rapproche des farlouses et des alouettes. (Ch. D.)

BÉRICHON. (*Ornith.*) Ce nom, et ceux de béruchon, beurichot, beurchot, sont donnés, dans quelques départemens de la France, au troglodyte, *motacilla troglodytes*, Linn. (Ch. D.)

BÉRIS. (*Entom.*) M. Latreille a séparé, sous ce nom de genre, deux ou trois espèces de mouches-armées ou *stratyomes*, correspondant aux *potamides* de Meigen, telles que la *clavipède*, la *sexdentée*, parce que leur abdomen n'est pas arrondi à l'extrémité, qu'il se termine, au contraire, un peu en pointe, et que leur écusson offre plus de deux dents. (C. D.)

BERKOUT. (*Ornith.*) Nom russe de l'aigle doré ou grand aigle, *falco chrysaetos*, Linn. (Ch. D.)

BERLIN ou BERDIN. (*Malacoz.*) Nom que l'on donne, dans quelques parties de la Normandie, à la patelle commune. (DE B.)

BERLINGOZZINO DE PRATI. (*Bot.*) *Macaroni de prati*, *bigione*, *bigiolino* et *bigerella*, noms vulgaires italiens d'un champignon (*agaricus*, Linn.) nombreux en variétés, connu chez nous sous les noms de mousseron gris ou d'armas, et quelquefois de grisette ; c'est l'*agaricus murinus*, de Batsch. (Elench. Fung., t. 5, f. 19, et t. 19, f. 101.) Ce champignon, très-bon à manger et d'un parfum agréable, est très-commun en Italie. Son pédicule blanc et sujet à se fendre en longueur, a été comparé à cette pâte que l'on nomme *macaroni;* il n'a guère plus d'un pouce de hauteur, et son chapeau est gris-roussâtre. On lui donne en Provence le nom de *champignon d'armas.* (LEM.)

BERLUCCIA. (*Ornith.*) Nom de l'ortolan à Venise. (Ch. D.)

BERNACHE. (*Malacoz.*) M. Bosc dit que c'est le nom vulgaire de l'anatife lisse. (DE B.)

BERNACHE. (*Ornith.*) Cette espèce d'oie, *anas bernicla*,

Linn., se nomme aussi bernacle, et, en latin, dans divers auteurs, *bernicla* ou *bernacla*. (Ch. D.)

BEROE. (*Actinom.*) Genre d'animaux assez mal connus, que Linnæus et Gmelin ont confondus avec les méduses, avec lesquelles il est en effet probable qu'ils ont beaucoup de rapport, mais que Muller et Bruguière en ont séparé, comme Gronovius l'avoit fait le premier. Ce sont des corps entièrement gélatineux, ovales ou globuleux, très-bombés et garnis de cils courts, disposés sur plusieurs rangs, rayonnans du centre à la circonférence en dessus, concaves en dessous, la bouche au fond de cette excavation.

L'organisation de ces animaux est tout-à-fait inconnue; on sait seulement qu'ils sont éminemment phosphoriques, spécialement dans leurs cirrhes, qui paroissent destinés principalement à faciliter leur natation, qui se fait par un mouvement de rotation fort rapide. On en rencontre quelquefois en quantité immense, mais toujours en haute mer. Des trois espèces que Bruguière rapporte à ce genre, deux en ont été séparées par M. Péron, sous le nom d'*eucharis* (voyez ce mot); l'autre vit dans nos mers; c'est le *beroë ovata;* elle est figurée dans l'Encyclopédie méthodique, pl. 90, fig. 1ʳᵉ. Son corps, un peu variable pour la grosseur, est ovale et divisé en neuf parties égales par autant de côtes élevées, se portant du centre à la circonférence, et qui sont garnies d'une infinité de petites fibres semblables à des poils, d'un blanc cendré, comme le reste du corps; sa transparence, presque parfaite, laisse apercevoir dans son épaisseur deux espèces d'intestins de couleur brune, dont l'un paroît se terminer par une grande ouverture à son bord supérieur. C'est dans le commencement d'avril que cette espèce se montre sur les côtes de Hollande, suivant Baster, à qui nous devons les détails que nous venons de rapporter.

Bruguière regarde comme appartenant à cette espèce l'animal décrit et figuré par Brown dans son Histoire Naturelle de la Jamaïque, et qui n'a que huit côtes; et celui vu dans la mer Méditerranée par Forskal, mais très-probablement à tort. (Dᴇ B.)

BERRETACCIA. (*Bot.*) Nom italien de la *peziza cochleata,* Linn., que Tournefort compare à un mortier, et Micheli à une écuelle, *scodellaccia.* On la trouve sur le fumier de cheval. Elle ressemble à de la cire pour la transparence; il y en a des variétés blanches et des variétés jaunes. (Lᴇᴍ.)

BERS. (*Mamm.*) Poncet, dans son *Voyage en Ethiopie*, inséré dans le 4e. Rec. des Lettres édifiantes, dit que les Abyssiniens donnent ce nom à une espèce de bœuf qui diffère du bœuf ordinaire, et qui est surtout employé comme bête de charge. (F. C.)

BERTA. (*Ornith.*) Ce terme et celui de *bertina* s'emploient, en Italie, pour désigner le geai ou la pie, *corvus pica* et *corvus glandarius*. (Ch. D.)

BERTAVELA. (*Ornith.*) Le nom de *bartavella d'ousta* est donné, dans le Piémont, à la bartavelle, et celui de *bartavela* ou *berta della langa* à la perdrix rouge, *tetrao rufus* de Linnæus, qui ne les considère que comme variétés d'une même espèce. (Ch. D.)

BERTAZINA. (*Ornith.*) On nomme ainsi, à Bologne, le bruant fou, *emberiza cia*, Linn. (Ch. D.)

BERTHE. (*Ornith.*) Nom que porte, dans le département de l'Ain, une espèce de grèbe, qui est vraisemblablement le castagneux, *colymbus minor*, Linn. (Ch. D.)

BERTHOLLETIA, Fl. æquin. 1, tab. 36. (*Bot.*) Né au Brésil, et formant de vastes forêts sur les bords de l'Orénoque, dans l'Amérique méridionale, ce grand et bel arbre, élevé de plus de cent pieds sur deux de diamètre, se divise, à son sommet, en branches et en rameaux alternes, courbés vers la terre à leur sommet, garnis de feuilles alternes, médiocrement pétiolées, oblongues, très-entières, d'un beau vert, longues de deux pieds sur cinq à six pouces de large. Les fleurs n'ayant point été observées, rendent douteuse la classification de cette plante, qui paroîtroit se rapprocher de la famille des savonniers (*sapindi*); mais elle s'en éloigne par ses semences. Son fruit est une drupe sphérique de la grosseur d'une tête humaine, à quatre loges, contenant chacune plusieurs noix. Son enveloppe est raboteuse, sillonnée, recouverte d'un brou de couleur verte. Chaque loge renferme six ou huit noix tuberculées, inégalement triangulaires, attachées par leur extrémité inférieure à une cloison centrale: les semences sont oblongues, presque triangulaires.

« Les Portugais du Para, disent MM. de Humboldt et Bonpland, font depuis long-temps un très-grand commerce avec les fruits de cet arbre, que les naturels nomment *iuvia*, et les Espagnols *almendron*: ils en portent des cargaisons à la Guiane française, en envoient à Lisbonne et en Angleterre. Les amandes fournissent une très-grande quantité d'huile bonne à brûler. « Nous avons été très-heureux, ajoutent ces savans voyageurs, de trouver de ces amandes dans notre voyage sur l'Orénoque. Il y avoit trois mois que nous ne vivions que de mauvais chocolat, de riz cuit dans l'eau, toujours sans beurre, et souvent sans sel, lorsque nous nous procurâmes une grande quantité de fruits frais du *Bertholletia*. C'étoit dans le courant de juin. Les Indiens venoient d'en faire la récolte. Ces amandes sont d'un goût exquis quand elles sont fraiches mais elles sont susceptibles de se rancir par la grande quantité d'huile qu'elles contiennent. » (Poir.)

BERTOLONIA. (*Bot.*) Parmi les figures qui accompagnent le Mémoire de M. Decandolle sur les labiatifflores, on en trouve une qui porte le nom de *bertolonia purpurea*, et qui pourtant est décrite, dans le texte du Mémoire, sous celui de *chabræa purpurea*. (H. Cass.)

BÉRYTE. (*Entom.*) Nom d'un genre d'insectes hémiptères de la famille des rhinostomes. Fabricius a employé cette dénomination dans son ouvrage, pour rapprocher les espèces que nous avions nous-mêmes réunies dans la *Zoologie analytique* sous le nom de *podicère*, qui signifie *antennes servant de pattes*. M. Latreille les avoit nommés *neïdes*. Ces espèces de punaises ont en effet le corps linéaire, très-étroit, et leurs antennes coudées très-longues sont terminées par une petite masse que l'animal porte contre tous les objets, et dont il semble se servir comme de pattes. Ces insectes ont beaucoup de rapports avec les *gerres* et les *ploières*: mais les espèces de ces deux derniers genres n'ont pas les antennes en masse. Celle qui forme le type du genre est la punaise tipulaire de Linnæus. Voyez Podicère et Rhinostomes. (C. D.)

BESENGE ou BEZENGE. (*Ornith.*) Nom vulgaire de la grosse mésange ou mésange charbonnière, *parus major.* Linn. (Ch. D.)

BÉSIMENCE, Besimen. (*Bot.*) M. Necker a substitué ce terme à celui de graine, pour désigner les corpuscules reproducteurs qui, dans les cryptogames, se forment sans fécondation dans des cavités closes, espèces d'ovaires sans styles et sans stigmates. Hedwig désigne ces corpuscules par le nom de *spora* ; M. Richard, par celui de *sporula*; Gærtner, par celui de *gongylus*; M. Mirbel, par celui de *séminules*. (Mass.)

BESS. (*Bot.*) Nom tartare de l'*erythronium*, plante liliacée, suivant Gmelin, auteur de la Flore de Sibérie. (J.)

BESUGO. (*Ichtyol.*) Suivant M. Risso, à Nice on nomme ainsi le spare marseillais, Lacép. Voyez SPARE. (H. C.)

BÊTE DE LA MORT. (*Ornith.*) On donne vulgairement ce nom aux chouettes, et surtout à l'effraie ou fresaie, *strix flammea*, Linn. (Ch. D.)

BÉTHYLE, *Bethylus*. (*Entom.*) M. Latreille a désigné sous ce nom, que Fabricius a adopté, un genre d'insectes hyménoptères qui réunit plusieurs espèces de tiphies dont les antennes sont brisées, comme celles des fourmis, et dont la tête est plus large que le corselet. L'espèce que Panzer a décrite et figurée dans sa *Faune d'Allemagne*, cahier 55, pl. 5, sous le nom de *tiphie hémiptère*, appartient à ce genre nouveau, qui lie la famille des fourmis ou *myrmèges* à celle des hyménoptères fouisseurs ou ORYCTÈRES. Voyez ces mots. (C. D.)

BÉTHYLE, *Bethylus*. (*Ornith.*) M. Cuvier a appliqué ce nom grec d'un oiseau inconnu, à une section de ses oiseaux dentirostres, après les brèves et les choucaris. (Ch. D.)

BETRE. (*Bot.*) Un des noms indiens du bétel. (J.)

BETTERAVE. (*Agric.*) Cette plante, jusqu'au commencement de ce siècle, n'avoit été considérée que comme plante potagère, ou comme plante dont les feuilles et les racines pouvoient, dans des saisons différentes, être avantageusement employées pour la nourriture des bestiaux ; et c'est particulièrement sous ce point de vue d'économie domestique qu'elle a été principalement cultivée depuis une trentaine d'années ; mais depuis que, par les efforts de l'industrie française, on est parvenu à en extraire un sucre aussi bon et aussi beau que celui des colonies, la betterave mérite d'être considérée sous un nouveau point de vue qui pourroit devenir un jour du plus grand intérêt pour notre agriculture. M. le comte Chaptal a lu l'année dernière, à l'Académie française, un excellent Mémoire sur le sucre de betteraves ; et c'est de ce Mémoire, imprimé dans le 63ᵉ volume des *Annales d'Agriculture*, que nous allons extraire les considérations les plus importantes sur la culture des betteraves, et sur l'extraction de leur sucre.

Les betteraves se sèment à la fin de mars, ou au commencement d'avril, du moment qu'on n'a plus à craindre les gelées.

Il y a plusieurs variétés de betteraves, les blanches, les jaunes, les rouges, les marbrées ; quelquefois la peau est d'une couleur et la chair d'une autre.

En Allemagne, on donne la préférence à la betterave blanche ; en France, on a préféré la jaune ; mais, d'après l'expérience, il ne paroit pas qu'on doive donner aucune importance à la couleur, qui d'ailleurs ne se reproduit pas constamment.

Le terrain le plus propre à la betterave paroit être celui qui est à la fois meuble, gras, et qui a de la profondeur. Les terres maigres, sèches ou sablonneuses conviennent peu, de même que celles qui sont fortes, grasses, argileuses. Les terrains provenant du défrichement des prairies, ceux d'alluvion, fumés et travaillés depuis long-temps, sont très-propres à la culture des betteraves. Le produit moyen est de vingt à vingt-cinq milliers de betteraves par arpent, et selon la bonté du sol, on peut même en récolter cinquante et jusqu'à soixante milliers.

La terre destinée à recevoir les graines des betteraves doit être préparée par deux ou trois labours très-profonds.

On a successivement employé quatre méthodes pour semer la graine de betterave : 1°. à la main, 2°. au semoir, 3°. sur couche ou en pépinière, 4°. à la volée.

Cette dernière manière, qui consiste à semer les graines comme le blé, en ayant ensuite recours à la herse, est la plus simple de toutes, et celle à laquelle on doit donner la préférence. A la vérité, on emploie beaucoup plus de graines que par les autres procédés : il en faut six livres, au lieu de trois par arpent ; mais les avantages qu'on en retire sont immenses : 1°. en employant cette quantité de graine, on est à peu près sûr que tout le sol sera recouvert ; 2°. dès que la plante est bien levée, on arrache, dans un premier sarclage, toutes les betteraves trop rapprochées les unes des autres, et on ne conserve que les pieds les plus vigoureux, de sorte que, quelle que soit la saison, on est toujours sûr d'avoir une bonne récolte.

Aucune plante ne souffre peut-être plus du voisinage des

herbes étrangères, que la betterave. Le sarclage est donc une opération indispensable, et on doit le renouveler toutes les fois que la terre se couvre de plantes étrangères; mais en général, il suffit de faire deux fois cette opération.

On ne doit pas regarder l'époque où il convient d'arracher la betterave comme une chose indifférente; la plus favorable pour les environs de Paris, et à une distance de quarante à cinquante lieues de la capitale, doit être fixée aux quinze premiers jours d'octobre.

Il paroit que l'existence du sucre cristallisable dans la betterave n'a qu'un temps, et c'est ce temps qu'il faut choisir pour arracher; car, passé l'époque favorable, le sucre est décomposé par les progrès de la végétation, ou par une altération quelconque dans la betterave, et il se forme du nitrate de potasse aux dépens des principes constituans du sucre : c'est ce qui a fait que, dans tout le midi, depuis Bordeaux jusqu'à Lyon, en opérant sur des betteraves qui avoient séjourné dans la terre jusqu'à la fin d'octobre, on n'a pu retirer que du nitrate de potasse, et pas un atome de sucre cristallisable.

A mesure qu'on arrache les betteraves, on les dépouille de leurs feuilles, qu'on laisse comme engrais sur le terrain, lorsqu'on n'a pas assez de bestiaux pour les consommer.

Les betteraves craignent les gelées et la chaleur; elles gèlent à un degré au-dessous de zéro, et commencent à pousser et à s'altérer à une température de 8 à 9 degrés au-dessus.

Pour conserver les betteraves sans altération, il faut : 1°. les placer dans un lieu sec, et à une température qui ne soit que de quelques degrés au-dessus de zéro du thermomètre; 2°. on doit avoir l'attention de ne pas les emmagasiner mouillées : et lorsque le temps le permet, il convient de les laisser dans les champs pendant quelques jours pour qu'elles sèchent; 3°. il ne faut les recouvrir qu'au moment où l'on est menacé d'une gelée, et avoir attention de les laisser découvertes tant que la température le permet, pourvu toutefois qu'il ne pleuve pas.

L'extraction du sucre de la betterave donne lieu à une suite d'opérations dont nous allons parler de la manière la plus abrégée possible.

Les betteraves qu'on a transportées des champs dans la fabrique sont plus ou moins chargées de terre, et ont besoin d'être nettoyées. M. Chaptal préfère, comme moyen plus économique que les lavages, de les faire ratisser, et de faire couper les collets et les chevelus avec des couteaux.

On extrait le suc de la betterave par deux opérations successives :

1°. En réduisant cette racine en pulpe, à l'aide de râpes à cylindres, auxquels on imprime un mouvement très-rapide au moyen d'un engrenage mis en mouvement par un manége ;

2°. A mesure qu'on forme la pulpe, on en extrait le suc à l'aide de presses dont on peut employer plusieurs sortes, même le pressoir destiné à la vendange. La pulpe doit être soumise à la presse, à mesure qu'elle se forme : sans cela elle noircit, et il se développe un commencement de fermentation qui rend l'extraction du sucre plus difficile.

Les détails des autres procédés, encore nécessaires pour obtenir le sucre de la betterave à l'état pur et cristallin, seroient trop longs à rapporter, et passeroient les bornes d'un article de ce Dictionnaire ; il nous suffira de dire que le suc exprimé des presses, est mis dans une chaudière pour y être dépuré ; qu'ensuite on le fait passer dans une autre, où l'on forme le sirop, et enfin après avoir filtré à travers une grosse étoffe de laine, dans une troisième, où l'on fait la cuite. Quand celle-ci est faite, on en remplit des formes dans lesquelles doit s'opérer la cristallisation du sucre. Il ne reste plus, après cela, que l'opération du raffinage ; les procédés en sont les mêmes que ceux employés pour le sucre des colonies.

Indépendamment du produit du sucre, il en est un second qui mérite une grande considération, ce sont les épluchures et le marc des betteraves après qu'on en a exprimé le suc.

Les épluchures font une excellente nourriture pour les cochons, qui en sont très-avides ; mais le marc des betteraves forme un objet bien plus important ; c'est une nourriture très-précieuse pour les vaches, les brebis, et même pour la volaille ; celle-ci en est beaucoup mieux engraissée que par tous les autres alimens connus, et les vaches donnent beaucoup plus de lait, et d'une excellente qualité.

La mélasse est un troisième produit qui n'est point à dédaigner, soit pour la livrer au commerce, telle qu'elle est, soit pour la distiller et en retirer de l'alcool.

On a mis en doute si le sucre de betterave étoit de la même nature que celui de canne. Il n'existe pas aujourd'hui la moindre incertitude dans l'esprit des hommes éclairés, sur la parfaite identité des sucres extraits de ces deux plantes, lorsqu'on les a ramenés, par le raffinage, au même degré de blancheur et de pureté.

L'agriculture ne pourroit retirer qu'un très-grand avantage de l'établissement des sucreries de betteraves; tout ce qui varie les récoltes et en augmente le nombre, est un bienfait pour l'agriculture. Cette culture fournit en outre un moyen d'assolement de plus; et en donnant celui de faire une récolte intermédiaire, elle double le produit du fonds, sans faire perdre un seul grain de blé ; la betterave pouvant être semée au printemps, dans les terres destinées à être ensemencées en blé en automne.

La culture de la betterave a encore l'avantage de rendre la terre plus meuble, et de la nettoyer des mauvaises herbes par les sarclages.

On a vu plus haut que les résidus, ou le marc des betteraves, peuvent fournir à la nourriture des bêtes à cornes et des cochons, pendant les quatre mois de l'hiver, novembre, décembre, janvier et février, où celle des bestiaux est en général plus rare et plus difficile, par l'impossibilité où les mauvais temps mettent souvent d'envoyer les animaux en chercher une partie dans les champs et les pâturages.

Ces fabriques ont l'avantage d'occuper les chevaux et les hommes d'un domaine pendant la morte saison, et de donner du travail à des individus qui, pendant ces quatre mois, manquent souvent d'ouvrage.

Enfin le sucre de betterave peut soutenir la concurrence avec celui des colonies, puisque, selon M. Chaptal, le premier, à l'état brut, ne revient au fabricant qu'à 15 sous la livre. (L. D.)

BEURRE. (*Chim.*) Cette substance avoit été considérée comme un principe immédiat simple, jusqu'au mois de septembre de l'année 1814, où j'annonçai à l'Institut qu'elle étoit composée de stéarine, d'élaïne, d'un principe colorant, et d'un principe odorant très-remarquable, auquel j'ai depuis donné le nom d'acide butyrique. Voyez BUT... (Ch.)

BEURRE. (*Bot.*) Les Sibériens nomment ainsi trois plantes qui sont autant d'espèces du genre nostoch, dont l'aspect est gras, que Pallas nomme *ulva*, et dont une seule est connue des botanistes. La première, le Beurre d'eau ou aquatique (*ulva pruniformis*, Linn.; *nostoch marinum*, Fl. Scand.) est employée contre les enflures des pieds, les gonflemens des yeux, et autres pareils maux. Le Beurre de terre croit à terre, près des sapins abattus dans les forêts humides. Il ressemble à un œuf brun foncé; on l'emploie dans toutes les maladies internes, et contre les douleurs d'yeux. Le Beurre de fourmis, appelé ainsi parce qu'on le trouve quelquefois dans les fourmilières, sert aux mêmes usages. (Lem.)

BEURRE DE CACAO. (*Chim.*) Fourcroy dit qu'il se fond entre 40 et 50 deg. Réaumur; celui que j'ai examiné étoit fusible à 19 deg. centig. (Ch.)

BEVERAZA. (*Malacoz.*) Nom que les Vénitiens donnent à une espèce de mactre, *Mactra piperella*. (De B.)

BEXUQUILLO. (*Bot.*) Nom portugais de l'ipécacuanha, suivant Chomel. (J.)

BEYAPURA. (*Ichtyol.*) Lachênaye-Desbois donne ce nom à un poisson de la mer du Brésil, dont le dos est noir et le ventre blanc, et qui est fort bon à manger. On ignore quel est son genre. (H. C.)

BEZOARD. (*Conch.*) Espèce du genre casque, *Cass. bezoard*. (De B.)

BIA. (*Conch.*) Nom générique employé par les Malais pour désigner, suivant Rumphius, plusieurs espèces de coquilles.

M. Sonnini dit que les Siamois nomment ainsi la coquille qui sert de petite monnoie aux Indes, et qui est plus connue sous le nom de *coris*. Voyez ce mot. (De B.)

BI-ACUMINÉ. (*Poils*). M. Mirbel nomme ainsi un poil à deux branches opposées par la base, de manière qu'il paroît attaché par le milieu. Les poils du *malpighia* sont ceux qui offrent le meilleur exemple de cette singulière conformation. M. Decandolle les nomme poils en navette. (Mass.)

BI-AILÉ. (*Bot.*) A deux ailes. Voyez Differe. (Mass.)

BIALOZOR. (*Ornith.*) Nom polonais du gerfaut, *falco candicans*, Linn. (Ch. D.)

BIANCHET. (*Ornith.*) On nomme ainsi, en Piémont, la fauvette, rousse, *motacilla sylvia*, Linn. (Ch. D.)

BIANCHETTI. *Bot.*) Nom piémontais d'une espèce de truffe blanche. Voyez TRUFFE.

BIATORA. (*Bot.*) Genre de la famille des lichens, établi par Acharius. Expansion (thalus) crustacée uniforme, grise ou blanche. Conceptacles orbiculaires, enfoncés dans l'expansion, cendrés, creux et nus dans le milieu; a bord épais et noir; ils contiennent un noyau comprimé, strié, et finement cellulaire.

Le *biatora turgida*, Ach. lich. un. 2-3. t. IV, f. 1, seule espèce de ce genre, croît sur les roches du val Frénière, en Suisse. Ce genre est très-voisin des *verrucaria* d'Acharius.

BIATORA, selon Acharius, du grec Βιατορ) et ωβα, apparence de vase, parce que les conceptacles ressemblent à de petits godets excavés, lorsqu'ils sont enlevés de la croûte. (LEM.)

BIBIO. (*Ornith.*) Suivant M. Savigny, *Système des Oiseaux de l'Égypte*, ce nom est applicable à l'oiseau connu sous ceux de *grus balearica* et de demoiselle de Numidie, *ardea virgo*, Linn. Ch. D.)

BIBLIOLITE. (*Min.*) On donne quelquefois ce nom soit à des empreintes de feuilles dans des roches schistoïdes, soit à des incrustations calcaires de feuilles, soit même à de simples infiltrations dendritiques. (B.)

BIBLIS. (*Entom.*) C'est le nom d'un genre de papillons diurnes établi par Fabricius ; ils ont les palpes plus longs que la tête. Telles sont les espèces décrites et figurées sous les noms de *biblis*, *melanitis*. Voyez PAPILLONS. (C. D.)

BICA. (*Ichtyol.*) Suivant Viquefort, c'est un nom que les mariniers de la côte de Biscaye donnent à un poisson qui ne nous est point assez connu pour pouvoir être classé. (H. C.)

BICHERINO. (*Bot.*) Petit bolet figuré dans le *Nova genera plantarum*, de Micheli, tab. 70, fig. 9. Il est coriace, fauve ; son chapeau est concave en dessus, avec une bossette ou ombilic au milieu. Il croît aux environs de Florence. Ce champignon appartient à la division des bolets, que nous avons nommés *polypores*. (LEM.)

BICHET. (*Bot.*) Un des noms vulgaires donnés au rocou dans l'Encyclopédie Méthodique. (J.)

BICOLOR. (*Ichtyol.*) On désigne par cette épithète plusieurs espèces de poissons. Telle est une espèce de gobie, non encore bien connue, dont parlent Brunnich et Schneider (*Syst. ichtyol. Blochii, pag.* 73). Un labre, également peu connu, porte le même nom spécifique, d'après Linnæus. Artédi en a donné la description, sur une figure de Séba. (*Thes. III.* 96. *n°.* 8. *T.* 31 *f.* 8). (H. C.)

BICONJUGATO PINNATUM (FOLIUM.) (*Bot.*) Voyez Bɪᴅɪɢɪᴛéᴇ-ᴘᴇɴɴéᴇ. (Mᴀss.).

BICONJUGATUM (FOLIUM.) (*Bot.*) Voyez Bɪɢéᴍɪɴéᴇ. (Mᴀss.)

BICORNE, *bicornis.* (*Bot.*) Surmonté ou terminé par deux prolongemens en forme de cornes : voyez les cypsèles du Silphium, la silicule du *thlaspi ceratocarpon*, la capsule du *martynia*, etc. Les anthères du *vaccinium*, du *gaultheria*, du *pyrola*, et de plusieurs *erica*, forment aussi deux cornes par la divergence de leurs lobes terminés en pointe. Le nom de Bɪᴄᴏʀɴᴇs donné par Linnæus à un de ses ordres naturels, est tiré de la considération de ce caractère. (Mᴀss.)

BICORNE. (*Entoz.*) Nom français du genre ditrachyceros établi par Sulzer. Voyez Dɪᴛʀᴀᴄʜʏᴄᴇʀᴏs. (Dᴇ B.)

BIDENT. (*Bot.*) Ce genre fait partie de notre tribu naturelle des hélianthées, section des coréopsidées. (H. Cᴀss.)

BIDENTS. (*Bot.*) Adanson nomme ainsi la dixième et dernière section de sa famille des composées. Cette section des bidents a sans doute beaucoup de rapports avec notre tribu des hélianthées ; mais elle ne sauroit être aussi naturelle, parce que Adanson établit les caractères de sa section sur la disposition des feuilles, sur la garniture du clinanthe, et sur la nature de l'aigrette ; tandis que nos hélianthées sont caractérisées par la conformation du style et du stigmate, par celle des étamines, par celle de la corolle et par celle de l'ovaire. Aussi les bidents d'Adanson comprennent quelques genres, tels que le *detris* (*agathæa*, H. C.), qui, dans l'ordre naturel, sont entièrement étrangers à cette association ; et d'autres genres, tels que l'*obeliscotheca* (*rudbeckia*, L.), qui en sont réellement inséparables, se trouvent dispersés par ce botaniste dans diverses sections où ils troublent les analogies. (H. Cᴀss.)

BIDI. (*Bot.*) Au Sénégal, on nomme ainsi le *crypsis aculeata*, espèce de plante graminée. (J.)

BIDIGITÉES. (Feuilles) (*Bot.*) Feuilles digitées, bifoliolées. Le pétiole commun se termine par deux folioles. Linnæus donne le nom de *binée* à cette feuille dont on ne connoit point d'exemple. Les feuilles du *zygophyllum fabago*, qu'on a citées comme *binées*, sont des feuilles pennées, dont le pétiole ne porte qu'une paire de folioles. On nomme Bidigitées-pennées, *bidigitato-pinnata*, *biconjugato-pinnata*, les feuilles dont le pétiole commun porte à son sommet deux pétioles secondaires le long desquels les folioles sont attachées : voyez les feuilles du *Mimosa purpurea*. (M\ss.)

BIDONA, Adanson. (*Bot.*) C'est l'*erinaceus* de Micheli, *acontia* de Hill. Il comprend des espèces du genre *hydnum* de Linnæus. Voyez ACOSTIA, Supplément, et HYDNUM. (LAM.)

BIELOKVOST. (*Ornith.*) Nom par lequel les habitans de la rive droite du Volga désignent un aigle de mer. (Ch. D.)

BIENEN-FRASS. (*Ornith.*) On donne, en Allemagne, ce nom et ceux de *bienen-fresser* et *bienen wolf* au guépier, *merops apiaster*, Linn. (Ch. D.)

BI-ÉRÈMÉ (CÉNOBION). (*Bot.*) Composé de deux érèmes. Voyez le fruit du *cérinthe*. M. Mirbel nomme érèmes (autre-fois graines nues) des boîtes péricarpiennes sans valves ni sutures, provenant d'ovaires qui ne portent point de styles ; et il nomme *cénobion* un fruit composé d'érèmes : tel est celui des ochnacées, des labiées, et de plusieurs borraginées dont le *cérinthe*, ci-dessus mentionné, fait partie. (M\ss.)

BIFEUILLE. (*Zoolog.*) M. l'abbé Dicquemare a décrit et figuré sous ce nom, et malheureusement d'une manière insuffisante, dans le Journal de Physique pour l'année 1786, un très-petit animal dont il est assez difficile de déterminer les rapports natu-rels, mais qui offre une disposition assez singulière, en ce qu'il se groupe en plus ou moins grand nombre autour d'un centre, de manière à former une sorte de rosette un peu transparente et d'un très-beau blanc. Elle est composée, ajoute-t-il, de petits tuyaux, un peu plus gros à leur origine qu'à l'autre extrémité, dirigés du centre vers la circonférence, et placés l'un sur l'autre comme les pétales d'une rose ; leur inclinaison est peu considérable, elle suffit néanmoins pour donner une forme ovale à leur ouverture, qui est tranchée horizontalement et avec quelques irrégularités de chacun de ces tuyaux blancs sort un tube transparent, flexible, évasé vers le bout, et qui ressemble au col de certains vases lacrymatoires des anciens. Cette espèce de fourreau est d'un vert foncé. On voit de temps en temps sortir de son intérieur, et beaucoup en dehors, une tige aussi transparente et de même couleur, terminée par un bouton en pointe mousse, qui se déploie comme deux feuilles. Si on la touche elle se ferme, et la tige qui la porte, en se raccourcissant, se retire dans le fond du tube avec une vivacité surprenante et semblable à celle des vers à tuyaux. Il est fort probable, en effet, que c'est près de ces animaux que ce genre doit être placé. Dans la figure grossière donnée par Dicquemare, on voit sur le tuyau, probablement transparent, ou mieux peut-être sur le corps même de l'animal, des marques évidentes d'articulation. L'espèce d'entonnoir est l'analogue de ce qu'on nomme fort à tort *la trompe* dans les serpules, spirorbes, et qui n'est réellement qu'une sorte de tentacule faisant l'office d'opercule, comme nous le dirons à l'article *Serpule.* Quant aux deux feuilles que l'on dit en sortir, il se pourroit que ce ne fût autre chose que les branchies ; aussi je suis fort porté à croire qu'elles sortent de dessous et non de dedans. D'après ces idées, et dans le but d'introduire, au moins momentanément, cet animal dans le système, on pourroit l'établir en genre sous le nom de *rosacella*, à cause de la disposition remarquable des tubes, et lui donner celui de *dicquemartiana* pour nom d'espèce. (D. B.)

BIFIDE. *bifidus.* (*Bot.*) Divisé jusqu'à moitié, à peu près, en deux portions étroites. Si ces parties étoient larges, on diroit *bilobé*; si elles étoient très-profondes, on diroit *biparti.* Voyez ces mots. On a un exemple de calice *bifide* dans la pédiculaire des marais ; de pétales *bifides*, dans le *draba verna*, le béhen blanc; de style *bifide* dans le *salicornia;* de stigmate *bifide*, dans le *salix alba*, dans les synanthérées et la plupart des labiées; d'anthères *bifides*, dans le *sparganium* et dans beaucoup de graminées. (Mass.)

BIFLORE, *biflorus.* (*Bot.*) Portant ou renfermant deux fleurs. Tel est le pédoncule du *geranium phaum*, etc. ; la spathe du narcisse biflore, etc ; la glume du *panicum*, de l'*aira caryophyllea*, etc.; la cupule du hêtre, etc. (Mass.)

BIFORÉE. (Anthère) (*Bot.*) S'ouvrant par deux pores. Voyez les anthères du *solanum*. (Mass.)

BIFURCATION, *bifurcatio*. (*Bot.*) C'est le point où une partie se divise en deux. La tige de la mâche (*Valeriana locusta*); les feuilles du *ceratophyllum demersum*; les pédoncules du béhen blanc, de la stellaire, du *begonia*: le style du *cordia*, du *varronia*, etc., sont divisés et subdivisés par *bifurcation*. (Mass.)

BIFURQUE. (*Bot.*) *Dicranum*. Dict., vol. IV, p. 151.

Hedwig ne rapportoit à ce genre que des mousses à fleurs monoïques, chez lesquelles le péristome simple avoit seize dents fourchues et infléchies. D'autres mousses à fleurs dioïques et à péristome pareil rentroient dans son genre *fissidens*. Bridel adopte le même genre *dicranum*, et y rapporte environ quatre-vingts espèces, au nombre desquelles s'en trouvent plusieurs du genre *cecalyphum*, de M. Beauvois; genre qui, d'après ce dernier botaniste, comprend les *dicranum* d'Hedwig, munis d'un périchèze; il assigne, en outre, au genre *dicranum* les caractères exposés dans ce Dictionnaire, vol. IV, p. 591.

Bridel réunit encore à son *dicranum* le *trematodon* de Michaux.

Dans cet état, le genre *dicranum* comprend plus de quatre-vingts espèces, dont plus de trente croissent en France. L'espèce la plus remarquable, l'ancien *bryum scoparium*, Linn., sera mentionnée à l'article CECALYPHUM.

Schreber, Turner, Smith, Swartz et Decandolle, pensent que l'on ne doit pas séparer le *fissidens* d'Hedwig, et en conséquence ils l'ont réuni au *dicranum*. Cependant, le *fissidens*, que M. Bachelot de Lapylaie nomme *skitophyllum*, forme un groupe très-distinct à l'œil, et remarquable par le port des espèces. Voyez FISSIDENS.

Dicranum, d'un mot grec qui veut dire *bicorne*, ou double dent. Il est donné à ce genre à cause des dents fourchues de son péristome. (LEM.)

BIFURQUÉ, *bifurcatus*. (*Bot.*) Divisé en deux branches opposées. On a un exemple de poils *bifurqués* dans le *thrincia hispida*; de filets d'étamine bifurqués, dans le *crambe*, dans la brunelle, etc. (Mass.)

BIGÉMINÉE. (Feuille), *bigeminum*, *bigeminatum*, *biconju-*

gatum, (*Folium*) (*Bot.*) Espèce de feuille digitée-pennée. Le pétiole commun se termine par deux pétioles secondaires ; et chaque pétiole secondaire porte une paire de folioles. Le *mimosa anguis cati* offre un exemple de cette feuille. (Mass.)

BIGERELLA. (*Bot.*) Voyez Berlingozzino. Micheli donne aussi ce nom à plusieurs autres champignons. (Lem.)

BIGIOLONE. (*Bot.*) Champignon du genre *agaricus*, Linn. Il est d'un gris foncé, à grosse tige, et répand une odeur de farine de froment nouvellement moulue. Son pédicule a jusqu'à un pouce et demi de diamètre. Ce champignon est réputé bon à manger. Voyez Plateau-gris. (Lem.)

BIGIONE et *Bigiolino*. (*Bot.*) Voyez Berlingozzino. (Lem.)

BIGNONE, *Bignonia*. (*Bot.*) Parmi les belles espèces qui composent le genre Bignone, la plus importante sans contredit, est la bignone-chêne, *bignonia quercus* de Lamarck ; (*bignonia longissima* de Swartz). Cet arbre s'élève quelquefois à plus de quatre-vingts pieds ; il est revêtu d'une écorce grise blanchâtre, qui, dans les vieux arbres, est toute crevassée. La disposition des jeunes branches est ordinairement trichotome ; les feuilles qui les garnissent sont disposées trois à trois en verticille ; elles sont allongées, lancéolées ondulées, glabres ; les fleurs qui sont assez grandes, purpurines, et d'une odeur délicieuse, sont en grappes, lâches, placées dans les dichotomies des rameaux. Leur calice est divisé en deux parties concaves : la corolle tubuleuse est ventrue, à lobes inégaux, obtus et plissés. Les étamines sont au nombre de cinq, et deux seulement sont pourvues d'anthères. L'ovaire est surmonté d'un style long, terminé par un stigmate capité. La silique qui succède est plate, large d'une ligne et demie, bivalve, et longue quelquefois de plus de trois pieds ; elle devient tortueuse en se desséchant, et se remplit de semences ovales oblongues, terminées par des soies très-longues. Cet arbre fleurit abondamment deux fois par an, au printemps et dans l'automne. Il se plaît dans les plaines ou dans les montagnes inférieures ; on ne le trouve pas dans les hautes montagnes.

Le bois de cet arbre a tant de rapports avec le bois de chêne de France, par sa couleur et par sa dureté, que les premiers Français qui ont habité les Antilles lui ont donné le nom de chêne, quoiqu'il n'y ait pas la moindre analogie entre les genres bignonia et quercus; peut-être aussi lui ont-ils donné le nom de bois de chêne, parce qu'on emploie le bois de cette espèce de bignone dans tous les cas où l'on emploie celui du chêne en Europe.

Entre autres qualités du bignone, cet arbre prend son accroissement avec une promptitude qui doit surprendre, en considérant la dureté de son bois. Une autre singularité, c'est que quoiqu'il vive très-long-temps, et qu'il parvienne à une grosseur considérable, étant semé de graines, il fleurit dès la seconde année. Quinze ans après que l'on a semé le bignone des Antilles, il peut déjà être employé à beaucoup d'usages économiques. A trente ans, il peut servir à la construction des édifices, des vaisseaux : mais il est d'un usage beaucoup meilleur lorsqu'il est vieux : pour lors, il est incorruptible dans l'eau. Cet arbre se multiplie facilement de boutures. (DE T.)

BIGNONIÉES. (*Bot.*) Dans cette famille de plantes déjà décrite, il faudra séparer du *chelone* le *pensthemon* assez distingué, et rapprocher de ces genres la *sessea* de la Flore du Pérou. On rapportera aux vraies bignoniées l'*eccremocarpus* de la même Flore, le *tanæcium* de Swartz, le *tripinna* de Loureiro, et le *spathodea* de M. de Beauvois. Le *josephinia* de Ventenat fera partie de la dernière section. (J.)

BIGOURNEAU. (*Malacoz.*) Nom que les pêcheurs donnent, sur les bords de l'Océan, à une petite espèce de turbot, *turbo littoralis*. Voyez ce mot. (DE B.)

BIJOU BLANC DE LAIT. (*Bot.*) Paulet nomme ainsi un champignon (*agaricus*, Linn.) qu'il place au nombre de ceux appelés par lui *entonnoirs mous*. Il est blanc et haut d'un pouce et demi ; sa chair est inodore, elle a une saveur douce et comme sucrée. (LEM.)

BIJUGUÉE. (feuille) Feuille pennée dont le pétiole commun porte deux paires de folioles. Voyez les feuilles du *mimosa fagifolia*, du *mimosa nodosa*, etc. (MASS.)

BIKERA. (*Bot.*) Adanson appelle ainsi le genre que Dillen avoit nommé *tetragonotheca*, et qui est aujourd'hui reconnu par la plupart des botanistes sous ce dernier nom. (H. CASS.)

BIL. (*Erpétol.*) On nomme ainsi le basilic à Amboine. Voyez BASILIC. (H. C.)

BILABIÉ, *bilabiatus*. (*Bot.*) Ayant deux parties principales disposées comme les lèvres des animaux, et désignées, l'une par le nom de lèvre supérieure, l'autre par celui de lèvre inférieure. Des calices, des corolles, des pétales, ont cette conformation. La sauge, et beaucoup d'autres plantes de la même famille, offrent un exemple de calice *bilabié*, et de corolle *bilabiée*. La nigelle, l'ellébore, l'isopyrum, offrent des exemples de pétales *bilabiés*.

Lorsque la corolle *bilabiée* a la gorge ouverte, on la dit *ringente* ou *en gueule*; telle est celle de la *sauge*, du *lamium album*, etc. Lorsqu'elle a la gorge close par une saillie, on la dit *personée*, ou en *mufle*; telle est la corolle du mufle de veau, de la linaire, etc. Voyez LABIÉE. (MASS.)

BILAMELLÉ, *bilamellatus*. (*Bot.*) Le stigmate du *martynia*, du *mimulus*, de la gratiole, etc., est *bilamellé*, c'est-à-dire composé de deux lames; ces lames dans le *mimulus* se rapprochent et s'appliquent l'une contre l'autre lorsqu'on les touche. Les cloisons de la capsule de la digitale, du rhododendron, etc., sont *bilamellées*; chacune d'elles est formée par deux valves contiguës, dont les bords rentrans pénètrent l'intérieur de la capsule. (MASS.)

BILATÉRAL, *bilateralis*. (*Bot.*) Placé sur deux côtés opposés. M. Mirbel nomme feuilles *bilatérales* celles qui, partant de points différens, se dirigent de deux côtés opposés : il les distingue des feuilles *distiques* qui sont disposées de la même manière, mais qui sont attachées sur deux rangs seulement, au lieu de partir de toute sorte de points. Les feuilles de l'if, du sapin argenté, etc., sont *bilatérales*. Voyez DISTIQUE.

Les lobes d'une anthère sont *bilatéraux*, lorsqu'ils sont placés sur deux côtés opposés du filet ou du connectif : voyez les étamines du *podophyllum*, du *begonia*, du *tradescantia virginica*, etc.

Le placentaire est dit *bilatéral*, lorsqu'il est placé sur deux côtés opposés du péricarpe : voyez le fruit du groseillier, etc. (MASS.)

BILCOCK. (*Ornith.*) Nom anglais du râle d'eau, *rallus aquaticus*. Linn. (Ch. D.)

BILE. (*Chim.*) Pour compléter l'article bile du Dictionnaire, nous allons donner un précis des nombreuses expériences que

M. Thénard a faites sur la bile de l'homme, et sur celle de diverses espèces d'animaux.

Bile de bœuf. Sa couleur varie du jaune verdâtre au vert foncé. Sa saveur est très-amère, douceâtre et nauséabonde. Sa densité est de 1,026, à 6 deg. Elle est, en général, visqueuse. Presque toujours elle tient en suspension une *matière jaune*, qui est, suivant M. Thénard, semblable à celle qui constitue les calculs que l'on trouve dans la vésicule du bœuf. M. Thénard a trouvé que 800 parties de bile de bœuf étoient formées à peu près de

Eau.	700	
Matière résineuse.	15	
Picromel.	69	
Matière jaune.	4	(mais cette quantité peut varier.)
Soude.	4	
Phosphate de soude. . . , .	2	
Hydrochlorate { de potasse. / de soude.	3, 5	
Sulfate de soude.	0, 8	
Phosphate de chaux et peut-être de magnésie.	1, 2	
Oxide de fer.		quelques traces.
	799 ,5	

Lorsqu'on distille la bile dans une cornue, elle se trouble d'abord, puis écume beaucoup, à cause de la viscosité du liquide, et l'on obtient un produit aqueux dont l'odeur est celle de la bile. Si la distillation a été poussée jusqu'à dessécher la matière fixe, on trouve que celui-ci représente de un huitieme à un neuvième du poids de la bile distillée.

Ce résidu ne contient que très-peu de matière azotée; aussi ne donne-t-il qu'une foible quantité de sous-carbonate d'ammoniaque quand on le distille à feu nu.

L'alcool, la potasse, la soude, ne troublent point la bile; ces deux alcalis éclaircissent au contraire celle qui est naturellement trouble.

Les acides nitrique, hydrochlorique, et surtout sulfurique en précipitent un peu de matière jaune azotée; et ce qui prouve que la bile n'est pas un savon, ainsi qu'on le pensoit autrefois, c'est qu'il ne faut que très-peu d'acide pour neutraliser la soude en excès qu'elle contient; et que la liqueur, quoique acide, conserve toute la matière résineuse.

La bile, abandonnée à elle-même, a l'air libre, se décompose peu à peu; elle laisse déposer des flocons jaunâtres, exhale, pendant quelque temps une odeur fétide, et finit souvent par acquérir une odeur de musc extrêmement forte.

M. Thénard a fait l'analyse de la bile de bœuf de la manière suivante :

Il a déterminé la quantité d'eau, en faisant évaporer à siccité un poids connu de bile; en soustrayant le poids du résidu de celui de la bile évaporée, il a eu le poids de l'eau.

Il a versé, dans une quantité donnée de bile, assez d'acide nitrique pour que celle-ci devînt légèrement acide: *la matière jaune* s'est précipitée, avec un peu de *matière résineuse* qu'il a ensuite séparée de la première au moyen de l'alcool.

Il a mêlé la liqueur filtrée avec un léger excès d'une dissolution d'acétate de plomb préparée en faisant bouillir 8 parties d'acétate neutre, et 1 partie de litharge. La matière résineuse s'est déposée en combinaison avec l'oxide de plomb. Il a séparé la résine de cet oxide, en la faisant macérer dans l'acide nitrique foible; l'oxide a été dissous, et la matière résineuse est restée sous forme de glèbes molles et vertes.

En versant ensuite dans la liqueur, d'où la résine avoit été précipitée, du sous-acétate de plomb, le *picromel* s'est déposé en combinaison avec l'oxide métallique. Il a lavé le dépôt à grande eau, par décantation; il l'a recueilli sur un filtre, l'a dissous dans l'acide acétique foible, et a fait passer dans la solution un courant d'acide hydrosulfurique, afin d'en précipiter le plomb; puis il a filtré de nouveau, et le liquide évaporé a donné le picromel.

Quant à l'analyse des sels, elle se fait par les procédés ordinaires, après qu'on a incinéré l'extrait de bile; mais cette incinération présentant des difficultés, nous donnerons un moyen facile de la faire : on charbonnera une quantité connue d'extrait de bile dans un creuset de platine couvert, et assez grand pour que le boursoufflement ne porte point la matière hors du creuset. Quand le creuset sera refroidi, on y versera de l'eau pour dissoudre tous les sels solubles, on décantera le liquide éclairci, et on mettra deux ou trois fois de nouvelle

4. 7

eau sur la matière insoluble ; on décantera chaque fois ; enfin, on incinérera le charbon ; on lavera la cendre, et on ajoutera le lavage aux précédens.

Examinons les propriétés de *la matière jaune*, de *la matière résineuse* et *du picromel*.

Matière jaune. Elle est insoluble dans l'eau, dans les huiles, dans l'alcool : elle se dissout dans les alcalis, d'où elle est précipitée par les acides, en flocons verdâtres. L'acide hydrochlorique ne la dissout point, il la colore seulement en brun vert. M. Thénard regarde cette matière comme étant absolument semblable à celle qui compose *les calculs biliaires du bœuf.* M. Vauquelin pense qu'elle ne diffère pas du mucus. Dans la bile, elle est tenue en dissolution par la soude.

Matière résineuse. Suivant M. Thénard, elle est la cause de l'odeur. et en grande partie de la couleur et de la saveur de la bile. Elle est solide, verte, et très-amère. La fusion la fait passer au jaune. Elle est très-soluble dans l'alcool, duquel l'eau la précipite : l'eau bouillante n'en dissout qu'une très-petite quantité. Elle forme des combinaisons solubles avec la potasse et la soude ; elle en forme d'insolubles avec les autres oxides métalliques.

Picromel. Il est incolore ; sa consistance est celle de la térébenthine épaisse ; sa saveur est amère, douceâtre et nauséabonde ; de là, le nom de *picromel, sucre amer.*

Il se décompose à la distillation, sans donner de carbonate d'ammoniaque.

Il est soluble dans l'eau et dans l'alcool. Il s'unit aux acides hydrochlorique, nitrique et sulfurique, et forme avec eux des composés sur lesquels l'eau n'a que très-peu d'action.

Parmi les sels, il n'y a guère que le nitrate de mercure, le sous-acétate de plomb et les sels de fer qui précipitent le picromel de sa dissolution aqueuse.

L'infusion de noix de galle ne le précipite pas.

Suivant M. Thénard, si l'on mêle 2, 5 parties de picromel et 1 partie de matière résineuse dissoute dans l'alcool ; et si l'on fait évaporer à siccité le mélange des deux liquides, on obtient un résidu soluble dans l'eau, qui se rapproche beaucoup de la bile, surtout si l'on y ajoute un peu de chlorure de sodium. En conséquence, M. Thénard regarde le picromel comme le dissolvant de la matière résineuse.

M. Berzelius, qui a fait une analyse de la bile après M. Thénard, n'y a reconnu ni matière jaune, ni matière résineuse, ni picromel. Il prétend que toutes les propriétés caractéristiques de ce liquide animal, appartiennent à une seule matière, qui lui est particulière, et qui jouit des propriétés suivantes; sa couleur varie, dans tous les animaux, du vert au vert jaunâtre. Elle a une saveur amère et un peu douceâtre; elle est soluble dans l'eau, dans l'alcool. Elle s'unit aux acides en deux proportions; les combinaisons avec excès d'acide sulfurique, nitrique et hydrochlorique sont solubles dans l'alcool, très-peu dans l'eau; c'est ce qui a fait croire que la matière particulière de la bile étoit une résine. Les alcalis dissolvent ces combinaisons, en enlevant l'acide qu'elles contiennent. L'acide acétique s'unit avec la matière particulière; mais cette combinaison diffère des précédentes par sa solubilité dans l'eau; c'est pour cela que le vinaigre ne précipite pas la bile, ainsi que le font les acides minéraux.

Pour obtenir la matière particulière à l'état de pureté, M. Berzelius mêle la bile fraîche avec un peu d'acide sulfurique, étendu de sept fois son poids d'eau; il sépare le précipité jaune qui se forme, puis il ajoute de l'acide aussi longtemps qu'il se produit un précipité; il chauffe légèrement le mélange; il décante la partie fluide, lave le précipité vert, puis le fait digérer dans l'eau, avec du carbonate de baryte; l'acide sulfurique s'unit alors à la baryte, et la matière particulière, devenue libre, est dissoute par l'eau; enfin, en évaporant la dissolution à une douce chaleur, on obtient la matière particulière à l'état de pureté.

La bile est formée, suivant M. Berzelius:

Eau.	907,4
Matière de la bile.	80
Mucus de la vésicule du fiel	
dissous dans la bile. . . .	3
Alcali et sels communs à tous	
les liquides des sécrétions.	9,6
	1000,0

Bile de chien, de mouton, de chat, de veau. M. Thénard y a trouvé les mêmes corps que dans la bile de bœuf.

Bile de porc. Cette bile ne contient ni picromel, ni aucune matière azotée ; elle est simplement formée, outre plusieurs sels, de résine et de soude. M. Thénard la regarde comme un véritable savon, et il explique par-là comment l'acide acétique peut précipiter toute la résine de cette bile.

Bile des oiseaux. Les biles de poulet, de chapon, de dindon et de canard, que M. Thénard a examinées, lui ont présenté des analogies avec la bile des quadrupèdes, et des différences essentielles que nous allons faire connoître : 1°. la bile des oiseaux contient beaucoup d'albumine ; 2°. le picromel que l'on en extrait a une saveur âcre et amère ; 3°. elle ne contient que des atomes de soude ; 4°. l'acétate de plomb neutre n'en précipite pas de résine : aussi, quand on veut faire l'analyse de ces biles, il faut, après avoir coagulé l'albumine par l'action de la chaleur, verser dans la liqueur filtrée et bien claire une solution d'acétate de plomb préparée avec 4 parties d'acétate neutre et 1 de litharge.

Bile de poisson. — *La bile de raie, et celle de saumon,* sont d'un blanc jaunâtre ; l'extrait qu'on en obtient, en les faisant évaporer à une douce chaleur, est très-sucré, et légèrement âcre. Il ne paroit pas contenir de matière résineuse.

Les biles de carpe et d'anguille sont très-vertes, très-amères, non ou peu albumineuses ; elles contiennent de la soude, de la résine, une matière âcre et sucrée, semblable à celle qui se trouve dans la bile de raie et de saumon. (Thénard.)

Bile humaine. Elle est d'un brun jaunâtre, quelquefois verte ; enfin on en a observé qui n'étoit presque pas colorée. Son amertume n'est pas très-prononcée ; presque toujours sa transparence est troublée par de la matière jaune qui s'y trouve en suspension. Elle est coagulée par la chaleur. M. Thénard pense que cet effet est dû à de l'albumine ; suivant lui, tous les acides en précipitent de l'albumine et de la résine. Cette bile ne contient pas de picromel.

M. Thénard a trouvé que 1100 parties de bile humaine étoient formées de

Eau.	1000
Matière jaune en suspension va- riant de.	2 à 10
Matière jaune en dissolution, des traces d'albumine.	42
Résine.	41
Soude.	5, 6
Phosphate, sulfate, hydrochlorate de soude, phosphate de chaux et oxide de fer.	4, 5

La matière jaune est la même que celle de la bile de bœuf; la résine a beaucoup d'analogie avec la résine de cette dernière bile, mais elle en diffère par moins d'amertume. (Cʜ.)

BILLE D'IVOIRE. (*Conch.*) Nom marchand sous lequel on désigne une coquille bivalve qui est parfaitement blanche, surtout quand elle a été polie. C'est la *Venus pensylvanica* de Linnæus, figurée dans Dargenville, pl. 21, lett. N. (Dᴇ B.)

BILOBÉ, *bilobatus* (*Bot.*), à deux lobes ou divisions élargies. Le *bauhinia porrecta* offre un exemple de feuilles *bilobées;* le chou, de feuilles séminales *bilobées;* la chélidoine glauque, de stigmate *bilobé.* — Bɪʟᴏʙᴇ́, lorsqu'il s'agit de l'embryon, est synonyme de Dɪᴄᴏᴛʏʟᴇ́ᴅᴏɴ. Ainsi, plante *bilobée* est la même chose que plante *dicotylédone,* c'est-à-dire dont l'embryon a deux cotylédons. (Mᴀss.)

BILOCULAIRE, *bilocularis* (*Bot.*), A deux loges. La baie du troëne, la capsule du lilas, la pyxide de la jusquiame, les érèmes du *cérinthe,* sont *biloculaires.* Les anthères, à quatre loges dans la plupart des plantes, sont *biloculaires* dans l'orchis. Le *lobelia dortmanna* offre le singulier exemple de feuilles creuses, divisées en deux loges par une cloison. Le légume, presque toujours uniloculaire, est *biloculaire* dans l'astragale. Le noyau est également *biloculaire* dans le jujube. (Mᴀss.)

BILZ. (*Bot.*) Nom allemand des *boletus,* Linn. (Lᴇᴍ.)

BILZLING. (*Bot.*) Nom bavarois de deux *boletus,* que Schæffer a figurés dans son ouvrage sur les champignons de la Bavière, et qu'il rapporte au *boletus bovinus,* Linn. le Cᴇᴘᴇ ou Pᴏᴛɪʀᴏɴ. L'un est son *boletus rufus,* n°. 162, t. 105, et l'autre son *boletus bovinus,* t. 104 que l'on mange en Bavière, et qu'il ne faut pas confondre avec la *bouze de vache*, autre champignon qui lui ressemble, mais qui est suspect et beaucoup plus grand. (LEM.)

BIMANE. *Bimanus*, Lacép. (*Erpétol.*) Genre de reptiles de l'ordre des sauriens, de la famille des urobènes, caractérisé particulièrement par la présence de deux pattes antérieures seulement. Ce genre est le même que M. Duméril désigne dans ses Leçons sous le nom *chirote*, *cheirotes* ($\chi\epsilon\iota\rho o\tau\eta\varsigma$, qui a des mains). Ses caractères sont les suivans :

Deux pattes antérieures seulement; l'organe de l'ouïe non apparent; écailles poreuses auprès de l'anus.

La tête est ronde, obtuse, distinguée du corps par une simple ride ; les écailles en sont polygonales, grandes, peu nombreuses, comme dans les amphisbènes ; les narines et les yeux sont fort peu prononcés ; la mâchoire supérieure ne prédomine presque point.

Le corps est très-long, cylindrique ; les écailles du dos et celles du ventre sont semblables entre elles, petites, quadrilatères, verticillées.

Les deux pattes sont très-rapprochées de la tête, épaisses, garnies de cinq doigts ongulés et distincts.

La queue est très-courte et se continue avec le corps; son extrémité est obtuse et comme tronquée.

M. Oppel a adopté ce genre sous le nom de *bimane*, et le place dans sa famille des *chalcidici*. (*Die ordnungen*, etc. *der Reptilien*, in-4°. *Munchen*, 1811.)

1°. LE CANNELÉ ou LE SUBPENTADACTYLE, Lacép.; *Bimanus propus.*

(*Chamesaura propus*, Schneid.; *Lacerta lumbricoïdes*, Shaw; *Bipède cannelé*, Daudin; *Cheirotes mexicanus*, Duméril.)

Caract. Ecailles disposées, sur le dos et sous le ventre, en demi-verticilles, qui s'entre-digitent sur les flancs, de manière à offrir de chaque côté une sorte de sillon depuis la tête jusqu'à l'anus.

Ce singulier animal ne pourroit être que difficilement distingué des amphisbènes, sans la présence de ses deux pattes. Il est d'une teinte verdâtre, moins intense sur le ventre. On ignore ses habitudes. L'Espagnol Vélasqués l'a envoyé du Mexique à M. de Lacépède. MM. Mocino et de Sésé en ont donné de très-beaux exemplaires à M. Duméril ; ils les avoient eux-mêmes recueillis au Mexique. Voyez Chirote. (H. C.)

BIMANE. (*Mamm.*) Nom collectif donné aux mammifères qui ont deux mains : tels sont les hommes, par exemple. (F. C.)

BINCO. (*Ichtyol.*) Nom d'un poisson d'Amboine, suivant Ruysch. (H. C.)

BINDENFARRN. (*Bot.*) Nom allemand donné par Willdenow au *vittaria*, de la famille des fougères. (Lem.)

BINNY. (*Ichtyol.*) Voyez Barbeau benny. (H. C.)

BINTU. (*Ornith.*) On nomme ainsi, aux environs de Niort, l'ortolan, *emberisa hortulana*, Linn. (Ch. D.)

BIORKA. (*Ichtyol.*) Nom suédois du *cyprinus biörkna* d'Artédi et de Linnæus, qu'on trouve dans les lacs de la Suède et de la Norwége. (H. C.)

BIORKFISK. (*Ichtyol.*) Nom suédois. Voyez Biorka. (H. C.)

BIORKLICKA. (*Bot.*) Nom suédois de l'*agaricus betulinus*. (Lem.)

BIORKNA. (*Ichtyol.*) Nom suédois. Voyez Biorka. (H. C.)

BIORNMOSSA. (*Bot.*) Nom suédois du polytric commun. (*Polytrichum commune*). (Lem.)

BIOURKOUT. (*Ornith.*) Nom donné, en Silésie, à l'aigle doré, *falco chrysaetos*, Linn. (Ch. D.)

BIPALÉOLÉE. (Lodicule) (*Bot.*) Ayant deux paléoles, petites écailles pétaloïdes, qui, dans les graminées, sont attachées immédiatement autour des organes sexuels ; ces écailles sont recouvertes par celles de la glumelle ; et les écailles de la glumelle le sont par celles de la glume. On a des exemples de lodicule *bipaléolée* dans le blé, le seigle, l'avoine, etc. (Mass.)

BIPAPILLARIA, *Bipapillaire.* (*Malacoz.*) M. de Lamarck établit ce genre dans la nouvelle édition des Animaux sans vertèbres, pour un animal trouvé, décrit et figuré par Péron, sur la côte occidentale de la Nouvelle-Hollande. Son corps est libre, d'un blanc rosacé, glabre, membraneux, un peu dur, et résistant au tact, de forme ovale, globuleuse : il est terminé en arrière par une sorte de queue tendineuse contractile, et antérieurement par deux papilles coniques égales, perforées, de chacune desquelles l'animal peut faire sortir trois tentacules sétacés, ronds, un peu courts, dont il se sert pour saisir sa proie et la sucer. M. de Lamarck, qui nomme la seule espèce de ce genre *bipapillaria australis*, bipapillaire australe, la rapproche des ascidies. (De B.)

BIPARTI, *bipartitus*. (*Bot.*) Divisé en deux parties. Diffère de *bifide* uniquement par la profondeur plus considérable des divisions. On a un exemple de calice *biparti*, dans l'orobanche; de pétales *bipartis*, dans l'*alsine media* ou mouron des oiseaux; de style *biparti*, dans le *casuarina*; de placentaire *biparti*, dans la baie du groseillier. (Mass.)

BIPARTIBLE, *bipartibilis*. (*Bot.*) Se divisant en deux par la maturité. Voyez le crémocarpe des ombellifères; les capsules de la digitale, de la scrophulaire, de la véronique, etc.; le placentaire des légumineuses à légume bivalve. Lorsque ce placentaire se divise, le légume s'ouvre, et chacune des deux valves en emporte moitié. (Mass.)

BIPÈDE, *Bipes*. (*Erpétol.*) Pallas (*Act. nov. Comment. Petrop.* 19, *p.* 435.) a le premier établi ce genre, adopté depuis par M. de Lacépède, confondu par Daudin avec les seps, faisant partie des chamæsaures de Schneider, et nommé *Hystérope* par M. Duméril. Il a les caractères suivans, et appartient à l'ordre des sauriens urobènes:

Pattes postérieures seulement, et assez peu marquées pour ne paroître que des rudimens; oreilles visibles.

La position des pattes et l'existence du tympan distinguent bien les bipèdes des bimanes. (Voyez ce mot.) Ils sont remarquables en outre par leur tête allongée, couverte de plaques polygones peu multipliées, par l'étroitesse de leurs narines, par la présence d'une membrane clignotante, et par leur langue peu épaisse et légèrement bifide.

Leur corps est allongé, épais, cylindrique, couvert d'écailles quadrilatères verticillées, ce qui les sépare du genre *sheltopusik* de M. de Lacépède, où les écailles sont imbriquées. (Voyez Sheltopusik.) Celles du ventre et celles du dos sont pareilles. Chaque côté du corps est creusé depuis l'anus par un sillon longitudinal qui s'arrête au cou. Les écailles qui entourent l'anus ne sont point poreuses; mais on trouve des pores sur les cuisses, comme dans les lézards.

La queue est très-longue et pointue.

M. Oppel place ce genre dans sa famille des *chalcidici*. Il a de grands rapports avec les ophisaures. (Voyez ce mot.) Mais ceux-ci sont entièrement dépourvus de membres.

On connoît plusieurs espèces de bipèdes.

1°. LE BIPÈDE DE LAMPIAN, *Bipes Lampiani. Hysteropus Lampiani*, Duméril.

(*Seps Schneiderii*, Daud.; *Chamœsaura bipes*, Schneid.)

Caract. Brun en dessous, blanchâtre en dessus, avec une ligne longitudinale brune; pattes très-courtes, placées vers le milieu de l'abdomen, au-devant de l'anus, supportées par une sorte de pédicule commun, et fendues en deux ou trois doigts fort petits et très-grêles.

On ignore la patrie de ce reptile. L'individu que M. Schneider a observé dans la collection de M. Lampian, chirurgien de Hanovre, a près de six pouces de longueur. Son tympan est fort peu apparent, ou même n'existe point, suivant quelques personnes.

2°. LE BIPÈDE DE PALLAS. *Bipes Pallasii. Hysteropus Pallasii*, Dum.

(*Lacerta apoda*, Pallas; *L. apus*, Gmel.; *Chamœsaura apus*, Schn.; *Sheltopusik*, Lacép.)

Caract. Sillon longitudinal sur les flancs: écailles à moitié imbriquées, à moitié verticillées; celles de la queue légèrement carénées; tout le corps d'une couleur pâle; la queue très-longue; pieds sur les côtés de l'anus, très-courts, à deux doigts.

Pallas a trouvé ce reptile, qui acquiert plus de trois pieds de longueur, sur les bords du Volga, dont les habitans le nomment *sheltopusik*. On le rencontre aussi aux environs des fleuves Terek et Kuman, dans les vallées où l'herbe est touffue, et dans le désert de Naryn.

3°. LE BIPÈDE DE GRONOU. *Bipes Gronovii. Hysteropus Gronovii*, D.

(*Anguis bipes*, Linn.; *Scincus bipes*, Gron.; *Seps Gronovien bipède monodactyle*, Daudin.)

Caractères. Un point brun sur chaque écaille du dos; pattes à un seul doigt.

On ignore la patrie de ce reptile, que M. Schneider a

confondu à tort avec le bipède de Lampian. Séba paroît l'avoir figuré, tom. I, pl. 86, fig. 5, sous le nom de *serpens pusillus, è Nigritiâ*. (H. C.)

BIPÈDE. (*Mamm.*) Nom collectif donné aux animaux qui ne marchent que sur deux pieds. (F. C.)

BIPENNATIFIDE. (*Bot.*) Feuille pennatifide dont les divisions sont elles-mêmes pennatifides. (Voyez PENNATIFIDE.) Le laitron lacinié (*sonchus tenerrimus*) offre un exemple de feuilles *bipennatifides*. (MASS.)

BIPENNÉ. (*Bot.*) Une feuille est bipennée lorsque le pétiole commun porte latéralement des pétioles secondaires; et que les pétioles secondaires portent latéralement des folioles. Les feuilles du *mimosa julibrissin*, du *mimosa lophantha*, de la fumeterre officinale, etc., sont *bipennées*. (Mass.)

BIPHORA. (*Molacoz.*) Voyez SALPA. (De B.)

BIRD. (*Ornith.*) Ce mot anglais, qui signifie oiseau, s'emploie souvent avec une épithète, ou précédant un autre mot, pour désigner diverses espèces : c'est ainsi que *bird-black* est, dans cette langue, le merle, *bird-dung*, la huppe, etc. (Ch. D.)

BIRG-AMSEL. (*Ornith.*) C'est, en allemand, le merle à plastron blanc, *turdus torquatus*, Linn. (Ch. D.)

BIRIBIN. (*Ornith.*) Nom piémontais du dindon, *meleagris gallo pavo*, Linn., que l'on appelle aussi *birou*. (Ch. D.)

BIRKENSCHWAMM. (*Bot.*) Nom allemand de l'*agaricus betulinus*. (LEM.)

BIRKENZEIZLER. (*Bot.*) Nom allemand de l'*agaricus torminosus*, de Schæffer, Fung. bav., t. 12. C'est le *wilder hirzsling* des Bavarois. Bulliard en a donné la figure planche 529, f. 2, de son ouvrage sur les champignons. (LEM.)

BIRKILGEN. (*Ornith.*) Nom allemand de la sarcelle d'été, *anas circia*, Linn. (Ch. D.)

BIRKLING. (*Bot.*) Nom allemand de l'*agaricus betulinus*, L., agaric colonneur de Bomare. (LEM.)

BIROLLA. (*Bot.*) M. Bélardi, dans les Mémoires de l'Académie de Turin, année 1808, a décrit sous ce nom, et comme genre particulier, une espèce d'élatine que M. Decandolle, dans sa Flore française, avoit d'abord regardée comme une variété de l'élatine poivre-d'eau, mais qu'il a nommée, dans ses *Icones*

Pl. rar., *Elatine exandra*, élatine à six étamines. Voyez ce dernier article. (L. D.)

BIROSTRÉ. (*Bot.*) Terminé par deux becs. *Exemp.* : la graine (Cérion) du briza, etc. (Mass.)

BISANNUEL, *biennis.* (*Bot.*) Végétant pendant deux années. La plante *bisannuelle* produit des feuilles la première année de sa naissance, fructifie et meurt la seconde. La campanule des jardins (*campanula medium*), le *gaura biennis*, etc., sont des plantes *bisannuelles*. (Mass.)

BISCHOFSHUT. (*Bot.*) *Pfaffenhut*, *stock maurache*. Noms allemands des Helvella. (Lem.)

BISETTES et COLOMBETTES. (*Bot.*) Champignons très-bons à manger et très-délicats, ainsi nommés depuis le temps de Jean Bauhin; ils sont connus aussi sous les dénominations de *mousserons blancs* et de *coucoumelles*. Comme plusieurs autres espèces d'*agaricus*, Linn., de la famille des mousserons, ils ont l'odeur de farine fraîchement moulue. L'*agaricus candidus* de Schæff. 3, tab. 225, est un de ces champignons. Bauhin les indique aux environs de Montbelliard. Voyez Colombette, Coucoumelle, Fungus, Mousserons. (Lem.)

BISEXUEL. (*Bot.*) Ayant les deux sexes. Fleur *bisexuelle* est synonyme de Fleur *hermaphrodite*. Plante *bisexuelle* est synonyme de plante *monoïque*. (Mass.)

BISIPHYTES, *Bisiphite.* (*Conch.*) Espèce de nautile fossile qui ne diffère des autres que parce que les cloisons sont percées de deux trous bien distincts, et dont M. Denys de Monfort a fait un genre sous ce nom. Il la nomme *bisiphytes reticulatus*, le bisiphite quadrillé : c'est le nautile à deux siphons de l'Histoire naturelle des Mollusques, faisant suite au Buffon de Sonnini, figuré v. IV, p. 208, pl. 46, fig. 2, de cet ouvrage. (De B.)

BISK-HAN. (*Ornith.*) Nom allemand du petit tétras à queue fourchue, *tetrao tetrix*, Linn. (Ch. D.)

BISMUTH. (*Min.*) Il faut ajouter à l'article du bismuth les faits suivans, reconnus depuis la publication de cet article.

Bismuth natif. On en a trouvé à Bieber, en Hesse, en petits cristaux rhomboïdaux. Ce sont des rhomboïdes aigus, dont les angles sont de 60d. et 120d. Ils offrent l'exemple encore unique en cristallographie d'une forme secondaire dérivant de l'octaèdre, qui présente la forme de la molécule sur laquelle les lois de décroissement sont calculées, et que M. Haüy nomme *molécule soustractive*.

Bismuth sulfuré. Il y a maintenant trois minerais auxquels on peut appliquer ce nom :

1°. Le bismuth sulfuré proprement dit, que nous avons déjà décrit, qui contient, suivant l'analyse qui en a été faite autrefois par M. Sage, 60 parties de bismuth et 40 de soufre. Il paroit que c'est une espèce aussi distincte par sa composition que par sa forme primitive qui est, suivant M. Haüy, un prisme légèrement rhomboïdal, qui se sous-divise dans le sens de la petite diagonale de sa base. Il ne faut pas le confondre avec un minerai nommé *bismuth sulfureux*, et qui n'est que du bismuth natif mélangé d'un peu de soufre.

2°. Le bismuth sulfuré renfermant, comme principes accessoires, du plomb et du cuivre, ensemble ou séparément, et quelques traces d'or et de nickel, on a voulu donner à ses variétés des noms qui indiquassent leur combinaison ; mais ces noms surcomposés ne sont plus des noms, mais bien des phrases ou définitions incomplètes.

Cette sous-espèce a été décrite par les minéralogistes étrangers, sous le nom allemand de *nadelerz*. Nous la désignerons par celui de

Bismuth sulfuré mélangé. Il se présente sous l'aspect métallique et sous forme prismatique ou aciculaire, dont la couleur est d'un gris d'acier, tirant au rouge jaunâtre du cuivre. Il est quelquefois recouvert d'un enduit jaune ou verdâtre. Les cristaux sont des prismes à six pans, souvent aussi déliés que des aiguilles, quelquefois recourbés et quelquefois comme articulés ; lorsque ces aiguilles ont un peu de grosseur, leur surface est striée ou même sillonnée longitudinalement ; elles sont, en général, peu brillantes extérieurement ; mais elles font voir, dans leur intérieur, un brillant métallique très-éclatant. La cassure longitudinale offre une structure lamellaire ; la transversale est inégale. Le minerai est assez tendre. Sa pesanteur spécifique est de 6,125.

Le bismuth sulfuré mélangé peut varier beaucoup dans sa composition, sans qu'il paroisse en résulter de grandes différences dans ses caractères extérieurs. Celui qu'on a trouvé dans les mines de Pyschminskoi et de Klintzefskoi, près de Beresof, en Sibérie, contient, suivant l'analyse qu'en a faite M. John, de Berlin,

> Bismuth   43,20
> Plomb   24,52
> Cuivre   12,10
> Soufre   11,58
> Nickel?   1,58
> Tellure?   1,52
> Perte (en soufre oxygéné?)..   5,90

Il est placé sur un quarz blanc, dans lequel on trouve de l'or disséminé, et qui est recouvert d'un enduit vert-pomme, qui est du cuivre malachite, et non de l'oxyde de chrome, comme on l'a cru. Les aiguilles de ce bismuth sulfuré sont elles-mêmes recouvertes d'un léger enduit jaune de paille, que M. John regarde comme de l'oxyde d'urane.

On a pris ce minerai d'abord pour du nickel natif, ensuite pour du nickel aurifère.

Le *bismuth sulfuré mélangé*, découvert par M. Selb dans les mines de cobalt de Newgluck, pays de Furstemberg, est composé seulement de bismuth, de cuivre et de soufre, dans les proportions suivantes, d'après Klaproth :

> Bismuth   47,24
> Cuivre   34,66
> Soufre   12,58   (E.)

BISMUTH. (*Chim.*) Il est fusible à 256 deg. Si on en élève la température au rouge-blanc, et qu'ensuite on le projette sur le sol au milieu de l'air froid, il brûle en dégageant de la chaleur et de la lumière; l'oxide produit est saturé d'oxigène.

Oxide de bismuth. Il est jaune, fusible à la température rouge; à cette même température, l'hydrogène et le carbone lui enlèvent l'oxigène; le soufre le décompose, en s'unissant à l'oxigène et au bismuth; l'iode en expulse l'oxigène, et reste uni au métal.

L'oxide de bismuth est insoluble dans les alcalis; en cela il diffère du deutoxide de plomb, avec lequel il a d'ailleurs quelque analogie. Son véritable dissolvant est l'acide nitrique, d'une densité de 1,30 à 1,40 environ; l'oxide de bismuth n'a pas une alcalinité très-forte, ainsi que le prouve la facilité avec laquelle la plupart de ses combinaisons salines sont décomposées en sous-sels par l'eau pure.

L'oxide de bismuth est formé, suivant M. Lagerhielm,

$$
\begin{array}{lll}
\text{Oxigène.} & \dots 10,137 & \dots 11,28 \\
\text{Bismuth.} & \dots 89,663 & \dots 100,00
\end{array}
$$

M. Berzelius pense que la poudre noire qui recouvre le bismuth qui a été exposé pendant quelque temps à l'air, est un sous-oxide qui se reduit par l'acide hydrochlorique en peroxide et en métal.

Chlorure de bismuth. Lorsqu'on projette du bismuth pulvérisé dans du chlore, le métal brûle avec une flamme d'un bleu pâle, en se combinant avec le chlore. On peut produire la même combinaison en distillant un mélange de parties égales de bismuth et de perchlorure de mercure; le chlore quitte le mercure pour s'unir au bismuth, et le nouveau chlorure se volatilise à un degré inférieur à celui de la chaleur rouge; c'est ce chlorure, ainsi préparé, qui portoit jadis le nom de *beurre de bismuth.*

Le chlorure de bismuth est fusible à une douce chaleur; il est blanc, il corrode la peau; il décompose l'eau avec facilité; il en résulte de l'acide hydrochlorique et de l'oxide de bismuth.

Iodure de bismuth. L'acide s'unit au bismuth avec facilité, et forme une combinaison qui est insoluble dans l'eau.

Sulfure de bismuth. Il est d'un gris bleuâtre; il cristallise facilement, lorsqu'il a été préalablement fondu, en aiguilles fasciculées; il ressemble alors beaucoup au sulfure d'antimoine, mais on l'en distingue par sa solubilité dans l'acide nitrique. A une température rouge, et avec le contact de l'air, le sulfure de bismuth se réduit en gaz acide sulfureux et en oxide jaune; si la température n'étoit pas assez élevée, il pourroit se produire du sous-sulfate de bismuth.

On peut préparer ce sulfure en unissant directement le soufre au métal, en précipitant une dissolution de bismuth par un hydrosulfate, ou bien encore en chauffant l'oxide du bismuth avec le soufre.

Suivant M. Lagerhielm, le sulfure de bismuth est formé,

Soufre. . . . 18,381. . . , 22,52.
Bismuth. . . 81,619. . . 100,00.

Le bismuth se combine donc à une quantité de soufre qui est double de celle de l'oxigène qu'il peut fixer.

Alliage de Darcet. De tous les alliages que le bismuth présente, il n'en est point d'aussi remarquable que celui de Darcet, que l'on obtient en exposant à une douce chaleur, dans un creuset de terre, huit parties de bismuth, cinq de plomb et trois d'étain. Cet alliage a la singulière propriété de se fondre à la température de l'eau bouillante ; il paroît même ne se figer qu'à celle de 90 deg. (Ch.)

BISON. (*Mamm.*) Pline (liv. 8, ch. 15) dit qu'on trouve en Germanie, une espèce de bœuf sauvage nommée bison, qui porte une crinière, et qui est distinct de l'urus. Si ce dernier est notre aurochs, le bison n'existant plus, il faudroit peut-être le chercher dans les bœufs fossiles ; alors on le trouveroit, suivant la conjecture de M. G. Cuvier, dans l'espèce qu'il est porté à regarder comme la souche des bœufs domestiques. On a transporté ce nom de bison à un bœuf d'Amérique. Voyez Bœuf et Bœufs Fossiles. (F. C.)

BISOTTE. (*Bot.*) Espèce d'*agaricus*, Linn., qui a deux pouces de hauteur, autant d'étendue ; son chapeau est bis, gris, ou fauve, d'abord bombé puis creusé en entonnoir ; le dessous est d'un beau blanc ; c'est l'*agaricus livescens*, Batsch, Elench. fung. tab. 14, fig. 67. L'*agaricus integer*, Linn., et *emeticus* de Schæff., connus sous le nom de rougeottes, ne paroissent en être que des variétés, bien que la bisotte soit innocente. Elle se rencontre dans les bois. (Lem.)

BISPATHELLÉE. (Glume) (*Bot.*) Composée de deux spathelles. M. Mirbel nomme *spathelles* les écailles qui composent la glume des graminées. La glume du blé, du seigle, de l'avoine, etc., est *bispathellée*. (Mass.)

BISPATHELLULÉE. (Glumelle) (*Bot.*) Composée de deux spathellules. M. Mirbel nomme *spathellules* les écailles qui composent la *glumelle*, c'est-à-dire l'enveloppe des organes sexuels des graminées qui se trouve immédiatement sous la glume. (La glumelle porte le nom de *corolle*, dans Linnæus ; de *calice*, dans Jussieu.) Le blé, le seigle, l'avoine, etc., ont leur glumelle *bispathellulée*. (Mass.)

BISPÉNIENS. (*Erpétol.*) M. de Blainville, dans une nouvelle classification des animaux qu'il propose (*Bulletin des Sciences de la Soc. philom.* 1816), appelle ainsi, à cause de la présence d'un double pénis chez les mâles, le troisième ordre de ses reptiles, qui comprend les ophidiens et les sauriens des auteurs, à l'exception des crocodiles. (H. C.)

BISSO. (*Ichthyol.*) A Nice, suivant M. Risso, c'est le nom vulgaire de plusieurs syngnathes, qui sont les *S. ophidion, papacinus* et *fasciatus.* Voyez SYNGNATHE. (H. C.)

BISTOURNÉE. (*Conch.*) Voyez *Arca bistorta*, l'arche bistournée. (DE L.)

BISTRE A CROCHET. (*Bot.*) C'est un *agaricus*, Linn. bon à manger, que les Italiens nomment *il greco*, ou champignon grec. Son chapeau, ondulé sur les bords, est blanc en dessous et brun en dessus; son pédicule est court, porté sur une racine en forme de crochet. Il se trouve en Italie. (LEM.)

BISTRE BLANC, ou le SASSIONNE. (*Bot.*) C'est l'*agaricus tristis* de Scopoli, que les Italiens mangent, et qu'ils nomment *fungo appassionato.* Son pédicule est fort long, le chapeau petit, creux, brunâtre en dessus, blanc en dessous. (LEM.)

BISULCE. (*Mamm.*) Nom collectif des mammifères à pieds fourchus, comme les bœufs, les cerfs, etc. (F. C.)

BISULQUES. (*Mamm.*) Voyez BISULCE. (F. C.)

BITAR. (*Ornith.*) Corruption du mot *butor*, dans le département des Deux-Sèvres. (Ch. D.)

BITERNÉE (Feuille.) Le pétiole commun d'une feuille *biternée* se termine par trois pétioles secondaires; et chaque pétiole secondaire se termine par trois folioles. La fumeterre bulbeuse, l'impératoire, etc., ont des feuilles biternées. (MASS.)

BITESTACÉS. (*Crust.*) Ce sont des entomostracés à yeux sessiles, dont le corps est protégé par deux valves cornées ou par deux coquilles calcaires, tels que les *daphnies*, les *cyprides*, les *lyncées*, les *cythérées* de Müller. Voyez OSTRACINS. (C. D.)

BITITENIS. (*Mamm.*) Les Maravitains, habitans des bords de l'Orénoque, donnent ce nom au saïmiri (*S. sciurea*), suivant le rapport de M. de Humboldt. (*Rec. d'Obs. de Zool.*) (F. C.)

BITOMUS, *Bitome.* (*Conch.*) C'est le nom d'un nouveau genre de coquilles univalves établi par M. de Monfort, et qui semble avoir quelques rapports avec certains cyclostomes. Ses caractères sont : d'être ombiliqué, d'avoir la spire régulière, écrasée; l'ouverture entière, arrondie, comme partagée en deux par un gros pli saillant de la lèvre externe; les lèvres tranchantes et réunies.

On n'en connoît qu'une seule espèce, figurée par Soldani, Test. Microsc., t. I, p. 21, tab. 14, fig. 2, et que M. Denys de Monfort nomme *bitomus soldani*, le bitome soldanien. C'est une très-petite coquille d'un peu plus d'une ligne de diamètre, pellucide, irisée, trouvée sur des madrépores pêchés dans la Méditerranée. (De B.)

BITOU. (*Conch.*) Adanson donne ce nom à une petite espèce du genre *cyprœa*, le C. *pediculus*. (De B.)

BITRISCUS. (*Ornith.*) Le roitelet, *motacilla regulus*, Linn., est désigné sous ce nom par J. de Salisbury. (Ch. D.)

BITSCHETSCHIS. (*Mamm.*) Nom du saïmiri (*simia sciurea*) chez les Maypures, peuplade des bords de l'Orénoque, suivant M. de Humboldt. (*Rec. d'Obs. de Zool.*) (F. C.)

BITTAQUE. (*Entom.*) C'est le nom de genre sous lequel M. Latreille a désigné la *panorpe tipulaire*, dont les pattes sont plus longues et terminées par un seul crochet, au lieu de deux qu'on observe dans les autres espèces. Voyez Panorpe. (C. D.)

BITTER. (*Ornith.*) Nom allemand de la grive mauvis, *turdus iliacus*, Linn. (Ch. D.)

BITTERN. (*Ornith.*) Nom anglais du héron butor, *ardea stellaris*, Linn., qu'on appelle aussi *bittour*. Ce mot, avec l'épithète de *crested*, désigne, chez Catesby, le crabier gris de fer; avec celle de *little brown*, chez Edwards, une variété du blongios; et avec l'épithète *small*, chez Sloane, le crabier étoilé variété de l'*ardea virescens*, Linn. (Ch. D.)

BIVALVE, *bivalvis*. (*Bot.*) Ayant deux valves. Voyez la capsule du lilas, du catalpa; le noyau de la pêche, la noix, etc. (Mass.)

BIVALVULÉE. (Anthère) (*Bot.*) Ayant deux pores fermés par deux valvules qui s'ouvrent au moment de l'anthèse pour laisser échapper la poussière fécondante : voyez les anthères du *berberis*, de l'*hamamelis*, etc. (Mass.)

BIVAR. (*Ornith.*) Nom espagnol de l'oie, *anas anser*, Linn. (Ch. D.)

BLAA-ROUGE. (*Ornith.*) Nom norwégien de la corneille commune, *corvus corone*, Linn. (Ch. D.)

BLACEAS. (*Ichtyol.*) Gesner, d'après Hésychius et Varinus, parle de ce poisson, qu'il regarde comme analogue au silure du Nil, et dont la chair est mauvaise. Il lui donne aussi le nom de blax. (H. C.)

BLACK CAP. (*Ornith.*) Les Anglais appliquent cette dénomination à la fauvette à tête noire, *motacilla atricapilla*, Linn.; à la mésange de marais, ou nonette cendrée, *parus palustris*, Linn.; à la mouette rieuse, *larus ridibundus*, Linn.; au traquet, *motacilla rubicola*, Linn., qu'ils nomment aussi *black-berry-eater*. (Ch. D.)

BLACK-WITE. (*Ornith.*) Dénomination anglaise d'un oiseau de la Nouvelle Galles du Sud, qui est le *corvus melanoleucus*, Lath. (Ch. D.)

BLADO. (*Ichtyol.*) Suivant M. Risso, on donne ce nom, à Nice, à l'oblade, espèce du genre spare de Linnæus, et du genre bogue de M. Cuvier. Voyez Bogue. (H. C.)

BLADSCHWAMP. (*Bot.*) Les Suédois et les Danois nomment ainsi les champignons du genre *agaricus*, Linn. Voyez Fungus. (Lem.)

BLAETTER SCHWAMME. (*Bot.*) C'est-à-dire champignon lamelleux. On nomme ainsi en Allemagne les *agaricus*, Linn. (Lem.)

BLAGUE-A-DIABLE. (*Ornith.*) Nom que les nègres de Saint-Domingue donnent au pélican, *pelecanus onocrotalus*, Linn. (Ch. D.)

BLANC. (*Bot.*) Nous ajouterons à ce qui a été dit dans ce Dictionnaire, que les jardiniers donnent le nom de blanc à de très-petits champignons blancs du genre *erysiphé*, qui couvrent quelquefois les plantes avec une telle abondance que l'on diroit qu'on y a semé de la farine; de là également le nom de *meunier* donné dans ce cas. Le cytise, *cytisus laburnum*, la ballotte noire, l'absinthe, le pied d'alouette, les rosiers sont très-souvent couverts de ces champignons, sans en paroître souffrir. (Lem.)

BLANC-CUL. (*Ornith.*) Belon désigne, par ce mot, le bouvreuil, *asprocolos* en grec moderne, *loxia pyrrhula*, Linn. (Ch. D.)

BLANC D'ARGENT. (*Bot.*) C'est l'*agaricus argyraceus* de Bulliard, Decandolle, Fl. fr. n° 513. C'est un champignon très-fragile de deux à trois pouces. Son chapeau pelucheux, est d'un gris argenté, tacheté de noir. Son pédicule et ses lames sont blancs. Il se trouve dans les bois sur la terre. Il n'est point malfaisant. (LEM.)

BLANC DE BALEINE. (*Chim.*) Voyez ADIPOCIRE dans le Supplément, et CÉTINE. (CH.)

BLANC DE CÉRUSE. (*Chim.*) C'est toujours un carbonate de plomb, et jamais un oxide. (CH.)

BLANC DE PLOMB. (*Chim.*) C'est du carbonate de plomb, et non un acétate. (CH.)

BLANC D'IVOIRE. (*Bot.*) Nom vulgaire de l'*agaricus eburneus*, Bull., Herb. t. 118. On prendroit ce champignon pour un morceau d'ivoire. Il a trois pouces de hauteur. On le trouve communément dans nos bois à Vincennes, Boulogne, etc. Dans quelques endroits on le mange. (LEM.)

BLANCHAILLE. (*Ichtyol.*) Les pêcheurs désignent par cette expression tous les jeunes poissons du genre able, dont ils se servent comme d'appât. (H. C.)

BLANCHET. (*Ichtyol.*) C'est le nom vulgaire du saure fétide (*salmo fœtens*, Bloch). Voyez SAURE. (H. C.)

BLANCHET. (*Bot.*) Nom vulgaire de l'*agaricus pallidus* de Schæffer (*Virgineus*, Batsch. Elench. tab. 5, f. 12). (LEM.)

BLANCHETTE, BLANCHOTTE et JAUNOTTE. (*Bot.*) C'est l'*agaricus risigallinus* de Batsch, ou une espèce très-voisine. Le chapeau et ses feuillets varient du blanc au jaunâtre. (LEM.)

BLANCHOT. (*Ornith.*) Nom donné, par M. Levaillant, à la pie-grièche figurée pl. 285 de son *Ornithologie d'Afrique*. (Ch. D.)

BLANCOR. (*Ichthyol.*) Commerson a observé ce poisson auprès du rivage de la Nouvelle-France, pendant l'été de cette contrée. Il appartient au genre lutjan de M. de Lacépède, et au genre pristipome de M. Cuvier. Voyez LUTJAN et PRISTIPOME. (H. C.)

BLANCS DE LAIT. (*Bot.*) Trois champignons portent ce nom. Ce sont les *agaricus umbelliferus*, Linn.; *collinus*, Scopoli, et *cæsius* de Batsch. Ils doivent leur nom à leur couleur d'un beau blanc de lait. (LEM.)

BLANDFORTE élégante, *blandfortia nobilis*, Smith. exot. 1, tab. 4. (*Bot.*) Cette plante appartient à la famille des *asphodèles*, de l'*hexandrie monogynie* de Linnæus : elle a des rapports avec les aloès, dont elle se distingue par sa corolle (périanthe, M.) en forme d'entonnoir, à six lobes courts ; six étamines insérées sur le tube ; le style court, conique ; un stigmate simple ; une capsule trigone, fusiforme ; les semences hérissées et imbriquées. Les racines sont dures, noueuses à leur sommet ; les feuilles toutes radicales, étroites, linéaires-lancéolées ; les tiges simples, hautes de deux ou trois pieds, terminées par une grappe de belles fleurs d'un brun jaunâtre, inclinées sur leur pédicelle ; la corolle, ample, longue de quinze lignes ; l'ovaire supérieur ; les capsules à trois valves anguleuses, à trois loges ; les semences nombreuses, imbriquées sur trois rangs, attachées à un réceptacle central.

Le nom de *blandfortia* avoit été déjà employé par Andrews pour une plante qui paroit appartenir au *galax* de Linnæus, et qui a été nommée depuis *erithrorhiza* par Michaux, *solenandria* par Ventenat. (Poir.)

BLANDOVIA. (*Bot.*) Willdenow avoit donné ce nom à un genre de plantes cryptogames, qu'il ne nous a pas fait connoitre autrement que comme un exemple de ce qu'il nomme capsules bivalves et biloculaires, dans sa nomenclature des parties des cryptogames, imprimée au commencement du 5ᵉ volume de son édition du *Species plantarum* de Linnæus. De ce qu'il en dit, on pourroit conclure que ce genre appartiendroit à la famille des hépatiques, qu'il seroit voisin de l'anthocère, et qu'il offriroit une capsule à deux valves, deux loges séparées par une cloison qui remplaceroit l'axe ou columelle de l'anthocère. (Lem.)

BLANKARA. (*Bot.*) Ce genre d'Adanson comprend des mousses placées avec les *polytrichum* par tous les botanistes. Il se distingue : par l'urne ovale ou cylindrique privée de l'apophyse qu'on voit au bas des autres espèces ; par ses feuilles triangulaires sur une tige rameuse, et par sa coiffe velue. Adanson renvoie, pour exemple de son genre, à la figure 5 de la planche 55 de l'ouvrage de Dillen. Cette figure représente le *polytrichum urnigerum*, Linn. (Lem.)

BLAO-MER. (*Ornith.*) Nom suédois de la mésange bleue, *parus cœruleus*, Linn. (Ch. D.)

BLAO-NACK. (*Ornith.*) On appelle ainsi, en Suède, le canard sauvage, *anas boschas*, Linn. (Ch. D.)

BLAOS-KLACKA. (*Ornith.*) Nom que porte, en Suède, la foulque ou morelle, *anas aterrima*, Linn. (Ch. D.)

BLAPSIA. (*Ichtyol.*) Gesner seul nous offre ce mot, qui lui sert à désigner un poisson qu'il appelle aussi *cephalinus*. Il est impossible de rattacher aucun de ces deux noms aux poissons que nous connoissons. (H. C.)

BLAQUET. (*Ichtyol.*) Sur plusieurs de nos côtes, les pêcheurs donnent ce nom aux petits poissons du genre des clupées, dont ils se servent comme d'appât. (H. C.)

BLAS-AND. (*Ornith.*) Nom danois de la foulque, *anas aterrima*, Linn. qui se nomme aussi *blis-hone*. (Ch. D.)

BLASIA, *Blasie.* (*Bot.*) Dict., vol. IV, p. 452, ajoutez :

M. Hooker, botaniste anglais du premier mérite, a reconnu que cette plante étoit une espèce de *jungermannia*, *j. blasia*. Les tubercules qu'on prenoit pour les organes fructifères, donnent naissance à un pédicule long, grêle, filiforme, qui soutient une capsule semblable à celle des jungermannia. Cela étant, le nom de *blasia* reste à la disposition des botanistes qui ont des genres à nommer : il dérive de celui d'un Italien auquel Micheli avoit dédié cette plante.

Le blasia est une plante commune en Europe, dans les pays de montagnes. Sa petitesse fait qu'elle échappe souvent aux recherches de ceux qui herborisent. (Lem.)

BLASS-ENT. (*Ornith.*) Nom du canard sauvage, *anas boschas*, Linn., sur le lac de Constance. (Ch. D.)

BLASTÈME, Blastema. (*Bot.*) Il y a deux parties distinctes dans un embryon : 1°. les cotylédons; 2°. le corps qui les porte. C'est ce corps que M. Mirbel nomme blastème. Le blastème comprend trois parties : 1°. la radicule, 2°. la plumule, 3°. le collet, partie intermédiaire, entre la radicule et la plumule. Le blastème ne porte quelquefois aucun cotylédon; c'est ce qu'on voit dans la cuscute. (Mass.)

BLATIN. (*Malacoz.*) Espèce de buccin, figurée par Adanson, pl. 17 de son Voyage au Sénégal. C'est le *buccinum blatin*. (De B.)

BLAUKEEHLEIN. (*Ornith.*) Nom allemand du gorge bleue, *motacilla suecica*, Linn. (Ch. D.)

BLAUTIS. (*Ichtyol.*) Gesner donne ce nom à un poisson de fleuve, qui ne nous est pas connu, et dont il conseille la tête brûlée et détrempée dans du miel contre les maladies des yeux. (H. C.)

BLAVET. (*Bot.*) C'est un des noms vulgaires de l'*agaricus Palomet*. Voyez FUNGUS. (LEM.)

BLAVIE. (*Ichtyol.*) A Nice, c'est le nom du lutjan lapine de Lacépède, ou crénilabre lapine de Cuvier. (*Risso, Ichtyol. de Nice.*) Voyez ces deux mots. (H. C.)

BLAX. (*Ichtyol.*) Voyez BLACEAS. (H. C.)

BLECHNUM, *Blegne*. (*Bot.*) Dictionn. vol. IV, p. 468. Le genre *blechnum* caractérisé par Smith ainsi qu'il a été dit dans ce Dictionnaire, est celui adopté par Willdenow dans son édition du *Species plantarum* de Linnæus. Ce naturaliste en décrit vingt espèces, presque toutes exotiques, à l'exception d'une seule, que, d'après Smith et Swartz, il nomme *blechnum boreale;* c'est l'*osmunda spicant* de Linnæus, figurée dans la Flore danoise, tabl. 99, et dans le Traité des Fougères de Bolton, 8 , tabl. 6. C'est le *lonchitis minor* de presque tous les botanistes antérieurs à Linnæus. Camerarius, *Epit.*, nous apprend que le nom de *spicant* donné à cette fougère est son nom allemand ; et Matthiole, que cette plante est très-propre à opérer la cicatrisation des plaies, et à calmer les douleurs qu'elles causent. Elle croit spontanément dans nos bois humides et montueux ; elle est beaucoup plus commune dans le nord. Ses frondes naissent en touffes; elles sont longues d'un pied, étroites, pennées; les découpures aussi étroites, sont allongées et parallèles entre elles. La fructification naît au-dessous de ses découpures, qui, lorsqu'elle est entièrement développée, se recroquevillent par les bords, de manière à être distinctes à la base, c'est-à-dire sur la côte de la fronde.

Il n'est pas de fougère plus difficile à classer, et par cette seule raison, elle mérite d'être citée. Hoffmann la rapporte aux *onoclea;* Haller, Scopoli, Allioni, Weisse, etc., en font un genre particulier qu'ils nomment *struthiopteris;* Villars et Lamarck la réunissent aux *acrostichum;* Smith, Swartz, Willdenow, Mirbel, Decandolle, l'ont regardée comme un *blech-*

num ; enfin, M. R. Brown est tenté de réunir cette fougère a son genre *stegania*, qui n'est qu'un démembrement du *blechnum*, Smith.

Le *blechnum occidentale*, Linn., est encore une espéce remarquable de ce genre, en ce que c'est une espéce de blechnum exotique qui se cultive dans nos jardins botaniques. Ses frondes sont pennées, à découpures inférieures opposées, entières et en cœur, et à découpures supérieures alternes et réunies par leur base. On trouve une figure de cette fougère dans Plumier (Fil. 48, t. 62, f. 2), et dans Jacquin (Ic. rar. 3. t. 869). Elle croît dans l'Amérique méridionale, et principalement aux îles.

Blechnum, dérivé du mot *blechnon*, donné par Théophraste et Dioscoride à une plante que l'on croit être, non une fougère, comme le dit Ventenat, mais le pouliot, *mentha pulegium*. Ils appeloient aussi cette plante *blechnon* et *blechron*. (Lem.)

BLECHON, ou GLECHON. (*Bot.*) Les commentateurs de Théophraste pensent que la plante à laquelle il donne ce nom, est une espèce de menthe ; mais ils ne sont pas d'accord sur l'espèce. M. Stackhouse penche pour le pouliot, *mentha pulegium* ; M. Paulet adopte de préférence la *mentha rotundifolia*, parce qu'il a les feuilles arrondies comme doivent être celles de *blechon*, suivant l'indication de Pline, et que n'ayant pas le pied dans l'eau, comme le pouliot, il peut plus aisément être brouté par les moutons qui, selon le même auteur, recherchent le *blechon*. Il est difficile de porter un jugement certain sur ces diverses opinions ; l'on peut même en émettre une troisième, et dire que le blechon ou glechon est peut-être le lierre terrestre qui a de même des feuilles arrondies, et n'est pas aquatique. Linnæus a peut-être eu l'idée de cette identité en donnant à ce dernier genre le nom du *glecoma*.

On ajoutera que la plante de Théophraste ne doit pas être confondue avec le *blechum* de Brown, *Hist. Jamaïc.*, que Linnæus avoit réuni au *ruellia*, et qui a de nouveau été séparé par M. de Jussieu dans le neuvième volume des *Ann. Mus. Hist. Nat.* Voyez Blechum. (J.)

BLECHUM. (*Bot.*) Ce genre de plante, de la famille des

acanthacées, avoit d'abord été établi par P. Brown, dans son Histoire des Plantes de la Jamaïque. Linnæus l'avoit réuni au *ruellia*, sous le nom de *ruellia blechum*. Plus récemment, dans le neuvième volume des Annales du Muséum d'Histoire Naturelle, M. de Jussieu l'a rétabli sous son premier nom. Son calice est à cinq divisions profondes et inégales. La corolle tubulée se partage supérieurement en cinq lobes presque égaux. Les étamines sont au nombre de quatre, dont deux plus longues. L'ovaire est surmonté d'un style terminé par un ou deux stigmates. Le fruit est une capsule ovale comprimée, partagée dans son milieu et dans sa longueur en deux valves naviculaires, dont les deux côtés se séparent de la carène de bas en haut, pour former deux ailes qui restent attachées au sommet de cette carène, auquel tiennent également deux corps conformés en crochet ou hameçon, qui, à leur base, portent chacun deux ou trois graines. La tige est herbacée, les feuilles opposées, et les fleurs disposées en épis terminaux serrés comme les têtes de houblon, et entourées de larges bractées qui en recouvrent chacune plusieurs. La structure de la capsule forme le caractère distinctif qui sépare le *blechum* du *ruellia*, et le rapproche du *dicliptera*, dont il diffère seulement par le nombre des étamines et des crochets qui portent les graines.

Brown a donné à l'espèce publiée primitivement le nom de *blechum browne*. Une seconde espèce est le *blechum laxiflorum*, que M. Swartz avoit nommée *ruellia blechoïdes*, qui a les feuilles plus entières, les épis des fleurs plus allongés et plus lâches. Une troisième espèce, non décrite auparavant, avoit été trouvée à l'île de Bourbon, par Commerson. Dans les Annales, elle est nommée *blechum anisophyllum*. Ses épis sont plus longs que dans les deux précédentes, où les divisions du calice sont beaucoup plus larges que les autres. Les deux crochets renfermés dans chaque valve de la capsule sont plus amincis par le bas, et portent chacun une seule graine. Cette différence a fait croire à M. Robert Brown que ce *blechum* devoit former un genre nouveau, qu'il propose de nommer *ætheilena*. Comme il ne peut s'éloigner du *blechum*, et qu'il n'offre qu'une espèce, cette séparation est moins essentielle. (J.)

BLEGNE. (*Bot.*) Voyez Blechnum. Suppl. (Lem.)

BLENDE grise ou ferrugineuse. (*Min.*) C'est, dit M. Monnet, une substance grise, noirâtre, luisante, et composée de petites écailles, qui renferme presque toujours une petite portion d'arsenic. Elle ne fait que se ramollir au plus grand feu, sans s'y fondre. On trouve cette espèce dans les mines de Freyberg.

On ne sait à quoi rapporter ce minerai. (B.)

BLENNIE. (*Ichtyol.*) (*Addition à cet article, page* 470 *du Dictionnaire.*) Tout récemment M. Cuvier vient de partager en plusieurs sous-genres, ce genre de poissons, qui entre dans sa famille des Gobioïdes, la seconde des Acanthoptérygiens, et que M. Duméril place dans celle des Auchénoptères (*Voyez ce mot*). Les véritables blennies se reconnoissent actuellement à leurs dents longues, égales et serrées, disposées sur un seul rang bien régulier à chaque mâchoire, terminé en arrière, dans quelques espèces, par une dent plus longue et en crochet; à leur tête obtuse; à leur museau court; à leur front vertical; à leurs intestins larges et courts.

La plupart ont un tentacule souvent frangé en panache sur chaque sourcil. Tels sont le *blennius ocellaris* de Bloch, le *B. gattorugine* de Brünnich, fort différent, suivant M. Cuvier, de ceux auxquels Linnæus, Bloch et Pennant ont assigné ce nom, le *B. palmicornis*, Cuv.

D'autres n'ont que des panaches à peine visibles aux sourcils, mais portent sur le vertex une proéminence membraneuse, qui s'enfle dans la saison de l'amour. Tels sont les *B. galerita* de Linn., et *pavo* de Risso.

D'autres enfin, sans panaches ni crête, forment le genre *Pholis* d'Artédi; tels sont les *B. pholis* de Bl., et *cavernosus* de Schneider, et le *gadus salarias* de Forskaël.

Les *B. phycis, mediterraneus, gadoïdes*, décrits dans le Dictionnaire, appartiennent au genre *phycis*, de même que le *B. chubs* ou *gadus americanus*, et le *Batrachoïdes Gmelini* de Risso.

Le *blennius gattorugine* de Forskaël est le *salarias quadripennis* de Cuvier; ce sous-genre renferme encore le *blennie sujefien* et le *blennie sauteur* du Dictionnaire.

Les autres espèces sont rejetées dans les genres *gonnelle* et *clinus*.

Voyez Centronote, Gonnelle, Murænoïde, Clinus, Pholis, Phycis, Salarias, Gobioïde. (H. C.)

BLENNORINA. (*Bot.*) Acharius donne ce nom à la division de son genre *verrucaria*, qui renferme les espèces presque gélatineuses. Voyez VERRUCARIA. (LEM.)

BLESCHIAT. (*Ornith.*) Nom hébreu du genre pic, *pieus*, qui est aussi désigné, en cette langue, par le mot *anapha*. (Ch. D.)

BLESSING. (*Ornith.*) On donne, en Souabe, ce nom et celui de *blesz* à la foulque ou morelle, *anas aterrima*, Linn. (Ch. D.)

BLEU DE PRUSSE. (*Chim.*) Voyez HYDROCYANIQUE (*Acide*). (CH.)

BLEUET. BLUET DORÉ. (*Bot.*) C'est l'*agaricus cyaneus* de Bulliard. Son chapeau est bleu et son pédicule blanc lavé de bleu. Ses feuillets sont roux ou couleur de chair. (LEM.)

BLICEA. (*Ichtyol.*) Nom d'un poisson dont parle Gesner (*de Aquatil.*), et qu'il est difficile de déterminer. C'est probablement un cyprin ou le corégone able. Voyez ces mots. (H. C.)

BLIEMA. (*Ichtyol.*) Ruysch donne ce nom à un poisson des Indes qui a le goût de l'alose, mais qui est plus petit. Nous ne savons à quel genre le rapporter. D'après la figure pl. 7, n°. 5, il se rapprocheroit des balistes. (H. C.)

BLIGHIA. (*Bot.*) Lorsque nous publiâmes notre genre *akeesia*, dans le premier volume de la Flore des Antilles, nous ignorions que M. Kennedi l'avoit déjà donné, sous le nom de *blighia* ; et que même il avoit été publié antérieurement, sous celui d'*akea*. Mais quand l'un ou l'autre de ces noms n'auroit pas l'antériorité de publication, le nom du genre *akea*, reçu pour un autre genre, seroit un motif d'adopter celui de *blighia*; mais le nom d'*akée* étant consacré dans les colonies, nous parlerons de cet arbre sous ce nom, et dirons, qu'originaire de l'Afrique, il a été apporté dans les Antilles par les vaisseaux négriers de la côte de Guinée. C'est un grand et bel arbre, naturalisé maintenant à la Jamaïque, et qui s'élève jusqu'à soixante pieds de haut. Son bois peut être employé avec avantage ; son ombrage est agréable et produit un bel effet, surtout lorsque le rouge de ses grappes de fruits vient se mêler au vert des feuilles.

L'akée, de la famille des *sapindacées*, et formant un genre très-rapproché du *cupania*, se distingue par ses étamines, au nombre de huit, et par une graine munie d'une arille très-remarquable et pulpeuse. Comme espèce, cet arbre offre une cime touffue, des rameaux diffus, des feuilles alternes, pennées sans impaires, les folioles étant opposées, ovales, lancéolées, pointues, entières, glabres, marquées de nervures parallèles, d'une couleur verte et luisante en dessous. Les pétioles partiels sont renflés à leurs points d'articulation. Les fleurs sont de couleur blanche et disposées en grappe régulière, à pédoncule bractéolé. La corolle est à cinq divisions, ovales, pointues, concaves, velues, persistantes, avec cinq appendices pétaliformes intérieurement. Les filamens des huit étamines sont très-courts et velus. Le fruit devient une capsule rouge, obtusément trigone, renfermant trois graines d'un beau noir, attachées à la partie moyenne de l'axe de chacune des trois loges, dont il se compose. Les graines sont aux deux tiers cachées, dans leur partie inférieure, par une arille molle et très volumineuse, qui est la portion seule que l'on recherche dans l'*akée*, et que l'on mange de la même manière que les ris de veau en Europe ; c'est un mets délicat et recherché. Ces fruits sont mûrs en août et septembre.

On peut greffer cet arbre sur la cupania, ou *châtaignier des Antilles*. On le multiplie de graine ; mais les jeunes plants sont délicats, et souffrent difficilement la transplantation. On évite tout accident, en faisant germer les graines dans de petits paniers de bambou, que l'on place à l'ombre des arbres. Une année après, on place ces paniers, et le jeune plant, dans un trou fait convenablement, dans le lieu destiné à recevoir le plançon, et où l'arbre est destiné à se développer. (DE T.)

BLINDE DE FER. (*Min.*) M. Monnet appelle ainsi une substance d'une très-grande densité, gris-de-fer et brillante, composée de petites lames disposées en rayons divergens et inaltérables par le feu. Elle est, dit-il, abondante dans les Vosges. On ne voit pas à quelle espèce ou à quelle variété de minerai de fer on pourroit rapporter cette substance. (B.)

BLIS-HONE. (*Ornith.*) Voyez BLAS-AND. (Ch. D.)

BLOD-FINKE. (*Ornith.*) Nom danois du bouvreuil, *loxia pyrrhula*, Linn. (Ch. D.)

BLUET, CYANUS. (*Bot.*) Ce genre appartient à notre tribu naturelle des centauriées. (H. CASS.)

BLUET DU LEVANT. (*Bot.*) L'un des noms vulgaires de la centaurée musquée, *centaurea moschata*, Linn. (H. Cass.)

BLUT-FINCH. (*Ornith.*) Nom allemand du bouvreuil, *loxia pyrrhula*, Linn. (Ch. D.)

BLUT-HENFFLING. (*Ornith.*) Nom sous lequel Frisch parle de la linotte, *fringilla linota*, Linn. (Ch. D.)

BLUTLING. (*Bot.*) Nom que l'on donne, à Vienne en Autriche, à l'*agaricus deliciosus*. (Lem.)

BLUTSCHWAMM. (*Bot.*) Voyez Leberbilz. (Lem.)

FIN DU QUATRIÈME SUPPLÉMENT.